Kulturlandschaft – Äcker, Wiesen, Wälder und ihre Produkte

EBOOK INSIDE

Die Zugangsinformationen zum eBook inside finden Sie am Ende des Buchs.

Ulrich Hampicke

Kulturlandschaft – Äcker, Wiesen, Wälder und ihre Produkte

Ein Lesebuch für Städter

Springer

UMWELTSTIFTUNG
MICHAEL OTTO

Ulrich Hampicke
LS für Landschaftsökonomie
Universität Greifswald
Greifswald, Deutschland

ISBN 978-3-662-57752-3   ISBN 978-3-662-57753-0 (eBook)
https://doi.org/10.1007/978-3-662-57753-0

Die Deutsche Nationalbibliothek verzeichnet diese Publikation in der Deutschen Nationalbibliografie; detaillierte bibliografische Daten sind im Internet über http://dnb.d-nb.de abrufbar.

Verantwortlich im Verlag: Stefanie Wolf
Coverfoto: Angelika Hampicke

Springer ist ein Imprint der eingetragenen Gesellschaft Springer-Verlag GmbH, DE und ist ein Teil von Springer Nature.
Die Anschrift der Gesellschaft ist: Heidelberger Platz 3, 14197 Berlin, Germany

Für Hanna und Luise

Geleitwort von Dr. Michael Otto zu dem Buch von Prof. Hampicke über den Agrarraum

Seit Jahrtausenden prägt der Mensch durch Nutzung und Kultivierung die ihn umgebende Landschaft. So ist auch in Deutschland eine vielfältige Kulturlandschaft entstanden, vital, artenreich und schön. Dieses wertvolle Erbe unserer Vorväter ist heute in großer Gefahr. Durch eine einseitig ausgerichtete Landwirtschaft, die allein auf eine Ertragsoptimierung der genutzten Flächen ausgerichtet ist, gehen immer mehr der vielfältigen Lebensräume für die heimische Tier- und Pflanzenwelt verloren.

Dabei stellt uns die Kulturlandschaft viel mehr zur Verfügung, als nur materielle Güter. Denn diese anthropogenen, biodiversen Ökosysteme sind nicht nur produktiv, sondern bieten auch Lebensqualität und Erholung. Insbesondere passen sie sich laufenden Umweltveränderungen an; mit ihren Fähigkeiten, Kohlenstoff zu speichern, leisten vielfältige Landschaften darüber hinaus einen sehr maßgeblichen Beitrag zum Schutz unseres Klimas.

Der Erhalt unserer historisch gewachsenen Kulturlandschaft ist deshalb nicht nur eine Aufgabe der Landwirtschaft – sie ist eine Aufgabe der Gesellschaft insgesamt. Wirtschaft und Gesellschaft sind auf die Nutzung von Natur und Landschaft gleichermaßen angewiesen. Wenn wir eine ausgleichende, nachhaltige Bewirtschaftung erreichen und unseren Kulturraum als naturnahen Lebensraum mit seinen verschiedenen Funktionen bewahren wollen, müssen wir deshalb verstehen, wie Landwirtschaft funktioniert, auf welchen Prinzipien sie sich stützt und was einer nachhaltigen Bewirtschaftung entgegensteht. Dabei müssen auch die ökonomischen und ökologischen Zusammenhänge im Spannungsfeld der weltweit wachsenden Nachfrage nach landwirtschaftlichen Produkten auf der einen und die Bewahrung der Artenvielfalt auf der anderen Seite Beachtung finden.

Prof. em. Ulrich Hampicke hat sich mit dem vorliegenden Buch der Herausforderung gestellt, diese Fragen so zu erörtern, dass die komplexen Zusammenhänge auch für ein nicht fachlich gebildetes Publikum verständlich werden. Er zeigt kenntnisreich und umfassend auf, wie eine moderne, auf Ertragsmaximierung orientierte Landwirtschaft funktioniert und wie sie sich auf die Landschaft und deren Qualität als Lebensraum für unsere heimischen Arten auswirkt. Die beteiligten gesellschaftlichen Gruppen ruft er dazu auf, mit den Vertretern der Landwirtschaft den sachlichen und konstruktiven Dialog für mehr biologische Vielfalt in unserem Kulturraum zu suchen und die politischen Rahmenbedingungen den Bedürfnissen der Pflege einer vielfältigen und artenreichen Agrarlandschaft anzupassen.

Ich wünsche diesem äußerst lesenswerten Buch eine breite Aufnahme und hoffe, dass es auf allen gesellschaftlichen Ebenen Wirkung entfalten und zu einem nachhaltigen Handeln anregen wird.

Vorwort und Dank

Alles über den Zweck dieses Buches entnehmen Leserin und Leser der folgenden Einleitung. So kann sich dieses Vorwort auf die mit Freude erfüllte Pflicht beschränken, allen zu danken, die zum Entstehen beigetragen haben. Ohne die großzügige Förderung der Umweltstiftung Michael Otto hätte es nicht auf den Weg gebracht werden können. Dafür sei herzlich gedankt in der Hoffnung, ungeachtet manch knorriger persönlicher Formulierung auch die Intentionen der Stiftung auszudrücken. Dank geht ebenso an unseren Verein Duene e. V. (Dauerhaft-umweltgerechte Entwicklung von Naturräumen der Erde) in Greifswald für eine weitere Unterstützung.

Stellvertretend für weitere Personen danke ich Birgit Litterski und Christin Geisbauer für die Anfertigung von Grafiken und die Durchsicht von Teilen des Manuskriptes mit wertvollen kritischen Anmerkungen. Diese kamen gemeinsam mit akribischer Rechtschreibprüfung auch von meiner Frau Angelika. Achim Schäfer versorgte mich wie immer mit wichtiger Literatur zum Wald.

Wie schon früher war Frau Grit Zacharias eine unentbehrliche Hilfe bei der Gestaltung und Drucklegung des Buches – herzlichen Dank!

„Nicht genug ist das Entgegenkommen des Herrn Verlegers zu rühmen …" – ebenso altmodisch wie in der ersten Auflage von Strasburgers Botanik aus dem Jahre 1894, aber auch ebenso aufrichtig möchte ich dem Springer Verlag für die prächtige Ausstattung des Buches und das Eingehen auf alle meine Wünsche danken, namentlich Frau Janina Krieger, Frau Anja Trabusch und Frau Stefanie Wolf.

Ich danke allen, die Abbildungen beisteuerten oder erlaubten, urheberrechtlich geschütztes Material zu verwenden. Alle Angefragten waren sofort dazu bereit.

Alle Fotos, die keinen Namen tragen, sind von mir. Es handelt sich durchweg um altmodische Dias, die zuweilen nicht die Schärfe elektronischer Bilder aufweisen, aber dafür vielleicht eher dem entsprechen, wie auch das menschliche Auge sieht.

Ohne meine Jahre in Greifswald hätte das Buch nicht entstehen können. So habe ich allen zu danken, die dort Gedanken mit mir tauschten, am meisten Michael Succow, der mich Mitte der 1990er Jahre überzeugte, an die Ostseeküste zu kommen.

Kassel, im Mai 2018   Ulrich Hampicke

Inhaltsverzeichnis

Abb. 1.1 Wer als Mitteleuropäer weite, gar nicht einmal *natürliche*, aber schwach genutzte Landschaften erleben will, der muss weit reisen, wie hier zum Kaukasus, wo (noch) nicht jeder Hektar oder gar Quadratmeter zweckbestimmt ist

Dieses Buch ist nicht für Fachleute geschrieben. Es wendet sich an die Zivilgesellschaft, an Menschen, die sich über Probleme im Staat Gedanken machen und diese mit anderen Menschen, nicht nur gleich gesinnten, austauschen möchten. Die Zivilgesellschaft akzeptiert und verteidigt sogar nötigenfalls die bestehenden demokratischen Institutionen und die Verteilung der Entscheidungsbefugnisse, aber sie verfolgt, was „oben" getan oder unterlassen wird und meldet sich zu Wort, wenn sie meint, dass Dinge nicht in die richtige Richtung laufen. Von hier ausgehende Impulse haben die Spitzen der Politik nicht nur erkennbar beeinflusst, sondern sogar zu radikaler Umkehr veranlasst. Ein Beispiel ist die Energie-

© Springer-Verlag GmbH Deutschland, ein Teil von Springer Nature 2018
U. Hampicke, *Kulturlandschaft – Äcker, Wiesen, Wälder und ihre Produkte*, https://doi.org/10.1007/978-3-662-57753-0_1

wende, insbesondere der Atomausstieg, der ganz klar auf die Volksmeinung und nicht auf Überzeugungen technischer Eliten zurückgeht.

Auch zu den Bereichen der Landschaftsgestaltung, Landwirtschaft und Ernährung sowie zum Wald melden sich Stimmen aus der Zivilgesellschaft. Waren es anfänglich kleine Gruppen, etwa Tierschutzaktivisten, die Zustände in landwirtschaftlichen Viehhaltungen (nicht immer sachgerecht) anprangerten, so hat ein Unwohlsein hierüber inzwischen weite Bevölkerungskreise erfasst. Der angesehene und extremer Ansichten absolut unverdächtige Wissenschaftliche Beirat für Agrarpolitik beim Bundesministerium für Ernährung und Landwirtschaft nennt sein über 400-seitiges Gutachten aus dem Jahre 2015 „Wege zu einer gesellschaftlich akzeptierten Nutztierhaltung".

Die Wirkungen der modernen Landwirtschaft auf die Landschaft, insbesondere deren Artenvielfalt, sind ebenfalls ein Thema geworden. Während Artenschwund und Eintönigkeit lange Zeit zwar bedauert, aber als wohl unvermeidlich hingenommen worden sind, stoßen neuerliche Intensivierungsschübe, wie die „Vermaisung" weiter Landschaften, in der städtischen und teils auch der ländlichen Bevölkerung auf ausdrückliches Missfallen. Die Defizite im Umgang mit der Artenvielfalt in der agrarischen Produktionslandschaft sind offenkundig und werden von keiner informierten Stimme mehr geleugnet. Sie sind nach Maßgabe deutscher und europäischer Rechtsnormen intolerabel. Der Erlebnis-, Erholungs- und Bildungswert weiter Landschaften geht gegen null – will ein Lehrer seinen Schülern Naturbeobachtungen nahebringen, so hat er es in der Großstadt leichter als in der Ackerbörde.

Man fragt sich: Ist es richtig, in landwirtschaftlich betonten Regionen alles, aber auch wirklich alles der perfekten Erzeugung von Agrarprodukten zu unterwerfen und nichts, was dem entgegenstehen könnte, zu dulden? Ist es richtig, eine Landschaft unter Hintanstellung aller anderen Interessen auf ein einziges Ziel hin zu optimieren, zu „monostrukturieren"? Keine andere Landschaft oder Umgebung wird so gesehen. Zum Beispiel ist unstrittig, dass der Wald multifunktional ist und nicht nur der Holzerzeugung dient. Warum dient dann die Ackerbörde nur der Erzeugung von Weizen und Zuckerrüben, auch dort, wo Bedürfnisse der Naherholung und andere Defizite offenkundig sind?

Parallelen drängen sich auf. Vor 40 bis 50 Jahren galt in Deutschland Ost und West im Städtebau dieselbe Maxime der totalen Funktionalität wie heute in der Agrarlandschaft. Der Verkehr sollte fließen, neue Wohngebiete wurden sachlich geplant, Altbauten, obwohl sanierbar, wurden flächenweise beseitigt. Tradition und Historie zählten nicht. Wer heute in einer Stadt lebt, die noch immer diesen Charakter trägt, blickt neidvoll auf die Bewohner von Erfurt oder Stralsund, die es schöner haben. Die Beurteilung der urbanen Umwelt hat sich in wenigen Jahrzehnten stark gewandelt, und zwar in voller Breite und nicht nur aufseiten elitärer Meinungsbildner (sog.

Gutverdiener). Denkmalschutz hat ein hohes Ansehen, das traditionelle Erbe wird geschätzt. Vielleicht kommt die Zeit oder ist es schon so weit, dass sich nicht nur das urbane, sondern auch das rurale Erbe einer höheren Wertschätzung erfreut. Nicht nur Städte und Dörfer, Schlösser und Kathedralen sind ein Kulturerbe, die Landschaft ist es nicht weniger (Markl 1986; Piechocki 2010). Vielleicht kommt eine Zeit, in der man die heutige rücksichtslose Hyperintensivierung von Agrarlandschaften als einen vorübergehenden Irrweg ansehen wird.

Gewiss gibt es in der Politik manchen Fortschritt, aber er kommt viel zu langsam und oft zu spät. Selbst Fachbehörden haben lange geschlafen, wie das Bundesamt für Naturschutz, welches jahrzehntelang den Problemen des Agrarraumes aus dem Wege ging und erst jüngst eine lesenswerte Dokumentation vorlegte (BfN 2017).

Der Politik mangelt es an Durchsetzungswillen, sie kapituliert immer aufs Neue vor herkömmlichen, oft kurzfristigen Interessen und deren Lobbyismus. Recht und Gesetz entscheiden nur schwach, Planung, Programme und Selbstverpflichtungen der Politik zur Achtung der Artenvielfalt entscheiden gar nicht darüber, wie es in der Landschaft aussieht, sondern es entscheidet der Stärkere. War die Bundesrepublik einmal Schrittmacher im Umwelt- und Naturschutz, so ist sie es nicht mehr. Wer an den Schnittstellen von Wissenschaft, Verwaltung und Ministerialwelt Einblicke hat, sieht hauptsächlich Routine, Abspulen von Geschäftsgängen, Abwiegeln aller Unbequemlichkeiten, Aussitzen von Konflikten und vor allem: Scheu, für irgendetwas Verantwortung zu übernehmen, was ein Vorgesetzter vielleicht missbilligen könnte. Hierfür gibt es nur ein Wort: Stillstand. So ist dieses Buch in der Hoffnung geschrieben, dass ebenso wie auf anderen Gebieten Impulse aus der breiten Bevölkerung entstehen, sich artikulieren und organisieren können, um die Politik wieder in Bewegung zu bringen.

Allerdings besteht eine Schwierigkeit. Auch in jeder anderen Hinsicht gebildeten städtischen Personen müssen fast immer die einfachsten Dinge über Landleben und Agrarproduktion nahegebracht werden, ganz zu schweigen von den weniger gebildeten. Die Kenntnislosigkeit ist zuweilen erschreckend. Sie ist der Nährboden für Ideologen und Heilsverkünder – addiert man hierzu die wenig rühmliche Rolle der Medien auf dem Gebiet („Bauer sucht Frau"), so fällt es herkömmlichen Interessen, die nichts am Status quo zu ändern wünschen, leicht, Diskussionen und Forderungen aus der Öffentlichkeit als unqualifiziert abzuweisen.

Box 1.1 Was alles nicht stimmt an Vorwürfen an die Landwirtschaft

Chemischer Kunstdünger ist Gift!

Kunst- oder besser Mineraldünger besteht aus Salzen des Stickstoffs, Phosphors, Kaliums, Magnesiums und anderer Elemente. Natürlich können auch Salze giftig wirken, genau wie das Kochsalz (Natriumchlorid NaCl) in der Küche, wenn man sie missbraucht. Bei vernünftigem Gebrauch ist davon keine Rede → Abschn. 6.2.

Tierhaltung ist Qualhaltung!

Auf problematische Aspekte der Tierhaltung vor allem bei Schweinen und Geflügel wird in diesem Buch eingegangen; pauschal ist diese Behauptung nicht zu belegen. Könnte man eine Kuh fragen, ob sie lieber vor 100 Jahren oder in einem modernen Stall lebt, würde sie sich für heute entscheiden → Abschn. 3.3 und 7.3.

Wir leben von der Ausbeutung der Dritten Welt, z. B. vom Sojaimport!

Die Wahrheit ist, dass der größte Teil der importierten Eiweißfuttermittel in Gestalt von Fleisch und Milchprodukten wieder exportiert wird. Das ist auch ein Problem, aber *wir* brauchten diese Importe kaum. Importe von Gemüse und Obst erfolgen überwiegend aus wohlhabenden Ländern mit klimatischen oder sonstigen Vorteilen → Abschn. 3.4.5.

Bäuerliche Kleinbetriebe sind immer gut und Großbetriebe sind immer schlecht!

Das stimmt schon deswegen nicht, weil die Umwelt belastende Faktoren, wie missbräuchliche Dünger-, Pestizid- und Pharmakaeinsätze beliebig dosiert werden können und in kleinen Betrieben ebenso wie in großen erfolgen. Die Ställe kleiner bäuerlicher Betriebe sind unter Aspekten des Tierwohls oft alles andere als akzeptabel.

Aldi und Lidl machen die Bauern kaputt, besonders die kleinen!

Bösewicht-Theorien sind der Trost derer, die die Welt so sehen, wie sie sie sehen wollen, wie sie aber nicht ist. Jeder Student der Betriebswirtschaftslehre lernt die Banalität, dass sich Preise durch Angebot und Nachfrage bilden. Der Milchpreis war 2016 im Keller, mit lebensgefährlichen Folgen für (eher die großen als die kleinen) Betriebe, weil über die Nachfrage hinaus viel zu viel erzeugt wird.

Hätten wir nur 100 % ökologischen Landbau, dann wären wir alle Probleme los!

Ganz so einfach ist es nicht → Abschn. 7.5.

Box 1.2 Was stimmt

Pestizide sind ein Problem!

Pestizide sind Mittel, die unerwünschte Organismen – Pflanzen, Pilze oder Tiere – töten. Sie sind damit (anders als der Kunstdünger) physiologisch hochaktiv und insoweit mit Pharmaka zu vergleichen. Sind sie auch zuweilen unentbehrlich, so ist ihre räumlich und zeitlich fast ungebremste Verbreitung in der Umwelt ein Problem. Was tötet, ist in der Umwelt ein Problem und bleibt es → Abschn. 7.2.

Die moderne Landwirtschaft beschädigt die Biodiversität!

Ein großer Teil dieses Buches widmet sich diesem in der Tat außerordentlich schweren Problem → Kap. 5.

Stoffkreisläufe sind regional außer Rand und Band geraten, Landschaften sind mit Stickstoff überschwemmt!

Richtig, aber der Kunstdünger trägt nur teilweise dazu bei. Hauptursache ist die regional viel zu hohe Viehhaltung und der unsorgfältige Umgang mit den Ausscheidungen der Tiere → Kap. 6.

Es gibt immer weniger Kulturpflanzen, Fruchtfolgen auf dem Acker verarmen. Gebietsweise gibt es visuell nur noch Mais oder Getreide!

Richtig → Abschn. 3.2 und 7.2.

Energiepflanzen brauchen wir nicht!

Sie nehmen in der Tat 17 % der Ackerfläche ein, ihr Anbau ist intensiv und mit Nebenwirkungen behaftet. Dafür liefern sie nur sehr wenig Energie → Abschn. 7.4.

Wir brauchen keine Landwirtschaft als Global Player!

Globaler Größenwahn hat manchem Manager in der Großindustrie den Job gekostet und Unternehmen wie die Deutsche Bahn, Daimler, BMW und Volkswagen wieder schmerzlich zurechtgestutzt. Ungeachtet dieser Warnungen hat sich in der Landwirtschaft etwa seit 2007 eine Goldgräberstimmung verbreitet, die ganze Welt mit deutschem Schweinefleisch und Käse zu versorgen. Abgesehen von der noch stärkeren Belastung der Umwelt ist dieser Größenwahn zum Glück dabei, wieder (erwartungsgemäß) zurechtgestutzt zu werden. Die gegenteilige Ideologie – alles dürfe nur vom Hofladen nebenan sein – überzeugt jedoch ebenso wenig.

Stadt und Land entfernen sich voneinander in ungesunder Weise!
Trotz des Fortbestehens zahlreicher Kleinbetriebe wird die Landwirtschaft zunehmend zu einer Sache weniger Spezialisten. Der Unkenntnis der Städter über Landwirtschaft und Nahrungserzeugung entgegenzuwirken, ist Aufgabe dieses Buches.

Dieses Buch möchte also zunächst auch informieren, aufklären. Deshalb nehmen rein beschreibende Abschnitte einen größeren Raum ein. Dabei werden dem Leser Zahlen und Tabellen nicht erspart werden können, wenn sie auch so einfach und anschaulich wie möglich abgefasst sind. Ein wirkliches Verständnis für die Dinge verlangt quantitative Information – die Frage ist nicht nur: „Was gibt es alles in der Landschaft?", sondern „wie viel?". Das Buch enthält keine Patentlösungen, lehnt weder die konventionelle Landwirtschaft durchweg ab noch sieht es in Alternativen wie dem ökologischen Landbau die Lösung aller Probleme. Die beiden Boxen 1.1 und 1.2 greifen zur Einstimmung Schlagworte und Urteile auf, die in Öffentlichkeit und Medien präsent sind und verweist auf Kapitel, in denen Klarstellungen zu ihnen erfolgen.

Auch der Wald gehört in Mitteleuropa zur Kulturlandschaft, es gibt keinen unbeeinflussten „Urwald". Die Diskussion über den Wald läuft – ungeachtet lärmender Polemik auch hier und dort – im Ganzen in etwas ruhigeren Bahnen als die Diskussion um die Landwirtschaft, und das mit Recht. Pestizide und Düngemittel werden in weitaus geringerer Menge eingesetzt. Jedoch gibt es durchaus berechtigte Kritik, der wir im betreffenden Kapitel dieses Buches nachgehen. Noch immer gibt es große Flächen mit nicht standortgemäßen Baumarten, wie besonders der Fichte im Tief- und Hügelland.

Das ist aber nur die eine Seite. Zu Unrecht wird als Selbstverständlichkeit angesehen, dass die Fläche des Waldes in Deutschland nahezu unantastbar ist. Der Flächenhunger anderer Ansprüche prallt an der scharfen Schutzgesetzgebung des Waldes ab und bedient sich anderweitig, bedauerlicherweise fast allein mit dem landwirtschaftlichen Grünland. Ist der Zustand des Waldes auch nicht überall zufriedenstellend, so ist er doch unvergleichlich besser als vor 200 Jahren und in den Jahrhunderten zuvor. Die historische Übernutzung des Waldes, der nach heutigen Maßstäben oft kaum als solcher erkennbar war, ist weiten Kreisen ungenügend bekannt. Schließlich braucht der mitteleuropäische Wald weltweit keinen Vergleich zu scheuen; die schlechte Behandlung und Zerstörung tropischer und anderer Wälder ist ständiges Thema in den Medien.

Es ist bemerkenswert, dass Ansprüche an die Naturnähe des Waldes erhoben werden, die die an die offene Landschaft weit übersteigen. Psychologisch ist vielleicht verständlich, wenn bei Menschen, die den Wald betreten, eine Empfindung entsteht, nun das Reich der Notwendigkeiten hinter sich zu lassen und sich ganz dem Zweckfreien, dem nicht Menschengemachten hingeben zu können. Verkannt wird dabei, dass auch der Wald Kulturlandschaft und damit zweckbestimmt ist. Manche Kritik am Wald greift gar keine nachprüfbaren Missstände auf; dass er anders ist, als er es von allein wäre, ist – diffus oder gar ausdrücklich – für viele schon ein Kritikpunkt.

Dem kann im Allgemeinen nicht zugestimmt werden, ausführliche Begründungen erfolgen im betreffenden Kapitel dieses Buches. Allerdings: Es muss in hinreichendem Umfang auch völlig ungenutzten, rein aus sich selbst erwachsenen Wald, den Urwald von morgen geben. Dies nicht nur, um wirklich zweckfreie Natur und ihr Erleben zu ermöglichen, sondern auch, um der Verantwortung für die ungeheure Artenvielfalt des alten, in Teilen absterbenden und sich erneuernden Waldes gerecht zu werden, die auch in gut geführten Wirtschaftswäldern nur unzureichende Lebensmöglichkeiten besitzt. Die Erhebung des mitteleuropäischen Buchenwaldes zum Welt-Naturerbe möge dies befördern.

Das Buch gliedert sich neben dieser Einleitung in zehn Kapitel. Das folgende Kap. 2 beschreibt in aller Kürze die Geschichte der mitteleuropäischen Kulturlandschaft vom Rückzug des Eises über die Ausbreitung der Landwirtschaft, das Mittelalter sowie die wissenschaftlich-aufklärerische Epoche bis heute – nicht ohne auf sehr viel reichere Literatur zu diesen Themen hinzuweisen. Viele heutige Probleme können ohne einen Blick in die Vergangenheit nicht verstanden werden.

Das Kap. 3 zeichnet ein allseitiges Portrait der deutschen Landwirtschaft 2010 bis 2020 in technischer Hinsicht. Es erfolgt ein Überblick über Flächennutzung und Tierbestände und es wird ein Bild der Produktionsstruktur erstellt, aus dem neben zahlreichen anderen Aspekten hervorgeht, was und wie viel erzeugt wird und wohin es fließt. Wusste der Leser, dass zwei Drittel aller geernteten Pflanzensubstanz als Futter verwendet werden und dass nur 12 % dem inländischen Konsum pflanzlicher Nahrungsmittel dient? Die Effizienz der Umwandlung von Futter in tierische Produkte wird ebenso deutlich wie der Anteil tierischer Produkte an der Diät der Deutschen und die Struktur des Außenhandels.

Das Kap. 4 beleuchtet die gesellschaftliche Seite mit einer kurzen Darstellung der betrieblichen Struktur sowie der allgemeinen ökonomischen Situation. Die Grundzüge der Agrarpolitik der Europäischen Union werden erläutert. Als ein bedenkliches Problem wird die Schrumpfung des landwirtschaftlichen Anteils der Bevölkerung auf ein sehr kleines Segment und seine gesellschaftliche Abtrennung von der übrigen Bevölkerung angesehen.

In Kap. 5 und 6 werden die beiden technischen Probleme aufgegriffen, die am dringendsten der Abhilfe bedürfen: die Verdrängung der Biodiversität aus der Landschaft (vgl. Abb. 1.2), insbesondere dem Agrarraum, und die Des-

Abb. 1.2 **a** Ein leider viel zu oft zu sehendes Schild. Es weist auf das letzte Vorkommen einer Art, hier der Gemeinen Kuhschelle (*Pulsatilla vulgaris*) auf der Insel Rügen hin, **b** Der kleine verbliebene Bestand. Ursache ist hier ausbleibende Beweidung der Fläche mit Schafen

organisation der Stoffkreisläufe, insbesondere des Stickstoffs. Hinsichtlich der Biodiversität erfolgt nach einer Bestandsaufnahme eine Zusammenstellung aller wertvollen Biotope und Strukturen, die erhalten und wieder vermehrt werden müssen. Der Teil über die Stoffkreisläufe thematisiert nicht allein aktuelle Missstände im Umgang mit Stoffen, sondern schürft erheblich tiefer und führt den Leser auf eine Reise zu elementaren biogeochemischen Tatsachen und Vorgängen der vergangenen drei Milliarden Jahre auf der Erde.

Das Kap. 7 ergänzt dann mit einigen speziellen Aspekten. Themen sind Boden und Bodengesundheit, Pflanzenschutz, die Physiologie des Rindviehs, insbesondere der hochleistenden Milchkühe sowie der Energiepflanzenanbau. Dem ökologischen Landbau als Alternative zum konventionellen ist eine kurze, aber hoffentlich faire Darstellung und Beurteilung gewidmet. Da besonders unter jüngeren Menschen die Zahl derjenigen wächst, die Fleischgenus oder gar alle tierischen Produkte ablehnen, wird provokant gefragt: Was wären die Folgen für die Landschaft, wenn alle Vegetarier oder Veganer würden?

Mit dem Kap. 8 erfolgt ein Schwenk von Problemaufrissen und Klagen über Missstände und Versäumnisse hin zu Abhilfen. Wir betrachten zunächst alles, was *von oben* kommt, also die Politik. Sie stellt Umwelt- und Naturschutzgesetze sowie ein beeindruckendes und verästeltes System der Raum- und Landschaftsplanung zur Verfügung, hinzu tritt ein zunächst ebenso beeindruckender Lenkungsapparat vonseiten der Europäischen Union. Diese Agrarumweltpolitik verfügt über hohe Geldmittel und hat sich als teilweise wirksam erwiesen, leidet aber seit Jahren unter zunehmender Benutzerunfreundlichkeit und Bürokratie. Sie wird mit einem Kontrollapparat verbunden, den landwirtschaftliche Betriebe mit Recht als schikanös empfinden. Die Agrarumweltpolitik der Europäi-

schen Union wird nicht nur in diesem Buch als dringend reformbedürftig angesehen.

Im Kontrast dazu betrachten wir im Kap. 9 Initiativen der verschiedensten Art, die sich sämtlich als hilfreich erwiesen haben. Sie sind als „Inseln des Fortschritts" in einer sonst leider oft trüben Gesamtsituation zu werten und sollten alle denkbare Förderung und Verbreitung genießen. Zum Teil handelt es sich ebenfalls um Anstöße „von oben", wie zum Beispiel das LIFE-Programm der EU. Wir blicken auf Institutionen wie die von der UNESCO ins Leben gerufenen Biosphärenreservate, die Naturschutzgroßvorhaben gesamtstaatlicher Bedeutung des Bundesamtes für Naturschutz und andere. Dazu treten von Stiftungen oder anderen Stellen geförderte Forschungsvorhaben und deren Umsetzung in die Praxis und – last not least und nicht genug hervorzuheben – der zuweilen lebenslange Einsatz besonders kompetenter Einzelpersonen.

Das Kap. 10 widmet sich dem Wald im Sinne der schon oben getroffenen Feststellungen. Wie beim Offenland geht es zunächst um die elementarsten Informationen – wie viel Wald und welche Bäume gibt es, wem gehört er, wie schnell wächst er? Der Kenntnisstand ist hier durch die seit den 1990er-Jahren in zehnjährigen Abständen wiederholten Bundes-Waldinventuren bedeutend gewachsen und erlaubt, auf drängende Fragen Antworten zu geben: Wie sieht es mit dem Naturschutz im Wald aus? Führt die Ausweisung ungenutzter Wald-Nationalparke zu einem Holzmangel? Inwieweit schützen Wald und Holzwirtschaft das Klima?

Das abschließende Kap. 11 endet nach einer kurzen Zusammenfassung der wichtigsten Ergebnisse mit einem Aufruf an die Zivilgesellschaft, einen verständnisvollen Dialog mit der Landwirtschaft zu beginnen und aus der passiven Rolle herauszutreten, von ihr nur gefüttert zu werden. Am besten wäre, wenn alle Stadtmenschen mit Garten diesen so artenreich und als Vorbild gestalteten, wie sie auch die Agrarlandschaft gestaltet wünschen.

Dieses Buch widmet sich auf weiten Strecken der Vermittlung und Beurteilung physischer Tatsachen. Eigentlich müssten die in verschiedenen Kapiteln nur sehr kurz angesprochenen ökonomischen Aspekte vertiefter behandelt werden. Dem steht ein beschränkter Platz entgegen; der Leser ist aber eingeladen, hierzu zu einem früheren Buch des Autors zu greifen, welches nicht mehr in allen Details aktuell sein mag, die Probleme jedoch aus einer grundsätzlichen ökonomischen und zeitlos gültigen Warte aufgreift (Hampicke 2013). Die ausführliche Behandlung technischer Aspekte in diesem Buch darf nicht darüber hinwegtäuschen, dass hier eigentlich gesellschaftliche Probleme vorliegen. Auch das wird an verschiedenen Stellen hervorgehoben.

Leserfreundlichkeit steht an erster Stelle – nicht immer leicht zu erreichen bei dem Stoff, der auf einigen Seiten Erinnerungen an den Chemie- und Biologieunterricht in der Schule wachruft. Alle Berechnungen sind in einem Anhang enthalten, den der besonders gründliche Leser konsultiert. Auf jeder Seite hätten Aussagen mit Literaturzitaten und Nachweisen geschmückt werden können, die das Buch aufgebläht und den Leser ermüdet hätten. Jeder Leser, der eine Passage als ungenügend belegte Behauptung auffasst, ist eingeladen, den Autor direkt per E-Mail zu befragen. Das wenn auch nicht ganz so knapp wie geplant ausgefallene Literaturverzeichnis dient dann auch weniger als Nachweis von Belesenheit als vielmehr dazu, den Leser auf interessante, teils auch ältere Werke hinzuweisen. Alle erklärungsbedürftigen Fachbegriffe aus Ökologie, Landwirtschaft und anderen Gebieten sind bei ihrem ersten Auftreten in einem Kapitel mit einen * versehen. Das bedeutet, dass sie in einem Glossar näher erläutert sind.

Das Buch hat seine Aufgabe erfüllt, wenn Städter mehr über die Landschaft wissen, weniger auf Heilsbringer und Patentrezepte hereinfallen und wenn ein Druck von unten entsteht, dass sich Staat und Politik auf ihre eigentliche Rolle besinnen, nämlich die Gestaltung der Rahmenbedingungen des gesellschaftlichen Lebens. Dort sollten sie Kraft und Autorität gewinnen und dafür überflüssige Bürokratie und Detailregulierungswut ebenso abbauen wie ihre Dienerschaft vor lauten Partikularinteressen. Das Buch hat seine Aufgabe auch erfüllt, wenn sich die in der Landwirtschaft arbeitenden Menschen, die immerhin für unsere Nahrung sorgen und daher wichtiger als Manager, Banker und Analysten sind, besser verstanden fühlen. Dann wird es auch mit der Natur in der Kulturlandschaft wieder aufwärtsgehen.

Abb. 2.1 Von der letzten Vereisung geformte (jungpleistozäne) Landschaft in Mecklenburg mit dem Tollensesee

Zum Thema dieses Kapitels liegt hervorragendes Material vor; der Leser sei ausdrücklich auf die Quellen am Schluss hingewiesen. Im Vorliegenden kann nur ein gedrängter Abriss gegeben werden, der zum Ziel hat, das Verständnis für die gegenwärtige Landschaft durch die Kenntnis ihrer Entstehung zu vertiefen.

2.1 Nacheiszeit

Weite Teile Europas blicken auf eine jüngere Erdgeschichte zurück, die ganz anders verlief als in den meisten Weltgegenden. Vor 20.000 Jahren ragten noch mehrere Kilometer dicke Gletscher von Skandinavien bis zu den noch heute leicht er-

© Springer-Verlag GmbH Deutschland, ein Teil von Springer Nature 2018
U. Hampicke, *Kulturlandschaft – Äcker, Wiesen, Wälder und ihre Produkte*, https://doi.org/10.1007/978-3-662-57753-0_2

kennbaren Endmoränenketten in Mecklenburg und Brandenburg heran. Der Alpengletscher, der den ganzen Gebirgszug mit Ausnahme der höchsten Gipfel bedeckte, drang weit ins nördliche Vorland hinaus. Zwischen den nördlichen und südlichen Gletschermassen, in der Periglazialzone, erstreckten sich Kältewüsten und Tundra und rauschten Schmelzwasserströme.

Diese Würm- oder Weichselkaltzeit war die bisher letzte einer Abfolge von wahrscheinlich vier bis sechs ähnlichen Episoden von jeweils einigen 100.000 Jahren Länge, die ähnlich lange oder etwas kürzere Warmzeiten zwischen sich zuließen. Die Gletscher der vorletzten Riss- oder Saalekaltzeit waren noch weiter vorgedrungen, im Süden stellenweise bis zur Donau. In Norddeutschland erkennen wir ihre Wirkung an den teils stärker eingeebneten und flachwelligen altpleistozänen Hügeln im Fläming, in der Altmark und der Lüneburger Heide bis nach Holland.

Die heute hoch entwickelte Klimatologie sowie die Paläoklimatologie (die Lehre von früheren Klimaten) können immer noch keine restlos schlüssige Erklärung für die Ursachen dieser Vereisungen liefern. Der Rhythmus zwischen kalt und warm wird vermutlich von kleinen Richtungsänderungen der Erdbahn um die Sonne vorgegeben, die zu unterschiedlichen Einstrahlungsstärken Anlass geben. Immerhin sind Eiszeit (Perioden in der Erdgeschichte, in denen es überhaupt Eis auf dem Land gibt) und Vereisung (Vordringen des Gletschers in später wieder eisfreies Gebiet) heute unbestrittene Tatsachen. Man malt sich aus, auf wie viel Unglaube die ersten Forscher trafen, die behaupteten, dass die zahlreichen Gesteinsbrocken, die Nordostdeutschland als Findlinge noch heute bedecken, aus Skandinavien stammen und vom Eis hierher transportiert worden sind (Abb. 2.2).

Eine erste Konsequenz dieser Vergangenheit ist, dass Mitteleuropa als Landschaft jung ist. Erst vor etwa 13.000 Jahren räumten die schmelzenden Gletscher die heutige Ostseeküste – eine in geologischen Maßstäben sehr kurze Zeit, gleichsam eine Sekunde. Die Landoberfläche war nicht nur in den eisbedeckten Regionen zerwühlt worden. Auch im Periglazialgebiet wurde sie durch verschiedene Kräfte bearbeitet. Das Schmelzwasser in den Urstromtälern transportierte Sand- und Geröllmassen. Bodenpartikel[1] wurden vom Wind verweht und in windstilleren Gebieten in mehr oder weniger dicker Lage wieder abgesetzt, wo sie die fruchtbaren Lössböden* bilden. Wo es gebirgig ist, quoll mit Wasser gesättigter und von Pflanzen unbedeckter Boden als Solifluktion die Hänge hinunter.

Das Ergebnis dieser Prozesse ist, dass die meisten Böden Mitteleuropas jung sind. Da einfach die Zeit zur Verwitterung fehlte, enthalten viele noch einen beträchtlichen Anteil der aus dem Gestein stammenden Mineralstoffe, die den Pflanzen als Nahrung dienen, wie besonders Kalium, Mag

Abb. 2.2 Klimazeuge: Die Marienkirche in Strasburg in der Uckermark aus behauenen Felssteinen (Findlingen), die das Eis aus Skandinavien mitbrachte

nesium und Calcium, und können diese beständig nachliefern. Auch begünstigte das Klima Prozesse bei der Bodenentwicklung, die der Fruchtbarkeit förderlich sind, wie die Bildung bestimmter Tonminerale. Dies steht in deutlichem Gegensatz zu tropischen Böden, die schon Jahrmillionen lang an der Oberfläche stehen (→ Box 7.1, Abschn. 7.1). Nur an wenigen Stellen Deutschlands ragen derartige Paläoböden aus früheren Epochen an die Oberfläche und sind eher interessante Kuriositäten. Mitteleuropa besitzt zwar nicht nur, aber im weltweiten Vergleich überdurchschnittlich viele fruchtbare Böden.

2.2   Einwanderung

Die zweite Konsequenz ist, dass Mitteleuropa seit dem Rückzug des Eises *Einwanderungsland* für Pflanzen und Tiere ist, *einschließlich des Menschen*. Zwar vermutet man bei einer Reihe von Pflanzenarten, die anscheinend eine sehr geringe

---

[1] Näheres hierzu im Abschn. 7.1.

Fähigkeit zum Wandern besitzen, dass sie auch während der härtesten Zeiten der Vereisung in Refugien überlebt haben müssen. Die meisten Arten, besonders solche, die heute aufgrund ihrer Gefährdung Objekte des Naturschutzes sind, sind jedoch eingewandert. Bestimmte Kräuter und Gräser stammen aus den Steppen Ost- und Südosteuropas; sie kamen vielleicht schon, bevor sich der Wald wieder ausbreiten konnte. Sie sind heute typisch für die kontinental getönten Trockenrasen, Steppenrasen und Sandflächen.

Bei den Gehölzen ist die Abfolge verschiedener Vegetationstypen (Hasel-, Birken-, Eichenzeit usw.) durch die Methode der Pollenanalyse wohlbekannt. Trotz dieser Befunde ist aber noch vieles strittig, insbesondere die nacheiszeitliche Geschichte des Waldes. Wahrscheinlich bewirkten die wiederholten Vereisungsvorstöße, die Pflanzen und Tiere zur Flucht in Refugien östlich, westlich und südlich der Alpen zwangen, dass recht zahlreiche Gehölzarten dabei auf der Strecke blieben. Die Gehölzflora Mitteleuropas ist gegenüber der des östlichen Nordamerika (wo keine Alpen querstehen und daher die Arten weniger gehindert wandern konnten) und Ostasiens (wo es viel weniger Vereisung gab) verarmt. Magnolien, Hickory und zahlreiche Eichenarten Nordamerikas gab es in den früheren Warmzeiten auch in Mitteleuropa, sie haben aber das Hin und Her der Vereisungen nicht überlebt. Dies wird im Übrigen von Förstern als Argument für die Wiedereinbürgerung solcher Baumarten herangezogen.

Das Aussterben von Großtieren wie Mammut, Wollnashorn, Säbelzahntiger, Riesenhirsch und anderer schon vor dem Ende der letzten Vereisung – mit oder ohne Mitwirkung des Menschen – ist rätselhaft genug. Immerhin gab es aber auch nach dem letzten Rückzug des Eises noch große Pflanzenfresser (Herbivoren) wie Auerochsen, Wisente, Elche, Hirsche und Antilopen. Die Frage ist: Entwickelte sich unter den klimatischen Bedingungen der letzten 10.000 Jahre, die unzweifelhaft Gehölze förderten, eine fast geschlossene Waldbedeckung, die nur Sonderstandorte wie Moore, Überschwemmungsgebiete, Felsen und die alpine Zone offenließ – oder sorgten die großen Pflanzenfresser für eine halboffene Landschaft, eine Art Savanne, wie es in Gebieten mit Großtierherden in Afrika der Fall ist? Während in früheren Jahrzehnten die „Waldtheorie" in der Vegetationskunde unangefochten war, findet die „Megaherbivorentheorie" heute durchaus Anhänger. Ein großer Anteil der krautigen Flora Mitteleuropas einschließlich der reichen Pflanzenwelt des traditionellen landwirtschaftlichen Grünlands* dürfte in dunkel geschlossenen Wäldern keine Lebensmöglichkeit besessen haben, ist aber wohl dennoch einheimisch. Vielleicht sollte man auch in dieser Frage das Entweder-oder-Denken verlassen und sowohl das eine wie auch das andere und Kompromisse für möglich halten. Es mag geschlossene und lichte Wälder, umfangreiche Übergänge und Säume und auch offene Flächen gegeben haben.

2.3 Der Mensch in der Altsteinzeit

Darunter verstehen wir Jäger, Sammler und Fischer, die noch keine Landwirtschaft betrieben. Schon der Name assoziiert Dumpf-Archaisches; Kinder mögen an „Urmenschen" denken. Wie falsch dies ist, zeigen weltberühmte Höhlenmalereien ebenso wie auch die ältesten bekannten Skulpturen der Menschheit aus dem Lonetal in der östlichen Schwäbischen Alb, die vor 35.000 Jahren, also im Periglazial während der letzten Vereisung geschaffen worden sind. Sie bezeugen eine kaum glaubliche Kontinuität ästhetischer Grundformen über alle Kulturstufen und Zivilisationen hinweg.

Im Periglazial und nach dem Rückzug des Eises folgten die Menschen in der Tundra den Herden von Rentieren, Moschusochsen und anderen Tierarten, die wir heute aus dem hohen Norden kennen, und ernährten sich von deren Fleisch. Mit zunehmender Bewaldung mussten sie ihre Lebensweise umstellen, andere Tiere jagen und sich möglicherweise stärker auf das Sammeln von essbaren Pflanzen, Pilzen und das Fischen verlegen.

Sie bauten noch keine Häuser, weil sie mobil sein mussten, fanden in Zelten oder Höhlen Unterschlupf, müssen aber zumindest gebietsweise eine entwickelte Sozialstruktur gehabt haben. Es gab Handel mit wertvollen Gütern wie Bernstein und Feuerstein über weite Entfernungen. Für das Vorliegende ist ihre Beziehung zur natürlichen Umwelt von besonderem Interesse. Sie siedelten wegen des Fischfangs bevorzugt an Flüssen und Seen. Ihr Einfluss auf ihre Umwelt wird im Allgemeinen als gering angesehen, was im Vergleich mit den späteren, Ackerbau treibenden Menschen gewiss zutrifft. Sollte aber ihre Jagd auf Großwild so erfolgreich gewesen sein, dass die Populationen der Tiere deutlich sanken, so ist im Zusammenhang mit der Megaherbivorentheorie sogar denkbar, dass sie regional Mitverursacher einer dichteren Bewaldung waren, indem sie die „Offenhalter" reduzierten.

2.4 Landwirtschaft in der Jungsteinzeit und darauf

Sesshaftigkeit in Verbindung mit dem Anbau von zunächst nur gesammelten und später gezielt ausgelesenen Nahrungspflanzen entstand vor über 10.000 Jahren im „Fruchtbaren Halbmond", der die heutigen Staaten Irak und Syrien sowie das südliche Anatolien und Palästina umfasst. In Mitteleuropa herrschte noch mittlere Steinzeit (Mesolithikum), gerade war das Eis gewichen. Die anbrechende Agrarepoche wird auch als Jungsteinzeit (Neolithikum) bezeichnet.[2] Bei den kultivierten Pflanzen handelte es sich mit Emmer und Einkorn um die Vorläufer des heutigen Weizens, bald kamen Linsen und andere Nutzpflanzen hinzu. Einerseits entwickelten sich im Bereich der großen Ströme Euphrat und Tigris und etwas später am Nil die einmal treffend so genannten hydraulischen Hochkulturen. Die planmäßige Bändigung des Wassers und die Nutzung der Überschwemmungen – beides nur in organisierten Gesellschaften möglich – waren dabei Grundlage des staatlichen und kulturellen Aufschwungs. Andererseits machten sich aus der Gegend Völkerschaften auf die Wanderung in Richtung Norden und Westen auf. Sie nahmen das Getreide und domestizierte Tiere wie Rinder, Schweine, Schafe, Geflügel und andere mit.

Die Gründe für die Wanderung sind nur vage bekannt. Klimaänderungen in Richtung auf mehr Trockenheit waren wahrscheinlich. Auch kann eine Bevölkerungszunahme zur Abwanderung gezwungen haben. Hartnäckig halten sich aber Vermutungen, dass Naturkatastrophen mitgespielt haben. So etwas wie die Sintflut hat es bei allen sie umrankenden Legenden wahrscheinlich gegeben. Eine Hypothese ist die Flutung des Schwarzen Meeres durch den von der Eisschmelze verursachten Meeresspiegelanstieg.

Für den Ursprung der Landwirtschaft in Mitteleuropa stellen sich die Fragen: Wurden die Kenntnisse über Ackerbau und Viehzucht, nachdem es sie einmal gab, auch ohne große Wanderungsbewegungen von Volksstamm zu Volksstamm bis nach Mitteleuropa „weitergereicht" (Diffusionshypothese)? Oder drangen die Auswanderer aus dem Fruchtbaren Halbmond über Südrussland, den Balkan und vielleicht sogar über den Umweg über Spanien und Südfrankreich selbst nach Mitteleuropa vor und brachten ihre Erkenntnisse mit (Migrationshypothese)? Vieles spricht für die zweite Hypothese. Zeitgleich zur Landwirtschaft verbreiteten sich neue Stilrichtungen bei Gebrauchsgegenständen und Artefakten, die Bandkeramik- und die Glockenbecherkultur. Das Genom der ersten Ackerbauern enthielt auffällige Elemente der anatolischen Bevölkerung. Die Ursprache, aus der sich fast alle heutigen europäischen Sprachen entwickelten, mag aus dem südrussischen Steppengebiet stammen. Migrationsrouten lassen sich sogar am Vorkommen bestimmter Pflanzenarten nachweisen.

Wie sich die einheimischen Jäger, Sammler und Fischer mit den Ankömmlingen vertrugen und vielleicht mischten, ist nicht bekannt. Starben die Nicht-Landwirte mit der Zeit einfach aus oder übernahmen auch sie nach und nach Landwirtschaft und Viehhaltung? Wahrscheinlich waren die Bevölkerungszahlen beider Gruppen zunächst so gering, dass sie sich bei der Nutzung der Landschaftsressourcen wenig ins Gehege kamen. Natürlich gab es in lokalem Umfang Gewalt, wie es Grabungsstätten mit offensichtlich ermordeten Menschen zeigen, aber einen „Eroberungszug" der Ankömmlinge hat es gewiss nicht gegeben. Die Umstellung von der umherstreifenden Lebensweise der Jäger, Sammler und Fischer zur sesshaften der Bauern war wahrscheinlich eine viele Generationen erfassende Entwicklung, in der die Ankömmlinge und ihre Nachkommen die Pioniere waren. Vielleicht zwang eine Bevölkerungszunahme dazu, die effizientere Ressourcennutzung der Bauern nach und nach in der Breite zu übernehmen. Vielleicht geschah dies nicht einmal ganz freiwillig, denn das bäuerliche Leben war nicht unbedingt angenehmer als das umherstreifende. Die psychischen und sozialen Seiten des Zusammenlebens veränderten sich grundlegend, Haber (2014, Kapitel 2.2, S. 4 ff.) spricht von einem „neuen Menschen". Bauern mussten fleißig und zuverlässig sein und sich pünktlich nach der Natur richten, sie wussten, wann sie zu säen und zu ernten hatten. Sie mussten über Vorräte wachen und an morgen denken. Nicht zu vergessen sind genetische Aspekte: Die mesolithischen Jäger, Sammler und Fischer hatten wenig Kohlenhydrate verzehrt. Ihre Enzymausstattung musste sich langsam an die Getreidekost anpassen. Noch wichtiger war das Laktoseproblem: Weder die Eingesessenen noch die Zuwanderer konnten als Erwachsene Laktose (Milchzucker) verdauen; die Milchvieh haltenden Zuwanderer verzehrten wahrscheinlich Käse, der nur aus Milchfett und Milcheiweiß besteht. Irgendwann im Neolithikum erfolgte eine Mutation, die eine umfassendere Nutzung von Milch und Milchprodukten erlaubte.[3]

Die frühen Bauern besaßen eine sichere Urteilskraft über Standorte, die für Ackerbau und Siedlung geeignet waren. Sie bevorzugten Löss- und Kalkböden. Wieder stellt sich die Frage, in welchem Umfang sie auf geschlossenen Wald stießen und mit welchen Mühen sie ihn roden mussten. Vor hundert Jahren tobte in Südwestdeutschland ein Gelehrtenstreit über die von Gradmann (1898/1950) vertretene „Steppenheidetheorie". Danach konnten die Siedler auf der Schwäbischen Alb auf offenes Land zugreifen, bevor es der natürlichen Bewaldung anheimfiel. Die Theorie musste nach längerer Diskussion abgeschwächt werden, aber es ist wenig zweifelhaft, dass Feuer (möglicherweise schon von Jägern, Sammlern und Fischern gelegt) sowie die destruktive Wirkung des Viehs auf den Wald, auf die noch zurückzukommen ist, erheblich zur

---

[2] Die Archäologie teilt die menschliche Frühgeschichte nach dem wichtigsten Werkstoff der jeweiligen Gebrauchsgegenstände und Waffen ein: Steinzeit, Bronzezeit, Eisenzeit. Das ist in der Praxis des mühsamen Ausgrabungswesens gewiss sinnvoll, ob es aber kulturell die sinnvollste Einteilung ist, ist nicht sicher. Gesellschaften mit und ohne Landwirtschaft unterschieden sich viel fundamentaler als solche mit unterschiedlichen Werkzeugen. So aber wird die Steinzeit in Alt- und Mittelsteinzeit (ohne Landwirtschaft) und Jungsteinzeit (mit Landwirtschaft) gegliedert.

[3] Laktoseunverträglichkeit scheint heute wieder verbreitet zu sein; die Lebensmittelindustrie warnt Betroffene auf Verpackungen. Merkwürdigerweise war davon in Kriegs- und Notzeiten nie und auch bis vor 20 Jahren kaum die Rede.

Verlichtung beigetragen haben, soweit die wilden Megaherbivoren diese nicht schon zumindest vorbereitet hatten.

In den Jahrtausenden vom Beginn des mitteleuropäischen Ackerbaus etwa um 5000 v. Chr. bis zu den Epochen der Kelten und Germanen und der Gegenwart der Römer im Südwesten lebten die Menschen von ihren Äckern, ihrem Vieh und natürlich auch weiterhin von wilden Ressourcen, wie Beeren, Fischen und Wildbret. Klimaänderungen wirkten sich erheblich auf ihr Leben aus. Nach 2000 warmen Jahren wurde es in Kupfer-, Bronze- und Eisenzeit kühler, um in den Jahrhunderten um und nach Christi Geburt wieder wärmer zu werden. Auf einem typischen Lössstandort wurde in Dorfnähe der Acker als Einfelderwirtschaft kultiviert. Zum Anbau kamen Einkorn, Emmer, Gerste, Erbsen, Linsen, Lein und Mohn, vereinzelt Weizen und Dinkel; erst später wurden auch Hafer und Roggen angebaut, die in den Jahrtausenden zuvor ihr Dasein als Unkraut auf den Feldern gefristet hatten. Es gab keine geregelte Fruchtfolge. Alle Aussaat geschah im Frühjahr, es gab noch keine Winterfrüchte. Nach der Ernte bis zum nächsten Frühjahr beweideten die Tiere die Brachfläche und düngten sie dabei in gewissem Grade, ansonsten musste man sich auf das Nachlieferungsvermögen des Bodens an Pflanzennährstoffen verlassen. War ein Acker erschöpft, so wich man auf einen anderen Standort aus.

Die Äcker müssen wie kleine Teppiche in einer grünlandähnlichen Matrix ausgesehen haben und waren natürlich bunt vom Unkraut. Dessen Pflanzen bestanden zum einen Teil aus Apophyten Arten, die es schon in der heimischen Landschaft gegeben hatte, die sich aber durch deren vom Menschen betriebene Öffnung ausbreiten konnten. Ein wesentlicher Teil der Unkräuter insbesondere des Getreides bestand jedoch aus Archäophyten* – Arten, die der Mensch mit den vorderasiatischen Kulturpflanzen unbeabsichtigt eingeführt hatte.[4] Die meisten schönen und heute stark gefährdeten Arten gehören zu ihnen.

Außerhalb der Äcker und Siedlungen muss man sich die Landschaft als ein Kontinuum von reiner, unbeeinflusster Urlandschaft (Mooren, Sümpfen und Urwäldern) bis zu massiv, meist destruktiv durch das Weidevieh beeinflussten Flächen vorstellen. Schon vor Jahrtausenden erstreckten sich die Einflüsse von ungeregelter Beweidung und Feuer auf große Teile der Landschaft und dürfen nicht unterschätzt werden. In Nordwestdeutschland entstand in der Bronzezeit (etwa 2000 bis 1000 v. Chr.) die Lüneburger Heide. Sandiger, nährstoffarmer Boden bedeckte sich nach der Waldvernichtung mit Heidekraut (*Calluna vulgaris*) und anderen Rohhumus* bildenden Arten, wodurch die Versauerung und Nährstoffarmut in einem selbstverstärkenden Prozess beschleunigt wurde. Interessanterweise sind diese Degradationsstadien gemeinsam

mit anderen Halbkulturlandschaften, von denen noch die Rede sein wird, heute wertvolle Erholungslandschaften.

2.5 Römerzeit

Nahezu sämtliche Obstarten, vom Apfel über die Aprikose bis zur Weinrebe, verdanken wir Mitteleuropäer den Römern, die sie ihrerseits hauptsächlich aus Persien, Zentralasien und China bezogen hatten. Kelten und Germanen kannten anscheinend überhaupt kein Obst außer gesammelten wilden Früchten. Die römischen Innovationen betrafen also in erster Linie den Gartenbau und wurden schwerpunktmäßig im eigenen Herrschaftsbereich westlich des Rheins und südlich des Limes umgesetzt. Mit dem ihnen eigenen praktischen Talent verbesserten die Römer auch den Ackerbau, ohne dass es jedoch zu revolutionären Neuerungen kam. Sie bevorzugten allerdings den Anbau von Weizen. Typisch für ihren Ackerbau war die Zweifelderwirtschaft, bei der ein Acker Jahr für Jahr abwechselnd mit Getreide bestellt oder brach gelassen wurde. Die Brache diente sowohl der Erholung des Bodens als auch als Weide. Die Stärke der römischen Landwirtschaft bestand in erster Linie in ausgezeichneter, oft großbetrieblicher Organisation – einer Errungenschaft, die nach dem Vergehen ihres Reiches wieder verloren ging.

Auf zwei Einwanderungswellen von Pflanzen und an sie gebundene Tiere ist bereits hingewiesen worden: Die erste spontane trieb neben dem Wiedereinzug der dem Eis gewichenen Gehölze die östliche Steppenvegetation weit nach Westen, wo ihre Arten heute als Reliktvorkommen geschützt werden. Die zweite bestand aus den „blinden Passagieren", die sich von den einwandernden Ackerbauern aus deren Heimat im Fruchtbaren Halbmond mitbringen ließen oder die die wandernden Menschen unterwegs aufgelesen hatten. Wie schon erwähnt, sind hier die Wildkräuter („Unkräuter") der Getreidefelder besonders zu nennen. Der intensive Reiseverkehr und Warenaustausch in der Römerzeit dürfte dann eine Ursache für den dritten Einwanderungsstrom, diesmal der mediterranen und submediterranen Archäophyten und -zoen aus dem Süden und Südwesten gewesen sein. Auch hier handelte es sich um heute wieder selten gewordene Ackerwildkräuter, ferner um Begleiter der Garten- und Weinkulturen, wie zum Beispiel Weinraute und Osterluzei. Bedeutend sind die Elemente der submediterran getönten Magerrasen, die heute größere Flächen einnehmen als die kontinentalen, insbesondere auf Kalkböden. Hierzu zählen unter anderen zahlreiche, von Naturliebhabern hoch geschätzte Orchideenarten (Abb. 2.3).

---

[4] Eine Konvention lautet: Vor 1500 vom Menschen eingeführte Arten = Archäophyten; nach 1500 eingeführte Arten = Neophyten*.

Abb. 2.3 Charakteristische Orchideen warm-trockener Kalkstandorte, teils an der NO-Grenze ihrer Verbreitung: **a** Männliches Knabenkraut (*Orchis mascula*), **b** Hängendes Männchen (*Aceras anthropophorum*), **c** Pyramiden-Knabenkraut (*Anacamptis pyramidalis*), **d** Die Fliegen-Ragwurz (*Ophrys insectifera*) ist eine Sexual-Täuschblume. Die Männchen einer bestimmten Fliegenart vermeinen, ein Weibchen zu begatten, bestäuben aber die Pflanze. Anmerkung: Hier wie im ganzen Buch werden bei Pflanzen und Tieren die hergebrachten und jedem Naturfreund geläufigen wissenschaftlichen Namen verwendet anstatt neuer, aus molekulargenetischer Verwandtschaft abgeleiteter Namen, deren wissenschaftliche Rechtfertigung nicht bestritten wird

2.6   Mittelalter

Wir überspringen die dunklen Jahre der Völkerwanderungszeit, die hinsichtlich der Landnutzung offensichtlich keine Innovationen brachten. Nicht ohne Bedeutung ist nur, dass weite Gebiete im heutigen Mecklenburg-Vorpommern und Brandenburg nach dem Fortzug der Germanen im dritten und vierten Jahrhundert mehrere hundert Jahre lang fast oder völlig menschenleer waren, denn die slawische Landnahme setzte erst im 8. Jahrhundert ein. Die Wälder müssen in Abwesenheit von Menschen und Nutztieren prächtig gediehen sein; auch breitete sich um diese Zeit die Buche weiterhin massiv aus.

Zahlreiche Menschen sprechen auch vom Mittelalter als einer dunklen Epoche, die der Religion und dem Jenseits zugewandt war und deren Diesseits eher trostlos blieb. Das ist völlig falsch. Ein Blick auf die großartigen Dome und Kathedralen des 12. und 13. Jahrhunderts beweist nicht allein grenzenlose künstlerische Ausdrucksstärke (besonders im Vergleich mit heutigem Bauwesen), sondern auch technischen Innovationsgeist und Wagemut. Städte, Handel und Technik blühten auf. Wir beschreiben die mittelalterliche Landwirtschaft in größerem Detail, weil ihre wesentlichen Kennzeichen weit über den chronologisch als Mittelalter bezeichneten Zeitabschnitt beherrschend blieben und erst im 18. Jahrhundert abgelöst wurden.

Es gab zwei folgenschwere Innovationen, eine technische und eine organisatorische. Die erste betraf den eisernen Pflug, der den Ackerbau auf schwerer zu bearbeitenden, tonigen Böden ermöglichte und tiefere Furchen zu ziehen erlaubte. Es gab ihn zwar schon vorher, die Eisenzeit begann sogar schon weit vor der römischen Epoche. Wie Grabungen auf der Feddersen Wierde nördlich von Bremerhaven zeigten, wurde der Pflug von Bauern an der Nordseeküste erfunden, die es mit schwerem, tonigen Boden zu tun hatten, er

wurde aber erst im Mittelalter *das* zentrale Werkzeug des Bauern. Die zweite Innovation bestand in der Dreifelderwirtschaft, die sich als äußerst zählebig erweisen sollte. Ein Feld wurde im ersten Jahr mit Wintergetreide bestellt, im zweiten mit Sommergetreide und im dritten brach gelassen. Beim Wintergetreide kam jetzt erst der Roggen zu weiter Verbreitung. Die Dreifelderwirtschaft wirkte sich soziologisch einschneidend aus, denn kein Bauer konnte mehr sein Land nach eigener Planung bestellen. Auf dem für Wintergetreide vorgesehenen Flurstück mussten alle Bauern diese Frucht anbauen, ebenso wie auf den übrigen Gewannen. Anders wäre die Nutzung der Brachflächen durch das Vieh kaum zu organisieren gewesen.

Trotz dieser Neuerungen, die sich sehr bewährten, besaß die mittelalterliche Landwirtschaft Mängel – es kann sogar die These aufgestellt werden, dass sie hinter den aufstrebenden klösterlichen und städtisch-kaufmännischen Welten in jeder Hinsicht zurückblieb. Es gab außer den Getreidearten wenige Nahrungspflanzen von Bedeutung, wie etwa Linsen. Die Fruchtfolgen wurden eher durch Faser- und Ölpflanzen bereichert, wie Flachs und Mohn. War auch Flachs (Lein) nicht der einzige Rohstoff für die Herstellung von Kleidung und sonstigen Textilien – auch die Wolle und mit ihr die Schafe spielten eine große Rolle –, so steht doch fest, dass Kleidung das zweitwichtigste Produkt des mittelalterlichen Menschen nach der Nahrung war.

Die landwirtschaftliche Nahrungsversorgung blieb überaus einseitig, wenn auch das Getreide zunehmend als Brot und weniger als Brei genossen wurde. Abwechslung kam fast allein durch Früchte und Gemüse aus dem Garten sowie durch Wildbret hinzu. Die klösterliche Gartenwirtschaft war dem bäuerlichen Feldbau in technischer, organisatorischer und ästhetischer Hinsicht weit voraus.

Eine geregelte Düngung der Felder gab es nicht. Ihre Fruchtbarkeit wurde mehr schlecht als recht dadurch erhal-

ten, dass die Tiere tagsüber in Wäldern und auf Hutungen*
weideten und nachts auf den Brachflächen gepfercht wurden. Außerdem wurde die Waldstreu in regelmäßigen Abständen zusammengerecht und auf die Felder gebracht –
sehr zum Schaden des Waldes. Das System war also von
einer Kreislaufwirtschaft der Pflanzennährstoffe weit entfernt, vielmehr gab es jahrhundertelang einen einseitig gerichteten Transport von Kalium, Magnesium und Calcium
aus dem Umland auf die dorfnahen Felder. Das System hielt
sich also, indem es das Umland „ausbeutete". Die Folgen
waren deutlich. Noch heute beklagen Förster Bodensäure
und Magnesiummangel auf Waldstandorten, die zumindest
teilweise auf die damaligen Praktiken zurückgehen. Auf der
anderen Seite führte die Aushagerung der offenen und halboffenen Hutungen zu einer Artenvielfalt, auf die noch zurückzukommen sein wird.

Die Tierhaltung war meist wenig organisiert und entsprechend leistungsschwach. Ausnahmen waren begrenzte Regionen, wie zum Beispiel Schleswig-Holstein, die Ochsen
exportierten und damit wesentlich zur Fleischversorgung
beitrugen. Verglichen mit heutigen Rindern waren aber auch
diese Ochsen klein und mager. Durch die Förderung der Eichen in Wäldern und Gehölzen waren die Schweine möglicherweise noch am besten versorgt. Die Futterbevorratung
für den Winter war mangelhaft. Zwar waren wie auch schon
zuvor bei den Römern die Bereitung von Wiesenheu für die
Rinder, Schafe und Pferde und das dazugehörige Handwerkszeug der Sense bekannt, eine intensive und ertragreiche
Grünlandwirtschaft gab es dennoch nur ausnahmsweise.
Wichtiger war das Schneiteln von Bäumen, also die Gewinnung von Laubheu, was sich in gewissen Landstrichen bis
weit über das Mittelalter hinaus hielt. Insgesamt wurden die
Tiere im Winter mehr oder weniger durchgehungert, sodass
sie keine besonders wirksamen Düngerlieferanten sein konnten.

Die Erträge auf den Feldern waren gering. Eine Getreideernte vom Sechsfachen der Aussaat galt als üppig, normal war das Drei- bis Vierfache. Die Erträge lagen damit im
Schnitt unter einer Tonne pro Hektar und Jahr. Vor allem waren sie unsicher; Witterungsereignisse führten regelmäßig zu
Missernten und verbunden mit mangelhafter Lagerhaltung zu
Hungersnöten. Die Situation verschlechterte sich gravierend
mit der im 14. Jahrhundert einsetzenden Abkühlung des Klimas, der „Kleinen Eiszeit", die erst im 19. Jahrhundert wieder
ausklang. Die harten Winter jener Zeit sind in zahlreichen
Gemälden festgehalten; Heinrich VIII veranstaltete Volks-
feste auf der zugefrorenen Themse. Es gab, wie im Jahr 1342,
Regengüsse und Überflutungen von unvorstellbarer Gewalt,
die bis heute nachwirkende Erosionsfolgen hatten; Flussauen
wurden teilweise meterdick mit abgetragenem Bodenmaterial
bedeckt. An der Nordsee führten Meeresspiegelanstieg und
Stürme in der Großen Mandränke von 1362 zum Zerreißen
der nordfriesischen Küstenlinie und zum Einbruch des Jade-

Abb. 2.4 Die Ivenacker Eichen bei Stavenhagen in Mecklenburg –
seltenes Beispiel von Bäumen, die wohl 1000 Jahre überlebt haben

busens mit immensen Todesopfern.[5] Die gleichzeitig einset-
zenden Pestepidemien machten das Leben im Spätmittelalter
hart und führten mit den erwähnten Naturereignissen und
Kriegen zu einem starken Bevölkerungsrückgang. Paradoxer-
weise profitierten davon die Überlebenden bezüglich ihrer
Nahrung. Es wird berichtet, dass gerade in den schlechtesten
Zeiten durchschnittlich bis zu 100 kg Fleisch pro Person und
Jahr verzehrt wurden (um 1800: 20 bis 30 kg, heute: 60 kg).
Allgegenwärtiger Mangel und oft blanke Not wurden also
durch gelegentliche Zeiten der Völlerei unterbrochen.

Kehren wir noch einmal zu den „guten" Zeiten des Mittel-
alters bis zum Jahr 1300 zurück und betrachten die Landschaft als Ganze. Es gab immer noch gering vom Menschen
beeinflusste Naturlandschaften wie Moore und Sümpfe, kaum
beherrschbare Küstenstrecken und weite Überschwemmungs-
landschaften der großen Ströme. Die Besiedelung der Mittelgebirge erfolgte zögerlich und eher durch Bergleute auf der
Suche nach Erzen als durch Bauern. Aber der vom Menschen
stärker oder schwächer vereinnahmte Teil der Landschaft
überwog. Der Wald wurde auf einen Teil der Landesfläche
reduziert, die höchstens dem heutigen Anteil entsprach, zeitweise noch kleiner war. Solange die Bevölkerung wuchs,
wurde überall Land gerodet, sehr umfangreich war auch die
von zisterziensischen und anderen Klöstern kulturell begleitete Landnahme in den östlichen Siedlungsgebieten des Reiches, den heutigen „neuen" Bundesländern.

Die Geschichte des Waldes wird im Kap. 10 näher betrachtet; hier sind nur drei Aspekte vorwegzunehmen: Eine
scharfe Grenze zwischen Wald und Offenland, wie wir sie
heute kennen, gab es höchstens ausnahmsweise. Im Allgemeinen ging alles ineinander über, es gab in großem Umfang

---

[5] Schuld waren aber auch die Menschen selbst, indem sie die Oberfläche
des unzureichend eingedeichten Marschlandes durch Austrocknung,
Torf- und Salzabbau und sogar Eisengewinnung immer weiter unter den
Meeresspiegel absenkten.

Abb. 2.5 Waldfolgelandschaft im Mittelmeergebiet (Cap Corse, Korsika). Wenn auch ohne Cistrosen, besitzt die mitteleuropäische Halbkulturlandschaft durchaus Ähnlichkeit

Saumbiotope und Gradienten, die heute so sehr fehlen. Zweitens wurde der Wald, wo er nicht gerodet war, vielfach übernutzt. Dass große alte Bäume bis heute überdauern, wie die berühmten Ivenacker Eichen (Abb. 2.4), ist die Ausnahme, teils bedingt durch Nutzungsverbote seitens der Obrigkeit zugunsten ihres Jagdvergnügens. Drittens wurde keineswegs überall dort, wo der Wald beseitigt worden war, planmäßig und intensiv Landwirtschaft betrieben. Der Wald wurde auch nicht überall mit der Axt gerodet; wie schon erwähnt, spielte seine langsame Degradation durch Weidetiere und wohl auch durch Feuer eine große Rolle. Ganz ähnlich den heute vom Förster missbilligten Wildbeständen ästen damals die Rinder und Pferde im Wald und wühlten die Schweine. Der Jungwuchs der Bäume wurde buchstäblich aufgefressen, irgendwann gab es einen parkartigen Zustand mit alten Bäumen, die im Gegensatz zum geschlossenen Wald breit ausladen konnten, und irgendwann starben diese ab. Dann war die Fläche offen und oft höchstens ein schlechter Acker. Als solcher wurde sie teilweise genutzt, dann wieder auch nicht, Tiere waren meistens anwesend, stellenweise wuchsen wieder Gehölze. Wilmanns (1993) nennt diese Flächen treffend „Halbkulturlandschaft". Sie besitzt eine strukturelle Ähnlichkeit mit den heutigen, große Flächen einnehmenden Waldfolgelandschaften in den Mittelmeerländern, der *Garrigue* Südfrankreichs und Korsikas (Abb. 2.5). Ebenso wie jene war und ist die Halbkulturlandschaft ein Degradationsstadium, aus der Sicht des rationalen Landschaftsnutzers ein Schaden. Vielen Menschen scheint es ein Paradox, dass gerade deshalb die Artenvielfalt auf diesen Flächen so außerordentlich hoch ist, besonders wenn sie warm und trocken sind, wie auf kalkhaltigem Untergrund. Die schon erwähnte Zuwanderung mediterraner und submediterraner Floren- und Faunenelemente fand daher bevorzugt hier statt. Obwohl, wie in den beiden folgenden Abschnitten näher beleuchtet, die Halbkulturlandschaft später keineswegs geschätzt wurde,

überdauerten große Flächen. Sie sind heute hochrangige Naturschutzgebiete.

Zusammenfassend darf man sagen: Das mittelalterliche Agrarsystem war wenig produktiv, störungsanfällig und durchaus nicht ressourcenschonend. Durch den aus der Sicht des heutigen Bauern und Försters schlechten Umgang mit dem Boden trug es aber zur Artenvielfalt und Buntheit der Landschaft bei, ja war es ein Ursprung heutiger Perlen des Naturschutzes.

2.7   Neuzeit, Aufklärung und Wissenschaft

Man muss feststellen, dass die Fortschritte der landwirtschaftlichen Technik fast 7000 Jahre lang bis zum Ende des 17. Jahrhunderts nicht beeindruckend waren. Die Haupt-Nahrungspflanzen waren noch sehr ähnlich denen der Kelten und Germanen; es gab fast nur Getreide. Ihre Leistung und die der Nutztiere mag durch Auslese etwas gestiegen sein, aber nicht sehr bedeutsam. Die Dreifelderwirtschaft stammte aus dem frühen Mittelalter. Bodenbearbeitung, Erntetechnik und Tierhaltung hatten sich wenig fortentwickelt. Und vor allem: Man hatte zwar viel Erfahrungswissen – man wusste, dass Mist* und Jauche* den Pflanzenwuchs anregten, aber niemand konnte sagen, warum. „Ausser dem Sonnenschein, Thau und Regen wusste der Landwirth von den Bedingungen der Entwickelung einer Pflanze soviel wie nichts" (Liebig 1876, S. 1). Von einer wissenschaftlichen Durchdringung der Landwirtschaft konnte keine Rede sein.

Eine erste Erweiterung des Horizonts hatten freilich die Entdeckungsfahrten in der Renaissancezeit mit sich gebracht, besonders in Gestalt neuer Feld- und Gartengewächse. Man kannte Tomaten, Mais, Kürbis, neuweltliche Bohnen, Kartoffeln und – Tabak. Auch hatten findige Leute in vielen Regionen für sich selbst und überregional kaum bemerkt schon Zusammenhänge entdeckt und kleine Fortschritte gemacht. Zum Beispiel finden sich schon 100 Jahre vor der bekannten Agitation des „Ritters vom Kleefeld" Johann Christian Schubart Belege für den Anbau von Kleearten. Mit der Verbreitung wissenschaftlichen Denkens und dem Aufstieg aufgeklärt-absolutistischer Territorialstaaten, deren Regenten nicht zuletzt aus militärischen Gründen am materiellen Wohl ihrer Untertanen lag, war die Zeit gekommen, Fortschritte in der Landnutzung systematisch voranzutreiben.

Das erste wichtige Dokument dieser Art bezog sich interessanterweise nicht auf die Land-, sondern auf die Forstwirtschaft: Carlowitz' Forderung nach Nachhaltigkeit im Waldbau von 1713 ist seitdem unendlich oft zitiert worden. Ein Meilenstein war dann der berühmte Kartoffelerlass Friedrichs des Großen 1756 während des Siebenjährigen Krieges. In der zweiten Hälfte des 18. Jahrhunderts machten sich mehrere Persönlichkeiten in Deutschland daran, systematisch Kenntnisse über Landwirtschaft zu erwerben – nicht zuletzt aus dem damals fortgeschrittenen England – und diese auf eigenen Gütern in die Praxis umzusetzen. Der Berühmteste war Albrecht Thaer, zu nennen sind aber auch Schubart und Albert Schultz-Lupitz. Im 19. Jahrhundert ragten auf ökonomischem Gebiet Johann Heinrich von Thünen und auf naturwissenschaftlichem Justus Liebig heraus.

Box 2.1 Albrecht Daniel Thaer, Agrarpionier und Wissenschaftler

Die Landwirthschaft ist ein Gewerbe, welches zum Zweck hat, durch Produktion (zuweilen auch durch fernere Bearbeitung) vegetabilischer und thierischer Substanzen Gewinn zu erzeugen oder Geld zu erwerben. Je höher dieser Gewinn nachhaltig ist, desto vollständiger wird dieser Zweck erfüllt. Die vollkommenste Landwirthschaft ist also die, welche den möglich höchsten, nachhaltigen Gewinn, nach Verhältniß des Vermögens, der Kräfte und der Umstände, aus ihrem Besitze zieht (Krafft et al. 1880, S. 3). Keine anderen Worte sind in der landwirtschaftlichen Literatur so oft zitiert worden wie diese von Albrecht Thaer (1752–1828, vgl. Abb. 2.6). Thaer kam in Celle zur Welt, studierte Medizin und praktizierte erfolgreich als Arzt gemeinsam mit seinem Vater, später allein. Jedoch füllte ihn diese Tätigkeit schon bald nicht mehr aus. Neben dem Knüpfen von Kontakten zur gelehrten Welt, unter anderem zu Lessing, begann er zunächst gärtnerisch tätig zu werden, um ab 1793 vor den Toren der Stadt eine kleine Musterlandwirtschaft einzurichten, die er mit seinen Einnahmen aus der Arztpraxis finanzierte. Als Mitglied der „Königlich Großbritannisch und Churfürstlich Braunschweig-Lüneburgischen Landwirtschaftsgesellschaft" brachte er es zu hohem Ansehen. Dies nicht nur wegen seiner innovativen, unter anderem den Fruchtwechsel praktizierenden Wirtschaftsweise, sondern besonders auch wegen seiner schriftstellerischen Tätigkeit und seiner Verdienste um die Ausbildung von Landwirten. Obwohl er selbst England nicht bereist hatte, übte seine erste größere Schrift „Einleitung zur Kenntniß der englischen Landwirtschaft" großen Einfluss aus.

Nachdem er lange mit dieser Möglichkeit geliebäugelt hatte, folgte er 1804 der Einladung König Friedrich Wilhelms III und siedelte mit seiner Familie nach Preußen um. Da er auch auf Minister Hardenberg als seinen Gönner bauen konnte, besaß er die allerbesten Kontakte zu politischen und wissenschaftlichen Spitzen in Berlin, die nie abrissen. In der Akademie der Wissenschaften saß er neben Alexander von Humboldt, 1809 wurde er Staatsrat und 1810 Professor an der neuen Universität in Berlin.

Dabei waren die ersten Jahre in Preußen alles andere als leicht. Das Rittergut Möglin von 250 ha auf der Barnimhöhe nahe des Oderbruches, das seine künftige Musterwirtschaft werden sollte, war heruntergewirtschaftet. Thaer ließ sich beim Kauf übervorteilen, sodass seine Mittel zur Entwicklung des Gutes unzureichend wurden. Er kam in schwere Bedrängnis; „alles vereinigte sich, um Thaers Gemüth mit tieffster Bekümmerniß zu bedrücken", wie seine Biographen schreiben (Krafft et al. 1880, S. XXXI). Aber die Herausforderung, selbst ein schlechtes Anwesen mit beschränkten Mitteln entwickeln zu können, wenn wohlüberlegte rationale Maßnahmen ergriffen werden, ließ ihn nicht los, und er siegte zur Bewunderung seiner Zeitgenossen.

Möglin war ein Doppelprojekt, nicht nur ein vorbildlicher Landwirtschaftsbetrieb, sondern gekoppelt damit auch ein Lehrinstitut. Auch dessen Anfang am ersten November 1806, unmittelbar nach Preußens vernichtender Niederlage gegen Napoleon bei Jena und Auerstädt am 14. Oktober, war mehr als schwierig. Die zuweilen die Existenz bedrohenden Schwierigkeiten hielten bis zum Ende des Krieges 1815 an.

Thaer hatte jedoch das Glück, dass es danach nur noch aufwärts ging, sowohl in wissenschaftlicher, gesellschaftlicher als auch wirtschaftlicher Hinsicht. Das Lehrinstitut bestand weit über seinen Tod hinaus bis 1861. Er konnte neben Möglin weitere Anwesen erwerben und wurde neben vielem anderen auch eine Autorität in der Schafzucht nicht allein in Preußen. Sein Hauptwerk „Grundsätze der rationellen Landwirtschaft", ein Konvolut von 1000 Seiten (1809 bis 1812), blieb Standardwerk während des ganzen 19. Jahrhunderts trotz der kommenden wissenschaftlichen Brüche, wie besonders der von seinem Schüler Sprengel begründeten und von Liebig weiterentwickelten und publizierten Mineralstofftheorie.

Sein Andenken und Erbe wird von einer Fördergesellschaft mit Sitz in Möglin (Kreis Märkisch-Oderland) gepflegt, die eine interessante Broschüre herausgibt (Fördergesellschaft A.D. Thaer e.V. 2004).

Die wichtigsten Errungenschaften etwa bis zum Ende des 18. Jahrhunderts waren:

- Besömmerung des Brachfeldes in der Dreifelderwirtschaft. Hier wurden entweder Hackfrüchte angebaut, wie besonders Kartoffeln und später auch Runkel- und Zuckerrüben, oder Viehfutter in Gestalt von Klee oder ähnlichen Pflanzen. Hinzu kam eine große Vielfalt von Kulturpflanzen, teils mit Übergängen zu gartenbaulichen Maßstäben. Manche Kulturen, wie Färbepflanzen, prägten Landschaf-

Abb. 2.6 Albrecht Thaer – Mit freundlicher Überlassung und Genehmigung der Fördergesellschaft A.D. Thaer e.V.

ten und brachten großen Wohlstand, wie um die Stadt Erfurt.

- Aufbau einer geregelten Futterwirtschaft für Wiederkäuer und Pferde durch Wiesen- und Kleegrasschnitt mit hinreichender Bevorratung für den Winter. Konservierungsprinzip war Wasserentzug (Heubereitung).
- Stallhaltung der Tiere. Die destruktive Waldweide wurde zwar erst im 19. Jahrhundert ganz abgeschafft, aber vorher schon reduziert. Das auf Ackerland und Wiesen geworbene Futter wurde den Tieren wohldosiert im Stall vorgelegt. Mist und Jauche konnten aufgefangen und planmäßig zur Düngung verwendet werden.

Man erkennt, dass die Tugenden der zünftigen bäuerlichen Landwirtschaft, wie sie heute besonders im ökologischen Landbau gepflegt werden, im 18. und 19. Jahrhundert entwickelt wurden und damit weniger alt sind als angenommen werden könnte. Sie beinhalten die Pflege der Bodenfruchtbarkeit durch Fruchtwechsel, die Bekämpfung von Unkräutern, Pflanzenkrankheiten und Schädlingen durch kluge Anpassungsmaßnahmen ohne Chemie und die möglichst geschlossene betriebliche Kreislaufwirtschaft der Pflanzennährstoffe. Zwar finden nicht alle damaligen Praktiken heute noch volle Zustimmung – man erkennt zum Beispiel wieder den Wert des

Weideganges der Tiere –, es überwiegt jedoch ein sehr positives Urteil über die damaligen Errungenschaften. Die destruktiven Aspekte der mittelalterlichen Landwirtschaft im Umgang mit dem Boden und dem Wald wurden stark zurückgedrängt. Die Erträge lagen zwar im Vergleich zu heute immer noch niedrig, aber sie wurden sicherer, was das Wichtigste war. Es bedurfte entweder extremer Witterungsverhältnisse, wie das durch den Ausbruch des Vulkans Tambora verursachte „Jahr ohne Sommer" 1816, oder katastrophaler Züge von Pflanzenkrankheiten, um eine Missernte und Hungersnot zu erzeugen.[6]

Was die Biodiversität anbelangt, so war diese auf den landwirtschaftlichen Produktionsflächen uneingeschränkt und enthielt alle Elemente, die wir heute vermissen. Wiesen waren bunt und standörtlich sowie hinsichtlich der Intensität ihrer Bewirtschaftung hoch differenziert. Gute Bauern hielten das Unkraut auf dem Acker so in Schach, dass es möglichst geringen Schaden anrichtete, aber keine Ackerwildkrautart war in ihrem Bestand gefährdet. Es muss eine Freude gewesen sein, durch die Agrarlandschaft zu wandern. Annette von Droste-Hülshoff schrieb 1840 über die Weidegründe in ihrer Heimat, dem Münsterland, dass „… jeder Schritt Schwärme blauer, gelber und milchweißer Schmetterlinge aufstäuben" ließ.

Hier ist der Ort, um auf zwei weitere Umstände hinzuweisen, die die traditionelle mitteleuropäische Kulturlandschaft so artenreich und schön werden ließen. Der eine ist die große geologische Vielfalt besonders im mittleren und südwestdeutschen Gebiet. Auf kleinem Raum wechseln sich geologische Formationen besonders aus dem Erdmittelalter (Mesozoikum), aber auch früherer und späterer Entstehung ab. Entsprechend vielfältig sind Oberflächenformen und Böden. Der zweite besteht darin, dass zahlreiche Arten der Urlandschaft in den vom Menschen geschaffenen Kulturbiotopen zumindest passable, wenn nicht gar vollgültige Ersatzbiotope fanden, also fortexistieren konnten. Die oben schon erwähnten Apophyten konnten sich sogar ausbreiten. Pflanzen der Moore und Sümpfe fanden neuen Lebensraum in feuchten Wiesen; wer aber nicht diesen Sprung machen konnte, für den gab es zwischen den Kulturbiotopen immer noch genug Restflächen. Voraussetzung hierfür war, dass die Schaffung der Kulturbiotope über die Jahrtausende hinweg ein langsamer und behutsamer Vorgang war, eine Art von Koevolution zwischen Mensch und Natur. Dies steht in krassem Gegensatz zu den überseeischen Siedlungsgebieten der Europäer. In den landwirtschaftlichen Biotopen Neuseelands findet sich kaum eine heimische Art, die Landwirtschaft ist dort ein reiner Fremdkörper.

---

[6] Die Hungersnot in Irland in den 1840er-Jahren hatte eine einseitige Spezialisierung der Volksernährung auf die Kartoffel zur Ursache, was umso leichtfertiger war, als nur eine einzige genetisch homogene Sorte zur Verfügung stand, die einer Krankheit wie der Kraut- und Knollenfäule (*Phytophthora infestans*) leicht zum Opfer fiel.

Die Menschen der Aufklärung und des landwirtschaftlichen Fortschritts waren noch keine Naturschützer. Die Buntheit ihrer Äcker und Wiesen war ihnen selbstverständlich, vielleicht war es ihnen hier und da sogar zu bunt. Ihre Meinung zu der aus früheren Jahrhunderten und Jahrtausenden ererbten Halbkulturlandschaft wich von unserer heutigen stark ab. Sie wurde durchweg negativ beurteilt, weil sie keinen Nutzen erkennen ließ. Allmendeflächen*, also mageres Grünland, Heiden und ähnliche Biotope wurden als Plagen angesehen. Gewiss hing das auch damit zusammen, dass deren Bewohner meist ein ärmliches Leben ohne Bildung und Kultur führen mussten. Auch ästhetisch wurde ganz anders geurteilt als heute; wer durch die Lüneburger Heide reisen musste, wurde bedauert. Gelang es, solche oder auch nasse Flächen wie Sümpfe zu kultivieren, so wurde dies als Erfolg gefeiert, und dem vernichteten Lebensraum wurde keine Träne nachgeweint. Friedrich der Große lobte sein Volk, das ihm mit dem trocken gelegten Oderbruch eine neue Provinz ohne Krieg geschenkt hatte. Dies war ganz klar die Folge des in weiten Gegenden noch vorhandenen Überflusses an Flächen der Halbkulturlandschaft. Etwas wird erst geschätzt, wenn es knapp wird. Bis weit ins 19. Jahrhundert hinein konnten die mit beschränkten technischen Mitteln durchgeführten Nutzungsintensivierungen auf den Halbkulturflächen weder diese im Bestand bedeutend mindern noch deren Arteninventar gefährden. Eine Ausnahme machten große und schon damals als „Raubzeug" verrufene Tiere wie der Wolf und Greifvögel.

2.8 Technik und Industrie bis 1950

Um gleich mit diesem Thema fortzufahren: Im 19. und frühen 20. Jahrhundert wurde alles nachgeholt, was die Vorgänger versäumt hatten. Die Liquidierung der Halbkulturlandschaft ist vielleicht das Hauptkennzeichen jener Epoche. Sie stand in enger Verbindung mit der Bändigung des Wassers. Flüsse wurden begradigt und reguliert und an der Küste wurden Deiche so gefestigt, dass Sturmfluten nicht mehr wie früher hohe Menschenopfer fordern konnten. Landgewinn an der Nordseeküste wurde als Sieg über die Natur gefeiert. Sümpfe auszutrocknen und in fruchtbares Kulturland umzuwandeln, galt als eine der größten Wohltaten, die einem Volk angetan werden konnte. Ihren bedeutendsten künstlerischen Ausdruck fand dies im Finale von Goethes „Faust II" (Box 2.2). Die nordwestdeutschen Regenmoore wurden fast vollständig abgetragen oder kultiviert, nasse Flächen wurden dräniert, Heiden und landwirtschaftlich minderwertiges Land wurden aufgeforstet.

Besonders in der ersten Hälfte der Epoche waren gar nicht technische Fortschritte oder die Verfügung über mächtige Maschinen die Triebkräfte. Aufforstungen geschahen in mühsamer Handarbeit, die zahlreiche Arbeitskräfte band. Die

Korrektur des Oberrheins von Basel bis Karlsruhe verwandelte eine fast amazonisch wirkende Wildnis, in der Malaria endemisch war, in eine intensiv genutzte Kulturlandschaft. Dies gelang mit Intelligenz: Der Ingenieur Tulla ließ den Rhein mit relativ unaufwändigen technischen Mitteln sich selbst so eintiefen, dass das Gewirr seiner Neben- und Altarme austrocknete. Die Triebkraft für alle diese Dinge war technisch-planerischer Gestaltungswille gegenüber der Natur und ein „Ordnungstrieb" in der Landschaft. Die ökonomische Rechtfertigung mancher Maßnahme war womöglich schon damals fragwürdig. Aber noch in den 1960er-Jahren antwortete ein Franz-Josef Strauss auf ein negatives Gutachten des Obersten Bayerischen Rechnungshofes zum damals gebauten Main-Donau-Kanal, dass es hier nicht um krämerische Kalkulationen ginge, sondern dass ein Traum Karls des Großen verwirklicht würde.

Box 2.2 Fausts letzte Worte
Ein Sumpf zieht am Gebirge hin,
verpestet alles schon Errungene;
den faulen Pfuhl auch abzuziehn,
das letzte wär' das Höchsterrungene.
Eröffn' ich Räume vielen Millionen,
nicht sicher zwar, doch tätig-frei zu wohnen.
Grün das Gefilde, fruchtbar; Mensch und Herde
Sogleich behaglich auf der neuesten Erde,
gleich angesiedelt an des Hügels Kraft,
den aufgewälzt kühn-emsige Völkerschaft.
Im Innern hier ein paradiesisch Land,
da rase draußen Flut bis auf zum Rand,
und wie sie nascht, gewaltsam einzuschießen,
Gemeindrang eilt, die Lücke zu verschließen.
Ja! diesem Sinne bin ich ganz ergeben,
das ist der Weisheit letzter Schluss:
Nur der verdient sich Freiheit wie das Leben,
der täglich sie erobern muss.
Und so verbringt, umrungen von Gefahr,
hier Kindheit, Mann und Greis sein tüchtig Jahr.
So ein Gewimmel möchte' ich sehen,
auf freiem Grund mit freiem Volke stehn.
Zum Augenblicke dürft' ich sagen:
Verweile doch, du bist so schön!
Es kann die Spur von meinen Erdentagen
Nicht in Äonen untergehn. –
Im Vorgefühl von solchem Glück
Genieß ich jetzt den höchsten Augenblick
(Goethe: Faust, der Tragödie zweiter Teil, fünfter Akt)

Box 2.3 Beispiel für Naturverluste vor über 100 Jahren: der Teltowkanal

Damals weit im Südwesten von Berlin, im Kreis Teltow, floss in einer eiszeitlichen Schmelzwasserrinne ein Bach, die Bäke. Der Biotop wäre heute hochrangiges FFH-Schutzgebiet, vielleicht grob vergleichbar dem Tegeler Fließ im Norden von Berlin. Eine Erhebung aus dem Jahre 1874 gibt für das feuchte moorige Wiesenland Pflanzenarten an wie Schnabelsegge (*Carex rostrata*), Fettkraut (*Pinguicula vulgaris*), Sumpf-Läusekraut (*Pedicularis palustris*), Glanzkraut (*Liparis loeselii*) und Zweihäusige Segge (*Carex dioica*). Die Bäke entsprang im heutigen Stadtteil Steglitz von Berlin, wo dessen Bäkepark noch eine blasse Erinnerung an sie bietet. Nach einem kurzen Lauf in südlicher Richtung bog sie nach Westen ab, um nach 10 bis 15 Kilometern in den Griebnitzsee bei Potsdam zu münden. Das morastige Tal war den Anwohnern stets ein Ärgernis, und so brach Jubel aus, als die Entscheidung fiel, durch das Bäketal den Teltowkanal zu bauen. Dieser erstreckt sich wie eine Girlande südlich um Berlin und sollte dazu dienen, den Frachtschiffen die Fahrt über die Havel und Spree durch Spandau und Berlin zu ersparen. Östlich des Bäketals besonders im heutigen Stadtteil Tempelhof führt der Kanal in tiefem Einschnitt durch die dort höhere Teltow-Grundmoräne, um irgendwann das Flüsschen Dahme zu erreichen.

Beim Bau 1900 bis 1906 wurde das Bäketal vollständig zerstört. Der Kanal war eine aufsehenerregende technische Pioniertat, indem die antriebslosen Schiffe durch eine elektrische Treidelbahn der Firma Siemens gezogen wurden. Sein Schicksal wurde später wechselhaft, besonders nach dem Zweiten Weltkrieg durch die Teilung Deutschlands. Lange Jahre war er tot, bis er mit der leidlichen Ordnung der politischen Verhältnisse in den 1970er-Jahren wenigstens Versorgungs-Schifffahrtsweg für ein mit Öl betriebenes Kraftwerk im Stadtteil Lichterfelde sowie Vorfluter für zwei West-Berliner Großklärwerke wurde, was die Qualität seines Wasserkörpers ins Bodenlose fallen ließ.

In den frühen Jahren seiner Existenz mag der Kanal wirtschaftlich förderlich gewesen sein, indem er die Ansiedlung von Industrien besonders in Tempelhof forcierte (wissenschaftliche Kosten-Nutzen-Analysen sind nicht bekannt). Heute kostet seine Unterhaltung nur Geld. Besonders teuer und ökologisch nachteilig war die Befestigung der vormals leichten Uferböschungen mit Spundwänden, erzwungen durch den heutigen Eigenantrieb der wenigen Frachtschiffe und die Sogwirkung ihrer Schrauben.

Fälle wie den des Teltowkanals ließen sich vor dem Ersten Weltkrieg deutschlandweit zu Dutzenden, wenn nicht Hunderten finden. Trotzdem war die Arten- und Biotopvielfalt auch 50 Jahre später noch so hoch, wie sie uns heute unerreichbar erscheint.

Um die Jahrhundertwende bis zum Ersten Weltkrieg bildete sich Widerstand, der Naturschutz wurde eine Volksbewegung. Konnte auch manches Projekt verhindert und mancher bedeutende Biotop gerettet werden, wie das Federsee-Ried in Oberschwaben oder eine Kernzone in der Lüneburger Heide, so war doch gegen die allgemeine Tendenz wenig auszurichten. Aus heutiger Sicht erscheinen Landeskulturmaßnahmen gerechtfertigt, soweit sie Gefahren abwenden sowie im Überfluss vorhandenes unkultiviertes Land reduzieren und Kulturland vermehren, so lange dieses zu knapp ist. Aber Knappheiten kehren sich um. Es verstört die verbissene Konsequenz, nicht ruhen zu wollen, bis auch der letzte Hektar abgetorft und auch das letzte Stück „Ödland" aufgeforstet ist. Das Übel war und ist die Übertreibung und das Fehlen einer Hemmung, die wach werden müsste, sobald die Knappheit der naturnahen Biotope und der damit steigende Wert der verbliebenen deutlich wird. Ein Grund für das Fehlen einer solchen Hemmung dürfte – stellenweise bis heute – die zu leichte Verfügung über Geldmittel sein.

Die Landwirtschaft selbst entwickelte sich in der betrachteten Epoche uneinheitlich und auf wichtigen Gebieten erstaunlich langsam. Anders als in Nordamerika kamen bis zum Ersten Weltkrieg Arbeit sparende technische Fortschritte nur zögerlich auf. Noch immer waren Pferd, Ochse und Spannkuh die wichtigsten Begleiter des Bauern und bestimmten die Geschwindigkeit der Arbeit. Noch immer rückten in den Rittergütern zur Erntezeit Schnitterkolonnen zu ihrer schweren und schlecht bezahlten Arbeit aus und stachen Scharen von Frauen und Landarbeitern Disteln und hackten Rüben. Nur langsam verbreiteten sich Arbeit sparende Maschinen wie von Pferden gezogene Mähbinder. Offenbar gab es keinen Mangel an billigen Arbeitskräften, sonst hätte die Technik schneller Einzug gefunden.

Fortschritte gab es in der Pflanzen- und Tierzucht. Die Zuckerrübe ist ein leuchtendes Beispiel. Fütterung und Veterinärwesen entwickelten sich kontinuierlich. Obwohl Liebig bereits 1840 lehrte, dass sich Pflanzen mineralisch ernähren, kamen mineralische Düngemittel wenig zum Einsatz. Eine Ausnahme bildeten Kalk und Mergel, die aber eher der Bodenverbesserung dienten. Phosphor und Kalium hätten rein technisch durchaus verabreicht werden können. Die Literatur gibt für die Zeit um 1900 eine künstliche Zufuhr von Phosphorsäure von etwa 10 kg pro ha und für Kali von nur 3 kg pro ha und Jahr an, also sehr wenig.[7] Eine Fremdzufuhr von Stickstoff gab es vor dem Ersten Weltkrieg in Form geringer Mengen an Guano (Vogelexkrementen), der aus Chile mit den seinerzeit berühmten Schnellseglern um das Kap Hoorn herum herbeigeschafft wurde. Das Haber-Bosch-Verfahren zur Herstellung von Ammoniak wurde erst kurz vor dem Ersten

---

[7] Der Quelle (Henning 1978, Tab. 5, S. 132) ist nicht zu entnehmen, was mit „Phosphorsäure" und „Kali" gemeint ist, wahrscheinlich P_2O_5 und K_2O. So kann nicht auf Reinnährstoff zurückgeschlossen werden.

Weltkrieg entwickelt und fast allein zur Herstellung von Sprengstoff und Kriegsmunition verwendet.

Die Epoche von 1914 bis 1950 bestand aus zwei furchtbaren Kriegen, Nachkriegszeiten voller Not, einer kurzen Ruhephase in den 1920er-Jahren und der Nazizeit. Interessanterweise finden sich nach dem Ersten Weltkrieg die Ursprünge des ökologischen Landbaus in Gestalt der Person Rudolf Steiners. In der Landwirtschaft gab es soziale Umbrüche, Verschuldungskrisen, staatliche Hilfsprogramme und ab 1933 eine politische Aufwertung des „Reichsnährstandes", die bei näherem Hinsehen weitgehend aus Propaganda bestand. Man forderte zur Kriegsvorbereitung eine „Erzeugungsschlacht". In dem Durcheinander der Zeit kam es auf einigen Gebieten zu Fortschritten. Langsam setzten sich mechanisierte Verfahren zur Arbeitsersparnis durch, Motorisierung und Elektrifizierung setzten ein, die ersten Traktoren rollten über die Felder, mineralische Düngemittel und chemische Pflanzenschutzmittel hielten in begrenztem Maße Einzug. Staatliche und halbstaatliche Organisationen zu Finanzierung, Veterinärwesen, Ordnung des Saatguthandels, der Leistungskontrolle und Vermarktung unterstützten die Entwicklung.

In den 1950er-Jahren gab es wenigstens keinen Krieg mehr, war die unmittelbare Not überwunden und herrschten in den beiden deutschen Staaten Aufbruchsstimmungen sehr unterschiedlicher Art: im Westen das „Wirtschaftswunder", an dem auch die bäuerlichen Familien teilnehmen wollten, und im Osten die nicht von allen begrüßten Verheißungen der sozialistischen Kollektivwirtschaft. Blickt man auf die landwirtschaftliche Produktionstechnologie und ihre Ergebnisse sowie auf die Kulturlandschaft als Ganze, so hatte sich seit dem späten 19. Jahrhundert wohl manches getan, aber teils auch erstaunlich wenig. Wie die Tab. 2.1 ausweist, waren die durchschnittlichen Getreideerträge in 50 Jahren um 40 % und die Milchleistungen pro Kuh sogar nur um 14 % gestiegen, allein die Kartoffelerträge hatten sich fast verdoppelt.

Tab. 2.1 Fortschritte der biologischen Produktivität in der Landwirtschaft Deutschlands

	Um 1900	Um 1950	Ø 2012–2015	Spitzen 2015
Hektarerträge (dt/ha)				
– Getreide	16,3	23,2	74,6	110
– Kartoffeln	126,0	244,9	439,5	
– Zuckerrüben	256,0	361,6	711,9	
Milchleistung (kg/Kuh und Jahr)	2165	2480	7452	12–15.000

Quellen: Statistisches Jahrbuch über Ernährung, Landwirtschaft und Forsten (StJELF) 2002, S. XXVIII; StJELF 2016, Tab. 98, S. 105, Tab. 166, S. 158

Box 2.4 Ellenberg 1952 über die Verbesserung von Borstgrasmatten

Auch die Borstgrasmatten zeigen verschiedene Ausbildungsformen. Leider ist die bei weitem häufigste diejenige mit vorherrschendem Borstgras. Dieses wird nur in ganz jungem Zustand von den Weidetieren gefressen, später aber verschmäht. Infolgedessen kann es sich ungestört auf Kosten wertvollerer und deshalb stärker verbissener Pflanzen ausbreiten. Da es sehr rasch Rohhumus bildet, verschlechtert es außerdem den Boden in dem Maße, wie es sich vermehrt. Intensiverer Beweidung hält es jedoch nicht stand, weil es nur wenig trittfest ist. Durch frühzeitigen und überstarken Auftrieb von Rindern, also durch Einführung einer neuzeitlichen Koppelwirtschaft, ist es daher am ehesten zu bekämpfen. Auf diese Weise gelingt es sogar ganz ohne weitere Maßnahmen, aus nahezu wertlosen Borstgrasmatten (Nardeten) in wenigen Jahren leistungsfähige Kulturweiden zu schaffen …, vorausgesetzt, daß man ausreichend mit Stickstoff düngt (Ellenberg und Stählin 1952, S. 32). Kommentar: Ellenberg wurde in den 1960er- bis 1980er-Jahren zum führenden Landschaftsökologen in Deutschland und eine Autorität im Naturschutz. Er ist Autor des Standardwerkes „Vegetation Mitteleuropas mit den Alpen". Artenreiche montane und submontane Borstgrasrasen (Nardion) – 1952 offenbar noch als Plage angesehen – sind heute aufgrund ihrer Knappheit prioritäre Lebensraumtypen der FFH-Richtlinie (Code 6210), Borstgras (*Nardus stricta*) ist in einigen Bundesländern eine Art der Roten Listen.

Wer in den 1950er-Jahren als Naturliebhaber durch die Agrarlandschaften Ost- und Westdeutschlands gewandert ist, hat wohl hier und da Missgriffe aus der Sicht des Naturschutzes beobachtet, hätte im Großen und Ganzen aber nichts zu klagen gehabt. Vegetationskundliche Aufnahmen aus dieser Zeit bestätigten eine große Typenvielfalt und standörtliche Variabilität des Grünlandes auch in den Gebieten, die heute bis zum Horizont von artenarmem Einheitsgrünland bedeckt sind, wie in Nordwestdeutschland oder im Voralpenland. Ein gutes konventionelles Roggenfeld sah so aus wie heute ein gutes Roggenfeld im ökologischen Landbau. Der Wind strich wiegend durch die hohen Halme, die Feldränder waren bunt und auch in der Feldmitte hatten Kräuter Platz, die den Kulturpflanzen kaum Konkurrenz machten. Lerchen und alle anderen Vögel der Feldmark und des extensiven Grünlandes sangen und ein Heer von Insekten summte und flatterte bei schönem Wetter. Auf der niederländischen Insel Ameland wurden bis in die 1960er-Jahre Schulkinder in den Ferien abkommandiert, um auf dem Grünland Orchideen auszustechen, die als Unkraut verrufen waren. Gebietsweise konnte man Geld verdienen durch die Ablieferung getöteter Feldhamster – ein heute fast ausgestorbenes Tier, das mit hohen Fördermitteln zu retten versucht wird.

In bäuerlichen Gegenden mit Realteilung waren die Äcker nach wie vor klein mit daher reichen Randstrukturen, und die schon aus der Zeit der Gutsherrschaft in Mittel- und Nordostdeutschland stammenden großen Schläge waren in sich heterogen, hier trocken und dort feucht, auch sie boten Lebensraum für Tiere und Pflanzen. Gewiss – es gab abgetorfte Moore, regulierte Flüsse und ausgerottete Greifvögel, aber dem Bauernstand hätte um diese Zeit niemand pauschal vorgeworfen, Hauptakteur der Artenverdrängung zu sein.

Ein eindrucksvolles Zeugnis dafür, dass man selbst in der Wissenschaft noch keine Knappheit artenreicher Biotope in der Kulturlandschaft wahrnahm, ist, dass Forscher, die später zu den „Leuchttürmen" von Landschaftspflege und Naturschutz wurden, noch in den 1950er-Jahren Ratschläge gaben, wie arme Bergwiesen und ähnliche Flächen zu produktiveren landwirtschaftlichen Standorten zu entwickeln waren.

2.9   Industrialisierung

Wir bezeichnen mit diesem Begriff nicht eine fabrikmäßige Umgestaltung des Agrarbetriebes,[8] wie überhaupt bis heute in der Diskussion um Landwirtschaft und Umwelt die Betriebsgröße als Einflussfaktor eine zu große Rolle spielt und überschätzt wird. Vielmehr wird ausgedrückt, dass Wissenschaft und Industrie der Landwirtschaft Mittel geschaffen haben, die fast alles frühere Unvermögen bei der Beherrschung der Landnutzung und alle früheren Grenzen, die die Natur setzte, weit aufgeschoben oder ganz beseitigt haben. Diese Mittel bestehen in der Bereitstellung fossiler Energie, beliebig hohem Kraftaufwand der Maschinen, der Lieferung chemischer und sonstiger Vorleistungsprodukte, wie Dünger und Pflanzenschutzmittel sowie in der Nutzung der Wissenschaft zur Optimierung biologischer Ressourcen und Prozesse in der Pflanzen- und Tierzucht und in der Fütterung.

Woran hatte es früher so gemangelt? Alles ging langsam, mühsam zog nicht einmal das Pferd, sondern beim kleinen Bauern die Kuh den Pflug durch den Boden. Bei der Anstrengung blieben ihr nicht mehr allzu viele Kräfte für die Milcherzeugung. Von vielen kleinen Feldern musste die Ernte auf schlechten Wegen abtransportiert werden. Selbst Großbauern und Güter hatten damit Probleme. Dampfpflüge hatten zwar Aufsehen erregt, sich schließlich aber doch nicht bewährt, und die schwächlichen Traktoren, die sie ersetzten, erzeugen heute Heiterkeit in Agrarmuseen und füllen Bildbände, die sich Bauern gegenseitig schenken. Alles ging zu langsam. Brachte einmal passendes Wetter den Boden in einen günstigen Zustand zum Pflügen, so kam schnell wieder entweder Regen, der ihn zerschmieren oder Trockenheit, die ihn zu harten Brocken erstarren ließ.

Umfangreiche landwirtschaftliche Flächen, besonders das Grünland, waren lange Zeiten im Jahr entweder zu nass oder zu trocken. Im Gegensatz zu Ostasien, wo der Nassreis eine so große Rolle spielt, verlangen alle Kulturpflanzen bei uns mäßige, mittelfeuchte Bedingungen. Der Boden soll so viel Wasser liefern und speichern, wie die Pflanzen benötigen, aber auch nicht zu viel, womit die Belüftung und damit Sauerstoffversorgung der Wurzeln verhindert würde. Der ideale landwirtschaftliche Standort ist *mittelfeucht*.

Nährstoffmangel war der Normalzustand im früheren Pflanzenbau; mehrfach ist schon auf die ungenügende Düngerversorgung in der mittelalterlichen und neuzeitlichen Landwirtschaft hingewiesen worden. Die moderne Wissenschaft ermittelt, welche Stoffe und wie viel davon die Pflanzen benötigen. Chemie und Technik sind prinzipiell in der Lage, die nötigen Mengen zu beschaffen. Zwar sind damit nicht alle Probleme gelöst – es gilt auch, verabreichten Dünger im Boden gegen die Schwerkraft festzuhalten, ihn daran zu hindern, die Umwelt zu belasten und dabei gleichzeitig für die Pflanzen verfügbar zu halten. Das erfolgt bis heute vielfach nur unzureichend, aber man kann davon ausgehen, dass die frühere grundsätzliche Knappheit überwunden ist. Der ideale landwirtschaftliche Standort ist *nährstoffreich*.

Die Industrie liefert ferner chemische Mittel für die Pflanzengesundheit – vor allem Schutz gegen Pilzkrankheiten, schädliche Insekten und Unkraut. In nicht wenigen Fällen ist diese Wirkung ohne Zweifel segensreich. Frühere Bauern waren hilflos gegen manche Plagen. Die aus Amerika eingeführte Reblaus vernichtete den Weinbau auf den Kanarischen Inseln und stürzte ihre Bewohner in Not und Elend, viele mussten auswandern. Eine Million Iren verloren schätzungsweise ihr Leben durch die schwere Hungersnot, die noch in den 1840er-Jahren die Insel heimsuchte, als binnen Kurzem alle Kartoffelbestände vernichtet wurden. In zahlreichen anderen Fällen hatten die Neuerungen jedoch vor allem zur Folge, dass die Bauern kunstvolle Praktiken, die Krankheiten und Schädlinge auch ohne „Chemie" in Schach hielten, lockern oder aufgeben konnten, um durch die Wahl ertragreicherer Feldfrüchte ihr Einkommen zu erhöhen oder einfach nur bequemer, mit geringerer körperlicher Anstrengung wirtschaften zu können. Man achtet kaum noch auf Fruchtfolgeregeln, die früher eisern waren – die Fruchtbarkeit scheint auch so gewährleistet werden zu können. In wieder anderen Fällen erlauben die Mittel zuvor unerreichbare Ertragshöhen. Weizenfelder sind heute so dicht, dass die Luft in ihnen steht; ohne Pilzvernichter (Fungizide) fänden durch die Luft verbreitete Pilzkrankheiten ideale Lebensbedingungen.

Das sind die wichtigsten Treiber für die Entwicklung im Pflanzenbau, die seit den 1960er-Jahren Platz griff. Sie verbreiteten sich seither in der ganzen Welt, selbst in Entwicklungsländern. Hinzu kommen große Fortschritte in der Tierzucht, der Tierhaltung und Fütterung. In wenigen Jahrzehnten erfolgte in Mitteleuropa eine Revolution in der Landwirt-

---

[8] Eine solche gibt es in der Tierproduktion, besonders bei Geflügel und Schweinen; auf sie wird noch zurückgekommen.

schaft, die alle Veränderungen und Fortschritte der vergangenen Jahrhunderte klein aussehen ließ. Die „Erzeugungsschlacht" hub an, nachdem die Nazis, die sie propagiert hatten, seit fünfzehn Jahren von der Bildfläche verschwunden waren. Ihre beiden Ergebnisse sind:

Zum einen wuchs die Produktionskraft in der Landschaft beispiellos. Die das Wachstum der Kulturpflanzen hemmenden Mängel der Standorte wurden getilgt. Wo es zu nass war, wurde entwässert, auch Trockenheit wurde abgemildert, zum Beispiel durch die Vertiefung der Pflugfurche, womit ein größerer Wurzelraum erschlossen wurde mit entsprechend höherer Wasserverfügbarkeit. Äcker und Grünland näherten sich überall dem Ideal der mittleren Feuchte. Nährstoffmangel ist im konventionellen Landbau so gut wie beseitigt, die Pflanzen bekommen alles, was sie brauchen, und möglichst zur rechten Zeit im Jahr.[9] Die ganze Agrarlandschaft ist nährstoffreich („eutroph"*). Unkräuter, Krankheiten und Schädlinge werden, wie es scheint, erfolgreich eingedämmt; auf sorgenbereitende Lücken werden wir noch zurückkommen. Die Technik kann alles, man hat hohe „Schlagkraft", das heißt man kann heute in wenigen Tagen, ja Stunden große Flächen pflügen, bearbeiten und beernten.

Zahlreiche Menschen ohne Bezug zur Landwirtschaft besitzen höchstens eine vage Vorstellung von diesem Produktivitätsfortschritt. Heutige Durchschnittsernten bei Getreide sind im konventionellen Landbau dreimal so hoch wie vor 50 Jahren. Jene waren aber schon fast doppelt so hoch wie wiederum 50 Jahre früher, als man sich schon sehr fortschrittlich wähnte, denn diese waren wiederum höher und vor allem sicherer als 100 Jahre zuvor. Heutige Spitzenerträge auf guten Standorten sind zehnmal (!) so hoch wie das, womit man sich in früheren Jahrhunderten meist zufriedengeben musste (Abb. 2.7). Durchschnittliche Milchleistungen pro Kuh sind vier- bis fünfmal so hoch wie in jener Zeit. Diese biologisch-technischen Fortschritte ließen sich seitenweise weiter aufzählen, ein Blick auf die Tab. 2.1 mag genügen. Die mechanisch-technischen Fortschritte ließen die Arbeitsproduktivität explodieren. Während zur Zeit Kaiser Wilhelms II ein Bauer etwa vier Menschen ernährte (25 % der Bevölkerung waren in der Landwirtschaft tätig), verkündet die heutige Landwirtschaft stolz, dass jeder Bauer in Deutschland im Schnitt etwa 140 Personen ernährt. Ob die durch diese Fortschritte erzwungene Schrumpfung des Bauernstandes auf ein sehr geringes Bevölkerungssegment in jeder Hinsicht ein Segen ist, steht auf einem anderen Blatt.

Die Kehrseite der Revolution in der Landschaft ist: Die frühere Vielfalt an Landschaftselementen, Lebensräumen und

Abb. 2.7 Das Roggenfeld, welches in der Senne in Ostwestfalen allein zum Zweck des Naturschutzes angelegt ist (Abschn. 9.6), liefert etwa ein Zehntel heutiger Erträge, vgl. hiermit Abb. 3.6

Arten ist dahin, alles erscheint großräumig und eintönig. Alte Leute erzählen wehmütig von den Kornblumenfeldern in ihrer Jugend. Wir werden auf dieses Thema im Kap. 5 ausführlich zurückkommen; zunächst sei die moderne Landwirtschaft und Agrarlandschaft in ihren charakteristischen Zügen dargestellt.

Literaturempfehlungen

Die reich bebilderte und leicht lesbare „Geschichte der Landschaft in Mitteleuropa von der Eiszeit bis zur Gegenwart" von Küster (4. Auflage 2010) ist als Einstieg empfehlenswert. In Teilen wesentlich tieferschürfend, mit beeindruckendem Literatur- und Materialhintergrund dann „Geschichte der Kulturlandschaft" von Poschlod (2015). „Landwirtschaft und Naturschutz" von Haber (2014) sowie besonders das erste Kapitel der „Vegetation Mitteleuropa mit den Alpen" von Ellenberg (4. Aufl. 1986) vermitteln viel Information über die vergangenen Jahrtausende und Jahrhunderte. „Die Eroberung der Natur, eine Geschichte der deutschen Landschaft" von Blackbourn (2008) schildert die Umbrüche im beginnenden Industriezeitalter, insbesondere die Bändigung des Wassers durch den Menschen. Allerdings bleibt die besondere Spezifikation auf Deutschland rätselhaft, denn in Ländern wie Frankreich spielte sich Gleiches ab.

Zur Sozialgeschichte des Bauerntums, der Landwirtschaft und Ernährung ist „Massenarmut und Hungerkrisen im vorindustriellen Europa" von Abel (1974) nach wie vor der Klassiker, ergänzend Henning „Landwirtschaft und ländliche Gesellschaft in Deutschland" (2 Bände, 1978 und 1985). Ein älteres historisches Werk wie von der Goltz „Geschichte der deutschen Landwirtschaft" (2 Bände, 1902/1903) ist anregend zu lesen, behandelt in großer Ausführlichkeit Details aus dem Leben markanter Personen wie A. Thaer, verbleibt aber weitgehend im Ideengeschichtlichen und Politischen und ist hinsichtlich der frühen Geschichte (Germanen und Römer)

---

[9] Wo es in bedenklicher Weise zu knappe Versorgungen gibt, wie beim Phosphor in Ackerbauregionen mit wenig Tierhaltung, liegt kein systembedingter Fehler vor, sondern sind es vermeidbare Versäumnisse. Man vernachlässigte gebietsweise über längere Zeit die Grunddüngung mit Phosphor, um Geld zu sparen und in der irrigen Ansicht, die Böden würden genug nachliefern.

sehr unzuverlässig, indem unkritisch den römischen Autoren das geglaubt wird, was jene über Germanen zu wissen meinten. Aereboes „Agrarpolitik" (1928) ist im Text schon erwähnt worden; die eindringlichen Schilderungen über die Unterdrückung der Landbevölkerung finden sich im Teil V, S. 133–180.

Abb. 3.1 Die Daseburg in der Warburger Börde inmitten hoch produktiver Getreidefelder

3.1 Die Privilegierung Mitteleuropas

Wird der Landwirtschaftsstandort Deutschland im weltweiten Vergleich eingeordnet, so fallen als Erstes die außerordentlich günstigen Produktionsbedingungen ins Auge. Zu den natürlichen Bedingungen gehören Boden und Klima. Die Böden der Erde sind vielfältig; in fast allen Klimazonen gibt es fruchtbare und weniger fruchtbare Böden. Diese gibt es auch in Mitteleuropa, jedoch ist schon zu Beginn dieses Buches darauf hingewiesen worden, dass wegen des Rückzuges des Eises erst von 15.000 bis 11.000 Jahren die Böden hier außerordentlich jung sind. Zwar heißt Jugend bei Böden nicht zwangsläufig hohe Fruchtbarkeit, jedoch konnten in Mitteleuropa aus menschlicher Sicht problematische Bodenent-

© Springer-Verlag GmbH Deutschland, ein Teil von Springer Nature 2018
U. Hampicke, *Kulturlandschaft – Äcker, Wiesen, Wälder und ihre Produkte*, https://doi.org/10.1007/978-3-662-57753-0_3

wicklungen, wie sie zum Beispiel aus tropischen Gebieten bekannt sind, nicht ablaufen, schon weil die Zeit dazu fehlte.

Box 3.1 Weltweite Probleme beim Bewässerungsfeldbau

14 % des Ackerlandes auf der Welt wird künstlich bewässert, erzeugt aber 40 % aller Nahrungsmittel. Eine gute Sache, könnte man meinen, wenn da nicht die Probleme wären. Häufig ist die Beschaffung des Wassers schon eines. In Indien und in den USA wird in großem Umfang fossiles Grundwasser gefördert, welches sich nicht erneuern kann und sich ebenso wie Erdöl erschöpfen muss. Über die Austrocknung des Aralsees als eines Extremfalls des Missbrauchs natürlicher Ressourcen ist in den Medien viel berichtet worden, zum Glück scheint sich die Situation wieder etwas zu bessern. Auch große Flüsse werden übernutzt; der Colorado in den USA und der Hoang Ho in China ergießen nur noch einen Bruchteil ihrer potenziell verfügbaren Wasserfracht ins Meer. Stauseen verbrauchen viel Platz, nicht selten werden Bevölkerungen umgesiedelt oder entwurzelt. Etliche Seen sind nach kurzer Zeit mit Sediment vollgelaufen und nutzlos geworden. Auch sind Staudämme schon gebrochen und haben Zerstörung und Leid verursacht. Es gibt in Trockengebieten große Flächen, die früher bewässert wurden, jetzt aber infolge der damit herbeigeführten Versalzung völlig unfruchtbar geworden sind.

Offenbar schon seit dem Altertum wurde immer wieder derselbe Fehler begangen: Man will bei der Bewässerung mit wenig Wasser auskommen und gibt nur so viel, wie die Pflanzen unmittelbar benötigen. Wenn die Pflanzen aber alles verabreichte Wasser wieder verdunsten und nichts davon in tiefere Erdschichten versickert, dann muss sich mit der Zeit im Wasser gelöstes Kochsalz (Natriumchlorid NaCl) ansammeln, denn es verdunstet nicht mit. Selbst geringe Kochsalzspuren reichen aus, der Prozess dauert dann nur länger. Sein Ende ist eine Salzkruste auf dem Boden. Weil dann sowieso nichts mehr wächst, können auch die einst teuer erbauten Kanäle, Pumpstationen und so weiter verrotten – ein trostloser Anblick. Künstliche Bewässerung muss mit *reichlich* Wasser betrieben, der Boden muss *gespült* werden.

Wird beobachtet, wie in subtropischen und tropischen Breiten unter günstigen Bedingungen mehrere Ernten im Jahr erfolgen, so scheint es, als wäre das mitteleuropäische Klima mit seiner langen und zuweilen harten Winterruhe eher benachteiligt. Gewiss gibt es hier und dort noch günstigere Bedingungen, jedoch müssen alle Aspekte berücksichtigt werden. Zu viel Wärme ist für wichtige Kulturpflanzen, wie den Wei-

zen, gar nicht vorteilhaft, weil sie dann ihren Entwicklungszyklus zu schnell abschließen und weniger Substanz bilden. Von Bedeutung ist auch das extrem hohe Lichtangebot in den gemäßigten Breiten während der langen Tage im Frühsommer, welches den Tropen fehlt und die Photosynthese* fördert.

Am stärksten sticht die Privilegierung Mitteleuropas bei der Wasserversorgung heraus. Für die weltweite Nahrungserzeugung ist Wasser der am stärksten begrenzende Faktor. Wo es zu wenig Wasser für die Pflanzen gibt, versucht der Mensch es herbeizuschaffen – die dabei entstehenden Probleme sind weithin bekannt (Box 3.1). Die zuverlässige Wasserversorgung auf natürliche Weise ist ein unschätzbarer Vorteil Mitteleuropas und es ist zu hoffen, dass diese Standortgunst unter der künftigen, vom Menschen betriebenen Klimaänderung nicht leidet.

Zu den natürlichen Standortvorteilen in Mitteleuropa kommen die mit der Zeit erworbenen technischen und sozialen. Bei aller auch in diesem Buch angesprochenen Kritik am Bild der Kulturlandschaft und an Praktiken im Agrarwesen steht doch fest, dass die Bauern – konventionell oder ökologisch – ihr Handwerk großenteils verstehen. Auch verfügen sie vom Saatgutangebot über das Veterinärwesen bis zur Agrarstatistik über eine teils öffentlich, teils privat betriebene Infrastruktur, die störungsfreie Abläufe in den Betrieben gewährleistet. Zuliefer- und Abnehmermärkte sind nah und wohlorganisiert. Forschung und Ausbildung blühen trotz fragwürdiger Auffassungen mancher Wissenschaftspolitiker, die der Meinung sind, dass Agrarfakultäten an den Universitäten etwas Altmodisches seien und modernerer „hard science" Platz zu machen hätten. Es bestehen also keine Zweifel, dass der Agrarstandort Mitteleuropa auch und gerade im Kontext der sicheren Ernährung der heutigen und künftigen Weltbevölkerung von großer Bedeutung ist.

3.2 Erster Blick auf die Flächennutzung und pflanzliche Erzeugung

Die Hälfte Deutschlands ist landwirtschaftliche Fläche. Die Statistik teilt sie in Ackerland, Grünland und Dauer-* oder Sonderkulturen*. Auf dem Ackerland wird der Boden meist jährlich bearbeitet und mit Nahrungs-, Futter- und Industriepflanzen neu bestellt. Auf Grünland* besteht eine meist dauerhafte Pflanzendecke, überwiegend aus Gräsern. Unter die Dauerkulturen fallen unter anderem Obstanlagen, Rebflächen und Hopfen. Wie die Abb. 3.2 zeigt, sind etwa zwei Drittel der landwirtschaftlichen Fläche Ackerland und ein knappes Drittel Grünland. Dauerkulturen nehmen nur kleine Flächen ein.

Ein ernstes Thema ist der fortwährende Entzug landwirtschaftlicher Flächen durch die Ausbreitung von Siedlungs-, Gewerbe- und Verkehrsflächen, die sogenannte „Versiegelung". Soviel auch diskutiert und appelliert wird, hat die Um-

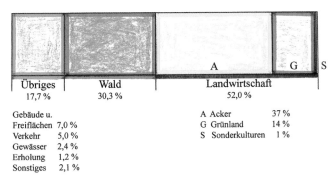

| Übriges | Wald | Landwirtschaft |
| 17,7 % | 30,3 % | 52,0 % |

Gebäude u.		A Acker	37 %
Freiflächen	7,0 %	G Grünland	14 %
Verkehr	5,0 %	S Sonderkulturen	1 %
Gewässer	2,4 %		
Erholung	1,2 %		
Sonstiges	2,1 %		

Abb. 3.2 Flächennutzung in Deutschland 2013. (Quelle: StJELF 2016, Tab. 83 und 85, S. 90 und 92)

weltpolitik noch kein Mittel hiergegen gefunden. Besonders problematisch ist der Verbrauch allerbester Ackerböden etwa im mitteldeutschen Lössgebiet* zugunsten maßlos in die Breite wachsender Gewerbeflächen mit wenigen Arbeitsplätzen. Hier wirken destruktive Anreize aufseiten kommunaler Entscheidungsträger. In Konkurrenz mit Nachbarstädten kommen Kommunen schon um weniger Arbeitsplätze willen den Unternehmen entgegen, selbst wenn jene Flächen sparende Mehrgeschossbebauung ablehnen. Die Statistik zeigt, dass in den letzten Jahren der Verlust von Ackerland nahezu vollständig durch den Umbruch von Grünland ausgeglichen wurde, sodass unter dem Strich die Ackerfläche nicht sank und der Verlust landwirtschaftlicher Fläche allein durch das Grünland getragen wurde.

3.2.1   Ackerlandschaften

3.2.1.1 Heutiges Anbauspektrum

Frühere und heutige Äcker unterscheiden sich in drei Aspekten: Erstens in der Größe – hier und da in Südwestdeutschland kann uns ein winziges Äckerle noch zeigen, wie es dort früher überall aussah. Je kleiner die Äcker sind, umso größeren Raum können Rand- und Zwischenstrukturen einnehmen und umso größer ist tendenziell die Artenvielfalt, wenn man solche Strukturen gewähren lässt. Die Flurbereinigung* im Westen und die Komplexmelioration* im Osten räumten in der Feldflur gewaltig auf, es entstanden größere Felder, die rationell mit Maschinen bearbeitbar sind. Betriebswirtschaftliche Untersuchungen zeigen freilich, dass dies auch an Grenzen stößt. Besitzt ein Acker eine günstige Form, so gibt es selbst bei großen Maschinen oberhalb von etwa fünfzehn Hektar kaum noch Vorteile bei der Bearbeitung, sodass die zum Teil hunderte Hektar umfassenden Felder im Osten Deutschlands aus der DDR-Zeit keine technisch-wirtschaftliche Rechtfertigung beanspruchen können.

Wintergetreide wird im Herbst gesät – „gedrillt" sagt der Bauer, in traditioneller Weise die Gerste am frühesten, dann der Roggen und zum Schluss der Weizen; heute geht manches durcheinander. Vor dem Einbruch des Winters wird eine niedrige, aber kräftige Pflanze gebildet, die sich durch ihre Seitenwurzeln „bestockt", das heißt die Zahl der Halme vermehrt. Niedrige Temperaturen und Frost im Winter werden nicht nur ertragen, sondern bilden den erforderlichen Anreiz für das weitere Wachstum im Frühjahr. Die Pflanzen „schossen" dann sehr schnell in die Höhe, bilden danach Körner aus und reifen. Die Erträge liegen unter anderem hoch, weil die winterliche Wasserspeicherung des Bodens gut ausgenutzt werden kann und die Pflanzen im Frühjahr bereits einen Entwicklungsvorsprung haben. Deswegen wird fast nur noch Wintergetreide angebaut. Ökologisch vorteilhaft ist die durchgängige Bodenbedeckung im Winterhalbjahr als Schutz gegen Erosion und wegen der Aufnahme von Stickstoff durch die Pflanzen, was seine Auswaschung reduziert. Es bestehen gewisse Probleme durch die Notwendigkeit einer früh räumenden Vorfrucht, besonders bei der Gerste. Das größte Problem des forcierten Wintergetreideanbaus ist jedoch die Förderung der an den Wachstumsrhythmus angepassten Unkräuter. Neben dem Getreide ist heute nur der Raps eine Winterfrucht von Belang mit ähnlichen anbautechnischen Vorteilen und Problemen.

Sommerfrüchte werden im Frühjahr bestellt. Zu ihnen gehören alle „Hackfrüchte", die wegen der früheren Notwendigkeit des Unkrauthackens immer noch so genannt werden, wie Kartoffeln und Zuckerrüben, sowie ferner der Mais. Besonders die beiden letztgenannten können ihren verspäteten Start im Frühjahr durch eine lange Wachstumszeit bis in den Spätherbst kompensieren, wobei sie auch besser als Getreide kurzfristige Ungunstperioden wie Trockenheiten ausgleichen können. Dies ist ein Grund für ihre hohen und sicheren Erträge. Beide schließen ihren Bestand freilich erst spät, wodurch erhebliche Erosionsgefahren im Mai und Juni bestehen.

Sommergetreide ist wegen seiner kurzen Wachstumszeit mengenmäßig immer ertragsschwach und wurde daher auch früher hauptsächlich nicht wegen seiner Menge, sondern der ihm innewohnenden Eigenschaften angebaut, besonders Braugerste für das Bier und Hafer für die Pferde. Sommerweizen und -roggen wurden wohl auch früher eher als Lückenbüßer angebaut, nach Misslingen einer Wintersaat oder wenn ein Feld erst im Frühjahr bestellbar war. Die Nach-

Tab. 3.1 Anbauflächen der wichtigsten Feldkulturen in % der Ackerfläche und Wandel in 80 Jahren

		Ø 1935–38[h]	1961	1971	1988	2013
1	W Weizen[a]	13,0/20,9	15,7/24,5	18,3/25,7	23,6/35,5	25,8/47,0
2	W Roggen[b]	20,6/33,0	15,0/24,7	11,8/16,6	5,5/8,2	6,6/12,0
3	W Gerste	2,7/4,3	4,0/6,3	7,1/10,0	15,6/23,4	10,2/18,6
4	Triticale	–	–	–	0,3/0,4	3,3/6,1
5	Sommergetreide[c]	25,8/41,5	28,3/44,3	32,3/45,5	18,7/28,2	4,7/8,6
6	Körnermais*	0,1/0,3	0,1/0,2	1,6/2,2	2,8/4,2	4,2/7,6
7	*Getreide zusammen*	*62,2*	*64,0*	*71,1*	*66,5*	*55,0*
8	Raps und Rübsen[d]	0,3	0,5	1,3	5,4	12,5
9	Grünmais*	0,4	0,6	3,2	13,1	16,9
10	Körner-Hülsenfrüchte[e]	2,2	0,8	0,9	1,3	0,6
11	Kartoffeln	14,0	12,8	7,5	2,8	2,1
12	Zuckerrüben	1,6	3,9	4,3	5,3	3,0
13	Futterrüben[f]	7,5	6,5	3,2	1,0	–
14	Feldgras	–	2,2	1,9	1,4	3,0
15	Klee und Luzerne	11,2	8,5	4,9	2,5	2,3
16	Andere Futterlegumin.[g]	0,8	0,3	–	–	–
17	Freilandgemüse	0,9	0,9	0,9	0,8	1,0

[a] W = Winter
[b] Einschließlich Wintermenggetreide
[c] Hafer, Sommerweizen, Sommer- (Brau-)gerste und Sommermenggetreide
[d] Einschließlich geringfügiger Anteil Sonnenblumen
[e] Erbsen, Ackerbohnen u. a. für Speise- und Futterzwecke
[f] Überwiegend Runkelrüben, bis in die 1960er Jahre auch Kohlrüben und Futtermöhren
[g] Futterleguminosen* zur Ganzpflanzenernte: Serradella, Esparsette, Wicken und Süßlupinen
[h] Bei allen Angaben für Getreide vor dem Schrägstrich % der Ackerfläche, dahinter % der Getreidefläche. 3,6 % unerfasst in 2013: vgl. Anmerkung zur Tab. 3.3, Abschn. 3.4.2
Quellen: Ø1935/38, 1961, 1971: StJELF 1974, Tab. 105, S. 74–75; 1988: StJELF 1989, Tab. 109, S. 81; 2013: StJELF 2016, Tab. 98, S. 104. StJELF: Statistisches Jahrbuch über Ernährung, Landwirtschaft und Forsten

frage nach Hafer ist soweit zurückgegangen, dass das Sommergetreide nur noch etwa 10 % des gesamten Getreideanbaus ausmacht. Die winterliche Blöße des Bodens bei Sommerfrüchten („Schwarzbrache") wird zunehmend als Problem in Bezug auf Erosion und Nährstoffauswaschung erkannt und mit dem Anbau von kurzlebigen Zwischenfrüchten abgemildert, die entweder verfüttert oder im Frühjahr untergepflügt werden.

Der zweite Unterschied gegenüber früher ist die vervielfachte Ertragsfähigkeit, worauf schon am Schluss des einleitenden Kapitels und speziell in der Tab. 2.1 hingewiesen worden ist.

Der dritte Unterschied besteht in der Zusammensetzung der Feldfrüchte. Die Tab. 3.1 gibt einen Überblick über die Entwicklung des Anbauspektrums etwa der letzten 80 Jahre,

die Abb. 3.3 fasst das Wesentliche für das Jahr 2013 anschaulich zusammen. In der Tabelle sind die Verhältnisse vor dem Zweiten Weltkrieg (auf dem Territorium der Bundesrepublik von 1949 bis 1990) abgetragen, dann drei Zeitschritte auf diesem Territorium, der letzte unmittelbar vor der Vereinigung mit der DDR, sowie die Verhältnisse in ganz Deutschland um 2013. Wegen der unterschiedlichen Flächenumfänge der Erhebungen in den Berichtszeiträumen sind keine absoluten Zahlen, sondern die Flächenprozente der jeweiligen Kulturen an der gesamten erfassten Ackerfläche aufgetragen.

In der Zeile 7 der Tab. 3.1 wird deutlich, dass der Anteil des Getreides seit den 1970er-Jahren von über 70 auf 55 % zurückgegangen ist. Innerhalb der Getreidefläche sind zwei Entwicklungen bemerkenswert, zum einen das unaufhaltsame Vordringen des Weizens von etwa 20 % vor dem Krieg auf fast die Hälfte der Getreidefläche 2013. Zweitens ist zu erkennen, dass das Sommergetreide (Box 3.2) stark an Verbreitung verloren hat. Bis in die 1970er-Jahre entfiel nicht viel weniger als

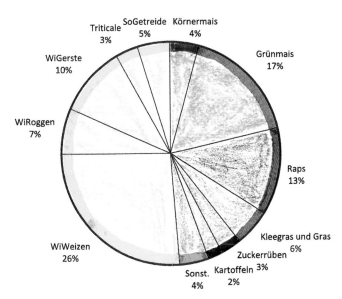

Abb. 3.3 Anteile der Erntefrüchte an der Ackerfläche 2013. (Quelle: StJELF 2016, Tab. 86 und 98, S. 93 und 104)

die Hälfte der Getreidefläche auf Sommergetreide, wie unter anderem Hafer und Braugerste. Die Veränderungen innerhalb der Getreidefläche sind nicht allein als Einbußen an Vielfalt anzusehen, sondern rufen auch erhebliche Probleme der Pflanzengesundheit hervor, mehr hierzu in Abschn. 7.2.

Eine Aufstellung wie in Abb. 3.3, die weniger auf die funktionelle Rolle der Erntefrüchte und dafür mehr auf ihre visuelle Bedeutung in der Landschaft abzielt, legt Körnermais mit dem Grünmais zusammen. Mais nähert sich damit 2013 mit 21,1 % bald einem Viertel der Ackerfläche, Getreide fällt weiter auf 50,8 % zurück.

Einen Grund für den relativen Flächenverlust des Getreides erhellen die beiden nächsten Zeilen 8 und 9 in Tab. 3.1. Raps und Grünmais, noch in den 1970er-Jahren unbedeutend, beanspruchen heute zusammen fast 30 % der Ackerfläche. Ein großer Verlierer ist der Kartoffelanbau, der von 14 % der Ackerfläche vor dem Krieg fast auf ein „Nischenniveau" von 2 % gesunken ist. Ebenso verloren haben der Anbau von Futterrüben und der von Klee und Luzerne. Das Bild lässt sich wie folgt zusammenfassen:

Die Getreidefläche ist geringer, aber in sich viel einheitlicher als früher, Kartoffeln spielen nur noch regional eine beschränkte Rolle (Box 3.3). Runkelrüben und der größte Teil des Klee- und Luzerneanbaus sind durch Grünmais ersetzt worden, der verbleibende Rest des Kleeanbaus geht offenbar auf das Konto des ökologischen Landbaus. Getreide, Raps und Mais dominieren die Ackerlandschaft mit einem Flächenanteil von bald 90 % fast überall. Regional ist die Konzentration auf wenige Feldfrüchte noch stärker ausgeprägt. Die visuelle Vereinheitlichung der Landschaft ist damit unübersehbar, gebietsweise scheint es „gefühlt" fast nur Mais oder nur Getreide zu geben.

Box 3.3 Bedeutungsverlust der Kartoffeln
Hier lohnt es sich, näher in Zahlen einzusteigen. Schon 1971 war die Anbaufläche in der alten Bundesrepublik mit 554.000 ha nur noch halb so groß wie vor dem Krieg. Zur verwendbaren Erzeugung nach Abzug von Schwund in Höhe von 13,96 Mio. t kam eine Einfuhr von 0,9 Mio. t hinzu, man war also noch unterversorgt. Die Inlandsverwendung erfolgte zu 1,44 Mio. t (10,3 %) als Saatgut, zu 0,91 Mio. t (6,5 %) in industrieller Weise (Stärkeerzeugung, Brennerei usw.), zu 6,77 Mio. t (48,5 %) als Futter und zu 6,19 Mio. t (44,3 %) als menschliche Nahrung. Der Pro-Kopf-Verbrauch betrug 101 kg pro Jahr.

2012 war die Anbaufläche in ganz Deutschland auf 238.000 ha gesunken, wegen der gestiegenen Flächenerträge sank die verwendbare Erzeugung jedoch nur auf 10,03 Mio. t (über 70 % des Wertes von 1971 bei nur 43 % der Fläche). 3,36 Mio. t (33 %) wurden netto exportiert (Nettoexport = Export minus Import), man war und ist überversorgt. 0,56 Mio. t (5 %) dienten als Saatgut. Die Verfütterung näherte sich mit 0,09 Mio. t (1 %) dem Nullpunkt, es handelte sich um Reste, die nicht marktfähig sind. Die industrielle Verwertung betrug 1,12 Mio. t (11 %) und der Nahrungsverbrauch 4,82 Mio. t (48 %). Vom Pro-Kopf-Verbrauch in Höhe von 59 kg im Jahr entfielen 32 kg (54 %) auf Kartoffelerzeugnisse, wie Pommes frites, Klöße und Chips, sodass der reine Speisekartoffelverbrauch auf 27 kg (Fleischverbrauch 60 kg!), gut ein Viertel des Wertes von 1971 gesunken war.

Bei diesem radikalen Strukturwandel (sinkender Nahrungsverbrauch und nahezu restloser Ausfall als Futter) verwundert nicht, dass die Kartoffel in der Landschaft fast nur noch in für den Anbau bevorzugten Gebieten überhaupt zu sehen ist („Heidekartoffeln") und die Anbaufläche für den inländischen Nahrungsverbrauch nur noch etwa 1 % der Ackerfläche beträgt.
(Quellen: StJELF 1974, Tab. 105 und 234, S. 74 und 169; StJELF 2016, Tab. 99 und 246, S. 104 und 233.)

Man mag einwenden, dass es in der mittelalterlichen Dreifelderwirtschaft noch weniger Kulturpflanzenarten als heute gab. Dafür war aber die damalige Ackerlandschaft viel reicher durch Landschaftselemente aller Art und Brachen strukturiert.

Neben den Erlebniswirkungen auf den Menschen sind die Wirkungen auf die Natur im Agrarökosystem von Belang. Auf diese wird in größerem Detail im Kap. 5 zurückgekommen. Es darf aber schon hier festgestellt werden, dass der Mangel an Strukturelementen, die technische Perfektion der Anbaumethoden sowie die „Sauberkeit" der Äcker die Lebensmöglichkeiten für wilde Tiere und Pflanzen massiv einschränken.

Die geringe Zahl an Fruchtarten tut ein Übriges; ein Problem unter vielen ist der Mangel an Blüten in großen Räumen, was in der Literatur mit Recht ein „unbeabsichtigtes ökologisches Großexperiment" genannt wird (Nentwig 2000, S. 17).

Drittens sind die Wirkungen der Vereinheitlichung auf das landwirtschaftliche Produktionsinteresse selbst beachtlich. Seit über zehn Jahren ist der früher selbstverständliche Anstieg der Ernteerträge im konventionellen Getreideanbau von im Schnitt 2 % pro Jahr zum Stillstand gekommen. Weder hat die Qualität des Saatgutes noch die Befähigung der Landwirte nachgelassen, auch ist im Schnitt die Witterung nicht schlechter geworden. Eine hieb- und stichfeste Erklärung kann im Vorliegenden nicht gegeben werden, die Fachliteratur gibt bisher wenig her.[1] Es liegt aber nahe, dass Fruchtfolgen, die man früher mit guten Gründen ablehnte, hier eine Rolle spielen. Der Fruchtwechsel war früher nicht allein ein zwingendes Erfordernis, um der Ansammlung von pilzlichen und tierischen Schädlingen im Boden entgegenzutreten; auch war die geschickte Ausnutzung von Vorfruchtwirkungen ein Mittel, um die Erträge zu steigern. Lehrbücher noch aus den 1960er-Jahren heben die Fruchtfolge als größte Kunst des Ackerbauern hervor.

Heute wird in Schleswig-Holstein Weizen teilweise mehrmals hintereinander („Stoppelweizen") oder sogar dauernd angebaut – früher in Bezug auf die Pflanzengesundheit ein Ding der Unmöglichkeit. Man hat trotz hohen Chemieeinsatzes die damit verbundenen Krankheitsprobleme nicht voll im Griff, sondern kalkuliert gewisse Mindererträge ein. Weizen hintereinander ohne Höchstertrag bringt aber wegen seines hohen Preises immer noch mehr Geld ein als eine gesunde Fruchtfolge mit Höchsterträgen – eine Rechnung, mit der man sich landschaftsökologisch nicht anfreundet.

Trotz der scheinbaren „Sauberkeit" der Getreidefelder bereitet dem konventionellen Ackerbau das Unkraut große Sorgen. Freilich handelt es sich nicht um schützenswerte Arten. Wintergetreide besitzt zwar ökologische Vorteile, indem es die Flächen über den Winter mit Pflanzen bedeckt hält, was die Auswaschung von Stickstoff und die Erosion hemmt, jedoch werden damit bestimmte Unkräuter gefördert. Aus Großbritannien wird berichtet, dass Felder auf bestem Boden brachgelegt werden mussten, weil dem Acker-Fuchsschwanz nicht mehr Herr zu werden war. Die Kommentare in den Publikationsorganen des konventionellen Landbaus werden von Jahr zu Jahr besorgter.

Nun muss man die Landwirte auch verstehen. Sie würden gewiss ein vielfältigeres Produktspektrum anbauen, wenn es eine zahlungskräftige Nachfrage und ergänzend agrarpolitische Impulse dafür gäbe. Wenn nur noch so wenige Kartof-

feln wie heute gegessen werden, dann werden auch nur wenige angebaut. Äßen die Leute Haferflocken und Hafergrütze, dann gäbe es auch mehr Hafer und damit fruchtfolgetechnisch wünschenswertes Sommergetreide, sofern der Hafer nicht aus Osteuropa eingeführt würde. Gehen wir die Hauptprodukte durch: 40 % des Silomaises* wird zur Biogaserzeugung verwendet, Ursache ist nicht eine Nachfrage des Marktes, sondern die künstlich-politische Förderung eines Energieerzeugungssystems, welches im Abschn. 7.4 näher betrachtet wird. Noch krasser beim Raps, wo weit über die Hälfte energetischen Zwecken dient. Vom erzeugten Getreide gehen zwei Drittel in den Futtertrog für Schweine, Geflügel und Rinder. Die Futtermittelindustrie optimiert in Bezug auf die Ernährungsbedürfnisse der Tiere, und da rangiert eben Weizen vor Gerste, Roggen oder gar Hafer. Roggen kann die Zunahme von Schweinen beeinträchtigen, also nimmt ihn die Futtermittelindustrie ungern, das heißt, bezahlt ihn schlecht. Die früher übliche Fütterung mit Hackfrüchten (Kartoffeln für Schweine, Rüben für Rinder) ist wegen ihrer hohen Arbeitskosten nahezu erloschen. Auf dem Acker gewonnenes Grundfutter* für Rinder besteht im konventionellen Landbau fast nur aus Mais. Was Getreide zur menschlichen Nahrung betrifft, kann man in Deutschland froh ein, dass wenigstens Schwarzbrot aus Roggen noch so beliebt ist.

3.2.1.2 Portraits erfolgreicher Ackerfrüchte
Raps (Abb. 3.4)
Rapskörner enthalten etwa 40 % Öl und etwa 23 % Protein. Winterraps ist heute die einzige Ölfrucht der gemäßigten und kühlen Klimazone von Belang, alle anderen, wie Sonnenblume, Öllein, Leindotter, Mohn und weitere, füllen Nischen oder wurden ganz verdrängt. Im wärmeren Klima kommen Oliven, Sonnenblumen und vor allem die Sojabohne und in den Tropen die Ölpalme hinzu. Schon lange und dann besonders in der Nazizeit mit ihren Autarkiebestrebungen wurde eine „Fettlücke" im landwirtschaftlichen Anbauspektrum

Abb. 3.4 Rapsfeld im April

---

[1] Nach Baeumer (1986) war auch früher der Ertragsanstieg nicht gleichmäßig, sondern erfolgte schubweise durch Einfügung neuer produktionstechnischer Elemente. Auf solche mag man auch heute hoffen, nur ist die Wartezeit auf sie schon recht lang.

Deutschlands beklagt, die eigentlich ein Anreiz zum Rapsanbau hätte sein sollen. Er wurde jedoch lange nur in geringem Umfang kultiviert (→ Tab. 3.1), das Öl diente hauptsächlich als Lichtquelle in Öllampen und als technisches Schmieröl. Rapsöl war in der menschlichen Ernährung verpönt durch seinen Gehalt an schlecht schmeckender Erucasäure, und im Eiweiß zur Tierfütterung störten die leistungsmindernden und gesundheitsschädlichen Glucosinolate. Erst als in den 1980er-Jahren die sowohl erucasäure- als auch glucosinolatfreien, sogenannten „Doppelnull"-Sorten (00) verfügbar wurden, begann die rasante Ausbreitung des Winterrapses. Diese züchterischen Erfolge hatten auch ihren Preis: Da die 00-Sorten aus mehr oder weniger zufällig entdeckten Mutanten hervorgegangen sind, enthalten sie auch nur die genetische Variationsbreite dieser Mutanten und entbehren manches Gen aus der vormaligen Sortenfülle, was somit künftiger Züchtungsarbeit verloren ging.

Heute liegt der Hauptzweck des Rapsanbaus keineswegs mehr in der Fettversorgung der Bevölkerung. Von der Anbaufläche im Jahre 2012 von 1,3 Mio. Hektar dienten nur 374.000 ha (29 %) der Ölgewinnung zu Nahrungszwecken, 140.000 ha (10,7 %) dienten der Gewinnung von technischen Ölen und 786.000 ha (60,4 %), also fast zwei Drittel der Erzeugung von Biodiesel. Dieses Material brauchte theoretisch nicht erucasäurefrei zu sein. Bei aller Kritik an der flächenzehrenden und unergiebigen Biodieselerzeugung (Abschn. 7.4) ist wenigstens deren Nebenprodukt, das Eiweiß, zur Tierfütterung willkommen und dient dazu, die ebenfalls kritisierten Eiweiß-, insbesondere Sojaimporte zu reduzieren.

Pflanzenbaulich kann gesagt werden, dass der Rapsanbau dem Boden durch intensive Beschattung und Bewurzelung eher guttut, dass er jedoch wegen seiner Anfälligkeit für Krankheiten und Schädlinge recht „spritzmittelintensiv" ist. Da mit den Körnern nur ein kleiner Teil der gesamten Pflanze geerntet wird, verbleiben umfangreiche Reste auf dem Feld. Ist dies auch für die Humusbilanz des Bodens positiv, so kann der zurückgeführte Stickstoff zum Problem werden; die Nachfrucht sollte möglichst viel von ihm aufnehmen. Problematisch ist die Massierung des Rapsanbaues in den dafür geeigneten Gebieten in Norddeutschland. Städter mögen die grelle Ästhetik seiner Blüten.

Mais (Abb. 3.5)
Mais stammt bekanntlich aus Mittel- und Südamerika und ist dort immer noch ein Hauptnahrungsmittel insbesondere der ländlichen Bevölkerung. Einbürgerungsversuche in Europa waren nicht immer erfolgreich; in der Sowjetunion und anderen Staaten des Ostblocks scheiterten in den 1950er-Jahren groß angelegte Kampagnen. Erst mit züchterischer Bearbeitung zur Anpassung an das mitteleuropäische Klima kam der Erfolg. In Deutschland wurden im Jahre 2013 etwa 500.000 ha Körnermais* und 2 Mio. ha Silomais* angebaut, entsprechend zusammen etwa 21 % der Ackerfläche.

Abb. 3.5 Mais im September

Vom Körnermais dient nur ein geringer Anteil der menschlichen Ernährung, das meiste wird verfüttert, entweder in reiner Körnerform oder für die Schweine gemeinsam mit der Spindelmasse als „Corn Cob Mix" (CCM). Während früher sein Anbauschwerpunkt in wärmeren Gebieten etwa in Südbaden lag, hat er sich inzwischen auch in nördlichere Schweinemastgebiete wie das Münsterland ausgedehnt.

Beim Silomais wird die gesamte Pflanze – Stängel, Blätter, Spindel und Körner – zu einem recht späten Zeitpunkt geerntet, in kleine Stücke gehäckselt und in einem Silo konserviert. Die Konservierung erfolgt wie beim Sauerkraut für den menschlichen Verzehr durch die Ansäuerung mit mikrobiell erzeugter Milchsäure. Dies hat mit großer Sorgfalt zu geschehen; das Gut muss schnell verdichtet und luftdicht verpackt werden. Der Sauerstoffmangel verhindert die Verderbnis durch Schimmelpilze und die möglichst schnelle Ansäuerung die durch Bakterien.

Seit Langem hat Maissilage in der Milchviehhaltung und Rindermast frühere Ackerfutterpflanzen, wie besonders Runkelrüben, verdrängt. Wegen seiner großen Vorteile drang und dringt er auch in Grünlandgebiete ein und führt zu oft kritikwürdigem Umbruch in Ackerland. Für den Landwirt sind seine Vorteile in der Tat unübersehbar: Der Flächenertrag ist sehr hoch, fast bis zum Doppelten selbst intensiv geführten Grünlands. Im Gegensatz zur mühseligen früheren Rübenernte ist der gesamte Anbau voll mechanisiert und erfordert wenige Arbeitsstunden pro Hektar. Mais stellt keine besonders hohen Ansprüche an die Bodenqualität und kann wegen seiner langen Wachstumszeit vorübergehende Nachteile wie Trockenperioden recht gut ausgleichen. Er gilt bis heute als selbstverträglich, kann also mehrmals nacheinander angebaut werden, was sich freilich in der Zukunft ändern kann, sollten sich Populationen von Krankheiten und Schädlingen stärker aufbauen. Er verträgt zur Düngung hohe Gaben von Gülle*, die vielerorts Flächen sucht, wo sie aufgebracht werden kann. Mit der schon erwähnten Sorgfalt gelingt das Silieren in aller Regel problemlos und mit geringeren Risiken als bei anderen, insbesondere eiweißreichen Futterpflanzen. Schließlich frisst das Rindvieh die Silage gern. Dem fütterungstechnischen Nachteil eines relativen Mangels an Eiweiß und besonders an essenziellen Aminosäuren kann durch Ausgleich mit anderen Futtermitteln leicht begegnet werden.

Ein anbautechnisches Problem ist immer noch der relativ hohe Wärmebedarf, der eine späte Feldbestellung, langsame Jugendentwicklung und späten Bestandesschluss zur Folge hat. Dem dadurch bestehenden Verunkrautungsdruck in der Jugendphase wird mit Herbiziden* begegnet, während es gegen die Erosionsanfälligkeit durch den offenen Boden im Mai und Juni kein Mittel gibt, außer erosionsanfällige Böden zu meiden. Mais bietet wilden Pflanzen und schutzwürdigen Tieren sehr geringen Lebensraum und sonstige Ressourcen. Dafür ist er beim Wildschwein äußerst beliebt und erfährt durch jenes hohe Schäden. Seine landschaftsökologischen Nachteile insbesondere für die Artenvielfalt werden vor allem verschärft durch seine regionale Konzentration. Selbstverträglichkeit und geringes Anbaurisiko führen dazu, dass es in gewissen Regionen visuell und „gefühlt" fast nur noch Mais gibt. War dies früher auf Milchvieh- und Bullenmastgebiete beschränkt, so hat der Biogasboom auch weit von ihnen entfernt den Maisanbau forciert.

Weizen (Abb. 3.6)
Weizen war früher die anspruchsvollste unter den Getreidearten, sein Anbau blieb den fruchtbaren Börden* vorbehalten, deren Fläche er sich mit den Zuckerrüben teilte. Alle übrigen Gebiete hatten sich mit Gerste, Roggen und Hafer zu begnügen. Weißbrot gab es in weiten Teilen Deutschlands früher meist nur sonntags; man aß hauptsächlich Graubrot aus Roggen. So groß erschien die Unerreichbarkeit der Ansprüche des Weizens, dass man eine Kreuzung aus Weizen und Roggen, die Triticale züchtete (von *Triticum* = Weizen und *Secale* = Roggen), welche hinsichtlich der Standortansprüche und Produkteigenschaften etwa die Mitte zwischen beiden einnimmt. Triticale wird heute auf etwa 400.000 ha (6 % der Getreidefläche) angebaut und erweist sich damit als durchaus nützlich. Sie hat jedoch nicht die von den Züchtern erhoffte Bedeutung erlangt, weil Weizen inzwischen für die Standorte und Bodenqualitäten geeignet geworden ist, für die man Triticale vorgesehen hatte.

Winterweizen bedeckt in Deutschland im Schnitt der letzten Jahre mit über 3 Mio. Hektar etwa die Hälfte der gesamten Getreideanbaufläche außer Körnermais. Seine Verwendung ist längst nicht mehr die eines gehobenen oder gar eines Luxusproduktes. Nach Abzug der Nettoexporte flossen von der inländischen Verwendung des Weichweizens im Wirtschaftsjahr 2013/14 in Höhe von 19,2 Mio. t 9,7 Mio. t (51 %) in Viehfutter und nur 6,3 Mio. t (33 %) in den menschlichen Nahrungsverbrauch. Der Rest entfiel auf Saatgut, Verluste sowie industrielle und energetische Verwendung. Vom Nahrungsverbrauch aller Getreidearten zusammen in Höhe von etwa

Abb. 3.6 Erntereifer Weizen

10 Mio. t nimmt allein der im Inland erzeugte Weichweizen über 60 % ein, hinzu kommen weitere 10 % als importierter Hartweizen für die Erzeugung von Nudeln. Der Hartweizenanteil übertrifft sogar den von Roggen in Höhe von unter 8 %, obwohl Graubrot in Deutschland immer noch populär ist.

Eine Ursache für den Siegeszug des Weizens ist damit die stark gestiegene Nachfrage vonseiten der Weiterverarbeitung zu Futter und Nahrung. Die da herrührenden Preisgebote reizen zur Ausdehnung der Weizenfläche an. Ermöglicht wurde diese durch züchterische Fortschritte an der Pflanze und vor allem durch die ackerbautechnische Beseitigung oder zumindest Abmilderung der Hindernisse, die den Weizenanbau zuvor auf vielen Standorten verboten.

Dazu gehört der auf „mageren" Standorten früher allerorten verbreitete Nährstoffmangel. Zufuhren in Gestalt von Mineraldünger* können zwar schlechte Bodeneigenschaften nicht vollkommen ausgleichen, jedoch vieles, wenn dabei in Kauf genommen wird, dass ein Teil des Stickstoffes die Pflanze nicht erreicht, sondern die Umwelt belastet. In nicht kleinen Gebieten Deutschlands ist heute im konventionellen Landbau eher die Wasserknappheit der Faktor, der die volle Entfaltung des genetischen Wachstumspotenzials des Weizens verhindert.

Zahlreiche durch den Boden übertragene Pilzkrankheiten müssen heute bekämpft werden, weil Weizen in der Fruchtfolge eng steht. Hinzu kommen durch die Luft übertragene Pilzkrankheiten, die in den dichten, nicht mehr vom Wind durchwehten Beständen günstige Entwicklungsbedingungen haben, sowie ein Heer von Insekten und Blattläusen, die entweder selbst Schaden anrichten oder als Überträger (Vektoren) gefürchteter Virusinfektionen wirken. Umwelt und Natur werden nicht nur durch den hohen Einsatz von Pflanzenschutzmitteln belastet, sondern auch dadurch, dass weitere pflanzensanitäre Maßnahmen mit großer Konsequenz getroffen werden müssen. So ist verlangt, sofort nach der Ernte den Boden zu schälen, das heißt die Stoppel flach umzubrechen. Dadurch wird erstens Wasser gespart, weil der Kapillarsog nach oben unterbrochen wird und weniger verdunstet. Zweitens wird Unkraut und Ausfallgetreide zum schnellen Auflaufen gebracht, um durch folgendes Pflügen oder Grubbern vernichtet werden zu können. Drittens gilt Schälen wie auch die weitere Bodenbearbeitung als unverzichtbar für die Unterdrückung des Schadpotenzials der durch den Boden übertragenen Pilzkrankheiten. Das überzeugt einerseits, andererseits wäre aber bei gesünderen Fruchtfolgen mit weniger Weizen auch der Infektionsdruck geringer und müsste man es mit dem Schälen nicht so genau nehmen. So aber fällt der Stoppelacker, der früher wochenlang als Lebensraum für zahlreiche Tier- und Pflanzenarten diente, vollkommen fort. Es erübrigt sich, auf den mangelnden Lebensraum für Wildkräuter im dichten Weizenbestand hinzuweisen – jene hätten dort weder Licht noch Platz, auch wenn sie nicht schon vorher durch Herbizide vernichtet worden wären.

Ungeachtet dieser notwendigen Feststellungen sind auch die Vorteile des Weizens zu sehen, die ihn so attraktiv für den Bauern machen. Keine andere Kulturpflanze hat in den letzten 50 Jahren derartige Ertragszuwächse erzielt. Acht bis neun Tonnen pro Hektar schon auf durchschnittlichem Boden sind Standard. Es wird gefordert, dass in Deutschland mehr Eiweiß liefernde Pflanzen angebaut werden, um den Einfuhrbedarf für Soja zu reduzieren. Der Weizenbauer antwortet darauf, dass bei einem Ertrag von neun Tonnen pro Hektar und Jahr und einem Eiweißgehalt von nur 12 % auf seinem Acker ebenso viel Eiweiß quasi „nebenbei" und von guter Qualität geerntet wird wie bei jeder anderen hier kultivierbaren Frucht einschließlich des Winterrapses.

Zuckerrübe (Abb. 3.7)
Im Mittelalter war Honig nahezu der einzige Süßstoff. Seit der Renaissance gab es Zucker aus dem überseeischen Anbau von Zuckerrohr, zuerst von den Kanarischen Inseln, dann unter anderem aus Westindien. Auch dieser Zucker war teuer, sodass Leckermäuler in Europa einen schweren Stand hatten.

Noch schlimmer wurde es zu Beginn des 19. Jahrhunderts, als Napoleon den Überseehandel weitgehend unterband, um England zu schädigen. Aber Not macht erfinderisch, und man suchte nach heimischen Zuckerquellen. Zuerst war gar nicht sicher, dass die Rübe das Rennen machen würde – im Österreich-Ungarischen Kaiserreich rechnete man vor, wie viel Zucker zu gewinnen wäre, wenn sämtliche Chausseen mit Ahornbäumen bepflanzt würden (Box 3.4).

Die heimischen Ahornarten bilden zwar nicht so viel Zucker wie die bekannten und von den Indianern genutzten kanadischen Arten *Acer saccharum* und *Acer saccharinum*, aber durchaus auch in nennenswertem Umfang. Daraus wurde aber nichts. Schon 1747 hatte der Apotheker Marggraf in Schlesien entdeckt, dass die als Viehfutter genutzte Runkelrübe *Beta vulgaris* einen Zucker enthält, der dem Rohrzucker identisch ist. In Deutschland begann Achard 1786 mit der systematischen Züchtung und dem Anbau.

Abb. 3.7 Zuckerrüben im Juli

Box 3.4 Zuckererzeugung in Mangelzeiten
Ein seinerzeit hoch geachteter österreichischer Agrarexperte, Johann Burger, kaiserl. königl. Gubernialrath, informiert in seinem Lehrbuch der Landwirtschaft, Zweiter Band, Vierte Auflage von 1838 den Leser von weiteren Werken aus seiner Feder, darunter „Untersuchungen über die Möglichkeit und den Nutzen der Zuckererzeugung aus dem Safte inländischer Pflanzen" (Burger 1883). Erstes Heft, enthält die Versuche aus dem Safte der Ahornbäume, und der Stängel des Mais. Wien, Geistinger 1811. Zweites Heft enthält die Versuche aus dem Safte der Weintrauben. Klagenfurt, bei Leon, 1811. Jedes Heft 30 kr.

Nachdem der Zuckergehalt in wenigen Jahrzehnten von etwa 8 auf 16 % und mehr gesteigert werden konnte, wurde die Zuckerrübe zur „Königin" des Ackerbaus und wurden ihre Anbauer auf bestem Boden, wie in der Magdeburger Börde, zum Sinnbild für „reiche Bauern". Die Rübe brachte nicht nur satte Markterlöse von den Zuckerfabriken, sondern mit den von jenen an die Bauern zurückgelieferten Trockenschnitzeln* (den weitgehend entzuckerten Rübenkörpern) und der Melasse* Futter für das Rindvieh. Das zusätzliche Rübenblatt galt als so ertragreich wie mittleres Grünland, sodass man pro Hektar dreifach erntete. So attraktiv war der Anbau, dass die Zuckerfabriken frühzeitig Kontingente ausgeben mussten, um nicht mit Rüben überschüttet zu werden.

Die wirtschaftliche Attraktivität beruhte auch darauf, dass der hohe Einsatz an Handarbeit für das Vereinzeln und Hacken bei niedrigen Löhnen billig war. Heute ist auch der Zuckerrübenanbau voll mechanisiert und kommt mit wenig Handarbeit aus. Die Nebenprodukte als Viehfutter haben relativ an Wert verloren, das meiste Rübenblatt wird untergepflügt. Steht also die Rübe nicht mehr wie früher ökonomisch

Abb. 3.8 Eines der wenigen kleinen Faserlein-Felder in Deutschland bei Marburg

weit über allen anderen Früchten, so ist sie doch immer noch attraktiv. Wer die Voraussetzungen bieten kann, wie insbesondere die Absatzmöglichkeit an eine Fabrik, baut sie gern an. Besser als die Kartoffel hält sie sich mit 300.000 bis 400.000 ha auf über 3 % der Ackerfläche.

Ihre heutige ökologische und volkswirtschaftliche Beurteilung ist zwiespältig. Einerseits ist jede Blattfrucht (also Nicht-Getreide) zur Auflockerung von Fruchtfolgen grundsätzlich willkommen. Ein Zuckerrübenacker ist jedoch im Frühjahr stark erosionsgefährdet, weil die kleinen Pflänzchen den Boden lange offenlassen. Es müssen recht viele Pestizide gegen Pilzkrankheiten und tierische Schädlinge eingesetzt werden. Am problematischsten ist die Ernte im späten Herbst, heute mit schweren Maschinen und Transportfahrzeugen auf von Natur aus gegen Schadverdichtungen empfindlichem und oftmals stark vernässtem Boden.

In tropischen Ländern wird Zucker sehr wirtschaftlich aus Zuckerrohr gewonnen. Da er transportwürdig ist, würde es armen Ländern zugutekommen, wenn sie mehr Zucker in Industrieländer exportieren könnten. Vielleicht sollten wir weniger Futterprotein und dafür mehr Zucker importieren. Die hohe Zuckererzeugung in Deutschland, von der selbst bei luxuriösem Eigenverbrauch (auf dessen gesundheitliche Aspekte hier gar nicht eingegangen sei) ein Drittel exportiert werden muss, überzeugt nicht in jeder Hinsicht.

3.2.1.3 Vergessene Ackerfrüchte und heutige Nischen

Schon lange sind zahlreiche Feldfrüchte aus dem Anbauspektrum ausgeschieden oder auf kleine Nischen reduziert worden. Die Box 3.5 enthält alle Kulturpflanzen, die Albrecht Thaer in seinem Hauptwerk von 1812 erwähnt.

Einige Ackerkulturen können genannt werden, die heute auf zwar verschwindend kleinen Flächen angebaut werden, als „Nischenkulturen" jedoch zum Teil auf große Resonanz stoßen.

Box 3.5 Von Albrecht Thaer erwähnte und beschriebene Kulturpflanzen

Getreide: Weizen, Spelz, Einkorn, Roggen, Gerste, Hafer, Hirse

Hülsenfrüchte: Erbse, Linse, Faseolen (Grüne Bohnen), Pferdebohne (*Vicia faba*), Wicken, Buchweizen[2], Gemenge

Ölgewächse: Winterraps, Rübsen, weißer und schwarzer Senf, chinesischer Ölrettig (*Raphanus sinensis*), Leindotter, Mohn

Gespinstpflanzen: Lein, Hanf, syrische Seidenpflanze (*Asclepia syriaca*), Brennnessel, Weberkarde

Färbepflanzen: Krapp (*Rubia tinctoria*), Waid (*Isatis tinctoria*), Wau (*Reseda lutea*), Saflor (*Carthamus tinctorius*)

Sonstige Hopfen, Tabak, Zichorie, Kümmel, Fenchel, Anis

Futtergewächse: Kartoffel[3], Runkelrübe, Kohlrübe einschließlich Teltower Rüben, Kohlrabi, Kopfkohl, Möhren, Karotten, gelbe Wurzeln, gelbe Rüben; Pastinaken, Mais

Futterkräuter: Rotklee, Weißklee, Erdbeerklee, Luzerne, Esparsette, schwedische Luzerne (*Medicago falcata*), Hopfenklee, Spörgel (*Spergula arvensis*) Plus diverse Gräser.

(Quelle: Krafft et al. 1880, S. 822 ff.)

Faserlein (*Linum usitatissimum*) (Abb. 3.8)

Die Leinweberei war einst Grundlage des Reichtums ganzer Regionen wie Flandern, dem Allgäu und dem Sechs-Städte-Bund in der Lausitz und Niederschlesien (Görlitz, Zittau, Bautzen, Kamenz, Löbau und Luban). Durch Gerhart Hauptmanns „Die Weber" wissen wir aber auch, dass es bei den Heimarbeitern in den Umgebindehäusern keinen Reichtum gab.

Während es beim Öllein mehr auf das Öl ankommt und der Stängel niedrig und verzweigt ist, besitzt Faserlein lange schlanke Stängel. Der Anbau selbst unterscheidet sich nicht wesentlich von dem anderer Feldfrüchte. Das Blau der Blüten im Juni war früher die Zierde der Felder. Umständlich waren schon immer Ernte und Nachbearbeitung. Ist der Lein reif, wird er „gerauft", das heißt mit Wurzeln herausgerissen (man gewahrt an dieser Stelle, wie viele heutige Worte derberer Sprache aus der Landwirtschaft stammen: „sich die Haare raufen", „die Spreu vom Weizen trennen", „dreschen", „du Flegel" „schäbig" …). Es erfolgt eine Röste – durch bakterielle Tätigkeit wird während mehrerer Wochen die Zellulosefaser von dem übrigen Material, der Schäbe, getrennt. Die früher übliche Wasserröste in Teichen und Weihern war extrem umweltschädlich und ist heute verboten. So muss die Röste auf

---

[2] Ist botanisch keine Hülsenfrucht.
[3] Bei Thaer unter Futtergewächs.

dem Acker erfolgen, der dadurch für Wochen nach der Ernte belegt ist. Nach der Röste wird das Gut der Verarbeitung zugeführt.

Noch mehr als andere Feldfrüchte ist der Faserlein auf eine funktionierende Verarbeitungs-Infrastruktur und damit auf eine Mindestgröße des Anbauumfangs angewiesen. Zumal aus DDR-Zeiten aussichtsreiche Ansätze bestanden, wurde mit öffentlichen Mitteln versucht, eine solche in Sachsen wieder aufzubauen. Diese Versuche scheiterten leider. 1997 gab es in Deutschland den Anbau noch auf 1362, jedoch 2004 nur noch auf 194 ha. Der letzte statistische Ausweis erfolgte 2011 mit drei Hektar, seitdem gibt keine Erhebung mehr. In Hessen gibt es einen einzigen Betrieb, der in Kooperation mit dem Bekleidungsunternehmen HessNatur auf kleinen Feldern Faserlein anbaut.

Einerseits versteht man Landwirte, wenn sie bei gut bezahlten Alternativfrüchten und dem umständlichen, risikoreichen und zudem teure Spezialmaschinen erfordernden Faserleinanbau abwinken. Andererseits gibt es in Nordfrankreich in der agrarindustriellen Picardie, also wahrlich keiner nostalgischen Landschaft, noch 50.000 ha Flachsanbau. Es geht also doch.

Buchweizen (*Fagopyrum esculentum*) (**Abb. 3.9**)
Diese Pflanze ist kein „Weizen", nicht einmal Getreide, sondern ein Knöterichgewächs, entfernt mit Rhabarber und Ampfern verwandt. Es werden aber Samenkörner erzeugt, die zwar nicht backfähig, doch als Grütze und in anderer Form essbar sind. Wegen seiner außerordentlichen Anspruchslosigkeit war er früher in Moor- und Heidegebieten verbreitet, war damit aber auch Ausdruck der Armut ihrer Bewohner. Der Anbau erfordert weder Spezialwissen noch -geräte, jedoch sind die Erträge stark witterungsabhängig und damit unsicher und ist die Ernte wegen ungleichmäßiger Abreife mitunter erschwert. Wie bei anderen Kulturpflanzen, die sehr wenig angebaut werden, zeigt sich wohl auch hier eine geringe züchterische Bearbeitung. Buchweizen unterdrückt Unkraut, ist eine gute Bienenweide, ist auch als Zwischenfrucht brauchbar und enthält in seinem Eiweiß eine für die Tierfütterung sehr günstige Zusammensetzung der Aminosäuren. All das macht ihn auch für den ökologischen Landbau interessant. Ist auch kaum zu erwarten, dass er wieder in größerem Umfang angebaut wird, so hält er sich wegen einer stabilen Nachfrage doch als Nischenfrucht. In den Niederlanden ist „boekwit-pannekoeken groot als een wagenwiel" (Buchweizen-Pfannkuchen so groß wie ein Wagenrad) sehr beliebt.

Linsen (*Lens culinaris*)
Die Linse ist eine der ältesten Kulturpflanzen, in Ägypten seit vielen Jahrtausenden und in Mitteleuropa seit 2500 Jahren nachgewiesen. Weltweit ist sie nach wie vor nicht unwichtig, und in Deutschland kann man beliebige Mengen aus importierter Ware kaufen. Ihr heimischer Anbau kam jedoch im

Abb. 3.9 Buchweizen in seinem früheren Hauptanbaugebiet, der Lüneburger Heide

20. Jahrhundert zum Erliegen, in der Tab. 3.1 dürfte sie für die Vorkriegsjahre unter der Rubrik „Körner-Hülsenfrüchte" noch mit ein paar Hektar versteckt sein.

Sie ist besonders für trockene und nur mäßig fruchtbare Kalkböden geeignet, und so lag eines ihrer Anbauzentren und auch ein Schwerpunkt des Konsums auf der Schwäbischen Alb. Mit der für den dortigen Volksstamm sprichwörtlichen Eigenwilligkeit beschafften sich einige Bauern das in der Genbank von St. Petersburg lagernde regionale Saatgut, die „Alb-Leisa" zurück und begannen einen äußerst erfolgreichen Anbau. Das Produkt wird ihnen trotz hohen Preises unter anderem von Gastronomen, die ihrer regionalen Identität verbunden sind, aus den Händen gerissen. Die Alb-Leisa ist Gesprächsstoff in Talkshows und Medien und damit ähnlich der alten Getreideart Dinkel und ihrem Produkt Grünkorn ein Beispiel für die Energie, welche Regionalbewusstsein entfachen kann.

Der Anbau der konkurrenzschwachen Kultur erfolgt ökologisch. Stickstoffdünger ist wie bei allen Schmetterlingsblütlern (Leguminosen) nicht erforderlich, aber eine gute Grundversorgung mit Kalium und Phosphor muss vorausgesetzt werden. Da die Linse eine rankende Pflanze ist, benötigt sie einen Getreidebestand als Stützfrucht, von dem sie bei der Ernte getrennt werden muss, sofern sie nicht wie früher gelegentlich einfach mit ins Mehl und Brot gebacken wurde. Dieses Erschwernis und einige andere werden dafür sorgen, dass der Flächeneinsatz begrenzt bleiben wird, beeindruckend ist jedoch der schon erwähnte regionale Erfolg, der in anderen Gebieten eventuell mit anderen Kulturpflanzen wiederholt werden kann.

Mohn (*Papaver somniferum*) (**Abb. 3.10**)
Kaum eine andere Ackerkultur bietet einen so prächtigen Anblick wie ein blühendes Mohnfeld. Seit der Antike sind die hochwirksamen Inhaltsstoffe des Milchsaftes bekannt, nach Körber-Grohne (1988, S. 396 ff.) in Europa jedoch nie als Rauschgift, sondern allein medizinisch verwendet worden,

Abb. 3.10 Touristenmagnet: Das Mohnfeld am Meißner in Nordhessen

Abb. 3.11 Standortgemäße Grünlandwirtschaft in Norwegen. (Foto: Angelika Hampicke)

besonders – wie auch heute noch das Morphium – zur Linderung von Schmerzen. Die heute weltweit um sich greifende missbräuchliche Verwendung hat dazu geführt, dass Schlafmohn in Deutschland eine „verbotene" Pflanze ist, deren Anbau und Besitz strengsten Regelungen des Arzneimittelgesetzes unterworfen ist. Allerdings ist damit zu rechnen, dass der Anbau hier wie bei zahlreichen anderen Kulturpflanzen auch ohne diese Umstände aus ökonomischen Gründen mehr oder weniger erloschen wäre. Außer den medizinischen Wirkstoffen liefert Mohn ein wertvolles Öl und die bekannten Samen dienen als Backzutat. Sind diese der Zweck des Anbaus, so können medizinische Produkte, die nur aus dem unreifen Milchsaft gewonnen werden können, höchstens eine geringe Rolle spielen, weil die Pflanze ausreifen muss. Die Produkte werden heute fast sämtlich eingeführt.

Mohn muss im zeitigen Frühjahr gesät werden und wäre durch seinen frühen Bestandesschluss, seine hohe Blattmasse, Unkrautunterdrückung und Durchwurzelung bei relativ geringem Düngeranspruch ackerbaulich eine willkommene Bereicherung der Fruchtfolgen. Die intensive und relativ lang anhaltende Blüte nährt zahlreiche Insekten.

Zu Füßen des Meißners in Nordhessen hat ein Landwirt eine Anbaugenehmigung für Schlafmohn errungen und baut ihn dort jährlich auf ungefähr zehn Hektar an. Die Felder sind zur Blüte eine touristische Attraktion ersten Ranges. Tausende Besucher durchwandern die Felder, kehren zum Kaffee (mit Mohnkuchen) ein und kaufen Produkte aus Mohn, nachdem sie durch die Regionalpresse über die günstigste Besuchszeit informiert worden sind. Selten zeigen sich wie hier die Sehnsucht weiter Bevölkerungskreise nach Elementen früherer Landwirtschaft und die ökonomischen Chancen, die sich aus der Nutzung von Nischen ergeben.

Frühere Ackerfutterpflanzen
Hierunter fallen gelbe, weiße und blaue **Lupinen** (*Lupinus L. luteus, L. albus und L. angustifolius*), **Wicken** (*Vicia sativa, v. villosa*), **Serradella** (*Ornithopus sativus*) und **Espar-**

sette (*Onobrychis viciifolia*). Seit Mitte der 1960er-Jahre wird der Anbau dieser Futterpflanzen statistisch nicht mehr erwähnt, ebenso wie der verschiedener Kleearten und Mischungen, wie des früher verbreiteten **Landsberger Gemenges** aus Zottelwicke (*Vicia villosa*), Inkarnatklee (*Trifolium incanatum*) und Welschem Weidelgras (*Lolium multiflorum*). Das ist schade, denn diese Pflanzen trugen zur Vielfalt auf dem Acker bei und boten Insekten ein Blütenmeer. Die meisten waren für ertragsschwache Böden geeignet – zum Beispiel Serradella für Sand und Esparsette für Kalk. Diese Böden sind heute entweder ganz aus der Landwirtschaft ausgeschieden oder so gedüngt, dass sie nicht mehr ertragsschwach sind. Lupinen waren teilweise nicht frei von Bitterstoffen und damit auch nicht als Futter geeignet, sondern dienten ausschließlich der Bodenverbesserung. Die moderne Landwirtschaft braucht diese Pflanzen nicht mehr, die nur einen geringen Mengenertrag (bei zuweilen hervorragender Futterqualität) bieten. Auch im ökologischen Landbau sind sie durch Rotklee und Luzerne verdrängt worden. Ein zartes Revival erleben blaue Lupinen durch ihre Anerkennung als „ökologische Ausgleichsflächen" im Rahmen des Greenings (Abschn. 4.7).

3.2.2 Dauergrünland

Grünland, genauer „Dauergrünland"* ist ständig von Pflanzen, überwiegend Gräsern bewachsen und liefert Futter für die „Rauhfutterfresser"*, insbesondere Wiederkäuer (vgl. Abb. 3.11). Auf der Weide grasen die Tiere unmittelbar, auf der Wiese wird der Aufwuchs geerntet und meist konserviert; heute gibt es oft Kombinationen und Mischnutzungen. Man unterscheidet „absolutes" von „fakultativem" Grünland – solches, was nicht als Ackerland nutzbar wäre und daher Grünland sein muss, von solchem, was auch Ackerland sein könnte.

Die Begriffe sind weniger präzise als sie scheinen; es gibt nur wenig wirklich absolutes Grünland. Steht das Grundwasser zu hoch, so kann man es durch Melioration* absenken, wie es ja auch auf großen Flächen getan wurde. Hängige Flächen im Mittelgebirge oder Flächen im Überschwemmungsbereich von Flüssen könnten, aber *sollen* aus Gründen des Natur- und Umweltschutzes nicht als Äcker, sondern besser als Grünland genutzt werden.

Trotz dieser Vorbehalte gilt natürlich, dass Grünland meist dort anzutreffen ist, wo es durch eine Kombination natürlicher und wirtschaftlicher Gründe gefördert wird: in großen Flussauen, im nordwestdeutschen Küstengebiet sowie in regenreichen Mittelgebirgslagen, besonders wenn dort steile Hänge und eine flache Bodenauflage den Ackerbau erschweren.

Grünland zeigt außerordentlich unterschiedliche Formen. Auf schwach wüchsigen, aber sehr artenreichen Magerrasen weiden Schafe, Ziegen und Fleischrinder. Diese Flächen mit hohem Naturschutz- und Erholungswert werden im Abschn. 5.3.1 näher beschrieben. Das andere Extrem stellen Intensivweiden und Vielschnittwiesen dar, die sehr viel und sehr gutes Futter für die Milchkühe liefern, außerhalb der üppigen Löwenzahnblüte im Mai jedoch einheitlich grün wirken und zur Artenvielfalt gar nichts beitragen. Warum das so ist und was dagegen getan werden könnte, wird näher im Abschn. 7.3 betrachtet. Am stärksten vermisst man in den meisten Landstrichen das nach heutigen Maßstäben „mittel"-produktive Grünland, die traditionellen Blumenwiesen mit oft über 40 Arten von Gräsern und Kräutern. Diese mit Stallmist* gedüngten „Fettwiesen" waren früher das Rückgrat vieler rindviehhaltender Betriebe. Oft mit Obstbäumen bestanden, kann man sie in Südwestdeutschland noch in größerem Umfang betrachten. Die allermeisten von ihnen wurden entweder zu Hochertragsgrünland intensiviert oder zu Ackerland umgebrochen.

Grünlandumbruch ist auch heute ein heiß diskutiertes Thema im Umwelt- und Naturschutz. Gewiss ist ein Verlust an Grünlandfläche oft zu bedauern. Grünland besitzt als Erosionsschutz, Kohlenstoffspeicher oder aus anderen Gründen einen hohen landeskulturellen Wert, selbst wenn es nicht artenreich ist. Seinem Verlust wurde mit den Mitteln der EU-Agrarpolitik lange nur lasch entgegengetreten, erst seit 2015 etwas entschiedener. Unabhängig davon erließen einige Bundesländer schärfere ordnungsrechtliche Umbruchsverbote.

Oben wurde erwähnt, dass der Verlust landwirtschaftlicher Fläche durch Straßenbau, Siedlungsausdehnung („Versiegelung") vollständig vom Grünland getragen wird. In Anbetracht der großen landeskulturellen Bedeutung des Grünlandes erscheint sein gesetzlicher Schutz schwach, vor allem, wenn man mit dem Wald vergleicht. Wald ist in Deutschland so wirksam geschützt, dass seine Fläche trotz so vieler Ansprüche an diese nicht abnimmt. Mit guten Gründen könnte man Gleiches für das Grünland verlangen.

Auf der anderen Seite darf der Grünlandanteil der Landwirtschaft etwa um 1950 auch nicht zu einer unumstößlichen historischen Konstante erhoben werden. In heutigen Grünlandgebieten gab es vor der Entwicklung des modernen Verkehrswesens und der dadurch ermöglichten arbeitsteiligen Wirtschaft viel mehr Ackerland; die Menschen brauchten eigenes Getreide zur Ernährung und konnten es nicht von weither kaufen. Überall in solchen Gebieten lassen sich an den Flurformen ehemalige Äcker nachweisen. Im Sinne des Naturschutzes und des Erlebniswertes ist die Intensivierung und Vereinheitlichung des Grünlandes das größere Problem als der reine Flächenverlust. Während Vegetationskundler in den 1950er-Jahren im Weser-Ems-Gebiet noch umfangreiche standörtliche Differenzierungen wahrnahmen, die selbst in diesem relativ einheitlichen Raum unterschiedliche Grünlandgesellschaften entstehen ließen, ist dort durch die Nivellierung der Wasser- und Nährstoffverhältnisse überall ein „Einheitsgrünland" mit wenigen dominierenden Arten entstanden.

3.2.3   Dauerkulturen

Nicht nur der Vollständigkeit halber müssen diese erwähnt werden, auch wenn sie nur etwa 1,5 % der Landwirtschaftsfläche ausmachen. Wie der Name sagt, werden hier Jahre bis Jahrzehnte bestehende Strukturen unterhalten. Es handelt sich um Rebland, Obst- und Hopfenanlagen sowie Baumschulen; auch Christbaumkulturen zählen dazu. Alle sind aus klimatischen und/oder wirtschaftlichen Gründen räumlich stark konzentriert. Ein die Landschaft prägendes Zentrum des Hopfenanbaus ist die Hallertau bei Ingolstadt. Weinbau findet sich bekanntlich in warmen Lagen an oder in der Nähe der Flüsse Rhein, Mosel, Ahr, Nahe, Neckar, Main, Tauber, Saale, Unstrut und Elbe (Abb. 3.12).

Einerseits sind Rebanlagen besonders an Steilhängen landschaftliche Schmuckstücke. Andererseits muss dort intensiv in das Ökosystem eingegriffen werden, nicht zuletzt mit Che-

Abb. 3.12 Weinbau in Steillage am Neckar

mikalien gegen pilzliche und tierische Schädlinge. Das schafft natürlich Konflikte mit dem Naturschutz, zumal die Biotope wegen ihrer klimatischen Begünstigung besonders artenreich sein können und oft die nördlichsten Vorkommen mediterraner und submediterraner Arten darstellen.

3.3   Tierhaltung

Es gibt in Deutschland ungefähr 12,7 Mio. Rinder, darunter 4,2 Mio. Milchkühe, ferner 28 Mio. Schweine, 1,5 Mio. Schafe, 130.000 Ziegen, 460.000 Pferde und 177 Mio. Stück Geflügel. Die wichtigsten tierischen Produkte sind 31 Mio. Tonnen Milch, 8,5 Mio. Tonnen Fleisch und 850.000 Tonnen Eier pro Jahr. Kommt heute das Gespräch auf das Vieh, so sind als erstes die Haltungsbedingungen ein Thema. Tierschutzorganisationen erreichen hohe Publizität durch die Skandalisierung all dessen, was mit „Massentierhaltung" zu tun haben könnte. Um das Portrait der Landwirtschaft in diesem einführenden Kapitel nicht zu überladen, betrachten wir vorrangig die Bestandesgrößen der Tierhaltungen und sprechen einige wichtige Problemgebiete an. Ergänzendes findet sich in späteren Kapiteln.

Das Verhältnis zwischen Mensch und Tier war immer vielschichtig. Tiere wurden religiös verehrt und werden individuell geliebt, wie Pferde, Hunde und Katzen. Andere Tiere wurden dagegen vernutzt oder sogar absichtlich gequält. Unzählige Pferde verendeten gemeinsam mit ihren Reitern in furchtbaren Schlachten. Noch vor 100 Jahren sahen Grubenpferde im Ruhrgebiet nie das Tageslicht. Stier- und Hahnenkämpfe belustigten Generationen von Menschen. Noch vor wenigen Jahrzehnten schalten Eltern ihre Kinder kaum, wenn jene Heuschrecken und Maikäfern die Beine einzeln auszupften. Inzwischen hat sich vieles geändert. Der Auftritt eines Tanzbären würde in Deutschland Widerwillen hervorrufen, sogar der traditionelle Zirkus wird infrage gestellt.

> **Box 3.6 Dubslav von Stechlin und Tante Adelheid**
> In seinem Roman „Der Stechlin" lässt Theodor Fontane seinen Titelhelden mit dessen Schwester Adelheid ein Gespräch führen. Beide mögen sich nicht, Adelheid ist Äbtissin in einem evangelischen Stift für alte Damen, sehr fromm und konservativ. Sie ereifert sich missbilligend über eine charmante junge Frau aus Berlin, die vielleicht Gattin ihres Neffen, Dubslavs Sohn werden könnte (schließlich wurde es eine andere). Adelheid: „Und ich verwette mich, diese Melusine raucht auch." Dubslav: „Ja, warum soll sie nicht? Du schlachtest Gänse." (Fontane 1898/1969, S. 293).

Bemerkenswert an der landwirtschaftlichen Tierhaltung war und ist, dass aufseiten der dort arbeitenden Menschen Emotionen zwar nicht fehlen, im Vergleich zur städtischen Bevölkerung jedoch zurücktreten. Keine Landfrau konnte es sich früher leisten, ein Huhn nicht schlachten zu können, und so ist es auch heute oft.

Noch 1992 wurden 96 % aller Legehennen in Käfigen gehalten, 2013 nur noch 11,5 %. Hier liegt ein Beispiel dafür vor, dass Konsumenten im Verbund mit dem Handel in relativ kurzer Zeit substanzielle Änderungen der Haltungsbedingungen erwirken können. Käfigeier sind im Einzelhandel nahezu unverkäuflich. Die verbliebenen Käfighennen, seit 2010 in etwas komfortableren Käfigen, versorgen vor allem die verarbeitende Lebensmittelindustrie, deren Produkten man nicht mehr ansieht, wo die Eier gelegt wurden.

Die Tab. 3.2 gibt einen detaillierten Überblick über die Haltung von Rindern, Schweinen, Legehennen und Masthühnern nach Bestandsgrößenklassen. Zu beachten ist, dass bei Rindern und Schweinen alle Tiere einbezogen sind, also außer Milchkühen und Mastschweinen auch Kälber, Färsen* und Bullen sowie Ferkel, Läufer*, Zuchtsauen und Eber*. Etwa ein Viertel aller Rinder haltenden Betriebe besitzt weniger als 20 Tiere. Diese, besonders in Bayern ansässigen Betriebe tragen allerdings zur Versorgung mit Produkten wenig bei, denn sie halten nur 2,6 % aller Rinder. Stark zu vermuten sind unzeitgemäße Haltungsbedingungen und eine hohe Arbeitsbelastung in Nebenerwerbsbetrieben*. Eine große Zahl von Rindern wird in Beständen von wenigen hundert Stück gehalten, was bei guten Haltungsbedingungen nicht mit der abwertenden Bezeichnung „Massentierhaltung" belegt werden darf. Allerdings gibt es auch einige Betriebe mit sehr hohen Beständen.

Fast die Hälfte aller Betriebe, die Schweine halten, besitzen weniger als 100 Tiere und stellen nur 1,6 % aller Tiere. Ebenso wie bei den Rindern ist es fraglich, ob diese Kleinhaltungen noch zeitgemäß sind. Der Grad der Konzentration ist jedoch erheblich fortgeschritten; über 70 % aller Tiere finden sich in Beständen über 1000 Stück, 16,5 % aller Tiere in solchen über 5000 Stück. Während sich noch 1999 die größte Zahl der Tiere in Beständen fand, die nach Hunderten zählten, sind es 2013 die, die nach Tausenden zählen.

Extrem sind die Verhältnisse beim Geflügel ausgeprägt. Sowohl bei Legehennen als auch beim Mastgeflügel gibt es zahlreiche Kleinhaltungen, die offenbar auf Wochenmärkten die nähere Umgebung versorgen. Über die Hälfte aller Legehennen und drei Viertel aller Masthühner finden sich jedoch in Beständen über 50.000 Stück.

Man darf resümieren, dass, rein von den Zahlenwerten her, die Bezeichnung „Massentierhaltung" beim Geflügel treffend ist. Bei Schweinen gibt es Tendenzen in diese Richtung, bei Rindern nur in geringerem Maße. Das wichtigste im Urteil darüber, wie in der heutigen Landwirtschaft mit dem Tierwohl umgegangen wird, ist: zu differenzieren. Es

Tab. 3.2 Tierhaltung nach Bestandsgrößenklassen 2013

Bestand von … bis … Tieren	Zahl der Tiere (in 1000)	Anteile in %	Zahl der Betriebe (in 1000)	Anteile in %
Rinder				
1–9	80,2	0,6	14,5	11,1
10–19	245,5	2,0	17,2	13,2
20–49	1058,6	8,6	31,8	24,4
50–99	2035,7	16,5	28,5	21,9
100–199	3397,4	27,5	24,1	18,5
200–499	3475,7	28,1	12,2	9,4
500 und mehr	2077,6	16,8	2,2	1,7
Schweine				
1–49	217,1	0,8	19,8	40,3
50–99	219,8	0,8	3,1	6,3
100–399	1729,1	6,0	7,8	15,9
400–999	6054,5	21,1	9,0	18,3
1000–1999	9393,2	32,7	6,8	13,8
2000–4999	6387,9	22,3	2,2	4,5
5000 und mehr	4695,9	16,4	0,5	1,0
Legehennen				
1–99	891,0	1,9	49,5	91,5
100–999	844,3	1,8	2,5	4,6
1000–9999	4150,6	8,6	1,2	2,3
10.000–49.999	16.602,5	34,6	0,7	1,3
50.000 und mehr	25.498,7	53,1	0,2	0,3
Masthühner				
1–99	33,4	0,0	2,8	62,2
100–999	.	.	.	.
1000–9999	.	.	0,1	2,2
10.000–49.999	22.127,0	22,8	0,7	15,6
50.000 und mehr	74.445,5	76,6	0,6	13,3

0,0 – mehr als nichts, aber weniger als die Hälfte der kleinsten Einheit
. – kein Nachweis vorhanden oder Geheimhaltung
Quelle: StJELF 2016, Tab. 139, 146, 154 und 158, S. 139, 144, 148 und 152

gibt alles – vom wirklichen „Glück auf der Weide" bis zu sehr fragwürdigen Zuständen. Man kann eine heutige Milchkuh leider nicht fragen, was sie vorziehen würde: Früher entweder vor den Pflug gespannt, den sie kaum ziehen konnte, oder lebenslänglich in einen dunklen muffigen Stall gesperrt, Klauen und Euter wund – oder heute in einem komfortablen Laufstall, wo sie sich frei bewegen kann und dennoch ihre eigene Liegebox hat (Abb. 3.13). Ob sie Anstoß daran nimmt, dass sie im Betrieb 200 oder 300 „Kollegin-

nen" hat, ist zu bezweifeln. Es gibt auch bei Rindern noch fragwürdige Haltungsbedingungen, besonders in bäuerlichen Betrieben, denen im Gegensatz zu Großbetrieben das Wohlwollen der Städter gilt. Dort können Mastbullen ihr ganzes Leben lang, in dem sie täglich 1000 bis 1400 g zunehmen sollen, nie ihren Platz im Stall verlassen. Wie auch der Wissenschaftliche Beirat für Agrarpolitik beim Bundesministerium für Ernährung und Landwirtschaft feststellt, sind bei Rindern und Schweinen die Haltungsbedingungen von un-

Abb. 3.13 Laufstall der Milchkuhherde im Gut Frankenhausen, Versuchsgut des Fachbereichs Ökologische Agrarwirtschaft der Universität Kassel in Witzenhausen

gleich größerer Bedeutung für das Tierwohl als die Bestandsgrößen, solange nicht vernünftige Dimensionen gesprengt werden (WBA 2015).

Ob das auch für den Geflügelbereich mit seinen Produktionsfabriken gilt, die nichts mehr mit Landwirtschaft zu tun haben, ist schwer zu sagen. Vielleicht stören sich die Hühner und Puten selbst nicht daran, in Massen zu leben. Die breite Bevölkerung fühlt sich jedoch emotionell und ästhetisch abgestoßen. Die bloße Anzahl und Massierung der Tiere verstört; noch mehr verstört, dass jedes neu geschlüpfte Küken, welches das Pech hat, dem falschen Geschlecht anzugehören (die Zahlen sind achtstellig), sofort getötet wird, dass ein Masthähnchen weniger als 40 Tage zu leben hat, in denen es mit höchster Effizienz Körnerfutter in Muskelfleisch umwandeln soll, und anderes mehr. Fachleute sehen die hygienischen Probleme: Bei einer derartigen Massierung genetisch gleichartiger Tiere muss dem Ausbruch von Krankheiten vorgebeugt werden, alles andere wäre bei den hier bestehenden Risiken ökonomisch ein russisches Roulette. Die Tiere bekommen also Medikamente, auch wenn sie nicht krank sind. Ob das Risiken für den Menschen schafft, wird intensiv erforscht. Bisher haben sich Befürchtungen wenig bestätigt, aber – wie es ein verständiger Vertreter aus dem Agrarbereich formuliert – es hätte auch anders kommen können.

Bei Mastschweinen gibt es Kontroversen über ideale oder zumutbare Gruppengrößen und zahlreiche Aspekte, die ihr Verhalten in der Gruppe bestimmen oder beeinflussen. Wann Schweine mehr oder weniger dazu neigen, sich gegenseitig die Schwänze abzubeißen, mögen Kundigere entscheiden. Wenig Sympathie bringt der Nicht-Landwirt der Praxis entgegen, Zuchtsauen während gewisser Lebensabschnitte extrem in ihren Bewegungsmöglichkeiten einzuschränken. Das den Tieren zugefügte Leid durch übermäßig lange Transporte vor der Schlachtung ist weithin bekannt. Analog zur weitge-

henden Abschaffung der Käfighaltung bei Hennen ist künftig mit schärferen Anforderungen an das Tierwohl auch bei Schweinen zu rechnen.

Box 3.7 Veredlungswirtschaft im Weser-Ems-Gebiet

Wie die Abb. 3.14 zeigt, befindet sich in den niedersächsischen Landkreisen Vechta, Cloppenburg, Emsland und Nordhorn sowie im südlich angrenzenden westfälischen Münsterland eine massive Konzentration der Veredlungswirtschaft. Beim Geflügel bestehen die in der Tab. 3.2 dokumentierten fabrikähnlichen Massenhaltungen. Sie gelten als „flächenunabhängig", weil sie das Futter nicht selbst erzeugen, sondern käuflich beziehen. Für die Ausscheidungen der Tiere und den darin enthaltenen Stickstoff und Phosphor müssen Flächen gesucht werden. Neben den Massenhaltungen gibt es jedoch besonders bei Schweinen auch zahlreiche bäuerliche Familienbetriebe.

Die Massierung der Tierhaltung in diesem Raum hat historische Gründe. In der alten Bundesrepublik der 1950er- und 1960er-Jahre musste Futtergetreide noch in großem Umfang eingeführt werden; der spezialisierte Importhafen war Brake an der Unterweser. Der Haupt-Absatzraum für tierische Erzeugnisse war das Ruhrgebiet und das Rheinland. So lag es nahe, die tierische Erzeugung „auf halbem Wege" in der Mitte anzusiedeln.

Bestimmend war zudem, dass die Region traditionell als relativ arm galt und wegen der mäßigen Qualität der sandigen Böden nur eine schwache pflanzliche Erzeugung zuließ (besonders vor Einführung des Maises), von der die Familienbetriebe nur schlecht leben konnten. So erschien die „innerbetriebliche Aufstockung" in Gestalt der Tierhaltung als Lösung eines regionalen Strukturproblems, zu dem auch staatliche Förderung kräftig beitrug.

Kommt eine solche Schwerpunktbildung einmal in Gang, zieht sie immer weitere Gewerbe und Organisationen an. Landmaschinenfabriken, Mischfutterwerke, Schlachthöfe, Verarbeitungsbetriebe und viele weitere Aktivitäten aus den der Landwirtschaft vor- und nachgelagerten Bereichen kommen hinzu. Es folgen Behörden und halbstaatliche Institutionen, sodass ein agro-industrieller Komplex entsteht, der nicht zuletzt meinungsbildend wirkt und wirtschaftliche und politische Macht ausübt. Ein weitaus höherer Anteil der Bevölkerung als in anderen Regionen findet seinen Arbeitsplatz in einem der Landwirtschaft nahen Gewerbe. Eine Infragestellung der Strukturen etwa aus ökologischen Gründen trifft auf massiven Widerstand.

Die Kehrseite der Entwicklung ist die nahezu restlose Auslöschung der traditionellen Landschaft mit ihren Feuchtwiesen, Mooren, Heiden, Sandfeldern, Wallhecken, klaren Heideweihern und mäandrierenden keinen Flüssen. Die Äcker im Münsterland bestehen heute zu fast 90 % aus

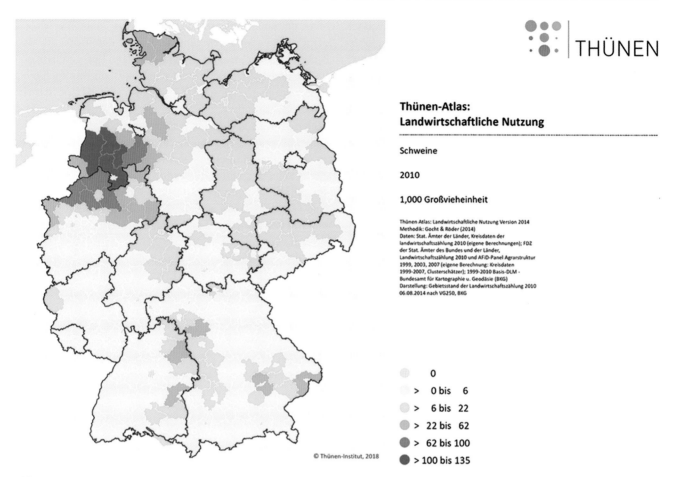

Thünen-Atlas:
Landwirtschaftliche Nutzung

Schweine

2010

1,000 Großvieheinheit

Thünen Atlas: Landwirtschaftliche Nutzung Version 2014
Methodik: Gocht & Röder (2014)
Daten: Stat. Ämter der Länder, Kreisdaten der
landwirtschaftszählung 2010 (eigene Berechnungen); FDZ
der Stat. Ämter des Bundes und der Länder,
Landwirtschaftszählung 2010 und AFiD-Panel Agrarstruktur
1999, 2003, 2007 (eigene Berechnung: Kreisdaten
1999-2007, Clusterschätzer); 1999-2010 Basis-DLM -
Bundesamt für Kartographie u. Geodäsie (BKG)
Darstellung: Gebietsstand der Landwirtschaftszählung 2010
06.08.2014 nach VG250, BKG

© Thünen-Institut, 2018

- 0
- > 0 bis 6
- > 6 bis 22
- > 22 bis 62
- > 62 bis 100
- > 100 bis 135

Abb. 3.14 Verteilung der Schweine in Deutschland. (Quelle: Agraratlas. Mit freundlicher Genehmigung des Thünen-Instituts für Ländliche Räume)

Mais und Wintergetreide. Ammoniak zieht durch die Lüfte, das Grundwasser ist als Trinkwasser weithin unbrauchbar.

Ein zunehmender Teil der Bevölkerung empfindet die Zustände als schwer erträglich, andere sind weniger betroffen. Ende der 1980er-Jahre empfing ein Landrat im Emsland eine Gruppe von Wissenschaftlern eines Forschungsprojektes mit den Worten „Was wollen Sie hier eigentlich erforschen oder gar ändern? Alles ist bestens. Sehen Sie sich um: Es ist doch alles grün!"

Es geht trotzdem fehl, in der nordwestdeutschen Agrarszene den Hauptwiderstand gegen ökologische Reformen, insbesondere strengere Vorschriften im Umgang mit Stickstoff und Phosphor zu erblicken. Natürlich blockiert und verschleppt man auch hier, jedoch wissen die Meinungsführer, dass große moderne Tierhaltungen strengere Vorschriften durchaus verkraften könnten. Kenner der Szene berichten, dass der Hauptwiderstand gegen fortschrittliche Technologien von Behörden aus süddeutschen Gefilden herrührt, die ihre kleinbäuerliche Klientel vor Anforderungen schützen zu müssen meint, die sie wirtschaftlich nicht erfüllen können.

Weniger in der Öffentlichkeit und mehr in der Fachwelt diskutiert werden die physischen Wirkungen der Tierhaltung auf die Umwelt. Dazu erfolgt im Kap. 6 eine quantitative Darstellung der Stoffströme, hier nur das Wichtigste vorweg: Von den Nährstoffen, die den Tieren zugeführt werden, verbleibt nur ein kleiner Teil in Milch, Fleisch und Eiern. Der größere Teil wird mit Kot und Harn wieder ausgeschieden. Noch immer sind Stallmist*, Jauche* und Gülle wertvolle Düngestoffe, aber sie sind nicht mehr so wertvoll wie früher. Zum einen gibt es preisgünstigen Mineraldünger* und zum anderen ist die Tierhaltung in bestimmten Räumen so massiert, dass aus Wohltat Plage geworden ist; man weiß nicht, wohin mit der vielen Gülle. Veredlungsbetriebe*, also mit Haltung von Schweinen und Geflügel und deren Fütterung mit Getreide und Eiweißkonzentrat, haben ihren Schwerpunkt in Nordwestdeutschland (vgl. nachfolgendes Beispiel). Einen zweiten Schwerpunkt mit Futterbaubetrieben*, also vorzugsweise Rinderhaltung, gibt es in Oberbayern. Weite Ackerbaugebiete dazwischen sowie der ganze Nordosten Deutschlands sind dagegen vieharm.

Die Tierhaltung in derart konzentrierter Form erzeugt einen Schwall unkontrollierten Stickstoffs, der als Ammoniak in die Atmosphäre entweicht und von ihm betroffene Biotope, wie besonders den Wald gefährdet, der ferner Grundwasser, Flüsse, Seen und Küstengewässer belastet und die Landoberfläche auch dort permanent düngt, wo die Natur in nährstoffärmerem Milieu viel besser zurechtkäme. Phosphor ist zwar weniger mobil, reichert sich in Böden an, beschädigt Gewässer jedoch schon in viel geringerer Menge als Stickstoff. Wissenschaftliche Organe auf allen Ebenen fordern seit Langem Abhilfen gegen die bestehenden Missstände, wegen der damit entstehenden Kosten und des Widerstandes in der Agrarszene lange Zeit mit schleppendem Erfolg.

Man darf hinsichtlich der Haltungsformen der Tiere wie folgt resümieren: Erstrebenswert sind Betriebe, die die technischen und finanziellen Voraussetzungen bieten, wissenschaftlichen Standards zum Tierwohl, zur Tiergesundheit, zur optimalen Fütterung, zur Qualitätssicherung der Erzeugnisse und zur Emissionsminimierung zu genügen. Das sind die Betriebe etwa des mittleren Größenspektrums der Tab. 3.2. Sowohl das zähe Fortbestehen zu kleiner und einkommensschwacher Betriebe als auch ein betriebswirtschaftlich riskanter und daher fast irrational erscheinender Hang zum Wachstum um jeden Preis stehen diesem Ideal im Wege. Auswüchse wie bekannt gewordene (zum Glück nicht realisierte) Projekte mit 3000 Milchkühen in einem Naturpark Mecklenburg-Vorpommerns finden in der Tat keine vernünftige Begründung.

Auf Landschaftsebene ist die ungleichmäßige Verteilung und übermäßige Konzentration in bestimmten Regionen ein Problem. Man muss sogar die Frage zulassen, ob es dem Gemeinwohl dient, überhaupt so viele Schweine und Rinder in Deutschland zu haben. Hierzu und zu weiteren Problemen erfolgen Erörterungen in späteren Kapiteln.

3.4 Die Erzeugungsstruktur der Landwirtschaft

3.4.1 Methode

Bisher haben wir die Flächennutzung der Landwirtschaft und ihre Tierbestände betrachtet, nun gehen wir über zum Produktionsprozess. Was alles wird im Laufe eines Jahres erzeugt und wie wird es verwendet? Allein der Umstand, dass die Landwirtschaft nur einen Teil ihrer pflanzlichen Produkte am Markt verkauft und einen – wie wir sehen werden, sehr großen – Teil zunächst einmal selbst wieder verzehrt, indem ihn das Vieh frisst, macht das Bild schon kompliziert. Die Wege der Produktionsmittel, Zwischen- und Endprodukte sind in der Agrarstatistik zwar dokumentiert, jedoch ist es dem Laien kaum zuzumuten, sich durch dicke Jahrbücher mit hunderten von Tabellen hindurchzuarbeiten. Es fehlt eine übersichtliche, auf das Wesentliche bezogene Darstellung. Diesem Mangel soll hier abgeholfen werden.

Die erste Frage ist, in welchen Einheiten die Erzeugungsstruktur abgebildet werden soll. Üblich ist im Wirtschafts-

leben der Geldmaßstab. Der Vorteil, dass dabei alles auf ein gemeinsames Maß gebracht wird, wird damit erkauft, dass Einblicke in die Struktur der Material- und Energieflüsse völlig verloren gehen. So besteht also das Bedürfnis nach einer Bilanzierung in physischen Größen. Dabei wird eine Schwierigkeit durch eine andere ausgetauscht. Was soll als Maß zählen? Etwa das Gewicht (korrekter: die Masse)? Man wird nicht akzeptieren, dass 50 kg Stroh und 50 kg edler Trauben zu einer „Produktmenge" von 100 kg addiert werden. Trotz dieser Schwierigkeiten sind landwirtschaftliche Gesamtrechnungen in physischen Maßstäben ersonnen worden. Es wurde eine *Getreideeinheit* definiert, mit der sämtliche landwirtschaftlichen Zwischen- und Endprodukte auf einen Nenner gebracht werden.

„Die Getreideeinheit ist eine Kennzahl, die … das Energielieferungsvermögen eines Erzeugnisses im Verhältnis zum errechneten Energielieferungsvermögen von Futtergerste wiedergibt. Die tierischen Erzeugnisse werden nicht nach ihrem eigenen Nettoenergiegehalt, sondern nach dem … des Futters bewertet, das durchschnittlich zu ihrer Erzeugung erforderlich ist" (StJELF 2016, S. 160). So entspricht eine Dezitonne (dt)* Gerste einer Getreideeinheit (GE) von 1,0, während eine dt Kartoffeln 0,22 GE, ein ha Ziergehölze 135,0 GE und eine Milchkuh von 550 kg 6,26 GE entspricht.

Die Getreideeinheit wurde im Zweiten Weltkrieg zum Zweck der Ernährungssicherung der Bevölkerung konzipiert und mag dafür geeignet gewesen sein. Ob die noch heute in der Agrarstatistik fortgeschriebene Erhebung in Getreideeinheiten (wobei der Schlüssel 2010 neu gefasst wurde) das zweckmäßigste Maß ist, sei dahingestellt. Ihr Grundgedanke, in Energieeinheiten zu rechnen, überzeugt jedoch.

Im Vorliegenden wird eine konsequente Bewertung aller Produkte in Energieeinheiten vorgenommen, ohne auf ein Standardprodukt wie die Futtergerste zu normieren. Dies geschieht wohl wissend, dass auch damit die heterogene Struktur der Erzeugnisse nur unvollkommen wiedergegeben wird. Der Wert eines Kilogramms Milch wird nicht allein durch seinen Energiegehalt, sondern auch durch seine Gehalte an Eiweiß, Calcium und anderen Stoffe bestimmt.[4] Der Energiegehalt ist jedoch von allen *einzelnen* physischen Maßstäben der aussagekräftigste. Im vorliegenden Buch wird diese Rechnung zudem durch eine Abbildung der Stickstoffströme in einem späteren Kapitel ergänzt, welche Rückschlüsse auf den Proteinfluss im System erlaubt und damit einen zweiten wichtigen Inhaltsfaktor erfasst.

---

[4] Der der Mathematik kundige Leser bildet alle n Eigenschaften eines Gegenstandes, zum Beispiel eines Kilogramms Milch, als einen *Vektor* mit n Elementen ab. Weder kann das Herausgreifen eines einzigen Elementes noch die Bildung eines Skalars (bei der Matrix die Determinante oder der Eigenwert) *alles* über den Vektor aussagen, sondern immer nur Teileigenschaften.

Box 3.8 Energiemaße und Begriffe in der Tierernährung

Energie ist die Fähigkeit, Arbeit zu leisten. Die Einheit für die Energiemenge ist das Joule (J). 1 J = 1 Nm. Mit einem Joule kann eine Kraft von einem Newton auf einer Strecke von einem Meter wirken. Nach dem mechanischen Wärmeäquivalent ist ein J auch eine Wärmemenge, es hat die veraltete Einheit für die Wärmemenge „Kalorie" abgelöst. 1 kcal = 4189 J.

In pflanzlichen und tierischen Organismen wird Energie dazu gebraucht, chemische Arbeit bei der Synthese energiereicher Substanzen zu leisten, ferner mechanische Arbeit für Bewegungen sowie für die Erzeugung von Wärme.

Da das Joule eine sehr kleine Einheit ist, werden Vielfache definiert: 1 Kilojoule (kJ) = 10^3 J, ein Megajoule (MJ) = 10^6 J, ein Gigajoule (GJ) = 10^9 J, ein Terajoule (TJ) = 10^{12} J, ein Petajoule (PJ) = 10^{15} J, ein Exajoule (EJ) = 10^{18} J.

Leistung ist definiert als Arbeit pro Zeiteinheit (Sekunde) und wird gemessen in Watt (W). 1 W = 1 J/s, 1 J = 1 Ws.

Ein Mensch durchschnittlicher Größe setzt bei leichter Bewegung pro Tag etwa 10 MJ an Energie um, die durch die Nahrung zugeführt werden muss. Im Jahr sind es 3,6 GJ. Teilt man den Wert pro Tag durch die Zahl der Sekunden, die ein Tag hat, so erfährt man, wie viel der Durchschnittsmensch leistet: $10 \cdot 106$ J / $24 \cdot 60 \cdot 60$ s ≈ 115 W. Ein Mensch ist also eine Wärmemaschine mit der Leistung einer (früheren) starken Glühbirne.

Der Brutto-Energiegehalt aller organischen Stoffe, insbesondere Nahrungs- und Futtermittel, ist bekannt. Rübenzucker (Saccharose) enthält 16,5 kJ/g, Stärke 17,3 kJ/g, Zellulose 17,8 kJ/g, Protein im Mittel 23,8 kJ/g und tierisches Fett 39,7 kJ/g, jeweils pro Gramm Trockenmasse (TM).

Die Bruttoenergie (GE gross energy) in den Nahrungs- und Futtermitteln ist für Mensch und Tier natürlich nur in dem Maße nutzbar, wie sie verdaulich ist. Würde ein Mensch im Extrem Sägespäne mit etwa 18 kJ/g TM verzehren, so würde davon so gut wie nichts verdaut, da er weder Enzyme zur Verdauung von Zellulose noch von Lignin besitzt. Die verdauliche Energie der aufgenommenen Nahrung wird DE (digestible energy) genannt. Er ist bei leicht verdaulichen, stärkereichen Substanzen hoch und bei solchen reich an „Rohfaser" niedriger, besonders für Nicht-Wiederkäuer.

Auch die DE steht dem Tier nicht in vollem Umfang zur Verfügung, denn es leistet sich den Luxus, mit Harnstoff oder (bei Vögeln) Harnsäure einen energiereichen Stoff wieder auszuscheiden. Beim Wiederkäuer kommen die erheblichen Verluste aus der Pansengärung hinzu. So wird der Energiebedarf bei der Fleischerzeugung aller Tierarten nach Abzug dieser Verluste in umsetzbarer Energie ME (metabolizable energy) erfasst. In Tabellenwerken ist für alle Futtermittel angegeben, wie groß der Anteil der ME an der GE ist. In genauen Rechnungen muss jedes Futtermittel gesondert beurteilt werden, jedoch können für die grobe Übersicht Pauschalwerte gelten. So beträgt beim Wiederkäuer die ME von gutem Grundfutter meist etwa 57 % der GE (10,5 MJ/g Trockensubstanz (TS) aus 18,5 MJ).

Bei der Milcherzeugung hat sich ein noch feineres Maß durchgesetzt, die „Nettoenergie Laktation" (MJ NEL/g TS). Erfasst ist der Energieanteil eines Futtermittels, der in Milch übergeht. Ein kg Kuhmilch mit 4 % Fett enthält etwa 3,2 MJ an Energie in Fett, Protein und Lactose. Besitzt nun ein Futtermittel z. B. 6,4 MJ NEL, so heißt das, dass mit ihm genau zwei Kilogramm Milch erzeugt werden können. Für sehr grobe Überschlagsrechnungen beträgt die NEL bei gutem Grundfutter etwa 60 % der ME. Eine gute Grassilage ist mit 10 MJ ME oder 6 MJ NEL pro kg TM einzuschätzen. Die NEL beträgt hier etwa ein Drittel der GE; bei hochverdaulichem Kraftfutter ist die Relation enger.

Bei allen Nutztieren ist der Leistungs- vom Erhaltungsbedarf* zu unterscheiden. Wie geschildert, wird der Leistungsbedarf* bei Milch in NEL ausgedrückt, während für die Fleisch- und Eiererzeugung Wirkungskoeffizienten ermittelt worden sind. So beträgt beim Schwein k_p für die Bildung von Protein 0,56 und k_f für die Bildung von Fett 0,74. Eine Einheit ME im Futter liefert also 0,56 Energieeinheiten im Protein oder 0,74 Einheiten im Fett. Für den Erhaltungsbedarf in Abhängigkeit von der Masse der Tiere sind Formeln entwickelt worden, für das Schwein: ME_m (MJ/d) = 0,44 · LM0,75. Ein Schwein von 100 kg Lebendmasse benötigt hiernach 0,44 · 1000,75 = 13,9 MJ ME pro Tag. Bei stärkerer Bewegung oder niedrigen Temperaturen sind Zuschläge erforderlich.

Alle Aspekte finden sich ausführlich in Jeroch et al. (1993) und Roth et al. (2011).

Da der Energiegehalt aller Futter- und Nahrungsmittel sowie sonstiger Agrarprodukte bekannt ist, können alle Rechnungen leicht nachvollzogen werden. Das ist ein weiterer Vorteil. Besonders transparent werden bei diesem Ansatz Energieverluste durch die Tierfütterung, sodass Urteile über die ernährungswirtschaftliche Effizienz des Systems möglich sind.

Dabei rechnen wir mit dem Brutto-Energiegehalt aller Stoffe. In der Tierernährung sind Begriffe wie die Umsetzbare Energie (metabolizable energy ME) und die Nettoenergie Laktation* (NEL) gebräuchlich, die wir gegebenenfalls auch heranziehen; alle näheren Einzelheiten finden sich in der Box 3.7 und im Abschn. 12.2.

Als Alternative zur Energiebilanzierung wird in Studien die Flächenbilanzierung verwendet. So wird zum Beispiel berechnet, wie viele Millionen Hektar Deutschland durch den Produktimport in anderen Weltteilen „virtuell" beanspruche. Wegen extrem heterogener und oft ungenau bekannter Flächenproduktivitäten dürfte diese Methode kaum Vorteile bringen.

3.4.2   Pflanzliche Erzeugung

Um die Dinge so einfach und anschaulich wie möglich darzustellen, wird im Text auf die Wiedergabe fast aller größeren Tabellen verzichtet. Diese finden sich für den interessierten Leser gemeinsam mit weiterem Material im Anhang. Als Beispiel sei hier allein die Tab. 3.3 gezeigt, die die gesamte pflanzliche Erzeugung der deutschen Landwirtschaft im Jahre 2013 darstellt. Anhand dieser können die Erfassungsmethoden erläutert und die wichtigsten Begriffe definiert werden.

Die Spalten 1 und 2 zeigen die Flächenumfänge der jeweiligen Kulturen und ihre prozentualen Anteile an der gesamten landwirtschaftlichen Fläche (LF) sowie an der Ackerfläche (AF). Die Dominanz von Getreide, Silomais und Raps auf der Ackerfläche wird erneut deutlich. Die Erntemengen im Jahr 2013 in der Spalte 3 werden mit ihren jeweiligen Gehalten (TM %) in Spalte 4 in Trockenmasse umgerechnet. Dabei ist davon auszugehen, dass die Erntemengen beim Dauergrünland (Wiesen und Weiden) und bei Klee und Luzerne sowie Feldgras in der Originalstatistik bereits in „Heuwert" mit 14 % Wassergehalt angegeben werden.

Die Spalte 6 gibt die Energiedichte der jeweiligen Substanzen in Kilojoule pro Gramm Trockenmasse an. Man erkennt, dass die meisten bei 18 bis 19 kJ/g TM liegen. Allein die ölreichen Früchte Raps, Rübsen und Sonnenblumen liegen deutlich darüber. Durch Multiplikation der Trockenmassen (Spalte 5, $1000\,t = 10^9\,g$) mit den Energiedichten ergibt sich in Spalte 7 die gesamte in pflanzlicher Erntesubstanz gewonnene Energie in Höhe von $2066{,}2 \cdot 10^{15}\,J = 2066{,}2$ Petajoule oder gerundet etwa 2 Exajoule ($10^{18}\,J$).

Mithilfe der im Anhang detailliert behandelten Futterstatistik lässt sich angeben, wie viel von dieser Erntemasse direkt als Futter eingesetzt wird (Spalte 8). Vom Getreide wird ein großer Teil, von Kartoffeln, Zuckerrüben sowie Raps und Rübsen werden nur geringere Anteile direkt verfüttert. Bei allen Grundfutterarten sind gewisse Abzüge von der Bruttoernte vorgenommen worden: 50 % bei Getreide-Ganzpflanzensilage wegen vermutlicher Verwendung zur Biogaserzeu-

gung (hier sind Statistiken widersprüchlich), 10 % bei Klee und Luzerne wegen des in viehlosen ökologisch wirtschaftenden Betrieben wahrscheinlich untergepflügten Anteils, 20 % beim Feldgras, wo auch Grassamen erzeugt werden, 40 % beim Silomais wegen des gut bekannten Anteils, der in Biogasanlagen verwendet wird und 4 % beim Dauergrünland aus demselben Grund. Unvermeidliche Schätzfehler auf diesen Gebieten können sich auf das Gesamtbild nur unwesentlich auswirken.

Der von der pflanzlichen Inlandserzeugung direkt als Futter genutzte Anteil beträgt damit 1240,8 PJ oder 60 %. Mithilfe der Futterstatistik ermittelt sich, dass dieser Anteil durch Rückstände und Nebenprodukte der Verarbeitung ergänzt wird (Spalte 9). Das sind beim Getreide Kleien*, Schlempe* und weitere Produkte, ein sehr geringer Anteil Kartoffelschlempe sowie erhebliche Beiträge aus der Zucker- und Ölverarbeitung – hier Trockenschnitzel* und Melasse* und dort der Proteinanteil des Rapskorns. Einschließlich dieser indirekten Beiträge beläuft sich der Futtereinsatz nach dieser Statistik in Spalte 10 auf 1356,6 PJ oder 65,7 % der pflanzlichen Inlandserzeugung. Hinzu kommen Futtermittel tierischen Ursprungs in Höhe von 7,9 PJ.

An dieser Stelle ist ein methodischer Einwand anzusprechen. Ist es richtig, die Ernte nur eines Stichjahres zu betrachten, wo doch diese witterungsbedingt von Jahr zu Jahr nicht unerheblich schwankt? Die Alternative besteht darin, gleitende Durchschnitte aus mehreren Jahren zu berechnen, also etwa statt des Jahres 2013 den Mittelwert aus 2010 bis 2016 heranzuziehen. In der Tat werden dadurch die Zufallsschwankungen von Jahr zu Jahr herausgemittelt. Diese Methode wäre unbedingt vorzuziehen, wenn es nicht ein zweites Problem gäbe. Es gibt nicht nur Zufallsschwankungen, sondern auch systematische, gerichtete Entwicklungen. Die wichtigste dieser Art war die explosionsartige Ausbreitung des Energiepflanzenanbaus (Biodiesel, Ethanol und Biogas) innerhalb weniger Jahre bis 2013 auf 2 Mio. Hektar oder 17 % der Ackerfläche. Ein gleitender Durchschnitt aus den Jahren, innerhalb derer diese Entwicklung stürmisch verlief, würde ein zu konservatives, den Verhältnissen im Stichjahr nicht mehr gerecht werdendes Bild liefern. Es erscheint vorrangig, diese Strukturänderungen abzubilden und daher gerechtfertigt, geringe Zufallsabweichungen des Stichjahres in Kauf zu nehmen. Das Jahr 2013 lag hinsichtlich der Erntemengen der Jahre 2010 bis 2016 fast perfekt „im Schnitt". während 2014 durch ungewöhnlich hohe Erträge um etwa 15 % über den Durchschnitt herausragt und damit eine gewisse Verzerrung bedeutet hätte.

Der Leser mag sich auch fragen, warum in einem 2018 erscheinenden Buch mit Werten von 2013 gerechnet wird. Geht es nicht aktueller? Erstens braucht die amtliche Statistik bei der ungeheuren zu verarbeitenden Datenmenge selbst Zeit. Zweitens können die vorliegenden Rechnungen nicht wenige Wochen vor Erscheinen des Buches angefertigt wer-

Tab. 3.3 Pflanzliche Inlandserzeugung 2013, PJ = 1015 J

	1 Fläche 1000 ha	2 % der LF	2 % der AF	3 Ernte 1000 t	4 TM %	5 TM 1000 t	6 kJ/g TM	7 PJ	8 PJ, Futter direkt[d]	9 PJ, Futter indirekt[e]	10 PJ Futter	%
Getreide[a]	6526	39,08	54,95	47.757	88	42.026	18,50	777,5	439,2	37,5	476,7	61,3
Erbsen	38	0,23	0,32	129	88	114	19,02	2,2	0,8		0,8	36,4
Ackerbohnen	16	0,01	0,13	60	88	53	19,32	1,0	0,6		0,6	60,0
Andere Hülsenfr.[b]	20	0,12	0,17	31	88	28	19,02	0,5	0,7		0,7	100,0
Kartoffeln	243	1,46	2,04	9670	22	2127	17,20	36,5	1,9	0,1	2,0	5,5
Zuckerrüben	357	2,14	3,01	22.829	23	5251	16,15	84,8	1,9	25,3	27,2	32,1
Raps und Rübsen	1466	8,88	12,34	5784	88	5090	28,32	144,1	1,4	52,9	54,3	37,6
Sonnenblumen	22	0,13	0,19	46	88	40	28,32	1,1	.		.	.
Freiland-gemüse	112	0,67	0,94	3214	14	450	16,45	7,4	0		0	0
Getreide-ganzpfl.[c]	67	0,40	0,56	1616	18	291	18,13	5,2	2,6		2,6	50,0[f]
Klee und Luzerne	274	1,64	2,31	1892	86	1627	18,15	29,5	26,6		26,6	90,0[f]
Feldgras	360	2,16	3,03	2477	86	2130	18,15	38,7	30,1		30,1	80,0[f]
Silomais	2003	11,99	16,87	78.249	32	25.040	18,51	463,5	278,1		278,1	58,8[f]
Wiesen und Weiden	4411	26,41		28.493	86	24.504	18,15	444,7	426,9		426,9	96,0[f]
Stroh[d]				1566	86	1347	18,13	24,4	24,8		24,8	100,0
Zwischen-früchte[d]				2193	13	285	17,88	5,0	5,0		5,0	100,0
Zuckerrüben-blatt[d]				50	16	8	16,60	0,1	0,2		0,2	100,0
Zusammen								**2066,2**	**1240,8**	**115,8**	**1356,6**	**65,7**

[a] Einschließlich Körnermais
[b] Süßlupinen und andere
[c] Getreideganzpflanzensilage
[d] Entnommen aus der Futterstatistik, vgl. Tab. 12.3 im Abschn. 12.1
[e] Bei Getreide Kleien, Maiskleber, Biertreber, Getreideschlempe, Malzkeime und Bierhefe, bei Kartoffeln Kartoffelpülpe, bei Zuckerrüben Trockenschnitzel und Melasse und bei Raps und Rübsen Ölkuchen* und -schrote
[f] Anteile im Text begründet
Quellen: StJELF 2016, Tab. 86, 98 und 121, S. 93, 104–106 und 125. TM und kJ/g TM nach Tab. 12.1 im Abschn. 12.1
Landwirtschaftlich genutzte Fläche: 16.700, Ackerland 11.876, erfasste Ackerfläche: 11.439 oder 96,36 %. Nicht erfasste Ackerfläche: 437 (Getreide zur Körnergewinnung 73, Hülsenfrüchte 1, Hackfrüchte 5, Gemüse und Gartengewächse 20, Handelsgewächse 48, Brache 199, sonstiges 91). Grünlandfläche 4621. Nicht erfasste Grünlandfläche 210. Dauerkulturen: Gartenland 3, Obstanlagen 66, Baumschulen 36, Rebland 97. Alle Angaben in 1000 ha
LF landwirtschaftliche Fläche, *AF* Ackerfläche, *TM* Trockenmasse

Tab. 3.4 Verwendung des nicht als Futter genutzten Teils der pflanzlichen Inlandserzeugung 2013/2014, PJ

	Nahrung	Energie	Industrie	Export
Getreide	136,9	64,5	52,6	75,4
Hülsenfrüchte	1,8			
Kartoffeln	17,7		3,5	10,3
Zucker	44,4	6,1	0,4	13,7
Raps u. Rübsen	29,0[a]	50,1	8,1	
Gemüse	7,4			
Mais		185,4		
Ganzpfl.-Silage		2,6		
Dauergrünland		17,8		
Zusammen	237,2	326,5	64,6	99,4
% der Ernte	11,5	15,8	3,1	4,8
% vom Acker	14,9	19,3	4,0	6,2

Ohne Saatgut, Verluste, Lagerhaltung und Entnahme sowie weitere geringe Posten. [a] Rest des Öles nach Abzug von 57,4 % für Biodiesel und 9,3 % für technische Öle, vgl. Tab. 3.12. Quellen: StJELF 2016, Tab. 230, 245, 246, 250, S. 223–237

den, sondern haben ihrerseits Zeit verlangt; zur Verfügung stand das Statistische Jahrbuch über Ernährung, Landwirtschaft und Forsten 2016. Die aktuellsten Daten (hier für 2015) sind in aller Regel vorläufig und können später erhebliche Korrekturen nach sich ziehen, sodass es sich empfiehlt, nicht mit den allerneuesten, sondern mit zuverlässigen Daten zu arbeiten. Schließlich soll zwischen Erzeugung und Versorgung sowie Verwendung als Futter Kongruenz bestehen. Die Ernte wird im Kalenderjahr, die Verwendung dagegen meist im Wirtschaftsjahr (1. Juli bis 30. Juni) ausgewiesen. Bei der Bearbeitung standen als aktuellste und dabei endgültige Daten für die Verwendung die von 2013/2014 zur Verfügung.

Die Tab. 3.4 zeigt, was mit den restlichen 709,6 PJ bzw. 34,3 % der Ernte geschieht, die nicht als Futter genutzt werden. Hier muss die Statistik über die Flächennutzung mit der über die Versorgung mit Erzeugnissen kombiniert werden, die nicht immer dieselben Daten enthalten. Ein Grund für die Differenzen sind Vorratsbildungen oder -entnahmen während eines Wirtschaftsjahres. Verschiedene kleinere Posten wie Verluste sowie die Verwendung als Saatgut sind in der Tabelle ebenfalls nicht erfasst. Dennoch liefert sie ein hinreichend genaues Bild.

Es dürfte Nicht-Fachleute überraschen, dass nur 11,5 % direkt in die heimische menschliche Ernährung fließen. Allerdings sind Obst, Wein und importierte Produkte in der Tabelle nicht enthalten. Aus diesem Grund und aus anderen

kann aus der Spalte „Nahrung" noch nicht auf den Umfang des menschlichen Verzehrs geschlossen werden. Der für die Energieerzeugung (Biodiesel, Ethanol und Biogas) verwendete Anteil der Ernte übersteigt mit 15,8 % den zur pflanzlichen Ernährung genutzten deutlich. Bei der Inanspruchnahme des Ackerlandes für die unterschiedlichen Verwendungen ergibt sich ein analoges Bild. Wieder liegt die energetische Verwendung mit fast 20 % vorn, gefolgt von der Verwendung für inländische pflanzliche Nahrung mit 14,9 %.

Im Bereich der Industrie gibt es sehr heterogene Verwendungen; vom Schmieröl aus Raps über industrielle Kartoffelstärke bis zur Brauerei. Getreide, Kartoffeln und Zucker werden aus Deutschland netto exportiert. Die Angaben in der Tab. 3.4 werden bei ihrer weiteren Verwendung, insbesondere dem Energieflussschema der Abb. 3.19, leicht modifiziert.

3.4.3　Futterwirtschaft

3.4.3.1　Futteraufkommen

Man erwartet, dass die Statistik über das inländische Futteraufkommen im Wirtschaftsjahr 2013/2014 etwa mit den Erntemengen aus dem Kalenderjahr 2013 übereinstimmt oder allenfalls, sollten Konservierungs- und Lagerverluste bereits eingerechnet werden, geringere Mengen ausweist. In Wirklichkeit werden beim Grundfutter höhere Mengen ausgewiesen.

Nach Tab. 3.5 fällt die Ernteschätzung beim Grünland in der Futterstatistik um 19 % höher aus als in der Erntestatistik. Die Gründe können vielfältig sein. Grünland unterscheidet sich gemäß seines Standortes und der Intensität seiner Bewirtschaftung außerordentlich stark in der Ertragsfähigkeit; gemittelt über ein ganzes Land kann diese nur geschätzt werden. Beide Ertragsschätzungen der Ernte- und Futterstatistik sind hinsichtlich des unterstellten Durchschnittsflächenertrages plausibel, sodass zunächst keiner aus diesem Grund der Vorzug vor der anderen eingeräumt werden kann. Werden zum Grünland der Silomais sowie weitere Grundfuttermittel hinzugezählt, so verringert sich die Differenz zwischen beiden Schätzungen auf 11 %. Die Erntestatistik rechnet mit etwa 800 PJ und die Futterstatistik mit etwa 880 PJ im Grundfutter. Das Grundfutter wird durch Pferde und Wiederkäuer verwertet, zum weitaus größten Teil durch das Rindvieh.

Die Tab. 3.5 unterscheidet energiebetontes und proteinbetontes Kraftfutter. Überwiegend handelt es sich jeweils um Getreide und Extraktionsprodukte aus Raps oder Sojabohnen. Ein Teil fließt auch hier dem Rindvieh zu, Schweine und Geflügel werden hingegen nur damit gefüttert. Im Gegensatz zum wenig transportwürdigen Grundfutter wird Kraftfutter auch importiert. Im Gegensatz zu früher, als Futtergetreideimporte eine große Rolle spielten, ist der Import an energiebetontem Kraftfutter gering. Dagegen werden fast zwei Drittel des Eiweißkonzentrates in der Tat importiert, was auf Diskussionen und Kritik stößt, der wir später noch nachzugehen haben.

Tab. 3.5 Futterübersicht 2013/14, PJ

	Erntestatistik	Futterstatistik	Import
Grünland[a]	486,2	581,2 (+19 %)	
Silomais[b]	278,1	272,5	
Stroh u. a.[c]	29,6	29,5	
Grundfutter zusammen	793,9	883,3 (+11 %)	
Kraftfutter			
– Energie-betont	506,5		40,7 (7,4 %)
– Protein-betont[d]	56,4		101,2 (64,2 %)
– Tierische Futter-mittel	7,9		0,7 (8,1 %)
Zusammen	570,8		142,6 (20,0 %)
Kraftfutter zusammen		713,4	
Futter zusammen	**1507,3**	**1596,7 (+5,9 %)**	

[a] In Erntestatistik: Dauergrünland, Feldgras und Klee/Luzerne auf Ackerland, die Letzteren mit Abschlägen, in Futterstatistik: Gras frisch, Grassilage und Heu sowie sehr geringe Anteile Futterhack-früchte und Kartoffeln
[b] In Erntestatistik 40 % der Ernte für Biogaserzeugung abgezogen
[c] Stroh, Zwischenfrüchte und Zuckerrübenblatt
[d] Erbsen, Ackerbohnen, Ölsaaten sowie Ölkuchen und -schrote; alle übrigen Futtermittel als energiebetontes Kraftfutter verbucht
Alle Berechnungen in Tab. 3.3 und 12.3 im Abschn. 12.1

Zusammen werden 713,4 PJ Kraftfutter eingesetzt, sodass sich ein gesamter Futtereinsatz nach der Erntestatistik von etwa 1,5 Exajoule (EJ = 10^{18} J) und nach der Futterstatistik um etwa 6 % höher von knapp 1,6 EJ ergibt.

3.4.3.2 Futterverwendung und Verluste

Dem Aufkommen ist gegenüberzustellen, was die Tiere tat-sächlich fressen. Die Berechnungen hierzu sind mühsam und nicht immer genau, denn es ist nicht sicher, ob in der Praxis stets die Futterdosierungen vorgenommen werden, wie sie in Lehrbüchern und Tabellenwerken angegeben sind. Die Ergeb-nisse der hierzu im Anhang durchgeführten Berechnungen werden nachfolgend vorgelegt, zunächst sei jedoch eine Schät-zung mithilfe eines „Tricks" vorgenommen. Wir greifen dabei auf die Ergebnisse des Kap. 6 über den Stickstofffluss im Ag-rarsystem vor. Alle Einzelheiten entnimmt der Leser dort.

Es ist gut bekannt, wie viel Protein in allen tierischen Leis-tungen pro Jahr – Milch, Fleisch und Eiern – sowie im Rest der nicht zu Nahrungszwecken genutzten Tierkörper enthal-

ten ist. Mit dem recht konstanten Stickstoff (N)-Gehalt im Protein ergibt sich ein Wert von etwa 480.000 t N pro Jahr. Ebenso ist in Tabellenwerken aus exakten Versuchen festge-halten, wie viel N die Tiere pro Jahr ausscheiden – eine Kuh mit 8000 kg Milchleistung zum Beispiel 125 kg, ein Mast-schweineplatz 12 kg usw. Durch Summation aller Tiere bzw. Stallplätze ergeben sich etwa 1,34 Mio. t N; der gesamte Stickstofffluss durch die Tiere und damit deren Aufnahme beläuft sich auf etwa 1,82 Mio. t pro Jahr.

Stickstoff kann als „Tracer" dafür genutzt werden, wie viel Nahrung und damit Energie die Tiere aufnehmen. Sie müssen 1,82 Mio. t/0,16 = 11,38 Mio. t Protein aufgenommen haben, denn dieses enthält im Schnitt 16 % N.[5] Nach den Daten im Anhang besitzt alles im Stichjahr erzeugte Futter eine Tro-ckenmasse von 85,239 Mio. t und enthält mit 13,955 Mio. t 16,4 % Protein (Tab. 12.3 und 12.25). Unterstellt man, dass das von den Tieren tatsächlich aufgenommene Futter densel-ben Anteil Protein und damit 69,39 Mio. t Trockenmasse ent-hält, so müssen sie 83,6 % oder 58,01 Mio. t Nicht-Protein gefressen haben. Mit 23,8 kJ/g für das Protein und durch-schnittlich 17,5 kJ/g im Nicht-Protein ergibt sich rechnerisch eine Aufnahme von 1,29 EJ, recht gut in Übereinstimmung mit der Futtererzeugung von 1,5 bis 1,6 EJ.

Die zweite – und erheblich aufwändigere – Methode be-steht darin, mit Bedarfsnormen zu rechnen, die in wissen-schaftlichen Versuchen für die Erzeugung tierischer Produkte ermittelt werden. Dabei werden Normen für den Erhaltungs-bedarf eines Tieres (physiologischer Grundumsatz, Energie für Bewegung, Wärmeerzeugung) von solchen für die Bil-dung von Milch, Fleisch und Eiern unterschieden. Schon in der Box 3.7 oben sind als Beispiel die Formeln für den Er-haltungsbedarf des Schweins und für die Verwertung der Energie bei der Protein- und Fettbildung angegeben. Solche Formeln werden von der Gesellschaft für Ernährungsphysio-logie (GfE) entwickelt und bei Bedarf aktualisiert. Der Leser findet alle Einzelheiten und Rechengänge im Abschn. 12.2, die Tab. 3.6 enthält die Ergebnisse.

Nach diesen Werten haben die Tiere im Zeitraum einen Futterbedarf von 1,216 EJ an GE (Bruttoenergie), zunächst in guter Übereinstimmung mit dem aus dem Stickstofffluss geschätzten Wert von 1,29 EJ. Allerdings ist zwischen Grund- und Kraftfutter zu differenzieren. Das nach Tab. 3.6 gefres-sene Grundfutter entspricht 76,9 % bzw. 69,2 % der in der Ernte- bzw. Futterstatistik ausgewiesenen Erzeugung; die Verluste betragen demnach 23,1 bzw. 30,8 %. Dass bei der Grundfutterwerbung, -konservierung, -lagerung und -verfüt-terung erhebliche Verluste entstehen, ist allgemein bekannt. Doch wird man nach der Erhebung der Futteraufnahme der

---

[5] Wiederkäuer nehmen im Grundfutter erhebliche Mengen von Stick-stoff aus anderen Bestandteilen als Protein auf (Nicht-Protein-N). Hier-aus resultiert kein Fehler in der Gesamtrechnung, da diese nach der Weender Futtermittelanalyse mit „Rohprotein", erschlossen aus 16 % N, rechnet, vgl. Abschn. 12.1.

Tab. 3.6 Futterbedarf in der tierischen Erzeugung in Deutschland. 2013/2014 nach Bedarfsnormen der GfE, PJ GE

	Grundfutter[a]	Kraftfutter[b]
Schweine		
– Erhaltung		127
– Fleischbildung		189
– Zusammen		316
Geflügel		
– Erhaltung		58
– Fleischbildung		40
– Eier		10
– Zusammen		108
Rinder		
– Erhaltung	369	14
– Fleischbildung	53	46
– Milch	152	110
– Zusammen	574	170
Pferde, Schafe etc. (Schätzwert)	37	11
Zusammen	**611**	**605**

[a] Durch Wiederkäuer und Pferde zu verwertender Grünlandaufwuchs, Feldgras, Klee- und Luzerne sowie Silomais
[b] Konzentriertes Futter, überwiegend Getreide und Eiweißkonzentrat
Alle Berechnungen im Abschn. 12.2.1

Erntestatistik die etwas größere Plausibilität als der Futterstatistik einräumen. Der sich aus ihr ergebende Verlustanteil von 23 % erscheint sehr realistisch. Allerdings sind die Werte aus der Futterstatistik damit nicht definitiv widerlegt.

Dem in Tab. 3.6 nach Bedarfsnormen ausgewiesenen Bedarf von 605 PJ Kraftfutter steht das Aufkommen aus Tab. 3.5 von 713,4 PJ gegenüber. Auch beim Kraftfutter sind Verluste zu erwarten. Wie im Abschn. 12.1 zu ersehen, firmiert hier unter „Kraftfutter" alles, was nicht ausdrücklich Raufutter* von Grünland und Acker ist, also auch Produkte wie Schlempe* und Trockenschnitzel*, die verlustanfälliger sind. Auch werden die Substanzen nicht durchweg pur verzehrt, sondern erfahren unvermeidliche Verarbeitungsverluste, wie etwa bei der Erzeugung von pelletiertem Futter oder Milchaustauschfutter für die Kälber. Damit erscheint die Diskrepanz zwischen 605 und 713 PJ jedoch nicht vollständig erklärbar, ein Verlust von 15 % ist bei dem relativ wertvollen Material unwahrscheinlich. Auch wenn wegen des hohen Anteils der Futterkosten in der tierischen Erzeugung beson-

derer Wert auf einen rationellen Einsatz gelegt wird, ist gut vorstellbar, dass die theoretischen Bedarfsnormen der Wissenschaft in der Praxis geringfügig überschritten werden. Möglicherweise ist auch der Kraftfutterverbrauch bei der Milcherzeugung etwas höher als im Anhang berechnet. Sollten gelegentliche Meldungen zutreffen, wonach ein nicht unwesentlicher Anteil der Schweine den Schlachthof gar nicht erreicht, sondern vorzeitig verendet und in Tierkörperbeseitigungsanlagen entsorgt wird, so wäre dies eine weitere Erklärung.[6]

Eine Überschreitung des obigen Bedarfswertes um zum Beispiel 7,5 % würde bedeuten, dass mit dem Kraftfutter 650 PJ anstatt 605 PJ aufgenommen werden. Die gesamte Futteraufnahme erhöhte sich auf 1,26 EJ, in fast perfekter Übereinstimmung mit dem aus dem Stickstoff-„Tracer" ermittelten Verzehr von 1,28 PJ. Der „Tracer" kann als sehr zuverlässig angesehen werden.[7] Unter dieser Annahme reduzieren sich die Verluste beim Kraftfutter auf 63 PJ oder 8,8 % des Aufkommens, erklärbar durch die Verarbeitung und geringfügige unvermeidliche Verluste bei der Fütterung.

Die Tab. 3.7 fasst die Futteransprüche der Tierhaltungen zusammen. Dabei ist der Kraftfutterverbrauch gegenüber der Tab. 3.6 um 7,5 % erhöht, die Verluste sind jedoch in dieser Tabelle nicht enthalten. Unter anderem wird deutlich, dass Schweine ein gutes Viertel und Rinder 60 % allen Futters verzehren. Vom Kraftfutter verzehren die Schweine dagegen über die Hälfte.

3.4.3.3 Flächenanspruch der Fütterung

Aus den Anteilen der Tierarten am Futterverbrauch in Tab. 3.7 kann nicht direkt auf deren Flächenansprüche geschlossen werden. Zum einen sind Grünland und Ackerland zu unterscheiden und zum anderen ist ein erheblicher Teil des Kraftfutters importiert und belastet somit nicht die inländische Flächenbilanz. Wir versuchen eine Schätzung, die annähernd zutreffen dürfte.

Aus der Tab. 3.5 oben geht hervor, dass 20 % allen Kraftfutters importiert wird. Man begeht keinen großen Fehler in der Annahme, dass sich das auf dem inländischen Acker erzeugte Kraftfutter im selben Verhältnis wie das gesamte Kraftfutter in der Tab. 3.7 auf die tierischen Erzeugungslinien verteilt.

---

[6] Ein weiterer Grund für einen erhöhten Futterverbrauch ist ein höherer Erhaltungsbedarf aufgrund starker Bewegung. Auch kann durch die Auffüllung oder Entleerung von Lagern eine Differenz zwischen dem Futteraufkommen und der tatsächlich verzehrten Menge während einer Periode entstehen.
[7] Die einzige Fehlerquelle besteht darin, dass der Proteinanteil im *erzeugten* Futter von dem im *verzehrten* Futter abweicht, an Protein reiche Futterstoffe entweder stärker oder schwächer verderben als an Protein arme. Der Effekt dürfte nur gering sein.

Tab. 3.7 Futterverbrauch der tierischen Erzeugungslinien

	PJ gesamt	%	PJ Grundfutter	%	PJ Kraftfutter	%
Schweine	340	26,9	0	0	340	52,3
Geflügel	116	9,2	0	0	116	17,8
Rinder	757	60,0	574	93,9	183	28,2
Sonstige	48	3,9	37	6,1	11	1,7
Zusammen	**1261**	**100,0**	**611**	**100,0**	**650**	**100,0**

Tab. 3.8 Inanspruchnahme des Ackers für Futter, Deutschland 2013/2014

	1 KF inländ. %	2 Fläche in 1000 ha	3 % der AF	4 GF Acker in 1000 ha	5 % der AF	6 Futter in 1000 ha	7 % der AF
Schweine	52,3	2470	21,6			2470	} 28,9
Geflügel	17,8	840	7,3			840	
Rinder	28,2	1332	11,6	1746	15,2	3078	26,9
Sonstige	1,7	80	0,7	–	–	80	0,7
Zusammen	100,0	4722	41,3			6468	56,5

KF Kraftfutter, *GF* Grundfutter, *AF* Ackerfläche = 11.439.000 ha, vgl. Tab. 3.3

Die Tab. 3.8 enthält in der Spalte 1 den Anteil der jeweiligen Tiergruppe am Kraftfutterverzehr aus Tab. 3.7. Die gesamte für Kraftfutter eingesetzte Ackerfläche in Spalte 2 kann der Tab. 3.3 entnommen werden, indem dort jeweils im Vergleich von Spalte 10 mit Spalte 1 der Prozentanteil der Ackerfrüchte (Getreide bis Freilandgemüse) summiert wird, der als Kraftfutter dient. 41,3 % des Ackerlandes dient gemäß Spalte 3 der Erzeugung von Kraftfutter. Dabei ist angesetzt, dass bei Ackerfrüchten, die nur teilweise als Futter dienen, wie insbesondere Raps und Zuckerrüben, als Anbaufläche der Anteil zählt, der von der Frucht als Futter dient. Die Ackerflächen werden den einzelnen Tierarten ihrem Anteil gemäß am Kraftfutterverbrauch in Spalte 2 der Tab. 3.8 zugewiesen.

Ferner wird auf 1.746.000 ha oder 15,2 % der Ackerfläche Grundfutter für das Rindvieh erzeugt (Anteile aus Silomais, Klee und Luzerne sowie Feldgras, Spalten 4 und 5). So summiert sich der gesamte Futteranbau auf dem Acker zu 6,468 Mio. ha oder 56,5 % der Ackerfläche (Spalten 6 und 7), davon je etwa die Hälfte für Schweine und Geflügel und die andere Hälfte für das Rindvieh. Der geringfügig kleinere Flächenanteil des Ackerlandes für die Futtererzeugung gegenüber dem Anteil des dort gewonnenen Energiebetrages (56,5 % gegenüber 57,3 %) kann abgesehen von Rundungsfehlern aus der im Vergleich zu den anderen Feldfrüchten höheren Flächenproduktivität des Silomaises resultieren, hinzu kommen in geringem Umfang Doppelnutzungen der Flächen für Futterstroh, Zwischenfrüchte und Rübenblatt.

Neben dem Acker werden 4.411.000 ha Grünland bewirtschaftet. In Tab. 3.3 ist davon ein Schätzwert von 4 % für die Biogaserzeugung abgezogen worden, also 176.000. Bezogen auf die genutzte Landwirtschaftsfläche von 16,7 Mio. ha dienen damit 4.235.000 + 6.468.000 = 10,7 Mio. ha oder fast 65 % dem Futterbau.

3.4.4 Tierische Erzeugung und deren Energieeffizienz

Die Tab. 3.9 zeigt die Energiegehalte aller im Wirtschaftsjahr 2013/2014 in Deutschland erzeugten tierischen Produkte ohne unbedeutende Fleischsorten (Pferd, Kaninchen und Wildbret). Die Erzeugung beläuft sich auf etwa 225 PJ, davon etwa 45 % in Form von Milch und etwa 55 % in Form von Fleisch und Eiern. Schweinefleisch macht 70 % der Fleischerzeugung aus.

Die hohen Energieverluste bei der Erzeugung tierischer Nahrungsmittel sind bekannt und begründen Kritik an einem Lebensstil mit hohem Anteil an tierischer Nahrung. Zunächst kann das Futteraufkommen den erzeugten tierischen Nah-

Tab. 3.9 Tierische Inlandserzeugung 2013/14

	Tonnen[a]	% TM[b]	10¹² g TM	kJ/g TM[b]	PJ	%
Milch	31.866.500	12,9	4,111	24,62	101,21	44,8
Eier	851.000	25,9	0,220	29,09	6,41	2,8
Schweinefleisch	5.040.150	46,8	2,359	34,91	82,35	36,5
Rindfleisch	1.158.100	39,0	0,452	31,94	14,44	6,4
Schaf u. Ziege	33.050	39,0	0,012	31,94	0,41	0,2
Geflügelfleisch	1.744.650	32,8	0,572	29,37	16,80	7,4
Innereien	584.700	29,1		24,88	4,23	1,9
Fleisch zusammen					118,25	52,4
Zusammen					**225,87**	**100,0**

[a] Milch: StJELF 2016, Tab. 294, S. 259. Eier: Tab. 304, S. 268. Fleisch: Schlachtgewicht, Tab. 278, S. 250–51, Brutto-Eigenerzeugung, jeweils Mittel aus 2013 und 2014
[b] Trockenmasse und Energiegehalte von Milch und Eiern: Souci et al. (1994); von Fleisch: Roth et al. (2011)

rungsmitteln unmittelbar gegenübergestellt werden. Ausgehend von der Erntestatistik mit 1507 PJ ergibt sich mit 225 PJ in den Produkten ein Verhältnis von 6,7:1 – fast siebenmal so viel Bruttoenergie wie in den tierischen Produkten ist in den Futtermitteln enthalten.[8]

Wie die Abb. 3.15 verdeutlicht, ist schon hier dreifach zu differenzieren: Das Futteraufkommen von 1507 PJ enthält auch die Verluste, insbesondere beim Grundfutter. Mit der wahrscheinlich tatsächlich verfütterten Menge von nur 1261 PJ ergibt sich ein günstigeres Verhältnis von 5,6:1. Zweitens ist auf der Seite der Produkte beim Fleisch nur die Schlachtmasse („Schlachtgewicht") berücksichtigt. Die Ausschlachtung* beträgt beim Rind 56 %, beim Schwein 77 % und bei Hühnern 74 %.[9] Werden die übrigen Teile mitgerechnet, so resultiert eine Substanz an Tierkörpern von 160 PJ anstatt etwa 118 PJ in Tab. 3.9 und an tierischen Produkten einschließlich Milch und Eiern von insgesamt 268 anstatt 225 PJ. Werden 268 PJ auf das Futteraufkommen bzw. auf die tatsächlich verfütterte Menge bezogen, so verbessert sich das Verhältnis auf 5,6:+1 bzw. 4,7:1. Wird aber umgekehrt das Futteraufkommen auf die tierische Substanz bezogen, die nur verzehrt werden kann, dann sieht das Verhältnis wieder viel ungünstiger aus. Verzehrbar von der Schlachtmasse (also unter anderem frei von Knochen) sind beim Schwein 72,2 %, beim Rind 68,5 % und beim Geflügel 59,6 %. Werden nur diese Anteile berücksichtigt, so reduziert sich das konsumierbare Fleisch auf 83 anstatt 118 PJ

und die gesamte Erzeugung tierischer Produkte auf 190 PJ. Bezogen auf das Futteraufkommen ergibt sich eine Relation von 7,9:1 und auf das wahrscheinlich verzehrte Futter von 6,6:1.

Es ist eine Frage der Interpretation der Zahlen und hängt von ihrer Verwendung ab, welcher der Vorzug gewährt wird. Hält man die Grundfutterverluste für unvermeidlich, so führte eine Rechnung, die sie unberücksichtigt ließe, zu irreführenden Werten. Allerdings dürften manche Verluste vermeidbar sein. Auch die nicht in der Schlachtmasse gebundene Tiersubstanz findet manche technische, wenn auch weniger wertvolle Verwendung außerhalb der menschlichen Ernährung und sollte daher nicht ganz unberücksichtigt bleiben.

Abb. 3.15 Futteraufkommen, wahrscheinliche Verluste und Transformation in die tierische Erzeugung 2013/2014 gemäß Tab. 3.5–3.9

---

[8] Nach der Futterstatistik beträgt das Verhältnis genau 7:1.
[9] Theoretisch müsste von der Schlachtmasse nicht auf die Lebendmasse, sondern auf den „Leerkörper" umgerechnet werden. Der Fehler ist jedoch zu vernachlässigen.

Die hier errechneten Zahlen liefern Material für eine zugespitzte Interpretation, die in der Öffentlichkeit viel gehört wird: „Würden alle Menschen vegan leben und gäbe es daher keine Energieverluste durch die Tierhaltung, dann könnten von der Fläche, die als Tierfutter genutzt wird, fast siebenmal so viele Menschen wie jetzt mit tierischer Nahrung satt werden." Hier ist zuerst einzuschränken, dass die Rechnung in Bruttoenergie gilt. Die tierischen Produkte sind für den Menschen hoch verdaulich und teilweise, etwa bezüglich der Gehalte an Protein und gewissen Vitaminen und anderen Inhaltsstoffen, besonders wertvoll. Die Bestandteile des Kraftfutters, die für den Menschen verwertbar wären, wie insbesondere das Getreide, besitzen zwar absolut ebenfalls eine recht hohe, im Vergleich zu den tierischen Produkten jedoch geringere Verdaulichkeit, sodass schon aus diesem Grunde von der Wertung „fast siebenmal …" Abstriche erforderlich sind.

Diese werden bedeutend verstärkt, sobald Grundfutter vom Grünland betrachtet wird. Es ist als menschliche Nahrung völlig unverwertbar. Solange aus landschaftsökologischen und anderen Gründen die Grünlandfläche nicht in Frage gestellt wird, besteht hier keinerlei Nahrungskonkurrenz. Das Grünland liefert vor Verlusten 57 % allen Grundfutters für die Rinder, daneben auch für Pferde und Schafe.

Die Effizienz der Umwandlung von Futter in tierische Leistungen (Milch, Fleisch und Eier) unterscheidet sich je nach Tierart und Produktionsziel. Die physiologischen Wirkungsgrade der Energie bei der Bildung von Eiweiß und Fett sind bei Schweinen und Geflügel recht ähnlich, bei Rindern jedoch schlechter. Auch spielt der Erhaltungsbedarf eine große Rolle. Tiere, die nur kurz leben, erfordern im Vergleich zum Leistungsbedarf* nur einen geringen Erhaltungsbedarf; bei großen und relativ langlebigen Tieren ist es umgekehrt.

In der Tab. 3.10 wird deutlich, dass die Schweine- und Geflügelmast eine ähnliche Energieeffizienz bezogen auf den Tierkörper besitzen. Ein Mastschwein lebt zwar fünfmal so lange wie ein Broiler, besitzt aber ein ähnliches Verhältnis zwischen Erhaltungs- und Leistungsbedarf wie dieser, offenbar wegen des weiteren Verhältnisses zwischen Oberfläche und Volumen. Zur relativ ungünstigen Energiebilanz der Fleischleistung bei der Geflügelfütterung trägt maßgeblich bei, dass der Geflügel-, insbesondere Hühnerkörper, mehr Protein und viel weniger Fett als der der Schweine enthält, einerseits wegen des fettarmen Fleisches, andererseits wohl auch durch die Proteinbildung für das Federkleid. Protein enthält weniger Energie als Fett, verlangt aber bei seiner Erzeugung aus dem Futter relativ mehr Energie, es wird mit andern Worten weniger effizient erzeugt. Diese Ineffizienz ist bezogen auf die Verbraucherwünsche kein Nachteil, weil wenig fettes Fleisch gerade geschätzt wird.

Der Anteil des Verzehrbaren ist beim Geflügel geringer als beim Schwein, bedingt durch den Körperaufbau. Auch hierauf bezogen ist die Geflügelmast deutlich weniger effizient

Tab. 3.10 Energieeffizienz tierischer Produktionslinien

	Futterenergie (GE) pro MJ Tier	Futterwirksamkeit in %
Schwein		
– pro Tierkörper	2,72	37
– pro Schlachtkörper	3,53	28
– pro verzehrbares Produkt	4,90	20
Broiler		
– pro Tierkörper	3,28	30
– pro Schlachtkörper	4,49	22
– pro verzehrbares Produkt	7,54	13
Mastrind		
– pro Tierkörper	7,97	13
– pro Schlachtkörper	14,24	7
– pro verzehrbares Produkt	20,79	5
Mutterkuhhaltung*		
– pro Tierkörper	18,69	5
– pro Schlachtkörper	33,37	3
– pro verzehrbares Produkt	48,72	2
Milch partiell[a]	4,29	23

[a] Energie für Milchbildung und Erhaltungsbedarf während der Laktation, ohne Fleischbildung. Berechnungen im Abschn. 12.2 Ausschlachtungen (AS): Schwein 77 %, Broiler 73 %, Rinder 56 %, geringe Ungenauigkeit wegen Nichtbeachtung des Unterschieds zwischen Lebendgewicht und Leergewicht (StJELF 2016, Tab. 269. S. 245), verzehrbarer Anteil am Schlachtgewicht: Schwein 72,2 %, Broiler 58,8 %, Rind 68,5 % (StJELF 2016, Tab. 278, S. 250–251)

als die Schweinemast. Im Schweinefleisch steckt grob das Fünffache und im Geflügelfleisch etwa das Siebenfache an Futterenergie. Wie schon bemerkt, handelt es sich bei der Futterenergie freilich um Bruttoenergie (GE), die für den Menschen nicht zu 100 % verdaulich ist.

Das Gegenbeispiel ist die Rindfleischerzeugung mittels Mutterkuhhaltung (Abb. 3.16). Dabei wird pro Jahr ein Fleischrind erzeugt. Mutter und Kalb befinden sich ständig oder fast ständig auf der Weide; es wird so gut wie ausschließlich Grundfutter eingesetzt. Die Mutter säugt das Kalb, bis jenes auch in stärkerem Maße Grundfutter aufnimmt. Im Alter von 10 Monaten erreicht das Kalb eine Masse von etwa 300 kg und kann als besonders hochwertiges „Baby Beef" geschlachtet oder weiter ausgemästet werden. Der Tierkörper

Abb. 3.16 Mutterkühe mit ihren Kälbern in der Medebacher Bucht, NRW – energetisch ineffizient, aber hoher Wert für die Landschaft

erfordert fast das 20-Fache seiner eigenen Energie zu seiner Erzeugung, der verzehrbare Anteil sogar das 50-Fache. Wer ein Steak isst, sollte sich dessen bewusst sein.

Für die energetische Ineffizienz gibt es vier Gründe: erstens den sehr hohen Erhaltungsbedarf. Allein die Mutterkuh verbraucht in der Aufzuchtphase des Kalbes mehr als das Achtfache der im Kalb gebildeten Energie für ihre bloße Erhaltung. Sie wird sozusagen „mitgeschleppt", hinzu kommt der anteilige Erhaltungsbedarf während ihrer eigenen Aufzucht und der des Kalbes. Zweitens besteht ein doppelter Energieverlust – erst bei der Transformation des Weidefutters in Milch und dann bei der Transformation der Milch in Kalbfleisch. Drittens ist das verwendete Futter – der Weideaufwuchs – selbst für Wiederkäuer von relativ geringer Verdaulichkeit, sodass dem jeweils erzeugten Umfang an ME oder NEL ein hoher Umfang an GE entspricht. Schließlich ist beim Rind der für die Küche verwertbare Anteil des Tierkörpers geringer als beim Schwein.

Die Mutterkuhhaltung kennt unterschiedliche Formen, sodass es auch etwas günstigere Relationen zwischen Aufwand und Ergebnis geben mag, etwa bei Galloway-Kühen mit geringerer Lebendmasse, längerer Nutzungsdauer und geringerem Einsatz an Milch. All das ändert nichts daran, dass bei der Mutterkuhhaltung sehr viel Futter für sehr wenig Fleisch verbraucht wird. Dem steht gegenüber, dass nicht nur das Futter in keiner Weise vom Menschen selbst genutzt werden könnte, sondern dass mit diesem Verfahren – und oft nur mit ihm – wertvolle Biotope unterhalten und gepflegt werden. Auch ist die Mutterkuhhaltung mustergültig für das Tierwohl. Es geht also fehl, Produktionslinien in der tierischen Erzeugung allein nach ihrer Energieeffizienz zu beurteilen.

Die intensive Rindfleischerzeugung mit Mastbullen ist zwar weniger ineffizient als die Mutterkuhhaltung, fällt aber gegenüber der Schweine- und Geflügelfleischerzeugung ebenfalls ab. Der Bonus der Landschaftspflege, den die Mutterkuhhaltung genießt, fällt hier weg.

Bei Milchkühen ist die energetische Bilanzierung schwierig, weil mehrere Produkte gekoppelt erzeugt werden und die Substanzbildungsprozesse ineinandergreifen. Jede Milchkuh lebt zunächst 26 bis 29 Monate als Kalb und Färse. Dabei wächst sie und nährt im letzten Abschnitt ihren Fötus. Der Energieaufwand der Färsenaufzucht ist erheblich, ebenso wie der Erhaltungsaufwand der laktierenden Kuh. Während der Laktationen* nimmt die Kuh selbst noch an Masse zu. Dazu liefert sie Kalbfleisch und bei ihrer eigenen Schlachtung weiteres Fleisch. Wird nur die Energie im Erhaltungsfutter der Kuh plus die zur Milcherzeugung eingesetzte Energie dem Energiebetrag im Produkt Milch gegenübergestellt, so resultiert ein Verhältnis von etwa 4,3:1. Wird dies als Effizienz der Milcherzeugung gewertet, dann muss alle Energie für die Färsenaufzucht, für die Massezunahme der Kuh während der Laktationen und für die Kälber der Fleischerzeugung zugerechnet werden.

Schließlich kann für die Rinderhaltung ein genereller Wirkungsgrad der Futterenergie berechnet werden, indem der gesamte Futterverbrauch dem Energiegehalt von Milch und Rindfleisch zusammen gegenübergestellt wird. Die Werte werden den Tab. 3.7 und 3.9 entnommen und führen mit 757 PJ (Futter) und 115,53 PJ (in Milch und Rindfleisch) auf ein Verhältnis von 6,6:1, fast identisch dem der gesamten tierischen Erzeugung einschließlich der Schweine und des Geflügels. Die Rinderhaltung zeichnet sich durch eine Kombination relativ energieeffizienter Erzeugung von Milch mit stark bis extrem ineffizienter Erzeugung von Fleisch aus.

Als Resultat aus den Berechnungen ist festzuhalten, dass die tierische Erzeugung gewiss mit Energieverlusten verbunden ist, teils wegen des Erhaltungsbedarfes der Tiere, teils wegen der mit Verlusten belasteten Transformation von Futter in tierische Substanz. Jedoch sind bei der Bewertung unbedingt Differenzierungen vorzunehmen. Alles Futter vom Grünland ist für den Menschen unverwertbar, hier besteht keine Nahrungskonkurrenz. Wie die Mutterkuhhaltung zeigt, können Betriebszweige mit sehr schlechter Energieeffizienz große Verdienste anderer Art besitzen. Umgekehrt stoßen Betriebszweige mit hoher Energieeffizienz, wie die intensive Geflügelmast, auf schwerwiegende Einwände bezüglich des Tierwohls, der menschlichen Arbeitsbedingungen, des Umgangs mit düngenden Ausscheidungen der Tiere und anderer Aspekte.

Das Futter für die Schweine- und Geflügelfleischerzeugung wird abgesehen von den Importen ausschließlich auf dem Acker gewonnen – hier besteht in der Tat eine Konkurrenzsituation mit pflanzlichen Nahrungsmitteln. Obwohl beide tierische Produktionslinien relativ energieeffizient sind, werden durch die schiere Menge der Erzeugung fast 30 % des Ackerlandes beansprucht. Das Rindvieh beansprucht weitere fast 27 %, davon 12 % für Kraftfutter und 15 % für Grundfutter. Während die Milchkuhhaltung auf

Ackerland wegen ihrer relativen Energieeffizienz eher tragbar erscheint, ist die reine Rindfleischerzeugung (Jungbullen mit Silomais) dort wegen ihrer besonders großen Ineffizienz kritisch zu sehen. Insgesamt könnte schon eine mäßige Minderung des Verbrauchs tierischer Erzeugnisse (und ihres Exports, Abschn. 4.6) den Produktionsstress in der Landschaft deutlich reduzieren.

3.4.5 Agrargüterwirtschaft Deutschlands und Außenhandel

3.4.5.1 Pflanzliche und tierische Nahrungsmittel

Die Tab. 3.11 fasst alle Daten (außer der Fischerei) zur Ernährungswirtschaft und dem Außenhandel mit Nahrungsgütern zusammen. Die Spalte 1 enthält den Verbrauch im Wirt-

Tab. 3.11 Verbrauch von und Außenhandel mit Nahrungsmitteln 2013/2014

	1	2	3	4
	Verbrauch PJ	**Saldo Export/Import PJ**	**Heimisch %**	**Import %**
Pflanzliche Nahrungsmittel				
– Getreide[a]	109,623	−74,709	100,0	0
– Reis	6,604	+7,017	0	100,0
– Kartoffeln	15,972	−9,274	100,0	0
– Zucker	44,418	−13,728	100,0	0
– Pflanzenöle[b]	46,820	+22,756	55,4	44,6
– Gemüse[c]	11,055	+8,395	24,1	75,9
– Obst[d]	26,600	+24,396	8,3	91,7
– Sonstiges[e]	21,092	+17,834	15,4	84,6
Zusammen	282,184	−17,313	73,0	27,0
Tierische Nahrungsmittel				
– Frischmilch[f]	24,749	−6,791	100,0	0
– Butter	15,424	−0,210	100,0	0
– Käse	19,916	−4,842	100,0	0
– Milchpulvererzeugnisse[g]	7,065	−8,661	100,0	0
– Milcherzeugnisse zusammen	67,154	−20,504	100,0	0
– Eier	7,374	+2,236	69,7	30,3
– Fleisch	70,670	−17,257	100,0	0
Tierische Erzeugnisse zus.	145,198	−35,525	94,9	5,1
Alkoholische Getränke	19,475	+2,572	88,3	11,7
Zusammen	**446,857**	**−50,266**		

[a] Einschließlich Sorghum und Hirsen
[b] In Spalte 2 Rohfett, in Spalte 1 Reinfett, etwa 91 % des Rohfettes
[c] Gemüse, Hülsenfrüchte und Gemüsekonserven
[d] Obst, Südfrüchte, Obstkonserven, Schalen- und Trockenobst
[e] Traubenzucker (Glucose), Kakao und Bienenhonig
[f] Vollmilch, teilentrahmte und entrahmte Milch, Buttermilch, Sauermilch-, Kefir-, Joghurt-, Milchmischerzeugnisse und -getränke, Sahne und Kondensmilch
[g] Vollmilch-, Magermilch- und Molkepulver, + Nettoimport, − Nettoexport
Alle Berechnungen in Tab. 12.13–12.22 im Abschn. 12.3

schaftsjahr 2013/2014 in Petajoule (10^{15} J). In allen Positionen wurden unvermeidliche Abfälle (zum Beispiel Bananen- und Nussschalen, Knochen) gemäß den Angaben von Souci et al. (1994) abgezogen. Bei der Erhebung des Verzehrs macht es keinen Sinn, Nussschalen mitzuzählen. Auch wird in Spalte 1 bei der Position Pflanzenöle nicht der volle Wert über Rohfett in der Tab. 12.13 im Anhang angesetzt, vielmehr handelt es sich hier um Reinfett. Die Positionen Gemüse, Obst und Sonstiges fassen jeweils mehrere Produkte zusammen, etwa beim Obst auch Südfrüchte, Trocken- und Schalenobst und beim Sonstigen Kakao, Traubenzucker und Bienenhonig. In den Tabellen im Abschn. 12.3 ist erkennbar, dass zum Beispiel Schalenobst und Kakao unerwartet energiereich sind und die jeweiligen Positionen aufblähen. „Gewöhnliches" Obst wie Apfel und Birne ist weit weniger energiereich, auch sei daran erinnert, dass hier das Energiemaß an die Grenze seiner Aussagefähigkeit gerät, denn der Konsum erfolgt kaum zum Zweck der Energiezufuhr. Bemerkenswert ist die hohe Energiezufuhr durch Zucker, die nahezu dreimal so hoch ist wie die durch Kartoffeln und dabei noch nicht einmal Traubenzucker enthält (Glucose figuriert unter Sonstigem).

Bei den tierischen Erzeugnissen nehmen Fleisch und Milchprodukte etwa den gleichen Umfang ein, hinzu treten Eier. Die Energiezufuhr durch alkoholische Getränke ist nicht unwesentlich.

Die beiden rechten Spalten 3 und 4 informieren darüber, ob die jeweiligen Produkte heimisch erzeugt oder importiert werden. Sie geben *nicht* notwendigerweise den Selbstversorgungsgrad* wieder, der auch über 100 % liegen kann. Ist in der Spalte 3 „100 %" angegeben, so heißt dies, dass die Versorgung unter Saldierung von Einfuhren und Ausfuhren rechnerisch vollständig aus inländischer Erzeugung erfolgt, Ausfuhren können hinzutreten. Dies ist unter pflanzlichen Erzeugnissen der Fall bei Getreide, Kartoffeln und Zucker. Pflanzenöl ergibt sich zu über der Hälfte aus dem heimischen Raps- und Sonnenblumenanbau, während die Importanteile bei Gemüse, Obst und Sonstigem sehr hoch, beim Obst über 90 % liegen. Teilweise erklärt sich dies damit, dass Südfrüchte, Kakao und andere Produkte nicht in Deutschland erzeugt werden können. Über 70 % der pflanzlichen Erzeugnisse sind heimisch.

Das einzige Produkt unter tierischen Nahrungsmitteln, bei dem es einen Importüberhang gibt, sind Eier. Bei allen anderen erfolgt die Versorgung heimisch. Der Importanteil bei den alkoholischen Getränken beruht im Wesentlichen auf Weinen und wird durch eine gewisse Ausfuhr von Bier abgemildert.

Die Spalte 2 bildet den Außenhandel mit Produkten ab, wobei eine gewisse Ungleichbehandlung mit der Spalte 1 unvermeidlich ist, jedoch zu keinen Fehlinterpretationen führt. Die überwiegend importierten pflanzlichen Erzeugnisse Gemüse, Obst und Sonstiges sind wie in Spalte 1 um unvermeidliche Abfälle, insbesondere Schalen, bereinigt. Beim netto exportierten Getreide wird anders als beim Verbrauch in Spalte 1

kein Abzug für die Ausbeute angesetzt, da dieser Anteil nur der menschlichen Ernährung verloren geht, jedoch anderweitige Verwendung als Futter findet. Bei Milcherzeugnissen und Eiern gibt es keinen Abfall, während die Zahl für den Fleischexport brutto (mit Knochen etc.) gilt.

Bei pflanzlichen Erzeugnissen gibt es einen kleinen Exportüberhang von 17 PJ. Er resultiert aus der Saldierung erheblicher Getreide-, Kartoffel- und Zuckerexporte mit den ebenso erheblichen Importen an Obst, Gemüse, Sonstigem und Wein. Er sollte nicht überinterpretiert werden, da, wie schon erwähnt, der Energiegehalt von Obst und Gemüse keine besonders aussagekräftige Eigenschaft ist. Die physische Außenhandelsbilanz bei pflanzlichen Nahrungsmitteln ist jedenfalls etwa ausgeglichen, insbesondere bei Grundnahrungsmitteln gibt es keinerlei Importbedarf.

Der Exportüberhang bei tierischen Erzeugnissen ist dagegen bemerkenswert, zumal er von Jahr zu Jahr zunimmt. Ist die Zahl von über 35 PJ schon für sich genommen beeindruckend, so ist bezogen auf die Belastung des Landschaftshaushaltes auf das hierfür erforderliche Futter zu blicken. Hierauf wird unten in der Tab. 3.15 zurückgekommen; kritische Anmerkungen zu Agrarexport finden sich in Abschn. 4.6.

3.4.5.2 Exkurs: Pflanzenöle

Die Bilanz von pflanzlichen Ölen und Fetten ist recht schwierig zu überblicken, weil der Außenhandel unterschiedliche Produkte und Verarbeitungsstufen umfasst – Ölsaaten*, Ölkuchen und -schrote* sowie reines Öl –, weil es unterschiedliche Verwendungen als Nahrung, Futter, technisches Öl und Energiequelle gibt und weil die amtliche Statistik nicht besonders detailliert ist.

Es werden große Mengen Soja und Raps sowie Sonnenblumensamen und andere Ölsaaten eingeführt. Soja enthält mit 35,6 % wesentlich mehr Protein als Raps, aber mit 17,7 % weniger Öl. Alles Protein aus den Importen ist wertvolles Viehfutter. Zu Speisezwecken werden Oliven, Kokosfett und weitere Produkte eingeführt. Ölkuchen, Ölschrote und Expeller* sind Substanzen, denen das Öl weitgehend entfernt wurde, sodass sie überwiegend Futterprotein enthalten. Während die Einfuhr von knapp 180.000 t Protein signifikant ist, ist der Ölgehalt zu vernachlässigen. Hinzu tritt der Import von reinem Pflanzenöl für unterschiedliche Zwecke.

Im Jahr 2013 war die Verwendung der Ölsaaten in Deutschland untypisch, sodass wir ausnahmsweise mit dem Schnitt von 2012 und 2014 arbeiten.[10] Im Inland wurde auf 1.386.500 ha Winterraps (einschließlich geringer Fläche für Sonnenblumen) angebaut.

Raps enthält 39,2 % Öl und 20 % Rohprotein, die Gesamternte betrug 5.579.000 t, mithin 2.187.000 t Öl mit 86,8 PJ Energieinhalt und 1.115.800 t Rohprotein. Das Protein wird

---

[10] 2013 floss nach der Statistik trotz hoher Rapsernte nur ausnehmend wenig in die Verwendung für Biodiesel.

Tab. 3.12 Heimische Ernte und Verwendung von Raps- und Sonnenblumenöl in Deutschland, Mittel aus 2012 und 2014

Ölfrüchte in Inland	ha	%	Erntemenge in 1000 t	Ölernte und Verwendung	PJ
Winterraps und Sonnenblumen[a]	1.368.500	100,0	5,579	2.187.000	86,824
für Biodiesel[b]	788.000	57,58	3,212	1.259.100	49,986
für technische Öle[b]	128.200	9,37	523	205.000	8,139
für Speiseöl[c]	452.300	33,05	1844	722.800	28,695

[a] StJELF 2016, Tab. 98, S. 104
[b] Ebenda, Tab. 91, S. 97
[c] Differenz aus [a] und [b], alle Werte in Rohöl

Tab. 3.13 Gesamtes Aufkommen pflanzlicher Öle und Fette gemäß Versorgungsstatistik, Mittel aus 2012 und 2014

	1	2	3
	1000 t	**PJ**	**%**
Erzeugung			
– Aus inländischem Rohstoff	2640	104,808	
– Aus Rohstoffimport	2029	80,551	
Einfuhr	3429	136,131	
Ausfuhr	2520	100,044	
Saldo	+909	+36,087	
Verbrauch	5593	+222,042	
Selbstversorgungsgrad			47,20
Verwendung			
– Als Futter	483	19,175	8,64
– Als Nahrung	1296	51,451	23,16
– Als Rohstoff und Energie	3815	151,456	68,20

Gesamtaufkommen und -verwendung nach StJELF 2016, Tab. 307, S. 270, Rohöl

sämtlich verfüttert; die Verwendung des inländisch erzeugten Öles entnehmen wir der Verteilung der Anbauflächen für die unterschiedlichen Verwendungen in Tab. 3.12. Danach wurden etwa 58 % für Biodiesel, 9 % für technische Öle und 33 % für Speiseöle verwendet, jeweils etwa 50,0, 8,1 und 28,7 PJ. Geringfügige Fehler können aus unterschiedlichen Flächenerträgen und Ölauspressungen bei den verschiedenen Verwendungen resultieren.

Die Tab. 3.13 erfasst das Aufkommen pflanzlicher Öle und Fette nicht aus der heimischen Flächennutzungs- und Erntestatistik, sondern aus der Versorgungsstatistik, wobei auch der Außenhandel berücksichtigt wird. Die Erzeugung aus inländischem Rohstoff wird mit etwa 105 PJ um 20 % über dem Wert aus Tab. 3.12 angegeben. So viel kann im Schnitt der Jahre 2012/2013 an Raps und Sonnenblumen nicht geerntet worden sein, andere Ölfrüchte spielen nur eine marginale

Rolle. Die Verarbeitung von Lagerbeständen aus früheren Ernten mag hier manches erklären; ein tieferes Eindringen in die Problematik ist im vorliegenden Rahmen mit vertretbarem Aufwand unmöglich.

Die Abb. 3.17 zeigt auf der linken Seite drei Aufkommenspositionen: Nettoimport an Ölen, inländische Erzeugung aus importierten Ölsaaten und Erzeugung aus heimischen Saaten, insbesondere Raps. Auf der rechten Seite finden sich die Verwendungen als Nahrungsmittel, Futtermittel und Rohstoff als Energiequelle (Biodiesel) sowie in geringerem Umfang als stoffliche Ressource, wie etwa Schmieröl.

Die Aufkommens- und Verwendungspositionen folgen der Spalte 2 in Tab. 3.13. Die Flüsse von links nach rechts lassen sich bei der Datenlage nicht exakt angeben. Sicher ist, dass aus der heimischen Ernte nur sehr geringe Mengen als Futter verwendet werden (Tab. 12.3 im Abschn. 12.1), sodass das

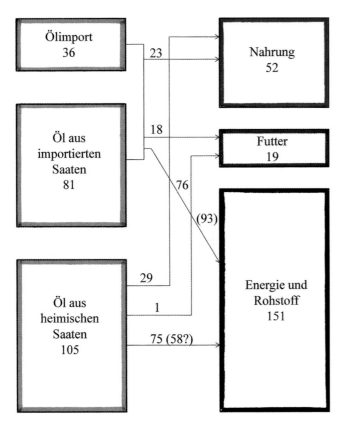

Abb. 3.17 Aufkommen und Verwendung von Pflanzenöl 2013 gemäß
Tab. 3.13

Tab. 3.14 Nahrungsmittelverbrauch in Deutschland 2013/2014 ohne
Fisch

	PJ	**%**
Pflanzliche Erzeug- nisse[a]	235,4	⎫
Alkoholische Getränke	19,5	⎬ 67,5
Margarine und Pflanzenöl[b]	46,8	⎭
Fleisch	70,7	⎫
Milchprodukte	67,2	⎬ 32,5
Eier	7,4	⎭
Zusammen	**447,0**	**100,0**

[a] Ohne pflanzliche Öle und Fette
[b] Reinfett

meiste importiert wird. Wird dem verhältnismäßig sicheren
Ansatz aus Tab. 3.12 gefolgt, dass etwa 29 PJ aus inländischem Raps in die Ernährung fließen, dann müssen beim Ge-
samtverbrauch von etwa 52 PJ etwa 23 PJ aus importiertem
Material hinzukommen. Das bedeutet, dass aus importiertem
Öl sowie aus dem aus importierten Saaten erzeugten Öl 76 PJ
in die industrielle Verwendung fließen müssen. Diese Bilanz
erfordert zur Komplettierung einen Fluss von 75 PJ aus heimischem Rohstoff in die industrielle Verwendung.

Gemäß der Ernten 2012/2014 nach Tab. 3.12 könnten dies
aber nur 58 PJ sein, womit der importierte Anteil auf 93 PJ
steigen müsste (in Klammern). Wie schon erwähnt, kann hier
nicht tiefer gebohrt, sondern soll nur das festgehalten werden,
was auch bei der unsicheren Datenlage zweifelsfrei ist. Offensichtlich spielt hier die Lagerhaltung von Jahr zu Jahr und
deren Ausschöpfung eine Rolle, wenn nicht rein statistische
Fehlerquellen hinzukommen.[11]

Sicher ist auf der Aufkommensseite, dass das Öl aus eige-
ner Ernte fast ebenso umfangreich wie der Importanteil ist.
Sicher ist ebenfalls, dass aufseiten der Verwendung über zwei
Drittel in die Industrie fließen, vor allem in das Biodiesel. Im

---

[11] Darunter fallen unter anderem Erfassungsgrenzen bei verarbeitenden
Unternehmen. In der Regel fallen nur Daten aus Ölmühlen ab einer
Mindestgröße an.

späteren Abschn. 7.4 wird dafür eingetreten, die Erzeugung
und Verwendung von Biodiesel wegen dessen enormer Ineffizienz und aus anderen Gründen einzustellen. Würde hier
gefolgt, dann könnte der Bedarf an pflanzlichen Nahrungs-
ölen und -fetten ohne Probleme aus heimischen Ernten gedeckt werden; der gebietsweise überhandnehmende Rapsanbau könnte sogar eingeschränkt werden. Natürlich würden
auch dann Olivenöl, Kokosfett und andere Produkte eingeführt werden, was aber durch Rapsexporte ausgeglichen
werden könnte.

3.4.5.3 Anteil tierischer Erzeugnisse am Nahrungsmittelverbrauch

Mit den erhobenen Zahlen lassen sich zwei oft gestellte Frage
beantworten; die erste lautet:

Welchen energetischen Anteil an der Ernährung nehmen
tierische Erzeugnisse ein? Die Tab. 3.14 fasst die Werte aus
der Tab. 3.11 noch einmal kompakt zusammen.

Teilt man den Gesamtverzehr von 447 PJ durch die Ein-
wohnerschaft von etwa 82 Mio. Personen, so ergibt sich rechnerisch ein täglicher Konsum von 15,0 MJ pro Person und
Tag. „Konsum" heißt hier statistischer Absatz an Haushalte.
Die Differenz zum „Soll-Konsum" von 10 bis 12,5 MJ pro
Person und Tag resultiert teils aus höheren persönlichen Nah-
rungsaufnahmen (mit der Gefahr der Übergewichtigkeit),
teils aus weiteren, größtenteils vermeidbaren Verlusten in den
Haushalten. Es wird beklagt, dass unsorgfältig mit Nahrungsmitteln umgegangen wird, auch führt das aufgedruckte Halt-
barkeitsdatum dazu, Produkte wegzuwerfen, wenn sie noch
bedenkenlos konsumierbar sind. Beim Pflanzenöl, das hohe
Werte beiträgt, sind allerdings unvermeidliche Verluste anzusetzen, indem es bei Salaten und gebratenen Mahlzeiten nur
teilweise konsumiert wird.

Nach der Tab. 3.14 beträgt der energetische Anteil tierischer Erzeugnisse an der Diät 32,5 %. Je nach Auffassung

Tab. 3.15 Außenhandelsverflechtung 2013/2014, PJ, gerundet

	1	2
	Einfuhr (+)/Ausfuhr (−) netto	**Futterbedarf**
Pflanzliche Nahrungs-mittel[a]	−15	
Fleisch[b]	−17	×5	−85
Milchprodukte[b]	−20	×5	−100
Eier[b]	+2	×5	+10
	Σ −50	Σ −175
Futterimport[c]		144
Pflanzenöle und -fette für Futter und Industrie[d]	(+76 bis 93)	

[a] Tab. 3.11 abzüglich Import alkoholischer Getränke nach Tab. 12.22 im Abschn. 12.3
[b] Tab. 3.11
[c] Tab. 3.5
[d] Tab. 3.13

und Zweck können die Zahlen auch leicht anders interpretiert werden. Rechnet man ohne alkoholische Getränke, so steigt der Anteil auf 34 %. Zählt man beim Fleisch die zwar nicht konsumierbaren, aber letztlich zum Produkt gehörenden Knochen mit, so steigt der tierische Anteil auf 37 %. Eine Korrektur um Eierschalen dürfte sich erübrigen. Je nach Auffassung ist mit einem tierischen Anteil an der Kost von 32 bis 37 % zu rechnen, für den Überschlag dürfte 35 % der treffendste Wert sein.

Die Berücksichtigung von Fisch in der Tab. 3.14 erforderte wegen der wenig ergiebigen amtlichen Statistik gesonderte aufwändige Erhebungen, auf die verzichtet werden muss. Es ist jedoch davon auszugehen, dass sich der Konsum von Fisch energetisch im Bereich von 5 bis 6 PJ bewegt und damit die Aussage der Tab. 3.14 nur unwesentlich beeinflusst.

3.4.5.4 Lebensstil und Außenhandelsverflechtung

Die zweite Frage lautet: Wie steht es mit dem Außenhandel, wie viel wird importiert und exportiert – stimmt es, dass der heimische Lebensstil nur wegen hoher Futterimporte (womöglich mit Schäden für arme Länder) möglich ist? Die Tab. 3.15 fasst die diesbezüglichen Ergebnisse zusammen.

In der Spalte 1 finden sich die Salden für pflanzliche und tierische Nahrungsmittel, wie sie in den Tabellen des Abschn. 12.3 berechnet und in Tab. 3.11 zusammengestellt sind. Der Ausfuhrüberhang selbst von etwa 50 PJ ist wenig aussagekräftig, weil pflanzliche und tierische Produkte summiert sind. In der Spalte 2 ist der geschätzte Futterbedarf der tierischen Erzeugnisse gemäß den Berechnungen im

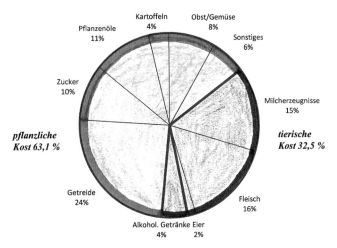

Abb. 3.18 Energetische Zusammensetzung der Ernährung in Deutschland 2013/2014 gemäß Tab. 3.11 und 3.14

Abschn. 3.4.4 oben mit durchschnittlich dem Fünffachen angegeben. Es werden in starkem Maße konsumfertige Erzeugnisse wie Wurst exportiert, bei denen weitere Abfälle entstehen, sodass der Futterbedarf durchaus noch darüber liegen kann. Nach Korrektur um den Einfuhrbedarf der Eier ergibt sich ein energetischer Futterbedarf für die Exporte tierischer Produkte von etwa 175 PJ, deutlich mehr als die oben in Tab. 3.5 ausgewiesenen Futterimporte von 144 PJ. Es stimmt also nicht, dass der Konsum tierischer Erzeugnisse in Deutschland auf Futtermittelimporte energetisch angewiesen ist. Im Gegenteil wird Futter „virtuell" exportiert. Die Importe bedienen energetisch allein den Export an Fleisch und Milcherzeugnissen und sind für den heimischen Lebensstil nicht erforderlich. Wir werden allerdings in einem späteren Kapitel prüfen, ob dieser Schluss auch in Bezug auf das importierte Protein gilt. Der Vollständigkeit halber sind in der Tab. 3.14 auch die Importe an Pflanzenölen für die Industrie aufgeführt, die aber mit der Nahrungsgüterwirtschaft nichts zu tun haben.

3.5 Zusammenfassung

Die Abb. 3.19 zeigt alle Ergebnisse des vorliegenden Kapitels. Ins Auge springt unter anderem die außerordentlich hohe Bedeutung des Tierfutters in der landwirtschaftlichen Erzeugung nicht nur auf dem Grünland, sondern auch auf dem Acker sowie die Dominanz des Getreides. Aus der physischen Betrachtung des deutschen Agrar- und Ernährungssystems im Wirtschaftsjahr 2013/2014 halten wir folgende Ergebnisse fest:

Nahezu alle Äcker und große Teile des Grünlandes werden intensiv und verglichen mit früheren Zeiten einseitig bewirtschaftet. Die Erträge sind außerordentlich hoch, jedoch ist das Spektrum der Nutzpflanzen sehr klein. Getreide, Raps und Mais bedecken über 85 % der Ackerflächen.

Die pflanzliche Erzeugung auf Acker- und Grünland liefert Ernteprodukte mit einem Energiegehalt von etwa 2 EJ (Exajoule = 10^{18} J), etwa 78 % vom Acker und 22 % vom Grünland. Abgesehen von einem geringen Anteil für Pferde und Schafe dient der Aufwuchs vom Grünland weit überwiegend der Fütterung des Rindviehs. Auch deutlich über 50 % der Ernte auf dem Acker dient als Viehfutter, etwa je zur Hälfte für Schweine und Geflügel und zur Hälfte für Rinder. Die nächst umfangreiche Verwendung der Ackerfrüchte mit knapp 17 % dient dem Gewinn technischer Energie (Biogas, Biodiesel und Bioethanol), während im Inland konsumierte pflanzliche Nahrungsmittel nur etwa 12 % der Gesamternte betragen.

Erläuterungen zum Energieflussschema des Agrar- und Ernährungssystems in Deutschland 2013/2014

Zwar soll das Schema auch quantitativ möglichst genau sein, jedoch lassen sich gewisse Inkonsistenzen mit vertretbarem Aufwand nicht vermeiden. Ursachen sind die Notwendigkeit, verschiedene Statistiken miteinander zu verbinden (über Ernten, Futteraufkommen, Versorgung, Verbrauch und Außen-

handel), unterschiedliche Periodisierungen, Lagerhaltungen, Stoffumwandlungen (z. B. Roh- in Reinfett), Verwendung als Saatgut, Abfälle, geringfügige Verbrauche für Zwecke, die im Interesse der Übersichtlichkeit nicht sämtlich abgebildet werden können und andere. Dies betrifft vor allem das Getreide. Alle Zahlen, meist gerundet, entstammen den Tabellen des Abschn. 12.3 und des Kap. 3. Die Höhe jedes Balkens entspricht gemäß dem Maßstab am linken Rand dem Energiegehalt der jeweiligen Position in Petajoule (PJ, 10^{15} J).

Der linke Balken kennzeichnet die pflanzliche Erzeugung auf Acker- und Grünland in Höhe von 2066 PJ. Davon gehen 1356 PJ oder 66 % in die Position Futter, die mit 144 PJ aus Importen (orange) ergänzt wird. Vom Grünland (dunkelgrün) geht fast alles, vom Raufutter auf dem Acker (hellgrün) über 60 %, vom Getreide (gelb) etwa 60 % und von den übrigen Feldfrüchten (blau) die jeweils genannten Mengen in das Futter. Beim Getreide sind Mühlennebenprodukte und andere als Futter verwendete Reste mit erfasst. Man erkennt erneut die Dominanz von Getreide, Mais und Raps auf den Äckern und die sehr geringen Anteile anderer Feldfrüchte.

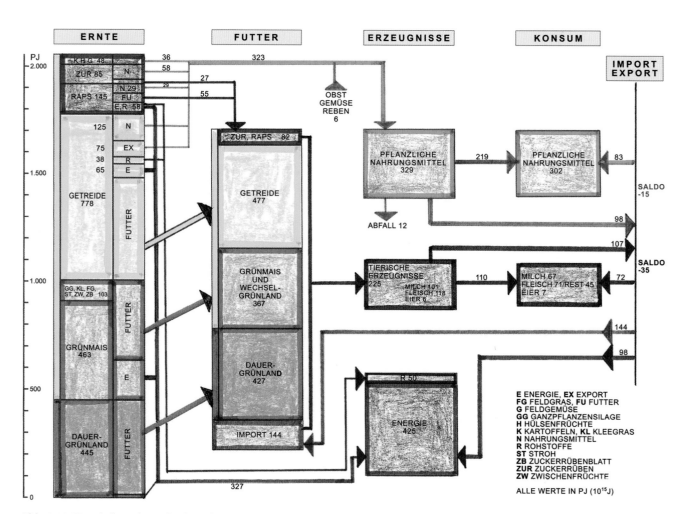

Abb. 3.19 Energieflussschema des deutschen Agrar- und Ernährungssystems 2013/2014

Aus den Feldfrüchten gehen 327 PJ in die Position Energieerzeugung (dunkelrot) und 50 PJ in industrielle Verwendungen außer Braumalz (hellrot). Die Position Energie wird mit 98 PJ an importiertem Pflanzenöl auf 425 PJ erhöht.

Pflanzliche Erzeugnisse, die weder als Energiequelle noch als Futter dienen, gehen zusammen mit 329 PJ in die blaue Position. Dieser Strom enthält Anteile aus den Ernten von Kartoffeln, Feldgemüse, Hülsenfrüchten, Zuckerrüben, Raps sowie Getreide und wird um 6 PJ aus Wein, Obst und anderen Früchten, die nicht Bestandteil der Felderne sind, ergänzt. Der Getreideanteil enthält Backwaren und andere Nahrungserzeugnisse, Braugerste und Exporte.

Aus der Erzeugungsposition pflanzlicher Produkte fließen 219 PJ in den Konsum und 98 PJ in den Nettoexport von Getreide, Zucker und Kartoffeln. Die Konsumposition wird mit 83 PJ aus Importen (Obst, Gemüse, Glucose, Wein, Kakao und Speiseölen) auf 302 PJ erhöht. Es resultiert ein Ausfuhrüberschuss bei pflanzlichen Erzeugnissen von 15 PJ, der, wie schon im Text erläutert, wegen der sehr heterogenen Zusammensetzung der Produkte nur geringen Erklärungswert besitzt. Es bleibt ein geringer unerklärter Rest von 12 PJ überwiegend aus Abfällen.

Die Futtermenge ergibt sich aus der Erntestatistik. Aus dem Futter im Umfang von 1500 PJ werden mit den im Text näher beurteilten Verlusten tierische Produkte in Höhe von 225 PJ erzeugt, 101 PJ Milch, 118 PJ Fleisch und 6 PJ Eier. Nahezu die Hälfte von 107 PJ wird exportiert, dem 72 PJ an Importen gegenüberstehen. Der Exportüberschuss beträgt bei tierischen Erzeugnissen 35 PJ. Wegen der Knochenanteile und anderer Abfälle beim Fleisch sowie der Verluste bei der Verarbeitung der Milch zu Produkten besteht eine erhebliche Differenz zwischen dem Aufkommen an tierischen Rohprodukten und dem tatsächlichen Konsum von 145 PJ; 67 PJ in Milchprodukten, 71 PJ an Fleisch und 7 PJ an Eiern. Der nicht als Nahrung nutzbare Anteil der Tierkörper enthält 45 PJ. Der geringfügige Rückfluss tierischer Erzeugnisse in Futter ist nicht berücksichtigt.

Wird dem Nettoexport tierischer Produkte zurückhaltend ein Futterbedarf von nur dem Fünffachen seines Energiegehaltes zugerechnet, so resultiert ein „virtueller" Futterexport von 175 PJ, deutlich höher als der Import von 144 PJ. Energetisch besteht damit für Deutschland kein Netto-Einfuhrbedarf an Futter.

Die Tierhaltung ist sehr umfangreich, jedoch räumlich ungleichmäßig verteilt – in Schwerpunkträumen ist die Belastung der Umwelt massiv. Es kommen nach wie vor alle Bestandsgrößen und Haltungsformen vor. Entgegen manchen Erwartungen fördern traditionelle bäuerliche Haltungsformen das Tierwohl nicht immer. Mittelgroße Bestände in modernen Stallungen entsprechen heutigen Anforderungen an Tierwohl, Fütterung und Umweltschutz an besten. Der abwertende Begriff „Massentierhaltung" ist überwiegend bei der Geflügel- und teilweise bei der Schweinehaltung angebracht.

Berechnungen der im Wirtschaftsjahr 2013/2014 von den Tieren aufgenommenen Futtermengen passen gut mit Statistiken über die Futterbereitstellung zusammen – alle Tiere verzehren etwa 1,25 EJ der dargebotenen Futtermenge von 1,5 EJ, etwa zur Hälfte als Raufutter (Grünlandaufwuchs und Silomais) und zur Hälfte als Kraftfutter. Die tierischen Erzeugnisse (Milch, Fleisch und Eier) enthalten 225 PJ (Petajoule = 10^{15} J) an Energie. Die Menge an Futterenergie verhält sich zur Produktenergie 6,7:1. Grundsätzlich ist die Erzeugung tierischer Nahrungsmittel in diesem hohen Umfang ein Luxus, der die Ernährungskapazität der Landschaft schmälert. Allerdings sind die Energieverluste bei verschiedenen Produktionsketten unterschiedlich und ist der Aufwuchs des Grünlandes für die menschliche Ernährung nicht geeignet.

Je nach Berechnungsweise entfallen 32 bis 37 % der verzehrten Nahrungsenergie auf tierische Erzeugnisse. Schon eine mäßige Reduktion des tierischen Anteils würde den Produktionsstress auf die Agrarlandschaft reduzieren.

Die Importe an Futtermitteln besitzen mit 144 PJ einen sehr mäßigen Umfang und beschränken sich überwiegend auf die Proteinlieferung. An Nahrungsmitteln werden überwiegend Gemüse und alle Formen von Obst importiert. An pflanzlichen Produkten exportiert Deutschland Getreide, Kartoffeln und Zucker. Diese Exporte entsprechen energetisch etwa den Nahrungsmittelimporten, jedoch ist dieser Vergleich wegen der sehr unterschiedlichen Eigenschaften der Güter wenig aussagekräftig.

In wenigen Jahren hat der Export tierischer Erzeugnisse stark zugenommen – fast 15 % des Fleisches und 22 % aller Milchprodukte werden netto exportiert (Exporte abzüglich Importe). Das dafür erforderliche Futter übersteigt die Futterimporte deutlich, sodass diese viel kritisierten Importe zur Sicherung des eigenen Lebensstils energetisch nicht erforderlich sind. Allerdings bleibt noch nachzuprüfen, ob dies auch für die Proteinbilanz gesagt werden kann.

Die politisch geförderten Exporte tierischer Erzeugnisse bewirken eine starke Belastung der Landschaft – Gülle und Ammoniak werden nicht mit exportiert. Es ist fraglich, ob sie in den Empfängerländern überall Segen stiften und ob die Devisenzuflüsse nach Deutschland aus der Sicht des Gemeinwohls erforderlich sind.

Das Agrarsystem in Deutschland 2010 bis 2020 – die gesellschaftliche Seite

Abb. 4.1 Großes Stoppelfeld in Ostdeutschland auf der Insel Rügen

Abb. 4.2 Kleinstrukturierte Ackerlandschaft von Nebenerwerbs-betrieben in Westdeutschland (östliches Meißnervorland, Nordhessen) – Man täusche sich nicht: Auch hier ist die Artenvielfalt stark reduziert

4.1 Geschichte

Wie schon im Kap. 1 angesprochen, blickt das Landvolk in Mitteleuropa auf eine lange und wechselvolle Geschichte zurück. Das mittelalterliche Feudalwesen enthielt eine gewisse Gerechtigkeit derart, dass die Abhängigkeit zwischen „oben" und „unten" wechselseitig war. Die einfachen Leute waren unfrei und hatten den Landesherrn zu versorgen, dieser jedoch hatte die Aufgabe, sie in gefährlichen Zeiten zu schützen, und die Zeiten waren oft gefährlich. Während relativ kurzer Zeiträume und in bestimmten Regionen konnten Bauern auch wirtschaftliche und persönliche Vorteile erringen, aber das war nicht von Dauer. Über Jahrhunderte hinweg änderten sich die Machtstrukturen auf dem Lande meist zugunsten der Herrenschicht. Grafen, Rittergutsbesitzer und andere drehten an den Stellschrauben der Agrarverfassung stets in der Richtung, dass aus noch relativ selbstständigen Bauern Hörige aller Abstufungen wurden und dass jene immer weniger Rechte behielten. Sie hatten Spann- und Frondienste zu leisten, mussten immer

größere Teile ihrer eigenen Ernte abgeben, bekamen zu hören, was sie alles nicht mehr durften, wie ohne Erlaubnis zu heiraten, ihr Land zu vererben oder gar zu verkaufen, nicht einmal durften sie den Herrschaftsbezirk verlassen. Das Jagdvergnügen der Adligen wurde in heute unbegreiflich rücksichtsloser Weise ausgeübt; Zerstörungen auf den Feldern der Bauern interessierten nicht. Kam Krieg, zündeten die Landsknechte das Getreide auf dem Feld an, bis niemand mehr etwas zu essen hatte.

Dem Volk wurden sein Land und seine Rechte weggenommen, es wurde enteignet, und das alles in einem schleichenden Prozess, an dem politisch selten Anstoß genommen wurde. „Bauernlegen", also die schlichte Vertreibung der Bauern von ihrem Land und dessen Einverleibung in die Gutswirtschaften, war besonders im Osten Deutschlands ein beliebter Sport bis ins 18. Jahrhundert hinein, ganz schlimm in Mecklenburg und auf der Insel Rügen. Selbst Regenten wie Friedrich der Große, die die Bedeutung des Bauernstandes für das Wohl ihres Reiches erkannten, konnten sich gegen die

© Springer-Verlag GmbH Deutschland, ein Teil von Springer Nature 2018
U. Hampicke, *Kulturlandschaft – Äcker, Wiesen, Wälder und ihre Produkte*, https://doi.org/10.1007/978-3-662-57753-0_4

Macht der Landesherrschaften nur teilweise durchsetzen. Die Bedrängnis der Bauern war regional milder, wo die Kirche die Landesherrschaft ausübte oder wo sich schon frühzeitig Stadt und Land, Bauerntum und Gewerbe vermischten, wie in Südwestdeutschland, ferner dort, wo nicht *ein* Gutsherr dominierte und tun konnte, was er wollte, sondern wo eher ein kompliziertes System mehrerer Herrschaftsträger bestand, die sich gegenseitig mäßigten. Auch das gab es eher im Westen und Südwesten. Dass sich Bauern aus eigener Kraft und teils sogar mit Gewalt ihre Selbstständigkeit und ihre Selbstbewusstsein erhalten konnten, wie in Bayern, Ostfriesland oder Dithmarschen, blieb die Ausnahme. In der Regel unterlagen sie, wenn es zu gewalttätigen Konflikten kam, wie besonders im Großen Bauernkrieg von 1525. Wie der im frühen 20. Jahrhundert maßgebliche Agrarökonom Friedrich Aereboe (1928) ausführlich und anschaulich schildert, war das Leben auf dem Lande für die allermeisten durch Armut und Rechtlosigkeit geprägt, denen man nur durch – oft verbotene – Flucht in die Städte oder in die weite Ferne, wie nach Russland, Argentinien oder Nordamerika entkommen konnte.

Die Reformen durch Stein und Hardenberg in Preußen änderten an den Verhältnissen zunächst weniger als ihnen nachgesagt wird, und Unterdrückungstatbestände wie das Streikverbot für Landarbeiter oder sogar die Prügelstrafe hielten sich bis zum Ersten Weltkrieg. Immerhin wurden aber mit der Zeit die Verhältnisse so geklärt, dass, wer Bauer war, allgemeine Bürgerrechte besaß und sein Land entweder als Eigentum oder in geregelter Pacht bestellen konnte. Der Großgrundbesitzer nebenan mochte seine Arbeiter schlecht behandeln und bezahlen, besaß aber keine Macht und Gerichtsbarkeit mehr über andere, wie es tausend Jahre lang selbstverständlich war.

Geregelte und nicht in Frage gestellte Eigentumsverhältnisse am Boden sind historisch eine relativ neue Errungenschaft, das darf man nicht vergessen. In anderen Weltgegenden, wie in Teilen Südamerikas, gibt es sie heute noch nicht, dort nimmt der Starke dem Schwachen das Land einfach weg. Lange hat sich der Staat auch geweigert, die Landwirtschaft ökonomisch zu unterstützen oder zu fördern. Noch 1894 wurde der „Antrag Kanitz" im Reichstag abgelehnt, demzufolge der billige Import von Getreide aus Russland, welcher den ostdeutschen Gutsbetrieben zu schaffen machte, mit einem Zoll belegt werden sollte. Während der Nazizeit wurde die Bauernschaft dann zum ersten Mal in ihrer Geschichte mit Pomp und Salbung hofiert, weil man ihre Bedeutung für die Kriegsvorbereitung erkannte. Noch im Ersten Weltkrieg war davon nichts zu spüren gewesen – die Arbeitskräfte und Pferde wurden bedenkenlos abgezogen, weil jeder Taugliche an die Front musste; Geräte und Gebäude wurden auf Verschleiß genutzt.

Nach dem Zweiten Weltkrieg gab es in allen Besatzungszonen Deutschlands zunächst großen Mangel. Wie oft in Notzeiten ging es den Bauern am wenigsten schlecht, weil sie für

sich noch zu essen hatten und es eine riesige Nachfrage nach ihren knappen Produkten gab. Die hungernden städtischen Hamsterer mussten Meißener Porzellan gegen einen Sack Kartoffeln tauschen. Ein geregeltes volkswirtschaftliches Rechnungswesen gab es in den chaotischen Zeiten nicht. Es hätte deutlich gemacht, dass die Landwirtschaft vorübergehend ein „einkommensstarker" Sektor war.

In der sowjetischen Besatzungszone wurde jeder, der über 100 ha besaß, als „Junker" enteignet, das Land wurde in der Demokratischen Bodenreform in Kleinbauernstellen aufgeteilt. Wegen der sehr zahlreichen land- und stellungslosen Flüchtlinge aus den vormaligen Ostgebieten milderte dies wohl für den Augenblick die Not, war aber in Anbetracht der geringen Fachkenntnisse der meisten Neu-Kleinstbauern keine Lösung für die Zukunft. Diese kam bekanntlich in den 1950er-Jahren durch die mit Härte und gegen den Willen vieler durchgeführte Kollektivierung. Einmal etabliert, war das System der genossenschaftlichen Großbetriebe (LPGs) hinsichtlich seiner Effizienz eher ein Lichtblick in der stets maroder werdenden Wirtschaft der DDR. Nach der Wende 1990 wurde die großbetriebliche Struktur in erheblichem Maße beibehalten. So kam es, dass Deutschland zwei Agrarsysteme besitzt – das bäuerliche im Westen und das großbetriebliche im Osten, welches technisch (nicht gesellschaftlich) an die dort ebenfalls vorherrschenden Gutsherrschaften der älteren Vergangenheit erinnert.

Auch wenn sich auf derartigen Gebieten wenig „beweisen" lässt, gibt es gute Gründe für die Vermutung, dass die jahrhundertelange Vorgeschichte des Landlebens in Mitteleuropa mit allen ihren Härten bis heute Nachwirkungen im Bewusstsein der betroffenen Menschen zeigt. Die Empfindlichkeit des Landvolkes und seine Tendenz, defensiv zusammenzurücken, setzt zwar äußerlich stets an tagespolitischen Anlässen an; man wehrt sich, teils durchaus zurecht, gegen Vorwürfe auf den Gebieten von Produktqualität, Umwelt, Naturschutz und Tierwohl. Die Psychologie weiß aber, dass darunter andere emotionelle Schichten liegen und dass diese ein sehr langes, generationenübergreifendes Gedächtnis besitzen.

4.2 Das Wichtigste zur Agrarökonomie und Agrarpolitik 1950 bis 2000

Zum Verständnis der gegenwärtigen Situation (2010 bis 2020) ist ein Überblick über die Entwicklungen in der zweiten Hälfte des 20. Jahrhunderts von Nutzen.

In der DDR wurde politisch geplant und entschieden, die Gesetze des Marktes waren außer Kraft. In Westdeutschland und nach der Wende 1990 in ganz Deutschland herrschte und herrscht ein stets konfliktträchtiges Beieinander von Markt und Plan, das wir kurz betrachten. Als nach der Währungsreform 1948 in Westdeutschland das „Wirtschaftswunder" einsetzte, stellte die landwirtschaftliche Interessenvertretung, der Deutsche Bauernverband (DBV), fest, dass die Einkommen seiner Mitglieder und Klientel langsamer wuchsen als in der städtischen und gewerblichen Wirtschaft, man verspürte eine Einkommensdisparität. Der DBV präsentierte unzutreffende Theorien über deren Ursachen und erhob ziemlich maßlose Forderungen, erreichte aber, dass sich die Politik der Bauernschaft annahm, die damals noch einen erheblichen Anteil der Wählerstimmen stellte. Durch administrierte Preise, die über den Marktpreisen lagen, die sich von allein eingestellt hätten, wurde Einkommen in die Landwirtschaft geschleust.

Auch die frühzeitig gegründete Europäische Wirtschaftsgemeinschaft (EWG), die Vorläuferin der heutigen Europäischen Union, nahm sich des Agrarwesens schnell an. Die Ziele ihrer Agrarpolitik waren eine sichere und preislich erschwingliche Versorgung der Bevölkerung mit Lebensmitteln und ein befriedigendes Einkommen für die Landwirtschaft; Umwelt und Naturschutz spielten noch keine Rolle. Da die Weltmarktpreise sehr niedrig lagen, wurden in der EWG künstlich höhere Preise festgesetzt. Ein weiteres Mittel der Agrarpreisstützung war die Kontingentierung, das heißt administrative Mengenbegrenzung. Bei ihr darf nicht jeder so viel erzeugen, wie er will, vielmehr benötigt man einen besonderen Erlaubnisschein. Dieses System funktioniert nur, wenn es bei der Abnahme der Produkte einen kontrollierbaren Flaschenhals gibt, durch den alles Gut hindurch muss. Beim Zucker gab es so etwas schon lange, bei der Milch wurde es 1984 als Notbremse gegen die anwachsenden „Butterberge" eingeführt.

Das System hatte zwei Geburtsfehler. Solange die damalige EWG eine Einfuhrregion für die wichtigsten Agrargüter war, weil sie auf dem beschränkten Raum ihre Bevölkerung nicht selbst ernähren konnte, war die Hochpreispolitik eine Einnahmequelle für den Staat, denn für jede eingeführte Tonne Getreide musste ein Zoll entrichtet werden. Durch die Intensivierung der Landwirtschaft nahm jedoch die Flächenproduktivität so stark zu, dass sich die Handelsströme umkehrten: Schon Ende der 1960er Jahre wurde in der EWG mehr erzeugt als gegessen, sodass ein Netto-Ausfuhrbedarf entstand. Um Getreide auszuführen, musste nun der Staat jede bei den eigenen Bauern als Überschuss teuer angekaufte Tonne Getreide auf den Niedrigpreis des Weltmarktes herunterschleusen, damit sie einen Abnehmer fand, es musste also draufgezahlt werden. Gemeinsam mit einer riesigen Lagerhaltung („Butterberge") belastete das die öffentlichen Finanzen erheblich. Außerdem machte sich die EWG durch die Exportsubventionierung weltweit keine Freunde; die Praxis wurde bald als unfaire Benachteiligung anderer Produzenten angesehen.

Der zweite Geburtsfehler bestand in der Verkennung der Ursache der Einkommensdisparität. Sie lag weder in der besonderen, vom Wetter abhängigen Eigenart der landwirtschaftlichen Erzeugung, wie es der Bauernverband behaup-

tete, noch in der Boshaftigkeit der Abnehmer landwirtschaftlicher Produkte, die aufgrund ihrer Marktmacht zu geringe Preise zahlten, denn nicht alle Erzeugerpreise wurden staatlich reguliert (diese Version ist bis heute im Umlauf mit Aldi, Lidl und anderen Handelsketten als den Bösewichten). Die wissenschaftliche Agrarökonomik in Westdeutschland vertrat bis Ende der 1950er-Jahre diese Ansicht und meinte, dass die Herstellung fairer Wettbewerbsbedingungen die Probleme der Landwirtschaft lösen müsste. 1958 wurde erstmals die wirkliche Ursache für den Preis- und Einkommensverfall erkannt: die enorme Zunahme der landwirtschaftlichen Produktivität, die Überschwemmung der Märkte mit Produkten, denen damals in der EWG zu wenige Abnehmer gegenüberstanden – man konnte schließlich nicht mehr als essen.[1] Ohne die staatliche Preisfestsetzung und die anderen Maßnahmen wären die Agrarpreise auf das Weltmarktniveau, also für EWG-Verhältnisse ins Bodenlose gefallen.

Neben der Flächenproduktivität (ausgedrückt etwa in Tonnen Milch pro Hektar und Jahr) stieg durch die Mechanisierung auch die Arbeitsproduktivität (Tonnen Milch pro Arbeitskraft und Jahr). Was ist zu tun, wenn die Produzenten in einem Wirtschaftssektor immer mehr erzeugen, die Nachfrage aber nicht steigt, sodass die Preise sinken und das Einkommen ungenügend wird? Damit jeder einzelne Produzent noch genug verdient, muss es *weniger* Produzenten geben, auf die sich der Kuchen, der nicht wachsen will, verteilt. Die enorme Steigerung der Arbeitsproduktivität ermöglicht nicht nur, sondern *erzwingt* eine Abwanderung, hier der „überflüssigen" Bauern aus der Landwirtschaft. Wenn die Agrarpolitik damals durch die Festsetzung der Agrarpreise den Abwanderungsdruck auch abmilderte, so konnte sie ihn nicht beseitigen und nicht verhindern, dass über die Jahre Hunderttausende von Bauernhöfen aufgegeben wurden. Den verbleibenden ging es wegen der Agrarpolitik ökonomisch besser als in einem hypothetischen reinen Marktsystem, aber es ging auch ihnen nicht rosig.

Aus der zeitlichen Distanz heute erstaunt, mit welcher Verbissenheit die soeben dargestellte einfache Logik des Problems damals verkannt werden wollte. Der Bauernverband forderte, dass jeder noch so kleine Hof bei gutem Einkommen bestehen bleiben sollte, wenn Bauer und Bäuerin dies wollten. Konservative Bundes- und Landesregierungen wurden zwar durch ihre wissenschaftlichen Beiräte eines Besseren belehrt, stimmten den Agrarinteressen aber nach außen hin zu. Nicht geringe Bevölkerungskreise ganz anderer politischer Richtung, unter anderem aus dem links-ökologischen Milieu, verurteilten das „Höfesterben" oder „Bauernlegen" als böse Tat der Profitsucht dunkler Mächte. Sie wurden durch Propaganda aus der DDR eifrig unterstützt. Wie bei jedem

---

[1] Arthur Hanau: Die Landwirtschaft in der Sozialen Marktwirtschaft. Agrarwirtschaft 7:1–15. Weitere wichtige Veröffentlichungen aus dieser Zeit zitiert in Hampicke (2013, Kapitel 7.1).

Strukturwandel in einer Wirtschaft gab es gewiss auch hier Härten. Der größere Anteil der aus der Landwirtschaft ausscheidenden Menschen war jedoch so flexibel, sich während der bis in die 1970er-Jahre bestehenden Vollbeschäftigung eine andere berufliche Tätigkeit zu suchen. Im Übrigen behielten die aufgebenden Bauern in der Regel ihr Eigentum am Boden und beziehen daraus bis heute gute Renten.

Die Landwirtschaft der DDR zeichnete sich neben ihrer relativen technischen Leistungsfähigkeit dagegen dadurch aus, dass sie bis zuletzt sehr zahlreiche Arbeitskräfte band. Noch für das Jahr 1988 weist das Statistische Jahrbuch der DDR im Schnitt 14 Arbeitskräfte pro 100 ha aus, eine sehr hohe Belegschaft, wie die Zahlen im folgenden Abschnitt in Vergleich zeigen werden.[2] Ökonomen beurteilen dies als „Ineffizienz", jedoch ist Verschiedenes dabei zu bedenken. Die Statistik erfasste zahlreiche Personen als den Landwirtschaftlichen Produktionsgenossenschaften (LPG) oder nahen Institutionen zugehörig, die im Westen nicht als „Bauern" galten, wie technische und hauswirtschaftliche Kräfte, Angehörige des Veterinärdienstes und andere. Darüber hinaus mag es soziologisch eher vorteilhaft gewesen sein, manche weniger leistungsfähigen Personen in der LPG zu behalten als sie der staatlichen Sozialfürsorge zu übergeben. Wir werden im Folgenden Aspekte ansprechen, unter denen die jahrzehntelange Schrumpfkur, die die Landwirtschaft in Westdeutschland durchmachte und die im Osten ab 1990 in wenigen Jahren in einem Ruck nachgeholt wurde, kritisch zu sehen ist. Diese Aspekte spielten jedoch in der damaligen Diskussion keine Rolle.

4.3   Die heutige Betriebsstruktur

Bevor die Prinzipien der heutigen Agrarpolitik angesprochen und auf einige sozioökonomische Grundfragen zurückgekommen wird, sei die gegenwärtige Struktur der Betriebe und Arbeitskräfte dargestellt. Strukturdaten zur Tierhaltung sind schon oben vorgelegt worden.

Der Bauernhof mit dem Hahn auf dem Mist ist nicht nur in Kinderbüchern zu finden, ihn gibt es durchaus noch in der Realität. Schon immer unterschied man „Groß-" und „Kleinbauern"; die bewirtschaftete Fläche ist tatsächlich ein einprägsames Merkmal. Die Tab. 4.1 gibt einen Überblick gemäß der Agrarstrukturerhebung 2013.

Die in der Tabelle genannte Zahl von 24.600 Betrieben unter fünf Hektar ist weitaus zu gering; es gibt etwa dreimal so viele. Betriebe unter fünf Hektar werden jedoch von der Statistik nur

noch erfasst, wenn sie trotz ihrer geringen Fläche eine Bedeutung besitzen. Hier schon zeigt sich, dass die Flächenausstattung nicht das einzige Maß für die Größe eines Betriebes ist. Wer intensive Spezialkulturen betreibt, wie etwa den Weinbau, der kann mit wenigen Hektar schon hinreichend „groß" und es wert sein, in die Statistik aufgenommen zu werden.

Aus der Tabelle ist zu entnehmen, dass 45 % aller erfassten Betriebe weniger als je 20 ha und zusammen nur 7,5 % der landwirtschaftlichen Fläche bewirtschaften. Weitere 42,7 % verfügen über 20 bis 100 ha und bewirtschaften ein gutes Drittel der Fläche. Diese Betriebsklasse hat man lange Jahre als typische „bäuerliche Familienbetriebe" angesehen. Sofern keine Spezialisierung auf Dauerkulturen* oder auf hochwertiges Gemüse vorliegt (was zum Gartenbau überleitet), erfordert freilich heute ein gesunder Familienbetrieb mehr Fläche. 12,3 % aller Betriebe verfügen je über mehr als 100 ha und bewirtschaften deutlich mehr als die Hälfte der landwirtschaftlichen Fläche.

Wie stark der Strukturwandel in den vergangenen Jahrzehnten war, zeigt sich daran, dass es 1960 allein in der „alten" Bundesrepublik noch 1,36 Mio. Betriebe unter 20 ha gab, die zusammen zwei Drittel der damaligen landwirtschaftlichen Fläche bewirtschafteten. Es gab nur 2639 Betriebe mit mehr als 100 ha Land.

Aus der Tab. 4.1 folgert, dass es wenig sinnvoll ist, eine „durchschnittliche" Betriebsgröße für Deutschland anzugeben, weil die Verhältnisse im Westen aufgrund ihrer Geschichte ganz andere sind als im Osten. Die in der DDR geschaffene Struktur großbetrieblicher Genossenschaften (LPGs) wurde entgegen manchen Erwartungen nach der Wende 1990 nur unvollständig in Richtung einer Reprivatisierung rückgängig gemacht. Genossenschaftsbauern entschieden sich, weiterhin gemeinsam zu wirtschaften, und so blieben Großbetriebe in neuen Rechtsformen (unter anderem als Genossenschaften oder GmbHs) bestehen, auch wurden neue Großbetriebe als Personengesellschaften* gegründet. Die Genossenschaften (eG) besitzen 2013 eine Durchschnittsgröße von 1391 ha (StJELF 2016, Tab. 32, S. 44), etliche Großbetriebe erreichen 5000 ha und mehr.

Ein sehr wichtiges Kriterium insbesondere bei kleinen bäuerlichen Betrieben ist der Erwerbscharakter. In der Agrarstrukturerhebung sind Haupterwerbsbetriebe* solche, die mehr als die Hälfte ihres Gesamteinkommens aus ihrer landwirtschaftlichen Tätigkeit beziehen, alle anderen sind Nebenerwerbsbetriebe*. Frühere, erheblich differenziertere Erhebungen, bei denen Vollerwerbsbetriebe definiert wurden (über 90 % des Einkommens aus dem Agrarbetrieb) werden leider nicht mehr durchgeführt, obwohl sie aufschlussreich wären. Es ist damit zu rechnen, dass auch in einem beträchtlichen Teil der heute im Haupterwerb klassifizierten Betriebe außerlandwirtschaftliche Einkommen eine Rolle spielen.

Die Tab. 4.2 erfasst nur Einzelunternehmen* – „Bauernhöfe" –, nicht aber Personengesellschaften* und Juristische

---

[2] Nach dem Statistischen Jahrbuch der DDR (1988, S. 184 und 180) waren am 30.09.1987 928.530 Werktätige in Land- und Forstberufen tätig, darunter 864.902 direkt in der Landwirtschaft, 51.996 im Forst, 10.808 im Veterinär- und 824 im Pflanzenschutzdienst. Die landwirtschaftliche Fläche betrug 6.187.483 ha, darunter 4.693.699 ha Acker- und 1.254.231 ha Grünland.

Tab. 4.1 Landwirtschaftliche Betriebe nach Größenklassen der Fläche 2013

Landwirtsch. Fläche in ha[a]	Zahl der Betriebe	%	Zugehörige Fläche in ha	%
1 bis 5	24.600	45,0	44.700	7,5
5 bis 10	44.600		325.800	
10 bis 20	59.000		886.200	
20 bis 50	71.500	42,7	2.378.600	35,5
50 bis 100	50.200		3.550.000	
100 bis 200	23.700	12,3	3.207.700	57,0
über 200	11.500		6306.600	
Zusammen	**285.100**		**16.699.600**	

[a] Zu lesen je als „1 bis unter 5" usw. Quelle: StJELF (2016, Tab. 30, S. 41)

Tab. 4.2 Landwirtschaftliche Betriebe der Rechtsform Einzelunternehmen* und ihre Flächen nach Erwerbscharakter und Größenklassen 2013

Betriebsgröße von bis unter (in ha)	Zahl der Betriebe (1000)				Fläche der Betriebe (1000 ha)			
	Haupterwerb		Nebenerwerb		Haupterwerb		Nebenerwerb	
		%		%		%		%
Unter 5	6,8	33	13,7	67	13,1	32	27,6	68
5 bis 10	6,5	15	36,5	85	48,3	15	265,9	85
10 bis 20	15,3	27	41,9	73	239,7	28	619,1	72
20 bis 50	37,8	56	29,6	44	1315,1	59	923,8	41
50 bis 100	35,6	81	8,3	19	2521,2	82	559,7	18
100 bis 200	16,8	91	1,6	9	2262,4	91	215,3	9
200 bis 500	4,5	92	0,4	8	1276,7	92	104,8	8
Über 500	0,7	100	0,1	0	452,5	90	52,0	10
Zusammen	**124,0**	**48**	**132,1**	**52**	**8129,1**	**75**	**2768,1**	**25**

Quelle: StJELF (2016, Tab. 35, S. 47)

Personen* (Genossenschaften, GmbHs usw.), und damit etwa zwei Drittel der gesamten Landwirtschaftsfläche. Man erkennt im linken Teil, dass die Nebenerwerbsbetriebe die Haupterwerbsbetriebe zahlenmäßig leicht übersteigen. Da aber bei den Ersteren die kleinen Betriebsgrößen überwiegen, entspricht die von ihnen bewirtschaftete Fläche diesem Verhältnis nicht, sie beträgt 25 % der Fläche der Einzelunternehmen oder 16 % der gesamten Landwirtschaftsfläche.

Erwartungsgemäß ist sowohl die Anzahl der Nebenerwerbsbetriebe als auch die von ihnen bewirtschaftete Fläche in der Betriebsgröße unter 50 ha vorherrschend, um darüber stark abzufallen. Auffällig ist die geringere Bedeutung des Nebenerwerbs bei Betriebsgrößen unter fünf Hektar, was mit der schon erwähnten Häufung von spezialisierten Intensivbetrieben (Weinbau) in diesem Segment zu erklären ist. Überraschenderweise finden sich selbst bei Betrieben mit mehr als 200 ha Fläche Nebenerwerbsbetriebe mit nicht geringem Flächenanteil. Diese dürften mit dem typischen kleinen Nebenerwerbsbetrieb wenig gemein haben.

Bei jenen „typischen" Betrieben handelt es sich in der Regel um solche, die früher Haupterwerbsbetriebe waren, inzwischen jedoch außerlandwirtschaftliche Einkommensquellen erschlossen haben und ihren Betrieb teils aus Tradition, teils zur Ergänzung des Einkommens weiter betreiben. Ein Teil von ihnen muss als problematisch angesehen werden, nämlich soweit er Vieh hält. Die schon in der Tab. 3.2 im Kap. 3 ausgewiesenen Kleinhaltungen sind nicht in der Lage, wissenschaftlichen Standards hinsichtlich des Tierwohls, der Emissionsminderung und der Fütterung zu genügen, schon wegen der unzeitgemäßen Baulichkeiten. Selbst wenn genügend Kapital vorhanden wäre, wäre es kaum sinnvoll, hier viel zu investieren. Auch ist die übermäßige Arbeitsbelastung vor allem der Frauen und die

Unmöglichkeit, regelmäßigen Urlaub zu nehmen, ein Problem. Die nostalgische Sympathie vieler Städter für Bauernhöfe dieses Typs besitzt daher kein solides Fundament.

Andere Formen des Nebenerwerbs sind dagegen sowohl sozial als auch ökologisch vorteilhaft. Dies ist der Fall, wenn entweder gar keine Tiere gehalten werden oder wenn diese nicht als Belastung empfunden werden, wie zum Beispiel Freizeitpferde. Betriebe dieser Art sind nicht darauf angewiesen, ein höchstmögliches Einkommen aus der Landwirtschaft zu beziehen, sondern verlegen sich auf Betriebszweige mit hoher Arbeitsproduktivität. Ein Beispiel ist die in Süddeutschland zu findende Heuvermarktung. Betriebe bewirtschaften traditionelle, artenreiche und das Landschaftsbild schmückende Wiesen zu relativ geringen Kosten und verkaufen das Heu. Derartige Betriebe sind hilfreiche Partner der Landschaftspflege, verdienen eine Förderung und erhalten sie vielfach auch.

4.4   Arbeitskraft

Ein einflussreicher Agrarökonom der 1920er-Jahre, Theodor Brinkmann, unterschied biologisch-technische von mechanisch-technischen Fortschritten. Die Ersten sind verantwortlich für die schon beschriebene gewaltige Steigerung der Hektarerträge und tierischen Leistungen, die Zweiten für die Steigerung der Arbeitsproduktivität. Auch diese wird außerhalb der Landwirtschaft noch immer unterschätzt. Insbesondere in der Feldwirtschaft unterscheiden sich heutige Verhältnisse nicht graduell, sondern revolutionär von früher. Ein einziger Mähdrescher ersetzt hunderte früherer Schnitter, Garbenbinder und Drescher (Abb. 4.3). Nicht ganz so extrem ist die Arbeitsersparnis in der Viehwirtschaft, obwohl Mechanisierung und Automatisierung auch dort Einzug gehalten haben – Fakt ist aber, dass der Bauer sich auch heute bei

Abb. 4.3 Arbeitsproduktivität: Der Mähdrescher (hier nicht einmal ein besonders großer) schafft so viel wie hunderte früherer Bauern oder Landarbeiter

Tab. 4.3 Arbeitskräfte und Arbeitsleistung in der Landwirtschaft 2013, 1000 Personen

	West	Ost	Deutschland
Familienarbeitskräfte einschl. Betriebsinhaber			
– Vollbeschäftigt	170,0	9,7	180,5
– Teilbeschäftigt	307,0	17,2	325,1
– Zusammen	477,0	26,9	505,6
Familienfremde Arbeitskräfte			
– Ständige, vollbeschäftigt	62,4	62,4	123,4
– Ständige, teilbeschäftigt	61,1	15,7	77,3
– Ständige, zusammen	121,1	78,6	200,7
– Nichtständige Arbeitskräfte	273,1	39,8	314,3
Arbeitskräfte, zusammen	871,2	145,3	1020,5
AK-Einheiten	425,5	94,9	522,7

West: früheres Bundesgebiet, Ost: neue Länder (Kurzform zur Platzersparnis). Quelle: StJELF (2016, Tab. 52, S. 63)

Rindern und Schweinen sorgfältig um jedes einzelne Tier kümmern sollte.

Die Tab. 4.3 zeigt aktuelle Daten. Sie spiegelt sehr deutlich die Unterschiede in der Agrarstruktur zwischen dem früheren Bundesgebiet und den neuen Ländern wider; 95 % aller Familienarbeitskräfte befinden sich im Westen. In den neuen Ländern kann man überwiegend nur bei den sogenannten „Wiedereinrichtern" von Familienarbeitskräften sprechen, also der Minderheit der Betriebsleiter, die ihr früher in die LPG eingebrachtes Land wieder individuell zurückgefordert haben. Seit 1995 hat sich ihre Zahl fast halbiert, was auch dort einen Strukturwandel erkennen lässt.

Es wird deutlich, dass in Deutschland im Jahre 2013 recht genau eine Million Personen in der Landwirtschaft beschäftigt sind. Im Jahre 1970 waren es in der damaligen (kleineren) Bundesrepublik noch fast 2,5 Mio.. Bei über 44 Mio. Erwerbspersonen in der Gesamtwirtschaft machen die landwirtschaftlichen Arbeitskräfte 2013 nur noch leicht über zwei Prozent aus. Ist schon das ein außerordentlich geringer Wert, so ist darüber hinaus zu bedenken, dass der größere Teil der Arbeitskräfte nur teilbeschäftigt ist. So sind Familienangehörige der Betriebsleitung in der Regel ständig teilbeschäftigt, hinzukommen noch zahlreiche nichtständige Arbeitskräfte, etwa zur Erntehilfe, zum Spargelstechen oder zur Weinlese.

Um unter diesen Umständen eine treffendere Zahl für die insgesamt erbrachte Arbeit zu erhalten, wurde die „AK-Einheit" gebildet. Sie entspricht der Arbeitsleistung einer Person, die das ganze Jahr mit betrieblichen Arbeiten (ohne Haushalt) beschäftigt ist. Werden alle voll- und teilbeschäftigten Perso-

Tab. 4.4 AK-Besatz pro 100 ha LF

Betriebsgröße, ha	West[c]	Ost	Deutschland
5 bis 10[a]	11,8	13,4	11,9
10 bis 20	7,5	6,3	7,4
20 bis 50	4,8	3,9	4,8
50 und mehr	2,4	1,4	2,0
Insgesamt[b]	**3,8**	**1,7**	**3,1**

[a] Vgl. Anmerkung zu Tab. 4.1
[b] Einschließlich Betriebe unter 5 ha
[c] Vgl. Anmerkung zu Tab. 4.2
Quelle: StJELF (2016, Tab. 55, S. 66)

nen auf diese Einheit umgerechnet, so resultiert eine Arbeitsleistung von etwa 520.000 Einheiten, etwa der Hälfte der beschäftigten Personen.

Es ist üblich, AK-Einheiten auf je 100 ha landwirtschaftlich genutzte Fläche zu beziehen. Die Tab. 4.4 gibt das Wesentliche wieder.

Bestimmend für den AK-Besatz pro Fläche sind die Betriebsgröße und die sonstige betriebliche Ausrichtung. Hohe Werte für kleine Betriebe sind teilweise technischer Ineffizienz zuzuschreiben (Handarbeit, kleine Maschinen), noch mehr jedoch dem Betriebstyp. So hat der schon mehrfach erwähnte Weinbau auch bei hoher technischer Effizienz einen wesentlich höheren Arbeitskräftebedarf als die Feldwirtschaft auf großen Flächen. Ein zweiter Bestimmungsgrund ist der Viehbesatz. Der höhere Wert für die alten Bundesländer gegenüber den neuen selbst in flächenstärkeren Betrieben ist überwiegend hierauf zurückzuführen. Dabei ist selbst der Wert von 1,4 AK/100 ha LF in größeren Betrieben der neuen Länder noch durch einen, wenn auch geringeren Tierbesatz bedingt. Reine Ackerbaubetriebe mit mehreren 100 ha und großen Maschinen wirtschaften teilweise mit einer AK auf 200 ha, entsprechend 0,5 AK/100 ha. Hier wird allerdings an Grenzen gestoßen. Es wird berichtet, dass der Arbeitskräftemangel und damit die Aufgabe der Mähdrescherbesatzungen, in kurzer Zeit sehr große Flächen zu beernten, auch als Vorwand für die Durchführung „Ernteerleichternder" Praktiken, wie die Vorerntebehandlung mit Glyphosat dient (→ Box 7.2 in Abschn. 7.2).

4.5 Wirtschaft und Einkommen

Es ist schwierig, in wenigen Worten Substanzvolles zur Agrarökonomik, speziell zur landwirtschaftlichen Einkommenssituation zu sagen. Dem Zeitungsleser muss geraten werden, diesbezüglichen Meldungen, mit denen immer Politik gemacht wird, grundsätzlich zu misstrauen. Alle dort gestreuten Begriffe erfordern sorgfältige Interpretationen ihres Inhaltes,

die selten mitgeliefert werden. So ist zum Beispiel der *Gewinn* im bäuerlichen Betrieb im Wesentlichen der Betrag, der nach Abzug aller Kosten von den Erlösen als Einkommen der Familie übrig bleibt, während er im Großbetrieb die Verzinsung des Eigenkapitals beinhaltet, nachdem alle Arbeitskräfte ihre Löhne erhalten haben.

Dabei hat die landwirtschaftliche Einkommenssituation Politik und Öffentlichkeit jahrzehntelang beschäftigt. In der frühen Bundesrepublik erstritt der Deutsche Bauernverband mit dem Landwirtschaftsgesetz von 1955, dass das Einkommen der Bauern regelmäßig und detailliert dokumentiert wird. Dazu werden die Buchführungsunterlagen eines Netzes von mehreren tausend Testbetrieben ausgewertet. Die Ergebnisse werden den Einkommen in – wie man meint – vergleichbaren Berufsgruppen gegenübergestellt und es wird der „Abstand" gemessen, mit dem die landwirtschaftlichen Einkommen hinter den anderen zurückliegen. Dieses Verfahren ist wissenschaftlich immer umstritten gewesen. Die Ergebnisse wurden früher jährlich im Agrarbericht der Bundesregierung vorgelegt; seit 2011 nur noch alle vier Jahre.

Die gebotene Kürze zwingt dazu, an dieser Stelle nur wenige Probleme nach dem Prinzip „frequently asked questions" anzusprechen.

Nach Geldströmen beurteilt, ist die Landwirtschaft ein „kleiner" Wirtschaftsbereich; dessen *Verkaufserlöse* mit knapp 45 Mrd. € nur 2,5 % des Umsatzes des Verarbeitenden Gewerbes betragen; der Leser vergleiche hierzu jedoch unbedingt die Box 4.1. Die Statistik gibt für 2013 an, dass 56 % der Verkaufserlöse der Landwirtschaft aus der Tierhaltung stammen. Diese Angabe ist leicht irreführend, weil auf pflanzlichem Gebiet hochwertige Spezialerzeugnisse, wie Wein, Zierpflanzen, Christbäume, Gemüse und Obst, die die Sache relativ weniger Betriebe sind, einen hohen Anteil der verbleibenden 44 % ausmachen. Pflanzliche Massenerzeugnisse vom Acker, wie Getreide, Zuckerrüben und Raps liefern deutlich unter 30 % der Verkaufserlöse. Die Abhängigkeit vieler Betriebe von der Tierhaltung ist also noch stärker ausgeprägt, als es pauschale Zahlen angeben. Wie landschaftsökologisch bedenklich sie ist, wird in diesem Buch mehrfach angesprochen.

Man darf die *Verkaufserlöse* nicht mit dem *Produktionswert* der Landwirtschaft verwechseln. In Letzteren geht auch der hier besonders umfangreiche Wert der Futtermittel ein, die nicht verkauft, sondern im Betrieb selbst verwertet werden. Nach den internationalen Regeln der Volkswirtschaftlichen Gesamtrechnung wird damit unter Berücksichtigung der Vorleistungen, Abschreibungen, Steuern und Subventionen die *Wertschöpfung* der Landwirtschaft errechnet.

Die *Zukäufe* der Landwirtschaft und damit ihre Verflechtung mit dem Vorleistungsbereich sind sehr erheblich. An erster Stelle stehen Energie, Mineraldünger*, Pflanzenschutzmittel, tierärztliche Leistungen und Medikamente, gewerblich hergestellte Futtermittel sowie die Instandhaltung von Maschinen, Geräten und Bauten. Allein diese Posten machten 2013 mit knapp 20 Mrd. € schon etwa 44 % der Verkaufserlöse aus.

Box 4.1 When smart people make dumb mistakes

So überschrieb der bekannte, der „Ökologischen Ökonomie" zugerechnete amerikanische Ökonom Herman Daly eine polemische Veröffentlichung aus dem Jahre 2000. Frei übersetzt: Wenn sich dumme Leute irren, ist das banal, aber wenn es klugen Leuten passiert, kann daraus nicht nur viel Unheil entstehen, es zeigen sich auch bei aller Klugheit systematische Denkfehler.

In den 1990er-Jahren äußerte sich eine Elite US-amerikanischer und britischer Volkswirtschaftler – teils Nobelpreisträger – zum Problem Erderwärmung und Klimaschutz. Ihnen zufolge mag ein unberechenbarer Klimawandel zwar auch der US-Landwirtschaft schaden; da diese jedoch zum Sozialprodukt des Landes nur etwa 3 % beiträgt, könnten die Effekte auf die Gesamtwirtschaft auch nur geringfügig sein. Anstrengungen zum Klimaschutz lohnten sich folglich nicht – so die klugen Ökonomen.

Diese waren und sind sämtlich Anhänger der in der Wissenschaft vorherrschenden marginalistischen (grenzkostenorientierten) Lehrmeinung. Nach ihr bilden sich Preise grundsätzlich nach Maßgabe relativer Knappheit. Was wenig knapp ist, ist billig, was knapper wird, wird teurer – dem kann jeder zustimmen. Das Einkommen der US-Landwirtschaft und damit ihr Beitrag zum Sozialprodukt sind gering, nicht weil ihre Produkte unwichtig sind, sondern weil sie in normalen Zeiten wenig knapp sind, genau wie bei uns heute. Wird die Landwirtschaft durch Klimawandel so geschädigt, dass sie schlechter produziert und ihre Produkte daher knapper werden, dann werden sie teurer und die Landwirtschaft wird auch im Sozialprodukt immer wichtiger. Niemand kann ausschließen, dass sie in der Volkswirtschaftlichen Gesamtrechnung zum wichtigsten Wirtschaftszweig aufsteigt. Wer die Zeiten des „Hamsterns" nach dem Zweiten Weltkrieg erlebt oder davon gehört hat, kann ein Lied davon singen. Die klugen Ökonomen sollten es auch ohne solche Erlebnisse können.

Fazit: Ist der Beitrag eines Wirtschaftszweiges zum Sozialprodukt, das heißt in geldlichen Dingen klein, heißt das noch lange nicht, dass dieser Wirtschaftszweig auch physisch „unwichtig" ist.

Allgemein bekannt und Gegenstand lebhafter Kontroversen ist das hohe Ausmaß staatlicher Zahlungen an die Landwirtschaft zusätzlich zu ihren Verkaufserlösen. In „Ratings" werden Länder der Welt danach gruppiert, ein wie großer Anteil des Gesamteinkommens ihrer Landwirtschaft auf *staatliche Zahlungen* entfällt, wobei die Werte von 5 % in Neuseeland bis 80 % in der Schweiz reichen. Der Europäischen Gemeinschaft wird meist ein „Mittelplatz" um 50 % zugewiesen. Das ist nicht ganz falsch, aber ohne nähere Erläuterung wenig hilfreich bis irreführend.

Geht es der Landwirtschaft nun „gut" oder „schlecht"? – Es wird ja auch der Rat gegeben, dass man einen Bauern danach besser nicht fragen solle, weil man nie zu hören bekomme, es gehe gut. Die Generalantwort auf die Frage ist: Es gibt nicht *die* Landwirtschaft, es gibt nur sehr viele unterschiedliche Situationen, und diese Differenzierung scheint immer weiter zuzunehmen. Wer im Osten 800 ha Ackerland bewirtschaftet und kaum Tiere hat, dem geht es gut. Wer, als sein Gegenteil, in Baden-Württemberg einen sicheren Arbeitsplatz in der Industrie hat und im Nebenerwerb mehr zum Spaß auf fünf Hektar Heu erntet und verkauft, dem geht es auch gut. Wer mit zu wenig Fläche und 40 Milchkühen und 500 Schweinen im Haupterwerb über die Runden kommen will, ist dagegen nicht zu beneiden.

4.6 Weiteres zur betrieblichen Situation

Seit Beginn des 21. Jahrhunderts hat sich die Marktstellung der Landwirtschaft grundsätzlich verbessert. Insbesondere der zunehmende Wohlstand von hunderten Millionen Menschen in Asien führt zu einem Anwachsen der Nachfrage nach Agrarprodukten. Dieses Wachstum ist besonders groß, weil es sich nicht nur darum handelt, dass die Menschen *mehr* essen. Sie essen *anders*, nämlich mehr Fleisch und andere tierische Produkte. Also muss mehr Futter erzeugt werden. Da, wie im Kap. 3 ausführlich dargestellt, durch den Umweg über die tierische Ernährung viel Energie verloren geht, wird ein Multiplikatorprozess in Gang gesetzt: Wird etwa 10 % mehr Fleisch gegessen, so muss vielleicht 50 % mehr Futter erzeugt werden. So gehen die meisten Experten davon aus, dass auf mittlere Sicht die Preise landwirtschaftlicher pflanzlicher Rohstoffe (die weitgehend als Futtermittel dienen) im Vergleich zu früher recht hoch bleiben und weiter steigen werden. Wegen der intensiven Verflechtung aller Volkswirtschaften auch auf Agrarmärkten, der „Globalisierung", erscheint ein Zurück zu einer nationalen oder EU-weiten Preispolitik ausgeschlossen, es regieren die Weltmarktpreise.

Landwirtschaftliche Betriebe, deren Einkommen sich überwiegend oder zumindest zum beträchtlichen Teil aus dem Verkauf pflanzlicher Produkte, insbesondere Getreide speist, werden durch diese Entwicklung begünstigt. Gewiss tropft auch hier manches Wasser in den Wein; der Weltmarkt bringt nicht nur höhere, sondern auch stark schwankende Preise mit sich, an die sich Gewerbetreibende, die jahrzehntelang Konstanz genossen, erst gewöhnen müssen. Ein erheblicher Teil

der Erlössteigerung fließt beim Kauf der ebenfalls teurer gewordenen Vorleistungen, wie Mineraldünger und Pflanzenschutzmittel sowie bei steigenden Pachtzinsen wieder ab.
Dennoch müssen Klagen von Getreidebauern, denen 150 €
pro Tonne zu wenig sind, als Klagen „auf hohem Niveau"
beurteilt werden. Im Jahre 2003 kostete in Mecklenburg-Vorpommern eine Tonne Roggen 70 €.

Box 4.2 Agrarexport

Manche Menschen in Deutschland sind stolz darauf,
dass ihr Land auf industriellem Gebiet „Export-Welt-
meister" ist. Ob dies für die Weltwirtschaft oder sogar
für Deutschland selbst ein reiner Segen ist, ist umstritten, soll uns aber hier nicht interessieren. Im Kap. 3
wurde deutlich, dass Deutschland auch ein Netto-Exporteur für Agrargüter und Nahrungsmittel geworden
ist. Ein Netto-Export oder Exportüberschuss heißt,
dass für ein betreffendes Gut die Exporte höher als die
Importe sind.

Unter den pflanzlichen Erzeugnissen gibt es einen
Netto-Export bei Kartoffeln, Zucker und Getreide. Die
Getreideexporte schwanken in manchen Jahren, offenbar abhängig von der jeweiligen Ernte, betragen aber
meist knapp 10 % der Ernte. Dazu tritt ein ab 2008 ex-
plosionsartig gestiegener Export an Fleischwaren und
Milcherzeugnissen. Offenbar wird ein immer größerer
Anteil des erzeugten Getreides verfüttert und dann
in Form tierischer Erzeugnisse exportiert – in energetischen Größen etwa 15 % der jährlichen Erzeugung
an Fleisch und 22 % der an Milchprodukten. Rechnet
man nur „brutto", das heißt ohne Berücksichtigung der
gleichzeitigen Importe, dann wird von der Eigenerzeu-
gung an Fleisch über die Hälfte exportiert.

Der Agrarexport wird im Rahmen der von der
World Trade Organization (WTO) erlaubten Maßnahmen vom Bundesministerium für Ernährung und
Landwirtschaft gefördert. In die Förderung fließen
Steuergelder. Den Vorteil dieser Maßnahmen genießen
die Erzeuger tierischer Produkte, darunter nicht nur
Bauern, sondern auch Großunternehmen mit Massentierhaltungen sowie Verarbeitungsbetriebe, Schlachthöfe und andere. Dieser Minderheit wäre ohne Exporte
jedes Erzeugungswachstum verschlossen, denn die
inländische Nachfrage ist saturiert und lässt sich kaum
noch steigern. An den mit Exporthindernissen verbundenen Sanktionen gegen Russland wird schmerzhaft
die Folge eingeschränkten Agrarexports deutlich.

Welche Folgen ergeben sich für das Gemeinwohl?
Die Devisenzuflüsse aus dem Agrarexport sind für
Deutschland entbehrlich, es gibt schon viel zu hohe
Zuflüsse. Gewiss haben die Empfänger der Waren im
Ausland einen Nutzen, der nicht verkannt werden soll.
Aber auch dort es gibt nicht nur Wohltat. Aus dem
fernen Sibirien wird berichtet, dass traditionelle, sehr
hart lebende Rentiernomaden Probleme beim Absatz
ihres hochwertigen Fleisches bekommen, weil selbst
dort der Markt mit billigen Fleischimporten überschwemmt wird.

Der Agrarexport beansprucht in Deutschland Fläche, und zwar in der pflanzlichen Erzeugung grob je
ein Viertel der Anbaufläche von Kartoffeln und Zuckerrüben (zusammen etwa 150.000 ha) und, nehmen
wir 2013 als typischen Wert, etwa 9 % der Getreidefläche, also 600.000 ha. Auf den Export pflanzlicher
Produkte entfallen somit etwa 750.000 ha. Getreide
fließt zum erheblichen Teil in Länder, die sich nicht
selbst versorgen können. Gewiss müssen diese von
irgendwoher beziehen, jedoch wäre es weltwirtschaft-
lich gesünder, wenn sie dies von flächen*reichen* und
dabei oft devisenbedürftigen Staaten bezögen anstatt
vom engen Deutschland.

Im Abschn. 3.4 ist berechnet worden, dass dem
Export tierischer Erzeugnisse etwa 175 PJ an Futter
entsprechen. Ziehen wir davon die 144 PJ an importierten (überwiegend Protein-) Futtermitteln ab, so
werden dem Export tierischer Erzeugnisse etwa 30 PJ
an inländischem Futter zugeführt. Bei einem durchschnittlichen Ertrag von 130 GJ/ha entspricht dies
230.000 ha. Zusammen mit den pflanzlichen Erzeugnissen dient in Deutschland damit fast eine Million
Hektar Agrarfläche dem Export.

Bei pflanzlichen Produkten ist gewiss zu berücksichtigen, dass Deutschland auch importiert. Jedoch
handelt es sich bei allen größeren Importposten um
Intensivkulturen, die relativ wenig Fläche benötigen,
teils sogar unter Glas gewonnen werden: Obst, Gemüse, Südfrüchte, Kakao sowie (ernährungsstatistisch
nicht ausgewiesen) Kaffee, Tee und Tabak.

Der Münchener Agrarökonom Heißenhuber vergleicht die Fläche im dicht besiedelten Deutschland
treffend mit einem zu kurzen Betttuch: Alle ziehen
daran – Landwirtschaft, Siedlung und Verkehr, Er-
holungswesen, Naturschutz und andere. Es reicht für
keinen. Durch die Förderung des Agrarexportes zieht
noch einer mehr am Betttuch, die Folgen tragen andere, nicht zuletzt Naturschutz und Landschaftspflege.

Der Flächenanspruch ist nur ein Aspekt. Die unten im
Kap. 6 näher beleuchteten Umweltschäden wiegen eher
noch schwerer. Ammoniak und Gülle* werden nicht
exportiert, sondern bleiben im Lande. Es gibt also einige
Gründe, den steigenden Agrarexport aus Deutschland
und seine politische Förderung kritisch zu sehen.

Die wachsende Kritik veranlasst die Bundesregierung zu Rechtfertigungen, wie im 68 Seiten starken Bericht „Agrarexport 2017 – Daten und Fakten", herausgegeben vom Bundesministerium für Ernährung und Landwirtschaft (BMEL). Er enthält freilich nicht nur Fakten, sondern die altbekannte Apologetik, etwa wie viele Arbeitsplätze am Export hingen und so weiter. Das BMEL sollte sich zu den Themen Strukturwandel und Flexibilität weiterbilden: Expertenschätzungen sprechen von Millionen fehlender Fachkräfte in wenigen Jahrzehnten in anderen Berufen, wenn nicht gegengesteuert wird. Hier wäre eine Gelegenheit dazu.

Zwei Dinge zum Schluss: Dies ist kein Plädoyer gegen einen ausgewogenen Handel mit Agrarprodukten. Natürlich ist es sinnvoll, einen französischen Camembert gegen eine deutsche Leberwurst einzutauschen. Die Frage ist nur, ob sich ein Land wie Deutschland landwirtschaftliche Export*überschüsse* in dieser Höhe leisten soll, die eine seiner knappsten Ressourcen, die Fläche, zusätzlich beanspruchen. Vielleicht wäre es sinnvoller, anstatt jährlich zwei Millionen Tonnen Getreide nach Saudi-Arabien zu liefern, auf dieser Fläche mehr Gemüse im eigenen Land zu erzeugen.

Zweitens geht es nicht um Beiträge zur Welternährung. Exportiert werden hauptsächlich hochwertige, teils luxuriöse Erzeugnisse, die an kaufkräftige Kunden gehen. Soll Mitteleuropa mit seinem privilegierten Erzeugungspotenzial für Nahrungsmittel stärker zur Linderung des Hungers und zur Sicherung künftiger Nahrungserzeugung auf der Welt herangezogen werden, dann muss das Problem ganz anders angegangen werden. Ein wichtiger Beitrag unter zahlreichen anderen wäre die Entwicklung eines Systems der Rezirkulierung von Phosphordünger, um die begrenzten und immer höhere Abbaukosten verlangenden geologischen Vorräte für unterversorgte Böden und armen Ländern aufzuheben.

Tierische Produkte, insbesondere Milch und Fleisch, machen indessen einen viel höheren Anteil der landwirtschaftlichen Einkommen aus, nicht wenige Betriebe beziehen aus ihnen den größten Teil ihres Einkommens. Sie sehen sich zunächst der Tatsache gegenüber, dass die Futterpreise viel höher sind als früher. Ganz hart trifft es Schweine oder Geflügel haltende Veredlungsbetriebe*, die fast nur Getreide zu Weltmarktpreisen verfüttern, aber auch beim Milchvieh sind Getreide und Eiweißkonzentrat ein Kostenfaktor. Das wäre zu verkraften, wenn die Preise für Fleisch, Milch und Eier auch stiegen. Da die inländische Nachfrage gesättigt ist (eher sollte man aus gesundheitlichen Gründen weniger Fleisch essen), sind aus ihr hinreichende Preissteigerungen nicht zu erwarten. Deshalb

bemüht sich die Agrarpolitik darum, den Export dieser Produkte in andere EU-Länder, aber auch in Drittländer wie Russland, China, Saudi-Arabien und andere zu fördern. Stolz wird verkündet, dass Deutschland nun auch im Agrarexport Meister sei. In der Box 4.2 werden einige kritische Fragen hierzu aus landschaftsökologischer Sicht gestellt. Besonders gut funktioniert die Preisstabilisierung durch Exporte nicht, denn andere Länder erzeugen auch viel Milch. Auch politische Entscheidungen, wie die 2015 verhängten Sanktionen gegen Russland, ziehen sofort erhebliche Probleme nach sich.

Man fragt sich, warum sich so viele Betriebe von der Erzeugung tierischer Produkte abhängig machen, warum sie nicht den bequemeren und lukrativeren Weg gehen und auf pflanzliche Marktprodukte setzen. Wer nur Ackerbau betreibt, kann auch Urlaub machen, wer Kühe im Stall hat, muss dort 365 Tage im Jahr präsent sein.

Die Frage führt auf ein grundsätzliches Problem. Erwirtschaftet ein landwirtschaftlicher Betrieb ein unzureichendes Einkommen, so kann dies zwei Ursachen haben. Die Erzeugung kann (a) ineffizient sein, sodass das Verhältnis zwischen Kosten und Leistungen unbefriedigend ist, es wird, einfach ausgedrückt, schlecht gewirtschaftet. Die Erzeugung kann aber (b) auch technisch vollkommen effizient sein mit den niedrigsten möglichen Stückkosten. Es wird bestens gewirtschaftet, aber es wird zu wenig erzeugt, um die Einkommenserfordernisse etwa eines Familienbetriebes zu erfüllen, weil der Betrieb zu klein ist. Um es mit einem einfachen Zahlenbeispiel zu verdeutlichen: Man möge bei bestmöglicher Wirtschaft im Ackerbau „unter dem Strich" einen Gewinn von 300 € pro Hektar und Jahr erzielen. Besitzt nun ein Familienbetrieb nur 50 ha Ackerland, so resultiert ein jährlicher Gewinn von 15.000 €. Selbst bei bescheidenen Ansprüchen an die persönliche Lebensführung ist dies viel zu wenig; denn von diesem Betrag müssen Verbindlichkeiten und Nettoinvestitionen finanziert, ein Auto unterhalten, Wohn- und Wirtschaftsgebäude instand gehalten und weitere Kosten bestritten werden. Kann der Betrieb keine Flächen dazu pachten oder kaufen, so muss er, wie es heißt, „innerbetrieblich aufstocken", das heißt, er muss die tierische Erzeugung einschalten, Schweine mästen oder Milchvieh halten. Um auf einen akzeptablen Mindest-Jahresverdienst zu kommen, muss er so handeln, selbst wenn Schweinemast und Milchviehhaltung ökonomisch an sich nicht besonders attraktiv sind. Oft reicht selbst das nicht einmal für ein angemessenes Einkommen.

In der geschilderten Situation befinden sich sehr zahlreiche bäuerliche Familienbetriebe besonders im Westen Deutschlands. Sie drängen in die tierische Erzeugung, was zu einem hohen Angebot führt und einen entsprechenden Preisdruck hervorrufen muss. Verstärkt wird dieser noch durch internationale Konkurrenz und bei Geflügel und Schweinen durch das zusätzliche Angebot aus nicht-bäuerlichen fabrikartigen Massentierhaltungen.

Box 4.3 Förderung kleiner Betriebe?

Im Jahr 2017 verlautete aus dem Bundesministerium für Ernährung und Landwirtschaft, dass man kleine und mittlere Familienbetriebe stärker fördern wolle. Dazu ein Kommentar in den DLG-Mitteilungen 4/17, dem Organ der Deutschen Landwirtschafts-Gesellschaft: „Es gibt wohl niemanden, der sich nicht freute, wenn in unseren Dörfern auch kleinere Betriebe wirtschaften können. Aber was bedeutete denn die Forderung im Klartext? Entweder man zahlt solchen Betrieben extrem hohe Subventionen, oder man verlangt, dass der Unternehmer mit sehr viel weniger Einkommen zufrieden ist als Berufsgruppen mit vergleichbarer Ausbildung und Verantwortung." Um mit einem Industriemeister gleichzuziehen, heißt es weiter, bedürfte der landwirtschaftliche Kleinunternehmer eines Einkommens, wie es selbst aus 150 ha plus 100 Kühen oder 2000 Schweinen am Markt nicht zu erzielen ist.

Hier wird gewiss etwas übertrieben, denn nicht alle Industriemeister verdienen so fürstlich wie hier verglichen, dennoch: Soll ein landwirtschaftlicher Familienbetrieb besonders hoch subventioniert werden, nur weil er klein ist? Oder soll er sich, weil viele Städter kleine Betriebe gut finden, jenen zuliebe selbst ausbeuten? Unten im Abschn. 4.9 dieses Kapitels wird ein Vorschlag für das Problem unterbreitet, der mehr zu versprechen scheint.

Auf vorteilhafte Betriebstypen besonders im Nebenerwerb, die den genannten Zwängen nicht unterliegen, ist bereits hingewiesen worden. Wer ein hinreichendes außerlandwirtschaftliches Einkommen aus gewerblicher Tätigkeit oder Arbeitnehmerschaft genießt, ist nicht gezwungen, soviel Geld wie möglich aus seinem landwirtschaftlichen Anwesen herauszupressen, sondern kann sich auf extensive und dabei oft arbeitsproduktive und angenehm zu realisierende Betriebszweige konzentrieren. Daher kann er auch ein willkommener Partner in der Landschaftspflege sein. Im Gegensatz dazu sind die flächenschwachen Haupterwerbsbetriebe, die ganz von der Landwirtschaft leben müssen, ökologisch und ökonomisch besonders problematisch.

4.7 Agrarpolitik und Grundzüge der Agrarumweltpolitik 2015–2020

Ende der 1980er-Jahre wurde zunehmend klar, dass das alte System der Agrarsubvention in der nunmehrigen Europäischen Union (EU) nicht mehr zu halten war. Auch die Erweiterung der EU in den 1990er-Jahren um wichtige Agrarländer wie Polen zwang zu Reformen. Die Hochpreispolitik wurde schrittweise abgeschafft und machte einem System Platz, in

dem die Landwirte durch Direktzahlungen unterstützt werden. Die recht komplizierten Etappen der Reform, ihre Zwischenschritte und auch ihre nicht in allen EU-Ländern gleiche Umsetzung sind im Vorliegenden nicht mehr von besonderem Interesse, sodass wir gleich dazu übergehen, das sozioökonomische Gesicht der Landwirtschaft in den ersten beiden Jahrzehnten des 21. Jahrhunderts zu skizzieren, welches allerdings ohne seine Entwicklung in den fünfzig Jahren zuvor nicht verstanden werden kann.

Die entscheidenden Weichen für die Agrarpolitik werden heute von der EU gestellt; die Spielräume für nationale Eigenständigkeiten sind begrenzt. Etwa alle sieben Jahre veröffentlicht die Kommission ihre Vorstellungen für die kommende Zeit, was eine breite Diskussion auslöst. Die Konferenz der Agrarminister der Mitgliedsstaaten und das Europäische Parlament in Straßburg befassen sich mit den Vorschlägen, modifizieren sie und müssen ihnen letztlich zustimmen. Umweltschützer beklagen nicht ohne Grund, dass in diesem Prozess fortschrittliche Gedanken der Kommission zu Ökologie und Naturschutz regelmäßig verwässert und auch sonst unter dem Einfluss von Lobbyismus alles, was herkömmlichen Agrarinteressen zuwiderläuft, zumindest abgeschwächt wird. Die letzte Neuorientierung erfolgte in den Jahren 2014–2015.

Eckpunkte der Agrarpolitik sind die Förderungen der „Ersten" und „Zweiten Säule" sowie die Begriffe „Modulation", „Cross Compliance" und „Greening"; es handelt sich also um die *Förderpolitik*. Hier wird darüber entschieden, welche Zahlungen Agrarbetriebe vom Staat beanspruchen können und was sie gegebenenfalls dafür zu tun oder zu unterlassen haben. Darüber hinaus bedeutet Agrarpolitik natürlich noch viel mehr – von der Ressortforschung in Bundesanstalten und Instituten über das staatliche Aufsichts- und Prüfwesen, die Förderung von Vermarktungsstrukturen bis zur Sozialpolitik. Auch geht es im Vorliegenden nicht um ordnungsrechtliche Vorgaben – die Düngeverordnung und dazugehörige Umstände werden ausführlich im Kap. 6 angesprochen. Blicken wir zunächst auf die Eckpunkte.

Die *Erste Säule* in Abb. 4.4 links besteht vereinfacht darin, dass jeder Agrarbetrieb vom Staat eine jährliche Zahlung (bis 2014 knapp 300 € pro Hektar und Jahr) erhält, nur weil er diesen Hektar bewirtschaftet. Die organisatorische Umsetzung ist komplizierter, aber hier von geringem Interesse. Auch sind die Zahlungen je nach Bundesland und Region etwas gestaffelt. Die Erste Säule ist das Überbleibsel der ab 1992 eingeführten Direktzahlungen. Sie wurden damals „Preisausgleichszahlungen" genannt, weil sie die Absenkung der zuvor subventionierten Getreidepreise auf das seinerzeit niedrige Weltmarktniveau ausgleichen sollten. Da die Weltmarktpreise für Getreide inzwischen so hoch geworden sind wie die früher in der EU subventionierten Preise, wäre ein „Preisausgleich" eigentlich nicht mehr erforderlich. Deswegen heißt es auch nicht mehr so. Die Zahlungen werden in nachvollziehbarer Weise von der Landwirtschaft und

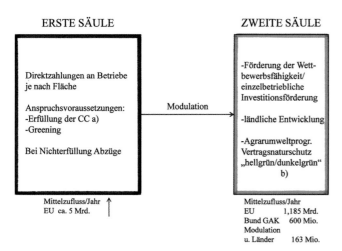

Abb. 4.4 System der Agrarförderpolitik in Deutschland 2014 bis 2020, Erste und Zweite Säule, 2015 bis 2020, a) Cross Compliance, b) Näheres in Abschn. 8.3.2

den mit ihr verbündeten Interessengruppen mit Zähnen und Klauen verteidigt und erfreuen sich eines zähen Lebens. Begründungen etwa derart, dass sie die Belohnung dafür seien, dass die Landschaft „gepflegt" werde und nicht „verwildere", überzeugen nicht. Kaum mehr überzeugen Begründungen, dass sie der Ausgleich für höhere Standards im Umwelt- und Gesundheitsschutz in der EU gegenüber dem Rest der Welt wären, ohne die die EU-Landwirte benachteiligt wären.

Ordnungspolitisch sind Einkommen dieser Art ohne erkennbare Gegenleistung nicht zu rechtfertigen, wie es von wissenschaftlicher Seite regelmäßig angemahnt wird. Vor allem fehlt ihnen das in einem rationalen Staatswesen erforderliche Merkmal der Verallgemeinerbarkeit. Jeder Handwerksmeister, der für die Gesellschaft ebenso wichtig ist und nicht weniger als ein Landwirt kämpfen muss, könnte ähnliche Zahlungen verlangen. Da sie an die Fläche gebunden sind, unterstützen sie zudem die Bedürftigsten unter den Landwirten, die oben dargestellten flächenarmen Familienbetriebe, am wenigsten und dafür umso mehr flächenreiche Großbetriebe, die bei den heutigen Preis-Kostenverhältnissen oftmals ohne staatliche Unterstützung gut wirtschaften könnten. Hinzu kommt, dass die Pachtpreise in die Höhe getrieben werden, womit, da ein großer Teil der Verpächter aus ehemaligen Landwirten besteht, hohe Summen wieder aus der Landwirtschaft herausfließen zu Empfängern, die nicht das Ziel der Maßnahme sind. Das Volumen der Zahlungen der Ersten Säule liegt in Deutschland bei jährlich etwa fünf Milliarden Euro; das Geld wird in vollem Umfang von „Brüssel" ausgeschüttet.

Die *Zweite Säule* (rechts in Abb. 4.4) ist dagegen überwiegend keine Subvention, sondern stellt Mittel für die Entwicklung des Ländlichen Raumes bereit und honoriert land-

wirtschaftliche Betriebe für bestimmte Gegenleistungen. Dies erfolgt im Rahmen des „Europäischen Landwirtschaftsfonds für die regionale Entwicklung" (ELER). Wir präzisieren an dieser Stelle einen Begriff, der selbst in der Wissenschaft, umso mehr in der Öffentlichkeit und in den Medien in unausrottbarer Weise missbräuchlich verwendet wird. Eine *Subvention* ist eine Zahlung des Staates an ein Wirtschaftssubjekt (Person, Unternehmen, Verein), ohne dass eine Gegenleistung verlangt ist. Sie ist schlicht eine negative Steuer. Sie begründet sich entweder mit offensichtlicher Bedürftigkeit der Empfänger oder damit, dass sie eine Starthilfe für jene darstellt, etwa zur Firmengründung, um sie in eine Situation zu versetzen, in der sie keiner Zahlung mehr bedürfen. Bei der Ersten Säule liegt der Fall vor, dass sie zu Beginn zumindest teilweise eine vernünftige Begründung besaß, ihre Existenz aber schon seit Langem allein dem Umstand verdankt, dass sie schwer abzuschaffen ist.

Erhalten Agrarbetriebe eine Zahlung, weil sie bestimmte landschaftsökologische Leistungen erbringen, dann handelt es sich nicht um eine Subvention, sondern um ein Leistungsentgelt wie jedes andere. Pflanzt ein Unternehmen im Auftrag der Straßenverwaltung Alleebäume, dann spricht man auch nicht von „Subvention", sondern von einer normalen Bezahlung. In Agrarumweltprogrammen und im Vertragsnaturschutz werden Verträge zwischen den Betrieben und den zuständigen Behörden geschlossen, in denen sich die Betriebe zu bestimmten Handlungen oder Unterlassungen im Interesse der Landschaftspflege verpflichten, etwa Ackerwildkräuter an den Feldrändern zu tolerieren. Die dabei entstehenden ökonomischen Einbußen werden ihnen erstattet. Ist auch an der Ausgestaltung dieser Maßnahmen zunehmend Kritik erforderlich, auf die wir später im Abschn. 8.3 zurückkommen werden, so ist die Zweite Säule in ihrem Wesen besonders im Kontrast zur Ersten Säule ordnungspolitisch in vollem Umfang akzeptabel.

Mit dem Instrument der *Modulation* erlaubt die EU den Mitgliedsstaaten, nicht unbeträchtliche Summen aus der Ersten Säule in die Zweite zu verlagern. Diese Umwandlung einer kaum zu rechtfertigenden Subvention in Zahlungen für definierte Gegenleistungen („public money for public goods") wird nicht nur mit Blick auf die damit erreichbaren ökologischen Erfolge, sondern auch grundsätzlich ordnungspolitisch begrüßt. Die Mitgliedsstaaten dürften bis zu 15 % der Mittel der Ersten Säule umwandeln, und es ist zu bedauern, dass Staaten wie Deutschland den von der EU erlaubten Spielraum der Modulation nur in sehr geringem Umfang, mit etwa 4,5 % ausschöpfen. Die Gründe dafür dürften in der Lobbytätigkeit agrarischer Interessen liegen, denen das Geld der Ersten Säule lieber ist als das der Zweiten. Die Vermutung, wonach die Umwandlung daran scheitert, dass Mittel der Zweiten Säule im Gegensatz zu denen der Ersten einer nationalen Kofinanzierung bedürften, erweist sich als gegenstandslos, denn die mit der Modulation verlagerten Mittel brauchen nicht kofinanziert zu werden.

Die *Cross Compliance*, deutsch umständlich mit „anderweitige Verpflichtungen" übersetzt, ist ein Instrument der Förderpolitik, das zuerst in der Schweiz entwickelt und dann von der EU übernommen wurde. Landwirtschaftliche Betriebe haben selbstverständlich alle sie betreffenden ordnungs- und fachrechtlichen Vorgaben zu erfüllen. Wer zum Beispiel die Düngeverordnung missachtet und Gülle in unzulässiger Weise entsorgt, sollte ein Bußgeld entrichten müssen oder macht sich sogar strafbar. Cross Compliance heißt, dass er darüber hinaus Förderungen aus der Ersten oder auch Zweiten Säule, die ihm sonst zustehen würden, einbüßt oder gar ganz verliert. Auf den ersten Blick mutet dies gerecht an; wer Vorschriften missachtet, verdient auch keine Förderung. Allerdings hat die Praxis Bürokratie, Sanktionsdruck und Überwachungen mit sich gebracht, die von landwirtschaftlichen Betrieben mit gewissem Recht als schikanös empfunden werden.

Auf der anderen Seite steht die Tatsache, dass ordnungs- und fachrechtliche Vorschriften im Agrarbereich oft nur äußerst lasch überwacht und sanktioniert werden. Die Gründe reichen von Personalmangel bei den zuständigen Behörden bis zu deren bewusstem Wegschauen. So hat das Förderwesen Aufgaben übernommen, die eigentlich das Ordnungsrecht zu erfüllen hätte. Wer im Umgang mit Gülle sündigt, hat mehr die Cross Compliance als die Düngeverordnung zu fürchten. Er unterlässt die Sünden, nicht um Bußgelder zu meiden, sondern um nicht Zahlungen aus der Ersten oder Zweiten Säule einzubüßen. Dies führt zu der abstrusen Situation, dass vereinzelte Stimmen schon fordern, die Erste Säule allein deshalb beizubehalten, um ein Instrument zur Disziplinierung solcher Sünder zu haben. Im Abschn. 8.3.3.4 werden wir hierauf zurückkommen.

Die Gegenstände der Cross Compliance sind in der Box 4.4 zusammengefasst, eine ausführliche Darstellung findet sich in BMEL (2015).

Das *Greening* (deutsch die „Eingrünung") als neueste Errungenschaft der Agrarpolitik seit 2015 hat sein Vorbild ebenfalls in der Schweiz, wo alle Betriebe, die die staatliche Agrarförderung genießen wollen, 7 % ihrer Wirtschaftsfläche als ökologische Vorrangfläche bereitstellen müssen.

Ordnungspolitisch gibt es zum Greening gespaltene Meinungen. Während der Rat von Sachverständigen für Umweltfragen (SRU) die Verknüpfung von Erster Säule mit ökologischen Anforderungen begrüßt, sieht der Wissenschaftliche Beirat für Agrarpolitik beim BMEL darin eher eine Verfestigung und Aufwertung der Ersten Säule als ein Instrument, das überhaupt keine Rechtfertigung finden kann, auch nicht im grünen Gewande.

Box 4.4 Gegenstände der Cross Compliance

1. Grundanforderungen an die Betriebsführung (GAB). Hier handelt es sich um alle Vorschriften des landwirtschaftlichen Fachrechtes, die Betriebe ordnungsrechtlich ohnehin einhalten müssen. Sie werden jeweils aus Richtlinien der EU abgeleitet, die im nationalen Recht der Mitgliedsstaaten konkretisiert sind.
   - Einhaltung von Düngegesetz und Düngeverordnung
   - Einhaltung des Pflanzenschutzrechtes
   - Einhaltung der Vorschriften zum Tierwohl
   - Beachtung der aus der EU-Vogelschutzrichtlinie und der FFH-Richtlinie folgenden Verpflichtungen
   - Beachtung der Regeln über Tierkennzeichnungen („Ohrmarken")
   - Beachtung der Anwendungsverbote gewisser leistungssteigernder Präparate in der Tierhaltung
   - Beachtung der Grundsätze der Lebensmittelsicherheit
2. Standards für die Erhaltung von Flächen in einem guten landwirtschaftlichen und ökologischen Zustand (GLÖZ)
   - Beachtung von Gewässerrandstreifen
   - Entnahme von Wasser zur Bewässerung nur mit Genehmigung
   - Schutz des Grundwassers, z. B. bei Lagerung von Silage oder Umgang mit Mineralölprodukten
   - Mindestanforderungen an die Bodenbedeckung bei ökologischen Vorrangflächen
   - Begrenzung der Bodenerosion durch Wasser und Wind
   - Erhaltung der organischen Substanz im Boden
   - Verbot der Beseitigung von Landschaftselementen, wie Feldgehölzen, Hecken u. a.
   - zeitweiliges Schnittverbot für Hecken und Bäume
3. Erhaltung des Dauergrünlandes*
   Gegenüber den vor 2015 gültigen Regeln der Cross Compliance haben sich zwei Änderungen ergeben. Die früheren, teils komplizierten Vorschriften zur Erhaltung der organischen Substanz im Boden wurden bis auf das Verbot des Abbrennens von Stoppelfeldern aufgehoben, weil ihr Zweck nun durch die Vorschriften des „Greenings" über die Anteile der Ackerfrüchte erfüllt werde. Ähnlich sind fast alle Vorschriften zur Erhaltung des Dauergrünlandes in das „Greening" verschoben worden.

Seit 2015 wird in Deutschland wie folgt verfahren: Die Betriebe erhalten die Zahlungen der Ersten Säule zunächst nur zu etwa zwei Dritteln (160 bis 180 € pro Hektar und Jahr). Das restliche Drittel (etwa 85 € pro Hektar und Jahr) erhalten sie erst nach Nachweis dreier Beiträge auf ökologischem Gebiet: Es ist eine Anbaudiversifizierung gefordert derart, dass Betriebe über 30 ha Größe mindestens drei Feldfrüchte anbauen müssen, von denen keine mehr als 70 % und keine weniger als 5 % der Fläche einnehmen darf. Weiterhin besteht eine Pflicht zur Erhaltung des Dauergrünlandes und eine weitere zur Bereitstellung von ökologischen Vorrangflächen auf mindestens 5 % der Betriebsfläche. Ökologisch wirtschaftende und reine Grünlandbetriebe sind ausgenommen.

Die Entwicklung des Greenings zwischen dem ersten Entwurf der Kommission bis zu dem, was schließlich realisiert wurde, wird von Umweltschützern als besonders krasses Beispiel für die Verwässerung einer an sich guten Idee beklagt. Eine Behebung der ökologischen Defizite der Kulturlandschaft ist mit diesem Mittel gewiss nicht zu erwarten. Die bisher sichtbarsten Auswirkungen des Greenings sind eine Zunahme des Zwischenfrucht- und des Leguminosenanbaus*, insbesondere der Futtererbsen. Zwischenfrüchte können zu einem Drittel als ökologische Vorrangflächen angerechnet werden. Wer also auf 15 % seiner Ackerfläche Zwischenfrüchte anbaut, hat das Soll – 5 % Vorrang bezogen auf die Ackerfläche – schon erfüllt. Zwischenfrucht- und Leguminosenanbau sind an sich gute Sachen, aber sie als „ökologische Vorrangflächen" zu bezeichnen, erscheint etwas hoch gegriffen. Eher träfe diese Bezeichnung auf eine gute Hecke oder eine reichblütige Wiese zu. Insgesamt sind die Erfahrungen mit dem Greening so schlecht, dass viele damit rechnen, dass es die kommende Revision der Agrarpolitik ab 2020 nicht überstehen wird.

Wie schon erwähnt, wird auf die zunehmende und berechtigte Kritik an der Ausgestaltung insbesondere der Zweiten Säule im Abschn. 8.3 ausführlicher zurückgekommen. Dass die einst mit Vorschusslorbeeren geschmückten Ideen der Europäischen Kommission zur Reform 2014/15 vor ihrer Umsetzung deutliche Verwässerungen erfahren mussten, nehmen dem Umwelt- und Naturschutz gewogene Gruppen zum Anlass, im Vorfeld der zu erwartenden nächsten Runde um 2020 umso entschiedenere Werbung für ihre Sache zu betreiben. Zwei interessante Vorschläge werden im Abschn. 9.9 vorgestellt. Alle Beteiligten blicken mit Spannung auf die Runde 2020, insbesondere darauf, ob es die Erste Säule noch einmal schafft, ihre Existenz zu retten, oder ob es zu einem radikalen Umbau des Systems kommt.

4.8 Technischer Zwang und gesellschaftliche Entwicklung

Das Ergebnis des jahrzehntelangen Strukturwandels der Landwirtschaft besteht darin, dass in Deutschland nur noch etwa zwei Prozent aller Erwerbstätigen darin beschäftigt sind, nicht wenige davon sogar nur teilzeitlich. Eine kleine Minderheit prägt die Gestalt der Hälfte der Landesfläche und erzeugt mehr Nahrung, als im eigenen Land verzehrt wird. Und diese Minderheit rekrutiert sich weit überwiegend aus sich selbst heraus, nur ausnahmsweise wird ein Städter Landwirt. Bauern bleiben unter sich und die anderen bleiben auch unter sich.

So verwundert nicht, wenn hier Verständigungsprobleme auftreten. Der mentale Graben zwischen der städtischen Bevölkerung und der Landwirtschaft, die mitunter kaum glaubliche Kenntnislosigkeit weiter Bevölkerungsteile über Landleben und Nahrungserzeugung und daher ihre Empfänglichkeit für Medienklischees und Vorurteile sowie die Tendenz der landwirtschaftlichen Minderheit, sich missverstanden und angegriffen zu fühlen – all das sind keine guten gesellschaftlichen Bedingungen.

Obwohl im Westen viele kleine Haupterwerbsbetriebe mit geringen Zukunftsaussichten zäh fortbestehen, ist der Strukturwandel noch längst nicht abgeschlossen. Das Ausscheiden kleiner Familienbetriebe setzt sich unvermindert fort. Gemäß einer Erhebung im Jahre 2010 war die Hofnachfolge in fast 70 % aller Betriebe, deren Betriebsleiter(in) 45 Jahre und älter war, ungewiss oder gar nicht gegeben.

Auch in den ostdeutschen Agrargenossenschaften oder Agrar-GmbHs wird der fällige Generationswechsel bei Führung und Mitarbeitern mit Aufmerksamkeit beobachtet. Die Generation der früheren LPG-Bauern, die nach der Wende weiterhin zusammen arbeiteten, geht dem Ruhestand entgegen oder lebt ihn bereits. Die Zukunft der Betriebe besteht darin, entweder von jungen Genossenschaftsbauern fortgeführt oder mehr oder weniger als Ganze von kapitalstarken Unternehmen übernommen zu werden. Nicht ganz grundlos werden manchen Betrieben Versäumnisse bei der Vorbereitung des Generationswechsels vorgeworfen, sodass solche auf den Zufluss externen Kapitals und dessen strukturelle Einflussnahme nicht verzichten können.

Es wollen Ansätze zu Entwicklungen erkannt werden, die hoffentlich nur vorübergehend sind. Nach Jahrzehnten der Gleichgültigkeit entdecken „Investoren" landwirtschaftliche Flächen als Kapitalanlage. Landesregierungen sehen sich veranlasst, durch neu geschaffene Strukturgesetze einzugreifen, um die landwirtschaftlichen Flächen in regionalem Eigentum zu erhalten. Im Jahr 2016 gab es eine Riesenpleite eines unübersichtlichen und verschachtelten Agrar-Imperiums. Überall in den Dörfern Ostdeutschlands hört man von landwirtschaftsfremden Finanzgrößen aus dem Westen, die örtlichen Kleineigentümern ihr Land „wegnehmen" wollten.[3] Dieses Interesse hängt offensichtlich mit der Nullzinspolitik der Zentralbank und dem daraus folgenden Mangel an lukrativen Investitionsmöglichkeiten zusammen und dürfte bei einer Normalisierung der Verhältnisse hoffentlich wieder nachlassen.

Insgesamt bestehen Tendenzen, aus dem Agrarwesen die Angelegenheit einer kleinen Klasse hoch qualifizierter Spezialisten werden zu lassen, die mit der Masse der Verbraucher wenig zu tun hat. Es besteht die Gefahr, dass der Graben zwischen den Agrarspezialisten und der breiten Bevölkerung noch tiefer wird. So verbietet es sich wegen hygienischer Risiken, betriebsfremde Personen in Ställe mit großen Tierbeständen eintreten zu lassen – für die Menschen draußen erscheint es, als spielte sich das Geschehen darinnen im Geheimen ab.

Nicht nur treiben die sozialen Realitäten den Strukturwandel an, er ist aus technischer Sicht auch zu begrüßen und zu fördern. Wie schon im Kap. 3 angesprochen, ist im Bereich der Tierhaltung eine Mindestgröße erforderlich, um wissenschaftlich begründeten Anforderungen genügen zu können. Würden bisher in Deutschland verschleppte Reformen zum Umweltschutz (Näheres im Kap. 6) endlich durchgeführt, so würde dies den Strukturwandel noch beschleunigen. Kleine Betriebe können sich die damit verbundenen Investitionen und Kosten nicht leisten; finanzielle Hilfen durch die Allgemeinheit sind aber wenig sinnvoll, wenn die Betriebe binnen Kurzem ohnehin aufgegeben werden. Man hat in Westdeutschland jahrzehntelange Erfahrungen mit einzelbetrieblichen Investitionsfördermaßnahmen, die auf diese Weise verpufften. Und über allem steht, dass die Kinder der heutigen Betriebsleiter wenig Neigung verspüren, das mühsame Geschäft ihrer Eltern fortzuführen. In vielen Bereichen der Gesellschaft gibt es schöne und erfüllende Berufe, die händeringend Kräfte suchen – es ist sinnvoller, dort zu arbeiten, als noch mehr Schweine zu mästen.

Die verstörende Konsequenz aus diesen Betrachtungen ist, dass es, nur rein technisch und ökonomisch – oder treffender, „technokratisch" – gesehen, immer noch zu viele Bauern zu geben scheint. Man sorgt sich darum, wo diese Entwicklung hinführen soll. Probleme dürfen nicht auf ihre nur technischen und ökonomischen Aspekte reduziert werden. Es wäre gesellschaftlich viel besser, wenn es wesentlich mehr Landwirte oder Teil-Landwirte sowie mehr berufliche, familiäre und sonstige Bindungen zwischen dem Landvolk und den städtischen oder aufs Land gezogenen Konsumenten gäbe. Die technische Entwicklung wird sich nicht aufhalten lassen, sie bietet auch Chancen für Umwelt und Natur. Es sind aber

dringend Anstrengungen erforderlich, die geschilderten gesellschaftlichen Nebenwirkungen zumindest abzumildern. Zunächst erfolgen hierzu drei Vorschläge, die an professionelle Betriebe gerichtet sind.

- Gesunde Betriebe sollten sich nicht abschotten, sondern Kontakte zur Bevölkerung, zu Schulen und Kindergärten suchen, möglichst eine Direktvermarktung ihrer Produkte betreiben und den Menschen im Rahmen des veterinärhygienisch Gebotenen Einblicke in ihr Tun gewähren. Solche Aktivitäten gibt es bereits bis hin zu den „Ferien auf dem Bauernhof", aber sowohl die Zahl der anbietenden Agrarunternehmen als auch der die Angebote genießenden Bürger und Kinder sind noch zu gering.
- Die in großagrarischen Kreisen zu findende Ideologie, „global player" zu sein, sollte in den Orkus versenkt werden, wo sie hingehört. Leider wurde diese durch die Politik befördert, solange man annahm, dass der Nachfragesog nach Agrarprodukten aus China nie nachlassen würde. Die Störungen und Preisverfälle durch weltweiten Konjunktureinbruch und politische Interventionen (Russland-Sanktionen) helfen hoffentlich, wieder realistischer zu werden. Der Globalisierungswahn führte manchen Großbetrieb dazu, Verantwortlichkeit für seine regionale Umwelt abzulegen und nur noch auf Rohstoffbörsen zu blicken.
- Globalisierungswahn und auch die Förderung der Energiepflanzen (Abschn. 7.4) haben dazu geführt, die reine Massenproduktion von Stoffen wieder in den Vordergrund zu rücken. Die seit den 1980er-Jahren diskutierten und wissenschaftlich ausgearbeiteten Konzepte einer Landwirtschaft als *Verbundunternehmen*, in der die Stoffproduktion und die Landschaftspflege gleichen Rang einnehmen, sind wieder in den Hintergrund gedrängt worden. Diesem bedauerlichen Rückfall wird durch verschiedene Vorschläge zur Reform der Agrarpolitik begegnet, die hoffentlich realisiert werden (Abschn. 9.9).

4.9 Betriebliche Alternativen

Wie können Menschen in oder nahe der Landwirtschaft gehalten werden, damit es dort nicht noch weniger werden? Die bisher versuchte Methode, nur immer mehr zu produzieren, ist gescheitert. Wie oben in der Box 4.3 gezeigt, verlangen Kleinbetriebe, die ganz von der Landwirtschaft leben müssen, entweder illusorisch hohe und nicht zu rechtfertigende Subventionen oder die Selbstausbeutung der in ihnen arbeitenden Menschen – beides ist abzulehnen. Der nicht aufzuhaltenden und auch nicht abzulehnenden Professionalisierung in Großbetrieben ist ein Ausgleich entgegenzustellen.

Alle Erfahrung spricht zunächst dafür, dass der gesunde Nebenerwerb in großer Zahl mit fließenden Grenzen zum Hobbybetrieb und anderen Modellen ein solcher Ausgleich

---

[3] Wenn in einer ländlichen Gegend Ostdeutschlands Empörung darüber entsteht, dass ein der Landwirtschaft fremder Investor aus dem Westen tausende Hektar aufkauft, dann muss man sich allerdings fragen, warum die Eigentümer des Landes ihm das verkaufen. Niemand zwingt sie dazu. Ebenso könnten sich die Teilhaber einer GmbH dagegen wehren, dass jemand 51 % der Anteile erwirbt und damit das Sagen im Betrieb erhält.

und eine harmonische Ergänzung sein kann. Gesund heißt, dass ein sicheres außerlandwirtschaftliches Einkommen besteht, dass kein quantitativer Erzeugungsdruck und keine untragbare Arbeitsbelastung mit Tieren vorliegen, dass Verbundenheit mit der Natur und Wille zu ihrer Erhaltung besteht und dass man auf selbst erzeugte oder mit der Nachbarschaft geteilte Nahrungsmittel stolz ist. Der obigen Tab. 4.2 gemäß sind derzeit etwa 132.000 Nebenerwerbstriebe erfasst. Mindestens die Hälfte der 124.000 Haupterwerbsbetriebe als Einzelunternehmen wird künftig in den Nebenerwerb übergehen, wenn sie nicht ganz geschlossen werden. Werden die in der Tab. 4.2 nicht erfassten etwa 50.000 Betriebe unter fünf Hektar dazugezählt, so besteht ein Potenzial von fast 250.000 Betrieben mit einer Fläche von einigen Millionen Hektar. Diese sollten nicht länger Stiefkind der Agrarpolitik sein, sondern maßgeschneiderte Förderungen genießen. Die Förderungen sollten nicht in Subventionen ohne Gegenleistungen bestehen, sondern nachprüfbare Leistungen honorieren, zu denen diese Betriebstypen eine besondere Affinität besitzen, besonders auch in Zusammenarbeit mit Landschaftspflegeverbänden (Abschn. 9.5) und ähnlichen Organisationen.

Ein zweites Standbein „subprofessioneller" (aber dabei keineswegs sachunkundiger) Landnutzung sind nicht am Gewinn orientierte Organisationen aller Art. Es gibt sie von regionaler Bedeutung und hohem Ansehen, etwa als Heimat behinderter Menschen. Sie werden von verschiedenen Trägern, wie Kirchen und Wohlfahrtsverbänden, betrieben, auch in Kombination mit nicht-landwirtschaftlichen Tätigkeiten etwa in Werkstätten. Kalisch und van Elsen (2006/2007) sowie van Elsen (2016) geben umfangreiche Informationen und untersuchen Fallbeispiele, in denen Agrarbetriebe körperlich oder geistig behinderte Menschen beschäftigen. Nicht nur ist der Bedarf allein an solchen Stätten weit größer als seine Deckung, auch sollten Modelle dieser Art nicht auf Menschen beschränkt bleiben, die in offensichtlicher Weise an gesellschaftlicher Teilhabe eingeschränkt sind. Der Bedarf wächst mit der zunehmenden Alterung der Gesellschaft und der immer größeren Zahl pflegebedürftiger Menschen. Hier Stätten auf dem Lande zu gründen, ist nicht nur eine Antwort auf diese Anforderungen, sondern gleichzeitig eine Maßnahme gegen die regional beklagte Ausdünnung des ländlichen Raumes hinsichtlich aller notwendigen Infrastruktur. Es bestehen große unausgeschöpfte Möglichkeiten, wohltätige Organisationen auf diesem Gebiet zu fördern, seien sie steuerlicher Art oder bezüglich ihres Zugangs zu landwirtschaftlichen Flächen, auch in weniger ertragsstarken, aber dafür von der Natur reich ausgestatteten Gebieten.

Als drittes Standbein sind zunehmend im ganzen Land gegründete „SoLaWi"-Organisationen zu werten; Zusammenschlüsse „solidarischer Landwirtschaft" von Bürgern auf lokaler Ebene (DVS 2017). Ihr besonderes und überaus förderwürdiges Merkmal ist die Heranführung städtischer Konsumenten an die Erzeugung von Lebensmitteln. Gemeinsam mit fachkundigen Personen betreibt man vorzugsweise gärtnerische, aber auch tierische Erzeugung, um deren Früchte nach solidarischer Aufteilung zu genießen. Ein verbreitetes Modell besteht darin, dass die Mitglieder eines Vereins einen regelmäßigen Beitrag zahlen, Arbeit ableisten und erzeugte Produkte mit nach Hause nehmen. Eine wissenschaftliche Untersuchung dieser neuen Bewegung steht noch aus. Ihre Aufgabe wäre, verschiedene Organisationsmodelle miteinander zu vergleichen, erfolgreiche von weniger erfolgreichen zu sondern, die Beständigkeit der Organisationen sowie Fluktuationen zu erfassen und nicht zuletzt, Schwierigkeiten und Konflikte aufzudecken, die von den begeisterten Mitgliedern selbst nicht gern thematisiert werden. Bei einem möglichen starken Wachstum der Bewegung kann ein Bedarf nach rechtlichen Rahmenregelungen sowie Fördermöglichkeiten entstehen. Zwischen der „SoLaWi" und stärker städtischen Initiativen, wie „Urban Gardening" bestehen fließende Übergänge. Leider ist ein großer Teil (deutscher) Eigenheim- und Gartenbesitzer weder an biologischer Vielfalt noch an der Erzeugung eigener Lebensmittel interessiert, sondern gestaltet seine Gärten mit Rollrasen und Friedhofsgehölzen. Menschen, die es anders tun wollen, werden behindert, wie fleißige türkischstämmige Frauen, die in Kassel auf kleinen Grundstücken Beete anlegten. Sie wurden von Behörden und/oder Eigentümern vertrieben, seitdem sieht der Bürger dort vermüllten Rasen. Die Biodiversität könnte in Deutschland einen großen Aufschwung nehmen, wenn alle Gartenbesitzer etwas für sie tun würden. Es muss einmal gesagt werden, dass nicht nur die Landwirtschaft am Biodiversitätsschwund schuldig ist.

Eine Förderung der drei hier genannten Ansätze würde sich segensreich in der Agrarszene auswirken. Das zugrunde liegende Hauptproblem, nämlich die Spaltung der Gesellschaft in 2 % Bauern und 98 % Konsumenten, die nur gefüttert werden, würde abgemildert. Es wäre jedoch nur ein erster Schritt, auf den am Schluss dieses Buches in Kap. 11 zurückzukommen ist.

4.10 Fordern, bekämpfen, schimpfen – Schuld an allem sind immer die anderen[4]

Abschließend einige Worte nicht zu den Fakten, sondern zu dem, was in den Köpfen der Menschen vorgeht. Wer sich Sorgen um die Natur macht, fühlt sich immer wieder abgestoßen von den Formen der Auseinandersetzung zwischen den Interessengruppen, nicht nur der Landwirtschaft.

Die Landschaft hallt wider von Rechthaberei, Streitsucht und Selbstüberschätzung. Überall wird gefordert und be-

---

[4] Alle Beschreibungen und Begebenheiten in diesem Abschnitt beruhen auf persönlichen Erlebnissen des Autors.

kämpft. Wer Funktionär für irgendetwas ist, verdreht Informationen und Zahlen so, dass sie seinen Anliegen dienen. Wer Eigentum hat, verteidigt es zuweilen wie der zähnefletschende Hund seinen Knochen. Passt einer Gruppe etwas nicht, was andere sagen, dann schreien sich ihre Vertreter heiser in völlig überzogenen Zurückweisungen. Kritisiert zum Beispiel das Bundes-Kartellamt die Lieferbeziehungen zwischen Milchbauern und Molkereien als zu starr – mindestens teilweise zu Recht –, so droht nach der Lobby der Molkereien die „Zerstörung des deutschen Milchmarktes". Sogar Lügen werden salonfähig, etwa dass die Daten aus dem Nitratbericht der Bundesregierung und das sie liefernde Messnetz falsch seien – Postfaktizismus, der offensichtlich beim 2016 gewählten Präsidenten der USA abgeschaut wird.

Viele kennen egoistisch nur ihre eigenen, beschränkten Interessen und halten diese für das Gemeinwohl. Überall werden Verfügungsrechte über Landschaftsressourcen mit dem Ellenbogen angemaßt. Der Kreis-Präsident der Anglerverbände hält sich selbst für den kenntnisreichsten aller Naturschützer, weiß alles besser und hat immer Recht. Natürlich sind ihm zufolge alle Gewässer zum Angeln da. Natürlich sind für den Mountainbike-Fahrer alle Wanderwege zum rücksichtslosen Mountainbike-Fahren da. Jäger finden es vollkommen in Ordnung, wenn sie durch das empfindlichste aller Moore waidgerecht stapfen dürfen, Lehrern und Studenten aber nicht einmal der vorsichtige Einblick vom Rand erlaubt ist, um seltene Pflanzen zu sehen.

Wer persönliche Begegnungen mit Land- und Forstwirten hat, erfährt gottlob, dass es auch anders geht. Mit Nachdruck ist hervorzuheben, dass es ungeachtet der zum Ausdruck gebrachten Frustration auch Vernunft gibt. Nur scheint es zu den Struktureigenheiten der demokratischen Gesellschaft zu gehören, dass Sachlichkeit und Vernunft in dem Maße abnehmen, wie man die Stufen von der Basis zum Interessenvertreter, Verbandsfunktionär und Politiker sowie zu den Medien emporsteigt. Mit jungen Förstern im Wald unterhält man sich gut, der Waldbesitzerpräsident in der Talkshow dagegen überschlägt sich in Vereinfachung, Behauptung falscher Tatsachen und Beschimpfung anderer.

Die Gegenseite ist selten besser. Spitzenfunktionäre der Verbände für Umwelt- und Naturschutz haben längst den politischen Stil ihrer Gegner übernommen. Sie sind stolz darauf, sich „Lobbyisten" zu nennen, und wissen nicht, dass Lobbyismus eine Krankheit der Demokratie ist und dass es der Politik völlig gleichgültig ist, ob jemand Lobbyist für Waffenexporte oder für Artenschutz ist – er wird gehört, wenn er ein Drohpotenzial hat, sonst nicht. Anstatt in der Gesellschaft als Anwälte von *Werten* zu wirken, bilden sich die Wichtigtuer ein, sie wären Minister einer Art Gegenregierung und hetzen von einem Termin zum nächsten.

Auch ist bedauerlich, dass einflussreiche Teile der landwirtschaftlichen Interessenvertretung jede Forderung an sie zunächst reflexartig ablehnen. Jeder Vorschlag, den die EU-Kommission zur Entlastung der Umwelt macht, wird erst einmal zurückgewiesen. Jede kleine technische Verbesserung muss in jahrelangem Streit errungen werden. Bei der Breite von Gewässerschutzstreifen wird um jeden Meter gezankt – wird eine Breite einmal gefordert, wird so lange agitiert, bis sie wieder reduziert wird. Die Beispiele ließen sich seitenweise vermehren. Erkenntnisse von Wissenschaftlern, die sachlicher Prüfung selbstverständlich standhalten, werden ohne Argumente einfach nur bestritten (→ Box 4.5). Für missliebige Entwicklungen, die von Landwirten selbst herbeigeführt wurden, werden andere verantwortlich gemacht. Es gehört zu den banalen Lehrsätzen der Ökonomik, dass sich Preise durch das Verhältnis von Angebot und Nachfrage bilden. Steigt das Angebot, ohne dass die Nachfrage steigt, so fällt ein Preis. Für die Milcherzeuger, die nach dem Wegfall der Quotenregelung ihre Ställe zum Teil um hunderte von Kühen vermehrten, sind aber Aldi und Lidl an den niedrigen Preisen schuld.

> **Box 4.5 Verbraucherverhalten**
> Der wissenschaftliche Beirat für Agrarpolitik beim BMEL spricht sich in seinem umfangreichen Gutachten von 2015 für eine Reihe technischer Verbesserungen beim Tierwohl aus, die die Erzeugung von Fleisch verteuern. Er berechnet, dass die Kostensteigerungen bei der Produktion zu nur geringfügigen Preiserhöhungen für die Verbraucher führen werden, weil die nachgelagerten Bereiche der Verarbeitung und des Handels einen großen Anteil an den Endpreisen ausmachen. Der Beirat folgert nicht nur aus methodisch einwandfreien Befragungen, sondern auch aus klaren Erfahrungstatsachen, dass die Mehrzahl der Verbraucher geringfügige Preissteigerungen akzeptiert, wenn diese das Wohl der Tiere heben. Das deutlichste Zeichen ist der Siegeszug des zweifellos teureren Eies aus Boden-, Freiland- oder ökologischer Haltung auf Kosten des Käfigeies. Die Meinung des Berufsstandes: „Eine höhere Zahlungsbereitschaft beim Fleischeinkauf kommt vor allem in frommen Wünschen und strammen Behauptungen vor." (DLG-Mitteilungen 12/2015, S. 6). Die Gerechtigkeit gebietet hinzuzufügen, dass es auch differenziertere Äußerungen gibt. Trotzdem ist das Zitat typisch: Was nicht passt, wird erst einmal abgebügelt, vernünftiger reden kann man immer noch.

Natürlich muss man sich in der Gesellschaft zuweilen auch streiten. Aber gerade hier zeigt sich, ob eine Gesellschaft Kultur hat. Rücksichtslose Ausnutzung eigenen Vorteils, Herabsetzung jedes Andersdenkenden nach dem Motto „der kann gar nicht recht haben" – das sind Symptome von Unkultur.

Es ist die Aufgabe der Soziologie und Sozialpsychologie, den hohen Einfluss, den die Landwirtschaft in der politischen Willensbildung immer noch besitzt, zu erklären. Dieser erlaubt ihr, von Fachleuten geforderte Korrekturen in der Landschaft immer wieder hinauszuschieben oder ganz zu blockieren. Seit Jahrzehnten mahnen nicht etwa übereifrige Öko-Aktivisten, sondern die anerkanntesten und in ihren Urteilen stets maßvollen Wissenschaftler die Defizite der Biodiversität in der Agrarlandschaft an. In der Breite zeigt dies bisher wenig Erfolg. Wie ausführlich im späteren Kap. 9 gezeigt wird, beweisen aber positive Beispiele in einzelnen Regionen, welche Fortschritte möglich sind und auch in größerem Umfang möglich wären.

Das Beharrungsvermögen ist umso auffälliger, wenn Parallelen mit der Industrie bedacht werden. Als in den 1970er-Jahren in der damaligen Bundesrepublik der technische Umweltschutz zu wirken begann, gab es anfänglich auch Widerstände. Es mangelte nicht an Behauptungen, der westdeutschen Wirtschaft werde im Wettbewerb mit anderen Ländern der Lebensnerv geknickt; Unternehmen der Großindustrie, die politisch viel mächtiger waren als der Agrarsektor, drohten und blockierten. Das war jedoch nur von kurzer Dauer. Innerhalb von etwa 15 Jahren wurden in den Bereichen der Luftreinhaltung und Siedlungswasserwirtschaft gewaltige Fortschritte erzielt, ja katastrophale Zustände in vorbildliche verwandelt. Die heutigen Emissionen an Schwefeldioxid (SO_2) in die Luft betragen 4 % der von 1975. Nachdem sich schnell gezeigt hatte, dass der technische Umweltschutz die Interessen der Industrie keineswegs schädigte, wurde er von jener aktiv mitgetragen.

Abb. 5.1 Blick vom Bottendorfer Hügel (Thüringen) auf bestellte Felder. Vorn „unfruchtbar", „ungepflegt", aber höchst artenreich – hinten „fruchtbar", „gepflegt", aber artenarm. Wir brauchen beides, haben aber von dem vorderen Biotop zu wenig und von den hinteren zu viel

5.1   Das Problem

Schon in der Einleitung zu diesem Buch sind zwei Kernprobleme des heutigen Agrarwesens herausgestellt worden: der Verlust an Artenvielfalt und die Desorganisation von Stoffkreisläufen, besonders des Stickstoffs. Natürlich gibt es weitere Probleme, aber wir beschränken uns zunächst auf diese beiden – sie geben schon genug zu denken. Sie werden in diesem und dem folgenden Kap. 6 behandelt.

Es waren klar die *Mängel* aller früheren Formen der Landwirtschaft bis weit ins 20. Jahrhundert hinein, die ihren Artenreichtum erlaubten oder sogar herbeiführten. Werden diese

U. Hampicke, *Kulturlandschaft – Äcker, Wiesen, Wälder und ihre Produkte*, https://doi.org/10.1007/978-3-662-57753-0_5

Mängel systematisch und großräumig abgestellt, dann wird – so verstörend diese Folgerung ist – auch die Artenvielfalt systematisch und großräumig beseitigt. Wo das Ideal der modernen Landwirtschaft verwirklicht ist, gibt es keine Artenvielfalt mehr. Wo es inmitten oder im Umkreis heutiger Agrarflächen noch relativen Artenreichtum gibt, hat dies zwei Ursachen: Entweder wird darauf verzichtet, das Potenzial möglicher Produktionsmaximierung voll auszuschöpfen, wie im ökologischen Landbau oder auf blumenreichen, traditionellen Wiesen, die es hier und da aus betriebsstrukturellen Gründen oder weil sie eine finanzielle Förderung genießen, noch gibt. Oder das Gleichgewicht ist im modernen Produktionsökosystem noch nicht hergestellt; Arten der traditionellen Landschaft harren dort zäh *noch* aus, nicht wegen, sondern trotz der neuen Bedingungen und verschwinden erst nach und nach. In weiten Agrarlandschaften hat sich in den letzten Jahrzehnten hinsichtlich der Bewirtschaftung nicht viel geändert. Es gibt dennoch dort heute *noch* weniger Vögel des Offenlandes, noch weniger Schmetterlinge, Grashüpfer und andere Insekten als vor 20 bis 30 Jahren. Viele Arten verschwinden nicht schlagartig, sondern sie verschwinden nach und nach.

Artenvielfalt als automatisches (und früher keineswegs immer geschätztes) Kuppelprodukt der Landwirtschaft gibt es nicht mehr. Heute muss sie bewusst durch zielsichere Maßnahmen erhalten und wieder vermehrt werden. Nicht immer, aber zuweilen muss dies zu gewissen Rücknahmen des landwirtschaftlichen Produktionsinteresses führen, das sich unsere Gesellschaft nach den Ausführungen des Kap. 3 in hinreichendem Umfang wohl leisten können sollte.

Box 5.1 Brauchen wir Artenvielfalt in der mitteleuropäischen Kulturlandschaft?

Die Frage sei ernst genommen. Es gibt Behauptungen, die die Notwendigkeit des Arten- und Biotopschutzes hier leugnen, obwohl das Gesetz (BNatSchG) sie fordert. Diese Behauptungen sind nicht wegzuwischen, sondern Punkt für Punkt zu prüfen. Eine solche „ergebnisoffene" Prüfung führt dazu, sie nicht aus persönlicher Neigung, sondern mit zwingenden Gründen, die jeder Nachdenkliche teilen müsste, zurückzuweisen.

Auch früher, ohne Menschen, sind immer Arten ausgestorben, denken Sie nur an die Dinosaurier.
Antwort: Nach dem Urteil von Fachleuten ist die heutige Rate des Aussterbens auf der Welt 10.000 Mal höher, als sie es ohne Menschen wäre. Das Zeitalter des „Anthropozän" (Herrschaft des Menschen) wird bereits als eines der „mass extinction" wahrgenommen.

Andere Ökosysteme auf der Erde sind unvergleichlich artenreicher, wie der tropische Regenwald und

Korallenriffe. Dort sollte der Naturschutz greifen, nicht bei uns.
Antwort: Gäbe es weltweit Naturschutzmittel nur so viel, dass sie allein für die „hot spots" ausreichten, dann wären sie in der Tat dort zu konzentrieren. Es gibt aber keinen vernünftigen Grund für die Menschheit, ihr Geld für den Naturschutz so zu verknappen, wenn es woanders bei vielen Gelegenheiten aus dem Fenster geworfen wird.

Die meisten mitteleuropäischen Arten sind woanders ungefährdet und brauchen nicht hier geschützt zu werden.
Antwort: Das trifft für manche zu, aber für andere nicht. Die Gefährdungsursachen besonders in der Agrarlandschaft sind überall ähnlich. Selbst wenn eine Art ihre Hauptverbreitung außerhalb Deutschlands hat, gibt es verschiedene Gründe, auf die Randvorkommen oder Vorposten hierzulande besonders zu achten. Aus dem Argument entsteht im Übrigen die gefährliche Tendenz, dass jedes Land die Verantwortung auf andere schiebt.

Es gibt in Deutschland kaum endemische Arten*, die nur hier und nicht auch woanders vorkommen.
Antwort: Stimmt nicht. Bei Gefäßpflanzen gibt es 86 Endemiten plus fast 200 bei Brombeeren. Sogar für ein Land wie Mecklenburg-Vorpommern existiert eine gar nicht kurze Liste von Arten, für die sogar eine weltweite Verantwortung besteht.

Wilde Arten sind überflüssiger Luxus, es geht auch ohne sie.
Antwort: Das haben viele solange geglaubt, bis jemand errechnete, wie viele Milliarden Euro allein die Bestäubung von Obstbäumen durch wilde Bienen wert ist. Ob Arten wirklich „überflüssig" (für den Menschen) sind, weiß man erst, wenn sie nicht mehr da sind. Hat man sich dann geirrt, ist es zu spät.

Wir können uns „Wohlfühllandschaft" nicht leisten, sondern müssen aus ihr das Maximale für die Ernährung der Menschheit herausholen.
Antwort: Wir holen in Deutschland das Maximale aus der Agrarlandschaft heraus für fast wirkungslose Energiepflanzen und den Export an Länder, die Wurst und Käse selbst erzeugen könnten und es sollten. → Abschn. 7.4 und Box 4.2 im Abschn. 4.6.

Naturschützer sind eine laut schreiende Minderheit und wollen ihr Hobby von der Allgemeinheit finanziert haben.

Zwei Antworten: Erstens schreien viel kleinere Minderheiten viel lauter und erhalten mit öffentlichem Geld, was sie verlangen. Opern- und Theaterbesucher bezahlen etwa 16 % des Kulturbetriebes, den Rest zahlen Steuerzahler, die nicht in die Oper gehen. Zweitens sind ökologisch kenntnisreiche Naturliebhaber wohl in der Minderheit, ist aber die breite Mehrheit allen Umfragen zufolge dem Naturschutz außerordentlich gewogen und freut sich an artenreichen Biotopen in der Kulturlandschaft.

Was die Naturschützer wollen, kann keiner bezahlen.
Antwort: Die Rückkehr zur Landwirtschaft vor 100 Jahren kann keiner bezahlen und keiner wollen, auch nicht die Naturschützer. Was ein System kosten würde, in einer modernen Agrarlandschaft die Situation wilder Arten sehr stark zu verbessern, das kann man berechnen. Man sollte lieber rechnen als behaupten. Wie weiter unten im Abschn. 9.9.3 vorgerechnet, kostete es 0,8 Promille des Brutto-Inlandsproduktes von Deutschland. Zu teuer?

Fazit
Man muss gar nicht biozentrische oder theologische Begründungen des Naturschutzes heranziehen, die von einem Eigenrecht der Natur oder einem göttlichen Auftrag ausgehen. Diese Ansätze sind persönlich ehrenwert, aber sie können keine Verbindlichkeit beanspruchen – man *muss* sie nicht teilen. Schon reine menschliche Interessen – prosaisch-praktische wie auch subtil-psychologische – und die Vorsicht stützen das Urteil, das der amerikanische Ökonom R.C. Bishop (Ökonom, nicht Öko-Freak!) schon vor fast 40 Jahren ausdrückte: „Avoid extinction unless the costs of doing so are unbearable." (Vermeide die Ausrottung, es sei denn, es wäre unbezahlbar.) Das einzige überzeugende Argument gegen den Naturschutz in der Kulturlandschaft wären untragbare Kosten. Wie gesagt: rechnen anstatt behaupten!
(Literatur: Bishop 1980; Ott 1999, 2010; Gorke 1999; Hampicke 2013; Wittig und Niekisch 2014.)

Ist auch der visuelle Eindruck der heutigen Agrarlandschaft schon vielsagend, so bedarf es doch wissenschaftlicher Methoden zur Unterfütterung der Behauptung, die Landwirtschaft sei Hauptverursacher des Artenrückgangs. Im Folgenden werden hierzu vier Ansätze vorgestellt. Zuvor werden in der Box 5.1 in sehr knapper Form Begründungen dafür angesprochen, dass die Artenvielfalt erhalten bleibt und Zweifel daran entkräftet. Der Leser ist eingeladen, die einschlägige Literatur hierzu zu konsultieren, insbesondere auch aus der Ethik.

5.2 Belege für den Artenrückgang und seine Verursachung

5.2.1 Rote Listen der Pflanzen

Dieses seit Jahrzehnten gebräuchliche Instrument hat seinen Weg in die Medien gefunden, sodass es in der Öffentlichkeit recht bekannt ist. Sehr wichtig ist es bei Planungs- und Genehmigungsverfahren. Wird zum Beispiel ein Antrag für eine Genehmigung einer Aufforstung einer Fläche gestellt, so wird geprüft, ob sich auf dieser Fläche eine „Rote-Liste-Art" unter den Tieren und Pflanzen des Offenlandes befindet, die im Wald keine Lebensmöglichkeit besitzen würde. Wird man hier fündig, so erschwert das zumindest die Aufforstungsgenehmigung oder lässt sie versagen. Rote Listen haben also eine erhebliche praktische Bedeutung, wir betrachten freilich in erster Linie ihren wissenschaftlichen Wert zur Beurteilung von Landschaften.

Rote Listen enthalten Arten, denen Experten so starke Rückgänge bescheinigen, dass sie als mehr oder weniger gefährdet gelten müssen (Beispiele in Abb. 5.2). Es gibt üblicherweise vier Hauptkategorien. Ist eine Art ausgestorben oder verschollen,[1] so erhält sie eine „0". Die Kategorie „1" erhält eine Art, von der befürchtet werden muss, dass sie ausstirbt, wenn nicht Maßnahmen dagegen ergriffen werden. „2" meint starke Gefährdung, derzeit aber noch ohne die Gefahr des Aussterbens und „3" eine weniger starke. Alle Kategorien werden anhand bestimmter Kriterien exakt definiert. Zusätzlich gibt es die Kategorien „R" sowie „V" und „G". Das „R" erhalten Arten, die im betrachteten Gebiet von Natur aus selten (rar) sind. Typischerweise erhalten in Deutschland viele Alpenpflanzen ein „R", weil nur ein Rand der Alpen zu Deutschland gehört. Als Arten müssen diese nicht gefährdet sein, jedoch besteht das Risiko, dass unüberlegte (z. B. Bau-)Maßnahmen die geringen heimischen Bestände reduzieren oder gar auslöschen – man muss sozusagen auf diese Arten „aufpassen". „V" bedeutet „Vorwarnstufe" – bleiben bestimmte Trends ungebrochen, so muss damit gerechnet werden, dass die Art irgendwann in die Rote Liste aufgenommen werden muss. Bei „G" ist eine Gefährdung anzunehmen, aber nicht sicher.

Es gibt Rote Listen für zahlreiche Artengruppen, wobei sie bei Arten, die schon wegen ihrer großen Zahl (etwa bei Insekten), ihrer schwierigen Bestimmung (etwa bei Pilzen) oder ihrer nur unvollkommen bekannten Lebensansprüche auch an ihre Grenzen stoßen. Dort ist das Wissen einer oft nur kleinen Zahl von Experten gefragt. Wir betrachten an dieser Stelle die Rote Liste für Farn- und Blütenpflanzen.

---

[1] Eine Art gilt als ausgestorben, wenn definitiv keine Aussicht auf ein natürliches Wiederauftauchen oder auf das Finden eines bisher übersehenen Vorkommens besteht. Bei den verschollenen ist beides nicht ausgeschlossen.

Abb. 5.2 Pflanzenarten der Roten Liste: **a** Drachenkopf (*Dracocephalum ruyschiana*). In Deutschland ausgestorben (RL 0), hier im National-park Écrains (französische Alpen), **b** Flammendes Adonisröschen (*Adonis flammea*). Vom Aussterben bedroht (RL 1), unbeständiges Ackerwild-kraut, taucht aber immer wieder auf Kalkscherbenäckern auf, hier bei Engen (Hegau), **c** Igelschlauch (*Baldellia ranunculoides*). Stark gefährdet (RL 2), kam früher im Grunewald in Berlin vor, verschwand dort durch Grundwasserabsenkung, hier auf der Insel Sardinien, **d** Frauenschuh (*Cypripedium calceolus*). Gefährdet (RL 3), eine der wenigen Arten, die durch Ausgraben und Sammeln gefährdet sind, hier nahe Höxter, Weserbergland, **e** Drüsige Schlüsselblume (*Primula hirsuta*). Wegen Seltenheit in Deutschland potenziell gefährdet (RL R), zahlreich in alpinen Felsspalten wie hier in Frankreich

Ferner unterscheiden sich Rote Listen hinsichtlich ihrer jeweiligen Bezugsräume. In Deutschland gibt es eine bundesweite Rote Liste und eine Reihe regionaler, typischerweise Bundesländer abdeckender Roter Listen. Das schafft natürlich Interpretationsbedarf. Wie ist es zu beurteilen, wenn eine Art in Hessen fast ausgestorben ist, aber in Bayern noch durchaus floriert? Es gibt auch von Organisationen wie der IUCN herausgegebene Listen mit schutzbedürftigen Arten, die noch größere, im Extrem globale Bezugsräume abdecken.

Die Tab. 5.1 geht der Frage nach, in welchen Landschaftsräumen sich viele und wo sich weniger gefährdete Arten unter den Farn- und Blütenpflanzen befinden. Grundlage ist die Rote Liste für die Bundesrepublik Deutschland aus dem Jahre 1996/98. Die Vegetationskunde unterscheidet als hierarchisch höchstrangige Klassifikation 24 *Pflanzenformationen*. Für den speziell interessierten Leser sind diese in der Box 5.2 genauer erläutert. Die Tab. 5.1 fasst im oberen Teil sieben von ihnen als landwirtschaftliche Formationen im engeren Sinne zusammen: Äcker und alle Formen des Grünlandes* einschließlich der als Halbkulturlandschaft anzusprechenden, wie die Trockenrasen und Zwergstrauchheiden.

Der Teil darunter in der Tabelle enthält fünf Formationen, die nicht immer, aber oft in räumlichem Kontakt mit Agrarbiotopen stehen, wie Moore und Gewässer in der Nachbarschaft von Grünlandflächen. Es ist damit zu rechnen, dass diese Formationen oft negativen Einflüssen aus der Landwirt-

schaft ausgesetzt sind, wie dem Eindringen von Stickstoff und Phosphor in Gewässer über die Luft oder das Grundwasser. Weiter unten finden sich alle Wälder und meist kleinflächige Spezialbiotope, die teilweise ebenfalls Einflüsse aus der Landwirtschaft empfangen. Ganz unten figuriert die alpine Vegetation.

In den Spalten finden sich von links nach rechts die schon genannten Gefährdungsgrade und die Zahl der Pflanzenarten pro Formation, die hierunter jeweils fallen. Die Spalte Σ bildet die Summe aller gefährdeten Arten, ohne nach Schwere der Gefährdung zu unterscheiden. Die Spalte % F gibt an, wie viele Pflanzenarten, die in der jeweiligen Formation vorkommen, gefährdet sind. Sind zum Beispiel bei der Formation „6 Acker" 97 Arten gefährdet (einschließlich G, V und R) und bilden diese 36,33 % des Artenbestandes, dann umfasst jener insgesamt 267 Arten. Die Spalte % A gibt etwa an, wie viele Prozent der im ganzen Land gefährdeten Arten auf die jeweilige Formation entfallen. Man muss „etwa" sagen, weil hier ein Problem der Doppelzählung vermieden werden muss. Begreiflicherweise kommen nicht wenige Arten in mehreren Formationen vor. Obwohl bei der Aufstellung der Tabelle schon selektiert wurde und nur Hauptvorkommen berücksichtigt wurden, ergibt sich für alle gefährdeten Arten rechnerisch die Zahl von 1428 Arten, obwohl nach der Roten Liste insgesamt „nur" 1111 als gefährdet angegeben sind. In der Spalte % A wird so gewichtet, dass in der Summe 100 % erscheint.

Tab. 5.1 Anteil ausgestorbener und gefährdeter Farn- und Blütenpflanzenarten in jeweiligen Pflanzenformationen

Formation[a]	0	1	2	3	G+V	R	Σ	% F	% A
6 Acker	13	15	23	30	15	1	97	36,33	6,79
8 Kriechpflanzen	1	2	10	10	4		27	27,55	1,89
9 Queckenrasen		1	3	4	10		18	28,57	1,26
15 Feuchtwiesen	3	7	30	40	26		106	51,71	7,42
16 Frischwiesen		3	9	12	23		47	25,41	3,29
17 Borstgrasrasen		8	20	36	29	5	98	52,41	6,86
18 Trockenrasen	9	25	62	111	54	9	270	54,33	18,91
Landwirtschaft									**46,42**
7 Stauden, ruderal	7	2	4	10	6	2	31	11,92	2,17
10 oligotrophe Moore	3	12	44	42	15	1	117	69,23	8,93
11 oligotr. Gewässer	4	7	18	10			39	82,98	2,73
12 Schlammboden	2	4	12	10	5		33	84,62	2,31
13 eutrophe* Gew.	3	7	22	24	27	3	86	50,00	6,02
Kontaktbiotope									**22,16**
21 Feuchtwälder		4	2	18	10	2	36	21,30	2,52
22 Laubwälder	1	5	8	24	14	6	58	13,15	4,06
23 saure Wälder	2	4	9	19	20	6	60	20,55	4,20
24 xeroth. Wälder	1	1	5	22	18	2	49	27,07	3,43
Wälder									**14,21**
1 Halophyten	2	5	17	15	7	3	49	55,68	3,43
2 Küstendünen		1	1	1	1		4	22,22	0.28
3 außeralpine Felsen		3	7	9	4	8	31	34,07	2,17
5 Zweizahn		2	1	2			3	10,00	0,21
14 Quellen		2	2	3	4		11	33,33	0,77
19 xeroth. Stauden	4	2	8	20	15	2	51	51,04	3,57
20 subalpin	2		1	7	10	7	27	13,91	1,89
Sonderbiotope									**12,32**
4 alpine Vegetation		6	10	16	4	43	80	24,49	5,60

[a] Nähere Erläuterungen in Box 5.2. Quelle: Korneck et al. (1998, Tab. 5, S. 321), verändert
% F: Anteil der Arten mit Gefährdungsgrad am Gesamtartenbestand der Formation
% A: Anteil der Formation an der Gesamtzahl gefährdeter Arten

Blicken wir zuerst auf die Spalte % F. Der Anteil der gefährdeten Arten am Gesamt-Artenbestand schwankt in den Formationen von etwa 10 % bis über 80 %. Man muss hier vorsichtig interpretieren. Bei einigen Formationen, wie 11 (oligotrophe*, das heißt nährstoffarme Gewässer) und 12 (Schlammbodenvegetation), ist der extrem hohe Gefährdungsgrad zwar schon durch die Tendenzen in der Landschaft plausibel, wird jedoch noch einmal dadurch verstärkt, dass diese Formationen nur über eine verhältnismäßig geringe Artenzahl verfügen. Die absolute Anzahl gefährdeter Arten ist also nicht so hoch. Ein Gegenbeispiel sind die Trockenrasen (18), bei denen % F zwar hoch, aber nicht extrem hoch ist, die aber wegen ihrer hohen Artenzahl 270 gefährdete Arten stellen. In allen landwirtschaftlich weniger produktiven Grünlandformationen (Feuchtwiesen, Borstgrasrasen und Trockenrasen) liegt der Anteil der gefährdeten Arten bei über 50 %.

In Wäldern (21–24) ist der Gefährdungsgrad erfreulich niedrig. Hierauf wird später im Kap. 10 noch einmal eingegangen. Schon hier sei aber darauf hingewiesen, dass das relativ günstige Bild bei Farn- und Blütenpflanzen sich bei anderen Organismen, wie Insekten, Flechten und Pilzen im Wald nicht zu wiederholen braucht – die hier vorliegende Tab. 5.1 gibt nur ein partielles Abbild der ökologischen Gesamtsituation in den Lebensräumen. Bei der alpinen Vegetation gehören zahlreiche Arten in der Spalte % F der Klasse „R" an, das heißt, dass sie selten und damit potenziell gefährdet sind.

Die Spalte % A gehört zu den interessantesten. Sie zeigt, dass 46 % aller gefährdeten Arten in eindeutig landwirtschaftlichen Lebensräumen vorkommen, darunter fast 40 % in verschiedenen Grünlandgesellschaften. Schon hier wird klar, dass dem Grünland im Naturschutz höchste Aufmerksamkeit gebührt. Erwartungsgemäß erleiden die aus landwirtschaftlicher Sicht weniger produktiven Grünlandgesellschaften die höchsten Verluste.

Bei den Äckern fällt auf, dass sie die höchste Zahl ausgestorbener oder verschollener Arten enthalten. Dieses betrübliche Bild wird durch einen Umstand noch verstärkt, der der Tabelle nicht direkt abzulesen ist. Die Formation „6 Acker" heißt ausführlich „Ackerunkraut- und kurzlebige Ruderalvegetation". Von ihren 267 Arten sind nur etwa 150 reine Ackerwildkräuter, der Rest besteht aus Pflanzen, die sich typischerweise an Wegen, Straßen, Schuttplätzen oder auf Gewerbeflächen finden. Auch unter ihnen gibt es gefährdete Arten, wie zum Beispiel typische Dorfunkräuter, die der Verstädterung der Dörfer zum Opfer fallen, jedoch sind die reinen Ackerwildkräuter stärker gefährdet. Würde man im Extrem die Zahl von 97 in der Spalte Σ auf sie allein beziehen, so wäre der Prozentsatz der gefährdeten Arten doppelt so hoch.

Box 5.2 Pflanzenformationen der Vegetationskunde

1. Halophytenvegetation: auf salzhaltigen Standorten an der Küste und vereinzelt im Binnenland.
2. Vegetation der Küstendünen: in sandigen, teils beweglichen, aber nicht mehr salzhaltigen Biotopen an der Küste.
3. außeralpine Felsvegetation: an und auf Feldwänden, selten in der Ebene, häufiger im Mittelgebirge.
4. alpine Vegetation: Pflanzengesellschaften oberhalb der Baumgrenze in den Alpen.
5. Zweizahn-Gesellschaften: Von Zweizahn-Arten (*Bidens spec.*) geprägte Ufervegetation nährstoffreicher Gewässer.
6. Ackerunkraut- und kurzlebige Ruderalvegetation: Vegetation der Äcker, Wegränder sowie in Dörfern und Städten.
7. nitrophile* Stauden- und ausdauernde Ruderalvegetation: in stark von menschlicher Aktivität geprägten Gebieten, aber weniger betreten.
8. Kriechpflanzen- und Trittrasen: auf regelmäßig von Menschen oder Tieren betretenen Fläche, zum Beispiel an Weidetoren.
9. halbruderale Quecken-Rasen: ähnlich 7.
10. oligotrophe* Moore und Moorwälder: Hochmoore und nährstoffarme Niedermoore.
11. Vegetation oligotropher Gewässer: in nährstoffarmen und daher klaren Seen und Flüssen.
12. Schlammbodenvegetation: kleinflächig auf nassen und wieder austrocknenden Flächen mit spezialisierten Pflanzen, deren Verbreitung offensichtlich durch Vögel erfolgt.
13. Vegetation eutropher* Gewässer: in von Natur aus nährstoffreicheren Gewässern, die aber längst nicht so überdüngt sind wie die vom Menschen beeinflussten.
14. Vegetation der Quellen und Quellläufe: sehr kleinflächig um Quellen, spezialisiert auf dauernd niedrige Temperatur und konstante Wasserbeschaffenheit.
15. Feuchtwiesen: Dauergrünland* mit ständig oder zeitweise hohem Grundwasserstand.
16. Frischwiesen und -weiden: Dauergrünland auf mittelfeuchten, für die Landwirtschaft optimalen Standorten.
17. Zwergstrauchheiden und Borstgrasrasen: von Heidekraut geprägte Vegetation und mageres Grünland auf sauren Standorten.
18. Trocken- und Halbtrockenrasen: äußerst artenreiche Magerrasen meist auf Kalk.

19. xerotherme* Staudenvegetation: auf trocken-warmen Standorten.
20. subalpine Hochstauden- und Gebüschvegetation: im Hochgebirge, aber unterhalb der Waldgrenze, meist an Wasserläufen und Feuchtstellen.
21. Feucht- und Nasswälder: Auwälder an Flüssen und Bruchwälder auf Standorten mit erschwertem Wasserabfluss, mit oder ohne Torfbildung.
22. mesophile Laubwälder und Tannenwälder: überwiegend Laubwälder mittlerer Feuchtigkeit.
23. azidophile* Laub- und Nadelwälder: überwiegend Nadelwälder und -forsten.
24. xerotherme Wälder und Gebüsche: auf trocken-warmen Standorten, oft stark geneigt und selten forstlich nutzbar.

(Quelle: Korneck et al. 1998, Tab. 4, S. 316–317.)

Tab. 5.2 Auswahl von Lebensraumtypen des Anhangs I der FFH-Richtlinie in Deutschland

Code	
1130	*Ästuare* (Tide- und brackwasserbeeinflusste Landschaftsräume)
1140	Vegetationsfreies Watt (außer Felswatt)
1160	*Flache, große Meeresarme und -buchten* (Bodden der Ostseeküste)
2110–2190 sowie 2330	Alle Dünen an Küste und im Binnenland einschließlich feuchter Dünentäler
3110–3160	Nährstoffarme Stillgewässer
3220–3270	Alpine Flüsse und interessante Flussstrecken außerhalb der Alpen
4010–4060	*Feuchte, trockene europäische sowie alpine und boreale Heiden*
5130	*Kalkheiden und -rasen* (beweidete Kalkmagerrasen, „Wacholderheiden")
6110–6130	*# Lückige Kalkrasen, Sand- und Schwermetallrasen*
6210	*# Kalktrockenrasen, besonders mit Orchideen*
6230	*# Borstgrasrasen*
6240	*# Subpannonische Steppen-Trockenrasen*
6410	*Pfeifengraswiesen*
6430	*Feuchte Hochstaudenfluren*
6440	*Brenndolden-Auenwiesen*
6510	*Magere Flachland-Mähwiesen*
6520	*Berg-Mähwiesen*
7110–7230	Alle Moor-Biotope
8110–8340	Schutthalden, Felsen, Höhlen und Gletscher
9120–9420	Zahlreiche Waldtypen, näheres in Kapitel IX

Kursiv: ggf. abgekürzter Name in der Liste, Antiqua: erläuternder Zusatz, # prioritäre Lebensraumtypen, in Anlehnung an Ssymank 2002

Wie schon erwähnt, ist es gerechtfertigt, bei dem zweiten Block in der Tabelle (Formationen 7, 10–13) von „Kontaktbiotopen" zur Landwirtschaft zu sprechen. Gewiss haben manche keinen Kontakt, wie ein Moor im Wald. Dass der Artenbestand der Moore aber überhaupt so gefährdet ist, ist auch das Resultat dessen, dass deren Fläche in der Vergangenheit zugunsten einer sich immer stärker ausdehnenden Landwirtschaft geschrumpft ist, vor allem in Nordwestdeutschland. Werden dann noch die Fernwirkungen der Landwirtschaft sogar auf Wälder und die übrigen Biotope betrachtet, so ist es gerechtfertigt, diesem Wirtschaftszweig die volle oder zumindest teilweise Verursachung für die Gefährdung von etwa zwei Dritteln aller Farn- und Blütenpflanzen der Roten Liste zuzusprechen. Dies ist in der Fachwelt unkontrovers. Ist die landwirtschaftliche Nutzung (oder, wie wir sehen werden, teils auch die *ungenügende* Nutzung) ursächlich, so heißt dies natürlich nicht, dass dem unter jeweiligen Umständen wirtschaftenden Landwirt ein persönliches Verschulden zukommt.

5.2.2 Naturschutz der Europäischen Union – die FFH-Richtlinie

Bereits 1979 erließ die EU eine Vogelschutzrichtlinie in Umsetzung internationaler Vereinbarungen. Ihr gemäß sollen alle wild lebenden Vogelarten geschützt werden. Unter anderem wurden Flächen an der Küste und an Binnengewässern zugunsten ziehender Vögel ausgewiesen, sonst aber wenig getan. Das änderte sich 1992 mit der „Fauna-Flora-Habitat"-Richtlinie (FFH 92/43 EWG), die die Mitgliedsstaaten zu deutlichen Anstrengungen im Naturschutz verpflichtet.

Es wurde ein Katalog natürlicher Lebensräume von gemeinschaftlichem Interesse (jeder mit einer Codenummer) aufgestellt, für deren Erhaltung besondere Schutzgebiete ausgewiesen werden müssen (Anhang I). Von den etwa 250 Lebensraumtypen kommen 85 in Deutschland vor, weitere in Österreich und anderen Ländern Mitteleuropas. Von diesen sind wiederum über 20 als „prioritär" ausgewiesen, müssen also Gegenstand ganz besonderer Anstrengungen sein. Die Tab. 5.2 zeigt eine kleine Auswahl in Deutschland wichtiger Lebensräume einschließlich der landwirtschaftlich genutzten. Die Schutzgebiete werden mit den schon aus der Vogelschutzrichtlinie bestehenden in das gemeinsame System „Natura 2000" eingegeben.

Ein zweiter Katalog (Anhang II) listet Tier- und Pflanzenarten von gemeinschaftlichem Interesse auf, für deren Erhaltung

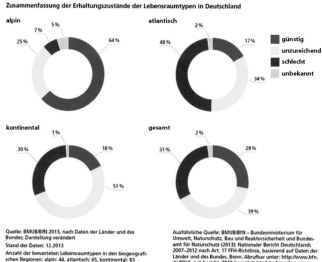

Abb. 5.4 Erhaltungszustände der Lebensraumtypen in Deutschland. (Quelle: BfN 2016, S. 37, mit freundlicher Genehmigung)

Abb. 5.3 Prioritäre Art des Anhangs II der FFH-Richtlinie: Abbiss-Scheckenfalter (*Euphydryas aurinia*), hier in Streuwiese der Loisach-Niederung, Oberbayern. Vgl. auch Abb. 10.23, Abschn. 10.7.2

besondere Schutzgebiete ausgewiesen werden müssen. Von den 550 Arten dieses Anhangs kommen etwa 90 in Deutschland vor. Auch hier werden „prioritäre", das heißt besonders schutzwürdige, in der Regel endemische* Arten herausgehoben, wie der Tagfalter in Abb. 5.3.

Das System zeichnet sich durch eine Schärfe aus, an die sich deutsche Juristen erst gewöhnen mussten. Entstehen in der Landschaft Nutzungskonflikte, so spielt in der deutschen Rechtstradition ein Abwägungsgebot eine große Rolle. Besteht ein Konflikt zwischen Naturschutz und Straßenbau, so ist abzuwägen, was wichtiger ist. Naturschützern und nicht nur ihnen zufolge geschah früher diese Abwägung notorisch zuungunsten des Naturschutzes. Der FFH-Richtlinie ist dieses Denken fremd. Besteht irgendwo ein prioritärer Lebensraum oder lebt irgendwo eine prioritär zu schützende Art, dann muss gehandelt werden, auch wenn dies ökonomischen Interessen zuwiderläuft. Nur unabweisbare Belange des öffentlichen Wohls können gegen die Ziele der FFH-Richtlinie geltend gemacht werden.

Der Katalog der Lebensräume hat manche Kritik auf sich gezogen. Viele von ihnen sind gar nicht „natürlich", sondern Kulturlandschaften. Die Gliederungskriterien entsprechen nicht immer etablierten vegetationskundlichen Einheiten, auch findet die Auswahl der schützenswerten Arten nicht immer den Beifall der jeweiligen Spezialisten. Ein großes Problem für den Naturschutz im Agrarraum ist das Fehlen der Äcker im Katalog. Ob sie einfach vergessen wurden, ob man dort keine Naturschutzprobleme erkannte oder einfach den Konflikt mit der Landwirtschaft scheute, ist schwer zu sagen. Das Problem gewinnt an Kuriosität, indem unter den prioritär zu schützenden Arten allerdings ein einziges Ackerwildkraut (unter 97 gefährdeten in der Tab. 5.1) auftaucht, nämlich die Dicke Trespe (*Bromus grossus*). Es handelt sich um eine nahe, vom Laien kaum zu unterscheidende Verwandte der Roggen-Trespe (*Bromus secalinus*), die sich in einigen Regi-

onen zu einem schwer zu bekämpfenden und zunehmend gefürchteten Problemunkraut entwickelt hat.

Inwieweit das schützenswerte landwirtschaftliche Grünland hinreichend erfasst ist, müssen Fachleute beurteilen. Zu den komplizierten Verfahren der Auswahl und Prüfung der Flächen, den Schwierigkeiten und Verzögerungen bei ihrer Meldung, der Erweiterung des Systems auch auf Meeresbiotope und zahlreichen weiteren Aspekten sei auf Ssymank (2002) verwiesen. In Deutschland gibt es FFH-Flächen im Umfang von etwa 2 Mio. Hektar im Wald und etwa 400.000 ha im Offenland. Neben Resten der Naturlandschaft wie Mooren (Coden 7110, 7120, 7140 und 7150) sowie zahlreichen kleinen Biotopen, von feuchten Dünentälchen (2190) bis zu Kalktuffquellen (7220), spielen extensiv landwirtschaftlich bewirtschaftete Flächen und die Halbkulturlandschaft durchaus eine angemessene Rolle. Trotz ihrer Mängel hat die FFH-Richtlinie den Naturschutz insgesamt vorangebracht. Ein problematischer Zug besteht freilich darin, dass Behörden in manchen Bundesländern dazu neigen, Naturschutz überwiegend oder nur noch auf FFH-Flächen zu beschränken und meinen, damit ihren Pflichten zu genügen. Weniger bedenklich, sondern eher mit Schmunzeln zu kommentieren ist das Fortschreiten der Bürokratisierung nun auch in der Naturschutzszene – man kommuniziert zunehmend im Codejargon und fragt nicht mehr, wie es zum Beispiel mit den Steppenrasen bestellt ist, sondern: „Was machen eure 62-40er Biotope?"

Die Mitgliedsstaaten sind verpflichtet, regelmäßig über den Zustand der FFH-Flächen zu berichten. Dabei kommen graphische Verfahren wie in der Abb. 5.4 zur Anwendung, in denen aus der jeweiligen Farbe zu entnehmen ist, wie befriedigend oder unbefriedigend der Zustand in einem jeweiligen Biotoptyp ist. Die Abbildung erfordert keinen weiteren Kommentar, vielmehr bestätigt sie das problematische Bild, das schon bei der Auswertung der Roten Liste entstanden ist. Gemittelt über alle biogeographischen Regionen (rechts unten) sind die Erhaltungszustände in zwei Dritteln aller erfassten Lebensraumtypen in Deutschland unzureichend oder schlecht.

5.2.3 Vogelbeobachtung

Seit Jahrzehnten werden die Bestandsentwicklungen von Tierarten beobachtet. Besonders die Beobachtung von Vögeln liefert sehr aussagekräftige Ergebnisse. Ihre Beobachtung ist relativ einfach, auch gibt es kenntnisreiche, meist ehrenamtliche Beobachter in großer Zahl.

Die Tab. 5.3 fasst die Ergebnisse von Beobachtungen zusammen, die sämtlich mit standardisierten und reproduzierbaren Methoden gewonnen wurden. Die vier Zeitreihen stammen von unterschiedlichen Autoren und überlappen sich teilweise. Die Originaltabelle in Hötker et al. (2014) enthält weitere Brutvogelarten.

Mit Ausnahme des Rotmilans sind die Bestände aller Arten im langfristigen Trend abnehmend. Während der Periode der Intensivierung der Landwirtschaft 1955 bis 1985 setzte sich dies mit wenigen Ausnahmen fort. Für die Periode 1980 bis 2004 liegen die differenziertesten, auch halbquantitativen Daten vor. Nur bei zwei Arten (in der Tabelle fett), Wachtel und Heidelerche, kam es zu Bestandszunahmen, neun konnten immerhin ihre Bestände stabil halten, während die übrigen acht teilweise drastische Einbußen erlitten. Die positive oder wenigstens stabile Entwicklung bei einigen Arten wird von den Autoren mit der während dieser Zeit obligatorischen Flächenstilllegung in der Landwirtschaft in Verbindung gebracht.[2] Ist dieser Schluss richtig, wird aber ferner bedacht, dass die von der Stilllegungspflicht betroffenen Flächen nur zu einem geringen Teil wirklich brach fielen (es war gestattet, Nicht-Nahrungspflanzen, wie nachwachsende Rohstoffe anzubauen), dann kann das nur so interpretiert werden, dass sich schon die Gewährung relativ geringfügiger Freiräume für die Brutvögel der Agrarlandschaft günstig ausgewirkt hat.

Betroffen macht dagegen, dass seit 2008 alle positiven Ansätze wieder dahin zu sein scheinen; mit zwei Ausnahmen nehmen alle Bestände wieder ab, auch die, die in der Epoche zuvor zugenommen hatten oder stabil geblieben waren. Es liegt nahe, dies mit dem Intensivierungsschub als Antwort auf die Entwicklung der Welt-Agrarmärkte und die Förderung des Energiepflanzenbaus zu erklären.

---

[2] Die obligatorische Flächenstilllegung war ein agrarpolitisches Instrument in den 1990er-Jahren und in den ersten Jahren des 21. Jahrhunderts, als der Weltmarkt noch nicht die Nachfrage nach Agrarprodukten wie heute aussandte und daher noch eine überschüssige Erzeugung bestand.

Tab. 5.3 Bestandsentwicklung ausgewählter Brutvögel in der Agrarlandschaft

	Langfristiger Trend, 50–150 Jahre	1955–1985	1980–2004	Seit 2008
Wachtel	−	−	+20–50 %	−
Rebhuhn	−	−	<−50 %	−
Rotmilan	0	?	0	
Wachtelkönig	−	?	0	−
Kiebitz	−	−	<−50 %	
Großer Brachvogel	−	0	−50–20 %	0
Uferschnepfe	−	−	<−50 %	
Bekassine	−	0	<−50 %	−
Rotschenkel	−	−	0	0
Kampfläufer	−	−	<−50 %	−
Steinkauz	−	?	0	0
Neuntöter	−	−	0	−
Heiderlerche	−	?	+20–50 %	−
Feldlerche	−	?	< 50–20 %	−
Braunkehlchen	−	0	0	−
Wiesenpieper	−	?	−50–20 %	
Grauammer	−	−	0	
Goldammer	−	−	0	
Ortolan	−	?	0	−

− Bestand abnehmend, + Bestand zunehmend, 0 Bestand stabil, ? Bestandsentwicklung ungenügend bekannt
Quelle: Hötker et al. (2014, Tab. 1, S. 411)

Als mit Abstand wichtigste Ursache für die Bestandsrückgänge wird von den Experten der Verlust von extensiv genutztem Grünland angesehen. Auch die immer stärkere Intensivierung des an sich schon produktiven Wirtschaftsgrünlandes einschließlich der Praktiken immer früheren und häufigeren Mähens wird in Betracht gezogen, ebenso wie der Verlust von Ackerbrachen. Interessanterweise wird der Verlust von Hecken, Büschen und Bäumen sowie der Mangel an Nistplätzen für weniger bedeutend angesehen. Dies ist zwar plausibel für die aus den Steppen stammenden und am Boden brütenden Vögel mit strenger Offenlandbindung, wie die Feldlerche, jedoch benötigen zahlreiche andere Arten durchaus Strukturen für Nistplätze und Verstecke. Nahrungsmangel aufgrund der durch den Pestiziddruck reduzierten Insektenpopulationen sowie Eier- und Kükenverluste durch Raubfeinde spielen durchaus auch eine Rolle; manche Arten, wie die Rauchschwalbe, leiden unter dem Rückgang der Viehhaltung in gewissen Regionen und daher dem Mangel an traditionellen Viehställen (Hötker et al. 2014, Tab. 2, S. 413).

Die sehr negative Bestandsentwicklung bei den Vögeln der Agrarlandschaft sticht besonders hervor, wenn sie mit der der meisten anderen Vogelarten verglichen wird. Nicht alle, aber zahlreiche Vögel des Waldes, der Küste und der Siedlungen zeigen günstige Entwicklungen. Wo dies nicht der Fall ist, liegt die Ursache zum Teil nicht an den Lebensumständen in Deutschland, sondern eher an denen auf ihrem gefährlichen Zug zu den Winterquartieren.

5.2.4   Vergleich früherer und heutiger Populationen bei Pflanzen und Nicht-Wirbeltieren

Andere Arten sind nicht so leicht zu beobachten wie Vögel und locken auch weniger begeisterte „Fans" in die Landschaft, um sie zu zählen. In einem von Christof Leuschner geleiteten Vorhaben wurden in akribischer Sichtung alter Dokumente und im Vergleich mit aktuellen Erhebungen bedeutende Erkenntnisse gewonnen (Abb. 5.5). Sie bestehen darin, dass die den Fachleuten lange bekannten negativen Entwicklungen in der Landschaft mit unwiderlegbaren quantitativen Daten untermauert werden und somit nicht länger als „übertrieben" oder „subjektiv" bagatellisiert werden können. In der Untersuchung wurden Arteninventare von Biotopen nord- und mitteldeutscher Kulturlandschaften während der Epoche 1950–1960 – also vor der Intensivierung der Landwirtschaft – mit denen im Jahre 2009 verglichen und konnte damit ein Wandel im Verlauf von etwa 50 Jahren dokumentiert werden (Leuschner et al. 2014 sowie die anderen Beiträge im Heft der Abbildung 38).

Auf Äckern wurden fast 400 historische Vegetationsaufnahmen ausgewertet. Der Deckungsgrad der Kulturpflanzen betrug früher nur 60 %, während der der begleitenden Wildkrautarten bei 40 % lag.[3] Unter den Wildkrautarten mögen auch solche gewesen sein, die dem Kulturpflanzenbestand Schaden zufügten, weitaus mehr kleine und kurzlebige Arten stellten jedoch keine Konkurrenz für jene dar. Wegen der relativ lockeren Kulturpflanzenbestände war praktisch die gesamte Ackerfläche von Beikräutern belegt. Man fand früher im Feldinneren 301 Arten, heute einschließlich der Ränder noch 233. Erscheint somit der Rückgang der reinen Artenzahl noch moderat, so ändert sich das Bild drastisch, wenn Popu-

Abb. 5.5 Titelblatt des Heftes von „Natur und Landschaft" mit den Untersuchungen von Leuschner et al. (Mit freundlicher Genehmigung der Redaktion und des Verlages W. Kohlhammer)

lationsumfänge betrachtet werden. Der heutige Deckungsgrad der Kulturpflanzen beträgt 90 % und der der Wildpflanzen 4 %. Der Letztere reduzierte sich also in 50 Jahren auf ein Zehntel. Im heutigen Feldinneren kommen in der Untersuchung regelmäßig nur noch fünf Wildkrautarten vor. In den aktuellen Aufnahmen der Studie gibt es Wildkräuter überwiegend nur noch am Ackerrand, also auf stark reduzierter Fläche. Von modernen herbizidresistenten Problem-Unkräutern sind die aktuell untersuchten Äcker noch nicht befallen.

Fügt man die auf ein Zehntel reduzierte Vorkommensfläche mit dem Arten- und Individuenverlust auf der Restfläche – den Ackerrändern – zu einem Gesamtbild zusammen, so resultiert, dass sich die Populationsumfänge früher gemeiner und allgegenwärtiger Kräuter um über 95 % reduziert haben.

Ein ähnliches Bild ergibt sich auf dem Grünland. Auf feuchten und mittelfeuchten Dauergrünlandflächen wurden 385 historische und 278 aktuelle Vegetationsaufnahmen verglichen. Parallel dazu wurden noch einmal 174 historische und 46 aktuelle Aufnahmen in einem brandenburgischen

---

[3] Der Deckungsgrad einer Vegetation ist der Anteil des Erdbodens, der – senkrecht von oben betrachtet – von den Pflanzen überdeckt wird. Bei den Stichproben der Untersuchung wurde der Median erfasst – der Wert, bei dem ebenso viele Einzelwerte darunter wie darüber liegen.

Abb. 5.6 Früher gemeine Arten der Wiesen oder Wegränder, in intensiv genutzten Agrarlandschaften immer weniger zu finden: **a** Rote Lichtnelke (*Silene dioica*), **b** Wald-Storchschnabel (*Geranium sylvaticum*)

Abb. 5.7 Mit dem Klimawandel nordwärts wandernde Arten: **a** Italienische Schönschrecke (*Calliptamus italicus*). Die Schrecke kommt nach Deutschland zurück, wo sie früher auch bei kühlerem Makroklima zu finden war, als es aber noch mehr offene sandige oder felsige Plätze gab, die sich lokal erwärmten. Foto von der Insel Korsika, **b** Wespenspinne (*Argiope bruennichi*). Wegen ihrer Auffälligkeit seit vielen Jahren *die* Nordwanderin unter den wärmeliebenden Tieren. Hier an der französischen Atlantikküste

Naturschutzgebiet erfasst. In den untersuchten Regionen sank infolge Umbruchs zu Acker der Grünlandanteil von 90 auf 50 %. Auf diesen reinen Flächenverlust ist ein aus Sicht des Naturschutzes noch wesentlich wirksamerer Qualitätsverlust aufgesattelt, denn die Flächenanteile des feuchten und des artenreichen mittelfeuchten Grünlands sanken auf 15 % bzw. 16 % ihres früheren Umfangs. Was nicht zu Acker umgebrochen wurde, wurde zu artenarmem Hochertrags-Grünland intensiviert. Wie bei den Äckern multiplizieren sich Flächenverlust und Ausdünnung der Populationen auf den Restflächen derart, dass die Populationsumfänge charakteristischer Grünlandarten um etwa 90 % reduziert wurden. Selbst gemeine Grünlandarten wie Sauerampfer, Wiesen-Schaumkraut und Kuckucks-Lichtnelke werden regional zu Seltenheiten, wie auch den Pflanzen in Abb. 5.6. Die Paralleluntersuchung in dem Naturschutzgebiet zeigte hingegen, dass mit geeigneten Maßnahmen die historischen artenreichen Grünlandgesellschaften durchaus erhalten werden konnten.

In einer weiteren Untersuchung in 70 Bächen und Flüssen Schleswig-Holsteins, Niedersachsens und Nordrhein-Westfalens wurden 338 archivierte historische Vegetationsaufnahmen ausgewertet und aktuellen Aufnahmen an vergleichbaren Stellen gegenübergestellt. Erscheint die Verringerung des Artenbestandes bei Wasserpflanzen von früher 51 auf heute 37 noch mäßig, so zeigt ein näherer Blick bedenkliche Veränderungen auf. In den aktuellen Aufnahmen wurden nur 54 % der Arten wiedergefunden, die in den historischen Aufnahmen dokumentiert sind, 46 % aller Arten sind neu. Es zeigt sich eine eindeutige Verschiebung von anspruchsvollen und an differenzierte Biotopstrukturen angewiesenen Arten zu stresstoleranten Allerweltsarten, die offenbar sowohl die meist höhere Fließgeschwindigkeit in den regulierten Gewässern als auch deren größere Trübung tolerieren. Infolge der Trübung werden Schwimmblattpflanzen gegenüber unter der Wasseroberfläche lebenden Arten bevorzugt, das Leben verschiebt sich gewissermaßen „an die Oberfläche". Sehr bezeichnend ist, dass in einem sandigen Gebiet in der Lüneburger Heide mit nur geringer landwirtschaftlicher Eignung die geschilderten negativen Entwicklungen in deutlich geringerem Maße abliefen.

Trotz größerer methodischer Schwierigkeiten erbrachte auch die Untersuchung des faunistischen Wandels ausgewählter Insektengruppen sehr interessante Ergebnisse. Anders als in der Vegetationskunde standen nur zwei historische Untersuchungen zur Verfügung, die mit reproduzierbaren quantitativen Methoden gearbeitet hatten, eine 1953 in der Weseraue und eine 1969 in Trockenrasen Ostdeutschlands. Soweit die damaligen Probeflächen immer noch Grünland sind, wurden sie, 35 an der Zahl, im Jahre 2009 erneut aufgenommen. In Betracht kamen Heuschrecken, Zikaden und Wanzen.

Ein erstes Resultat mutet erfreulich an: Die Zahl der zu findenden Arten ist in den vergangenen 50 Jahren nicht gesunken, sondern teilweise sogar gestiegen. Zwei wärmeliebende Arten werden namentlich genannt, die Gemeine Sichelschrecke (*Phanoptera falcata*) und die Italienische Schönschrecke (*Calliptamus italicus*); beide scheinen infolge der Klimaerwärmung nordwärts zu wandern, wie es auch von anderen Insekten und Spinnen bekannt ist (Abb. 5.7). Das positive Bild wird jedoch in zweierlei Weise getrübt: Ähnlich wie bei den Wasserpflanzen wandelt sich das Artenspektrum von anspruchsvollen Spezialisten hin zu robusten Arten, die die Vereinheitlichung der Biotope durch die menschliche Wirtschaftsweise eher tolerieren. Arten offener, stark gestörter Flächen nehmen ab, solche, die höheren Graswuchs, Verfilzung und Verbuschung ertragen, nehmen zu. Noch bedenklicher ist, dass bei konstant bleibenden Artenzahlen die Individuenzahlen stark zurückgehen. Diese Beobachtung wird auch bei Schmetterlingen gemacht.

5.2.5 Zusammenschau

Alle vier betrachteten Erhebungsmethoden bestätigen die Sorgen des Naturschutzes in der Kulturlandschaft, allerdings mit unterschiedlichen Nuancen. Dass es zahlreiche Rote-Liste-Arten gibt, ist allgemein bekannt. Manche unter ihnen waren früher häufig und ungefährdet, aber nicht wenige sind schon lange selten oder waren es sogar immer. In der Regel verlangen sie spezielle Standortbedingungen und können sich der Konkurrenz durch andere nicht erwehren, wenn diese Bedingungen ungenügend vorliegen. Selbstverständlich verdienen diese Arten Schutz, in erster Linie durch den Schutz ihrer Lebensräume.

Die von den beauftragten Ämtern und Instituten oft als lästig empfundene Berichtspflicht gegenüber den Organen der Europäischen Union in Sachen FFH-Richtlinie hat den heilsamen Effekt, dass der Zustand der FFH-Flächen regelmäßig für Fachwelt und Öffentlichkeit dokumentiert wird. Die im Offenland vielfach mäßige bis schlechte Beurteilung der Flächen ändert sich in den meisten Fällen sogar noch zum Schlechteren.

Vielen Vogelarten geht es gar nicht schlecht im heutigen Mitteleuropa, nur den auf landwirtschaftliche Flächen spezialisierten geht es schlechter und schlechter; bei etlichen ist mit ihrem Verschwinden zu rechnen. Die moderne Landwirtschaft duldet keine Acker- und Wiesenvögel. Wo es sie noch gibt, ist entweder die moderne Landwirtschaft nicht voll entwickelt oder trotzen die Arten den widrigen Umständen *noch*, aber wohl nicht mehr lange, es sei denn, sie genießen Förderungen mit hohem personellem und finanziellem Aufwand, wie bei einigen Programmen in Bayern.

In so verschiedenen Milieus wie Binnengewässern, Feuchtwiesen und Trockenrasen wurde dieselbe Beobachtung gemacht, dass bei relativ geringem Absinken der Gesamt-Artenzahlen eine deutliche Verschiebung im Artenspektrum stattfindet. Anspruchsvolle Spezialisten, die Biotope interessant und vielfältig machen, verschwinden und machen Platz für weniger anspruchsvolle Generalisten mit weiter Verbreitung, die mit den von Menschen verursachten Problemen zurechtkommen.

Die vielleicht wichtigste, nicht unbedingt neue, aber erst langsam in ihrer vollen Tragweite bewusst werdende Erkenntnis aus den Untersuchungen ist die der sinkenden Individuenzahlen. Kuckucks-Lichtnelke und Spitzwegerich sind als Arten nicht gefährdet, aber ihre Bestände betragen heute 10 oder 5 % oder noch weniger derjenigen, die sie über lange Zeit hatten. So geht es hunderten von Pflanzenarten. Bei tausenden von Insektenarten beträgt ihre reine Masse (Biomasse) nur noch einen Bruchteil der früheren. Auch sie müssen deshalb als Art nicht gefährdet sein, aber sie bilden keine Nahrung mehr für die Tiere, die von ihnen leben. Es nützt nichts, Fledermäusen Sommer- und Winterquartiere anzubieten, wenn sie nichts zu fressen haben. Generationen von Naturliebhabern haben sich mit Rote-Liste-Arten beschäftigt und

Abb. 5.8 Außergewöhnliche Erholungslandschaft auf Gips im Kyffhäuser

sich gegenseitig mit Fotos von seltenen und noch selteneren Arten beeindruckt und haben dabei am Masseschwund der „trivialen" Arten vorbeigesehen. Erst in jüngerer Zeit wird dieser Massenschwund in seiner ganzen Tragweite diskutiert, ohne dass bisher eine überzeugende Gegenstrategie gefunden worden ist. Sogar das hoch angesehene, sonst Naturschutzfragen in Europa weniger zugewandte amerikanische Wissenschaftsmagazin SCIENCE berichtet ausführlich über das Problem: „Where have all the insects gone?" (Vogel 2017).

5.3 Artenreiche und schutzwürdige, heute zu knappe Biotope und Strukturen in der Kulturlandschaft

Eine Verbesserung der Situation setzt in erster Linie voraus, dass die Lebensräume der zurückgehenden und gefährdeten Arten erhalten, wieder vergrößert und in ihrer Qualität verbessert werden. Ist auf solche Lebensräume schon gelegentlich hingewiesen worden, so sollen sie nunmehr noch einmal systematisch und möglichst vollständig dargestellt werden. Auch hierzu gibt es hervorragende und viel ausführlichere Literatur; die vorliegende geraffte Darstellung möchte zu ihr hinführen.

Die betrachteten Biotope können nach verschiedenen Gesichtspunkten geordnet werden. Einer ist die Größe der Flächen; es gibt hier großartige Landschaftskulissen und dort Strukturelemente, die nur in naher Betrachtung auffallen. Biotope können flächenhaft oder eher linienhaft ausgeprägt sein, wobei die Letzteren meist spezifische Funktionen besitzen, wie die Trennung von Flächen (wie die Hecken) oder die Abschirmung empfindlicher Ökosysteme (wie etwa Uferrandstreifen). Ein zweiter Gesichtspunkt ist die Kombination der Standortfaktoren, insbesondere des Wassers und der Nährstoffe – von Trockenheit zur Nässe, von Unfruchtbarkeit zum Überfluss an Mineralstoffen. Ein dritter ist der Grad menschlichen Einflusses, im Fachausdruck der *Hemerobie*. Es gibt eine Abfolge von wenig und unregelmäßig beeinflussten Flächen bis hin zu solchen, deren Pflanzenwuchs direkt und gezielt gelenkt wird. Nicht zu vergessen ist schließlich das Alter als Qualitätsfaktor; eine hundert Jahre alte Hecke ist mit einer Neupflanzung aus der Baumschule nicht vergleichbar.

Zwei Klassifikationssysteme sind im voranstehenden Kapitel schon erläutert worden, die Formationen der Vegetationskunde und das Code-System der FFH-Richtlinie. Es gibt für Land- und Gewässerökosysteme weitere Klassifikationen und Verfeinerungen; für den vorliegenden Zweck wählen wir eine sehr einfache und übersichtliche Einteilung in drei Typen: (1) die Halbkulturlandschaft, (2) traditionelle bäuerliche Biotope und (3) kleinflächige, teils technisch geformte Strukturelemente. Alle interessanten Flächen und Strukturen im Wald werden im Kap. 10 vorgestellt und sollen hier nicht vorweggenommen werden.

5.3.1 Halbkulturlandschaft

Über ihre Entstehung ist im Kap. 2 berichtet worden. Besonders auf dem trockenen Flügel wurde sie in früheren Zeiten lange als Schaden, als Folge von Misswirtschaft angesehen. In der Tat handelt es sich in den Maßstäben rationeller landwirtschaftlicher Nutzung um Degradationsstadien. In der früheren Agrarstatistik wurden die Flächen teils als „Ödland" oder „Unland" bezeichnet, was ihre Bewertung treffend ausdrückt. Ihr sehr hoher Naturschutzwert war dabei kein Faktor. Einige Biotoptypen dieser Art verlangen für ihre Integrität und dauerhafte Existenz eine Mindestgröße, generell gilt: Je größer die Flächen sind, umso besser. Die meisten sind arm an Pflanzennährstoffen und somit empfindlich gegen Düngung. Der menschliche Kultureinfluss kann nicht durchweg gering genannt werden, ist jedoch oft unregelmäßig. Da die meisten dieser Biotope durch menschliche Tätigkeiten entstanden, bedürfen sie deren Fortführung, besonders in Gestalt der Beweidung.

5.3.1.1 Trockene Biotope
Die wichtigsten Typen sind die Zwergstrauchheiden sowie die bodensauren, die sandigen und die kalkhaltigen Magerrasen („Trockenrasen").

Zwergstrauchheiden
Von der Lüneburger Heide hat wohl jeder mit Sinn für die Natur schon gehört (Abb. 5.9). Was von ihr noch existiert, erstreckt sich im Wesentlichen auf etwa 25.000 ha im gleichnamigen Naturschutzpark im Umkreis des Wilseder Berges. Das Gelände bezeugt einen frühen Kraftakt im Naturschutz, denn im Jahre 1913 wurde hier von einem privaten Trägerverein das erste Großschutzgebiet in Deutschland begründet. Zur selben Zeit entdeckten die Städter den Reiz der Landschaft, was Hermann Löns den bekannten Seufzer entlockte: „Die Heide kam in Mode, es regnete Menschen, es hagelte Volk,

Abb. 5.9 Die Lüneburger Heide mit historischem Karrenweg nahe des Wilseder Berges

Abb. 5.10 Das Wohlverleih (*Arnica montana*) ist die charakteristische Art der bodensauren Magerrasen

Abb. 5.11 Sandhügel als Übungsgelände für Mountain-Bikes und Motocross-Räder auf Rügen. Gelegentlich lästiger Lärm, aber mehr Artenreichtum als in manchem Naturschutzgebiet

Gesangsvereine erfüllten die Luft mit Getöse." Auch heute besuchen sehr zahlreiche Menschen die Heide zur Blütezeit im August.

Die Lüneburger Heide entstand in der Bronzezeit, in der das Weidevieh den Wald zerstörte. Ihr weitaus größter Teil ist im 19. Jahrhundert und danach wieder aufgeforstet worden. Nicht übersehen sei, dass es neben der früher großflächigen Halbkultur-Heide als Folge der Waldvernichtung auch kleinflächige natürliche Zwergstrauchheiden gibt, wie etwa auf der Insel Hiddensee.

Die nordwestdeutsche Heide stand in früheren Jahrhunderten in räumlicher Beziehung zu den dort verbreiteten Hoch- oder Regenmooren, einem Element der reinen Naturlandschaft ohne Zutun des Menschen. Das Leben zwischen dem Moor und dem armen Sandboden der Heiden mit ihren kümmerlichen Erträgen war überaus entbehrungsreich, sodass die technische Umgestaltung, insbesondere die Abtorfung der Moore und die Aufforstungsmaßnahmen von den Zeitgenossen in begreiflicher Weise als Wohltaten aufgefasst wurden. Die Heidebauern betrieben einen Ackerbau, in dem Buchweizen und Hafer eine große Rolle spielten. Zur Herstellung wenigstens minimaler Bodenfruchtbarkeit auf den Äckern wurden die Flächen mit den Zwergsträuchern (meist Besenheide *Calluna vulgaris*, an feuchteren Stellen auch Glockenheide *Erica tetralix*) geplaggt. Mit einer speziellen Schaufel wurde der Oberboden mitsamt Sträuchern abgetragen, im Stall als Einstreu benutzt und danach mit dem tierischen Mist* auf die Äcker verbracht. Das äußerst mühsame Plaggen etwa alle 20 Jahre führte dazu, dass sich die Heide verjüngte und flächendeckend ihre Blütenpracht entfaltete.

Die Plaggenwirtschaft wird heute nur auf kleinen Flächen zu Anschauungszwecken fortgeführt, offenbar aus Kostengründen. Ganz überzeugt dies nicht, denn wenn die Maßnahmen wie früher nur alle 20 Jahre durchgeführt zu werden brauchen, ist die jährliche Kostenbelastung vermutlich auch nicht höher als bei der Beweidung. Die Pflege der großen Heideflächen erfolgt heute teils mit Feuer, überwiegend jedoch mit Herden von Heidschnucken, besonders anspruchslosen Schafen. Die Verjüngung der Zwergsträucher erfolgt dabei weniger effektiv als beim Plaggen, sodass der Blühaspekt heute weniger großartig ist als vor 100 Jahren. Die Heide vergrast, aber vielleicht ähnelt sie dafür mehr den bronzezeitlichen Verhältnissen ihrer Entstehung.

Als Erholungslandschaft ist die Zwergstrauchheide trotz dieser Einschränkung ein Spitzenbiotop. Die armen Sandböden sind ein so extremer Standort, dass die pflanzliche Artenvielfalt nicht besonders hoch ist, dafür haben hier Spezialisten ihre Heimat. Für zahlreiche selten gewordene Vogelarten ist die Heide ein Refugium in der Kulturlandschaft.

Die belangreichen verbliebenen Zwergstrauchheiden sind als Flächen weitgehend geschützt. Die Pflege der Flächen im Naturschutzpark am Wilseder Berg ist wohlorganisiert und finanziell abgesichert, was von kleineren Restflächen in anderen Regionen wohl nicht gesagt werden kann.

Bodensaure Magerrasen

In der Pflanzensoziologie werden die auch „Borstgrasrasen" genannten Flächen mit den Zwergstrauchheiden in einer Klasse zusammengefasst, weil sie in Gebirgsregionen ineinander übergehen. Wir trennen sie hier von der soeben angesprochenen, typischen Tieflandsheide ab. Der Leser sei an die Box 2.4 im Kap. 2 erinnert.

Die oft vom Borstgras (*Nardus stricta*), auf etwas ertragskräftigeren Böden auch vom Roten Straußgras (*Agrostis tenuis*) und dem Rotschwingel (*Festuca rubra*) geprägten Flächen sind ebenfalls durch Beseitigung des Waldes entstanden. Sie stocken auf kalkfreiem, relativ saurem Gestein mit mäßigem Angebot an Pflanzennährstoffen, oft sind die Standorte auch niederschlagsreich. Sie dienten über Jahrhunderte als Weideland. Weil es sich meist um forstwirtschaftlich vorteilhafte Standorte handelt, ist ein großer Anteil der Flächen

Abb. 5.12 *Bassia* oder *Kochia laniflora* ist ein merkwürdiges Kraut auf sandigen Plätzen im Rhein-Main-Gebiet, hier im Naturschutzgebiet Griesheimer Düne. Sehr seltener isolierter Vorposten, weit entfernt von den Hauptvorkommen in Asien und gerade deshalb interessant und schützenswert

Abb. 5.13 Kontinental getönter Trockenrasen: Der Große Rummelsberg bei Brodowin im Biosphärenreservat Schorfheide-Chorin (Brandenburg) mit typischem Federgras (*Stipa spec.*)

längst wieder aufgeforstet worden. Im Flachland sind Borstgrasrasen auf kleine Flächen zurückgedrängt worden, in den Mittelgebirgen finden sich nur noch um den Feldberg im Schwarzwald und in der Rhön große Flächen. Bedeutung besitzen auch die im thüringischen Biosphärenreservat Vessertal (heute „Thüringer Wald") gelegenen. In den Alpen sind sie noch weit verbreitet.

Eine charakteristische Pflanze der bodensauren Magerrasen ist das Wohlverleih oder die Arnika (*Arnica montana*), in den Alpen zuweilen noch landschaftsprägend, sonst überall selten geworden (Abb. 5.10). Die pflanzliche und tierische Artenvielfalt ist beachtlich, wenn auch nicht ganz so üppig wie auf den kalkreichen Flächen. Die wertvollen Borstgrasrasen im Mittelgebirge sind als Flächen geschützt, die ihren Charakter erhaltende Beweidung trägt sich jedoch ökonomisch selten selbst und ist auf eine Honorierung der Pflegeleistung angewiesen mit allen darin liegenden Risiken.

Sandrasen

Bisweilen findet man groß- und kleinflächig extrem sandige Flächen, wie Binnendünen, die früher sogar wanderten. Es gibt alle Übergänge von geschlossenem Rasen bis zu völliger Vegetationsfreiheit. Die Flächen waren ursprünglich meist locker bewaldet, teils vielleicht immer offen und sind unter anderem im Rhein-Main-Gebiet Heimstätten der im Kap. 2 schon erwähnten Einwanderer aus den osteuropäischen Steppen (Abb. 5.12). Im Osten Deutschlands stehen die Silbergrasfluren bisweilen mit kalkreicheren Lehmstandorten, im Nordwesten mit den sauren Zwergstrauchheiden in Kontakt. Die Offenhaltung der Flächen bis heute verdankt sich nicht selten einer militärischen Nutzung als Übungsgelände.

Die Sandtrockenrasen sind Standorte nicht sehr zahlreicher, aber in Mitteleuropa teils extrem seltener Pflanzen- und Tierarten. Ähnlich den zuvor besprochenen Vegetationstypen

ist die Sicherung der Flächen als Naturschutzgebiete oft gewährleistet. Bei geringer Größe sind sie jedoch ungünstigen Einflüssen von den Rändern her ausgesetzt; sie befinden sich nicht selten inmitten intensiv bewirtschafteter Agrarflächen, zum Beispiel mit Spargelanbau, oder gar im besiedelten Gebiet. Sandige Flächen fallen noch leichter als andere der *Ruderalisierung* anheim: Schon geringer Düngereintrag durch Hunde und Spaziergänger erleichtert das Eindringen von gemeinen Stadt- und Straßenunkräutern, womit sich der Charakter der Flächen schleichend verändert. Auf den großflächigen früheren Truppenübungsplätzen besteht dieses Problem weniger, auch sind dort zuweilen anzutreffende „Nutzungen", wie das Befahren mit Geländemotorrädern nicht unbedingt schädlich, da sie in gewisser Weise die frühere militärische Nutzung nachahmen (Abb. 5.11). Wie bei den Zwergstrauchheiden ist auch hier oft eine Beweidung mit Schafen oder anderen anspruchslosen Tieren erforderlich.

Die Erhaltung und Pflege der Flächen verlangt zuweilen Ideenreichtum. Ein Biotop im Naturschutzgebiet „Griesheimer Düne" bei Darmstadt drohte durch Nährstoffeintrag vom Rand seinen offenen Charakter zu verlieren und zuzuwachsen. Man kippte darauf Wagenladungen von Sandaushub aus Baustellen, worauf sich woanders sehr seltene Spezialisten unter den Pflanzen sofort wieder üppig einstellten.

Kontinental getönte Kalkmagerrasen und Steppenrasen

Es handelt sich um relativ kleinflächige Bestände überwiegend, aber nicht ausschließlich in Ostdeutschland (Abb. 5.13). Die Bezeichnung „Trockenrasen" ist für diesen Vegetationstyp noch treffender als für den folgenden; in der Tat ist es besonders im Regenschatten des Harzes mit zuweilen unter 500 mm Niederschlag für mitteleuropäische Verhältnisse trocken. Prägend ist auf den Kalk-, Dolomit- oder Gipsstandorten aber auch die Nährstoffknappheit. Bezeichnend ist die Besiedelung der Flächen mit Florenelementen aus den osteu-

Abb. 5.15 Kalkmagerrasen mit typischem Wacholder in Frühjahrsaspekt an der Diemel in Nordhessen

Abb. 5.14 Zahlreiche wertvolle Biotope sind kleine Inseln inmitten intensiver Landwirtschaft: Die Spatenberge und der Segelberg im Thüringer Becken. (Foto: Kersten Winter, mit freundlicher Genehmigung des Thüringischen Ministeriums für Umwelt, Energie und Naturschutz (TMUEN))

Pufferstreifen abgeschirmt werden. Dies geschieht in einem Programm zur Entwicklung der Steppenrasen im Thüringer Becken in vorbildlicher Weise (Abschn. 9.1).

Submediterran geprägte Kalkmagerrasen

Dieser Biotoptyp ist von allen in diesem Abschnitt besprochenen heute der flächenreichste (Abb. 5.15 und 5.16). In Deutschland gibt es aus verschiedenen Erdzeitaltern Sedimente aus Kalk an der Erdoberfläche: Devonische Kalke aus dem Erdaltertum (400 Mio. Jahre alt) gibt es links und rechts des Rheins im Schiefergebirge, Triassische (wie die folgenden aus dem Erdmittelalter) aus dem Muschelkalk am oberen Neckar, in Franken, Hessen und Thüringen, ferner den Schwäbischen und Fränkischen Jura sowie in Westfalen und auf der Insel Rügen die Kreide. Lössablagerungen* wie auf dem Kaiserstuhl am Oberrhein bilden ebenfalls kalkhaltigen Untergrund. Die meisten Flächen zeichnen sich dadurch aus, dass auch bei hohen Niederschlägen im Jahr leicht Wassermangel entsteht, weil das Wasser durch Klüfte im Kalk schnell versickert. Mit Ausnahme der Lössstandorte liegt der Bodenhorizont dem Kalkuntergrund nur recht dünn auf und bis auf die hohen Lagen der Schwäbischen Alb ist das Klima eher wintermild, sodass Einwanderer aus südlichen (submediterranen und mediterranen) Gefilden gute Lebensmöglichkeiten besitzen. Trockenheit, dünne, steinige Bodenauflage und schütterer Pflanzenwuchs können im Sommer sehr hohe Temperaturen an der Oberfläche erzeugen, was vielen Insektenarten zugutekommt (Abb. 5.18).[4]

ropäischen Steppen, die anders als die submediterranen harte Winter ertragen. Eine typische Art ist der Stängellose Tragant (*Astragalus exscapus*), der in Deutschland nur in Thüringen und Sachsen-Anhalt vorkommt und in Westeuropa erst wieder in den inneralpinen Trockentälern wie dem Wallis auftaucht (Abschn. 9.1, Abb. 9.3).

Wenigstens Teile der heutigen Flächen müssen auch früher von dichtem Wald frei gewesen sein, sonst hätten sich die Arten nicht halten können. Der Mensch hat dann ihren Lebensraum durch Rodung zusätzlich erweitert, jedoch haben sie wohl nie die Flächenausdehnung erreicht wie die nachfolgend angesprochenen submediterran getönten Kalkmagerrasen. Ihre Flächen sind heute nicht nur wegen der sehr bemerkenswerten Arten gesetzlich geschützt, sie entkamen ihrer Zerstörung in der Vergangenheit auch wegen ihrer Lage oft an steilen Hängen oder Felskuppen, die sie für land- und forstwirtschaftliche Nutzung ungeeignet machen. Wie so oft ist auch hier die Kleinflächigkeit ein Problem, indem sie Randeinflüsse besonders in Gestalt der Einwehung von Dünger erlaubt (Abb. 5.14). Die Flächen müssen besonders in landwirtschaftlichen oder weinbaulichen Intensivlagen durch

---

[4] Die Wissenschaft unterscheidet Volltrockenrasen (Xerobromion nach dem namengebenden Gras *Bromus erectus* (aufrechte Trespe)) und Halbtrockenrasen (Mesobromion). In die ewige Streitfrage, ob der erstere Biotop so trocken ist, dass dort nie Bäume standen, mischen wir uns nicht ein. Sicher ist aber, dass das viel größere Flächen einnehmende Mesobromion aus degradiertem Wald entstand, also keine Natur-, sondern eine Kulturlandschaft ist.

Abb. 5.16 Kalkmagerrasen auf dem Kleinen Dörnberg bei Kassel später im Jahr. Man erkennt an den Spinnennetzen die hohe Bedeutung des Biotops auch für Tiere

Abb. 5.17 Frühere intensive Beweidung der Kalkmagerrasen bei Münsingen auf der Schwäbischen Alb, Foto am 23. Mai 1931. (Quelle: Sammlung Burkhard Beinlich, mit freundlicher Überlassung und Genehmigung)

Die jungsteinzeitlichen Bauern, die zu keiner tiefen Bodenbearbeitung in der Lage waren, siedelten gern auf den Flächen, weil sie warm und mit Feuer, Vieh und der Axt relativ leicht zu roden waren und vielleicht schon offene Flächen enthielten. Über Jahrtausende hinweg dienten große Flächen als mageres Weideland; der menschliche Einfluss ähnelte durchaus dem in den nordwestdeutschen Heiden, nur dass sich bei anderem Boden und anderem Klima auch eine andere Vegetation entwickelte. Die Menschen in den Kalkgebieten mussten jedoch auch Ackerbau treiben, weil sie Getreide und Brot brauchten. Deshalb war die heute prägende Nutzung der „Wacholderheiden" als Schafhutung* nicht zu allen Zeiten so universell verbreitet, wie man es annehmen könnte. Die Zeit der großflächigen Wanderschafhaltung brach richtig erst im 19. Jahrhundert an, als das Interesse am Ackerbau nachließ und sich zusätzlich zur Nachfrage nach Schafwolle ein lukrativer Absatzmarkt für Lammfleisch in Frankreich entwickelte.

Die Flächen waren und sind ideale Lebensstätten für die aus dem Süden und Südwesten eingewanderten Pflanzen- und Tierarten. Heutige Orchideenliebhaber kommen voll auf ihre Kosten, dürfen jedoch eines nicht vergessen: Vor 100 Jahren wären sie nicht in einer Art von Park spaziert wie heute. Vielmehr waren die Flächen damals manchmal bis zum Horizont völlig kahl gefressen, Stauden, Säume und Gehölze waren nicht mehr zu sehen (Abb. 5.17). Die auch heute fragwürdige Bezeichnung dieser Flächen als „extensive Weide" traf damals noch weniger zu, die Schäferei war ein höchst intensives Geschäft.

Wie auch die anderen Halbkulturlandschaften sind die Flächen als Naturschutzgebiete und FFH-Flächen gesichert, ihnen droht höchstens Gefahr, wenn sie Verkehrswegen entgegenstehen. Auch war der Druck zur Umnutzung in der vergangenen Zeit geringer als bei den bodensauren Magerrasen, weil die Kalkböden eher minderwertige Forststandorte

sind. Ein großes Problem ist jedoch die heutige Weidenutzung. Die früheren Wanderungen der Schafherden zur Winterzeit in mildere Gebiete kommen kaum noch in Frage, weil die Tiere dort anders als früher nicht mehr wegen ihrer Düngerzufuhr willkommen sind und weil die allgemeine Situation im Straßenverkehr in Deutschland wandernde Herden kaum noch zulässt. Die nun erforderliche winterliche Stallhaltung treibt wie andere Effekte die Kosten in die Höhe, denen mit dem Lammfleischverkauf nur sehr mäßige Einnahmen gegenüberstehen. Der Wollverkauf deckt gerade die Schurkosten. Die Tab. 5.4 zeigt eine sehr exakte Kalkulation für die Schafhutung in Thüringen von dem wohl bestinformierten Experten. Hiernach beträgt die Kostenunterdeckung etwa 700 € pro Hektar und Jahr.

Die Schafhutung ist also auf eine Honorierung ihrer Landschaftspflegeleistung angewiesen, die zwar gebietsweise erreicht werden kann (sonst gäbe es gar keine Schafherden mehr), aber nicht nur mit viel Mühe und Bürokratie verbunden ist, sondern auch das persönliche Einkommen des Schäfers oft nur sehr unzureichend gewährt. Obwohl es zum Glück junge Männer und Frauen gibt, die sich für das Schäferhandwerk begeistern, bestehen erhebliche Sorgen um den beruflichen Nachwuchs.

Werden die Flächen ungenügend beweidet, so gibt es zunächst den trügerischen Effekt, dass die Pracht an Orchideen und anderen Blumen noch zunimmt. Die dies genießenden Naturliebhaber ahnen oft nicht, dass dieser Zustand der erste Schritt zum Verschwinden der Wacholderheiden ist, denn auf die Orchideen, die zuweilen eher Pflanzen der Buschsäume als des offenen Graslandes sind, folgen Gehölze und wenn nichts geschieht, wachsen die Flächen zu. Besonders problematisch ist die Schlehe (*Prunus spinosa*), deren dornige Ausläufer für den oberflächlichen Beobachter unsichtbar im Gras vorankriechen, dem Schäfer aber Grund genug sind, seine Tiere nicht mehr auf die Fläche zu lassen, weil sie sich ver-

Abb. 5.18 Charakteristische Tiere warm-trockener Standorte, bevorzugt auf Kalk: **a** Großer Perlmuttfalter (*Mesoacidalia aglaja*), früher sehr häufig, **b** Schwalbenschwanz (*Papilio machaon*), besonders auf Anhöhen beim „hilltopping" zu beobachten, **c** Warzenbeißer (*Decticus verrucivorus*), wie viele Arten aus dem Heer der Heuschrecken wegen Grünland-Intensivierung stark zurückgegangen, **d** Der Haft (*Ascalaphus libelluloides*) ist kein Schmetterling, sondern ein Geradflügler, der im Flug Insekten fängt

letzen. Ist eine Fläche erst einmal stark verbuscht, verursacht ihre Wiederinstandsetzung durch „Entkusselung" hohe Kosten (Abb. 5.19).

Während große zusammenhängende Hutungen und Triften oft immer noch oder wieder ordentlich beweidet werden, ist das Zuwachsen ein besonders akutes Problem auf kleineren und voneinander isolierten Flächen, die umständliche Transporte der Tiere erforderlich machen würden. Hier kann neben anderen Abhilfen auch zu einer maschinellen Pflege gegriffen werden. In diesem Zusammenhang ist wichtig, dass ein kleinerer Teil der Kalkmagerrasen auch früher nicht beweidet, sondern gemäht wurde (Abb. 5.20). Diese „Mähder" lieferten besonders in schlechten Jahren etwas zusätzliches Futter. Da die Sense ganz andere ökologische Wirkungen ausübt als der Biss der Schafe, entwickelt sich auf den Mähdern eine andere, aber ebenfalls sehr artenreiche Vegetation. Berühmt sind die Mähder auf den Lössbergen im Kaiserstuhl, besonders dem Badberg. Die Übergänge vom ertragsarmen Mähder zu etwas produktionskräftigeren Flächen, wie Salbei-Glatthaferwiesen, sind fließend. Letztere werden unten bei den traditionellen bäuerlichen Biotopen vorgestellt.

5.3.1.2 Nasse Biotope und Moore

Leider sind diese Biotope in viel stärkerem Maße als die trockenen durch Intensivierung überformt und, soweit es sich um Elemente der Naturlandschaft handelte, vernichtet worden, wie viele Moore. So müssen neben den Resten der noch wertvollen zuerst auch die degradierten Biotope angesprochen werden.

Übermäßig genutzte und degradierte Moore

Die Bodenkunde lehrt: Moore sind von Vegetation bedeckte Lagerstätten von Torf. Torf ist abgestorbene Pflanzenmasse, die aufgrund herrschender Bedingungen – Nässe, Luftmangel, zuweilen starker Säuregrad – nicht zur Zersetzung kommt und sich daher ansammelt. Hoch- oder Regenmoore wölben sich über die Landschaft und werden nur vom Regenwasser gespeist, das sie mit hohen Kapillarkräften festhalten. Sie sind sauer, extrem arm an Pflanzennährstoffen und in natürlicher Form landwirtschaftlich nicht nutzbar. Wichtigste Torfbildner sind hier Moose. Weil schon ihr Betreten gefährlich sein kann, bildeten sie früher den Stoff gruseliger Geschichten. Sie sind – oder besser waren – keine Kultur-, sondern ein Teil der Naturlandschaft. Weil ihr Torf ein wertvoller Rohstoff ist und

Tab. 5.4 Erlöse und Kosten der Schafhutung

	Kosten in €/ha*Jahr[a]
Proportionale Kosten	
– Deckbock	10,00
– Kraftfutter*	98,00
– Mineralfutter	16,00
– Tierarzt/Medikamente	15,00
– Tierseuchenkasse	4,50
– Wasser	8,71
– Schur	9,70
– Sonstiges[b]	51,20
– Stroh	19,00
Proport. Kosten, zusammen	**232,11**
– Winterfutter, Silage	124,70
– Winterfutter, Heu[c]	32,10
– Sommerfutter	81,60
Grundfutter*, zusammen[d]	**238,30**
Arbeitskosten	**275,40**
Fixkosten Gebäude, Maschinen	**139,70**
Verwaltung, sonst. Aufwand	**63,30**
Gesamtkosten	**948,81**
Marktleistungen	
– Mastlämmer	207,78
– sonstige Schlachtschafe	17,00
– Wolle	6,96
Marktleistungen, zusammen	**231,74**
Gewinnbeitrag	**−717,07**
Summe Förderungen (2011)	**594,00**
Gewinnbeitrag mit Förderung	**−123,07**
Anteil der Marktleistung am Erlös	28 %

[a] Besatzstärke* 2,88 Produktionseinheiten Mutterschaft pro Hektar, Herdengröße 500 Mutterschafe
[b] Energie, Material, Geräte, Hunde
[c] 150 Stalltage
[d] Einschließlich Pacht
Die vollständige Tabelle mit weiteren Angaben findet sich in Hampicke (2013, S. 89)
Quelle: Berger (2011)

Abb. 5.19 Nicht immer sieht Naturschutz schön aus: radikale Gehölzbeseitigung auf dem Kalktrockenrasen der Eberschützer Klippen an der Diemel. Der Rasen wächst wieder

Abb. 5.20 Im Hintergrund gemähte Halbrockenrasen auf Löss (Badberg im Kaiserstuhl), vorn Säume mit Tendenz zur Staudenflur, die auch der Mahd bedürfen

man die Flächen für die Landwirtschaft herrichten wollte, sind Hochmoore in Nordwestdeutschland mit verschiedenen Methoden fast gänzlich vernichtet worden (vgl. Box 5.3).

Man hatte nicht die geringsten Skrupel, die Moore vollständig zu beseitigen. Dafür mag man für das Jahr 1890 noch Verständnis aufbringen wegen der noch vorhandenen Fülle an Moor und Torf. Spätestens zur Nazizeit, die sich in Propaganda für Naturschutz erging, hätte man aber den landeskulturellen Wert der verbliebenen Reste erkennen müssen. Stattdessen zerstörte der „Reichsarbeitsdienst" noch wertvolle Flächen, wie Teile des Wurzacher Riedes in Oberschwaben. Teils bis in die Gegenwart wird mit dem Torfabbau fortgefahren.

Niedermoore werden durch das Grundwasser gespeist. Nach dessen Beschaffenheit unterscheidet man kalkreiche und saure Nieder- oder Flachmoore. Sie bilden oft einen Randbereich der Hochmoore und haben daher Kontakt mit ihnen, können aber auch völlig unabhängig von Hochmooren existieren und entstehen dann als Durchströmungsmoore oder bei der Verlandung von Seen. Ferner gibt es große von Natur aus nasse Flächen in Regionen flacher Wasserscheiden, in denen das Wasser keinen zügigen Abfluss besitzt. Ein typi-

Abb. 5.21 Stimmungsvolle Feuchtwiesen im bayerischen Alpenvorland mit Heustadeln

sches Beispiel ist der Drömling östlich von Wolfsburg. Auch diese waren oder sind noch teilweise vermoort und waren früher Erlenbruchwald. In einem Bruchwald steht das Wasser und ist deshalb sauerstoffarm, während ein Auwald in einem Kontakt mit einem Fluss steht, wodurch sich sein Bodenwasser stets erneuert und daher sauerstoffreicher ist.

> **Box 5.3 Frühere Wertschätzung von Moor und Torf**
> Im 1890 erschienenen „Handbuch der gesamten Landwirtschaft", dritter Band, herausgegeben von dem seinerzeit höchst angesehenen Freiherrn von der Goltz, publiziert ein Hugo Classen einen Beitrag von 32 klein gedruckten Seiten über „Torf-Gewinnung und Verwertung". Im Schlusswort heißt es: „Deutschland besitzt in seinen Mooren einen fast unerschöpflichen Vorrat an brauchbarem Material nicht bloß zu Heizzwecken, sondern auch zur Einstreu als Ersatz für Stroh! Das wichtigste Nebenprodukt bei der Torfverwertung ist aber die Torfmulle. Sie allein ist geeignet zur Herstellung und Erhaltung geruchloser Abortlokalitäten und zur ebenso geruchlosen Gewinnung eines vortrefflichen und billigen Düngers, wie dies kein anderes System zur Beseitigung und Nutzbarmachung städtischer Abfallstoffe ermöglicht. Diese Art der massenhaften Torfverwertung sichert aber nicht nur den Städten den höchsten Grad an Salubrität, schützt die fließenden Gewässer gegen Verunreinigung und gewährt der Landwirtschaft den vortrefflichsten und billigsten Dünger, sondern ermöglicht auch den Bewohnern ausgedehnter Moordistrikte eine lohnende Verwertung ihrer Torfvorräte und gleichzeitig die Vorbereitung der abgetorften Flächen für eine spätere intensive Kultur" (S. 796).

Das größte Niedermoor Norddeutschlands ist mit etwa 11.000 ha die Friedländer Große Wiese im Grenzgebiet zwischen Pommern und Mecklenburg nordöstlich der Moränenkette der Brohmer Berge mit dem Galenbecker See. Ihre Geschichte verlief anders als die der westdeutschen Regenmoore. Torfabbau spielte nur zeitweise eine Rolle, sodass es den Moorkörper, wenn auch arg ramponiert, noch gibt. Erste Versuche einer Nutzbarmachung der teilweise Bruchwald tragenden Fläche während der Schwedenzeit im 17. Jahrhundert beschränkten sich auf seine Ränder, wurden aber unter der preußischen Herrschaft im 18. Jahrhundert deutlich intensiviert. Durch Entwässerung kam das Torfwachstum im Durchströmungsmoor schon damals zum Erliegen. Im 19. und frühen 20. Jahrhundert entstanden Gutswirtschaften, die häufig ihre Besitzer wechselten, wurden Verkehrswege gebaut und mit unterschiedlichem, oft nur kurzlebigem Erfolg alle möglichen Nutzungen ausprobiert, darunter auch Anbau von Hanf. Während der Nazizeit wirkte der „Reichsarbeitsdienst", infolge des Kriegsausbruches jedoch auch nur mit begrenzten Ergebnissen.

Mit großer Begeisterung stürzte sich erst die DDR in ein Komplexmeliorierungsabenteuer von gigantischen Ausmaßen, in das „achte Weltwunder". „Jeder weitere Fortschritt in der landwirtschaftlichen Produktion ist ein Beitrag zur Festigung der Arbeiter- und Bauernmacht in der Deutschen Demokratischen Republik und ist eine Antwort auf die Atomaufrüstung der westdeutschen Militaristen" (1958, zitiert in Rösler und Kächele o.J., S. 88). Den Beginn machte ein von der FDJ organisiertes „Jugendobjekt Große Friedländer Wiese", in dem über 6000 Jugendliche zwischen 1958 und 1962 Wege bauten und Gräben zogen. Die Tätigkeiten werden in einem Jugendroman erzählt, der 27 Auflagen bis 1986 erlebte (Wohlgemuth 1962, vgl. auch Abb. 5.22).

Abb. 5.23 Schlechtestmögliche fachliche Praxis: Maisanbau im Moor der Friedländer Großen Wiese mit maximaler Torfzehrung

Abb. 5.22 Im Jugendobjekt Friedländer Große Wiese (1958–1962) gab es anscheinend auch andere Dinge als nur harte Arbeit. (Mit freundlicher Genehmigung der Eulenspiegel Verlagsgruppe)

Spätere, professionellere Arbeiten umfassten neben vielem anderen den Bau des Peene-Süd-Kanals, mit dem in den Sommermonaten Wasser aus der Peene in das Gebiet gepumpt wurde. Wegen der geringen Niederschläge musste das Gebiet im Sommer *be-*, anstatt entwässert werden. Über 6000 ha wurden als Grünland eingesät, das jeweils nach wenigen Jahren erneuert werden musste. In Ferdinandshof entstand die größte Rindermastanlage der Welt mit 21.000 Stallplätzen, im weiteren Umfeld standen insgesamt 44.000 Rinder.

Die Friedländer Große Wiese ließ sich schwer zähmen, wie die Meliorationsingenieure* und -brigaden feststellen mussten. Auf jede technische Großaktion folgte ein Zurückschlagen des Moores, sei es durch Sackung unter den Meeresspiegel (das im Winter zu entfernende Wasser musste mit hohen Kosten angehoben werden), sei es auf den abgetorften Flächen durch Sandverwehungen und andere Effekte. Rösler & Kächele (o. Jg.) berechnen in einer mustergültigen Arbeit, dass die gesamte Komplexmelioration (und ökologische Zerstörung) *nach der in der DDR selbst gültigen ökonomischen*

Methodik von zweifelhaftem Wert war. Noch am lohnendsten für den damaligen Staat war die erschlossene Devisenquelle durch die Ausfuhr des erzeugten Rindfleisches nach Westdeutschland. Die Ironie der Geschichte wollte, dass ausgerechnet der größte West-Militarist der 1950er-Jahre (der damalige Atom- und Verteidigungsminister Franz-Josef Strauss betrieb mit Adenauer den Zugang zu Atomwaffen) zu den späteren Gönnern der Friedländer Großen Wiese wurde. Er förderte den Rindfleischexport und fädelte West-Kredite ein, die die DDR noch einige Zeit am Leben hielten. Nach der Wende wird die Rindfleischerzeugung von der „Osterhuber Agrar-GmbH" fortgeführt – einem Agrarimperium mit verschiedenen Standorten und auch eher bayerisch als pommersch anmutendem Firmennamen.

Heute beeindruckt die Wiese allenfalls durch ihre Weite, was manche Vogelpopulation anlockt. Moorkörper und Vegetation sind überformt; statt es wenigstens beim Grünland zu belassen, wird auf weiten Flächen sogar Mais angebaut. Ein großer ökologischer Verlust ist auch die Verwandlung des früher glasklaren Galenbecker Sees zu einem trüben Fischteich, was die Unterschutzstellung und teure Renaturierungsmaßnahmen nicht mehr rückgängig machen können.

Wie die Friedländer Große Wiese zeigt, sind Niedermoore landwirtschaftlich nutzbar, wenn der Grundwasserstand reguliert wird. In der Regel wird er herabgesetzt, um den Kulturpflanzen optimale Bedingungen zu bieten und um die Flächen für Tiere und Maschinen betretbar bzw. befahrbar zu machen. Flächen mit heute intensiver Nutzung als Grünland oder gar als Ackerland gehören natürlich nicht mehr zur Halbkulturlandschaft. Solche Nutzungen sind nicht „gute fachliche Praxis", sondern das Gegenteil, denn durch die Belüftung des Bodens wird der Torf nach und nach zersetzt (Abb. 5.23 und 5.24). Auf großen Flächen „anmooriger" Böden, also solchen mit einer nur flachen Torfauflage, ist er schon völlig verschwunden, was den Bauern meist wenig stört. Niedermoore mit mächtigen Torfschichten erfüllen jedoch wichtige

Abb. 5.24 Torfzehrung: Das 1887 erbaute Gutshaus in Mariawerth mitten in der Friedländer Großen Wiese gründet auf dem Mineralboden unter dem Torf und sackt nicht mit ab. Ganz geklärt ist nicht, um wie viel der Moorkörper schrumpfte. Allerdings ist kaum vorstellbar, dass die Kellerbögen bei der Bauabnahme vor 130 Jahren so aus dem Boden ragen durften wie heute. Das abgeknickte Regenfallrohr und der unterschiedliche Anwitterungsgrad der Ziegel oben und unten deuten ebenfalls darauf hin, dass die Landoberfläche früher erheblich höher lag

Abb. 5.25 Das Pfrunger Ried in Oberschwaben

landschaftsökologische Funktionen wie die Speicherung von Wasser und Nährstoffen, sodass sie intakt bleiben sollten. Die Torfzersetzung führt zu massiven Einträgen vom Treibhausgas CO_2 in die Luft ($\rightarrow$ Abschn. 6.6) und zu ebensolchen von Stickstoff und Phosphor in Gewässer.

Flächen wie die Friedländer Große Wiese und viele andere lassen kaum mehr eine erfolgreiche Renaturierung zu. Sie werden am besten einer Form der *Paludikultur* zugeführt, einer Nutzung, die nicht die herkömmliche Austrocknung, sondern Nässe verlangt, womit die Leistungsfähigkeit des Moores insbesondere zur Erhaltung des verbliebenen Torfes gewährleistet bleibt. Zahlreiche Möglichkeiten energetischer oder stofflicher Nutzung werden in der einschlägigen Literatur behandelt und in Entwicklungsvorhaben erprobt (Wichtmann et al. 2016); besonders ausdrücklich sei auf das „Greifswald Moor Centrum" verwiesen (www.greifswaldmoor.de).

Noch erhaltene oder renaturierbare Biotope

Die Abb. 5.25 wirft einen Blick in das Pfrunger Ried bei Bad Saulgau in Oberschwaben. Es handelt sich um einen typischen Moorkomplex im baden-württembergischen Alpenvorland. Extensive Futterwiesen gehen in Streuwiesen über, dahinter der „Große Trauben" als weit gehend intaktes, mit Moor-Kiefer (*Pinus mugo subsp. rotundata*) bestandenes Hochmoor. Den Hintergrund bilden die Höhen aus Nagelfluh, in die der Gletscher das Zungenbecken eingekerbt hat. Durch das Ried querte in früherer Zeit die Grenze zwischen dem Großherzogtum Baden und dem Königreich Württemberg. Auf der badischen Seite ist das Hochmoor, der „Große Trauben" weitgehend unberührt, die einzigen Strukturen sind Jagdschneisen und ein Hochsitz. Auf der württembergischen

Seite ist alles von kleinen bäuerlichen Torfstichen und deren Wiederverlandungen eingenommen, also von Zeugnissen fleißigen Schaffens. Daraus auf generelle Mentalitätsunterschiede zwischen den heute in einem Staat vereinten Bewohnern zu schließen, wie es dem Wanderer scherzhaft erzählt wird, ist natürlich nicht ernst gemeint. Im württembergischen Teil siedelten um den Flecken Wilhelmsdorf herum Angehörige einer strengen Religionsgemeinschaft, die in die damals fast unwegsame Peripherie des Königreiches geschickt wurden. Das Ried ist Gegenstand einer umfassenden Renaturierungsmaßnahme (Abschn. 9.2, Tab. 9.2)

Niedermoore werden oft von Seggenrieden mit „Sauergräsern" dominiert. Diese sehen auf den ersten Blick wie Gräser aus, unterscheiden sich aber bei näherem Hinsehen von ihnen in vieler Hinsicht. Auch bevorzugen sie andere Biotope – oft, wenn auch nicht immer, lieben sie Nässe. Es gibt in Mitteleuropa über 100 Arten. Da die Lebensstätten besonders der Nässeliebenden durch Entwässerung knapp geworden sind, sind viele von ihnen selten geworden und gefährdet. Eine nicht systematische, aber anschauliche Unterscheidung gliedert in Großseggen und Kleinseggen und deren Lebensstätten in Großseggenriede und Kleinseggenriede.

Großseggen bilden auffällige, große Horste an Gewässerrändern, in Röhrichten und Mooren. Schon wegen ihrer Größe und ihrer harten ungenießbaren Blätter waren sie nie Futterpflanzen und sind bei ihrem Vorkommen auf nassen Wiesen ein unwillkommenes Unkraut, sofern es sich nicht um Streuwiesen handelt. Ganz anders die Kleinseggen. Der Laie würde eine von ihnen besiedelte Fläche als „sehr nasse Wiese mit vielen Blumen" ansprechen. Der Grad ihrer menschlichen Beeinflussung lässt sich mit dem der trockenen Magerrasen und Heiden vergleichen; wegen der Nässe waren sie jedoch nie Weideland. Sie brachten kümmerliche Heuerträge, die sogar nicht einmal jährlich, sondern oft nur ab und zu in Mangeljahren geerntet wurden. Frühere Bauern schätzten diese Flächen nicht, besaßen aber oft keine technischen Mittel, um die Flächen zu entwässern und in Kultur zu nehmen.

Abb. 5.26 a Blick ins kalkreiche Kleinseggenried, oft an Quellaustritten, mit Mehlprimel (*Primula farinosa*), Schwarzem Kopfried (*Schoenus nigricans*) und Knoten-Binse (*Juncus subnodulosus*), Pfrunger Ried; **b** Sumpf-Läusekraut (*Pedicularis palustris*) in weniger kalkreichem, leicht saurem Kleinseggenried, Federsee-Ried

Abb. 5.27 Bewohner des Moores: **a** Rundblättriger Sonnentau (*Drosera rotundifolia*), **b** Kleiner Wasserschlauch (*Utricularia minor*), ebenfalls eine fleischfressende Pflanze, **c** Sumpfwiesen-Perlmuttfalter (*Clossiana selene*) auf Fieberklee (*Menyanthes trifoliata*), **d** Die gerandete Jagdspinne (*Dolomedes fimbriatus*) ist die größte Spinne in Mitteleuropa, **e** Die Sumpfschrecke (*Mecostethus grossus*) geht als einzige heimische Heuschrecke in das Wasser, **f** Die Kreuzotter (*Vipera berus*) zieht sich ins Moor zurück, weil sie woanders selten geduldet wird. (Foto: Herbert Buchta)

Kleinseggenriede auf kalkhaltigem Untergrund zählen zu den schönsten Biotopen und enthalten zahlreiche schützenswerte Pflanzen- und Tierarten (Abb. 5.26a). Eine ihrer Charakterarten ist die Mehlprimel (*Primula farinosa*). War sie früher in Mecklenburg-Vorpommern fast ebenso häufig wie heute noch in den Alpen, so ist sie dort heute bei ihrem spärlichen Auftreten eher eine Pilgerstätte für Botaniker geworden, die sie noch einmal sehen möchten. Saure Flächen fallen etwas dagegen ab, sind aber auch wertvolle Biotope des Naturschutzes (Abb. 5.26b). Der Wert der Flächen steigert sich dadurch, dass sie in der Regel mit weiteren interessanten Bio-

topen vergesellschaftet sind und größere Komplexe bilden, wie oben beim Pfrunger Ried schon beschrieben.

Zu Feuchtbiotopen, insbesondere Mooren, ist zu resümieren, dass die wertvollen verbliebenen und meist kleinen Flächen selbstverständlich den höchstrangigen Naturschutz genießen müssen – entweder ganz in Ruhe gelassen werden oder, wie besonders Kleinseggenriede, eine am historischen Vorbild orientierte Pflegenutzung unter Sicherung der erforderlichen Grundwasserstände erhalten.

Abb. 5.28 Nährstoffarme Heuwiese im Großen Kaukasus mit *Asyneuma campanuloides*

5.3.2   Traditionelle bäuerliche Nutzflächen

Schon im Kap. 2 wurde festgestellt, dass vor 150 Jahren fast alle Äcker, Wiesen und Weiden artenreich waren. Mit der Nutzungsintensivierung ging der Artenreichtum weitgehend verloren; wir betrachten die relativ kleinen Flächen, auf denen dies aus unterschiedlichen Gründen noch nicht erfolgte. Es überrascht nicht, dass sich solche auch im ökologischen Landbau finden. Auch versteht sich von selbst, dass es auf dem Grünland sowohl im trockenen als auch im nassen Bereich gleitende Übergänge zu der im vorigen Abschnitt behandelten Halbkulturlandschaft gibt.

5.3.2.1 Dauergrünland

Trockene bis frische „Blumenwiesen"
Hier handelt es sich in aller Regel um fakultatives Grünland nach der Definition im Abschn. 3.2.2 Viele Flächen hätten schon längst zu Ackerland umgebrochen oder der Intensivierung zu Weideland oder Vielschnittgrünland zugeführt werden können. Wo dies nicht geschah, hat es betriebsstrukturelle Gründe, die besonders in Süddeutschland noch zuweilen anzutreffen sind. Die häufig auch mit Obstbäumen verzierten

Flächen („Streuobstwiesen") sind typischerweise im Besitz von Nebenerwerbsbetrieben*, die weder die Möglichkeit noch das Interesse haben, die Flächen zu intensivieren; sie möchten sie aber auch nicht intensivierungsfreudigen Nachbarn als Pachtland oder zum Kauf überlassen. Hinzu kommt, dass die Wiesen bei guter Qualität Fördermittel im Rahmen des Vertragsnaturschutzes genießen können.

Funktionell scheinen „Blumenwiesen" in einer durchrationalisierten modernen Landwirtschaft nur noch wenig Platz zu haben. Ihr Ertrag lässt sich durch Grünlandintensivierung auf das Doppelte und durch Umwandlung in Maisacker auf das Vierfache steigern. Die Qualität des Aufwuchses ist als Alleinfutter für heutige leistungsstarke Milchkühe ungenügend. Unten im Abschn. 7.3.5 wird jedoch gezeigt, wie die schönen Biotope dennoch sinnvoll in moderne Betriebsabläufe integriert werden können. Wo es solche Wiesen noch gibt, gibt es entweder Kräfte, die der Modernisierung entgegenstehen, wie das traditionelle Verhalten der erwähnten Nebenerwerbsbaucrn, oder Ideenreichtum, unterstützt durch eine finanzielle Förderung, die manchen modernen Agrarbetrieb veranlasst, sie auf Teilflächen zu pflegen, zumal sie in jüngerer Zeit auch wieder Anerkennung vonseiten der nicht-bäuerlichen Bevölkerung und Prestige erwarten lassen.

Abb. 5.29 Heuwiese in den Alpen

Abb. 5.30 Weniger spektakulär anmutend, aber höchst wertvoll und vorbildlich gepflegt: die Buckelwiesen bei Mittenwald

In einigen Bundesländern gibt es Meisterschaften um die schönste Wiese, was noch vor wenigen Jahren bei den Bauern Kopfschütteln erzeugt hätte.

Bei den früher „Fettwiese" genannten Beständen handelt es sich um Wiesen mit 40 bis 60 Pflanzenarten, darunter zahlreichen attraktiv blühenden (Abb. 5.29 und 5.30). Hauptbestandsbildner bei den Gräsern ist häufig der Glatthafer (*Arrhenatherum elatius*), in höheren Lagen der Goldhafer (*Trisetum flavescens*). Auf sonnigen und trockenen Standorten gehen die dort vorherrschenden und besonders bunten Salbei-Glatthaferwiesen fließend in gemähte Halbtrockenrasen mit der Aufrechten Trespe (*Bromus erectus*) über, die oben bei der Halbkulturlandschaft erwähnt wurden.

Anders als auf den Halbkulturflächen handelt es sich bei den Pflanzenarten nur vereinzelt um Seltenheiten der Roten Listen. Die Arten gelten meist (noch) nicht als gefährdet oder gar vom Aussterben bedroht, dennoch liegt hier – ganz abgesehen vom ästhetischen Wert der Wiesen – ein Naturschutzproblem ersten Ranges vor: Die Arten waren früher allgegenwärtig und die Landschaft prägend. Ihre Funktion lag darin, durch das Angebot von Blüten, Pollen, Nektar, Blattwerk, Inhaltsstoffen und räumlichen Strukturen einem Heer von Insekten und anderen Kleintieren Leben zu geben. So verwundert nicht, dass die früher gewöhnlichsten Tagfalter heute zu den Seltenheiten gehören, wo es keine Blumen mehr gibt

Abb. 5.31 Vielen Menschen fällt auf, dass die früher gewöhnlichsten Schmetterlinge selten geworden sind: **a** Schachbrett (*Melanargia galathea*), **b** Tagpfauenauge (*Inachis io*)

(Abb. 5.31). Ferner war das Insektenheer Voraussetzung für die Existenz von Tieren, die wiederum von ihnen lebten.

Bunte Wiesen sind heute aus Norddeutschland weitgehend verschwunden, sie waren jedoch dort auch früher nicht so verbreitet und nicht ganz so bunt wie in Süddeutschland. Sie waren in weiten Gebieten ein Pfeiler der Betriebsorganisation und galten keineswegs als „extensiv". Produktive Bestände lieferten drei Schnitte Heu pro Jahr (waren dreischürig), weniger produktive nur zwei Schnitte. Sie erhielten eine regelmäßige Stallmistdüngung* mit etwa 50 bis 60 kg Stickstoff pro Jahr. Die darüber hinausgehenden Entzüge durch die Ernten wurden ohne Probleme von Klee und anderen Leguminosen* geliefert (Abschn. 6.2, „Stickstoffsammlung durch Leguminosen"). Der Stallmist gewährleistete eine solide Versorgung mit Phosphor und Kalium. Der Hinweis auf die Düngung ist erforderlich, weil beim heutigen Überschuss an Pflanzennährstoffen zuweilen gemeint wird, dass nicht zu düngen immer gut für traditionelle Biotope der Kulturlandschaft sein müsse. Auch Förderprogramme verlangen gelegentlich den völligen Verzicht auf Düngung, was vorübergehend zur Erreichung eines niedrigeren Versorgungsstandes mit Nährstoffen gerechtfertigt sein mag, auf die Dauer jedoch nicht dem historischen Vorbild entspricht.

Weideland

In vielen Ländern ist die Weidelandschaft eine bestimmende Nutzung (Abb. 5.32 und 5.33). Auch hier gibt es lückenlose Abstufungen von ertragsschwachen, aber höchst artenreichen Biotopen, die schon oben als Halbkulturlandschaften angesprochen wurden, über Flächen mittlerer Ertragskraft bis zu hoch intensiven, aber für die Artenvielfalt wertlosen Weißklee-Weidelgras-Weiden besonders in Norddeutschland und im Alpenvorland. Ähnlich dem Schnittgrünland sind die Flächen mittlerer Ertragskraft mit erheblichem Naturschutzwert knapp geworden, weil sie sich oft durch Düngung und Regulierung der Wasserverhältnisse intensivieren ließen. Im Übri-

Abb. 5.32 Weidelandschaft auf der Insel Sardinien

Abb. 5.33 Weidelandschaft in Aserbaidschan

gen ist die Unterscheidung von Wiese und Weide im modernen Agrarbetrieb nicht mehr so klar wie früher, weil Mischnutzungen – Schnittnutzung und Nachweide – verbreitet sind.

Da Weideflächen seltener eine solche Blütenpracht zeigen wie Wiesen vor ihrer Mahd, könnte auf einen geringeren Naturschutzwert geschlossen werden. Das ist jedoch ein Trugschluss. Eine der folgenreichsten ökologischen Wirkungen des Weideviehs ist die Herstellung von *Heterogenität* auf der Fläche, die zur relativen Homogenität der Wiesenbestände in Kontrast steht. Schon durch die Trittwirkung werden „Klein-Biotope" geschaffen, indem der Boden teils verdichtet wird, teils nicht, indem auch Strukturen zertreten werden – nicht immer im Interesse einer lückenlosen und der Erosion widerstehenden Grasnarbe. Weidetiere selektieren ferner beim Fraß – sie bevorzugen wohlschmeckendes Material und verschmähen anderes, besonders wenn es sich mit Dornen oder anderen Waffen wehrt. Die hierdurch hervorgerufene Ungleichmäßigkeit der Flächen führt zu einer bedeutenden Vielfalt an Kleinstandorten, die Lebensmöglichkeiten für zahlreiche, wenn auch dem flüchtigen Beobachter oft entgehenden Pflanzen- und Tierarten schafft.

Leider wirken heutige Erfordernisse auf den bäuerlichen und produktiveren Flächen dahingehend, die differenzierenden Wirkungen der Beweidung zu schwächen oder zu tilgen. So kann auf solchen Flächen die Ausbreitung der von den Tieren verschmähter Pflanzen auf die Dauer nicht hingenommen werden. Durch kurzzeitigen Auftrieb zahlreicher Tiere auf kleine Flächen, womit sie alles Material bis auf einen möglichst geringen Weiderest fressen müssen, wird dem entgegengewirkt. Wie im Abschn. 7.3 später näher erläutert, verlangen heutige hoch leistende Milchkühe eine sehr intensive und keine Artenvielfalt mehr zulassende Behandlung der Weiden.

Auf der anderen Seite bietet die Verbreitung von Fleischrinderrassen, die es früher in Deutschland fast gar nicht gab, dem Grünland geringer bis mittlerer Bewirtschaftungsintensität

Abb. 5.34 Fleischrinder, hier der Rasse Charolais im Sauerland

wiederum Chancen (Abb. 5.34). Mütterkühe dieser Rassen sowie ihre Kälber, Färsen* und Ochsen stellen geringere Ansprüche an die Qualität des Futters und lassen sich sehr gut auf solchen Flächen halten. So ist wenigstens dort, wo andere Umstände eine Intensivierung uninteressant machen oder verbieten, eine sinnvolle Nutzung möglich – etwa in Nordostdeutschland auf weiten Flächen oder in Mittelgebirgen, wie der Rhön. Dort sorgt örtlich auch der starke Belag der Weideflächen mit Steinen dafür, dass sie ihren Charakter behalten, weil es heute niemand mehr wie früher auf sich nehmen würde, diese Steine mühsam auf Haufen zu werfen, wie unten noch gezeigt werden wird.

Feuchte Futterwiesen und Überschwemmungsflächen

Nach den auffälligen Pflanzenarten in ihnen handelt es sich bei den Feuchtwiesen um „Sumpfdotterblumenwiesen" (*Caltha palustris*), „Kohldistelwiesen" (*Cirsium palustre*) und andere, denen jeweils bestimmte Kombinationen von Standortfaktoren entsprechen. Auf den am wenigsten feuchten, die zu den oben besprochenen Frischwiesen überleiten,

Abb. 5.35 Norddeutscher Flachlandfluss mit extensivem Grünland: die Hamme bei Worpswede

Abb. 5.36 Blick in die weite Elbtalaue von der Schmölener Düne bei Dömitz

dominiert unter den Gräsern der Wiesen-Fuchsschwanz (*Alopecurus pratensis*). Die Flächen sind im Allgemeinen etwas weniger artenreich als die oben behandelten, enthalten jedoch mehr gefährdete Arten. Sonst ist die den Naturschutz betreffende Problematik ähnlich wie bei jenen einzuschätzen.

Die Verlustbilanz ist teilweise noch höher als bei den trockeneren und frischen Standorten, denn hohe Grundwasserstände und überschüssiges Wasser zu beseitigen gehört schon sehr lange zu den liebsten Beschäftigungen der Landeskulturbehörden. An sich sind diese Wiesen wegen der zuverlässigen Wasserverfügbarkeit ertragsreich und ertragssicher. Ist aber schon die Befahrbarkeit mit Maschinen nicht gewährleistet, besteht wenig Anreiz, sie in diesem Zustand zu belassen, sodass die Flächen oft in Intensivgrünland mit landwirtschaftlich optimalen Wasserverhältnissen umgewandelt wurden.

In Niederungen langsam fließender Flüsse in Norddeutschland gibt es dagegen immer noch feuchtes, nicht intensiviertes Wirtschaftsgrünland (Abb. 5.35). Dort ist auch die Geschichte der Nutzung interessant. Das Havelland war früher beherrscht von Rohrglanzgras (*Phalaris arundinacea*), einem sehr ertragreichen, jedoch für heutige Milchkühe zu schwer verdaulichen Gras. Es war vorzügliches Pferdefutter und ernährte die zahlreichen preußischen Militärpferde. Hier ist über neue, eventuell energetische Nutzungen nachzudenken.

Kaum jemand macht sich heute eine Vorstellung davon, dass zehn Prozent der gesamten Landfläche Deutschlands nicht nur in vorgeschichtlichen Zeiten, sondern weit bis in die Neuzeit hinein aus Überschwemmungsgebieten der Flüsse bestand (Abb. 5.36). Die Täler des Oberrheins, der Elbe und selbst kleinerer Flüsse waren Landschaften des Wandels – mal waren sie trocken, mal standen sie unter Wasser. Flutereignisse der letzten Jahre haben drastisch in Erinnerung gerufen, dass der Abfluss des Regenwassers ins Meer eine unregelmäßige Angelegenheit ist. Lässt man Wassermassen keinen Raum in der horizontalen Dimension, dann steigen sie

in die vertikale; es beginnt ein Wettlauf zwischen immer höheren Deichen und immer höheren Scheitelwasserständen, den die Flüsse in regelmäßigen Abständen gewinnen und dabei hohen Schaden anrichten.

Lässt man den Flüssen Platz, dann mindert man nicht nur Gefahren für Sachwerte und Menschenleben, sondern lässt auch wertvolle Biotope gewähren, wie Grünland, Weidengebüsch, Röhrichte und andere. Das Grünland der Flussauen ist oft zu bestimmten Zeiten im Jahr mit niedrigerem Grundwasserstand trittfest und erlaubt Weidenutzungen.

Streuwiesen

Hier handelt es sich um in mehrerer Hinsicht interessante Biotope (Abb. 5.37 und 5.38). Als im 19. Jahrhundert infolge der Transportmöglichkeiten durch die Eisenbahn die Spezialisierung in landwirtschaftlichen Regionen einsetzte, verwandelte sich das Alpenvorland fast flächendeckend in Grünland. Man erzeugte Milch vom Rindvieh für die Käsebereitung. Es

Abb. 5.37 Blick in eine Streuwiese mit Schwalbenwurz-Enzian (*Gentiana asclepiadea*). Gründlenried, Oberschwaben

Abb. 5.38 Vor Jahrzehnten waren weite feuchte Flächen in Oberbayern mit *Iris sibirica* bestanden, hier noch in der Loisachniederung bei Benediktbeuren

gab jedoch noch nicht die heutige Schwemmentmistung in den Ställen mit Gülle*, man benötigte Einstreu. Stroh vom Getreide gab es nicht oder hätte von weither beschafft werden müssen. Da Not erfinderisch macht, ging man dazu über, Großseggenriede und Wiesen auf nassen und nährstoffarmen Standorten, die ohnehin kein gutes Futter lieferten, bis in den späten Herbst unbeeinflusst wachsen zu lassen, um sie erst dann zu mähen. Dann ist der Wasserstand meist so gesunken, dass man mit dem Pferd oder heute mit dem Traktor darauf arbeiten kann. Der Aufwuchs mit dem typischen Pfeifengras (*Molinea coerulea*), aber auch vielen anderen Pflanzenarten, wurde getrocknet und als Stalleinstreu verwendet. Streuwiesen waren in der Schweiz zeitweise so wertvoll, dass sie höhere Kaufpreise als Futterwiesen erzielten. Auch außerhalb des Alpenvorlandes und in Norddeutschland gab es früher Streuwiesen überall dort, wo kein Getreidestroh als Einstreu verfügbar war.

Die Pfeifengraswiesen sind in der Regel aus Kleinseggenrieden hervorgegangen und stellen hinsichtlich des Wassers und der Nährstoffe leicht intensivierte Standorte dar. Schon ihr Pflanzenwuchs ist für den Naturschutz beachtlich; eine typische Art ist der Schwalbenwurz-Enzian (*Gentiana asclepiadea*). Da aber während des ganzen Sommerhalbjahres die vertikalen Strukturen der Vegetation von menschlichem Einfluss frei bleiben, sind sie auch für die Tierwelt ein Eldorado. Spinnen spannen ihre Netze, es gibt sogar einen Tagfalter, das Blauauge (*Minois dryas*), der in Deutschland auf Streuwiesen spezialisiert ist.

Die Epoche der Streuwiesen dauerte nur kurz, denn mit dem Aufkommen der einstreulosen Güllewirtschaft wurde das Material nicht mehr benötigt. Die Kühe stehen jetzt auf dem blanken Estrich, auf Spaltenboden oder auf Matten und ihre flüssigen und festen Ausscheidungen werden gemischt und in einem Tank als Gülle gesammelt, um auf den Futterwiesen verteilt zu werden. Es ist interessant, dass ein Biotop, der ohne

nähere Kenntnis der Umstände fast archaisch anmutet, überhaupt nicht alt ist und leider recht schnell wieder überflüssig wurde. Zum Glück bewirtschaften in Bayern nicht wenige Betriebe immer noch oder wieder Streuwiesen, weil sie vor allem ihre Kälber nicht ohne Einstreu großziehen möchten. Das ist umso mehr zu würdigen, als nicht zu leugnen ist, dass die Qualität des Materials zuweilen hygienisch gut überwacht werden muss, falls die erforderliche Trockenheit schwer erreicht wird. Das System war eben immer eine Notlösung.

Fazit zum Grünland

Das Grünland – mit fließenden Grenzen zur Halbkulturlandschaft – ist in Deutschland von überragendem Wert für die Artenvielfalt und erleidet seit Jahren unvertretbare Einbußen. Die statistisch als sogenannte HNV-Flächen (High Nature Value Farmland) ausgewiesenen und stichprobenartig erfassten Flächen bestehen zum größten Teil aus Grünland. Zwischen 2009 und 2015, also in nur sechs Jahren, sank der Anteil der HNV-Flächen an der gesamten Landwirtschaftsfläche von 13,1 auf 11,4 % (BfN 2017, S. 18). Dabei blieb der als am wertvollsten angesehene Teil, neben Strukturelementen offenbar durch FFH geschützte Magerrasen, flächenmäßig einigermaßen konstant – auf Qualitätseinbußen ist oben hingewiesen worden (Abb. 5.4). Die größten Einbußen erleidet das noch halbwegs artenreiche Wirtschaftsgrünland, zunehmend weniger durch Umbruch zu Ackerland als durch weitere Intensivierung. Gegenmaßnahmen sind von dringender Priorität. Eine sehr sinnvolle, leider noch viel zu wenig praktizierte wird unten in den Abschn. 7.3.5 und 9.8 vorgestellt.

5.3.2.2 Äcker und Brachen

Nie fanden Bauern artenreiche – das heißt an Unkraut reiche – Äcker gut; wie die Gärtner wünschten sie auf dem Acker immer nur ihre eine Kulturpflanze und sonst nichts. Freilich sahen sie früher auch, dass bei relativ lockerem Kulturpflanzenbestand zahlreiche kleine Krautarten wenig schädlich, weil wenig konkurrenzstark gegenüber den Kulturpflanzen waren. So ist es heute noch teilweise im ökologischen Landbau.

Im heutigen konventionellen Landbau machen zwei Effekte ein reichhaltiges Wildkrautleben unmöglich. Einer sind die wohlbekannten Herbizide*, Unkrautvernichtende Chemikalien, die im Ackerbau nahezu flächendeckend eingesetzt werden. Zweitens stehen im Getreide die Halme so dicht, dass für zarte Kräuter, die die Herbizidspritze überlebt haben sollten, gar kein Platz und kein Licht mehr da ist. Unkraut zu haben gilt als peinlich und als Zeichen mangelnder Befähigung des Bauern. Das ist wohl manchmal richtig geurteilt, nur werden zunehmend auch Bauern betroffen, die nach heute gültigem Wissensstand und Beratung eigentlich alles richtig machen. Sie werden heimgesucht von Unkräutern, die erstens gegen die Herbizide Resistenzen entwickelt haben und die zweitens mindestens ebenso schnell und kräftig wachsen wie der Weizen.

Abb. 5.39 Die Hansestadt Greifswald hinter „verunkrautetem" Acker. Städter fallen in Entzücken, Bauern runzeln die Stirn. Hier hat wohl ein Herbizid versagt

Diese „Problemunkräuter" sind natürlich keine Objekte des Naturschutzes. Wohl aber ist es die große Schar an bunten Kräutern, die früher die Landschaft schmückten und heute, wenn sie einmal ausnahmsweise zu sehen sind, Aufsehen erregen. Einige diese Kräuter sind bei näherem Hinsehen wahre Schönheiten und besitzen das Potenzial, zu Zierpflanzen aufzusteigen. Neben ihrer schmückenden Funktion stellen sie ähnlich den Wiesenblumen eine wertvolle Nahrungsressource für die Tierwelt dar.

Es gibt in Deutschland etwa 150 Pflanzenarten, die recht stark oder zwingend an den Ackerbau gebunden sind. Sie verlangen regelmäßige Bodenbewegung und Offenheit der Flächen über einige Zeit, was außerhalb der Äcker selten gewährleistet ist. Wie schon erwähnt, sind typische Getreidewildkräuter von den frühen Ackerbauern aus dem Nahen Osten mitgebracht worden oder in späteren Jahrtausenden aus dem Mittelmeergebiet eingewandert. Etliche der Letzteren waren auch früher nicht häufig, sondern kamen unbeständig je nach der Witterung vor und mieden den Norden. Dagegen sind die meisten „Hackfruchtunkräuter", also die Begleiter der Rüben- und Kartoffelfelder sowie der Gärten einheimisch und besiedelten früher nährstoffreiche, aber bewegte Flächen

etwa an Flussufern. Einige Arten der Sandäcker entstammen offensichtlich den Dünen.

Keine andere Pflanzengruppe zählt so viele ausgestorbene Arten wie die Ackerwildkräuter, was bei der heutigen Praxis in der Landwirtschaft nicht erstaunt. Nirgendwo erscheint der Konflikt zwischen landwirtschaftlicher Erzeugung und Naturschutz so scharf wie auf Äckern, nirgendwo sonst liegen die Positionen des Bauern und des Naturschützers so weit auseinander wie hier. Aufgeschlossene und gesprächsbereite Landwirte sagen oft: „Auf dem Grünland können wir gern etwas Naturschutz betreiben, aber auf dem Acker nicht." Hinzu kommt, dass sich insbesondere der staatliche („hoheitliche") Naturschutz jahrzehntelang um die Ackerwildkräuter nicht gekümmert hat. Auch im Europäischen Naturschutzsystem Natura 2000 spielen Äcker keine Rolle.

Eine Integration produktiven modernen Ackerbaus mit Artenreichtum erscheint in der Tat unmöglich; landschaftsprägend können Ackerwildkräuter nicht mehr werden. Deshalb brauchen sie jedoch nicht auszusterben. Früher gab es sie gewiss auch auf produktiven Böden. Was früher als „hoher Ertrag" galt, etwa drei Tonnen Weizen pro Hektar und Jahr, ließ genug Raum für Beikräuter auch im Innern der Felder;

Abb. 5.40 Blick in einen Bestand von Kalkscherben-Ackerunkräu-tern am Kyffhäuser

Abb. 5.41 Kleines Feldgehölz hinter Blühstreifen im Unterfränki-schen Gäuland

auch die Magdeburger Börde* war im Juni bunt. Heute halten sich dagegen die meisten schutzwürdigen Kräuter nur auf schwächer produktiven Äckern auf Sand- und Kalkstandorten (Abb. 5.40). Dort können sie exemplarisch zu tragbaren oder sogar sehr geringen Kosten erhalten werden (vgl. Geisbauer und Hampicke 2013). Teils genügt schon der Verzicht auf den Herbizideinsatz, teils müssen abweichende Standortverhält-nisse toleriert oder wiederhergestellt werden. Manche Arten, wie das Mäuseschwänzchen (*Myosurus minimus*) florieren bei Nässe – ein sowohl dem konventionellen als auch dem ökologischen Ackerbauer unwillkommener Zustand. Von an-deren, wie dem anscheinend vom Dünensand herstammenden Lämmersalat (*Arnoseris minima*) ist bekannt, dass sie so sau-ren Boden verlangen (pH-Wert unter 5), wie er den Nutz-pflanzen höchst unzuträglich ist, sodass ein Bauer, der so et-was toleriert, bezichtigt wird, die „gute fachliche Praxis" zu verlassen. Natürlich ist die gute fachliche Praxis im Allge-meinen hoch zu schätzen, aber bekanntlich gibt es kaum et-was im Leben, das nicht auch einmal eine Ausnahme ver-langt. Initiativen zum Schutz der Ackerwildkräuter werden im Abschn. 9.7 ausführlich angesprochen.

5.3.3 Landschaftsstrukturen

5.3.3.1 Hecken, Feldgehölze und Kopfweiden

An sie wird oft zuerst gedacht, wenn es um die Aufwertung der Agrarlandschaft geht – wohl deshalb, weil sie auffällig und sichtbar sind (Abb. 5.41). In der Tat sind sie wertvolle Elemente, die in weiten Regionen wieder vermehrt werden sollten, jedoch ist dabei Verschiedenes zu beachten.

Hecken waren in der früheren Landschaft nicht zur Zierde da, sondern erfüllten Funktionen. In waldarmen Re-gionen lieferten sie Holz und wurden daher regelmäßig ge-schnitten und gepflegt. Nicht selten waren dies Gebiete mit reger Viehzucht, sodass Hecken auch Einfriedungen waren,

die den Aufenthalt der Tiere bestimmten, wie die bekannten Knicks in Schleswig-Holstein. Das heißt im Umkehrschluss, dass es früher auch Regionen *ohne* Hecken gab, weil man ihrer Funktionen nicht bedurfte. In solchen Regionen heute Hecken zu fordern und zu pflanzen, überzeugt nur, wenn sie neue Funktionen erfüllen, zum Beispiel den Windschutz. Auch ist stets an den Pflegebedarf zu denken. Die wieder gestiegene Wertschätzung des Brennholzes kann hier man-ches erleichtern.

Kopfweiden besaßen in gewissen Regionen eine große Bedeutung wegen des von ihnen gewonnenen Materials etwa zum Flechten von Körben. „Auf den Stock gestellt", sind sie beeindruckende Gestalten im Landschaftsbild (Abb. 5.42).

Meist ist eine Durchmischung der offenen Landschaft mit Gehölzen der Artenvielfalt förderlich. Auch entlang kleiner Fließgewässer sind sie überaus nützlich. Sie stellen Nahrungs-quellen, Ansitze, Nistmöglichkeiten und Verstecke für Tiere bereit; Erlen festigen die Ufer. Ausnahmen bestehen dort, wo

Abb. 5.42 Rest einer Kopfweide, die früher viele Jahre als Spenderin von Ruten diente, heute Wegmarke am Saaler Bodden bei Wustrow

Abb. 5.43 Kleine Wiese mit fließendem Übergang über Stauden und Saumbiotop bis zum Waldrand im Gebirge

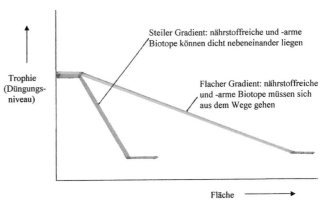

Abb. 5.44 Trophiegradienten in der Kulturlandschaft

Tiere erhalten oder wieder vermehrt werden sollen, die weite ungehinderte Sicht verlangen und Gehölze meiden. Das sind Arten der Steppen, die erst im Gefolge der Landwirtschaft in Mitteleuropa heimisch wurden. Die in früheren Zeiten reichen Vorkommen der Großtrappen (*Otis tarda*), Kornweihen (*Circus cyaneus*) und anderer Vögel in Ostdeutschland beweisen, dass die Agrarlandschaft damals dort sehr offen war.

Die in Deutschland lange Zeit lebhafte Diskussion um die *Biotopvernetzung* hat gewiss wichtige Impulse gebracht. In der Tat ist es problematisch, wenn schutzwürdige Arten nur noch in kleinen isolierten Populationen vorkommen und kein genetischer Austausch mit anderen stattfinden kann. Dann können Trittsteine und Wanderkorridore vieles bewirken. Die Biotopvernetzung wird für so wichtig erachtet, dass der § 21 Bundes-Naturschutzgesetz bestimmt, dass die Länder 10 % ihrer Fläche hierfür bereitstellen müssen.[5]

Wie so oft, kann aber auch hier eine gute Idee durch Vereinfachung und Übertreibung verlieren. Vorstellungen, man brauchte nur ein Gitter von Hecken in der Offenlandschaft als Wanderbahnen aufzustellen und Pflanzen und Tiere würden sich wieder vernetzen, haben sich schnell als Illusion erwiesen. Solche wohlmeinende „Landschaftsplanung" übersieht neben vielem anderen, dass die Qualität von Hecken eine große Rolle spielt und meist vom Alter abhängt.

Auch darf nicht vergessen werden, dass in der Pflanzenwelt die Häufigkeit und Schwere der Gefährdung bei Nicht-Gehölzen wesentlich ausgeprägter ist als bei Gehölzen. Lichtmangel und Nährstoffüberschuss gefährden weit über-

wiegend Kräuter und Stauden. Eröffnet sich in der Agrarlandschaft die Möglichkeit, eine ökologische Ausgleichsfläche anzulegen, so ist zu prüfen, ob die Förderung offener oder halboffener Vegetation an dieser Stelle vielleicht wichtiger ist als die von Gehölzen.

5.3.3.2 Säume, Randstreifen und Gradienten

Scharfe Grenzen zwischen Wald und Feld dürfte es ganz früher wenig gegeben haben, vieles ging ineinander über. Heute bestimmen nicht nur Nutzungseignung, sondern auch Ordnungsstreben und Eigentumsgrenzen das Bild der Landschaft; gradueller räumlicher (und damit oft auch zeitlicher) Wandel stehen vielfach auf verlorenem Posten.

Säume als Übergänge zwischen Offenland und Wald oder Gebüsch bilden eigene Pflanzengesellschaften aus, die besonders auf sonnigen und kalkreichen Standorten artenreich und ästhetisch attraktiv sind. Auch sind sie Heimstatt vieler Tierarten (Abb. 5.43).

Ein anderer Übergangsbiotop ist der Rain zwischen dem Feldweg und dem Acker. Oftmals existiert dieser überhaupt nicht mehr, besonders wenn der Feldweg asphaltiert ist. Ein dritter Typ ist der Uferrandstreifen, der ein fließendes oder stehendes Gewässer vom Acker trennt. Letzterer ist nicht nur zur Belebung der Landschaft und als Heimstatt von Pflanzen und Tieren da, sondern erfüllt sehr wichtige Funktionen des Ressourcenschutzes. Je breiter ein solcher Schutzstreifen ist, umso weniger Dünger und Pestizide werden durch die Luft in das Wasser abgedriftet oder sickern entlang der Bodenoberfläche hinein.

Wie die Abb. 5.44 zeigt, ist die Aufrechterhaltung von Gradienten ein sehr wichtiges Element im Naturschutz. Es gibt in der Landschaft (eutrophe) Produktionsbiotope mit hoher Konzentration an Pflanzennährstoffen, zahlreiche schutzwürdige Biotope müssen jedoch nährstoffarm (oligotroph*) sein. Beide voneinander zu trennen kann auf kurzer Distanz gelingen, wenn die Nährstoffe nicht sehr beweglich sind. Leider ist gerade der Stickstoff über die Luft sehr beweglich, sodass sich reiche und arme Standorte „aus dem Wege gehen" müssen.

---

[5] Allerdings werden in weit überwiegendem Maße Biotope erfasst, die ohnehin geschützt sind, wie FFH-Flächen usw. Zur eigentlichen *Biotopvernetzung* heißt es im Satz 6: „Auf regionaler Ebene sind insbesondere in von der Landwirtschaft geprägten Landschaften zur Vernetzung von Biotopen erforderliche lineare und punktförmige Elemente, insbesondere Hecken und Feldraine sowie Trittsteinbiotope, zu erhalten und dort, wo sie nicht in ausreichendem Maße vorhanden sind, zu schaffen." Auch hier sehen wir geduldiges Papier und eine ganz andere Realität.

Abb. 5.45 Die Helfensteine aus Basalt bei Zierenberg in Nordhessen

Technisch ist die Anlage von Säumen, Übergängen und Schutzstreifen kein Problem, wenn auch nicht vergessen werden darf, dass sie Pflege erfordern können. Bei der Pflege kann Material anfallen, für das wenig Verwendungsmöglichkeit besteht. Je nach der erforderlichen Breite verlangen die Streifen schlicht auch Platz, der den Produktionsflächen verloren geht.

5.3.3.3 Geologische und technische Strukturen

Auffällige und interessante geologische Strukturen interessieren nicht nur Fachleute, sondern vertiefen das Landschaftserlebnis vieler Menschen. Die beiden Erscheinungen in den Abb. 5.45 und 5.46 sind gewiss „schwergewichtig" genug, um nivellierenden und wertmindernden Einflüssen zu widerstehen, kleinere verdienen dagegen Schutz.

Je nach Region, Nutzungsschwerpunkten und anderen Vorgaben ist die Kulturlandschaft auch von Artefakten aus Menschenhand durchzogen. Viele traditionelle Elemente dieser Art rufen nicht nur angenehme Empfindungen wegen ihrer Schönheit wach, sondern bieten Lebensstätten für interessante und schützenswerte Arten, wie für Flechten und für die „Mauereidechse" – ein Name, der keiner Erklärung bedarf. Im Zuge von Rationalisierungen und Flurneuordnungen sind viele Strukturen verloren gegangen, andere haben sich erhalten.

Zu ihnen gehören Terrassen, Mäuerchen, Lesesteinhaufen und -riegel, Hohlwege und andere. Lesesteinriegel finden sich an den Hängen der Täler von Jagst, Kocher, Tauber und anderen Flüssen und geben den Landschaften ein unverwechselbares Gepräge (Abb. 5.47). Sie können in Abständen von weniger als 50 Metern mehrere Meter hoch und breit sein und zeugen von vielen Jahren harter Arbeit, in denen die Steine vom Acker an seinen Rand geworfen wurden. Die früheren kleinen Äcker werden heute als Grünland genutzt oder liegen brach und auf den trockenen und sonnigen Steinhaufen finden sich Lebensstätten für wärmeliebende Pflanzen und Tiere.

Hohlwege haben sich über Jahrhunderte von selbst gebildet; indem sich besonders im Löss die Wagenspuren immer

Abb. 5.46 Der Kelchstein bei Oybin im Zittauer Gebirge

Abb. 5.47 Meterhoher Lesesteinriegel am Hang im Jagsttal

tiefer eingegraben haben. Das könnte auch als Schaden interpretiert werden, wenn nicht an den steilen Flanken wertvolle Lebensstätten für grabende Insekten entstanden wären, die weiche senkrechte Substrate benötigen, wie sie früher an Prallhängen unregulierter Flüsse vorgefunden wurden. Der

Abb. 5.48 Rebanlagen mit Trockenmauerwerk an der Unstrut bei Freyburg

Abb. 5.49 Großterrassen bei Bickensohl im Kaiserstuhl

Kaiserstuhl war berühmt für seine mehrere Meter tiefen Hohlwege, von denen manche bis heute existieren.

Als besonders markante Beispiele früherer Landschaftsgestaltung gelten steile Weinbergterrassen aus kunstvoll errichteten Trockenmauern (Abb. 5.48). Es ist nachvollziehbar, dass sie heute arbeitswirtschaftlich problematisch sind, indem sie Mechanisierungen erschweren oder verhindern. Deshalb sind sie teils aufgegeben worden, wie am Mittelrhein, wo Brachen zu sehen sind, oder sie sind der Rebflurbereinigung* zum Opfer gefallen. Diese wirkte besonders intensiv im Kaiserstuhl, weil der weiche Löss geradezu dazu einlädt, ihn mit dem Bulldozer umzuschichten. In den 1970er-Jahren errichtete man dort mit hohem Finanzaufwand Großterrassen, die von Weitem eher wie Mülldeponien als wie Weinberge anmuten (Abb. 5.49).[6] Dagegen sind Steillagen an der Unstrut, am Neckar, an der Enz und anderen Flüssen erhalten geblieben und bieten teilweise grandiose Anblicke.

Nicht zu vergessen sind gebietstypische und aus örtlich gewonnenem Material errichtete Gebäude, die heute wieder Wertschätzung genießen und mit viel Hingabe renoviert und erhalten werden (Abb. 5.50).

5.4   Folgerungen

Wir wissen, dass wir die Zeit nicht zurückschrauben können und wollen es auch nicht. Aber wir wissen auch, dass wir zur

---

[6] Über die Großterrassen ist sehr viel diskutiert worden. Sie haben teils zu hohen Folgekosten durch Hangrutschungen oder zusätzlich erforderliche Wasserableitungssysteme geführt. Die Qualität des Weines ist nicht unbedingt besser geworden, denn die Rebflächen sind zur Regulierung des Wasserabflusses nach innen geneigt, womit Kaltluftseen entstanden. Entgegen anfänglichen Befürchtungen hat die Biodiversität weniger gelitten, weil sich Pflanzen und Tiere auf die Großböschungen zurückziehen konnten, wo sie sogar weniger den Spritzmitteln ausgesetzt sind. Das historische Landschaftsbild ist allerdings beeinträchtigt worden.

Erhaltung der Artenvielfalt verpflichtet sind – nicht in ihrem Überfluss wie früher, aber in ihrem Kern. Da die Artenvielfalt nicht mehr ein automatisches Kuppelprodukt der Landwirtschaft ist wie früher, müssen heute andere Wege gegangen werden. Diese sind bei den drei Problemkreisen, die wir voneinander abgegrenzt haben – die Halbkulturlandschaft, bäuerliche Nutzbiotope sowie linien- oder punktförmige Strukturen – von unterschiedlicher Art, werfen unterschiedlich hohe Kosten auf und treffen auf jeweils unterschiedliche Schwierigkeiten und Konflikte.

Die *Halbkulturlandschaft* im trockenen Bereich ist heute nicht zuletzt durch die FFH-Richtlinie flächenmäßig weitgehend gesichert. Die gesicherten Flächen sind nicht in allen Landesteilen üppig, bei manchen Biotopen gibt es Defizite, etwa bei bodensauren Magerrasen außerhalb der Gebirge. Bei anderen, wie submediterranen Kalkmagerrasen, kann man zufriedener sein. Die Flächensicherung ist auch nicht durchweg verlässlich; denn der Flächenhunger aus vielen Richtungen ist auch hier zu spüren. Siedlungen breiten sich aus und Verkehrswege werden gebaut. Noch wichtiger als offene Flächenansprüche sind schleichende Einflüsse von den Rändern etwa durch Eutrophierung, besonders bei zu kleinen Biotopen. Sicher kann aber gesagt werden, dass die moderne Landwirtschaft auf die Flächen selbst kaum Ansprüche stellt, weil diese von ihrer Ertragskraft her uninteressant sind. An die Landwirtschaft ergeht nur die Forderung, sie nicht durch Fernwirkungen zu beschädigen, also einfach ausgedrückt, Abstand einzuhalten.

Das Problem der Halbkulturlandschaft ist nicht die Nutzung, sondern die *fehlende* oder unzureichende Nutzung. Es gibt zu wenige Schäfer und es droht, künftig noch weniger zu geben. Werden nur Kosten und Markterlöse gegenübergestellt, so ist die Bewirtschaftung der Flächen äußerst unrentabel. Die Erhaltung der Halbkulturlandschaft ist also in erster Linie eine Geldfrage – *nur* eine Geldfrage, möchte man fast hinzufügen. Es braucht nirgendwo Überzeugungsarbeit

Abb. 5.50 Traditionelle Gebäude, die Landschaft und Dörfer schmücken: **a** Heustadel in Norwegen, **b** Wohnhaus aus Flusskieseln in Xinaligh, Großer Kaukasus, Aserbaidschan, **c** Wiederhergestellte Scheune in den französischen Alpen, Savoie, **d** Das Pfarrwitwenhaus in Groß-Zicker, Südost-Rügen

geleistet zu werden, auch sind keine Konflikte oder Kämpfe mit Ideologien auszuhalten oder gar hergebrachte Rechte zu beschneiden. Im Grunde wollen alle eine schöne Halbkulturlandschaft, kaum jemand ist heute gegen sie. Wenn es genug Geld und Sicherheit für die Zukunft gibt, wird es auch wieder genug Schäferinnen und Schäfer geben. Neben die Bereitstellung von Geldmitteln muss eine effiziente, möglichst einfache und unbürokratische Verwaltung dieser Mittel treten.

Hinsichtlich der *bäuerlichen Nutzflächen*, also der Äcker und des im Gegensatz zu den Halbkulturlandschaften tatsächlich *grünen* (produktiven) Grünlands ist zunächst ein verbreitetes Missverständnis aufzuklären. Die Fälle, in denen eine nur graduelle Rücknahme der Bewirtschaftungsintensität (*etwas* weniger Dünger, *etwas* weniger Ertrag …) bereits zu Erfolgen für die Artenvielfalt führt, sind Ausnahmen. Wie schon mehrmals, zum Beispiel in der Tab. 2.1 im Abschn. 2.9 ausgeführt, ist das heutige Ertragsniveau nicht *etwas*, sondern unvergleichlich höher als das frühere, welches Artenvielfalt auf den Nutzflächen erlaubte. Es kommt also nur eine sehr deutliche Rücknahme der Bewirtschaftungsintensität in Frage. Bei der Flächennutzung muss man sich mit dem historischen Ertragsniveau zufriedengeben.

Ein viel gehörter Einwand dazu lautet: „Das ist ja Museums-Landwirtschaft und reine Nostalgie". Dieses abwertende Urteil ist insofern erstaunlich, als die Begriffe „Museum" oder „museal" anderwärts keine negative Konnotation enthalten. Kaum jemand findet es ablehnenswert, dass es Museen für Kunst, Handwerk, Brauchtum, Geschichte und viele andere Dinge gibt, warum dann hier? Freilicht- und Agrarmuseen sowie museale Vorführungen gibt es in der Tat und finden hohen Zuspruch durch das Publikum, wie in der Abb. 5.51.

Allerdings wäre es ein Missverständnis, dass die Wiederherstellung von Artenvielfalt auf Nutzflächen generell auf altväterliche Praktiken angewiesen ist. Langsamkeit ist in der Tat zuweilen nötig, nie aber körperlich schwere Arbeit. Moderne Landtechnik kann selbstverständlich angewandt werden, nur eben richtig.

Ein besserer Vergleich als mit dem Museum ist der mit historischen Gebäuden und Stadtbildern. Fachwerkhäuser sind viel unpraktischer und teurer als Blumenwiesen, trotzdem lehnt sie kaum jemand ab. Sie sind der Stolz von Städten und Dörfern und es finden sich private und öffentliche Geldmittel zu ihrer Erhaltung. Warum dann nicht auch für die Blumenwiesen?

Abb. 5.51 Vorführung historischer Wirtschaftsweisen in Tierpark Sababurg im Reinhardswald, im Hintergrund das „Dornröschenschloss". (Foto: Angelika Hampicke)

Wie schon oben im Teil über die Äcker festgestellt, muss in bestimmten Fällen und auf kleinen Flächen so weit von herkömmlichen Methoden abgewichen werden, dass der Bauer das kaum noch als zünftige Landwirtschaft ansieht, wie bei manchen Ackerwildkräutern. Meist und besonders auf dem Grünland ist das jedoch nicht der Fall. Wie später im Detail erläutert, ist artenreiches und die Landschaft schmückendes Grünland trotz seiner quantitativ geringen Ertragskraft auch in modernste leistungsfähige Betriebe integrierbar – nicht nur in der Theorie, sondern durch praktische Beispiele belegt.

Ebenso wie in der Halbkulturlandschaft sind auch hier Geldmittel erforderlich, um höheren Aufwand und geringere Erlöse zu kompensieren und die mitwirkenden Betriebe für ihre Leistung zu belohnen. Es gibt jedoch einen Unterschied: Gibt es wieder Schäfer und Schafherden, dann wirken sie entsprechend ihrer zünftigen und hergebrachten Regeln. Niemand redet ihnen hinein, oder sollte es zumindest nicht tun. Bestrebungen, die Hutung zu beeinflussen (etwa „verhalten" zu hüten, um Orchideen zu schonen), haben sich sämtlich als kontraproduktiv erwiesen, indem sie das Eindringen von Gehölzen förderten. Der Schäfer soll so arbeiten, wie er es für richtig hält und wie es früher getan wurde. Der Bauer hingegen würde von selbst anders wirtschaften, als es der Landschaftspfleger wünscht, und er hätte auch das Recht dazu. Er muss also nicht nur bezahlt, sondern auch *überzeugt* werden. Es liegt in der Natur des Menschen, dass das schwieriger sein und mehr Geduld verlangen kann als die bloße Geldzahlung. Es bedarf der richtigen Personen, die das Vertrauen der Bauern erlangen.

Bei den natürlichen und technischen *Strukturelementen* als dritter Kategorie unseres Problembündels verbieten deren Vielfalt und Heterogenität zunächst allgemeine Aussagen. Man wird Zustimmung dafür finden, dass technische Strukturen von besonderem ästhetischem und kulturgeschichtlichem Wert, wie Weinbergsterrassen und gebietstypische Gebäude, ähnlich zu beurteilen sind wie Kulturdenkmäler in der Stadt.

Anders sieht es bei den übrigen Strukturelementen in der Agrarlandschaft aus, bei Hecken, Feldgehölzen, Wegrainen, Tümpeln, kleinen Brachen, kleinen Fließgewässern und ihren Rändern und anderen. An sich nehmen diese meist punkt- oder linienförmigen Elemente geringe Flächen ein, sodass es eher leichter sein sollte, hier zu befriedigenden Lösungen zu kommen. Leider ist dies oft nicht der Fall. Im Gegensatz zu den obigen Beispielen kommt hier schnell der Punkt, an dem reale oder angemaßte Ansprüche in Frage gestellt werden müssen. Schon im Jahre 1985 berichtete DER SPIEGEL, dass damals in der alten Bundesrepublik 50.000 ha, die gar nicht der Landwirtschaft, sondern der Allgemeinheit gehörten, quasi nebenbei mitbewirtschaftet wurden, indem die Pflugfurche in jedem Jahr etwas weiter an den Waldrand, die Hecke oder den Weg herangeführt wurde. Wegraine, auf dem Papier zwei Meter breit, sind oft nicht mehr zu erkennen.

In diesem Buch wird mehrfach hervorgehoben, dass die Verantwortung für die Artenvielfalt nicht bei der Minderheit der Landbewirtschafter allein liegt, vielmehr sind die über 95 % Nicht-Landwirte ebenso verantwortlich. Deshalb zahlt die Allgemeinheit für die Artenvielfalt. Das bedeutet jedoch umgekehrt nicht, dass die Landnutzer von jeder Verantwortung befreit sind und tun können, was sie wollen. Es ist nicht zu akzeptieren, wenn Großbetriebe, die hunderte oder tausende Hektar bewirtschaften, nicht bereit sind, auf geringe Flächen wie Wegraine oder Streifen um Gewässer zu verzichten, ja, dass sie manchmal sogar verbliebene Strukturen in illegaler Weise einebnen. Die hervorgeholten Begründungen und Ausflüchte sind ebenso wenig akzeptabel. Ein Rain zwischen Weg und Feld sei Brutstätte von Unkrautsamen, Wurzelwerk von Disteln, Schadinsekten, Virus-Überträgern, Zwischenwirten von pilzlichen Pflanzenkrankheiten, Mäusen und anderen Übeln. Selbst wenn an diesen Übertreibungen etwas stimmen würde, wäre die Antwort: Die Zurichtung einer gesamten Landschaft wie in Abb. 5.52 auf ein einziges Interesse, hier die Herstellung optimaler Produktionsbedingungen unter Vernachlässigung des Gemeinwohls, ist nicht zu vertreten. Die Gewährleistung wenigstens eines Minimums an Pflanzen- und Tierleben in der Landschaft kann von den Nutzern verlangen, auch gewisse Produktionsrisiken zu tragen.[7]

Zurückzuweisen sind auch Behauptungen, auf guten Böden könne man keinen Quadratmeter entbehren, weil die Deckungsbeiträge* pro Hektar so hoch seien. Die Deckungsbeiträge in der Stadt sind tausendfach höher als auf dem Zuckerrübenacker, ohne dass jemand im Ernst verlangt, alle Parks und Grünanlagen abzuschaffen und Büropaläste darauf zu errichten.

---

[7] Dies kann als klare Konsequenz aus Artikel 14, Absatz 2 Grundgesetz angesehen werden, wonach das Eigentum gewährleistet ist, sein Gebrauch jedoch auch dem Gemeinwohl dienen soll.

Abb. 5.52 So wünscht sich mancher Bauer seine Produktionslandschaft

Bei der Herstellung dringend nötiger Windschutzhecken
auf mehreren hundert Hektar großen Äckern Nordostdeutsch-
lands oder der Abschirmung von Gewässern handelt es sich
zweifellos um strukturelle Eingriffe in die Landschaft. Diese
seien schwierig bis unmöglich durchzusetzen, erfährt man,
wegen der komplizierten Eigentümerverhältnisse. Es ist richtig, dass große Äcker in Ostdeutschland zwar einen Nutzer,
aber viele und bisweilen schwer zu erreichende Eigentümer
haben. Wäre dies ein unüberwindliches Hindernis, dann hätten zum Beispiel in Thüringen weder die Autobahnen A 38
und A 71 noch Eisenbahntrassen noch zahlreiche ortsumge-
hende Straßen gebaut werden können. Dass solche Infrastruk-
turvorhaben Hindernisse überwinden, notwendige Landschaftsstrukturierungen jedoch nicht, ist nicht anders denn als
Versagen der Landschaftsplanung zu interpretieren.

Beim vorliegenden Problem handelt es sich ganz einfach
darum, die Landwirtschaft flächenmäßig wieder etwas und an
den richtigen Stellen zu reduzieren. Sie hat sich – schlicht
formuliert – zu breit gemacht. Schon im Kap. 3 ist berechnet
worden, dass die Allgemeinheit einen Teil ihrer Produkte gar
nicht braucht. Selbstverständlich sollte dieser Schrumpfungs-
prozess um einige Flächenprozente so einvernehmlich wie
möglich ablaufen.

Fassen wir zusammen:

▶ (1) Die Halbkulturlandschaft muss respektiert und
hinreichend bewirtschaftet werden,
(2) es müssen Landwirte gefunden werden, die bereit
sind, einen Teil ihrer Flächen traditionell zu bewirtschaften, und
(3) andere müssen notfalls mit sanfter Energie belehrt
werden, dass ihnen die Landschaft nicht allein gehört.

Literaturempfehlungen
Zusätzlich zur im Kap. 2 genannten Literatur sind für den
Überblick nach wie vor herausragend Wilmanns (1993)

„Ökologische Pflanzensoziologie" sowie Kaule (1991) „Ar-
ten- und Biotopschutz" und Plachter (1991) „Naturschutz".

Zur trockenen Halbkulturlandschaft, insbesondere den
Kalkmagerrasen und Weideland: Beinlich & Plachter (Hrsg.)
(1995) „Schutz und Entwicklung der Kalkmagerrasen der
Schwäbischen Alb", Briemle et al. (1991) „Mindestpflege
und Mindestnutzung unterschiedlicher Grünlandtypen …",
Finck et al. (2004) „Weidelandschaften und Wildnisgebiete", Nitsche und Nitsche (1994) „Extensive Grünlandnutzung", Plachter und Hampicke (2010) „Large-scale livestock grazing …". Ein viel beachtetes und attraktiv
aufgemachtes neueres Werk ist Heinz Sielmann Stiftung
(2015) „Naturnahe Beweidung und Natura 2000". Wie so
oft, feiert man sich hier als Entdecker von Wahrheiten, die
freilich keineswegs neu, sondern unter anderem durch
Plachter und Hampicke und frühere Arbeiten längst bekannt
sind, nur dass sie nicht wahrgenommen wurden, weil weniger Tamtam gemacht wurde.

Zu feuchten Biotopen, insbesondere Mooren: Succow und
Joosten (2001) „Landschaftsökologische Moorkunde", Dier-
ßen und Dierßen (2008) „Moore", Wichtmann et al. (2016)
„Paludikultur".

Zum Wirtschaftsgrünland mit fließenden Übergängen zu
extensiv bewirtschafteten Biotopen findet sich bereits viel in
den oben zur trockenen Halbkulturlandschaft angegebenen
Quellen, ergänzend Briemle et al. (1999) „Wiesen und Weiden", Dierschke und Briemle (2002) „Kulturgrasland", Oppermann und Gujer (2003) „Artenreiches Grünland", Schreiber et al. (2009) „Artenreiches Grünland". Ältere, aber im
Vergleich mit heute aufschlussreiche landwirtschaftlich orientierte Lehrbücher sind Klapp „Wiesen und Weiden" (1956)
und „Grünlandvegetation und Standort" (1965), neuer Opitz
von Boberfeld (1994) „Grünlandlehre".

Zu Äckern und deren Wildkräuter ist das Standardwerk
Hofmeister und Garve (1986) „Lebensraum Acker", interes-
sante spezielle Aspekte beleuchtet Berger und Pfeffer (2011)
„Naturschutzbrachen" und zahlreiche weitere Hampicke et al.
(2005) in „Ackerlandschaften". Umfassend zu Kräutern
Holzner und Glauninger (2005) „Ackerunkräuter". Zur im
Abschn. 9.7 näher betrachteten Ackerwildkrautinitiative
Meyer und Leuschner (2015) „100 Äcker für die Vielfalt"
sowie Meyer et al. (2013) „Ackerwildkrautschutz – eine Bi-
bliographie". Der letztere Band ist weit mehr als eine bloße
Bibliographie.

Nachdem sich das Bundesamt für Naturschutz (BfN) jahrzehntelang aus Fragen der Agrarlandschaft heraushielt und
durch sein Schweigen indirekt dazu beitrug, dass sich die
Situation so zugespitzt hat, ist es endlich aufgewacht und gibt
eine sachlich-informative wie auch mit plausiblen Forderungen versehene Schrift heraus, der weite Verbreitung zu wünschen ist: BfN-Agrar-Report 2017.

Die klassische Arbeit zu Strukturen in der Agrarlandschaft
ist Jedicke (1990) „Biotopverbund".

Technisches Kernproblem II: Stoffströme und Stickstoffbilanz

Abb. 6.1 Diese Art der Ausbringung von Gülle sollte der Vergangenheit angehören. (Foto: Hans Joosten)

Wir wenden uns nun dem zweiten der schon in der Einleitung genannten Grundproblem der modernen Landwirtschaft zu, den Stoffströmen. Dabei müssen wir den Bogen von der Entstehung des Lebens auf der Erde bis zu praktischen Problemen des Umgangs mit Dünger in der Landschaft schlagen, denn selbst die alltäglichsten Probleme werden hier nur richtig verstanden, wenn sie in elementare biogeochemische und energetische Zusammenhänge gestellt werden. Wir werden einige wichtige Aspekte der Pflanzenernährung ansprechen, hierbei besonders auf die Flüsse des Stickstoffs sowohl im planetarischen Maßstab als auch in der Landschaft eingehen und Wege nennen (die sämtlich bekannt sind, aber zu wenig beschritten werden), um die regional außer Rand und Band geratenen Stoffströme wieder zu ordnen.

© Springer-Verlag GmbH Deutschland, ein Teil von Springer Nature 2018
U. Hampicke, *Kulturlandschaft – Äcker, Wiesen, Wälder und ihre Produkte*, https://doi.org/10.1007/978-3-662-57753-0_6

6.1 Etwas Erdgeschichte

Die Materie des Weltalls besteht aus etwa 100 Elementen, von denen die meisten selten sind. Die mit Abstand häufigsten Elemente der Erdkruste sind Silizium, Aluminium und Sauerstoff, dazu kommt als wichtigste Verbindung natürlich das Wasser. Auf der Basis des Bohr'schen Atommodells lassen sich alle Elemente in eine übersichtliche Ordnung bringen, in das Periodensystem nach Mendelejeff (Tab. 6.1). Ganz am linken Rand stehen Metalle, die dazu neigen, im Kontakt mit Wasser ein negatives Elektron abzuspalten, womit sie zu positiv geladenen Ionen* werden. Am rechten Rand stehen neben den Edelgasen Nichtmetalle, die gern ein Elektron aufnehmen, um zu negativ geladenen Ionen zu werden. In beiden Fällen beruht das Verhalten auf dem Bestreben, eine „Edelgas-Konfiguration" anzunehmen, also die äußere Elektronenschale zu komplettieren. Im elektrischen Feld wandern die positiv geladenen Ionen zum negativen Pol, der Kathode, und die negativ geladenen zur positiven Anode. Deswegen heißen die Ionen auch Kationen* und Anionen*. Man versteht gut, dass sich die elektrisch entgegengesetzt geladenen und daher anziehenden Ionen zusammentun und Salze bilden, wie das Kochsalz Natriumchlorid (NaCl), entweder als Kristall oder in Wasser gelöst.

Je weiter man von links oder von rechts in die Mitte des Periodensystems kommt, umso geringer wird die Tendenz der Elemente, Ionen zu bilden. Ganz in der Mittel liegen zwei besonders interessante, das Silizium und der Kohlenstoff. Sie bilden so gut wie keine Salze, sondern Kristalle oder Moleküle mithilfe der Elektronenpaarbindung. Warum diese funktioniert, ist in keiner Weise intuitiv klar wie bei der Ionenbindung und hat erst die Quantentheorie erklären können. Silizium ist die Mutter der meisten Gesteine und bildet mit Sauerstoff dreidimensionale Kristalle, wie den Quarz (Siliziumoxid, SiO_2). Häufiger noch ist im Kristall ab und zu ein Siliziumatom durch ein Aluminiumatom ersetzt, dem zum elektrischen Ladungsausgleich dann ein einwertiges Kation wie Kalium beigemischt sein muss. Das ist der Feldspat ($KAlSi_3O_8$), das wohl verbreitetste Mineral in der Erdrinde.

Der Kohlenstoff ist nicht so häufig wie Silizium, aber ein außerordentlich vielseitiges Element, ein Alleskönner. Im Diamant ist er noch härter als das härteste Gestein aus Quarz oder Feldspat. Im Kalk- und Dolomitgestein bildet er große Felsmassen, entstanden aus Schalen von Meerestieren. Im anderen Extrem ist er Bestandteil von Gasen wie Kohlenmonoxid (CO) und Kohlendioxid (CO_2). Und er ist das einzige Element, das mit sich selbst lange Ketten bilden kann. Diese Kettenbildung, die zur Erscheinung des Makromoleküls („Riesenmoleküls") führt, ist die materiell-chemische Grundlage des Lebens auf der Erde. Ohne Makromoleküle gäbe es kein Leben und ohne Kohlenstoff keine Makromoleküle. Alles Leben besteht aus Stoffen, in denen der Kohlenstoff das Gerüst bildet. Bekanntlich sind alle fossilen Brennstoffe wie Kohlen, Erdöl und Erdgas die Überreste von Lebewesen aus früheren Jahrmillionen.

Die wichtigsten organische Basismoleküle (Monomere) sind Fette, Zucker und Aminosäuren. Fette enthalten von allen organischen Stoffen am wenigsten Sauerstoff, was sie zu idealen Energiespeichern macht. Der Traubenzucker $C_6H_{12}O_6$ ist selbst schon ein recht kompliziertes Molekül. Darüber hinaus können sich jedoch fast beliebig viele Traubenzuckermoleküle zu sehr langen Ketten zusammenschließen, woraus je nach Art der Kettenbildung Stärke oder Zellulose entsteht. Aminosäuren enthalten immer auch ein Stickstoffatom in bestimmter Bindung. Schließen sie sich zu langen Ketten zusammen, so entstehen Peptide und schließlich Proteine („Eiweiße"), die Lebensmoleküle schlechthin. Unter den vielen weiteren, das Leben ausmachenden Makromolekülen seien hier nur die Nukleinsäuren genannt.

Das Leben auf dieser stofflichen Basis entstand auf der Erde vor über drei Milliarden Jahren. Wie es entstehen konnte, ist noch immer Gegenstand der Forschung. Leben heißt zum einen Stoffwechsel und zum anderen Informationsspeicherung und Fähigkeit zu deren Weitergabe. Viren zeigen uns, dass es Wesen gibt, die nur über eines der beiden Kriterien verfügen – Informationsspeicherung ohne eigenen Stoffwechsel –, sodass beide Fähigkeiten vielleicht unabhängig voneinander entstanden. Während der mehr als drei Milliarden Jahre seit der Entstehung des Lebens hat es zwar wichtige Fortentwicklungen und „Revolutionen" gegeben, wie die Bildung kernhaltiger Zellen, die Erfindung der Atmung und schließlich die ungeheure Differenzierung in Arten von viel-

Tab. 6.1 Die ersten vier Perioden des Periodensystems der Elemente, ohne Nebengruppenelemente

1 H Wasserstoff							2 He Helium
3 Li Lithium	4 Be Beryllium	5 B Bor	6 C Kohlenstoff	7 N Stickstoff	8 O Sauerstoff	9 F Fluor	10 Ne Neon
11 Na Natrium	12 Mg Magnesium	13 Al Aluminium	14 Si Silicium	15 P Phosphor	16 S Schwefel	17 Cl Chlor	18 Ar Argon
19 K Kalium	20 Ca Calcium					35 Br Brom	36 Kr Krypton

zelligen Lebewesen, jedoch blieb der biochemische Grundplan des Lebens unverändert.

Dieser Grundplan besitzt neben dem materiellen auch einen energetischen Aspekt. Alle organischen Stoffe, egal ob Fett, Zucker oder Eiweiß, sind energiereich, ihre zahlreichen Bindungen zwischen den Atomen speichern chemische Energie. Den Beweis, dass diese Energie in Gegenwart von Sauerstoff frei werden, das heißt in Wärme und sogar in Lichtschein umgesetzt werden kann, liefern jeder Kienspan und jede Wachskerze. Umgekehrt: Wie immer sich organische Stoffe als materielle Substanz des Lebens aus anorganischen Bausteinen bilden – es muss dabei Energie „hineingesteckt" werden. Hier gibt es einige durchaus interessante Energiequellen, die wir im Vorliegenden dem Gebot der Kürze folgend nicht ansprechen können,[1] wir konzentrieren uns dafür auf die wichtigste von allen, die Photosynthese*. Man darf es durchaus etwas pathetisch ausdrücken: Es erscheint als ein Wunder, dass lebende Pflanzenzellen in der Lage sind, Energie, die im Licht steckt, nicht nur einfangen, sondern zur Bildung energiereicher organischer Stoffe verwenden zu können. Dieser äußerst komplizierte Prozess ist nicht etwa eine jüngere Erfindung eines schon hoch entwickelten Lebens, sondern gehört zu seinen frühesten Errungenschaften – die primitiven Blaualgen oder Cyanobakterien vor über drei Milliarden Jahren betrieben schon Photosynthese.

Heute tun es alle grünen, das heißt Chlorophyll enthaltenden Pflanzen einschließlich der vom Menschen angebauten Kulturpflanzen. Weil sie mit ihrer Energiequelle aus Atomen und kleinen mineralischen Molekülen große energiereiche organische Moleküle schaffen können, nennen wir sie *autotrophe* Organismen. Tiere einschließlich des Menschen können das nicht, sondern sind als *heterotrophe* auf die Zufuhr der von den Pflanzen schon gebildeten organischen Substanz angewiesen. Ihr Stoffwechsel besteht im Prinzip darin, mittelst Atmung die aufgenommenen organischen Stoffe wieder in mineralische Bestandteile zu zerlegen und die dabei frei werdende Energie für ihre Lebensäußerungen zu nutzen.

Die Erforschung der Photosynthese war ein faszinierendes wissenschaftliches Abenteuer. Schon 1779 erkannte Jan Ingenhousz, dass die Pflanzen vom Licht leben. Es dauerte jedoch bis in die Jahre um 1930, dass der stoffliche Mechanismus des Vorgangs klar wurde. Wo kommt der Kohlenstoff her, aus dem die Pflanze alle Substanz aufbaut? Dass er statt aus dem Boden aus der Luft, aus dem Spurengas Kohlendioxid (CO_2) kommt, mögen zu Anfang ebenso wenige Menschen geglaubt haben wie Ingenhousz' Erkenntnis. Tatsächlich „saugt" die Pflanze CO_2 aus der Luft. Da Traubenzucker

summarisch auch als CH_2O („Kohlehydrat") geschrieben werden kann, lag die Vermutung nahe, dass hier O_2 vom C abgespalten und dafür Wasser angelagert werde. Ein großartiger Forscher und Nobelpreisträger wie Otto Warburg vertrat diese These bis zuletzt und irrte. Es wurde gezeigt, dass der Sauerstoff, der bei der Photosynthese entsteht, nicht aus dem CO_2, sondern aus dem Wasser H_2O stammt. Die Wasserspaltung ist ihr energetischer Kernpunkt; die Energie aus dem Licht wird zur Wasserspaltung verwendet. Die vom Wasser abgespaltenen Wasserstoffkerne (Reduktionsäquivalente) werden mit ihren Elektronen an den Kohlenstoff angelagert und erlauben die Bildung der langen Kettenmoleküle, der Sauerstoff ist „Abfall".[2]

Die Photosynthese ist nicht nur Startpunkt der Ernährung von Pflanzen und Tieren, sondern ein planetarischer Vorgang höchster Bedeutung. Die Atmosphäre der Erde besteht neben Spurengasen zu je knapp 80 % aus Stickstoff und 20 % aus Sauerstoff. Chemiekundige Beobachter der Erde von anderen Sternen wären über diese Zusammensetzung auf das Äußerste erstaunt, denn sie wüssten, dass sich freier Sauerstoff O_2 als sehr reaktionsfreudige Substanz gar nicht lange halten würde, sondern mit Eisen, Schwefel und zahlreichen anderen Stoffen Oxide bilden und so wieder aus der Atmosphäre verschwinden würde. Er muss immer wieder neu erzeugt werden. Der Sauerstoff in der Atmosphäre stammt nicht etwa aus Gesteinen, sondern ihn hat das pflanzliche Leben erzeugt! In der Tat sind sogar 95 % allen Sauerstoffs, der seit Milliarden Jahren durch die Photosynthese produziert worden ist, von den Sedimenten wieder eingefangen worden. Nur ein kleiner Bruchteil hält sich durch ständige Neubildung seitens der Pflanzen und gibt uns die Luft zum Atmen.

Erst seit dem Erdzeitalter des Silur vor über 400 Mio. Jahren begann sich Sauerstoff nennenswert in der Atmosphäre anzusammeln. Man schließt dies unter anderem daraus, dass man aus dieser Epoche die ersten Landpflanzen kennt. Diese wären nicht überlebensfähig gewesen, wenn sich in der höheren Atmosphäre nicht der gegen tödliche Strahlung aus dem Weltall schützende Gürtel aus Ozon (O_3) gebildet hätte. Jener wiederum kann sich nur bei Verfügbarkeit von O_2 bilden. Bis zu dieser Zeit florierte das Leben nur im Wasser. Etwa eine Milliarde Jahre zuvor war dort der Sauerstoffgehalt auf etwa ein Zehntel des heutigen gestiegen, sodass es sich für Organismen zu lohnen begann, den Prozess der Photosynthese enzymatisch kontrolliert umzukehren und damit ihren Stoffwechsel anzutreiben. Die Atmung wurde erfunden, wobei „Atmung" nicht heißt, Luft zu holen, sondern die Wasserspaltung rückgängig zu machen und aus Sauerstoff und Wasserstoff unter Energiegewinn wieder Wasser zu produzieren. Aus dem Chemieunterricht in der Schule ist dies als Knallgasreaktion bekannt, dem 1937 auch das Luftschiff „Hindenburg" bei

---

[1] Bei der *Chemosynthese* betreiben Mikroorganismen Oxidationsvorgänge und „zapfen" die dabei frei werdende Energie ab, um sie für ihre Lebensvorgänge zu nutzen. Ein Beispiel ist die Nitrifizierung in Böden und Gewässern. Dabei wird mit Wasserstoff verbundener Stickstoff, das Ammonium-Ion NH_4^+ in eine Verbindung mit Sauerstoff, das Nitrat-Ion NO_3^- umgewandelt, → Box 6.3 „Globaler Stickstoffkreislauf".

[2] Die korrekte Summenformel für die Photosynthese lautet $CO_2 + 2H_2O \rightarrow CH_2O + H_2O + O_2$.

seiner Havarie in New York zum Opfer fiel. Es versteht sich von selbst, dass die Knallgasreaktion in unserem Körper sanft und geordnet über eine komplizierte Kette von Enzymen ablaufen muss. Alle heterotrophen Organismen treiben mit der so gewonnenen Energie ihren Stoffwechsel voran. Auch die grünen Pflanzen selbst veratmen einen Teil des durch die Photosynthese gewonnenen Stoffes – eine genaue Messung würde zeigen, dass ein Kartoffelbestand auf dem Feld morgens nach der dunklen Nacht etwas weniger Masse enthält als am Abend zuvor. Der Verlust ist umso größer, je wärmer die Nacht, was einer der Gründe dafür ist, dass die pflanzliche Stoffproduktion in den Tropen nicht so viel umfangreicher ist als in den gemäßigten Breiten, wie man es spontan vermuten würde.

Abschließend zu diesem spannenden Thema wird auch klar, dass ein großer Teil des über die Jahrmilliarden gebildeten Sauerstoffs aus der Photosynthese in Eisen- und anderen Oxiden verschwunden sein muss: Wäre das nicht der Fall gewesen, so wäre mit seiner Hilfe sämtliche organische Substanz wieder abgebaut (mineralisiert) worden. Die gewaltigen Kohle-, Erdöl- und Gaslagerstätten (plus große Mengen diffusen organischen Kohlenstoffs, der keine Gewinnung lohnt) hätten sich nicht ansammeln können, wenn sich der zum Abbau erforderliche Sauerstoff nicht inzwischen woanders „versteckt" hätte.

6.2 Stoffe in Lebewesen und Pflanzenernährung

Die Lebenssubstanz in jeder Pflanzen- und Tierzelle enthält neben den schon erwähnten Elementen Kohlenstoff, Wasserstoff, Sauerstoff und Stickstoff sowie Wasser zahlreiche weitere Stoffe. Mengenmäßig stehen Kalium, Phosphor, Schwefel und Magnesium im Vordergrund, während Eisen, Zink, Mangan, Kupfer und andere Metalle in viel geringerer Menge enthalten sind. Tiere oder Pflanzen besitzen jeweils „Sonderwünsche" in Gestalt von Selen, Kobalt, Molybdän, Nickel oder Bor.

Die Funktionen der Stoffe sind sehr verschieden. Kalium ist zum Beispiel nie in Moleküle oder Strukturen eingebaut, sondern beeinflusst durch seine bloße Anwesenheit als Ion den Wasserhaushalt der Zelle und fördert die Enzymaktivität und andere lebenswichtige Funktionen. Phosphor ist einerseits Bestandteil harter Gewebe wie Knochen und Zähne, andererseits Stabilisator feinster Membranen in den Zellen, auch Energielieferant bei chemischen Reaktionen und genetischer Informationsträger in Nukleinsäuren. Die *Mikronährstoffe* in Gestalt der erwähnten Metalle sind nur in geringsten Mengen erforderlich, jedoch absolut unentbehrlich und zuweilen selbst durch nahe verwandte Elemente nicht zu ersetzen. Sie sind oft Bestandteile sogenannter Coenzyme, die gemeinsam mit den Makromolekülen der Eiweißstoffe biochemische Reaktionen katalysieren.

Alle diese Stoffe sind in mehr oder minder großer Menge in den Böden der jeweiligen Biotope vorhanden und den Pflanzen verfügbar. Manche Biotope sind von Natur aus reichlich, andere knapp versorgt mit dann entsprechend reduziertem oder gar kümmerlichem Pflanzenwuchs. Die meisten Pflanzennährstoffe finden sich ursprünglich in Mineralen und Gesteinen und werden bei deren Verwitterung frei, wie zum Beispiel Kalium aus dem oben erwähnten Feldspat, ferner Phosphor und alle Metalle. Böden sind je nach ihren Eigenschaften in unterschiedlichem Maße befähigt, die frei gewordenen Stoffe zu speichern und den Pflanzenwurzeln bereitzuhalten ($\rightarrow$ Box 6.1). Sterben Pflanzen und Tiere, so geben sie ihre Nährstoffe an den Boden zurück, wo sie entweder schnell von nachwachsenden Organismen genutzt werden oder im Humus als relativ dauerhaftes Reservoir verbleiben.

Box 6.1 Etwas Bodenkunde, Kationenaustausch

Boden ist Standraum für die Pflanzen und erlaubt ihnen, sich darin zu verankern. Er versorgt die Wurzeln mit Wasser, Luft und Nährstoffen. Dies erfolgt umso besser, je tiefgründiger er ist und damit je mehr Wurzelraum er bereitstellt, je günstiger seine Korngrößenverteilung und seine chemische Zusammensetzung einschließlich der organischen Substanz sind. Von Bedeutung ist ferner sein Gefüge, das heißt die Art und Stabilität der Zusammenballung seiner elementaren Partikel zu größeren Aggregaten. Bei allen spielen die Belebung mit ein- und mehrzelligen Organismen bis hin zu größeren Tieren und ihr Stoffwechsel eine wichtige Rolle.

Wichtige Nährstoffe für die Pflanzen entstammen den verwitterten Gesteinen und liegen als positiv geladene Kationen vor, wie besonders Kalium (K^+), Calcium (Ca^{++}) und Magnesium (Mg^{++}). Auch für den Stickstoff gibt es eine positiv geladene Variante, das Ammonium-Ion (NH_4^+), welches sich chemisch ähnlich einem Metall verhält.

Würden diese Kationen einfach nur in der Bodenlösung schwimmen, dann könnten diejenigen, die mit dem Wurzelbereich in Kontakt kämen, leicht von den Pflanzen aufgenommen werden. Alle anderen würden jedoch besonders im Winter mit dem abwärts gerichteten Wasserstrom ausgewaschen und gingen den Pflanzen verloren. So geht es im Übrigen der anderen Variante des Stickstoffs, dem negativ geladenen Anion Nitrat (NO_3^-).

Würden die Kationen im anderen Extrem von den Bodenpartikeln mit Stärke festgehalten, dann wären sie zwar vor der Auswaschung geschützt, blieben aber für die Pflanzen unverfügbar, weil sie den Bodenpartikeln nicht entrissen werden könnten.

Die Lösung dieses Problems besteht darin, dass die Bodenpartikel die Kationen zwar gegen die Auswaschung festhalten, aber nicht so fest, dass sie für Pflanzen unverfügbar sind. Die Bodenpartikel besitzen an ihrer Oberfläche negative Ladungen, die auf die positiv geladenen Ionen Anziehungskräfte ausüben. Ein solcherart sorbiertes Kalium-Ion K^+ kann von der Oberfläche abgelöst werden, wenn jener im Austausch ein anderes positiv geladenes Ion überlassen wird, einschließlich eines Wasserstoffions H^+. Genauso verfährt die Pflanzenwurzel.

Der Vorgang nennt sich *Kationenaustausch*; der pro Bodeneinheit (z. B. 100 g) mögliche Umfang des Vorgangs ist die *Austauschkapazität*, und der Prozentsatz der Austauschpositionen, der mit Metall-Kationen einschließlich NH_4^+ (das heißt nicht mit H^+) besetzt ist, ist die *Basensättigung*.

Es gibt hauptsächlich zwei Träger der Austauschkapazität. Einer sind die Tonminerale, winzige blättchenartige Teilchen, die im Laufe der Bodenbildung aus den verwitterten Mineralen neu entstanden sind. Es gibt verschiedene Tonminerale mit unterschiedlichen Eigenschaften auch bezüglich ihrer Austauschkapazität. Das mitteleuropäische Klima lenkt die Verwitterungsprozesse in einer Weise, die die Bildung von Tonmineralen mit hoher Austauschkapazität fördert, im Gegensatz zu Verhältnissen, die oft in den Tropen vorherrschen.

Der zweite Träger der Austauschkapazität ist die Organische Substanz, der Humus. In sandigen Böden, die weniger Tonminerale enthalten, ist es daher besonders wichtig, dass der Boden Humus in hinreichender Menge und guter Qualität enthält. Im Gegensatz zu den Tonmineralen hängt die Höhe der Austauschkapazität des Humus stark vom Säuregrad (pH-Wert) des Bodens ab.

In Böden mit hinreichender Austauschkapazität werden für die Pflanzenernährung wichtige Kationen daher gespeichert. Es ist nicht erforderlich, nach kurzfristigem Bedarf der Pflanzen zu düngen, es genügt, wenn von Zeit zu Zeit die Basensättigung kontrolliert und „aufgefüllt" wird.

Die Austauschkapazität insbesondere der Tonminerale ist eine der Bodeneigenschaften, die durch menschliche Kulturmaßnahmen wenig beeinflusst werden kann. Dies erhöht weltweit den Wert der von Natur aus gut ausgestatteten Böden, wie in Mitteleuropa, und ist eine Verpflichtung, sie gut zu erhalten.

Eine analoge Austauschmöglichkeit für negativ geladene Anionen gibt es auch, jedoch nur in geringerem Umfang. Sie fehlt insbesondere für Nitrat (NO_3^-), sodass dessen Auswaschungsgefahr ein Problem darstellt.

Box 6.2 Stickstoffsammlung durch Leguminosen*
Stickstoff ist als *Makronährstoff* in relativ hoher Menge für das pflanzliche und tierische Leben erforderlich, muss jedoch in verfügbarer („reaktiver") Form vorliegen. Alle Tiere müssen ihn organisch, überwiegend als Eiweiß (Protein) aufnehmen, Pflanzen nehmen ihn anorganisch als Ammonium- (NH_4^+) oder Nitrat-Ion (NO_3^-) auf. Luftstickstoff (N_2) ist zwar in unerschöpflicher Menge vorhanden, für höhere Pflanzen jedoch nicht nutzbar.

Mikroorganismen, die das Enzym Nitrogenase besitzen, verwandeln den molekularen Stickstoff (N_2) in Ammoniak (NH_3). Sie teilen sich auf in solche, die frei in Boden und Gewässern leben und solche, die Symbiosen mit höheren Pflanzen eingehen. Diese Stickstoff-Fixierung ist ein energieaufwändiger Prozess, sowohl als technischer Vorgang bei der Herstellung von Mineraldünger* als auch in der Natur. Daher sind die frei lebenden N-fixierenden Mikroorganismen zu keinen großen Mengenleistungen fähig. Wo sie allein wirken, bleibt düngender Stickstoff ein Mangelfaktor. Gleichwohl versorgen sie große Land- und Meeresökosysteme „auf niedrigem Niveau".

In der Evolution entstand eine Symbiose zwischen N-fixierenden Mikroorganismen und höheren Pflanzen. Das Zusammentun erfolgte vielfach und offenbar voneinander unabhängig mit zahlreichen Arten. In Europa zählen Erlen (*Alnus spec.*) sowie Sanddorn (*Hyppophae rhamnoides*) dazu, weltweit zahlreiche weitere Kräuter und Gehölze. Besonders wichtig ist die Familie der Fabaceae (früher Leguminoseae) oder Schmetterlingsblütler; in der Landwirtschaft spricht man nach wie vor von Leguminosen. Zu dieser Familie zählen außerordentlich zahlreiche, auch bei uns in Wiesen und an Wegrändern verbreitete Kräuter, wie Kleearten, Wicken, Platterbsen, aber auch Bäume, wie Robinie und Goldregen. Wichtige Kulturpflanzen sind Rot- und Weißklee, Luzerne, Erbsen, Bohnen und Linsen.

Die Bakterien der Gattung *Rhizobium* dringen in die Wurzeln dieser Pflanzen ein und bilden gut sichtbare Wurzelknollen. Sie heißen daher Knöllchenbakterien. Mit ihrem Enzym Nitrogenase produzieren sie Ammoniak, der sofort nach seiner Entstehung von der Wirtspflanze übernommen und in Aminosäuren und Peptide eingebaut wird. Der große Vorteil für die Bakterien liegt darin, dass sie von der Wirtspflanze mit Energie in Form von Zucker versorgt werden. Das ist der Grund dafür, dass die Flächenleistung bedeutend höher als bei den frei lebenden Bakterienarten ist und mehrere hundert Kilogramm pflanzenverfügbaren

Stickstoff pro Hektar und Jahr erreichen kann. Die Wirtspflanze liefert weitere Dienste, indem sie zum Beispiel mithilft, die Nitrogenase vor dem Zutritt von Sauerstoff zu schützen. Deren große Empfindlichkeit gegenüber Sauerstoff ist ein Hinweis darauf, dass ihre Entstehung sehr weit in der Evolution zurückliegen muss, als die Biosphäre noch sauerstofffrei war. Die Nitrogenase enthält das seltene Metall Molybdän.

Im 18. Jahrhundert verbreitete sich die Kenntnis über die die Fruchtbarkeit steigernde Wirkung des Klees und anderer Leguminosen, man wusste jedoch nicht, dass mit ihnen nur der Mangel eines einzigen Faktors, des Stickstoffs, abgemildert wurde. Noch weniger erkannte man die dahinter stehenden Mechanismen, die erst 1888 durch Hellriegel aufgeklärt wurden. Noch Liebig irrte, wenn es um den Stickstoff ging. Immerhin wurde durch den Kleeanbau die Stickstoffversorgung der Landwirtschaft erheblich verbessert. Die Verfügung über eine Stickstoffquelle bedeutet schließlich, dass Leguminosen in ihren Samen (Erbsen, Linsen, Bohnen, Sojabohnen) mehr Eiweiß als andere Pflanzenarten speichern können, was sie für die menschliche Ernährung und als Futtermittel besonders wertvoll macht.

Symbiosen der genannten Art kommen auch mit Pilzen, Flechten und sogar mit Tieren vor. Von der Erkenntnis, dass die Symbiosen zwischen höheren Pflanzen und Mikroorganismen offenbar spontan und wiederholt entstanden, ist der Schluss nicht weit, dass es noch mehr von ihnen geben sollte und dass der Mensch dabei helfen könnte. Besonders verlockend erscheint, könnten die wichtigsten Kulturpflanzen, wie das Getreide, auch solche „assoziativen" Symbiosen, wenn auch ohne Knöllchenbildung, eingehen. Große Mengen an Mineraldünger könnten so eingespart werden. Jahrelange Forschungen hierzu scheinen bis heute wenig Erfolg gehabt zu haben.

Eine wichtige Ausnahme in dieser Szenerie ist der Stickstoff (N), was umso bedeutsamer ist, als er von Pflanzen und Tieren in relativ großer Menge benötigt wird; Protein (Eiweiß) enthält meist 16 % Stickstoff. Dieser ist kein Verwitterungsprodukt der Gesteine,[3] er entstammt der Atmosphäre und ist somit nach dem Kohlenstoff das zweite Element, bei dem die Pflanzen „aus der Luft" leben. Allerdings liegt der Fall komplizierter als beim Kohlenstoff. Das Molekül N_2 in der Atmosphäre ist für Pflanze und Tier unbrauchbar. Verwertbar – oder „reaktiv" – wird der Stickstoff erst, nachdem die extrem starke

Dreifachbindung des Moleküls aufgebrochen und Ammoniak (NH_3) gebildet worden ist. Nur bestimmte Mikroorganismen ohne Zellkern besitzen das Enzym Nitrogenase, das diesen Zweck erfüllt. Wie bei der Photosynthese erstaunt auch hier, dass diese Stickstofffixierung anscheinend in einem sehr frühen Stadium der Evolution des Lebens „erfunden" wurde, denn die betreffenden Mikroorganismen sind sehr alt. Fast aller Stickstoff, den Pflanze und Tier zum Aufbau ihrer Körpersubstanz benötigen, wurde vor dem Eingriff des Menschen durch diese Mikroorganismen bereitgestellt. So verwundert nicht, dass hier ein Engpass, ein Flaschenhals bestand, der dazu führte, dass in den Ökosystemen der Stickstoff mit wenigen Ausnahmen knapp war und die Evolution darauf hinauslief, mit dieser Knappheit möglichst effizient umzugehen.

Box 6.3   Der globale Stickstoff-(N-)Kreislauf

Wie eng fundamentale biogeochemische Prozesse und Praxisfragen der Landwirtschaft beieinanderliegen, wird selten so deutlich wie beim Kreislauf des Stickstoffs. Dieser kennt fünf entscheidende Stationen.

Fixierung: Zellkernlose, erdgeschichtlich sehr alte Mikroorganismen sind unter allen Lebewesen als einzige in der Lage, aus dem riesigen Reservoir der Atmosphäre einen Teil abzuzweigen, der für das Leben nutzbar ist, indem sie die Dreifachbindung $N \equiv N$ sprengen und Ammoniak NH_3 erzeugen, der sofort in Aminosäuren eingebaut wird. Die Reaktion ist eigentlich exergonisch, das heißt liefert Energie anstatt sie zu verbrauchen. Trotzdem erfordert sie einen hohen Energieeinsatz als Anregungsenergie, um sie erst einmal in Gang zu bringen. Wegen des engen Tors oder „Flaschenhalses" war N vor den Eingriffen des Menschen in der Regel ein Mangelfaktor in Ökosystemen.

Ammonifizierung: Sterben Lebewesen oder Teile von ihnen (z. B. Blätter) ab und werden abgebaut, dann werden die N-haltigen Großmoleküle weitgehend zerlegt und geben wieder das Ammonium-Ion NH_4^+ ab. Dieses geht zwei Wege: Es kann entweder direkt wieder von Pflanzen als Nährstoff aufgenommen werden, mit einem Vorteil und einem Nachteil. Vorteilhaft ist, dass der „reduzierte", das heißt, nicht mit Sauerstoff verbundene Stickstoff ohne großen Energieaufwand wieder in Aminosäuren eingebaut werden kann. Nachteilig ist, dass dies sehr schnell und vollständig geschehen muss, weil sich sonst Ammoniak (NH_3) und damit ein Zellgift ansammeln würde. Die „Einbaugeschwindigkeit" kann also die Aufnahme begrenzen.

Oder das NH_4^+-Ion fällt der *Nitrifizierung* anheim. Seitdem die Biosphäre ein oxidierendes Milieu darstellt (Sauerstoff O_2 enthält), ist Energie daraus zu gewinnen, NH_4^+ über Zwischenstufen in Nitrat NO_3^- um-

---

[3] Feldspäte enthalten durchaus auch natives NH_4^+ als Ladungsausgleich, jedoch dürfte dieses in der Pflanzenernährung gegenüber dem aus der Atmosphäre fixierten Stickstoff weit zurücktreten.

zuwandeln. Dies bewerkstelligen Mikroorganismen. Zu beachten ist, dass es im Gegensatz zu Photosynthese und Stickstofffixierung erdgeschichtlich ein relativ junger Vorgang ist. Das Nitrat-Ion kann wiederum zwei Wege gehen: Es kann von Pflanzen aufgenommen und nach erfolgter *assimilatorischer Nitratreduktion* in ihnen wieder als reduzierter Stickstoff in Aminosäuren eingebaut werden. Der Nachteil besteht für die Pflanzen darin, dass sie die gesamte Energie, die die Mikroorganismen bei der Nitrifizierung gewonnen haben, nun wieder „hineinstecken" müssen, sie müssen sie sozusagen rückgängig machen. Das hier wirksame Enzymsystem ähnelt der Nitrogenase und enthält ebenfalls Molybdän, ist aber nicht mit ihr identisch. Ein erheblicher Teil der in der Photosynthese gewonnenen Energie kann für die Nitratreduktion erforderlich sein. Der Vorteil der NO_3^--Aufnahme besteht für die Pflanzen darin, dass ein im Zellsaft speicherbarer Stoff vorliegt, der im Gegensatz zum NH_4^+ nicht sofort verarbeitet werden muss.

Denitrifizierung: Entgeht das Nitrat-Ion der Aufnahme durch eine Pflanze und gelangt es in O_2-armes oder -freies Milieu, etwa in tiefere Bodenschichten oder in Gewässersedimente, so kann es von bestimmten Mikroorganismen wieder in elementaren Stickstoff und Sauerstoff zerlegt werden. Den Vorgang kann man sich anschaulich so vorstellen, dass die atmenden und daher O_2-bedürftigen Mikroben es in Abwesenheit freien Sauerstoffs „auf sich nehmen", die Energie zur Spaltung des NO_3^--Ions in Stickstoff und Sauerstoff vorauszuzahlen, um dann durch die ermöglichte Atmung immer noch einen Gewinn zu haben. Mit der Denitrifizierung wird N_2 an die Atmosphäre zurückgegeben und der Kreislauf geschlossen. Es gibt noch zwei weitere Reaktionswege, die *dissimilatorische Nitratreduktion* und den sogenannten *anammox*-Vorgang.

Alle Prozesse bis auf die beiden Letztgenannten sind von Bedeutung in der Land- und Forstwirtschaft sowie in der Siedlungswasserwirtschaft und werden vom Menschen beeinflusst. Die technische Ammoniaksynthese hat die Knappheit von verfügbarem Stickstoff beseitigt mit allen Folgen, wie sie in diesem Buch gezeigt werden. Nitrifizierung und teils auch Denitrifizierung sind essenzielle Vorgänge in kommunalen Kläranlagen. Im Ackerboden ist die Nitrifizierung sowohl Wohltat als auch Problem. Einerseits soll den Kulturpflanzen der Stickstoff durchaus teilweise als Nitrat zugeführt werden, andererseits wird die Auswaschung gefördert: NH_4^+ wird an Bodenteilchen sorbiert ($\rightarrow$ Box 6.1), NO_3^- dagegen nicht. Die Bedeutung der Denitrifizierung als „Auslassventil" überschüssigen

reaktiven Stickstoffs und Damm gegen übermäßige Eutrophierung ist lange verkannt worden. Ein unbekannter Anteil des N-Verlustes der deutschen Landwirtschaft in Höhe von insgesamt etwa 100 kg pro Hektar und Jahr wird durch Denitrifizierung unschädlich gemacht; man kann nur hoffen, dass er hoch ist.

Sowohl die Nitrifizierung als auch die Denitrifizierung erzeugen als Nebenprodukt das Treibhausgas und den „Ozonkiller" N_2O (Stickoxidul oder Lachgas). Angaben über Mengen sind mit Vorsicht aufzunehmen, da sie auf Hochrechnungen aus viel zu wenigen exakten Versuchen beruhen.

Zur Desorganisation des globalen N-Kreislaufes tragen auch Prozesse in der Industrie bei. Feuerungen und Verkehrsmittel emittieren Stickoxide (NO und NO_2) mit gesundheitsgefährdender Wirkung und der Erzeugung von ebenfalls schädlichen Folgeprodukten wie bodennahem Ozon (O_3).

Globale Quantifizierungen des N-Kreislaufes sind sehr schwierig. Die natürliche N-Fixierung auf dem Land wird auf etwa 90–130 Teragramm pro Jahr geschätzt (1 Tg $= 10^{12}$ g $= 1$ Mio. t). Den namhaftesten Quellen gemäß (Galloway et al. 1995; Vitousek et al. 1997) addierten sich Ende des 20. Jahrhunderts hierzu mindestens 140 Tg aus menschlichen Aktivitäten: 80 Tg aus Mineraldünger, > 20 Tg aus industriellen Verbrennungsprozessen und 30 bis 40 Tg durch Leguminosenanbau. Hinzu kamen möglicherweise bis zu 70 Tg durch die Mobilisierung aus biotischen Reservoiren, zum Beispiel die Waldvernichtung in den Tropen, sowie etwa 25 Tg aus dem Haber-Bosch-Verfahren für Produkte, die nicht für Mineraldünger, sondern andere industrielle Zwecke erzeugt wurden. Selbst bei vorsichtigster Schätzung lag um die Jahrtausendwende die vom Menschen in die Biosphäre eingebrachte Menge reaktiven Stickstoffs über der natürlichen auf dem Festland. Bis 2005 ist die Erzeugung reaktiven Stickstoffs mit dem Haber-Bosch-Verfahren auf über 120 Tg gestiegen und steigt weiter (Galloway et al. 2008).

Bei aller Unschärfe der Zahlen ist sicher, dass die auf dem Festland vom Menschen bewirkte Zufuhr in die Biosphäre schon weit über der natürlichen liegt. Die Vorgänge im Meer und der Verbleib des von Menschen zusätzlich eingebrachten reaktiven Stickstoffs liegen noch weitgehend im Dunkeln. Nur dass fast die gesamte Landschaft in Mitteleuropa mit Stickstoff überschwemmt ist, kann jeder sehen.

Eine erste Linderung dieser Knappheit in Agrarökosystemen wurde durch die Förderung des Kleeanbaus im 18. Jahrhundert erreicht. Die Box 6.2 erläutert Näheres zur Stickstofffixierung in Form der Symbiose mit höheren Pflanzen. Noch heute erlaubt der ökologische Landbau die Einschleusung von Stickstoff in das Agrarökosystem allein auf diese Art. Der Klee- bzw. allgemein der Leguminosenanbau modifiziert den globalen Stickstoff-Kreislauf zwar in messbarer Weise, sprengt jedoch auf der planetarischen Ebene noch keine Maßstäbe ($\rightarrow$ Box 6.3). Erst die technische Synthese von Ammoniak durch das Haber-Bosch-Verfahren kurz vor dem Ersten Weltkrieg öffnete Schleusen, deren Folgen auch heute erst teilweise absehbar sind.[4] Wie die Zahlen in der Box 6.3 zeigen, greift der Mensch im globalen Maßstab in den Stickstoff-Kreislauf quantitativ noch intensiver ein als in den klimawirksamen Kreislauf des Kohlenstoffs. Die Resultate sind billige Verfügung über Dünger und wachsende Nahrungsmittelerzeugung auf der einen, aber unkontrollierte flächendeckende Eutrophierung* sowie die Erzeugung von Treibhausgasen, „Ozonkillern" und Gefährdungen für die menschliche Gesundheit auf der anderen Seite.

Zurück zur Geschichte: Seitdem der Mensch Landwirtschaft betrieb, erfuhr er, dass die Pflanzen auf dem Acker mal gut und mal weniger gut wuchsen. Lag das nicht offenkundig an klimatischen Umständen oder der Zufuhr bzw. Knappheit von Wasser, so musste es an Stoffen liegen, die die Pflanzen ernähren, so wie Tier und Mensch auch der Ernährung bedürfen. Obwohl frühe Ackerbauern bereits ein großes Geschick besaßen, fruchtbare von weniger fruchtbaren Böden zu unterscheiden und danach Siedlungsorte auszuwählen, blieben doch die Kenntnisse über das Wesen der Pflanzenernährung jahrtausendelang sehr vage. Man fand insbesondere, dass tierische Abgänge wie Jauche* und Mist den Pflanzen guttaten, das heißt, Düngewirkung entfalteten. Oft zwang die Not dazu, auch andere Stoffe mit Düngewirkung auf dem Acker zu verteilen. In Mecklenburg fischten die Bauern Algen aus Seen und Teichen heraus, was unbeabsichtigt dazu beitrug, diese Teiche außerordentlich klar und nährstoffarm zu machen, woran es heute in flachen norddeutschen Stillgewässern so bitter mangelt.

Von Ausnahmen abgesehen, wie Kalk und Mergel, besaßen alle Dünger die gemeinsame Eigenschaft, organischer Natur zu sein, das heißt von Tieren oder Pflanzen abzustammen. So erschien es intuitiv überzeugend, dass sich die Pflanzen auch organisch ernährten, etwa durch Aufnahme von Humus. Lange herrschte auch in der Wissenschaft die Überzeugung, dass sich Pflanzen von Humus ernährten (Humustheorie). Albrecht Thaer war einer der führenden Humustheoretiker und schrieb in seinem Hauptwerk 1812:

Obwohl uns die Natur verschiedene unorganische Materialien darbietet, wodurch die Vegetation … belebt und verstärkt werden kann, so ist es doch eigentlich nur der thierisch-vegetabilische Dünger oder jener im gerechten Zustande der Zersetzbarkeit befindliche Moder (Humus), welcher den Pflanzen den wesentlichsten und nothwendigen Teil ihrer Nahrung gibt. … Daß aber aus der eigentlichen unzersetzbaren und feuerbeständigen Erde nichts Bedeutendes in die Vegetation übergehe, diese also nur instrumentell zur Schätzung und Haltung der Pflanzenwurzeln und zur Aufbewahrung der Nahrungsstoffe, nicht materiell als Nahrungsstoff selbst, wirke, haben neuerlichst die Saussureschen und Schraderschen Analysen noch mehr bestätiget.[5]

Die Entdeckung der wahren Sachverhalte wird, nicht ganz korrekt, Justus Liebig zugeschrieben ($\rightarrow$ Box 2.1 im Abschn. 2.7). Allerdings publizierte er sie 1840. Dass er auf viel Gegnerschaft stieß, lag nicht nur am revolutionären Wesen seiner Erkenntnisse, sondern wohl auch daran, dass er nicht dafür bekannt war, mit Personen anderer Meinung einen besonders verständnisvollen Dialog zu führen. Auch sah er manches einseitig und übertrieb, aber „unter dem Strich" hatte er recht: Die Pflanze ernährt sich nicht nur aus der Luft von kleinen mineralischen Partikeln, hier dem Kohlendioxid, sondern auch im Boden, indem sie die erforderlichen Stoffe als Ionen aufnimmt – entweder als einfache elektrisch geladene Atome, wie K^+ oder als einfache ionisierte Moleküle wie NH_4^+, NO_3^-, SO_4^{2-} und andere. Diese mögen teilweise aus dem Humus stammen, aber aufgenommen werden sie als Minerale. Jede grüne Pflanze ist somit eine Maschine, die, angetrieben durch Sonnenenergie, aus Kohlenstoff und elementaren Salzen und Molekülen die komplexesten organischen Makromoleküle sowie räumliche Zellstrukturen und Gewebe bis hin zu 100 m hohen Bäumen aufbaut. Die heutige konventionelle Landwirtschaft zieht aus Liebigs Erkenntnissen den Schluss, dass man den Nutzpflanzen die benötigten Nährstoffe räumlich und zeitlich so gezielt wie möglich mineralisch zuführen sollte. Die Gegenmeinung im ökologischen Landbau wird im Abschn. 7.5 vorgestellt.

6.3 Stickstoffflüsse in der deutschen Agrarlandschaft

Die Reservoire und Flüsse des Stickstoffs und deren Stationen im Agrar- und Ernährungssystem sind aus zwei Gründen

---

[4] Der Ammoniak wurde anfänglich überwiegend zur Erzeugung von Munition und Sprengstoff verwendet. Der Erfinder des Verfahrens, Fritz Haber, erwarb wenige Jahre später zweifelhaften Ruhm durch die Entwicklung von Giftgas, das ab 1915 im Krieg eingesetzt wurde. Es gehörte zu den grauenvollsten Erscheinungen des Krieges; Habers Ehefrau nahm sich wahrscheinlich aus Verzweiflung darüber das Leben.

[5] Krafft et al. (1880, S. 185). Die Herausgeber der Neuauflage von Thaers „Grundsätzen" ergänzen an dieser Stelle, dass Thaer selbst in einer späteren Schrift Zweifel darüber ausgedrückt habe, dass allein „thierisch-vegetabilische Stoffe" der Pflanzenernährung dienten und dass er den Begriff Humus auch auf anorganische Bodenbestandteile erweitert habe. Der Konflikt mit Liebigs Mineralstofftheorie sei daher in seiner Schärfe ein Ergebnis einseitiger Interpretation von Thaers Werk durch seine Epigonen, nicht aber durch ihn selbst hervorgerufen.

von besonderem Interesse und begründen Kritik: Zum einen wegen ihrer Wirkungen in der Umwelt, zum anderen wegen des hohen Bedarfes der Tierfütterung, der in Deutschland, wie es scheint, nur durch Importe von Proteinfutter sichergestellt werden kann. Zur Umweltwirkung erfolgen Ausführungen unten. Die Importe von Soja aus Südamerika sind ein ständiges Streitthema zwischen Landwirtschaft und kritischen Stimmen. Vorweg sei hierzu geklärt: Wenn festgestellt wird, dass Deutschland 70 % seines Proteinfutters einführe, dann bezieht sich dies allein auf Protein*konzentrat* – inländisch Raps und importiert hauptsächlich Soja. Natürlich enthalten andere Futtermittel auch Protein. Das heimische Futterproteinaufkommen wird zu etwa 40 % vom Grünland, knapp 30 % vom Getreide, etwa 12 % vom Silomais* und nur zu etwa 10 % vom Rapskuchen geliefert (vgl. Abschn. 12.4, Anhang D). Bezogen auf das gesamte Proteinaufkommen machen die Sojaimporte nur gut 20 % aus. Deren Bewertung erfordert zudem ebenso wie oben beim Energiefluss im Kap. 3 einen Blick auf die Exporte tierischer Erzeugnisse.

Die Flüsse des reaktiven Stickstoffs lassen sich in einem übersichtlichen Diagramm darstellen (Abb. 6.2); die Zahlen bedeuten jeweils einen Umsatz von 1000 Tonnen Stickstoff (N) pro Jahr. Sämtliche Berechnungen befinden sich im Abschn. 12.4, Anhang D. Der Übersichtlichkeit halber sind die Werte in der Abbildung gegenüber denen in den Tabellen des Anhangs zuweilen gerundet.

Einige Zahlen sind relativ exakt bekannt, bei anderen ist die Erfassung dagegen unsicher. Allerdings verlangen die Flüsse und Kreisläufe in der Abbildung, dass Schätzwerte zueinander „passen" und dass keine Widersprüche entstehen. Bei der Erstellung des Schemas spricht man daher auch von einer *Plausibilisierung*. Bis zur Verfügung über bessere Daten darf man in der Abbildung ein Modell von hinreichender Realitätsnähe etwa für den Zeitraum 2010 bis 2020 sehen. Es ist nicht in allen Punkten identisch, aber doch sehr ähnlich anderen Berechnungen, die in der Wissenschaft durchgeführt wurden.[6]

Der deutschen Landwirtschaft fließen zu (im Diagramm links):

Leg

Stickstoffgewinne aus der Fixierung durch Knöllchenbakterien (→ Box 6.2). Hier handelt es sich streng genommen nicht um eine Zufuhr „von außen", wohl aber um einen Gewinn, dessen Verbleib verfolgt werden muss. Die Zahl in der Abbildung beruht auf Schätzungen von Fachleuten. Es besteht eine große räumliche Heterogenität, denn auf Äckern des ökologischen Landbaus und auf Grünland wird wesentlich

mehr Stickstoff fixiert als auf konventionellen Äckern, soweit jene nicht mit Körnerleguminosen, wie Erbsen oder Ackerbohnen bestellt sind.

NOx

Depositionen von Stickoxid (NO_2). Die durch Luft und Regen über den Agrarflächen abgesetzte Menge N (trockene und nasse Deposition) wird auf durchschnittlich 9 bis 10 kg pro Hektar und Jahr geschätzt, allerdings ebenfalls mit großen regionalen Unterschieden. Davon ist nur ein geringer Anteil natürlich, der weit größere entstammt Verbrennungsprozessen in Feuerungen und Kraftfahrzeugen und anderen technischen Quellen. Der von der Landwirtschaft selbst emittierte Ammoniak darf nicht als Zufuhr von außen verbucht werden.

Min

Mineraldünger. An mineralischem, durch das Haber-Bosch-Verfahren gewonnenem N werden pro Jahr knapp 1,7 Mio. t und damit durchschnittlich 100 kg pro Hektar und Jahr eingesetzt. Die Zahl entstammt amtlicher Statistik (StJELF 2016, Tab. 75, S. 84), bezieht sich jedoch auf den jährlich an die Betriebe *abgesetzten* Stickstoff. Da jene entsprechend der Preisentwicklung des Düngers „auf Vorrat" ankaufen, kann die abgesetzte Menge von der im selben Zeitraum ausgestreuten abweichen. Über die Jahre gleicht sich das jedoch aus. Der Gesamtbetrag Min ist um eine kleine Menge Sekundärrohstoffdünger (Klärschlamm und Kompost) aufgerundet.

Fimp

Futtermittelimporte, insbesondere Soja. Deren quantitative Bedeutung im Vergleich zum heimischen Futter ist oben bereits angesprochen worden.

Aus dem System fließt Stickstoff in Gestalt von pflanzlichen Erzeugnissen sowie Milch, Eiern, Fleisch und den nicht oder anderweitig genutzten Teilen der Tierkörper, also in **Produkten** wieder ab (rechts), darunter 430.000 t in pflanzlichen Erzeugnissen aller Art, überwiegend Nahrungsmitteln, etwa 390.000 t in den tierischen Erzeugnissen Milch, Eier und Fleisch sowie einen Schätzwert von 90.000 t für die Reste der nicht zu Fleisch verarbeiteten Tierkörper. Es ist bemerkenswert, dass der letztere Posten in bisherigen Schätzungen keine Berücksichtigung findet und auch nicht statistisch ausgewiesen ist.

Schon mit den Größen für Zufuhr und Abfuhr lässt sich eine wichtige Bilanz, die sogenannte *Hoftorbilanz*[7] bilden. Den Zufuhren von 2,585 Mio. t stehen Abfuhren in Produkten in Höhe von nur 910.000 t gegenüber. Die Differenz von

---

[6] Zu Berechnungsgrundlagen ist einschlägig Bach et al. (2011) empfohlen. Die Schätzwerte für die Fixierung durch Knöllchenbakterien sowie für die NO_2-Deposition in Abb. 6.2 sind ebenso wie weitere Informationen entnommen aus Bach (2008).

[7] Wie der Name sagt, bezieht sich der Begriff eigentlich auf einen Betrieb: Wie viel Stickstoff kommt zugekauft durch das *Hoftor* in den Betrieb hinein und wie viel verlässt ihn in Gestalt der erzeugten Produkte? Man kann sich aber auch die Landwirtschaft eines ganzen Landes als einen „Betrieb" vorstellen.

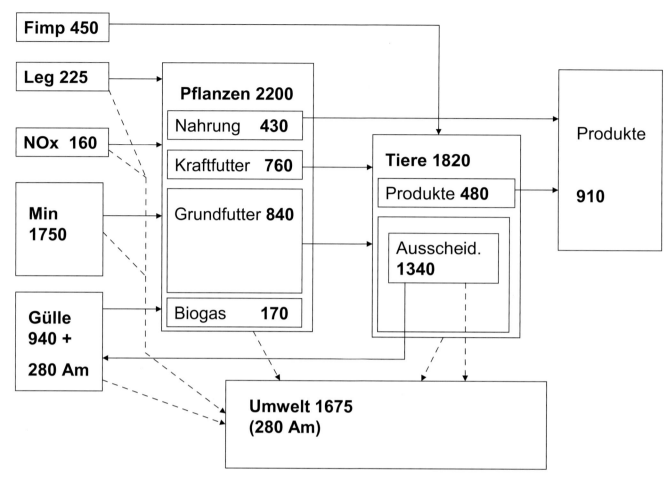

Abb. 6.2 Der Stickstofffluss durch das deutsche Agrarsystem 2013/2014, 1000 t N

1,675 Mio. t oder im Schnitt fast genau 100 kg pro Hektar verbleibt in der Umwelt.[8] In der Abb. 6.2 sind die Sickerwege dieses Anteils durch gestrichelte Linien dargestellt.

Die in die Umwelt abfließende Menge ist von derselben Größenordnung wie die Zufuhr durch Mineraldünger. Allerdings darf daraus nicht geschlossen werden, dass der Mineraldünger in die Umwelt verpufft. Dieser wird durchaus weitgehend von den Pflanzen aufgenommen. Die Überschwemmung der Umwelt mit Stickstoff erfolgt überwiegend aus der Tierhaltung. Eine andere Art, die Hoftorbilanz auszudrücken, ist die Kennzahl der *Effizienz*: Diese beträgt 910.000 / 2.585.000 = 0,352. Nur 35 % des in das System eingebrachten Stickstoffs fließt mit den Produkten wieder heraus. Nach Rechnungen in der Literatur beträgt die Effi-

zienz in der pflanzlichen Erzeugung 62 % und in der tierischen nur 15 %.

Schwieriger ist die Entwirrung der Flüsse im landwirtschaftlichen System selbst. Kombiniert man die inländische Erntestatistik mit Standardangaben über die Inhaltsstoffe der geernteten Pflanzen, so sollten diese etwa 2,2 Mio. t Stickstoff enthalten. Etwa 600.000 t N sind in pflanzlichen Ernteprodukten und im Material für die Biogaserzeugung enthalten, die übrigen 1,6 Mio. t sind Futter, darunter 840.000 t Grund- und 760.000 t Kraftfutter*. Zusammen mit dem importierten Kraftfutter besteht das Stickstoff-Aufkommen im Futter also aus 840.000 t im Grund- und 1,21 Mio. t im Kraftfutter, insgesamt 2,05 Mio. t.

Die Ausscheidungen der Tiere in Gülle, Jauche und Festmist sind mit etwa 1,34 Mio. t ebenso gut bekannt wie die oben schon erwähnten Abfuhren über ihre Produkte nebst Abfällen von etwa 480.000 t. Durch die Tiere passieren also 1,82 Mio. t Stickstoff, nach den vorliegenden Zahlen 89 % des Futteraufkommens. Dass die Verluste beim Stickstoff nur 11 % gegenüber mindestens 15 % bei der Energie betragen ($\rightarrow$ Abschn. 3.4.3), ist nicht unplausibel, auch hier werden die Verluste beim Grundfutter* wesentlich höher liegen als beim

---

[8] Im Mineraldünger kostete eine Tonne Stickstoff in den Jahren 2008 bis 2013 etwa 1000 €. Rechnet man (nicht ganz ohne Probleme, aber auch nicht grundsätzlich falsch) allem Stickstoff, der nutzlos aus der Landwirtschaft herausfließt, diesen „Schattenpreis" zu, so ergibt sich ein jährlicher volkswirtschaftlicher Verlust von fast 1,7 Mrd. €. Hinzu kommen die schwerer zu quantifizierenden, aber wohl weit höheren Kosten aus den Schadwirkungen des entwichenen Stickstoffs.

Kraftfutter. Es sei aber auch daran erinnert, dass beide Rechnungen auf der Erntestatistik und nicht auf der höheren Futterstatistik beruhen. Im genannten Kapitel wurde festgehalten, dass die zweite nicht gänzlich von der Hand zu weisen ist. Bildet sie das Aufkommen an Grundfutter genauer ab als die Erntestatistik, dann sind die Futterverluste entsprechend höher.

Ein großes Problem stellt die Verfolgung der tierischen Ausscheidungen dar. Exakte und teure Messungen in Stichproben sind von geringem Wert, wenn ihre Ergebnisse wegen der Heterogenität des Systems nicht verlässlich hochgerechnet werden können. Grundsätzlich sind die Ausscheidungen ebenso wie die Gärreste bei der Biogaserzeugung als Dung wieder auf die Nutzflächen zu bringen. Dabei entstehen jedoch Verluste, die naturgemäß schwer zu erfassen sind. Alle Formen des Wirtschaftsdüngers* sowie Gärreste dampfen je nach Temperatur, pH-Wert und anderen Umständen Ammoniak-Gas (NH_3) ab.

Die Emission von Ammoniak (NH_3) aus der Tierhaltung beträgt nach neuen Berechnungen in Deutschland etwa 480.000 t pro Jahr, entsprechend rund 400.000 t N. Über alle Nutztierarten gemittelt schätzt man, dass etwa 60 % oder 240.000 t N aus Ställen und Dunglagern herrührt und 40 % oder 160.000 t N bei der Ausbringung entweichen. Vom Stickstoff in den tierischen Ausscheidungen werden hiernach gut 30 % in Ammoniak verwandelt. Somit verbleiben 940.000 t N im festen und flüssigen Wirtschaftsdünger, der auf Äcker und Grünland* verbracht wird.

Insbesondere durch die zunehmende Verwendung preisgünstigen Harnstoffs resultieren der obigen Quelle zufolge aus dem Mineraldüngereinsatz zusätzliche 107.000 t, ferner zusätzliche 58.000 t N aus dem Energiepflanzenanbau. Die gesamte Emission von Ammoniak aus der Landwirtschaft beträgt somit rund 560.000 t N.[9] Es wird vermutet, dass die Hälfte, also 280.000 t davon auf landwirtschaftliche Flächen zurückfällt und diese düngt, die andere Hälfte wird in die Umwelt, darunter in Wälder zu deren Schaden verweht. Zu wünschen ist allerdings, dass die Annahme der Atmosphärenchemie zutrifft, wonach Ammoniak nicht so weit durch den Wind transportiert wird wie andere Schadstoffe und sich damit näher seiner Quellen, also zu mehr als der Hälfte auf Äckern und Grünland anstatt im Wald absetzt.

Da dies nicht genau bekannt ist, verbleibt das Schema der Abb. 6.2 bei der hälftigen Aufteilung. Um es nicht zu überladen, werden die Wege des Ammoniaks nicht eingezeichnet. Aus den Annahmen folgt aber, dass die Umwelt 120.000 t aus Ställen und Dunglagern, 80.000 t durch die Ausbringung sowie jeweils gerundet 50.000 t aus Mineraldünger und 30.000 t aus

---

[9] Deutschland hatte sich einmal in einem Europäischen Abkommen verpflichtet, nicht mehr als 550.000 t Ammoniak zu emittieren, nun sind es 680.000 t. Man rechtfertigt sich damit, dass zum Zeitpunkt der Verpflichtung der Beitrag aus dem Biogas noch nicht absehbar war. Die Tab. 6.2 zeigt aber, dass der Sollbetrag auch ohne die Zufuhr aus Biogas schon überschritten wird.

Tab. 6.2 Ammoniak-Emissionen der deutschen Landwirtschaft 2013

	t NH_3	t N	t NH_3 kumulativ
Energiepflanzen	70.000	58.000	680.000
Mineraldünger	130.000	107.000	610.000
Geflügel und sonst.	70.000	58.000	480.000 ↑
Schweine	120.000	99.000	410.000
Andere Rinder	140.000	116.000	290.000
Milchkühe	150.000	124.000	150.000
Alle Tiere	480.000	397.000	
Zusammen	680.000	562.000	

Quelle: Haenel et al. 2016, S. 12, Massen NH_3/N wie 17:14

der Biogaswirtschaft empfängt. Dieselben Mengen empfängt das Kompartiment „Gülle"*, was sich somit auf 940.000 + 280.000 t = 1,22 Mio. t auffüllt.

Nun kann in Ergänzung zur Hoftorbilanz die *Flächenbilanz** der Landwirtschaft berechnet werden in Gegenüberstellung aller auf die Fläche gebrachten N-Mengen in Höhe von zusammen 3,305 Mio. t und der Abfuhr durch die Pflanzenernte in Höhe von 2,2 Mio. t. Sie beträgt nach der vorliegenden Rechnung 1105 t N (66 kg/ha). Die Tab. 6.3 zeigt übersichtlich beide Bilanzen.

Bei der Flächenbilanz müssen beim Mineraldünger 50.000 t abgezogen werden, um den von ihm abdriftenden Ammoniak nicht doppelt zu zählen. Wie unten im Abschn. 6.9 näher erläutert, wird in der Praxis bei der Flächenbilanz geschummelt, indem der Ammoniak ganz unberücksichtigt bleibt. Sie „verbessert" sich dann auf 875.000 t oder 52 kg/ha.

Die Differenz zwischen Hoftor- und Flächenbilanz wird nicht ganz treffend die *Stallbilanz* genannt und beträgt hier etwa 570.000 t N. Noch einmal auf die Abb. 6.2 zurückblickend, ergibt sich, dass sich der Fehlbetrag in der Hoftorbilanz, der die Umwelt belastet, aus vier Komponenten zusammensetzt: Weitaus am größten ist mit 1,105 Mio. t der Überschuss der Zufuhr von N auf die Fläche, der nicht von

Tab. 6.3 *Vergleich von Hoftor- und Flächenbilanz der deutschen Landwirtschaft*

Hoftorbilanz

Leguminosen + NOx + Futterimport + Mineraldünger − Produkte

225 + 160 + 450 + 1750 − 910 = 1675 (100 kg/ha)

Flächenbilanz

Leguminosen + NO_x + Mineraldünger + Wirtschaftsdünger + Ammoniak − Aufnahme durch Pflanzen

225 + 160 + 1700 + 940 + 280 − 2200 = 1105 (66 kg/ha)

den Pflanzen aufgenommen wird. Hinzu kommen 220.000 t Futterverluste, die nicht von den Tieren aufgenommen werden, 280.000 t nicht auf die landwirtschaftlichen Flächen zurückfallender Ammoniak sowie ein schwer zu bestimmender kleiner Restbetrag aus der Biogaserzeugung. Ungefähr 17 % der Umweltbelastung mit Stickstoff erfolgt gasförmig durch die Luft und 83 % über das Grundwasser, vor allem als Nitrat-(NO_3^-)Ion. Wie schon erwähnt, ist der Leser eingeladen, die Details der Berechnungen im Abschn. 12.4, Anhang D zu verfolgen.

6.4　Effizienz des Proteinfutters und Außenhandel

Analog zur Betrachtung in Energiewerten im Abschn. 3.4.5.4 bleibt noch zu prüfen, wie das Protein in der tierischen Erzeugung verwertet wird und wie die Außenhandelsverflechtung auf diesem Gebiet ist.

Gemäß Abb. 6.2 sind für die Tiere 2,05 Mio. t N im Futter erzeugt worden und haben sie 1,82 Mio. t aufgenommen. Ihre Leistungen sind mit 390.000 t N in Fleisch, Milch und Eiern plus 90.000 t in den nicht für den menschlichen Verzehr bestimmten Resten der Tierkörper beziffert worden. Nun gibt es wie bei der Energie mehrere Möglichkeiten, die Zahlen in Beziehung zu setzen. Für das Futteraufkommen in Bezug auf die tierischen Leistungen ergibt sich ein Verhältnis von 2050/390, also 5,26:1. In Bezug auf das in den Tieren insgesamt festgelegte und in ihren Produkten (Milch und Eier) enthaltene Protein lautet das Verhältnis 2050/480, also 4,27:1. Wird auf die von den Tieren wahrscheinlich nur aufgenommene Futtermenge bezogen, so lauten die Verhältnisse 1820/390 bzw. 1820/480, also 4,67:1 bzw. 3,80:1.

Die Transformation von Futterprotein in tierisches Protein ist hiernach etwas effizienter als die Transformation von Futterenergie in tierische Energie. Dies erscheint nicht unplausibel, wenn der energiezehrende Erhaltungsbedarf* weniger aus Protein und mehr aus stickstofffreien Anteilen des Futters bestritten werden sollte. Genaueres muss allerdings die tierphysiologische Forschung feststellen; in der Diskussion um Umweltprobleme der Landwirtschaft sind dazu keine Stimmen bekannt.

Wir kommen abschließend auf die Kritik an den Proteinfutterimporten Deutschlands zurück. Im Abschn. 3.4.5.4 wurde festgestellt, dass, betrachtet in Energieeinheiten, das Importfutter in mehr als vollem Umfang in Gestalt exportierter tierischer Produkte aus dem Land wieder herausfließt. Die Tab. 6.4 zeigt die analoge Rechnung für das Protein in Stickstoff-Werten.

Die Futterimporte betragen im Stichjahr 450.000 t N. Die exportierten tierischen Erzeugnisse enthalten 74.000 t N. Multiplizieren wir dies gemäß den obigen Angaben mit 5, so erhalten wir einen Wert für das von den exportierten Anteilen verbrauchte Futter in Höhe von 370.000 t N. Dieser liegt nur

Tab. 6.4 Außenhandel mit Stickstoff im Protein 2013/2014

	1000 t N	Futteräquivalent (×5)
Futterimporte[a]	+450	+450
Exporte Fleisch und Eier[b]	−31	−155
Exporte Milcherzeugnisse[c]	−43	−215
Zusammen		+80 (17,8 %)
Export pflanzl. Produkte[d]	−56	
Saldo zusammen		**+24 (5,3 %)**

[a] Tab. 12.25
[b] Tab. 12.29 stets Netto-Exporte
[c] Tab. 12.28 stets Netto-Exporte
[d] Tab. 12.27 stets Netto-Exporte

um 80.000 t oder 17,8 % unter der Zufuhr mit importiertem Futter. Schon das ist nur ein geringer Wert. Wird zusätzlich bedacht, dass Deutschland 56.000 t N in pflanzlichen Erzeugnissen exportiert, vornehmlich Getreide, dann schmilzt die Stickstoff- und damit Proteineinfuhr auf einen trivialen Betrag zusammen. Sie wird auch nicht viel größer, wenn in der Tab. 6.3 ein Futteräquivalent von nur 4,5 angesetzt würde.

Von einem exzessiven Proteinimport Deutschlands mit dem Ziel, dem eigenen Lebensstandard zu dienen, kann keine Rede sein; eine diesbezügliche medienwirksame Kritik ist in Bezug auf Deutschland gegenstandslos. Inwieweit sie für die EU gerechtfertigt ist, wäre zu prüfen. Allein die populäre, aber äußerst ungenaue Angabe in Flächenäquivalenten (virtueller Import an Fläche: „Fleisch frisst Land") mahnt hier zur Skepsis.

Die relativ komfortable Situation könnte auf den umfangreichen Rapsanbau für den Biodiesel zurückgeführt werden, der seinerseits kritikwürdig ist (Abschn. 7.4). Das ist jedoch eine Täuschung. Wie schon oben festgestellt, steuert der Raps nur etwa 10 % des heimischen Futterproteins bei. Wie immer wieder betont wird, bestehen im zwar intensiv, aber nicht sorgfältig genug bewirtschafteten Grünland noch erhebliche Reserven, Menge und Qualität des Proteins ohne Umweltbelastungen zu steigern. Auf dem Acker wird im konventionellen Landbau rund eine Tonne Protein pro Hektar und Jahr erzeugt, gleichgültig ob Getreide, Raps oder Körnerleguminosen angebaut werden. Auf die Flächenreserve von über einer Mio. Hektar, die derzeit von der Biogaserzeugung in Anspruch genommen wird, wird später noch zurückgekommen. Zusammengefasst ist die Ernährung in Deutschland in keiner Weise von Proteinfutterimporten abhängig. Jene bedienen den Export tierischer Erzeugnisse. Futter wird in Argentinien eingekauft; in Deutschland wird damit unter schwerer Belastung der Umwelt Fleisch und Milch hergestellt, um in Italien, Russland, China und anderen Staaten konsumiert zu werden.

6.5 Umwelteffekte des Stickstoffs

Beim Stickstoff ist heute jeder Überschuss in der Landschaft negativ zu beurteilen. In vergangenen Jahrzehnten konnte damit gerechnet werden, dass die Überschüsse zum erheblichen Teil in den Aufbau von Humus im Boden flossen und damit nicht nur im landwirtschaftlichen System verblieben, sondern sogar Nutzen stifteten. In Verbindung mit einer Vertiefung der Ackerkrume ist somit in vormals wenig fruchtbaren sandigen Böden besonders in Nordwestdeutschland Stickstoff festgehalten worden und hat deren Ertragsfähigkeit erhöht. Davon ist heute nicht mehr auszugehen. Ackerböden befinden sich bestenfalls im Gleichgewicht bezüglich ihres Gehaltes an organischer Substanz; man muss hoffen, dass die Klimaerwärmung nicht zu einer Verschiebung dieses Gleichgewichtes nach unten führt.[10]

Ein Problem des reaktiven Stickstoffs ist seine hohe Beweglichkeit – in der Luft als Ammoniak und im Wasser als Nitrat-Ion –, was es schwer macht, ihn zu „bändigen". Am bekanntesten in der öffentlichen Diskussion sind seine Wirkungen auf Gewässer. In der Reinhaltung der Flüsse und Seen sind in früheren Jahrzehnten große Fortschritte bei punktförmigen Emissionsquellen, insbesondere Großklärwerken erzielt worden. Die Gewässer sind insgesamt sauberer geworden, aber sie sind immer noch nicht sauber genug. Die Fortschritte bei den punktförmigen Quellen bedeuten, dass heute *flächige*, eben überwiegend landwirtschaftliche Quellen die größere Bedeutung besitzen. Deren Anteil an der Gewässerbelastung wird vom Umweltbundesamt bei Stickstoff mit 77 % und beim Phosphor mit 65 % angegeben.

Der von der Bundesregierung herausgegebene Nitratbericht (BMUB und BMEL 2016) muss feststellen, dass es in den vergangenen 20 Jahren keine Fortschritte bei der Reinheit des Grundwassers gab. Mehr als ein Viertel aller Messstellen weisen immer noch eine Nitratbelastung von über 50 mg/l aus, was das Wasser nach EU-Normen nicht mehr als Trinkwasser verwendbar macht. Nur die Hälfte aller Messstellen weisen unter 25 mg/l und damit eine gute Qualität auf, der Rest liegt zwischen beiden Werten. Die EU-Kommission hat daher wegen ungenügender Umsetzung der Nitrat-Richtlinie 91/676/EWG ein Vertragsverletzungsverfahren gegen die Bundesrepublik eingeleitet.

Ein stark belastetes Gebiet ist das schon mehrfach genannte Nordwestdeutschland mit seiner teils extrem hohen Viehdichte. Bekannt für Grundwasserbelastungen sind ferner Regionen mit intensivem Wein- oder Gemüseanbau auf durchlässigen Böden und mit relativ geringen Niederschlägen. Nicht unbedingt erwartet sind Grundwassermängel in vieharmen Ackerbauregionen in Mitteldeutschland. Demge-

genüber ist die Qualität des Grundwassers im Voralpenland trotz hoher Rindviehdichte besser.

Diese Beobachtungen zeigen, dass die Nitratkonzentration im Grundwasser nur bedingt Rückschlüsse auf den Umgang der Landwirtschaft mit Stickstoff zulässt. Die günstige Situation im Voralpenland mag teilweise auf die Wirtschaftsweise, die Grünlandnutzung und die Bodenverhältnisse zurückgehen, hinzukommen jedoch die sehr hohen Niederschläge, die das Nitrat im Grundwasser verdünnen. Werden nicht Konzentrationen, sondern *absolute Mengen* an Nitrat betrachtet, dann schneiden solche Regionen nicht so gut ab. Für die Belastung von Seen und Küstengewässern sind die absoluten Mengen und weniger die Konzentrationen maßgeblich. Die Situation im mitteldeutschen Ackerbaugebiet ist umgekehrt eine Folge geringer Niederschläge und entsprechend geringer Verdünnung, zeigt aber, dass der Mineraldünger als Belastungsfaktor nicht unterschätzt werden darf. Manche Betriebe düngen einfach zu viel. Auch die von den Bäckern verlangte Spätdüngung beim Weizen (um Eiweißgehalte im Korn von über 14 % zu erzielen) ist landschaftsökologisch problematisch, weil dabei nur ein Teil des verabreichten Stickstoffs aufgenommen werden kann. Wie bereits oben dokumentiert, gehen vom preisgünstigen Harnstoff[11] erhebliche Ammoniak-Emissionen aus. Unvorhersehbar ist überall die Witterung und damit die Ertragshöhe. Erwartet ein Betrieb einen Weizenertrag von acht Tonnen pro Hektar und düngt die dafür erforderliche Menge Stickstoff, sorgt aber schlechtes Wetter dafür, dass nur sieben Tonnen geerntet werden, dann bleibt ein Teil des Düngers ungenutzt und belastet die Umwelt. Dennoch – wären das die einzigen Probleme, dann könnten wir aufatmen. Die Tierhaltung ist weitaus problematischer.

In Kulturböden ist der Wasserstrom im Winterhalbjahr abwärts gerichtet, weil den Niederschlägen keine hinreichende Verdunstung durch die Bodenoberfläche und die Pflanzen entgegensteht. Deshalb sind N-Zufuhren zum Boden im Herbst besonders problematisch und werden zunehmend eingeschränkt und untersagt. Man kann nur hoffen, dass die in der Box 6.2 beschriebene Denitrifizierung in möglichst hohem Umfang in Grundwasserleitern stattfindet. Es werden Werte publiziert, wonach in Lockersedimenten (z. B. dicken Sandschichten) 50 % des Nitrates auf dieses Weise abgebaut werden, in felsigem Untergrund weniger. Ein auch von Trinkwasserbrunnen bekanntes Problem ist dabei, dass die den Prozess treibenden Mikroorganismen Kohlenstoff-heterotroph sind. Sie brauchen wie Tiere organischen Kohlenstoff zum Leben. Dieser ist diffus im Untergrund verteilt, kann sich aber durch Verbrauch erschöpfen. Dann ist es mit der Denitrifizierung vorbei.

Nicht denitrifiziertes Nitrat erreicht mit dem Grundwasserstrom irgendwann Oberflächengewässer. Das kann schnell

---

[10] Generell fördert jede Temperaturerhöhung den Abbau von organischer Substanz stärker als deren Aufbau.

[11] Es handelt sich um das Diamid der Kohlensäure $CO(NH_2)_2$.

Abb. 6.3 Auf einem Feldweg bei Mallnow (Kreis Märkisch Oderland): **a** Blick nach links: bunte Vielfalt, weil sich dahinter ein ungedüngter Extensivacker befindet, **b** an derselben Stelle Blick nach rechts: nur Brennnesseln und Quecken wegen hoher Stickstoff-Düngung dieses Ackers

gehen, aber auch Jahrzehnte dauern. Im letzteren Fall wird heute für Umweltsünden gebüßt, die Jahrzehnte zurückliegen, und führen heutige Sünden zu Schäden in Jahrzehnten. Mathematische Grundwassermodelle simulieren diese Vorgänge. In Oberflächengewässern und ihren Sedimenten kann die Denitrifizierung fortschreiten, wobei Seen gegen Belastungen grundsätzlich empfindlicher sind als Flüsse, deren Wasser ständig getauscht wird. Auch wenn die Flüsse selbst weniger zu leiden haben, transportieren sie belastende Stoffe bis zu ihrer Mündung in das Meer. Die Küstengewässer sowohl der Nord- als auch der Ostsee sind nach wie vor stark durch Eutrophierung in Mitleidenschaft gezogen. Der Urlauber an der Ostseeküste blickt von der Seebrücke auf erfreulich klares (wenn auch keineswegs unbelastetes) Wasser des offenen Meeres, während er zuweilen nur einen Kilometer entfernt im Bodden oder im Stettiner Haff schon den weniger als einen Meter tiefen Boden nicht mehr erkennt.

Es geht nicht nur um die Gewässer. Wie im Kap. 5 ausführlich dargelegt, ist die Artenvielfalt der mitteleuropäischen Landschaft daran gebunden, dass es hinreichend große *oligotrophe**, das heißt, an Pflanzennährstoffen arme Räume auch auf dem Lande gibt. Schon deshalb ist die unkontrollierte Verbreitung von düngenden Stoffen, die Eutrophierung ein Übel. Die Abb. 6.3a und b zeigen die der Artenvielfalt abträgliche Wirkung des Stickstoffs auf kleinem Raum.

Ammoniak-Immissionen in nichtlandwirtschaftliche Biotope fördern nicht nur die Eutrophierung, sondern führen auch zu Versauerungserscheinungen in wenig gepufferten Biotopen. Nehmen Pflanzen ein Ammonium-Ion auf, so müssen sie ein anderes positiv geladenes Ion abgeben, und das ist in der Regel H^+. Ammoniak ist ein starkes Fischgift und ist Waldbäumen über die Eutrophierung der Waldstandorte hinaus physiologisch wenig zuträglich bis manifest schädlich. Wäldern im Lee von konzentrierten Tierhaltungen ist dies oft anzusehen.

Neben den ökologischen sind die Wirkungen des reaktiven Stickstoffs auf die menschliche Gesundheit zu beachten. Jedes Etikett einer Flasche Mineralwasser weist heute auf einen geringen Nitratgehalt des Inhaltes hin. Nitrat kann im menschlichen Körper zu Nitrit (NO_2^-) reduziert werden, das eine manifeste Gefahr für Säuglinge und zumindest ein Risiko für Erwachsene darstellt. Trinkwasserversorger müssen scharfe gesetzliche Normen bezüglich der zulässigen Gehalte an Nitrat einhalten, was ihnen regional nur durch Meidung landwirtschaftlich belasteten Grundwassers oder durch Mischung desselben mit weniger belastetem Wasser gelingt. Nicht zuletzt entstehen hier erhebliche betriebswirtschaftliche Kosten, die nach dem in der Umweltpolitik theoretisch geltenden Verursacherprinzip die Landwirtschaft zu bezahlen hätte.

6.6 Landwirtschaft und Klimaschutz

Bekanntlich wird die Stabilität des Weltklimas vor allem durch die zunehmende Konzentration von Spurengasen bedroht, die mit der infraroten (IR) Abstrahlung der Erdoberfläche in den Weltraum in Wechselwirkung treten und sich dabei erwärmen (sogenannte „Treibhausgase" THG). Die wichtigsten sind Kohlendioxid (CO_2), Methan (CH_4) und Lachgas (N_2O). Deren jeweilige Klimawirksamkeit wird in CO_2-Äquivalenten angegeben, um sie addieren zu können. Ein Molekül CH_4 absorbiert im IR 25-mal so stark wie ein Molekül CO_2, ein Molekül N_2O sogar 298-mal so stark. Dabei ist allerdings zu bedenken, dass die Klimawirksamkeit auf Dauer nicht allein von der Absorption, sondern auch von der durchschnittlichen Lebensdauer der Moleküle in der Atmosphäre abhängt. Während CO_2 überhaupt nicht abgebaut, sondern aus der Atmosphäre nur durch Verlagerung in andere Kompartimente, wie Ozeane und Biomasse, entfernt werden kann, wird

Tab. 6.5 Treibhausgas-Emissionen der Landwirtschaft in Deutschland 2014

	Erläuterung	Mio. t CO_2-Äqu.
A Fermentation	CH_4-Erzeugung durch Wiederkäuer	24,9
B Dünger-wirtschaft	CH_4 und N_2O aus Wirtschaftsdünger	10,1
D Böden	N_2O aus Umsetzungen im Boden	26,5
G Kalkung	CO_2-Verluste durch Bodenkalkung	2,2
H Harnstoff	CO_2-Verluste aus $CO(NH_2)$-Einsatz	0,7
J Andere	CH_4 und N_2O aus Energiepflanzen	1,6
Landwirtschaft, zusammen		66,0
B Ackerland	Überwiegend Acker-nutzung auf Mooren	14,7
C Grünland	Überwiegend Umbruch zu Acker	22,9
LULUCF für Landwirtschaft, zusammen		37,6
Alle zusammen		**103,6**

Quelle: WBA und WBW (2016, S. 19), dort nach dem Nationalen Inventarbericht des UBA

CH_4 schnell und in derzeit erst unvollständig bekannter Weise abgebaut. N_2O wird sehr langsam durch ultraviolette Strahlung abgebaut und wirkt dabei auch als „Ozonkiller", kann also stratosphärischen Ozon schädigen.

CO_2-Quellen im Bereich der Landwirtschaft sind vor allem Moor- und Humusverluste, die Letzteren unter anderem beim Umbruch von Grünland zu Ackerland. CH_4 wird bekanntlich durch Wiederkäuer erzeugt, in Deutschland überwiegend Rinder, jedoch gibt es auch kleinere Quellen wie die Lagerung von Wirtschaftsdüngern. Von großer Bedeutung sind die Lachgasemissionen aus den Stickstoff-Umsetzungen in Böden, der Nitrifikation und der Denitrifikation (→ Box 6.3).

Die Erfassung der Emissionen geschieht nach internationalen Regeln, die die Unterzeichner der Klimarahmenkonvention der Vereinten Nationen einhalten und denen gemäß sie berichtspflichtig sind. In den Regeln werden die Quellgruppe 3 („Landwirtschaft") und die Quellgruppe 4 („Land Use, Land Use Change and Forestry", abgekürzt LULUCF) unterschieden. Die Tab. 6.5 zeigt die für die Landwirtschaft relevanten Daten für 2014.

Die Emissionen der Landwirtschaft belaufen sich hiernach auf 103,6 Mio. t CO_2-Äquivalente, entsprechend 11,5 % der vom Umweltbundesamt angegebenen deutschen Gesamtemission von 904 Mio. t CO_2-Äquivalenten. Davon entfallen 66 Mio. t (7,3 %) auf die Quellgruppe Landwirtschaft und 37,6 Mio. t (4,2 %) auf die Quellgruppe LULUCF. Vor- und nachgelagerte Emissionen, etwa aus der Produktion von Landmaschinen oder dem Konsum von Nahrungsmitteln, sind in dieser Systematik nicht enthalten.

Die einzelnen Belastungswege können nach ihrer Bedeutung und nach den Aussichten zu ihrer Vermeidung unterschieden werden. Die Positionen G, H und J der Landwirtschaft sind zumindest derzeit unbedeutend. Beide Positionen in LULUCF sind als schlechte fachliche Praxis anzusprechen und auch aus anderen als Klimaschutzgründen zu kritisieren. Es ist nicht zu akzeptieren, dass weite Bevölkerungskreise zugunsten des Klimaschutzes mit Kosten belastet werden, während subventioniert auf 400.000 ha Ackerland auf Moorboden beständig CO_2 in die Atmosphäre entlassen wird. Rein technisch ließen sich die Emissionen unter LULUCF weitgehend vermeiden. Gewiss beinhaltete dies einen gravierenden Umstrukturierungsbedarf auf betrieblicher Ebene, dem aber wichtige Hilfen offenstehen, etwa Flächentausche vermittelt durch Landgesellschaften.

Bei der Position B im Bereich Landwirtschaft dürften technische, wenn auch kostenverursachende Abhilfemaßnahmen bestehen. Es verbleiben die beiden Hauptpositionen A und D, Fermentation beim Rindvieh und Lachgasbildung im Boden mit aktuell wohl geringen Reduktionsmöglichkeiten. Müsste man sich mit ihnen grundsätzlich abfinden, so ließe sich durch Schließung der übrigen Quellen der Beitrag der Landwirtschaft zur Klimagefährdung etwa auf die Hälfte reduzieren. Dann würde die Landwirtschaft nur etwa 6 % zur Treibhausgasbelastung beitragen – sehr wenig bei einem so wichtigen Wirtschaftszweig.

Abschließend muss eine generelle Kritik am Umgang mit Zahlen geäußert werden. Die Autoren des Gutachtens „Klimaschutz in der Land- und Forstwirtschaft …" weisen zwar darauf hin, dass Emissionen aus flächigen Quellen wie der Landwirtschaft nicht mit der Genauigkeit derer aus punktförmigen Quellen wie der Industrie erhoben werden können (WBA und WBW 2016, S. 18). Das ist jedoch noch eine sehr euphemistische Formulierung. Das gesamte Berichtssystem zur Klimarahmenkonvention beruht auf konventionellen Festlegungen. Das Intergovernmental Panel on Climatic Change (IPCC) bestimmt, dass sich im Durchschnitt 1,5 % des mit Mineraldünger verabreichten Stickstoffes in N_2O verwandele. Diese Konvention fußt auf einer sehr geringen Anzahl weltweiter Exaktversuche und ist somit mangelhaft fundiert (Buttenbach-Bahl und Kiese 2008). Niemand kann ausschließen, dass der Wert doppelt oder auch nur halb so hoch ist. Dennoch werden so weiche Zahlen mit hochwichtiger Amtsmiene von Gutachten zu Gutachten weitergereicht.

6.7   Ergänzendes zum Phosphor

Phosphor (P) ist wenig mobil und in geringerer Menge im System vorhanden. Ein sorgsamer Umgang mit ihm ist schon deshalb geboten, weil er im Gegensatz zum Stickstoff ein knappes Element in der Erdkruste ist. Seine bergbaulich zu gewinnenden Vorräte sind begrenzt, sein Abbau wird immer teurer und große Mengen werden in bislang unterversorgten Böden armer Länder benötigt. Schon längst hätten in Industrieländern Systeme der Wiedergewinnung unter Einschluss der Siedlungswasserwirtschaft errichtet werden sollen.

Phosphor gibt es in der Natur überhaupt nicht als Gas und nur wenig in flüssiger Form. Die Phosphate sind bei Zutritt von Sauerstoff sehr wenig löslich, vielmehr mit Eisen- und Calciumoxide an feste Bodenteilchen gebunden. Deshalb ist in Jahrmillionen stets nur wenig Phosphor in Gewässer gelangt. Er war dort der knappste der Pflanzennährstoffe und sorgte als „Minimumfaktor" dafür, dass das Wachstum von Plankton und Wasserpflanzen begrenzt wurde und die Gewässer klar blieben. In norddeutschen Seen betrug die Sichttiefe acht bis zehn Meter und mehr, was heute eine große Ausnahme darstellt.

Wird der Minimumfaktor den Gewässern in unnatürlicher Menge zugeführt, so setzt sofort ein massives Wachstum ein. Die gebildete Pflanzen- und Tiersubstanz kann dann nicht hinreichend schnell abgebaut werden, sinkt herab und zehrt den Sauerstoffvorrat im Wasser. Das Ergebnis ist eine trübe Brühe, wenn nicht gar noch ärgere Erscheinungen, wie Geruch und Giftstoffe auftreten.

Die Gewässerverunreinigung dieser Art erreichte in Deutschland ihren Höhepunkt während der 1960er- bis 1980er-Jahre, als sich sehr schlechte Reinigungsleistungen kommunaler Kläranlagen mit einem hohen Einsatz von P in Waschmitteln trafen. West-Berliner Erholungssuchende badeten im Schlachtensee bei 30 cm Sichttiefe. Irgendwann wurde P in Waschmitteln verboten und nach und nach wurden effektive Reinigungsverfahren in Kläranlagen eingeführt, sodass die flächigen Quellen, vor allem die Landwirtschaft, heute eine größere Verantwortung für die Sauberkeit der Gewässer haben. Allerdings ist der in früheren Jahrzehnten eingebrachte Phosphor nicht etwa verschwunden. Große Mengen ruhen in den Sedimenten am Grund der Gewässer und bleiben dort nur unschädlich, solange das Wasser genug Sauerstoff enthält. Bei Sauerstoffarmut (wissenschaftlich: „unter reduzierenden Bedingungen") löst sich nämlich P durchaus, und diese Rücklösung muss verhindert werden.

Viele landwirtschaftliche Böden in Deutschland wurden im Laufe der letzten Jahrzehnte mit P angereichert. Sie besitzen einen hinreichenden Versorgungszustand, selbst wenn jährliche Bilanzen (Zufuhr minus Abfuhr) teilweise leicht negativ sein sollten. Im Allgemeinen brauchen nur noch die tatsächlichen Entzüge durch die Ernten nachgelie-

fert zu werden. In Regionen mit konzentrierter Tierhaltung, wie besonders Nordwestdeutschland, sind etliche Böden sogar überversorgt, sodass gefordert wird, sie überhaupt nicht mehr mit P zu düngen. Diese Forderung ist bei hohem Gülleanfall schwer zu realisieren. Nach Frede und Bach (o.J.) basiert die P-Bilanzierung generell auf unzuverlässigen Daten und unterschätzen Betriebe die Zufuhr mit dem Wirtschaftsdünger.

P wird aus landwirtschaftlichen Böden hauptsächlich mit der Erosion ausgetragen. Er haftet an den Bodenpartikeln, die durch Wind oder Wasser in Bewegung gesetzt und woanders, auch in Gewässern wieder abgelagert werden. Durch diese Haftung ist er für Pflanzen weniger gut verfügbar, sodass seine Eutrophierungswirkung möglicherweise überschätzt wird (ebenda). Das spricht jedoch nicht gegen den Erosionsschutz als beste Vorsorge auch gegen P-Austräge, Näheres hierzu im Abschn. 7.1. Unter gewissen Bedingungen gibt es neben der Erosion weitere Austrittswege für den Phosphor aus Acker- und Grünlandböden. Dies ist der Fall bei hohem P-Anfall aus Wirtschaftsdüngern, durchlässigem Boden, hohen Niederschlägen sowie relativ hohem Grundwasserstand. Dann können trotz der geringen Löslichkeit der Phosphate erhebliche Mengen durch die Dränage der Böden entweichen.

6.8   Abhilfen gegen Stickstoff- und Phosphoraustäge

Natürlich können die Stoffflüsse in einem Land mit über 80 Mio. Einwohnern nicht so funktionieren wie in unberührter Natur, der gegenwärtige Zustand ist jedoch nicht zu akzeptieren. Alle maßgeblichen Institutionen in Wissenschaft und Politikberatung mahnen regelmäßig, entschiedener gegen die Missstände vorzugehen (Bund-Länder-Arbeitsgruppe 2012; WBA et al. 2013; WBA 2015; UBA 2015). Notwendige Umorientierungen sind in Deutschland so lange verschleppt worden, dass die Kommission der EU das oben schon erwähnte Vertragsverletzungsverfahren eingeleitet hat.

6.8.1   Fütterung

Schweine können bei gleicher Leistung theoretisch maximal 40 %, unter Praxisbedingungen durchaus bis 25 % weniger Stickstoff und Phosphor ausscheiden bei besser dosierter Fütterung. Schon hier besteht ein großes Entlastungspotenzial. In zahlreichen Betrieben erhalten die Schweine zur Einfachheit während der gesamten Mastperiode dasselbe Futter. Die älteren Schweine setzen aber mehr Fett als Protein an und benötigen weniger Stickstoff und auch Phosphor. Werden bei der *Phasenfütterung* zwei oder drei verschiedene Rationen mit jeweils weniger N und P nacheinander verabreicht, können schon erhebliche Effekte erzielt werden. Das lässt sich noch steigern durch eine Korrektur der Aminosäurezusammensetzung des Proteins. Jenes enthält etwa 20 verschiedene Aminosäuren, die das Tier in einem ganz bestimmten Verhältnis benötigt. Auch im besten Futter sind sie nie genau in der Zusammensetzung enthalten, die das Tier braucht. Das Tier muss aber genug von der Aminosäure aufnehmen, die im Futter im Minimum enthalten ist. Also muss so viel gefüttert werden, dass alle anderen im Überschuss vorliegen und ihr Stickstoff nutzlos wieder ausgeschieden wird. Das lässt sich vermeiden, wenn die Minimum-Aminosäure (in der Praxis meist Lysin) dem Futter beigefügt wird.[12] Dann lässt sich mit weniger Futter und entsprechend geringeren Ausscheidungen, allerdings höheren betrieblichen Kosten, dieselbe Mastleistung erzielen.

6.8.2 Wirtschaftsdünger

Fast drei Viertel des von den Tieren aufgenommenen Stickstoffs werden wieder ausgeschieden. Von vorbildlichen Betrieben abgesehen lässt der Umgang mit diesen Ausscheidungen generell zu wünschen übrig. Es beginnt beim Tier selbst. Dieses erzeugt unvermeidlich Ammoniak. Man muss zugeben, dass hier ein Zielkonflikt zwischen Umweltschutz und Tierwohl besteht, besonders bei Rindern. Sind diese möglichst viel auf der Weide oder können sie sich bei einer Haltung im offenen oder halboffenen Stall zumindest zeitweise im Freien aufhalten, dann sind die von ihnen direkt ausgehenden Emissionen nicht zu vermeiden. Alle Mastschweine werden aber in geschlossenen Räumen gehalten. Ebenso wie zumindest teilweise bei der Rinderhaltung können technische, aber kostspielige Abluftfilter die Ammoniak-Emissionen wirksam reduzieren.

Eine weitere Emissionsquelle sowohl in die Atmosphäre als auch in Böden und Gewässern ist die Lagerung der tierischen Ausscheidungen, heute überwiegend der Gülle. Relativ einfach ist die Sperrung der atmosphärischen Verluste durch eine wirksame Abdeckung der Behältnisse. Nicht abreißende Konflikte gibt es dagegen hinsichtlich ihrer Dimensionierung und ihrer Sicherheit gegen Verluste in den Boden. Besonders in wachsenden Betrieben sind hier ständig kostspielige Investitionen zur Vergrößerung der Lagerstätten gefordert, die zumindest gern verschoben werden. Wird mit Gülle sorgsam umgegangen, so wird sie nicht auf die Felder und das Grünland ausgefahren, wenn das Lager voll ist, sondern wenn die optimalen, durch die Jahreszeit und den Anbaurhythmus gegebenen Bedingungen vorliegen, wenn also wachsende Kulturpflanzen die Nährstoffe in möglichst großem Umfang aufnehmen können.

Die zeitlich optimale Ausbringung ist nur bei großzügig dimensionierten und damit teuren Güllebehältern zu realisieren.

Bei der Ausbringungstechnik bestehen wirksame Potenziale für die Emissionsvermeidung. Lange Zeit war es Standard und ist es leider noch immer Praxis, die Gülle aus dem fahrenden Fass auf einen Prallteller zu leiten, von wo sie in alle Himmelsrichtungen verspritzt wird (Abb. 6.1, dort auch noch in der prallen Sonne). Sie bleibt dann stunden- bis tagelang auf dem Ackerboden liegen und dampft besonders bei hohem pH-Wert und hohen Temperaturen Ammoniak in die Atmosphäre ab. Sachverständige verlangen, dass die Gülle entweder mittels Schleppschuhen direkt in den Boden injiziert wird oder dass sie bei möglichst bodennaher Breitverteilung sofort, das heißt innerhalb einer Stunde untergepflügt wird.

6.8.3 Raumordnung und Reduktion der Tierbestände

Länder mit Schwerpunktregionen der Tierhaltung haben Initiativen ergriffen, die Ausbringung von Gülle räumlich zu überwachen und möglichst zu steuern. Die auf Bundesebene bestehende Verbringungsverordnung (WDüngV) wird in Nordrhein-Westfalen durch eine landesweit gültige Wirtschaftsdüngernachweisverordnung (WDüngNachwV) konkretisiert. Damit soll die Verbringung von Gülle über Betriebs-, Kreis- und Landesgrenzen, ja sogar über die Grenzen der Bundesrepublik hinaus vollständig erfasst werden. Nordrhein-Westfalen importiert gewisse Mengen an Wirtschaftsdünger aus den Niederlanden und aus Niedersachsen. In einem in Nordrhein-Westfalen erarbeitetem Nährstoffbericht (LWK 2014) wird für jeden Landkreis und jede kreisfreie Stadt ermittelt, wie viel Stickstoff und Phosphor von welchem anderen Landkreis bezogen bzw. wie viel an ihn abgegeben wird.

Der enorme bürokratische Aufwand verleiht gewiss manche Erkenntnis. Auch reizt der Zwang, Gülle aus Regionen mit viel zu hohem Anfall in solche mit geringerem Viehbestand zu transportieren, zu Innovationen an, diese Gülle leichter und kostengünstiger transportierbar zu machen, insbesondere durch Wasserentzug und Konzentrierung. Die viel bessere Lösung wäre freilich, nicht die Gülle zu transportieren, sondern die Tierbestände gleichmäßiger im Land zu verteilen, sodass nirgends zu hohe Dichten entstehen. Würden in den östlichen Bundesländern die Tierbestände erhöht, dann würden auch die Transportentfernungen für Fleisch und Milch nach Berlin und in die sächsischen Ballungsgebiete verkürzt. Mit Blick auf das Gemeinwohl ist sogar der Umfang der tierischen Erzeugung überhaupt in Frage zu stellen, die nur durch ständig steigende Exporte unterzubringen ist (→ Box 4.2, Abschn. 4.6).

---

[12] Im ökologischen Landbau sind Aminosäurezusätze verboten. Hier liegt ein Beispiel dafür vor, dass eine Regel intuitiv gerechtfertigt erscheint – es soll im Öko-Landbau so wenig „Unnatürliches" wie möglich geben –, dass aber die Folgen weniger überzeugen. Näheres zum Öko-Landbau im Abschn. 7.5.

6.9 Gesetzliche Regelungen – Düngegesetz und Düngeverordnung

6.9.1 Regelungen bis 2017

Nur schleppend und zur großen Unzufriedenheit unparteiischer Wissenschaftler und Politikberater wird das Fachrecht in Deutschland fortentwickelt. Noch problematischer ist, dass die Durchsetzung selbst der laschen Regeln und das zugehörige Sanktionswesen zu wünschen übrig lassen. In der schon erwähnten Kurzstellungnahme Wissenschaftlicher Institutionen (WBA et al. 2013) wird zweimal nachdrücklich gefordert, Verstöße wirksam zu ahnden. Behörden drücken beide Augen zu, wenn Familienbetriebe mit geringer Flächenausstattung und geringem Einkommen so viel Vieh halten, dass sie die Vorgaben des geltenden Düngungsrechtes nicht erfüllen können und auch nichts von den oben aufgezählten Emissionsvermeidungstechniken umsetzen. Ist auch das soziale Motiv der Behörden begreiflich, so ist doch diese Permissivität nicht nur aus sachlich-umweltbezogenen Gründen, sondern auch im Sinne des rechtsstaatlichen Gleichbehandlungsgrundsatzes fragwürdig.[13]

In der Abb. 6.4 ist nach rechts ansteigend die Umweltbelastung durch Austräge landwirtschaftlicher Stoffe, insbesondere des Stickstoffs aufgetragen. Der blaue Pfeil rechts gibt eine Situation an, in der nicht einmal ein wissenschaftlich als zu lasch angesehener Standard eingehalten wird. Dessen Einhaltung (Wanderung des Pfeils nach links) wäre ein Fortschritt. Ein noch größerer Fortschritt wäre die Einhaltung eines strengen Standards. Er bezeichnet in der Abbildung den theoretisch schärfst möglichen Standard, der mit der „guten fachlichen Praxis" in der Landwirtschaft – so wie sie definiert ist – noch vereinbar wäre, also das unter dieser Bedingung maximal erreichbare Umweltschutzniveau. Es ist davon auszugehen, dass in bestimmten Regionen selbst dieses Niveau nicht hinreicht, um empfindliche Ökosysteme, wie zum Beispiel bestimmte Gewässer zu schützen. Während der Weg nach „links" vom jetzigen blauen Pfeil bis zum strengen Standard technisch keine Probleme stellte, sondern nur Kosten verursachte, gäbe es ab hier einen echten Zielkonflikt: „Links" von ihm kann entweder die Landwirtschaft nach gewohnter Praxis fortgeführt werden, aber empfindliche Ökosysteme werden beschädigt oder ausgelöscht, oder die empfindlichen Ökosysteme werden geschützt, aber an der Landwirtschaft muss sich etwas ändern.

In diesem Abschnitt werden die wichtigsten Regelungen vorgestellt, wie sie bis zum Jahr 2017 galten. Der Rückblick

ist nicht als „veraltet" zu bezeichnen, denn er zeigt auf, wie sich untragbare Zustände über Jahrzehnte hielten. Was die Düngeverordnung betrifft, beschränken wir uns allerdings auf die fragwürdigen Anrechnungsweisen bei der Flächenbilanzierung.

Das herkömmliche Düngegesetz in Deutschland verlangte in seinem § 3, Absatz 2 allein, die Düngung so auszurichten, dass die Ernährung der Nutzpflanzen und die Erhaltung oder Verbesserung der Bodenfruchtbarkeit sichergestellt sind. Wissenschaftliche Stimmen forderten seit Langem die Hinzufügung, dass auch Gefahren für den Naturhaushalt vermieden werden müssen. Das würde bedeuten, dass eine Düngung, die zwar die Ernährung der Nutzpflanzen sowie die Bodenfruchtbarkeit gewährleistet, aber untolerierbare Nebenwirkungen verursacht, nicht statthaft wäre. Die Nebenwirkungen müssten abgestellt werden, auch wenn dabei die beiden anderen Ziele in geringerem Maße erfüllt würden. Dass die Bodenfruchtbarkeit durch Reduzierung eines hohen Stickstoff-Düngungsniveaus leidet, ist unwahrscheinlich. Die praktische Folge wäre vielmehr, dass die Nutzpflanzen nicht die für Höchsterträge erforderliche Düngermenge erhielten. In einem solchen Konfliktfall müssen dann die Erträge reduziert oder qualitative Einschränkungen, wie ein geringerer Proteingehalt im Getreide, hingenommen werden.

Genau das Letztere findet unter Hervorrufung lautstarker Konflikte im Nachbarland Dänemark statt: Die Beschränkung der Spätdüngung lässt nur noch Proteingehalte im Getreide zu, die es angeblich nicht mehr für hochwertige Backwaren, sondern – mit entsprechend niedrigerem Preis – nur noch als Futter verwendbar macht. Allerdings wird die strikte Parallelität von Proteingehalt und Backqualität zunehmend angezweifelt.[14]

Die bis 2017 gültige Düngeverordnung verlangte, dass im Betriebsdurchschnitt nicht mehr als 170 kg N pro Hektar und Jahr ausgebracht wurden. Der Überschuss in der betrieblichen Flächenbilanz durfte höchstens 60 kg N pro Hektar und Jahr betragen.

Hierzu muss man die Berechnungsweisen kennen. Die Tab. 6.6 klärt über die Verluste auf, die jeweils angesetzt werden durften, und zwar im linken Teil („170") für die Einhaltung der Höchstzufuhr auf die Fläche und im rechten Teil („60") für die Flächenbilanz. Wird zum Beispiel in einem

---

[13] Erstens gibt es außerhalb der Landwirtschaft zahlreiche Gewerbetreibende, die auch bei schlechter Einkommenslage nicht darauf hoffen können, dass ihnen Behörden das Einhalten von Gesetzen erlassen. Zweitens muss es ein Normalbürger als ungerecht empfinden, wenn er für geringfügige Übertretungen (etwa Falschparken) konsequent sanktioniert wird, während klar umweltschädliches Verhalten toleriert wird.

[14] Die Klassifizierung des Weizens überwiegend nach seinem Proteingehalt und damit seine Bezahlung erfolgt unter anderem deshalb, weil aussagekräftigere Bestimmungsgründe für die Backqualität bei der Abnahme der Partien nicht schnell genug festgestellt werden können. Viel spricht dafür, dass eine gute Qualität von Backwaren nicht nur vom Gehalt des Mehles an bestimmten Proteinen abhängt, sondern auch von der gesamten Backtechnik, darunter auch ihrer Geschwindigkeit, der Bildung von Sauerteig und anderem. Die Forschungen sind noch im Fluss, sodass vorliegend nicht geurteilt werden soll. Die abgesunkene Genussqualität von Backwaren insbesondere aus Großbäckereien ist allerdings kaum zu bestreiten – man muss heute lange suchen, eine Semmel zu finden, die so gut schmeckt wie die meisten vor 40 Jahren.

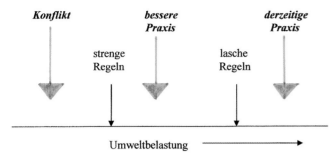

Abb. 6.4 Lasche und strenge Regeln für Mindestanforderungen

Tab. 6.6 Anzurechnende Mindestwerte in % der Ausscheidungen bei Wirtschaftsdünger tierischer Herkunft

Tierart	Nach Stall- und Lagerverlusten („170")		Nach Stall-, Lager und Ausbringungsverlusten („60")	
	Gülle	Festmist	Gülle	Festmist
Rinder	85	70	70	60
Schweine	70	65	60	55
Geflügel		60		50
Pferde, Schafe u. a.		55		50

Quelle: Aus Bach 2008, verändert

Betrieb mit Schweinen und Güllehaltung auf dem Papier der Wert von 170 kg N pro Hektar und Jahr genau eingehalten, dann sind aber dort, weil nur 70 % der Ausscheidungen angerechnet werden, in Wirklichkeit 170 / 0,7 = 243 kg pro Hektar und Jahr ausgeschieden worden. Für die Flächenbilanz werden nur 60 % angerechnet. Die Tabelle zeigt die übrigen Anrechnungswerte mit Ausnahme dessen für Weidegang, der für alle Tierarten nur 25 % beträgt.

An diesen Anrechnungsweisen ist in dreierlei Hinsicht Kritik zu üben. Erstens sind die anrechenbaren Verluste höher als die tatsächlich auftretenden; Bach (2008) berechnet die anrechenbaren für das Jahr 2003 mit 40 % der realen Ausscheidungen. Auffällig ist, dass die Abzüge in einer Novellierung im Jahre 2006 erhöht wurden. Die Novelle bewirkte also keine Verschärfung, sondern eine Abschwächung der Vorschriften. Zweitens wird übersehen, dass ein Teil der Verluste in Gestalt des entwichenen Ammoniaks wieder auf die gedüngten Flächen zurückfällt – der Ammoniak löst sich nicht in Nichts auf. Drittens bleiben Vorbelastungen durch die Deposition von NO_x sowie der Beitrag von Leguminosen außer Betracht. Im Ergebnis kommt es zu einer systematischen und sehr erheblichen Unterschätzung des tatsächlichen Eintrags von Stickstoff auf landwirtschaftliche Flächen.

Es ist leicht, den Vorschriften zu genügen und damit den Schein der Umweltverträglichkeit zu erwecken, wie es die Landwirtschaftskammer Nordrhein-Westfalen in ihrem Nährstoffbericht vorrechnet (LWK 2014, S. 59). Im Mittel über NRW steht der Abfuhr von Stickstoff durch die Pflanzenernte von 179 kg pro Hektar und Jahr eine Zufuhr über organischen Dünger nach Abzug der Verluste von 97 kg pro Hektar und Jahr gegenüber. Selbst mit einer weiteren durchschnittlichen Zufuhr von etwa 100 kg pro Hektar durch Mineraldünger ergibt sich eine rechnerische Flächenbilanz von 97 + 100 − 179 = 18 kg pro Hektar und Jahr, nur 30 % des Erlaubten von 60 kg.

Richtig gerechnet, sieht die Bilanz anders aus. Setzt man unterdurchschnittlich 10 kg aus Leguminosen und wegen der Bevölkerungs-, Verkehrs- und Industriedichte überdurchschnittlich (aber wahrscheinlich immer noch unterschätzt) 20 kg für NO_x-Depositionen an, so ergibt sich schon eine

Vorbelastung von 30 kg pro Hektar und Jahr. Unterstellen wir eine mittlere Anrechnung der Ausscheidungen von 65 %, so betragen sie in Wirklichkeit nicht 97, sondern 149 kg. Die Differenz zwischen wirklichem und angerechnetem Stickstoff beträgt 52 kg. Fällt davon die Hälfte auf landwirtschaftliche Flächen zurück, also 26 kg, so lautet die korrekte Flächenbilanz 30 + 97 + 26 + 100 − 179 = 74 kg N pro Hektar und Jahr, im Mittel von NRW um fast ein Viertel über den erlaubten 60 kg pro Hektar und Jahr.

In Nordrhein-Westfalen gibt es weite Mittelgebirgsregionen mit weniger intensiver Viehhaltung, die den Landesdurchschnitt „verdünnen". Im Kreis Borken im westlichen Münsterland mit konzentrierter Veredlungswirtschaft beträgt bei einer N-Abfuhr von 191 kg pro Hektar und Jahr die Zufuhr über organischen Dünger rechnerisch 161 kg (LWK 2014, S. 60, Tab. 30). Mit zusätzlich 100 kg N im Mineraldünger errechnet sich ein scheinbarer Überschuss der Flächenbilanz von 70 kg, nur knapp über der erlaubten Grenze.

Wieder mögen 65 % der Ausscheidungen angerechnet sein, die sich dann auf 248 kg belaufen. Die Differenz zwischen wirklicher und angerechneter Ausscheidung beträgt 87 kg, die Hälfte oder 43 kg fällt auf landwirtschaftliche Flächen zurück. Bei einer Vorbelastung von 30 und 100 kg Mineraldüngereinsatz ergibt sich eine Flächenbilanz von 30 + 1 61 + 43 + 100 − 191 = 143 kg pro Hektar und Jahr, mehr als das Doppelte des nach den Regeln der Düngeverordnung erlaubten.

Der Kreis Borken ist nicht einmal ein Extremfall; für die niedersächsischen Kreise Vechta, Cloppenburg, Emsland und Nordhorn werden Überschüsse der Flächenbilanz von bis zu 250 kg pro Hektar und Jahr angegeben. Selbst auf Kreisebene gibt es Verdünnungseffekte, sodass einzelne Betriebe auch noch über diesen Durchschnitt herausragen können. Bei allen diesen Betrachtungen ist die noch schlimmere Verwehung des restlichen Ammoniaks in den Wald natürlich keine Größe.

6.9.2 Die Novellen von 2017

Die politischen Entscheidungsträger in Deutschland brauchten fünf Jahre, um dem Drängen von Fachleuten folgend Verbesserungen der Verhältnisse zu beschließen. Die Ergebnisse im Jahre 2017 dürften hauptsächlich die Konsequenz des von der EU angedrohten Vertragsverletzungsverfahrens sein. In der Tat enthält das Düngegesetz nun auch die Forderung, Nährstoffverluste in die Umwelt so weit wie möglich zu vermeiden. Die Wirksamkeit dieses Passus wird davon abhängen, auf was man sich einigt, was „so weit wie möglich" bedeutet. Eine ähnliche Formulierung im § 17 Bundes-Bodenschutzgesetz bezüglich der Erosionsvermeidung mahnt zur Skepsis.

Die novellierte Düngeverordnung bewirkt gemeinsam mit der unten näher beschriebenen Stoffstromverordnung folgende Änderungen:

1. Die Düngung von Stickstoff und (erstmals auch) Phosphor muss gemäß einer Bedarfsermittlung erfolgen. Für jeden Schlag müssen erwartete Entzüge durch die Ernte, im Boden vorhandene Vorräte, Nachlieferungen früherer organischer Düngung und andere Faktoren bestimmt werden.
2. Die maximal zulässige Düngung mit organischem Stickstoff bleibt in Höhe von betriebsdurchschnittlich 170 kg pro Hektar und Jahr erhalten, schließt jedoch die zuvor ignorierten Gärreste aus der Biogaserzeugung ein.
3. Der maximal zulässige Überschuss in der Flächenbilanz wird von 60 auf 50 kg pro Hektar und Jahr reduziert. Hinzu treten Begrenzungen auch für Phosphor.
4. Technische Vorschriften zu Lagerung und Ausbringung des Düngers werden erlassen bzw. verschärft. Die Lager müssen für mindestens sechs Monate, in besonders viehstarken Betrieben und Sonderfällen für neun Monate ausreichen. Mit gewissen Ausnahmen ist die Düngung mit organischen Substanzen nach der Ernte, also im Herbst, verboten. Verboten ist ferner die Düngung auf überschwemmtem, wassergesättigtem, gefrorenem oder beschneitem Boden. Es müssen größere Abstände zu Gewässern eingehalten werden. Primitive Ausbringungstechniken

(Prallteller), die den Dünger in die Luft verwirbeln, müssen durch Geräte ersetzt werden, die bodennah ausbringen. Der Dünger muss innerhalb von vier Stunden in den Boden eingebracht werden.

5. Auf Druck der EU müssen besonders problematische Regionen ausgewiesen werden, in denen der Nitratgehalt des Grundwassers schon jetzt über 50 mg/l beträgt oder sich diesem Wert nähert. Dort müssen die Länder aus einem Katalog von Zusatzmaßnahmen mehrere herausgreifen und durchsetzen, wie zum Beispiel die Reduktion der Einbringungszeit von vier Stunden auf eine.

Ergänzend wird eine „Stoffstrombilanzverordnung" auf den Weg gebracht. Ihr Ziel ist die Wiedereinführung der im Jahre 2006 abgeschafften Hoftorbilanz für Betriebe ab einer bestimmten Größe. Eine solche Bilanz auf betrieblicher Ebene ist wesentlich aussagekräftiger und dabei einfacher zu administrieren als die bislang gültigen Flächenbilanzierungen mit ihren manipulierten Anrechnungsfaktoren. Die Hoftorbilanz gibt die Wahrheit über die Nährstoffwirtschaft wieder.

Insgesamt lässt der Novellierungsprozess erkennen, dass die von Fachleuten geäußerten Forderungen nicht ungehört verhallen, und es bleibt zu hoffen, dass, wenn auch sehr spät, die bisherige „Schmuddelwirtschaft" ein Ende findet. Allerdings darf über das übliche Geflecht von Ausnahmen sowie über lange Übergangsfristen hinaus nicht vergessen werden, dass die Hauptursache der Überschwemmung mit Stickstoff und Phosphor durch die Novellierungen in keiner Weise direkt angesprochen wird: die Massierung von Tierbeständen in gewissen Regionen über jedes vernünftige Maß hinaus. Wenn auch zu erwarten steht, dass mit der Umsetzung der technischen Verschärfungen gewisse Entlastungen einhergehen werden, so spricht wenig dafür, dass Düngegesetz, Düngeverordnung und Stoffstromverordnung die Standortverteilung des Viehs verbessern oder gar zur Abstockung der Bestände beitragen werden. Dazu bedürfte es einer schärferen Klinge, wie das insgeheim gefürchtete Phosphordüngungsverbot auf überversorgten Böden. Das werden die einschlägigen Interessenverbände zu verhindern wissen.

Abb. 7.1 Der Boden ist die wertvollste Ressource der Landwirtschaft

Bisher wurden in diesem Buch die Struktur des landwirtschaftlichen Systems in Deutschland beschrieben (Kap. 3 und 4) sowie seine beiden wichtigsten Problembereiche, die nach Reformen verlangen: die Verdrängung der Biodiversität (Kap. 5) und die Desorganisation der Stoffströme (Kap. 6). Mögen manche Fragen dort schon Antworten gefunden haben, so bleiben aber Themen offen, die eine gesonderte knappe Darstellung verlangen. Die Auswahl in diesem Kapitel mag etwas willkürlich erscheinen. Dass es sich um wichtige Themen handelt, dürfte jedoch nicht zu bestreiten sein – jedenfalls wird man zu ihnen häufig angesprochen.

© Springer-Verlag GmbH Deutschland, ein Teil von Springer Nature 2018
U. Hampicke, *Kulturlandschaft – Äcker, Wiesen, Wälder und ihre Produkte*, https://doi.org/10.1007/978-3-662-57753-0_7

7.1 Böden

7.1.1 Entstehung und Nutzung

Boden ist die „Haut" der festen Erde gegenüber der Atmosphäre (im weiteren Sinne auch gegenüber Gewässern), und wie auch in anderen Grenzflächen sind die physikalischen, chemischen und biologischen Abläufe besonders verwickelt. Die Voraussetzungen und Einflüsse von „unten" (aus den Gesteinen) befinden sich in Wechselwirkung mit denen von „oben" (aus der Atmosphäre). Hinzu kommen die Tätigkeiten von Pflanzen und Tieren und schließlich des Menschen. Minerale, Gesteine, Erdbewegungen, Temperaturen, Winde, Eis, Wasser und nicht zuletzt die *Zeit* – sie alle prägen den Boden (BGR 2016).

Box 7.1 Die Problematik tropischer Tieflandsböden

Große Landoberflächen, etwa im Amazonasgebiet, sind Millionen Jahre lang ununterbrochen der Verwitterung ausgesetzt gewesen. Hohe Temperaturen und ständige Feuchtigkeit haben zur Folge, dass das ursprüngliche Gesteinsmaterial, aus dem die Böden entstanden, weitgehend oder vollständig zersetzt und ausgewaschen ist. Im Extremfall besteht der Boden viele Meter tief nur noch aus Aluminium- und Eisenoxiden sowie Kaolinit als Tonbestandteil. Der Humusgehalt ist gering, weil der Abbau organischer Substanz bei den hohen Temperaturen sehr schnell geht. Die Böden können wichtige Pflanzennährstoffe, die als elektrisch positiv geladene Ionen* auftreten, wie Kalium und Magnesium, nicht festhalten, weil es zu wenige negativ geladene Haftstellen gibt (→ Box 6.1 im Abschn. 6.2). Im Gegensatz dazu wird der Nährstoff Phosphor an den Oxiden so fest gebunden, dass er nicht für die Pflanzen verfügbar ist. Lässt man die Böden in Ruhe, so wächst auf ihnen trotz dieser Eigenschaften der üppigste Regenwald. Es ist aber schwierig, dort Ackerbau zu betreiben. Bei sehr dünner Bevölkerung rodet man eine kleine Fläche, die dann für wenige Jahre recht kümmerlichen Ackerbau erlaubt, und zieht nach Erschöpfung der Nährstoffvorräte weiter. Dieses System der „Shifting Cultivation" muss zusammenbrechen, wenn die Bevölkerung wächst und die Erholungsphasen des Bodens immer kürzer werden. Die Böden sind zudem ohne schützende Pflanzendecke äußerst anfällig für Erosion.

In weltweiter Sicht ist Besorgnis über den Zustand der Böden ohne Zweifel angebracht, wird nur auf gewaltige Zerstörungen durch Erosion, Versalzung und andere Ursachen in vielen Regionen geblickt. Wir beschränken uns im Vorliegenden auf Mitteleuropa. Schon in den Eingangskapiteln ist darauf hingewiesen worden, dass die relativ kurze Zeit, die hier der Bodenentwicklung seit dem letzten Rückzug des Eises nur blieb, zur Folge hatte, dass aus menschlicher Sicht problematische Vorgänge nicht ablaufen konnten, wie zum Beispiel die tiefgründigen Verwitterungen mancher tropischer Böden (→ Box 7.1).

Wo bei uns der Gletscher direkt wirkte, schob er alles Material chaotisch durcheinander und hinterließ auf den Grund- und Endmoränen ein unsortiertes Gemenge von Steinen und Bodenmassen, die je nach ihrem Ursprung recht fruchtbar sein können. Im östlichen Schleswig-Holstein und auf der Insel Fehmarn, wo heute ein sehr gutes Wasserregime hinzukommt, werden die höchsten Weizenernten Deutschlands eingefahren. Wo im nicht vergletscherten Gebiet Schmelzwasser strömte, welches relativ grobe Teilchen mitriss, setzten sich dagegen auf weiten Flächen sandige Böden ab, wie in Brandenburg, in der Lausitz, in der Altmark und in weiten Gebieten Nordwestdeutschlands. Diese Böden sind von Natur aus nährstoffarm und halten darüber hinaus schlecht das Wasser fest. Nachdem sie dann noch jahrtausendelang durch Entwaldung und Viehweide schlecht behandelt worden waren, galten sie als „arm", bis sie in neuerer Zeit durch massive Düngerzufuhr mit entsprechenden Nebenwirkungen wieder ertragsfähiger gemacht wurden.

Ausgedehnte Böden Mittel- und Süddeutschlands sind direkte Produkte der Verwitterung des darunter liegenden Gesteins. Ihre Fruchtbarkeit hängt damit von der Art dieses Gesteins und seinen Inhaltsstoffen sowie von der Intensität des Verwitterungsprozesses ab. Etliche sind für den Ackerbau zu flachgründig; dicht unter der Oberfläche liegende Steinschichten behindern die Bodenbearbeitung und bieten den Nutzpflanzen zu wenig Wurzelraum.

Zu den fruchtbarsten Böden gehören die, die durch den Wind erzeugt wurden und damit Folgen der Erosion an anderer Stelle sind. Winde transportieren Bodenteilchen am wirksamsten, wenn diese einen Durchmesser zwischen 2 und 60 μ besitzen (1 μ = 1/1000 mm). Größere Teilchen (Sand) sind zu schwer und kleinere (Ton) neigen dazu, sich zu Klumpen zusammenzuschließen und sind dann ebenfalls zu schwer. Der gut verwehbare *Schluff* ist damit ein Hauptbestandteil der Lössböden*, die sich durch tiefen Wurzelraum, hohe Wasserspeicherung, hohes natürliches Nährstoffpotenzial und optimale Humusformen auszeichnen. Nur selten erreicht die Lössauflage eine Dicke von mehreren Metern, wie im Kaiserstuhl, oft ist sie aber dick genug, um den Boden zu prägen, wie in der Soester, der Hildesheimer, der Warburger, der Magdeburger Börde* und im Raum Halle-Leipzig. Weiter südlich sind reine Lössböden kleinräumiger verteilt, wie etwa die Wetterau in Hessen, jedoch tragen verbreitete Böden, die zwar hauptsächlich aus örtlichem Verwitterungsmaterial bestehen, eine Beimischung aus Löss, einen mehr oder weniger dünnen „Schleier", der aber ihre landwirtschaftliche Qualität wirksam hebt.

Die „Zuckerrübenböden" dieser Lösslandschaften (Abb. 7.2) galten lange Zeit als Inbegriff der Bodenfruchtbar-

Abb. 7.2 Die Warburger Börde im Kreis Höxter (Westfalen), eine hoch ertragreiche Landschaft

keit, vor allem, solange die Ertragsfähigkeit schlechterer Böden noch nicht durch Technik und Chemie aufgebessert werden konnte. Allerdings hat die Fruchtbarkeit ihren Preis: Begreiflicherweise ist ein Boden, der durch den Wind entstand, durch denselben Wind und seine Erosionskraft wieder gefährdet. Die Böden sind auch wenig widerstandsfähig gegen Erosion durch Wasser schon bei geringer Hangneigung und „verschlämmen" leicht. Dabei kommt es zu Entmischungserscheinungen; das erwünschte Krümelgefüge wird durch den leicht beweglichen Schluff aufgelöst, sodass luft- und wasserführende Poren verstopft werden und sich an der Oberfläche Krusten bilden.

7.1.2 Gefährdungen

Gefährdungen des Bodens reichen von offenkundiger Vernichtung bis zu subtilen, erst langfristig und nicht selten zu spät erkannten Veränderungen. Im Folgenden können nur kurze Blicke auf die wichtigsten Probleme geworfen werden.

7.1.2.1 Erosion

Obwohl die meterdicken Stoffumlagerungen im Mittelalter zur Warnung hätten dienen sollen, wurde Erosion in Deutschland lange als Gefahr unterschätzt. Dabei hat die Wissenschaft schon frühzeitig auf Gefahren hingewiesen.

Der Wassererosion auf hängigen Flächen wirkt alles entgegen, was den Fluss von Wasser hangabwärts und das Mitreißen von Bodenteilchen hemmt oder unterbindet. Das beste Mittel ist eine ununterbrochen geschlossene Pflanzendecke, sodass überall Grünland* oder Wald herrschen sollte, wo Schutzmaßnahmen auf dem Acker (die immer nur lindern, nie die Erosion ganz stoppen) nicht wirksam genug sind. Je besser ein Ackerboden für Regenwasser aufnahmefähig ist, umso weniger wird oberflächlich abfließen. Der Aufnahmefähigkeit sind unter anderem ein tiefer Wurzelraum, die Abwesenheit

von stauenden Schichten nahe der Oberfläche sowie ein guter Humuszustand förderlich. Unvermeidlich fließendes Wasser wird in seiner Geschwindigkeit und damit Erosionskraft durch Pflanzenbestand, Stoppeln und Streuauflage gebremst. Deshalb gehören Kulturen wie Zuckerrüben und Mais, die monatelang offenen Boden erfordern, nicht auf erosionsgefährdete Flächen. Zwischenfrüchte, Streuauflagen und gegebenenfalls sogar ertragsunschädliche Wildkrautbestände sollten den Boden möglichst immer bedecken. Alle Bestellmaßnahmen sollten hangparallel erfolgen, um nicht Bahnen für Wasserströme in Fallrichtung zu schaffen. Hangparallele Hecken und andere, die Ackerfläche unterbrechende Strukturen sind nicht nur wirksamer Erosionsschutz, sondern auch willkommene Landschaftselemente.

Die Winderosion befällt Ackerflächen ohne Pflanzenbedeckung besonders nach längerer Trockenheit. Starke Winde können auch schwerere Sandkörner mitreißen. Die Gefahr steigt mit der Größe der Ackerflächen, sodass der Nordosten Deutschlands besonders betroffen ist. Dort bilden sich regelmäßig Staubwolken, die man in Mitteleuropa für unmöglich halten würde. Eine solche führte im April 2011 auf der Autobahn A 19 bei Rostock zu einem Massenunfall mit acht Toten. Wie gegen die Wassererosion muss auch gegen die Winderosion entschieden vorgegangen werden, hier durch Verkleinerung der Äcker und den Aufbau von Landschaftsstrukturen.

7.1.2.2 Schadverdichtung

Böden besitzen ein jeweils charakteristisches Muster an Hohlräumen (Poren) unterschiedlicher Größe. Große Poren bewirken Luft- und Wasseraustausch und dienen Pflanzenwurzeln als Ausbreitungsbahnen, kleine Poren dienen der Wasserspeicherung. Wird das Porenvolumen durch Druck so stark verringert, dass die Fruchtbarkeit betreffende Eigenschaften des Bodens beeinträchtigt werden, so spricht man von einer Bodenschadverdichtung. Wie stark sie sich ausprägt, hängt vom auftretenden Druck und von der Widerstandskraft des Bodens gegen Verdichtung ab.

Der Druck entsteht natürlich durch das Befahren des Bodens bei der Bestellung, Pflege und Ernte mit Traktoren, Maschinen und Transportfahrzeugen (Abb. 7.3). Die hier ablaufenden physikalischen Vorgänge sind recht kompliziert und es gibt unter Fachleuten unterschiedliche Meinungen. Nicht nur das schiere Gewicht der Fahrzeuge beeinflusst diese Vorgänge, sondern auch deren Auflagefläche (breite oder schmale Reifen), der Reifendruck, die Häufigkeit des Befahrens und andere Faktoren. Die Widerstandskraft des Bodens hängt teils von nicht beeinflussbaren Eigenschaften ab wie der Korngrößenverteilung, aber auch von solchen, die der Pflege zugänglich sind, wie der Gefügestabilität und schließlich solchen, denen ausgewichen werden kann, wie zeitweiliger übermäßiger Nässe.

In welchem Umfang das gesamte Ackerland von Schadverdichtungen befallen ist, wird kontrovers beurteilt und ist

Abb. 7.3 Schwere Fahrzeuge – bei Nässe ist die Belastung des Bodens noch größer als bei Trockenheit, wie auf dem Bild

nicht leicht festzustellen. Bei derzeitiger und absehbarer Landtechnik kann auf das Befahren des Ackers generell nicht verzichtet werden, jedoch besteht Spielraum, besonders bedenkliche Praktiken abzumildern. So geht von Transportfahrzeugen bei der Zufuhr von Gülle* oder der Abfuhr von Erntegütern ein erheblicher Bodendruck aus. Je größer die Äcker wurden, umso größer und schwerer wurden auch die Transportfahrzeuge, um wenigstens eine Bahn über den Acker ohne Zwischenbefüllung oder -entleerung fahren zu können. Die Zuckerrübenernte im Spätherbst auf nassen Lössböden ist dem Boden sehr wenig zuträglich.

7.1.3 Bodenbearbeitung

Wie Haber (2014) treffend feststellt, enthielt Ackerbau von Anfang an und unvermeidbar auch immer destruktive Tendenzen. Der beste Boden ist stets der, der vom Menschen in Ruhe gelassen wird. So suchen Wissenschaft und Praxis in jüngerer Zeit nach Wegen, den Umgang mit dem Boden im Ackerbau „sanfter" zu gestalten. Ziel ist stets, die Intensität von Eingriffen herabzusetzen, ohne die erstrebten Ergebnisse, wie die Ernte der Feldfrüchte, zu gefährden.

Als eine der größten Erfindungen der Menschheit gilt der eiserne, den Boden wendende Pflug. Gute Pflugarbeit gilt vielen Ackerbauern nach wie vor als Beweis handwerklichen Könnens, Städter beurteilen ein frisch gepflügtes, „erdig" duftendes Feld ebenso. Es ist interessant, dass 1000 Jahre nach der Erfindung des Pfluges Zweifel wach werden, ob er unter allen Umständen so segensreich ist. Was passiert beim Pflügen?

Die oberste Bodenschicht wird stark gelockert und umgewendet – was zuvor an der Oberfläche lag, wird nach unten befördert und das untere nach oben. Eine Absicht dabei ist, Ernterückstände, Stoppeln und nachwachsende Kräuter in den Boden einzuarbeiten, damit sie darin verrotten. Der Boden

wird unnatürlich stark gelockert, sodass entweder eine natürliche Rückverfestigung abgewartet werden muss oder diese durch „Packer" und Walzen künstlich bewirkt wird, oft noch im selben Arbeitsgang. Das Bodengefüge[1] wird immer gestört und es hängt von seiner Stabilität ab, wie gut es das Pflügen erträgt. Werden tonhaltige Böden bei Nässe gepflügt, so entstehen sehr schädliche Verschmierungen. Besonders wenn der Traktor mit einem Rad in der Pflugsohle fährt, wird diese verfestigt, was in jeder Hinsicht ein Nachteil ist. Dem Oberboden wird durch die Lockerung Sauerstoff zugeführt, was den Abbau organischer Substanz und damit auch des Humus befördert. Auch gut mit Stallmist* gedüngte gepflügte Ackerböden enthalten stets weniger Humus als ungestörte Grünlandböden auf demselben Standort. Die Bodentiere vom Regenwurm bis zum Feldhamster (wo es ihn noch geben sollte) dürften, wenn sie wählen könnten, ungepflügten Boden vorziehen.

Seit Längerem wird gefragt, ob der Eingriff in den Boden durch das Pflügen in diesem Ausmaß erforderlich ist. Als Alternativen bieten sich die konservierende Bearbeitung sowie das Direktsaatverfahren an. Die konservierende Bearbeitung erfolgt in Abstufungen, die sich in der Tiefe der Bodenlockerung unterscheiden. Gemeinsam ist allen Stufen, dass auf das Wenden des Bodens verzichtet wird. Mit dem Grubber oder ähnlichen Zinken tragenden Werkzeugen wird der Boden gelockert, ohne eine übermäßige und nur kurzfristige Volumenzunahme wie beim Pflügen anzustreben. Auch wird aufliegendes Material, wie Stoppeln und Erntereste, nur teilweise eingearbeitet. Unbestreitbare Vorteile dieses Verfahrens sind die Schonung der Humusvorräte, die Vermeidung einer Pflugsohlenverdichtung sowie eine erhebliche Energieeinsparung, da weniger Zugkraft erforderlich ist. Im Ackerbau kann ein Drittel und mehr des Energieaufwandes auf das Pflügen entfallen.

Das Direktsaatverfahren stellt die radikalste Alternative dar. Der Boden wird nach der Ernte der Vorfrucht als Körper überhaupt nicht angetastet. Vielmehr werden kleinräumige Eingriffe vorgenommen, um den für die folgende Frucht eingebrachten Saatkörnern optimale Bedingungen zu schaffen. Grob dargestellt, werden Ritzen in den Boden gezogen, in die Saatkörner in optimaler Tiefe, Bettung und Bedeckung abgelegt werden. Die schon bei der konservierenden Bodenbearbeitung erzielten Schonungseffekte des Bodens werden bei der Direktsaat noch einmal gesteigert. Sein Gefüge wird vollständig geschont. Bemerkenswert ist, dass dieserart bewirtschaftete Böden entgegen intuitiver Erwartung ein höheres Porenvolumen besitzen als gepflügte, die zwar periodisch stark aufgelockert werden, danach jedoch wieder stärker zu-

---

[1] Mit Gefüge wird die Aggregation der Bodenteilchen zu größeren räumlichen Einheiten bezeichnet. Es reicht vom Einzelkorngefüge (ohne Aggregation) bis zum Kohärentgefüge (alle Teilchen sind zu einem größeren zusammengebacken). Erwünscht ist im Ackerbau ein durch biologische Aktivität stabilisiertes Krümelgefüge, das bei der Pflugarbeit erhalten bleibt.

sammenfallen. Der Humus wird geschont und gegebenenfalls vermehrt, Bodentiere, wie besonders Regenwürmer florieren. Im Boden nähern sich bei langjähriger Direktsaat die Verhältnisse immer mehr denen eines Grünlandes an. Es ist sehr bemerkenswert, dass mit der Direktsaat ein Verfahren eingeführt wird, das unübersehbare Ähnlichkeit mit Praktiken besitzt, die von den Vorfahren jahrtausendelang und in bestimmten Regionen der Welt noch heute ausgeübt werden und die lange Zeit über in Lehrbüchern als „primitiv" angesehen wurden.

Selbstverständlich sind den Pluspunkten der konservierenden Bearbeitung und der Direktsaat mögliche Nachteile und Risiken gegenüberzustellen, denen in wissenschaftlichen Versuchen und Praxiserfahrungen nachgegangen wird.

Pflügen wird zuweilen als erforderlich angesehen, weil nur damit Pilzsporen durch Versenkung in die Tiefe unschädlich gemacht werden können, die nicht allein Pflanzenkrankheiten hervorrufen, sondern auch gesundheitsschädlich in Futter- und Nahrungsmitteln sind, wie Fusarien. Die Gefahr durch Fusarien wird allerdings durch enge Fruchtfolgen, insbesondere Weizen nach Mais, erst hervorgerufen und ließe sich durch Abkehr von dieser Praxis stark abmildern.

So stößt die Verbreitung Boden schonender Ackerbauverfahren auf allerhand Hindernisse. Nicht zuletzt sind Maschinen zur Direktsaat, die meist aus Amerika oder Neuseeland eingeführt werden müssen, sehr teuer. Kleinere Betriebe können sie sich nicht leisten, vor allem auch deshalb nicht, weil nur selten auf das herkömmliche Pflügen ganz verzichtet wird. Meist wird ab und zu aus besonderen Gründen doch gepflügt, wenn auch nicht in jedem Jahr. Das bedeutet, dass mehrere Bodenbearbeitungsmaschinen vorgehalten werden müssen mit einer entsprechenden Kostenbelastung. So verwundert nicht, dass Großbetriebe in Ostdeutschland Vorreiter sind.

Das ökologisch interessante Bild wird allerdings durch einen Umstand getrübt: Bodenschonende Methoden werden oft unter Einsatz eines Herbizides praktiziert und das Mittel der Wahl ist Glyphosat – mittlerweile aus mehreren Gründen medienbekannt (→ Box 7.2). Ein Verbot dieses Mittels könnte dazu führen, dass zum Pflügen zurückgekehrt wird. Allerdings erbrachte eine Umfrage unter konsequenten „Nicht-Pflügern" nicht unbedingt eine Bestätigung dieser Befürchtung.

Box 7.2 Glyphosat
Spätestens nachdem Baumärkte das Produkt aus dem Regal genommen haben, ist dieser Unkrautvernichter (Handelsname „Round Up") auch außerhalb der Landwirtschaft zum Gesprächsstoff geworden. Glyphosat ist ein Totalherbizid, das heißt, es tötet (mit einer unten anzusprechenden Ausnahme) jeden Pflanzenwuchs in kürzester Zeit ab. Es ist billig und gilt im Vergleich zu anderen Mitteln als verhältnismäßig ungiftig. Es gilt vielen als unentbehrlich im pfluglosen Ackerbau, bei

Abb. 7.4 Hier ist Glyphosat gespritzt worden

dem durch die fehlende Bodenwendung dem Unkraut sonst schwer Herr zu werden wäre. Das Auge erkennt die Wirkung von Glyphosat an großen braun-gelben Flächen abgestorbener Pflanzen im Herbst und im Frühjahr (Abb. 7.4).

Glyphosat ist schon lange im Gerede. Es wird biologisch nicht besonders schnell abgebaut, sodass Reste in Gewässern gefunden werden, wo aus Prinzip keine Pflanzenschutzmittel sein dürfen. Aufgeregte Presseberichte im Frühjahr 2016 über Glyphosat im Bier passen schlecht mit angeblich schnellem Abbau dieses Stoffes zusammen, denn der Brauprozess beim Bier erfordert erhebliche Zeiträume. Brauereien weisen seitdem mit Glyphosat behandelte Braugerste zurück. Man muss allerdings bedenken, dass die heutigen chemischen Analysetechniken so ausgefeilt sind, dass sie kleinste Mengen eines Stoffes nachweisen können.

Einige Wissenschaftler halten Glyphosat für krebserregend, zumindest ist für sie nicht schlüssig bewiesen, dass es *nicht* krebserregend ist. Andere Wissenschaftler und Behörden halten es in dieser Hinsicht für risikolos („Glyphosat ist so krebserregend wie Schwarzwälder Schinken"). Immerhin wird empfohlen, seinen Einsatz dort, wo es nicht unbedingt notwendig ist und häufig nur der Bequemlichkeit dient, einzuschränken, so etwa beim früheren „Totspritzen" des Kartoffelkrautes, um die maschinelle Ernte zu erleichtern. Leider ist die „Vorerntebehandlung" mit Glyphosat im Getreideanbau in großen Betrieben in Ostdeutschland nach wie vor üblich.

Die schärfste Kritik erfolgt im internationalen Rahmen. In den USA und in Südamerika steht Glyphosat in engem Zusammenhang mit der Gentechnik. Der Anbau wichtiger Nutzpflanzen erfolgt dort mit Sorten, denen gentechnisch eine Resistenz gegen Glyphosat

eingebaut wurde. So kann das Mittel auf die Anbauflächen gesprüht werden, die damit unkrautfrei werden, ohne den Kulturpflanzen zu schaden. Jedenfalls
glaubte man das so lange, bis auch manche Unkräuter
Resistenz entwickelten, was Wissenschaftler längst
vorausgesagt hatten. In Deutschland sind solche gen-
technischen Verfahren bekanntlich (noch) unzulässig.

Warum ist ausgerechnet Round Up so verrufen,
dass Baumärkte es ihrer Reputation zuliebe nicht mehr
anbieten? Es gibt Stoffe, die ökologisch und gesund-
heitlich noch bedenklicher sind, ganz zu schweigen
von Genussmitteln wie dem Tabak. Vielleicht genügt
zur Erklärung schon teilweise, dass der allgemeine
Unwille gegenüber Organismen abtötenden Agrar-
chemikalien sich gern auf ein Produkt fokussiert – es
kämpft sich besser gegen etwas mit einem amerika-
nischen, an Affekte appellierenden Namen als gegen
Herbizide* überhaupt, wobei man anderen erst erklären muss, was diese sind. Abstoßend mag für viele die
Leichtigkeit sein, mit der ein Landwirt ein Problem
„löst", das unzählige Generationen mit harter Arbeit
verbinden mussten. „Spritze an und weg" – das erzeugt
bei ökologisch und traditionell orientierten Menschen
nie positive Aufmerksamkeit. Wäre Glyphosat etwas,
was wie andere Mittel hier und dort einmal angewandt
wird, würde es wahrscheinlich kaum wahrgenommen.
Bedenklich erscheint in der Tat, dass es in Deutschland zum Standard und zur Selbstverständlichkeit auf
37 % des Ackerlandes geworden ist, nicht zuletzt wegen seiner Billigkeit.

Am überzeugendsten erscheint eine Kritik, die
nicht technisch-ökologisch, sondern gesellschafts-
politisch argumentiert. Gentechnik, Sortenzüchtung
und Mittelherstellung sind in der Hand multinationaler
Konzerne, deren Macht über Landschaft, Ackerbau
und die dortigen Menschen nicht geballter sein könnte.
Agrarbetriebe sind Ausführungsorgane dessen, was
sie von „oben" in die Hand gelegt bekommen. Solche
Strukturen gibt es auch in Deutschland in begrenztem
Rahmen; Anbauern von Tiefkühlgemüse wird auch
jeder Handgriff im Produktionsablauf vorgeschrieben.
Solange es wirtschaftliche Vorteile bringt, fügen sich
Landwirte in solche Verluste an Entscheidungsver-
mögen erfahrungsgemäß bereitwillig, und so auch die
argentinischen Sojaanbauer. Nehmen solche Strukturen große Ausmaße an, beherrschen sie große Flächen
und dominieren sie den Anbau einer Feldfrucht fast
im globalen Rahmen, wie im Falle der Soja, dann sind
sie unweigerlich mit Komplexitätsreduktion und dem
Verlust von Redundanz und Resilienz verbunden. Es
kann nur wenige Gen-Sojasorten geben anstatt hun-
derter von Landsorten mit unterschiedlicher genetischer Ausstattung. Was ist, wenn eine Gen-Sojasorte
Opfer einer neuen Pilzkrankheit wird?

7.1.4 Fazit

Insgesamt vermittelt ein Blick auf Bodengesundheit, Boden-
behandlung und Bodenschäden in Mitteleuropa ein differen-
ziertes Bild. Hier typische Böden verzeihen eine schlechte
Behandlung eher und länger als in anderen Weltteilen. Rechtfertigt sie das auch keineswegs, so fördert die Robustheit der
Böden aber vielleicht hier und da doch eine Praxis, die sich
zu sehr auf sie verlässt. Mangelnde Bodenpflege äußert sich
in jahrelang vernachlässigter Kalkung, unzureichender
Grunddüngung mit Kalium und Phosphor bei vieharmem
oder gar viehlosem Betrieb, fehlender Humuspflege, Vernachlässigung der Dränagen, Befahrung mit schweren Geräten zur
Unzeit (Abb. 7.5) und anderem. Neben zu engen Fruchtfolgen
wird diesen Effekten die Verursachung stagnierender oder gar
sinkender Erträge zugeschrieben. Ökonomisch sind kurze
Pachtdauern höchst kritisch zu beurteilen, da sie das Interesse
der Pächter, in erst langfristig sich auszahlende Pflegemaßnahmen zu investieren, auf null reduzieren müssen.

In der Wissenschaft sind spannende Forschungen zu beobachten – insbesondere zum Bodenleben, zu Interaktionen
zwischen Pflanzenwurzeln und Mikroorganismen, zum „antiphytopathogenen Potenzial" des Bodens[2] und zu weiteren

---

[2] Aus nur teilweise bekannten Gründen schützt ein aktives Bodenleben
Kulturpflanzen vor schädigenden Einwirkungen unterschiedlicher Art.
Plausibel erscheint dabei die Unterdrückung von Krankheitskeimen im
Boden, die Wirkungen des antiphytopathogenen Potenzials reichen je-
doch weiter.

Abb. 7.5 Sehr schlechte Behandlung des Ackerbodens. (Foto: Michael Succow)

Abb. 7.6 Spritze in Aktion. (Foto: Kathrin Lippert)

Themen, die sämtlich bestätigen, dass der Boden weitaus mehr als nur passives Haftorgan für die Pflanzen ist. Immer deutlicher wird, was man alles noch *nicht* weiß. Boden, der jahrzehntelang ohne organische Düngung aus der Tierhaltung auskommen musste und dessen hohe Erträge allein auf ebenso hohen Einsatz von Betriebsmitteln beruhen, ist wohl nicht so „tot", wie es kassandrische Schwarzseher behaupten, aber er ist auch nicht so lebendig wie andere und besser behandelte Böden.

7.2 Pflanzenschutz und Alternativen

Neben dem Tierwohl sind Pflanzenschutzmittel das Thema, bei dem die breite Öffentlichkeit den meisten Argwohn gegenüber der konventionellen Landwirtschaft hegt; die Spritze ist wohl von allen Maschinen auf dem Acker die an wenigsten sympathische. Schon in der Einleitung dieses Buches (→ Box 1.2 in Kap. 1) ist vermerkt worden, dass Pflanzenschutzmittel in der Tat nicht leichtfertig beurteilt

werden dürfen. Sie sind dazu da, unerwünschte Organismen zu *töten*, was immer Neben- und Folgewirkungen hat. So sorgfältig und so sparsam wie möglich, wie mit Arzneimitteln umgegangen werden muss, muss es auch mit Pflanzenschutzmitteln geschehen.

Die beiden Haupteinwände gegen chemischen Pflanzenschutz sind die Rückstandsbelastung der Verbraucher von Lebensmitteln und die Nebenwirkungen in der Landschaft auf Pflanzen und Tiere, die nicht Ziele der Behandlung sind. Zwar ist nicht von der Hand zu weisen, dass das Gesundheitsrisiko der Bevölkerung durch zulässige Rückstände in Nahrungsmitteln geringer ist als das durch andere Faktoren, wie durch den Gebrauch von Genussmitteln, das Betreiben riskanter Sport- und Freizeitaktivitäten, Straßenverkehr und anderes. Jedoch sind die letztgenannten Risiken oft frei gewählt, während der Belastung durch Rückstände kaum ausgewichen werden kann. Die Wirkungen der Pflanzenschutzmittel auf die Pflanzen- und Tierwelt in der Landschaft stehen außer Frage. Sie sollen Lebewesen abtöten, von denen viele erhaltenswert sind, wie unschädliche Ackerwildkräuter. Sorgfältiger Umgang mag beim Blick auf einen *einzelnen* Behandlungsschritt davon überzeugen, dass Bienen, Insektenlarven im Wasser und andere Tiere verschont bleiben. Es ist jedoch unglaubwürdig, dass sich bei der Dauerbelastung der Landschaft über Jahrzehnte hinweg Nebenwirkungen zuverlässig vermeiden lassen.

Das Beispiel des DDT vor vielen Jahrzehnten – bei seiner Erfindung als Wundermittel gepriesen – sollte als Erinnerung dienen, dass katastrophale Auswirkungen eines Pestizides erst nach vielen Jahren oder schlimmstenfalls, wenn es schon zu spät ist, erkannt werden. Es dauerte lange, bis klar wurde, dass die Anreicherung des Mittels in der Nahrungskette zu Schäden bei Spitzenraubtieren, wie der Bildung unzureichender Eierschalen und damit dem Ausfall von Nachwuchs, geführt hatte. Hat man hieraus auch gelernt, so können sich derlei Erfahrungen aber auf anderen Gebieten wiederholen. Auch die schärfsten Prüfungsmethoden im Labor können nicht alle Wirkungen in der Landschaft antizipieren. Es ist zu hoffen, dass das Thema Neonicotinoide und Bienen nicht von späteren Generationen analog beurteilt werden muss, wie wir heute (2018) das DDT beurteilen.

7.2.1 Pflanzenkrankheiten, Resistenzbildung und Agrarchemikalien

Kulturpflanzen werden von Unkräutern bedrängt, auch werden sie von Krankheiten auslösenden Pilzen und von wirbellosen Tieren befallen, die entweder durch Fraß selbst schädigen oder Vektoren (Überträger) von Viruskrankheiten sind. Bakterien spielen in Europa als Ursachen von Pflanzenkrankheiten eine geringere Rolle. So wirken die wichtigsten Pflanzenschutzmittel als *Herbizide* gegen andere Pflanzen, als *Fungizide* gegen Pilze und als *Insektizide* gegen Insekten. Hinzu kommt eine Palette von Zusatzmitteln mit anderen Funktionen, die wir hier nicht betrachten.

Nur wenige Unkrautarten bereiten dem heutigen Ackerbauern Sorgen, dafür diese wenigen aber umso stärker. Gräser wie Acker-Fuchsschwanz (*Alopecurus myosuroides*), Windhalm (*Apera spica-venti*) und Roggen-Trespe (*Bromus secalinus*) bedrängen wachsendes Getreide durch Platz- und Lichtkonkurrenz in einer Weise, die zu erheblichen Ertragseinbußen, im Extrem zum Ernteausfall führt. Das Problem hat zwei Ursachen: Durch den fortwährenden Anbau von Wintergetreide wird den ebenfalls im Herbst keimenden Unkräutern der beste Lebensraum geschaffen, und die Kräuter bedanken sich mit der Entwicklung von Resistenzen gegen die verwendeten Herbizide. Ebenso wie bei den Antibiotika in der Medizin ist der Kampf ein ewiges Wettrüsten zwischen neuen Waffen und der Gegenwehr gegen diese mittels Resistenz.

Ähnlich ist die Situation bei den durch die Luft übertragenen Pilzkrankheiten, zum Beispiel der Septoria-Blatt-

dürre beim Winterweizen. Sie wurde über 30 Jahre lang mit demselben Mittel bekämpft, welches seine Wirkung langsam, aber sicher verliert. Beim Übergang zu einem anderen, vermeintlich noch unverbrauchten Mittel wird sich der Prozess wiederholen. Ebenso bei Insekten: Rapsglanzkäfer, Erdflöhe und die kleine Kohlfliege als Beispiele unter zahlreichen haben sich an die lange, nicht immer sachgerechte und auch nicht immer erforderliche Behandlung so „gewöhnt",[3] dass ihnen die verwendeten Pyrethroide nicht mehr viel ausmachen.

Die besondere Dramatik der Situation liegt nicht nur darin, dass alte Pflanzenschutzmittel ihr Pulver verschießen, sondern darin, dass auch die noch wirksamen durch Verbote gefährdet werden und dass die Aussichten, neue zu gewinnen, trübe sind. Die chemische Industrie ist zögerlich mit Neuentwicklungen, die außerordentlich teuer sind. Die Anzahl der bestehenden Mittel, auch der noch wirksamen, wird kleiner werden. Jede Zulassung gilt nur für einen bestimmten Zeitraum und muss danach erneuert werden. Beim Zulassungswesen hat die EU-Kommission (die hier nicht alles, aber vieles zu sagen hat) einen Paradigmenwechsel vollzogen. Früher galt als Richtschnur das von einem Mittel ausgehende *Risiko* für Mensch und Umwelt. Auch ein an sich giftiges Mittel wurde zugelassen, wenn man meinte, dass es durch die hohe Verdünnung bei der Ausbringung unbedenklich würde. Künftig zählt dagegen allein die einem Mittel innewohnende *Gefahr* an sich. Steht es etwa im Verdacht, hormonelle Wirkungen auslösen zu können, wird es nach dem Prinzip des „*cut off*" aus der Liste der zugelassenen gestrichen. Ferner können Mittel nach dem Prinzip der *Substitution* ausgesondert werden, wenn gezeigt werden kann, dass es für denselben Zweck weniger bedenkliche Mittel gibt. Solange nicht der wohl übertriebenen Befürchtung gefolgt wird, die Industrie könne unter diesen Umständen überhaupt keine neuen Mittel mehr durch die Zulassung bringen, ist diese Verschärfung im Sinne des Vorsorgeprinzips zu begrüßen.

7.2.2 Abhilfen

Die Antwort auf diese Herausforderungen ist im Prinzip einfach: Es muss zu Verhältnissen zurückgekehrt werden, die den Schadorganismen weniger günstige Lebensmöglichkeiten bereiten, vielfach zu den Prinzipien des früheren Ackerbaus. An erster Stelle steht die Besinnung auf Fruchtfolgeregeln. Ein einschlägiges Lehrbuch der 1960er-Jahre schreibt, dass die Fruchtfolge Winterraps – Winterweizen – Wintergerste strikt abzulehnen ist, weil sowohl der Raps zu eng steht als auch die Getreidearten, die von Pilzen im Boden befallen werden (An-

---

[3] Natürlich „gewöhnen" sich nicht die Individuen an den Mitteleinsatz, vielmehr erfolgt bei längerem Gebrauch eine Auslese derjenigen, die resistent sind.

dreae 1968, S. 91–93). Heute ist sie aber die Standard-Frucht-folge in ganz Mecklenburg-Vorpommern. Es vergeht einfach zu wenig Zeit bis zur nächsten Getreideansaat, um das Schad-potenzial im Boden abzubauen. Nicht nur sind die Anbau-pausen beim Raps zeitlich gesehen zu kurz, auch der räumliche Aspekt spielt mit. Wo die genannte Fruchtfolge praktiziert wird, ist ein Drittel der Ackerfläche mit Raps besetzt, vielfach liegt ein Feld neben dem anderen. Kohlhernie-Sporen und Rapsglanzkäfer werden vom Wind durch die Landschaft ge-blasen, können von Feld zu Feld hüpfen und erfreuen sich bester Lebensbedingungen, der Infektionsdruck steigt.

Man fragt sich, wie bessere Fruchtfolgen heute aussehen könnten. Schon mit den wenigen heute angebauten Feld-früchten ließe sich durch räumliche Umstrukturierungen manches verbessern. Besonders Raps und Mais sind räumlich hochgradig konzentriert. Weniger Raps in Mecklenburg-Vor-pommern und mehr Raps im Münsterland, weniger Mais im Münsterland und mehr Mais im Thüringer Becken wären Fortschritte. Die Betriebe sind jedoch auf solche Umstruk-turierungen nicht eingerichtet. Der milde erscheinende Vor-schlag der räumlichen Entzerrung legt also schon den Keim zu einer viel grundsätzlicheren Kritik am heutigen Agrar-wesen, nämlich an der übertriebenen Spezialisierung.

Bei gleichbleibendem Getreideanteil in der Fruchtfolge ließen sich große Vorteile durch eine bessere Kombination der Getreidearten erzielen. Eine Beimischung von Roggen oder Triticale in weizenlastige Fruchtfolgen brächte manchen Fortschritt. Die heilsamste und (bisher mit geringer Reso-nanz) zunehmend empfohlene Maßnahme gegen die oben genannten Unkräuter ist ein Einschub von Sommergetreide, namentlich Sommergerste und Hafer. Während sich die Som-mergerste als Rohstoff der Brauerei noch einer gewissen Bedeutung erfreut, ist Hafer ein vollkommen vernachlässigtes Erzeugnis geworden (Abb. 7.7).

Der Einschub von Sommergetreide mag in dem betreffen-den Jahr den Geldertrag des Betriebes kürzen, bezogen auf die gesamte *Fruchtfolge* kann der Effekt jedoch durchaus positiv sein, indem der Bekämpfungsaufwand bei den ande-ren Kulturen reduziert und deren Erträge gesteigert werden. So wird es im konventionellen Landbau zunehmend emp-fohlen.

Der nächste Schritt bei der Verbesserung der Fruchtfolgen besteht in der Vermehrung der Feldfrüchte – der Wiederein-führung vergessener oder vernachlässigter oder der Einführung neuer. Die Aussichten für früher verbreitete Früchte sind wenig ermutigend, ihre Vernachlässigung hat Gründe. Kartoffeln werden viel weniger gegessen (→ Box 3.3 im Abschn. 3.2.1.1) und sind ebenso wie Runkelrüben als Futter zu arbeitsauf-wändig. Besser sieht es bei Eiweißpflanzen aus. Während Lupinen, Serradella und Esparsette auf Liebhaber beschränkt bleiben werden, könnte die Sojabohne zu einem Schlager werden, sollte es der Züchtung gelingen, wie beim Mais Sorten zu erzeugen, die zum mitteleuropäischen Klima passen.

Abb. 7.7 Sommergetreide als wirksame Abhilfe gegen Unkräuter – selbst Hafer ist eine Nischenfrucht geworden. (Foto: Angelika Hampicke)

7.2.3   Fazit

„Pflanzenschutz ist somit kein Werkzeug mehr zur Reparatur ackerbaulicher Fehler" (Schlüter 2017, S. 16). So deutlich wäre vor zehn Jahren in einer führenden Zeitschrift des kon-ventionellen Landbaus nicht formuliert worden. Dass Natur-schützer, Öko-Landwirte und große Teile der Bevölkerung dem chemischen Pflanzenschutz abhold sind, das kennt man – nun aber auch im Organ der Deutschen Landwirtschafts-Gesellschaft?

Gewiss wird es auch künftig chemischen Pflanzenschutz im konventionellen Landbau geben. Aber gemäß dem zitier-ten Satz werden sich seine Stellung und Funktion ändern.

Box 7.3   Grüne Gentechnik
Unbefangenheit und naive Fortschrittsgläubigkeit nicht nur in den USA, sondern auch in wichtigen Schwellenländern – rigorose Ablehnung in Deutsch-land: das sind die Ansichten über Gentechnik. „Frei von Gentechnik" auf der Lebensmittelpackung und „Frei von Gentechnik" am Ortsschild oder an der Pforte zu einer Landschaft sind hierzulande Heil ver-heißende Einladungen. Ist Gentechnik Teufelswerk? Das Thema ist auf unterschiedlichen Ebenen zu dis-kutieren. Eine angemessene Diskussion erforderte ein eigenes Buch, und vorliegend kann nur grob skizziert werden. Viele Leser würden es freilich vermissen, wenn zum Thema kein Wort geschrieben stünde.

Die technische Ebene
Seit es Landwirtschaft gibt, greift der Mensch in die genetische Ausstattung seiner Nutzpflanzen und -tiere ein und verändert sie zum Teil sehr stark. Kartoffeln

sollen entweder festfleischige oder mehlige Knollen bilden, Braugerste soll gutes Bier erzeugen, Kultur-Rüben sollen viermal so viel Zucker enthalten wie die wilden, die Henne viel mehr Eier legen, als sie es selbst täte, die Kuh soll viel mehr Milch geben. Die Züchtung geschah durch geduldige Auslese, durch gezielte Kreuzungen und bei Pflanzen in vergangenen Jahrzehnten durch Methoden, die auch nicht anders als mit „Gentechnik" zu bezeichnen wären, nur dass es sich um sehr primitive handelte. Pflanzen wurden mit dem giftigen und Mutationen auslösenden Stoff der Herbstzeitlosen (*Colchicum autumnale*), dem Colchizin, behandelt, was in 99 % der Fälle abartige Veränderungen herbeiführte, aber, wenn man Glück hatte, durch reinen Zufall auch einmal eine Mutation erzeugte, die erwünscht war. Während die alte Gentechnik mit der Schrotflinte schoss (und dabei nie kritisiert wurde), arbeitet die neue mit unvorstellbar feinem Skalpell, indem sie exakt Teile der genetischen Ausstattung, der DNA, ausschneidet, umkombiniert und wieder zusammenfügt.

Die bisherigen Erfolge

Die Geschichte von Glyphosat („Round Up") und Unkräutern ist oben in der Box 7.2 schon erzählt worden. Natürlich entkommt auch die Gentechnik dem ewigen Wettlauf vom vorübergehendem Sieg über einen Schädling und dem Verblassen des Sieges durch Resistenzbildung nicht. Genmanipulierte Soja hat im Verein mit Glyphosat den Anbau einfacher gemacht und letztlich Arbeitskraft eingespart, Ähnliches geschah beim Mais. Dabei entsteht die Frage, ob Arbeitskraft einzusparen das vordringliche Ziel der Welt-Landwirtschaft sein soll. Gentechniker behaupten ja, die Welternährung zu sichern. Glänzende Erfolge, die auch Gentechnik-Gegner nicht ignorieren dürften, wären hier die schon vor Jahrzehnten versuchte Knüpfung von Luftstickstoff sammelnden Mikroorganismen an Getreidearten (assoziative Symbiosen, → Box 6.2 im Abschn. 6.2) oder die Erzeugung salztoleranter Kulturpflanzen. Davon ist kaum etwas realisiert, weil die entsprechenden Befähigungen und Eigenschaften nicht von wenigen, sondern von sehr vielen Genen abhängen. Meldungen über bevorstehende „Durchbrüche" erinnern an die seit Jahrzehnten angekündigten Durchbrüche bei der Nutzbarkeit der Fusionsenergie. Bisher ist viel mehr geredet als erreicht worden, mit Recht wird in der Literatur gefragt, ob sich „der ganze Aufwand lohnt". Triebkraft in der Forschung dürfte nicht nur das Machtstreben internationaler Agrarkonzerne sein, sondern auch der Wunsch, Wissenschaftler zu beschäftigen.

Bisherige Risiken und Schäden in der Landschaft

Zwar ist nicht von der Hand zu weisen, dass sich technisch veränderte Genelemente theoretisch von den Nutzpflanzen ablösen, in der Landschaft vagabundieren und unbeabsichtigt auf Wildpflanzen übergehen können. Die bisherigen Erfahrungen sind zu kurz, um den Aspekt zu beurteilen, jedoch erscheint ein „Gen-Chaos", das aus unterschiedlichen Gründen tatsächlich bedenklich wäre, wenig wahrscheinlich. Das viel größere praktische Problem ist bisher, die räumliche Koexistenz zweier Landwirtschaftssysteme – eines mit und eines ohne Gentechnik – zu gewährleisten, sollte sich die konventionelle Landwirtschaft der Gentechnik zuwenden. Dass eine solche Koexistenz zum Schutz des ökologischen Landbaus kaum praktikabel erscheint, ist einer der wichtigsten Gründe für die Ablehnung der Gentechnik in Deutschland.

Die gesellschaftliche Ebene

Gentechnik kann nicht wie früher der Colchizinbeschuss im kleinen Labor ausgeführt werden, sondern erfordert Kapital. Schon in der Box 7.2 über Glyphosat ist festgestellt worden, welche Macht multinationale Konzerne ausüben, die sowohl gentechnische Kulturpflanzen als auch die dazu passenden Pestizide herstellen. Dass Landwirte weltweit ausführende Knechte dessen werden, was ihnen von oben angewiesen wird, ist eine sehr bedenkliche Perspektive. Es kann soweit kommen, dass solche Konzerne keinerlei Kontrolle unabhängiger Wissenschaftler oder staatlicher Behörden mehr unterworfen sind.

Die ethische Ebene

Die Umwelt- und Naturethik befasst sich eingehend mit der Gentechnik und erlangt Verdienste vor allem durch die Schärfung von Begriffen und die klare Formulierung von Fragestellungen. Sie setzt dem Getöse von Vorwürfen, Ängsten, Versprechungen und Rechtfertigungen entgegen: worum geht es eigentlich? Argumente gegen die Gentechnik teilen sich zunächst in folgenbezogene und kategorische ein. Einige auf Folgen bezogene Argumente haben sich bisher als schwach erwiesen; so ist es sehr unwahrscheinlich, dass gentechnisch veränderte Nahrungsmittel ungesund sind, und dies nur deshalb, weil sie Gentechnik enthalten. Die im weiteren Sinne folgenbezogenen Argumente auf der ökonomisch-politischen Ebene, wie oben genannt, besitzen weit größere Bedeutung. Wer Gentechnik kategorisch ablehnt, das heißt, auch dann, wenn sie keine negativen Folgen zeigt, ja sogar wenn sie Erfolge erzielt, der hält den Menschen für nicht berechtigt, in das überkommene genetische Gefüge des Lebens einzugreifen. Diese Sicht erfordert erstens eine Begründung. Wird eine vorgetragen, dann entsteht die Frage, ob alle anderen vernünftig Nachdenkenden der Begründung folgen müssen, ob diese mit anderen Worten verbindlich ist. Ist die Begründung zum Beispiel religiös („in die Schöpfung darf nicht eingegriffen werden"), dann ist sie persönlich ehrenwert, in einer säkularen Gesellschaft, in der niemand zu einer Religion gezwungen werden darf, aber nicht verbindlich. Zweitens muss ihr Verfechter Fragen zu parallelen Ereignissen und Entwicklungen beantworten. Ältere von ihnen hätten während der Colchizin-Ära mit gleicher Verve protestieren müssen. Wenn das überkommene oder geschöpfte Erbgefüge nicht verändert werden darf, dann darf es das auch nicht mit milden Mitteln, wie der Auslese und Kreuzung, wie es jahrtausendelang praktiziert wurde, ohne kategorische Kritik hervorzurufen. Kategorische Argumente des Typs „man darf nicht", haben es also schwer. Dann gibt es noch die Kritik nach dem Motto „wenn das so weiter geht …". Leider ist die Befürchtung nicht unbegründet, dass es Wissenschaftler gibt, die nicht davor zurückschrecken, Dinge, die sie bei der landwirtschaftlichen Gentechnik gelernt haben, auch auf den Menschen anzuwenden.

Fazit

Das Misstrauen gegen die Gentechnik kann sich weder mit bisher eingetretenen physischen Schäden noch mit einer grundsätzlichen Verdammung der praktizierten wissenschaftlichen Methoden rechtfertigen. Befürworter der Gentechnik haben aber auch wenig Anlass, sich als Retter der Menschheit vor der Hungersnot aufzuspielen. Die Gegner der Gentechnik haben einfach Angst, dass der Mensch zu viel kann, dass er es missbrauchen könnte. Vor über 40 Jahren bezeichnete der weltweit hoch geachtete Experte Alvin Weinberg die Atomenergie als „Faustian Bargain", als Wette, die Faust mit dem Teufel einging. Die Zeit seither hat gezeigt, wie recht er damit hatte, und die Gentechnik kann eine Parallele sein.

Die Menschen fühlen sich auf einer schiefen Ebene, auf der vieles ins Rutschen kommen kann. Diese Furcht ist sehr verständlich, zumal das Vermögen, alles manipulieren zu können, eng verbunden ist mit der Macht des Kapitals, sich staatlicher Ordnung und demokratischer Kontrolle entziehen zu können. Die Kontroverse um die Gentechnik ist also eine *gesellschaftliche*, nicht eine nur technische oder gar eine nur züchterisch-naturwissenschaftliche.

Literatur: SRU 2004, Kapitel 10, S. 401–444.

Es geht darum, ackerbauliche Fehler zu vermeiden und den Gebrauch von Pflanzenschutzmitteln auf die Fälle einzuschränken, wo sie ohne Alternative sind. Produzenten müssen ihre teilweise extreme Spezialisierung mildern. Mehr Raps im Münsterland hieße weniger Schweine und weniger Emissionen – mehr Schweine in Sachsen-Anhalt, Brandenburg und Mecklenburg-Vorpommern (natürlich in geeigneten Haltungen) hieße kürzere Vieh- und Fleischtransporte nach Berlin und Sachsen. Mehr Schweine und Geflügel in Sachsen-Anhalt hieße mehr organischen Dünger für den Boden, Förderung von Bodenleben und antiphytopathogenem Potenzial im Boden und womöglich weniger Fußkrankheit beim Getreide. Die Zurückführung extremer Spezialisierung führte zu einer vordergründigen Effizienzminderung der Landwirtschaft, der jedoch langfristig Gewinne gegenüberstünden. Die pflanzensanitären Vorteile sind beschrieben worden, sie sind jedoch nicht alles. Schon dass die Leitung von Großbetrieben in Ostdeutschland aus ihrer Routine mit immer derselben einseitigen Fruchtfolge erwachen und sich fragen müsste, was man anders machen könnte, wäre ein heilsamer Effekt.

7.3 Das Rindvieh

7.3.1 Bestände

Wer als Städter durch die Landschaft reist, blickt gern zu den „Kühen" auf der Weide. Die gehörnten Tiere sind freilich nicht immer Kühe: Es gibt in Deutschland neben den gut 4 Mio. Milchkühen und knapp 700.000 Mutterkühen* über 2,5 Mio. Kälber, 1,5 Mio. männliche und 2,5 Mio. weibliche Tiere unter 2 Jahren und 700.000 über 2-jährige Färsen*, also Jungkühe, die aber noch nicht gekalbt haben und daher noch keine Milch geben. Zusammen sind es etwa 12,5 Mio. Stück Rindvieh.

Rinder geben großen Landschaften in Deutschland ihr Gepräge. Der größte Teil des Grünlandes wird durch sie genutzt, daneben bedürfen sie etwa 25 % des Ackerlandes für Grund- und Kraftfutter*. Sie liefern zwei Drittel des organischen Düngers, freilich auch einen Anteil an den damit verbundenen Umweltproblemen.

Über Jahrhunderte hinweg diente das Rindvieh in Mitteleuropa drei Zwecken: der Erzeugung von Milch und Fleisch sowie der Arbeitsleistung. Es bildeten sich Rassen heraus, die mehr dem einen oder mehr dem anderen Zweck dienten, stets blieb aber die Kombination erhalten. Erst in den letzten Jahrzehnten wurden Rassen eingeführt, die nur wegen des Fleisches gehalten werden, meist aus Großbritannien oder Frankreich. Schwarzbunte Kühe sind stark auf die Milcherzeugung spezialisiert, während das süddeutsche Fleckvieh mit etwas geringerer Milch- und dafür höherer Fleischleistung noch stärker der traditionellen Mischnutzung verhaftet bleibt. Den Pflug zieht schon lange keine Kuh mehr.

Abb. 7.8 Diesen Rindern scheint es gut zu gehen

7.3.2 Fütterung des Rindviehs

Eine heutige Milchkuh mit 500 bis 700 kg Masse und einer Jahresleistung von 7500 bis 9000 kg Milch ist ein bewundernswürdig komplizierter und effektiver Organismus. Sie frisst 50 bis 80 kg, in Trockenmasse 12–18 kg Rau- oder Grundfutter* pro Tag, entweder frisch abgeweidetes oder vorgelegtes Gras oder Silage aus Gras oder Mais, und dazu einige kg Kraftfutter*, welches je nach Bedarf stärker Energie oder Eiweiß ergänzt. Beim Grundfutter sind zwei Aspekte bedeutsam: Nur dieses ist hinreichend grob, um das Tier zum Wiederkäuen zu bewegen. Tut die Kuh das zu wenig und erzeugt sie somit zu wenig Speichel, so folgen ernste gesundheitliche Schäden, ihr gesamter Stoffwechsel gerät durcheinander. Die Kuh darf also nicht zu stark oder gar überwiegend mit Kraftfutter gefüttert werden. Zweitens ist die im Grundfutter stark vertretene Zellulose, aus der die Zellwände des Grases bestehen, für die Kuh (wie auch für alle anderen Tiere einschließlich des Menschen) *nicht* verdaulich. Den Aufschluss besorgen Mikroorganismen, von denen die Kuh etliche Kilogramm in ihrem Vormagen, dem Pansen beherbergt. Diese Symbiose zwischen Wiederkäuern und celluloseabbauenden Mikroorganismen ist höchst bemerkens-

wert und der Grund dafür, dass auch wir Menschen über den Umweg des Tieres am Aufwuchs des Grünlandes teilhaben.

Die Mikroorganismen leisten freilich ihren Beitrag nicht umsonst. Sie fordern etwa 11 % der Energie aus dem Futter, das die Kuh aufnimmt, für sich selbst und erzeugen dabei am Tag 50 bis 80 Liter Methan, bekanntlich ein klimawirksames Gas. Deswegen die Kühe abzuschaffen, wie es vereinzelte Stimmen fordern, ist aber kaum ratsam – es gibt sinnvollere Möglichkeiten, das Klima der Erde zu schonen.

In der *Laktationsspitze**, also der Periode nach dem Kalben, gibt die Kuh mit 30 kg oder mehr Milch über 100 MJ (Megajoule) an Energie pro Tag ab. Diese Energie mit dem Futter wieder zuzuführen, stellt das zentrale Problem der Milchkuhfütterung dar. Mit konzentriertem Kraftfutter ließe es sich leicht bewerkstelligen, jedoch verbietet sich dies aus dem genannten Grund. Natürlich könnte eine beliebige Menge weniger konzentrierten Grundfutters auch diese Energie liefern, nur kann die Kuh nicht beliebige Mengen Grundfutter fressen. Das Grundfutter muss also eine hinreichende Energiedichte besitzen und entsprechend verdaulich sein, ohne seine erforderlichen Struktureigenschaften zu verlieren. Wird Grundfutter spät abgeweidet oder gemäht, etwa wenn alle Wiesenblumen blühen oder schon abgeblüht sind, dann

Abb. 7.9 Futterfläche für die Milchkühe im Schwarzwald, energie-reicher, aber artenarmer Aufwuchs

ist die Zellulose in den Pflanzen stark mit Lignin[4] versetzt; die Pflanzen sind verholzt, auch wenn es noch nicht sichtbar ist. Die Mikroorganismen im Pansen können den Holzstoff Lignin nicht spalten und kommen daher an die Zellulose nicht mehr heran. Im Ergebnis sinkt die Verdaulichkeit und die Kuh erhält nicht mehr genug Energie.

Hieraus folgt zwingend, dass eine leistungsstarke Milchkuh *junges* und darüber hinaus gut gedüngtes Grundfutter erhalten muss. Dies gilt im ökologischen Landbau nicht nur im gleichen, sondern eher im noch stärkeren Maße, denn dieser möchte den Kraftfuttereinsatz aus verschiedenen Gründen noch stärker reduzieren als der konventionelle (→ Abschn. 7.5). Das Grünland, auf dem die Milchkühe weiden oder von dem Silage und Heu für den Winter gewonnen wird, muss also früh und oft, drei- bis vier-, bisweilen fünfmal im Jahr genutzt werden und sich in einem guten Düngungszustand befinden. Anders kann die Kuh nicht genug Milch erzeugen oder wird, sollte der Mangel durch zu viel Kraftfutter auszugleichen versucht werden, gar krank.

Gut gedüngtes und früh im Jahr genutztes, hoch produktives Grünland kann keine artenreiche bunte Blumenwiese sein (Abb. 7.9). Es ist artenarm, weil wenige „Kraftprotze" unter den Gräsern und Löwenzahn hierdurch am meisten gefördert werden und die anderen Arten, insbesondere seltene und schutzwürdige, die in aller Regel konkurrenzschwach sind, verdrängen.[5] Naturliebhaber müssen sich damit abfinden; auf Ausgleichsmöglichkeiten wird unten eingegangen. Im Übrigen ist auch artenarmes Intensiv-Grünland nicht etwas generell Negatives in der Landschaft, sondern liefert wertvolle landeskulturelle Leistungen, wie Erosionsschutz und Kohlenstoff-Speicherung im Humus.

---

[4] Näheres zum Lignin im Abschn. 10.7.2.
[5] Nur einige fürstlich geförderte Wissenschaftler haben das nicht verstanden und behaupten das Gegenteil, vgl. Anmerkung 9, Abschn. 9.10.

Rinder werden nicht nur auf dem Grünland gehalten, sondern auch mit Ackerfrüchten gefüttert. Früher spielten Futterrüben eine große Rolle, die es kaum noch gibt. Im ökologischen Landbau muss ein erheblicher Teil des Ackerlandes mit Klee- oder Luzernegras bestellt werden, um Stickstoff in das System einzuschleusen. Dieses ist ein sehr gutes Futter. Im konventionellen Landbau spielt inzwischen der Mais die größte Rolle, zur Freude des Landwirtes, weniger des Landschaftsökologen. Die außergewöhnlichen ackerbau- und fütterungstechnischen Vorteile dieser Pflanze sind im Abschn. 3.2.1.2 dargestellt. Der Mais ist fast Grund- und Kraftfutter in einem, indem er sowohl die nötigen Strukturbestandteile für das Wiederkäuen als auch eine hohe Energiedichte besitzt. Schließlich lässt er sich von allen Futtermitteln am besten silieren.

Im Sommer erhalten die Rinder auf dem Grünland frisches Grün beim Weidegang oder durch tägliche Vorlage von Wiesenschnitt im Stall. Im mitteleuropäischen Klima muss jedoch für die lange Periode der Stallhaltung vom Herbst bis zum Frühjahr vorgesorgt, das heißt, muss Futter konserviert werden. Bei der traditionellen Methode der Heubereitung wird durch Trocknung des Materials auf 14 % Wassergehalt den zersetzenden Mikroorganismen die Aktivität genommen, sodass das Heu nicht verdirbt. Die Heubereitung ist aus drei Gründen stark zurückgegangen: Das Wetterrisiko ist in Mitteleuropa so groß, dass das Heu oft nicht schnell genug trocknet und dadurch massiv an Qualität einbüßt, die Arbeitsbelastung ist erheblich und selbst sehr gutes Heu erfüllt als Alleinfutter die Ansprüche an die Energiekonzentration beim heutigen Leistungsniveau der Milchkühe nicht mehr. Oft wird aber etwas Heu zugefüttert, und in einigen Regionen wird die Heufütterung mit Rücksicht auf die Qualität des dort erzeugten Käses verlangt.

Das heute dominierende Konservierungsverfahren ist die Silagebereitung. Das Material wird klein gehäckselt und so schnell wie möglich luftdicht eingepackt. Bei sorgfältigem Vorgehen entwickeln sich Bakterien, die Milchsäure produzieren. Wie beim Sauerkraut für den menschlichen Verzehr bewirkt die Ansäuerung seine Haltbarkeit. Es entsteht ein ideales Winterfutter; in konventionellen Betrieben des Ackerbaus erhalten die Rinder, hier oft auch Mastbullen, das ganze Jahr über Maissilage.

7.3.3 Leistung und Tierwohl

Die durch Züchtung erworbene hohe Leistungsfähigkeit der Milchkühe wird kontrovers beurteilt. Von Natur aus gibt eine Kuh mit 1500 bis 3500 kg pro Jahr so viel Milch, wie ihr Kalb benötigt und wie dies auch bei heutigen Mutterkühen für die reine Fleischerzeugung der Fall ist. Die durchschnittliche Leistung der Milchkühe beträgt in Deutschland 2012 etwa 7300 kg pro Jahr; die oben unterstellte Jahresleistung von

7500 bis 9000 kg wird von vielen erreicht, und Spitzenleistungen von über 12.000 kg im Jahr werden auch berichtet. Nicht ohne Berechtigung wird dies als unnatürlich angesehen.

Inwieweit „Turbo-Kühe" ihre Leistungsfähigkeit mit höherer Empfänglichkeit für Krankheiten, höheren Veterinärkosten oder gar sichtbaren Gesundheitsmängeln erkaufen, müssen Fachleute beurteilen. Wird heutiger Durchschnitt oder werden mäßig darüber hinausgehende Leistungen betrachtet, so scheint es: Etliche dieser Kühe sind gesund und fühlen sich offensichtlich wohl, andere weniger. Bei schwächer leistenden Kühen sind auch etliche gesund und fühlen sich wohl und auch da andere weniger. Eine Kuh, die 8000 kg Milch im Jahr liefert, aber glänzendes Fell und lebhaftes Temperament hat und gut frisst, ist keine zur „Produktionsmaschine" herabgewürdigte Kreatur, wie es zuweilen behauptet wird.

Die Sorgfalt der Haltung, Fütterung und Betreuung beeinflusst das Wohlergehen in entscheidendem Maße. Sie ist umso wichtiger, je höher das Leistungsniveau der Kuh ist, und es ist leider zweifelhaft, ob dem überall voll entsprochen wird. Hochleistende Kühe leben hinsichtlich ihres Stoffwechsels in der Tat am Limit, besonders in Situationen starker körperlicher Veränderungen, wie nach dem Kalben oder bei Futterwechsel. Die mit der Milch ausgeschiedene Energie kann in der Laktationsspitze* auch bei Beachtung der oben dargestellten Grundsätze nicht mehr voll durch das Futter ersetzt werden, wenn die Tagesleistung 30 bis 35 kg übersteigt. Da die Milchleistung genetisch festliegt, gibt die Kuh die Milchmenge auch dann, wenn dies ein energetisches Defizit für sie bedeutet. Sie baut dann Fettreserven im Körper ab. Das ist kurzzeitig und bei guter Verfassung der Kuh tolerabel, werden jedoch Grenzen überschritten oder dauert der Zustand zu lange, so entsteht das Krankheitsbild der Ketose, einer ernsten Stoffwechselstörung. Man geht davon aus, dass zahlreiche Milchkühe zeitweise mit „subklinischer" Ketose, das heißt ohne sichtbare Symptome leben.

So spricht also viel dafür, den Bogen nicht zu überspannen und die „Hochleistungssportlerinnen" nicht noch mehr zu fordern. Zum Glück gibt es Anzeichen, dass die Spirale nicht noch weiter nach oben geht. Die durchschnittliche Milchleistung pro Jahr nimmt seit Jahren nur noch schwach zu. Sie gilt ökonomisch nicht mehr als das wichtigste Erfolgskriterium. Wichtiger sind eine hohe Lebensleistung der Kuh, also eine möglichst langjährige Nutzung, zuverlässige Fruchtbarkeit, Gesundheit und die Befähigung, möglichst viel preisgünstiges Grundfutter verwerten zu können, auch auf der Weide.

Die extremen Spitzenleistungen verdienen sicher wissenschaftliches Interesse, werden aber von den meisten Betrieben wirtschaftlich nicht angestrebt. Ein Grund besteht unter anderen darin, dass sie einen schnellen Austausch der Kühe voraussetzen, anders lässt sich der Züchtungsfortschritt nicht in die Praxis hineinbringen. So wurden besonders in den östlichen Bundesländern, als man in den 1990er-Jahren schnell „aufholen" wollte, Milchkühe nur wenige Laktationen lang gehalten, um schnell einer leistungsfähigeren Platz zu machen.

Das war kurzzeitig sicher berechtigt, jedoch beträgt die durchschnittliche Lebensdauer der Milchkühe auch 2013 in Deutschland nur 2,6 Laktationen. Im Schnitt werden also die Kühe bereits nach zwei bis drei Laktationen (≈ Jahren) wieder ausgesondert, sie werden also kaum über fünf Jahre alt. Das ist betriebswirtschaftlich sehr ungünstig, denn die Hälfte dieser Zeit dient allein der Aufzucht, in der die Färse nur Geld kostet und keine Leistung erbringt. Erlebt eine Kuh zum Beispiel sechs Laktationen, so verteilen sich die Aufzuchtkosten auf sechs Jahre und sind damit pro Jahr nur halb so hoch, wie wenn dieselbe Kuh nur drei Jahre Milch gegeben hätte.

Ein Austausch einer Kuh durch eine jüngere geschieht aus einem von zwei Gründen: Er kann planmäßig erfolgen, um dem Generationswechsel und damit dem Züchtungsfortschritt zu dienen. Ist das Leistungsniveau bereits hoch, so wird dies aus dem genannten ökonomischen Grund nicht zu früh erfolgen und die Tiere erfreuen sich eines relativ langen Lebens. Oder er erfolgt außerplanmäßig, das heißt, wenn eine Kuh die in sie gesetzten Erwartungen hinsichtlich Milchleistung, Fruchtbarkeit und Gesundheit nicht erfüllt. Betriebe, deren Altersdurchschnitt sogar noch unter der Marke von 2,6 Laktationen liegt, haben mit solchen Ausmerzungen große Last. In ihnen stimmt etwas mit dem Management nicht.

Hinsichtlich des Tierwohls im Bereich hochleistender Milchkühe darf zusammengefasst werden: Gesundheit und hohe Leistung sind auf weiten Strecken miteinander vereinbar, aber nur bei hohem Kenntnisstand der Betriebsleitung und sorgfältigster Fütterung und Pflege der Tiere. Die erforderlichen Voraussetzungen sind leider nicht in allen Betrieben vorhanden.

Ein weiterer Aspekt des Tierwohls beim Rind ist der Weidegang. Wer einmal beobachtet hat, welche Freudensprünge eine Kuh ausführt, wenn sie vom Stall zur Weide getrieben wird, möchte diesen Punkt behandelt wissen. Nach amtlicher Statistik hatten im Jahr 2009 nur 1,6 Mio. der 4,2 Mio. Milchkühe und nur 3 Mio. der 8,5 Rinder, die keine Milchkühe sind, Weidegang. Zieht man von den letzteren 2,5 Mio. Kälber ab, so verbleiben immer noch viele Tiere, denen der Weidegang verwehrt ist. Die Milchleistungen in süddeutschen Weidehaltungen sind zwar unterdurchschnittlich, trotzdem sind diese Verfahren wirtschaftlich, weil die Futterkosten bei Minimierung des Kraftfuttereinsatzes wesentlich niedriger sind als bei ganzjähriger Fütterung mit Silage.

Rinder in Ackerlandschaften, die im konventionellen Landbau mit Mais gefüttert werden, können keinen Weidegang genießen. Manche Betriebe, die sehr hohe Milch-Jahresleistungen anstreben, lehnen Weidegang und sogar die Fütterung mit Grassilage ab, weil diese schon zu energiearm sei.

Würde dies eine allgemeine Tendenz werden, so würde das Grünland keine Basis mehr für die Milchkuhfütterung darstellen – eine sehr bedenkliche Perspektive. Die Milchkühe mögen in modernen Haltungen wenigstens auf begrenztem Raum freien Auslauf haben; Mastbullen in bäuerlichen Haltungen ist nicht einmal das vergönnt, sie teilen lebenslang das Los früherer Milchkühe im Anbindestall.

7.3.4 Umweltwirkungen

Die mögliche Klimawirksamkeit der Rinder wie aller Wiederkäuer ist im Abschn. 6.6 angesprochen worden. Davon abgesehen können wie bei allen Tierhaltungen die Pflanzennährstoffe in den Ausscheidungen der Tiere zum Problem werden, wie es ebenfalls im Kap. 6 dieses Buches quantitativ dargestellt wurde.

Ein Hektar hochproduktiven Grünlands kann höchstens zwei Milchkühe mit Grundfutter versorgen. Die Abhängigkeit des Rindviehs vom Grundfutter verhindert damit eine noch stärkere räumliche Konzentration mit den Problemen des Überschusses von Stickstoff und Phosphor, wie es bei der Veredlungswirtschaft* auftritt, also der Schweine- und Geflügelhaltung, wo Futter transportwürdig ist.

So sind die mit der Tierhaltung verbundenen Umweltprobleme in Regionen mit überwiegender Rinderhaltung zwar weniger scharf als in den Veredlungsregionen, aber es gibt sie auch, besonders in Oberbayern und in einigen Marschregionen entlang der Nordseeküste. Auf ungenügende technische Ausrüstungen bei der Lagerung und Ausbringung von Gülle ist im Abschn. 6.8.2 hingewiesen worden. Darüber hinaus gibt es Unvereinbarkeiten zwischen erwünschten Haltungsformen und Umweltzielen und sind daher Kompromisse verlangt. Geschlossene Kuhställe wären zur Emissionsminderung am besten geeignet, man wünscht aber andererseits, dass die Kühe Weidegang genießen.

Ist auch der Weidegang der Rinder mit Blick auf das Tierwohl sehr günstig zu beurteilen, so ist er dies bezogen auf die Integrität der Stoffkreisläufe nicht unbedingt, und zwar nicht nur hinsichtlich des Ammoniaks. Die Kuh ist eine „Maschine", die beim Grasen Stickstoff flächendeckend aufnimmt und punktuell wieder absetzt. Wo der Kuhfladen hinfällt, fällt auch so viel Stickstoff, wie die Pflanzen an dieser Stelle nicht aufnehmen können, sodass er besonders bei höheren Niederschlägen in tiefere Bodenschichten sickert. Auf diese Weise geht etlicher Stickstoff pro Hektar im Jahr verloren und erscheint zum Teil irgendwann in Gewässern. Ganzjährige Stallhaltung, wie sie in süddeutschen Gebieten aus betriebsstrukturellen Gründen – dem Fehlen arrondierter Grünlandflächen in Hofnähe – lange verbreitet war und noch ist, schneidet in dieser Hinsicht besser ab, denn der Stickstoff kann mit entsprechender Sorgfalt gleichmäßig und dosiert auf das Grünland zurückgebracht werden. Die Bei-

spiele zeigen, dass zuweilen nicht alles Erwünschte – Weidegang und streng kontrollierte Stoffkreisläufe – zugleich erhalten werden kann.

7.3.5 Nutzungsmöglichkeit für traditionelles Grünland

Dass laktierende Milchkühe bei heutiger Leistung keine Blumenwiese als Futtergrundlage vertragen, muss wie oben erläutert hingenommen werden. Das bedeutet jedoch nicht, dass es keine Blumenwiesen mehr geben kann. Solche können im Gegenteil mit Erfolg auch in moderne Milchviehhaltungen eingebaut werden.

Unterstellen wir eine durchschnittliche Lebensdauer der Milchkühe von vier Laktationen, also eine Günstigere, als sie heute besteht. Dann muss im Schnitt jedes Jahr eine Kuh von vieren ersetzt werden. Der Ersatz geschieht mit einer 25 bis 29 Monate alten trächtigen Färse, die ihr erstes Kalb bekommt und ihre erste Laktation beginnt. Die Färse hat in ihrem zweiten Lebensjahr nach der Belegung mit 16 bis 19 Monaten zwar den Fötus ihres wachsenden Kalbes miternährt und ist selbst auch gewachsen, hat aber noch keine Milch gegeben. Deshalb bewegte sich ihr gesamter Stoffwechsel im Vergleich mit dem der Milchkuh in gemäßigten Bahnen. Sie ist im zweiten Lebensjahr als Färse nicht in dem Maße auf energiekonzentriertes Grundfutter angewiesen wie eine Milchkuh und kann daher traditionelles kräuter- und blumenreiches Grundfutter sehr gut verwerten (Abb. 7.10). Da zu üppige Ernährung und Verfettung durchaus eine reale Gefahr für Färsen darstellt, ist die Diät mit traditionellem Grünland – entweder auf der Weide oder als Heu – sogar vorzuziehen. Auch die Milchkühe können solches Futter in geringem Maße als geschmacklich willkommene Beigabe verwerten, besonders in Zeiten geringerer Milchabgabe oder wenn sie „trocken stehen".

Abb. 7.10 Der Nachwuchs hochleistender Schwarzbunter Milchkühe gedeiht gut auf extensivem Grünland

Es gibt also keinen fütterungstechnisch zwingenden Grund dafür, in Regionen mit hochleistenden Milchkühen *alles* Grünland zu intensivieren. Selbst wenn wie erwünscht die Milchkühe möglichst alt werden und daher der Remontierungsbedarf* mit jungen Nachrückerinnen mäßig ist, besteht immer die Möglichkeit, einen sichtbaren Anteil des Grünlandes traditionell und artenreich zu bewirtschaften. Rein rechnerisch sind in der Literatur Anteile bis zu 25 % genannt worden, aber selbst 10 % wären in vielen Regionen schon ein großer Fortschritt. Die Flächen sind nicht nur bestes Färsenfutter, sondern dienen bei geschickter räumlicher Anordnung auch als Puffer- und Abschirmungsflächen gegenüber düngungsempfindlichen Land- und Gewässerbiotopen.

Betriebswirtschaftliche Gegebenheiten haben bisher in den meisten Landschaften ein derartiges Fütterungssystem verhindert. Da das artenreiche Grünland nur 40 bis 50 % der Futtermenge von Intensivgrünland liefert, entsteht durchaus eine kleine Lücke, die dazu zwingt, den Rinderbestand insgesamt etwas zu reduzieren. Hinzu kommen arbeitswirtschaftliche Erschwernisse und gegebenenfalls ein Bedarf an Investitionen, da zwei verschiedene Futterketten unterhalten werden müssen. Hier besteht ein sehr lohnendes Feld für die Förderung.

Die hier vorgestellte Färsenfütterung wird im Kreis Euskirchen in der Eifel unter der fachlichen Betreuung von Wolfgang Schumacher von über hundert konventionellen und ökologischen Betrieben praktiziert (Abschn. 9.8). Somit handelt es sich nicht um ein theoretisches Modell, vielmehr kann es als praktisch erprobt gelten. Abgesehen von der bekannten ideenreichen und energischen Betreuung besteht hier freilich der woanders oft nicht gegebene Vorteil, dass das traditionelle artenreiche Grünland auf den Bergwiesen schon immer vorhanden war und nicht neu entwickelt werden musste, mit zwei wesentlichen Vorteilen:

Zum einen ist der Energiegehalt des Futters traditioneller Bergwiesen, die nie intensiviert worden sind, im Vergleich zum Material von Intensivgrünland zwar niedriger, aber durchaus nicht so niedrig, wie es gern behauptet wird.[6] Ursache ist der hohe Anteil an breitblättrigen Kräutern, die zögerlicher verholzen als Gräser. Aus demselben Grund besitzt der Aufwuchs eine vergleichsweise hohe *Nutzungselastizität* (Abb. 7.11). Während grasbetontes Material sehr empfindlich auf verspätete Nutzung reagiert, weil der Verholzungsprozess dort früh einsetzt, nimmt der Aufwuchs von Bergwiesen mit

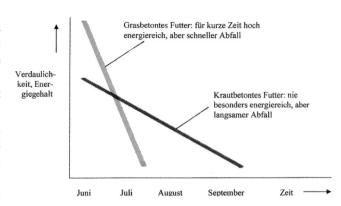

Abb. 7.11 Nutzungselastizität

fortschreitender Jahreszeit langsamer an Qualität ab, was in der Zeit von Arbeitsspitzen willkommen sein kann.

Zweitens ist die Extensivierung und Wiederherstellung von Artenvielfalt auf einmal intensiviertem und daher artenarmem Grünland ein zeitraubender Prozess, oft ohne Garantie auf Erfolg. Einerseits muss der Nährstoffpegel reduziert, muss also „ausgehagert" werden, andererseits müssen die verloren gegangen Arten wieder auftauchen. Es wird von Versuchen berichtet, in denen auch viele Jahre nach dem Beginn der Extensivierung noch keine Artenvielfalt zu beobachten war. Solche Flächen enthalten oft besonders schlechtes Futter, vor allem bei später Nutzung. Erfahrungen mit ihnen haben in nicht wenigen Fällen die Skepsis von Landwirten gegenüber Grünlandextensivierungen befördert. Heute stehen Methoden der Übertragung von Samen und anderen Verbreitungsorganen zur Verfügung. Dabei wird Heu von vegetationskundlich gleichen oder ähnlichen Flächen möglichst aus der näheren Umgebung auf das zu entwickelnde Grünland gebracht. So erfolgreich diese Maßnahmen oft sind, sind sie doch auch teuer.

7.3.6   „Extensive" Rinderhaltung

Bei der Mutterkuhhaltung* weiden Kühe und ihre Kälber bis zu einem gewissen Alter gemeinsam, zuweilen in großen Herden. Produktionsziel ist allein die Erzeugung von Rindfleisch. Die Kühe geben alle ihre Milch den Kälbern. Die im Winter oder zeitigen Frühjahr geborenen Kälber werden nach der Weideperiode von den Müttern getrennt und, soweit sie nicht zur Zucht gebraucht werden, entweder geschlachtet oder intensiver ausgemästet. Wie erwähnt, wurden früher in Deutschland unbekannte Rassen zu diesem Zweck importiert, die teilweise so robust sind, dass sie ganzjährig draußen gehalten werden können. Einige Rassen, wie Charolais oder Angus, liefern eine hervorragende Fleischqualität, wie sie von heimischen milchbetonten Rassen nicht erhalten werden kann. Oft werden sie auch mit einheimischen Rassen gekreuzt. Die schönen und teilweise putzigen Tiere sind eine

---

[6] Grundbegriffe zur Rinderfütterung finden sich im Kap. 3, Box 3.8 sowie im Abschn. 12.2, Anhang B; ausführliches liefert jedes Lehrbuch der Tierernährung, z. B. Roth et al. (2011). Hier nur zur Größenordnung: Gutes Grundfutter für Milchkühe muss einen Gehalt von 6 bis 7 MJ/kg NEL aufweisen. Frischer Aufwuchs und Heu von den Bergwiesen der Eifel kann mit deutlich über 5 MJ knapp darunter eingestuft werden. Extensiver genutztes Grünland mit nur 4,5 MJ ist nur für Pferde, Schafe und anspruchslose Tiere geeignet. Die Unterschiede der Zahlenwerte muten gering an, sind jedoch sehr bedeutsam.

Abb. 7.12 Rind der Rasse Scottish Highland. (Foto: Adriana Dabrowski)

Abb. 7.13 Biogasanlage

Zierde der Landschaft und ein Anziehungspunkt für Städter und Kinder (Abb. 7.12).

Die Mutterkuhhaltung ist ein Segen für das Grünland und damit eine Verbündete des Naturschutzes. Weil die Kühe nur die Menge an Milch zu geben brauchen, die naturgemäß das Kalb benötigt, ist ihr gesamter Stoffumsatz wesentlich mäßiger als bei der Milchkuh. Ganz ähnlich wie bei der Färsenaufzucht braucht das Grundfutter daher nur eine geringere Energiekonzentration zu besitzen, kann also von traditionellem, weniger gedüngtem Grünland stammen; im Winter ist das Heu von „Blumenwiesen" gut geeignet. Mit dieser Produktionsrichtung lässt sich also wie mit Schafherden und – wenn auch nur auf kleineren Flächen – Pferden traditionelles, artenreiches Grünland in sinnvoller Nutzung erhalten. Wegen ihrer Genügsamkeit sind Schafe für besonders produktionsschwaches Grünland, insbesondere Kalkmagerrasen geeignet, die fast durchweg den Status von Naturschutzgebieten besitzen, während Mutterkühe für etwas produktivere, aber immer noch artenreiche und schutzwürdige Flächen auf sandigem Boden oder saurem Gestein prädestiniert sind.

In der Überschrift dieses Abschnittes ist von „extensiver" Rinderhaltung die Rede, und genau so werden die beschriebenen Weidesysteme mit Rindern und Schafen umgangssprachlich auch bezeichnet. Ist sie auch nicht auszurotten, so ist diese Bezeichnung in ökonomischer Sicht verfehlt. In der Agrarökonomie heißt extensiv zu wirtschaften, wenig Aufwand pro Fläche zu betreiben, auch wenig Arbeitsaufwand. Der Arbeitsaufwand bei der Herdenschaf- und Mutterkuhhaltung ist mit rund 20 Stunden pro Hektar und Jahr aber hoch, die Verfahren sind arbeits-„intensiv". Sie verlangen dreimal so viel und dabei hochqualifizierte Arbeit wie der Getreideanbau auf besten Standorten. Die hohe Arbeitsbelastung bewirkt gemeinsam mit sonstigen Kosten und geringen Markterlösen, dass die Produktionszweige, allein daran gemessen, außerordentlich unwirtschaftlich sind. Sie sind auf Zuschüsse der Öffentlichen Hand angewiesen, die durchaus nicht den Charakter von „Subventionen", das heißt, Geschenken besitzen, sondern eine faire Entlohnung für die erbrachte Landschaftspflege sind.

7.4 Energiepflanzen

In der Diskussion um die „Energiewende" – dem ehrgeizigen Plan, sich sowohl vom fossilen Kohlenstoff als auch von der Kernenergie abzuwenden – kam frühzeitig der Gedanke auf, auch Bioenergie zu nutzen. Dies lag nahe, wenn Brennholz eine jahrtausendelange Tradition als Energieträger besitzt und in nicht wenigen Ländern der Erde nach wie vor der Wichtigste ist. Bioenergie nicht nur im Wald, sondern auch in der Landwirtschaft zu gewinnen, galt in der Anfangszeit der Energiewende nicht zuletzt auch deshalb als attraktiv, weil damals, grob gesprochen etwa vor 2007, die Landwirtschaft noch unter niedrigen Preisen für ihre pflanzlichen Produkte, also unter zu geringer Nachfrage, sozusagen unter Auftragsmangel litt. „Energiewirt" zu werden, erschien zahlreichen Landwirten als eine attraktive und von gesellschaftlicher Anerkennung begleitete Perspektive. Pioniervorhaben, wie die Umstellung ganzer Dörfer auf die Bioenergie, erfuhren Beachtung in den Medien.

So wurde die Bioenergie durch die ersten Fassungen des Erneuerbare-Energien-Gesetzes (EEG) massiv gefördert. Dieselöl aus Raps wurde steuerlich begünstigt, den aus Biogas hergestellten Strom mussten die Energieversorgungsunternehmen zu hohen (aber an die Kunden weiter zu leitenden) Tarifen abnehmen. Nach über zehn Jahren Erfahrung ist freilich manche Begeisterung abgeklungen. Der hier vorgelegte kurze Bericht kann auf technische Einzelheiten nur sehr gedrängt eingehen; der interessierte Leser findet diese in der angegebenen Literatur.

7.4.1 Energiebilanz Deutschlands und Stellung der Landwirtschaft darin

Wir nutzen die Gelegenheit, einen Blick auf die technischen Energieumsätze der Gesellschaft zu werfen, um einen Ein-

Tab. 7.1 Energiebilanz der Bundesrepublik Deutschland 2012

	Petajoule	% der End-energie	Pro Person, W
Primärenergieverbrauch	13.757		5320
Umwandlungsverluste[a]	3781		
Nichtenergetischer Ver-brauch	978		
Endenergieverbrauch	8998		3479
– davon Industrie[b]	2599	28,8	
– Verkehr	2571	28,7	994
– Haushalte	2431	27,0	940
– Dienstleistungen[c]	1397	15,5	
Beitrag erneuerbare Energien[d]	1130	12,5	
Davon heimische lw. Pflanzen	192	2,1	
Zum Vergleich[e]			
– Pflanzenernte der LW	2066		797
– Nahrungsaufkommen	447		174
– Biologischer Energieumsatz			120

[a] Plus Eigenverbrauch des Energiesektors und statistische Differenzen
[b] Genau: Übriger Bergbau und verarbeitendes Gewerbe, [c] Gewerbe, Handel, Dienstleistungen
[d] Bis 2014 auf etwa 14 % gestiegen, jedoch ausschließlich durch Windkraft und Photovoltai
[e] Vgl. hierzu Tab. 3.3 und 3.14, Abschn. 3.4.2 und 3.4.5 in diesem Buch
Petajoule = 10^{15} J
Quelle: AGEB 2013

druck von den hier waltenden Größenverhältnissen zu erhalten. Die Tab. 7.1 zeigt im oberen Teil die Energiebilanz von Deutschland, wie sie seit Jahrzehnten jährlich erhoben wird. Die Maßeinheit für Energiemengen ist das Joule (J), Näheres in der Box 3.8 im Kap. 3.

Die Energiebilanz erfasst zunächst den Primärenergieverbrauch, also den Einsatz sämtlicher Energieträger wie Erdöl, Gas, Kohlen usw. Davon werden Umwandlungsverluste, Eigenverbräuche und statistische Differenzen im Energiesektor abgezogen, die zum größten Teil aus der Umwandlung der Primärenergieträger in Strom resultieren. Energieträger dienen unter anderem in der chemischen Industrie als Rohstoffe zur Erzeugung von Kunststoffen. Nach Abzug dieses nicht-energetischen Verbrauchs wird als Endenergie das erhalten, was den vier statistisch definierten Verbrauchssektoren Industrie, Verkehr, Haushalte sowie Gewerbe, Handel und Dienstleistungen zur Verfügung steht. Die Endenergie verteilt sich recht gleichmäßig zu je knapp 30 % auf Industrie, Verkehr

und Haushalte, während die Dienstleistungen den Rest von 15 % erhalten. Erneuerbare Energien lieferten im Jahre 2012 12,5 % der Endenergie, also einen beträchtlichen Anteil, der weiter im Steigen begriffen ist. Jedoch leisten darunter die heimischen landwirtschaftlichen Energiepflanzen nur einen Beitrag von 2,1 %.

Die Tab. 7.1 verdeutlicht, dass der technische Primärenergieeinsatz mit 13,8 EJ (Exajoule = 10^{18} J) fast siebenmal so groß ist wie die Energie, die in sämtlichem, in der Landwirtschaft geerntetem Pflanzenmaterial enthalten ist. Wie in Abschn. 3.4.2 näher berechnet, liegt diese bei etwa 2 EJ. Der technische Energieumsatz in der industriellen Zivilisation ist also so groß, dass selbst ein noch viel höherer Einsatz von Energiepflanzen nur einen geringen Anteil decken könnte.

Dies wird auch in der rechten Spalte der Tabelle deutlich, in der alle Größen in Watt pro Person umgerechnet sind. Biologisch gesehen, ist der Mensch eine Wärmeumsatzmaschine mit einer Durchschnittsleistung von 100 bis 120 W. Dies errechnet sich leicht aus der täglichen Nahrungsaufnahme. Unsere Landwirtschaft ist gut in der Lage, diese Energie zu liefern – sogar mit den luxuriösen Umwegen über eine umfangreiche Tierhaltung. Der technische Energieumsatz des durchschnittlichen Bundesbürgers für Wärme, Kraft und Licht ist aber mit fast 5,4 Kilowatt etwa 45-mal so hoch. Mit Ausnahme extrem dünn besiedelter Gebiete ist jede Landwirtschaft überfordert, wenn sie davon einen bedeutenden Teil liefern soll.

Gelegentlich werden sowohl die konventionelle als auch die ökologische Landwirtschaft dahingehend kritisiert, dass sie selbst zu viel technische Energie insbesondere aus fossilen Quellen verbrauchten. Diese Kritik ist gegenstandslos. Statistisch wird der direkte Verbrauch der Landwirtschaft unter Gewerbe, Handel und Dienstleistungen verbucht und macht dort nur einen kleinen Anteil aus. Obwohl schlecht dokumentiert, ist damit zu rechnen, dass die Landwirtschaft etwa 3 %, allerhöchstens um 5 % der Endenergie in Deutschland verbraucht. Auch der Energieeinsatz bei der Erzeugung von Stickstoff-Mineraldünger* wird in Medien und Öffentlichkeit übertrieben. Er beträgt etwa 40 kJ pro Gramm Stickstoff, woraus sich beim jährlichen Verbrauch von etwa 1,7 Mio. t ein Betrag von etwa 80 TJ ableitet, unter einem Prozent des jährlichen Endenergieverbrauchs. Nur wenige Prozent der technischen Energie fließen in die Landwirtschaft als fundamental wichtigem Wirtschaftszweig, während unter anderem im Verkehr etwa das Zehnfache verbraucht wird – mit alles anderer als überzeugender Notwendigkeit.

7.4.2 Anbauumfang von Energiepflanzen

Zum Einsatz kommen vier Systeme:

- Weit überwiegend aus Mais wird Biogas erzeugt. Der Mais wird wie bei der Futterernte siliert, dem Silo entnommen

Tab. 7.2 Anbauflächen von landwirtschaftlichen Energiepflanzen in Deutschland 2012

	Anbaufläche (ha)	% von Energiepflanzen	% vom Ackerland	% der lw. Fläche
Biogas	1.158.000	53,7	8,23	6,95
Biodiesel	786.000	36,5	6,64	4,72
Bioethanol	201.000	9,3	1,70	1,21
Festbrennstoffe	11.000	0,5	0,09	0,06
Zusammen	2.156.000	100	16,66	12,94

Quelle: Hampicke (2015), dort Erläuterungen zu Einzelheiten und zur Herkunft der Zahlen sowie umfangreiche Datenquellen und Literatur

Tab. 7.3 Energielieferung durch erneuerbare Energieträger 2012, PJ

	Strom	Kraftstoffe[a]	Wärme
Biogas	91,4		41,0
Biodiesel und Ethanol		120,9 (58,4)	
Festbrennstoffe (Holz)	43,6		363,5
Wind- und Wasserkraft	260,7		
Photovoltaik	94,6		
Zusammen	490,3	120,9 (58,4)	472,3[b]

[a] Heimischer Beitrag in Klammern
[b] Einschließlich in der Tabelle nicht enthaltener Energiequellen wie Geothermie und Umweltwärme (Wärmepumpen), Klär- und Deponiegas, biogener Abfall und Solarthermie
Quelle: Hampicke (2015)

und in einen Fermenter verbracht, wo Mikroorganismen unter Luftabschluss Biogas mit einem hohen Anteil Methan produzieren. Diese Umsetzung ist sehr effektiv; im Biogas ist noch ein großer Anteil der Energie der Maispflanze enthalten. Da man aber mit dem Gas in ländlichen Regionen mangels geeigneter Leitungen wenig anfangen kann, wird das meiste noch im landwirtschaftlichen Betrieb in Strom umgewandelt, der in das Netz eingespeist wird. Dabei treten die aus der Stromerzeugung mit Wärmekraftmaschinen bekannten Verluste auf; über 60 % der Energie im Gas wird in Abwärme verwandelt, für die bisher zu wenige Einsatzmöglichkeiten bestehen. Nebenprodukte gibt es nicht, der Gärrest wird als Dünger verwertet.

- Raps ist eine Pflanze, deren Samen etwa 40 % Öl enthalten. Dieses Pflanzenöl lässt sich problemlos in ein Produkt umwandeln, das dem herkömmlichen mineralischen Dieselöl so ähnlich ist, dass es als Beimischung zu diesem gut verwendet werden kann. Als Nebenprodukte fallen Glycerin und, weit bedeutsamer, Futtereiweiß an.
- Wie aus der Trinkbranntweinerzeugung lange bekannt, lässt sich aus Stärke und Zucker mithilfe des Pilzes *Saccharomyces cervisiae* Ethanol gewinnen. Dies erfolgt in Deutschland zum größten Teil aus Getreide, aber auch aus Zuckerrüben. Ein Problem hierbei ist die Trennung des Alkohols vom Wasser, die stets energiebedürftig ist. Das Ethanol wird dem Ottokraftstoff (Benzin) beigemischt. In gewissem Umfang fallen Futterstoffe (Schlempen) als Nebenprodukt an.
- Mit sogenannten Kurzumtriebsplantagen aus Pappeln und Weiden wird Holz zur thermischen Verwendung (Verbrennung) erzeugt. Die Gehölze haben eine so kurze Lebenszeit, dass auch rechtlich keine Umwandlung der Flächen in Wald erfolgt.

Die Tab. 7.2 zeigt die jeweiligen Anbauflächen. Zwar liegt das Erhebungsjahr 2012 etwas zurück und ist insbesondere die Fläche für Biogas noch gewachsen, im Interesse der Konsistenz mit den Werten der Tab. 7.1 und 7.3 sei dennoch von diesem Stichjahr ausgegangen, für das eine detaillierte Untersuchung von Hampicke (2015) vorliegt. Es wird deutlich, dass die Erzeugung von Biogas und Biodiesel bei Weitem im Vordergrund steht. Ethanol – weltweit an erster Stelle – tritt in Deutschland zurück und die Erzeugung von Festbrennstoffen mit Gehölzen ist bisher eine kleine Nische.

Energiepflanzen nehmen hiernach fast 13 % der gesamten landwirtschaftlichen Fläche und fast 17 % des Ackerlandes ein. Nach vorläufigen Daten ist dies bis 2015 sogar auf 2,77 Mio. ha und damit auf 16 % der Agrarfläche und 23 % des Ackerlandes gestiegen (StJELF 2016, Tabelle 91, S. 97) Das sind hohe Werte in Anbetracht der notorischen Klage über die Flächenknappheit im dicht besiedelten Deutschland.

7.4.3　Vergleich von Aufwand und Ergebnis

Der in der Tab. 7.1 ausgewiesene sehr kleine Beitrag der heimischen Energiepflanzen zum Endenergieaufkommen von nur etwas über 2 % könnte dennoch als willkommene Ergänzung angesehen werden, wenn der Aufwand und die Kosten für ihn auch nur gering wären und wenn er zur Klimaschonung beitrüge. Der Wissenschaftliche Beirat Agrarpolitik beim BMEL hat jedoch schon im Jahre 2007 in einem umfangreichen Gutachten festgestellt, dass andere Wege der Energie- und Treibhausgaseinsparung unvergleichlich wirtschaftlicher als die Bioenergie sind, die sich allein durch massive Subventionierung und Zwangsabnahmeregelungen hält (WBA 2007). Landschaftsökologisch ist der schon erwähnte hohe Flächeneinsatz, der sinnvolle Alternativen verdrängt, mehr als problematisch.

In näherer Betrachtung zeigen sich weitere Probleme. Die Tab. 7.3 weist aus, welche Energieträger bzw. -formen durch erneuerbare Energiequellen in welchem Umfang geliefert werden. Die Stromlieferung durch Biogas ist zwar nicht unbedeutend, jedoch sind die Beiträge von Wind- und Wasserkraft wesentlich höher.

In den Medien wird genannt, dass Biodiesel und Ethanol mit etwa 121 PJ über 5 % des Kraftstoffeinsatzes im Verkehrssektor lieferten. Dabei bleibt regelmäßig unerwähnt, dass die Hälfte davon importiert wird. In Deutschland werden auf fast einer Million Hektar nur 2,5 % des Kraftstoffeinsatzes im Verkehrssektor geschaffen, womit nur etwa ein halbes Prozent an Primärenergie eingespart wird. Bei der Wärmelieferung ist festzuhalten, dass der weit überwiegende Teil auf Festbrennstoffe wie Holz entfällt, Näheres hierzu im Abschn. 10.4.3.

Die Zahlen in der Tab. 7.3 sind Bruttowerte, in denen die zu Anbau und Ernte der Pflanzen erforderliche Energie unberücksichtigt bleibt. Diese beträgt bei Feldkulturen 10 bis 20 % der Energielieferung und müsste von der Nettoleistung abgezogen werden. Während beim Biogas die Verluste bei der Konversion der Pflanzenernte in den letztlich gelieferten Energieträger Strom berücksichtigt sind, ist dies bei den Kraftstoffen nicht der Fall.

Ein wesentliches Motiv für die Förderung der erneuerbaren Energiequellen ist die Minderung der CO_2-Emissionen und damit die Klimaschonung. Der von Wind- und Wasserkraft, Solarthermie und Holz erzeugte Strom sowie die durch Holz erzeugte Wärme substituieren fossilen Kohlenstoff nahezu zu 100 %. Das kann für landwirtschaftliche Energie-

pflanzen nicht gesagt werden, besonders nicht für die Kraftstoffe liefernden. Hier soll durch künftig schärfere Verordnungen erreicht werden, dass eine Einheit Biokraftstoff wenigstens 60 % weniger CO_2 erzeugt als solcher aus Mineralöl. Der Erfolg bleibt abzuwarten.

So weisen Erhebungen aus, dass im Jahre 2012 zwar alle regenerierbaren Energieträger zusammen respektable 13 bis 14 % an Treibhausgasen einsparten, dass aber drei Viertel davon auf Wind- und Wasserkraft sowie Photovoltaik entfallen (AGEE 2013). Auf die landwirtschaftlichen Energiepflanzen entfällt nur ein Zehntel, weit überwiegend auf das Biogas. Mit einer Einsparung von 1,34 %, bezogen auf die gesamte Klimagasemission, bewegen wir uns im Bereich der Mess- und Verrechnungsfehler – es ist damit erlaubt zu sagen, dass landwirtschaftliche Energiepflanzen, obwohl sie über 2 Mio. Hektar einnehmen, zur Klimaschonung so gut wie nichts beitragen.

7.4.4　Beurteilung

Wie schon erwähnt, ist die anfängliche Begeisterung einer nüchterneren Betrachtungsweise gewichen. Die für Biokraftstoffe bestellte Fläche ist von ihrem Rekordumfang von 2007 schon wieder um etwa 30 % geschrumpft. Zum Verdruss der in diesem Wirtschaftsbereich Tätigen hat die Politik die Biotreibstoffförderung insbesondere steuerlicher Art erheblich zurückgefahren. Die geringe Akzeptanz des E10-Treibstoffs durch die Autofahrer schlägt Wellen in den Medien.[7] Allein Beimischungszwänge bewirken den Absatz der Biotreibstoffe.

Die Novelle des EEG im Jahre 2014 errichtet fast einen Zubaustopp für Biogasanlagen, indem Anlagen, die über eine niedrige Erweiterungsschwelle hinaus gebaut würden, der Förderung verlustig gingen, womit sie uninteressant werden. Von Fachkreisen, wie hier dem Deutschen Biomasse-Forschungszentrum (DBFZ), wird dies verständlicherweise sehr kritisch gesehen, indem Motive und Potenzial für technische Fortschritte ausgebremst werden. Diese Befürchtung erscheint umso begründeter, als sich die Landwirtschaft darauf einzustellen scheint, dass der Biogasboom keine Dauererscheinung bleiben wird. In der Fachpresse finden sich zunehmend Empfehlungen, vorhandene Anlagen zwar zu betreiben und zu pflegen, sich hohe Kosten und Investitionen aber gut zu überlegen; der Begriff „Restlaufzeit" macht die Runde. Biogasanlagen sind längst nicht mehr Lizenzen zum Gelddrucken. Zwar müssen Abnahmeverträge für Strom über

---

[7] Autofahrer befürchten Schädigungen ihrer Motoren. Auch wenn dies ausgeschlossen werden kann, gibt es keinen Grund, E10 zu tanken. Es ist geringfügig billiger als gewöhnliches Benzin, den Autofahrern wird jedoch nicht gesagt, dass sein Energiegehalt durch die Beimischung von Ethanol geringer ist, was zum Mehrverbrauch führen muss. Benzin enthält 32 MJ/l, Ethanol nur 21 MJ/l.

die vereinbarte Laufzeit eingehalten werden, jedoch gefährden ständige Zusatzauflagen im Bereich der Anlagensicherheit, der Behandlung der Gärreste und auf anderen Gebieten die Rentabilität empfindlich. Schließlich verliert die Biogaserzeugung ihre Rolle als betriebswirtschaftlich lukrativste Flächennutzung, wenn herkömmliche Agrarprodukte, wie Getreide, im Preis deutlich zulegen.

Naturschützer, Ökologen und die Allgemeinheit kritisieren die Massierung des Maisanbaus, die nicht mehr nur in Regionen des Ackerfutterbaus für Rindvieh und der CCM-Erzeugung für Schweine stattfindet, sondern weit darüber hinaus. Der Maisanbau hat durch den Biogasboom um 80 % zugenommen; 40 % des Maises dienen dem Biogas. Beim Raps dienen sogar 60 % der Anbaufläche der Biodieselerzeugung.

Abb. 7.14 Windkraft: Nicht schön, teils lästig und lebensgefährlich für Vögel und Fledermäuse, aber wenigstens effizient

7.4.5 Entwicklungsmöglichkeiten

Die geäußerte Kritik bedeutet nicht, landwirtschaftliche Bioenergie generell abzulehnen. Wie der Wissenschaftliche Beirat Agrarpolitik schon in seinem Gutachten von 2007 feststellte, setzt die Förderung jedoch falsche Schwerpunkte.

Die Erzeugung von Biodiesel liefert einen Energiebetrag von brutto ungefähr 53 GJ (Gigajoule = 10^9 J) pro Hektar und Jahr. Davon sind der Energieaufwand für die Bestellung der Äcker und der Umesterung des Öls noch abzuziehen. Auf derselben Fläche könnte durch sehr unaufwändige Kurzumtriebsplantagen mit Pappeln eine viel höhere Energieernte erfolgen, nehmen wir vorsichtig und unterschätzend gut das Doppelte an. Die geernteten Holzschnitzel könnten im Bereich der Raumwärmeerzeugung Heizöl (was fast dasselbe ist wie Dieselöl) verdrängen, das nun für den Verkehrssektor verfügbar wäre. Auf derselben Fläche wäre indirekt der doppelte Ertrag an Dieselöl erzielt.

Die Energieverluste bei der Konversion von Mais in Strom sind oben bereits angesprochen worden. Strom wird viel effektiver durch Wind- und Wasserkraft sowie Photovoltaik erzeugt als durch mit Biogas betriebenen Wärmekraftmaschinen.[8] Die drei genannten Energiequellen sind gewiss nicht ohne landschaftsökologische Probleme – Wasserkraft nimmt den Fließgewässern ihre Naturnähe, Windmühlen stören das Landschaftsbild und gefährden teilweise Vögel und Fledermäuse (Abb. 7.14). Schon wegen ihrer viel

höheren Effektivität fällt es indes leichter, ihre Nachteile (wenigstens vorübergehend) in Kauf zu nehmen. Der große Vorteil von Wind- und Wasserkraft besteht darin, dass Naturkräfte ohne Verlust direkt in Strom umgewandelt werden. Windkraft und Photovoltaik nehmen unvergleichlich geringere Flächen ein als der Maisanbau. Eine große Windmühle erzeugt so viel Strom wie hunderte Hektar Mais. Ein mit Photovoltaik-Anlagen bestückter Hektar liefert 15- bis 20-mal so viel Strom wie ein Hektar Mais, zwar ohne Wärme-Nebenanfall, der aber ohnehin nur in geringem Umfang genutzt wird. Auf Photovoltaik-Flächen erfolgt eine effektive Bodenschonung, Nebennutzungen sogar mit Tieren sind möglich. Daher ist die in der Novelle des EEG 2014 erfolgte Beschränkung des Ausbaus abseits von Siedlungen und Verkehrswegen nicht nachvollziehbar.

Landwirtschaftliche Energiepflanzen können zwei Strategien dienen: Entweder werden hoch veredelte Energieträger erzeugt, wie Strom oder Treibstoffe, diese jedoch mit geringer Flächenproduktivität und hohen Umwandlungsverlusten – oder einfache Energieträger zur Wärmeerzeugung, diese aber pro Flächeneinheit in viel größerer Menge. Die Politik favorisierte bisher einseitig die erste Strategie, vielleicht wegen des vermuteten Echos in der Öffentlichkeit; Treibstoff und Strom verkaufen sich besser als „Zukunftstechnologien" als Brennholz.[9]

Folgende Empfehlungen können für eine künftige Bioenergiewirtschaft in der Landwirtschaft gegeben werden:

- Kraftfahrzeug-Treibstoffe sind in jeder Hinsicht das schwächste Element im System und sollten voll aus dem Programm genommen werden.
- Beim Biogas sollte soweit möglich auf die Stromerzeugung verzichtet und sollten die Voraussetzungen (Leitun-

---

[8] Zugunsten des Biogases wird geltend gemacht, dass der Strom aus dieser Quelle kontinuierlich anfalle, also „grundlastfähig" sei, im Gegensatz zum ungleichmäßigen Anfall aus Windkraft (nur wenn der Wind weht) und Photovoltaik (nur wenn die Sonne scheint). Das ist richtig, aber es fragt sich, ob diese Funktion ihre Kosten und ihren Flächeneinsatz wert ist. Biogas liefert 4 % der Brutto-Stromerzeugung. Auch bei der ehrgeizigsten Energiewende wird ein Resteinsatz von fossilem Kohlenstoff zur Stromerzeugung verbleiben, der die Funktion des zeitlichen Ausgleichs übernehmen könnte.

[9] Schnellfahrer auf der Autobahn mögen sich sagen, dass sie mit Biodiesel doch „ökologisch" rasen.

Abb. 7.15 Ökologisches Dinkelfeld in Brandenburg. Hier wird eine selten gewordene Getreideart gepflegt und gleichzeitig werden Ackerwild-kräuter erhalten

gen, Reinigungs- und Druckregulierungsstationen) ge-schaffen werden, um das Gas ohne Umwandlungsverluste zur Raum- und Prozesswärme zu nutzen.

- Biogas sollte vorrangig durch Substrate erzeugt werden, die keine Flächen beanspruchen, wie landwirtschaftliche und gewerblich-kommunale Abfälle.
- Soweit Biogas durch Pflanzen erzeugt wird, sollten andere Bestände als Mais herangezogen werden, die zwar eine geringere Flächenproduktivität, aber dafür Bereicherungen der Biodiversität im Agrarraum erwarten lassen, wie Mischbestände von Hochstauden und ähnliche.
- Große Flächen eutrophierter* Niedermoore in Nordost-deutschland mit landwirtschaftlich wenig geschätztem und genutztem Aufwuchs können im Rahmen der Paludikultur (vgl. Abschn. 5.3.1.2) zur Biogaserzeugung genutzt wer-den.
- Die Stromerzeugung sollte überwiegend Naturkräften, wie Wind- und Wasserkraft sowie der Sonneneinstrahlung überlassen bleiben.
- In dünn besiedelten ländlichen Regionen ist eine flächen-hafte, dezentrale Versorgung mit Niedertemperaturwärme zur Raumheizung äußerst nützlich. Neben Biogas ist Holz

der Energieträger der Wahl. Schnellwuchsplantagen im landwirtschaftlichen Offenland erzeugen Biomasse mit hoher Produktivität, benötigen wenig Dünger und Pflan-zenschutzmittel, führen zu jahrelanger Bodenruhe und -schonung und bereichern die Landschaft mit Struktur- und Windschutzelementen. Das Material kann als Hack-schnitzel oder Pellets in modernen und emissionsarmen Kleinanlagen genutzt werden.

7.5   Der ökologische Landbau

7.5.1   Ursprünge und Motive

„Öko" und „Bio" werden zu Verkaufsschlagern im Lebens-mitteleinzelhandel – sie würden es nicht, wenn nicht in be-trächtlichen Bevölkerungskreisen eine Skepsis gegenüber der konventionellen Nahrungsmittelerzeugung und der Wunsch nach Alternativen gewachsen wären. Zwar ist dieser Wunsch häufig von diffuser Art und von wenig Sachkenntnis über landwirtschaftliche Methoden und Qualitätskriterien bei Lebensmitteln begleitet. Auch begegnet man Personen, denen „Öko" wohl eine Sache des Lebensstils, um nicht zu sagen des Chics ist und deren übrige Lebensweise nicht immer Umweltbewusstsein verrät. Solche und andere Beobachtungen ändern jedoch nichts daran, dass der Wunsch nach Alternativen einen authentischen Kern besitzt, der inzwischen von allen gesellschaftlichen Gruppen einschließlich der konventionellen Landwirtschaft und ihrer Publizistik ernst genommen wird. Gründet sich die Sympathie vieler Menschen für die ökologische Landwirtschaft auch primär auf den Wunsch nach gesunden, insbesondere rückstandsfreien Lebensmitteln, so wird doch ihren Erzeugungsmethoden und deren Wirkungen in der Landschaft ebenfalls Interesse entgegengebracht. Diese sind das Thema dieses Kapitels.

Wir halten uns nicht damit auf, die Bezeichnungen „ökologischer" oder „biologischer" Landbau näher zu beurteilen. Die international übliche Bezeichnung „organic farming" ist treffender. Für den Kenner der Ökologie als einer beschreibenden Naturwissenschaft erscheint die Betitelung „ökologischer Landbau" und die damit verbundene Sinnfüllung recht danebengegriffen, aber der Name ist nun einmal nicht auszurotten und füllt sogar alle amtlichen Dokumente.

Im deutschen Sprachbereich besitzt die Richtung eine ausgeprägt ideologische Wurzel, die bis heute nachwirkt. Im Jahre 1924 wandte sich Rudolf Steiner mit einer Serie von Vorträgen an eine Gruppe schlesischer Landwirte, die später in dem Buch „Geisteswissenschaftliche Grundlagen zum Gedeih der Landwirtschaft" zusammengefasst wurden. Steiner war ein eklektischer und in der Geisteswelt nicht besonders anerkannter Philosoph, besaß aber Redetalent und scheint eine charismatischer Ausstrahlung auf seine Zuhörer gehabt zu haben.

In seinen Vorträgen kritisierte er dieselben Tendenzen in der landwirtschaftlichen Praxis, die auch heute kritisiert werden, wie insbesondere eine zu geringe Pflege der Bodenfruchtbarkeit, in der er mit Recht die Grundlage aller Nahrungserzeugung sah. Er lehnte es ab, die Pflanze mit Stickstoff, Phosphor und anderen erforderlichen Elementen zu „füttern", vielmehr gedeihe sie nur gesund, wenn sie sich mit eigener Kraft aus gesundem Boden ernähre. Man erkennt hier wie auch an zahlreichen anderen Stellen, dass rein intuitiv geurteilt wird. Steiner war weder Naturwissenschaftler noch Agrarexperte, sondern hatte sich in seiner Jugend gewisse Verdienste bei der Pflege und Herausgabe von Goethes Farbenlehre erworben. Ohne der Größe Goethes als Dichter Abbruch zu tun, steht fest, dass die aus seinem Hass gegen Newton entstandene Farbenlehre physikalisch unhaltbar ist, was dann auch Steiners naturwissenschaftliche Reputation nicht gerade hebt. Hinzu kam bei Steiner geballte Esoterik, wenn er empfahl, mit Mist oder anderen Substanzen gefüllte Kuhhörner zu vergraben, um die Bodenfruchtbarkeit zu fördern. Darüber hinaus vertrat er manche gesellschaftspoliti-

sche Ansicht, die heute Befremden auslösen würde, was jedoch für das Vorliegende ohne Bedeutung ist.[10]

Eine Lektüre der „Geisteswissenschaftlichen Grundlagen" ist äußerst quälend, nur wenige Leser dürften die 255 Seiten ganz schaffen. Die Hälfte des Textes besteht aus Wiederholungen immer derselben Behauptungen, insbesondere, wie alles heruntergekommen und schlecht sei und dass alles anders werden müsse.

Ebenso wie das Netz der Waldorf-Schulen pflegt auch eine recht bedeutende Richtung des ökologischen Landbaus, die Biologisch-Dynamische Landwirtschaft (Demeter) das Erbe Steiners bis heute und besitzt ein eigenes Forschungsinstitut in Darmstadt. In größerem Umfang existieren jedoch pragmatischer ausgerichtete Verbände (Tab. 7.4). Etwa 48 % der ökologisch wirtschaftenden Betriebe gehören keinem Verband an, erfüllen aber die Anforderungen der diesbezüglichen EU-Vorschriften. Weltweit ist heute „organic farming" verbreitet und anerkannt, überwiegend auf pragmatischen Grundlagen. Die Weltorganisation ist IFOAM (International Federation of Organic Agriculture Movements).

7.5.2 Grundsätze

Die Grundgedanken des ökologischen Landbaus sind:

- Pflege möglichst weitgehend geschlossener Nährstoffkreisläufe im Betrieb,
- Erhaltung und Mehrung der Bodenfruchtbarkeit,
- artgemäße Tierhaltung.

Die „Öko-Basisverordnung" der Europäischen Union (VO 834/2007) erlässt dazu zahlreiche Bestimmungen, unter denen die Wichtigsten sind:

- Artikel 9: Gentechnisch veränderte Organismen (GVO) sowie Gentechnik aller Art, auch im Futter, sind verboten.
- Artikel 12: Mineralischer Stickstoffdünger ist verboten.
- Artikel 14: Von anderen Betrieben übernommene Tiere müssen ebenfalls aus Öko-Haltungen stammen, alle dafür geeigneten Tiere müssen die Gelegenheit zum Weidegang haben, der Tierbesatz pro Fläche darf Höchstgrenzen nicht überschreiten, Futter soll soweit möglich aus eigener Erzeugung stammen und darf höchstens in bestimmten Anteilen von anderen Öko-Betrieben zugekauft werden, dem Futter dürfen keine synthetischen Aminosäuren zugesetzt werden.

---

[10] Sein ihm nachgesagter Antisemitismus hielt sich wohl in dem Rahmen, in dem er in den bürgerlichen Kreisen der 1920er-Jahre überall verbreitet war.

Tab. 7.4 Anbauverbände im ökologischen Landbau in Deutschland 2015

	Flächen, ha	Betriebe	Bemerkungen
Bioland	285.762	5906	
Naturland	136.096	2638	
Biopark	134.918	621	Hauptsächlich in Mecklenburg-Vorpommern, zahlreiche Grünlandbetriebe, pragmatisch
Demeter	72.588	1476	Anthroposophisch, strengste Vorschriften, nach wie vor an Steiner orientiert
Biokreis	37.376	982	Hauptsächlich in Bayern
Gäa	29.929	357	Schwerpunkt auf Gartenkulturen
Verbund Ökohöfe	18.441	152	Hauptsächlich in Sachsen-Anhalt
Ecoland	2265	42	Hauptsächlich in Baden-Württemberg, auch international tätig, Gewürzkräuter
Ecovin	2083	246	Weinbau
Zusammen	719.458	12.420	
Ohne Verband[a]	368.981	11.511	
Zusammen[a]	1.088.439	23.931	

[a] Errechnet aus Angabe in der Quelle: 51,9 % aller Betriebe sind Mitglieder von Anbauverbänden, sie bewirtschaften 66,1 % der Fläche des ökologischen Landbaus
Quelle: KTBL (2015, S. 26), dort nach BÖLW (Bund ökologischer Lebensmittelwirtschaft)

- Artikel 16: Synthetische Pflanzenschutzmittel sind verboten, die Zufuhr anderer Stoffe, auch für den Pflanzenschutz, wird geregelt.
- Artikel 17 regelt den Prozess der Umstellung von konventionellem auf ökologischen Landbau,
- Artikel 27 regelt die Kontrollen.

Das juristische Regelwerk wird durch Ausführungsvorschriften auf EU-Ebene sowie durch Rechtsmaterien ergänzt, die diese Vorgaben in nationales Recht übernehmen. Nur Betriebe, die sämtliche Vorgaben erfüllen und sich Kontrollen unterwerfen, dürfen sich „ökologisch" nennen und Förderungen dafür entgegennehmen. Die in Deutschland neun Verbände des ökologischen Landbaus erlassen zum Teil Vorschriften, die über die EU-Mindeststandards hinausgehen.

Der ökologische Landbau lehnt damit Entwicklungen ab, die im Laufe der letzten 100 Jahre und mehr zum Bestandteil der konventionellen Landwirtschaft geworden sind und deren quantitative Produktivität gefördert haben, wie die Verwendung chemischer Düngung und chemischen Pflanzenschutzes, Spezialisierung von Betrieben mit daraus folgender Vereinfachung des Anbauspektrums, umfangreichen Futtermittelhandel mit anderen Betrieben und der Industrie sowie eine konzentrierte oder gar flächenunabhängige Tierhaltung. Man kann es auch so ausdrücken, dass er die Tugenden der bäuerlichen Landwirtschaft pflegt, die diese im 18. und 19. Jahrhundert erworben hatte, nachdem sie sich wissenschaftlichen Fortschritten geöffnet, aber bevor sie fragwürdige Erscheinungen übernommen hatte. Der ökologische

Landbau ist dabei weder nostalgisch noch sieht er sich technisch rückständig; moderne mechanische Landtechnik wird in vollem Umfang angewandt, auch können Betriebe durchaus groß sein.

7.5.3 Verbreitung in Deutschland

Wie die Tab. 7.5 zeigt, werden in Deutschland 2013 je nach Zählung gut sechs Prozent der landwirtschaftlichen Fläche vom ökologischen Landbau bewirtschaftet. Die Zahlen gemäß der Agrarstrukturerhebung weichen von denen ab, die gemäß der EU-Verordnung 834/2007 erhoben werden, bedingt wohl durch die jeweilige untere Erfassungsgrenze (Mindestgröße der Betriebe).

Deutlich über die Hälfte der ökologisch bewirtschafteten Fläche ist Grünland. Besonders in den nordöstlichen Bundesländern gibt es flächenstarke Betriebe, die mit großen Herden von Mutterkühen und ihren Kälbern Rindfleisch erzeugen, welches unter anderem von Babykost-Herstellern gefragt wird, die großen Wert auf Rückstandsfreiheit legen. Bei dieser Produktionsrichtung sind die Unterschiede zwischen konventionellem und ökologischem Landbau nicht besonders groß. Die extensive Haltung der Tiere verlangt nur eine geringe Düngung, die auf organische Weise geliefert werden kann. Ebenso wenig unterscheiden sich Betriebsorganisation, Arbeitsabläufe und Leistungen der Tiere. Das deutlichste Charakteristikum dieser Öko-Betriebe – und ein gewisses Problem für sie – ist der Verzicht auf konventionell erzeugtes

Tab. 7.5 Ökologischer Landbau in Deutschland 2013

		% aller
Zahl der Betriebe	18.000[a]	6,3
	23.271[b]	8,2
Darunter mit Viehhaltung	13.000[a]	6,7
Fläche der Betriebe (ha)	1.009.000[a]	6,0
	1.060.669[b]	6,3
Darunter Dauergrünland*	517.000[a]	
Darunter Ackerland	441.000[a]	
Beschäftigte Personen	67.400[a]	6,6
Rinder	622.000[a]	5,0
Schweine	194.000[a]	0,7

[a] Gemäß Agrarstrukturerhebung 2013
[b] Gemäß Verordnung EG 834/2007
Quelle: StJELF (2016, Tab. 38, S. 51, Tab. 93, S. 98)

Tab. 7.6 Nutzung des Ackerlandes im ökologischen Landbau 2013

	Hektar	%
Getreide, darunter	202.000	44,4
– Weizen	52.000	
– Roggen	54.000	
– Triticale	24.000	
– Gerste	23.500	
– Dinkel	17.500	
– Hafer	25.500	
– Körnermais*	5500	
Ackerfutter, darunter	153.000	33,6
– Silomais* und CCM	14.200	
– Gemenge	14.500	
– Klee, Luzerne u. a.	87.000	
– Grasanbau	26.000	
Hülsenfrüchte, darunter	25.000	5,5
– Ackerbohnen	7600	
– Lupinen	6500	
– Futtererbsen	3800	
Hackfrüchte, darunter	9520	2,1
– Kartoffeln	8100	
– Zuckerrüben	1200	
Ölsaaten*, darunter	6800	1,5
– Raps und Rübsen	1800	
– Sonnenblumen	2400	
– Sojabohnen	2000	
– Öllein und Leinsamen	520	
Gemüse	10.785	2,4
Acker insgesamt	455.000	100,0

Quelle: KTBL 2015, S. 29–30, dort nach Agrarmarkt-Informationsgesellschaft mbH

Kraftfutter in Gestalt von Getreide und Eiweißkonzentrat. Anders als bei der Milchviehhaltung ist der Kraftfuttereinsatz bei den Mutterkühen jedoch so gering, dass auch dieser Aspekt nur von begrenzter Bedeutung ist.

Neben den reinen Grünlandbetrieben mit Mutterkuhhaltung gibt es jedoch besonders in Süddeutschland auch zahlreiche Milchvieh-Futterbaubetriebe* mit Grünland- und Ackeranteilen. Veredlungsbetriebe* stellen nur eine kleine Minderheit von 2 % aller Betriebe dar. Hauptsächlich handelt es sich um Geflügelhaltungen, Schweine spielen eine sehr geringe Rolle. Gartenbau- und Dauerkulturbetriebe bilden zusammen fast 10 % aller Betriebe. 19 % legen den Schwerpunkt auf Ackerbau, teilweise sogar viehlos, und 15 % sind Verbundbetriebe.

Die räumliche Verteilung des ökologischen Landbaus in Deutschland ist heterogen. In Brandenburg, Hessen und im Saarland werden über 10 % der landwirtschaftlichen Fläche ökologisch bewirtschaftet, in Mecklenburg-Vorpommern, Baden-Württemberg und den Stadtstaaten knapp unter 10 %, in Bayern und Rheinland-Pfalz um 7 %, in Nordrhein-Westfalen, Sachsen, Sachsen-Anhalt und Thüringen jeweils unter 5 % und in Niedersachsen unter 3 %. Dafür sind verschiedene Gründe maßgeblich.

7.5.4 Ackerbau im ökologischen Landbau

Wichtige Unterschiede zwischen konventionellem und ökologischem Landbau bestehen bei der Nutzung der Äcker. Der flächenmäßige Anteil der Ackerbau betreibenden Öko-Betriebe ist deutlich kleiner als die obige Zahl von 6 bis 7 % der gesamten Landwirtschaftsfläche. Ökologisch bewirtschafteter

Ackerbau macht 2013 mit 441.000 ha nur 3,7 % der gesamten Ackerfläche von 11.876.000 ha aus.

Im Vergleich mit den Angaben der Tab. 3.3 im Abschn. 3.4.2 zeigt die Tab. 7.6 trotz ihrer Unvollständigkeit, wie sich das Anbauspektrum im ökologischen Ackerbau vom konventionellen unterscheidet; der Getreideanteil liegt mit 44,4 % erheblich unter jenem. Innerhalb des Getreides besteht eine deutlich größere Vielfalt. Der Weizen herrscht

Abb. 7.16 Rotklee-Gras-Gemenge (oder auch Luzerne) ist wegen des Stickstoff-Einfangs die Mutter der Fruchtbarkeit des Ackers im Öko-Landbau

weniger vor, Spezialitäten wie Dinkel nehmen Raum ein. Zwar ist der Anteil des Hafers nicht besonders groß, jedoch ist damit zu rechnen, dass auch die anderen Getreidearten teilweise als Sommerfrüchte angebaut werden.

Der Futterbau auf dem Acker ist sehr wichtig. Stickstofffixierende Futterpflanzenbestände nehmen gemeinsam mit den gesondert ausgewiesenen großfrüchtigen Hülsenfrüchten über ein Drittel der Ackerfläche ein. Wie beim „Ritter vom Kleefeld" im 18. Jahrhundert wird Kleegras und Luzerne angebaut (Abb. 7.16). Der Grund ist natürlich die Einschleusung von Stickstoff in das System (→ Boxen 6.2 und 6.3 im Abschn. 6.2). Bei allem Bemühen kann die Düngung allein auf der Kreislaufwirtschaft nicht beruhen, denn ein Teil der Nährstoffe wird mit den Verkaufsprodukten exportiert und ein anderer Teil geht selbst bei sorgfältigstem Umgang in die Umwelt verloren. Es muss also nachgeliefert werden. Gute Kleegrasbestände können mehrere hundert Kilogramm Stickstoff pro Hektar und Jahr liefern. Ein wichtiger positiver Nebeneffekt ist die Unterdrückung des Unkrauts.

Teils wird der Stickstoff durch Unterpflügen den nachfolgend angebauten Früchten nutzbar gemacht, wobei darauf zu achten ist, dass er nicht über den Winter hinweg aus der Ackerkrume ausgewaschen wird. Zum anderen Teil wird der Klee- oder Luzerneaufwuchs an das Rindvieh verfüttert. Er ist ein sehr gutes Futter für Milchkühe, und der von jenen aufgenommene Stickstoff wird zum Teil über deren Exkremente als organischer Dünger wieder auf den Acker zurückgebracht. Da dieser Dünger in Gestalt von Festmist oder Gülle eine unentbehrliche Quelle der Fruchtbarkeit ist, erfährt er in ökologischen Betrieben eine sorgfältigere Behandlung als in konventionellen, wo er nicht selten ein zu entsorgendes Produkt mit eher negativer Bewertung darstellt. Aus dem Geschilderten folgt zum einen, dass ein idealer ökologischer Ackerbaubetrieb eine Milchviehherde oder zumindest andere Wiederkäuer besitzen sollte, und zum zweiten, dass ein wesentlicher

Teil des Grundfutters für das Milchvieh vom Acker gewonnen werden kann und muss. Wegen der Bedeutung der stickstoffliefernden Futterpflanzen erübrigt sich der im konventionellen Landbau gebietsweise überhandnehmende Maisanbau.

Auf seinem geringen Areal baut der ökologische Landbau ein Drittel aller Futter-Hülsenfrüchte in Deutschland an. Demgegenüber sind gemäß der Tab. 7.5 Hack- und Ölfrüchte nur schwach vertreten. Bemerkenswert ist allein der noch geringe, aber sich ausbreitende Sojaanbau. Der ökologische Landbau hat danach einen hohen Bedarf, weil käufliches Soja auf dem Weltmarkt fast durchweg gentechnisch verändert ist und daher nicht in Frage kommt. Die geringen Hackfruchtanteile hängen offenbar mit geringer und wenig zahlungswilliger Nachfrage nach den Produkten zusammen. An sich wäre der Fruchtwechsel Getreide-Hackfrucht genau das, was dem ökologischen Landbau entspricht.

Der Verzicht auf chemischen Pflanzenschutz zwingt dazu, alle von den anderen vielfach vernachlässigten Erfahrungsgrundsätze über die Pflanzengesundheit zu nutzen, an erster Stelle die Kunst der Fruchtfolgen. Die Tab. 7.7 zeigt vier charakteristische Fruchtfolgen in Nordost-Deutschland bei unterschiedlicher Bodengüte.

Die Fruchtfolgen sind mindestens fünfgliedrig gegenüber solchen mit meist drei oder noch weniger Gliedern im konventionellen Landbau. Alle beginnen mit Luzerne-Kleegras zur Einschleusung von Stickstoff. A: Auf dem für Nordostdeutschland sehr guten Boden wird es nur ein Jahr gehalten, danach folgen zwei Jahre mit Wintergetreide mit abnehmenden Ansprüchen. Erneut wird darauf die stickstoffsammelnde Körnerleguminose angebaut und zum Schluss der anspruchslose Hafer. B: Auf etwas schlechterem Boden enthält die siebengliedrige Fruchtfolge drei Jahre stickstoffsammelnde Früchte, zwei Wintergetreide-Schläge, den Hafer und, etwas untypisch, Silomais. C: Bei ähnlichen Bodenverhältnissen enthält die sechsgliedrige Fruchtfolge zwei oder drei Jahre stickstoffsammelnde Früchte und unterschiedliche Getreideschläge. D: Der schwächste Boden enthält in fünf Jahren zwei Leguminosenschläge* und dreimal anspruchsloseres Getreide.

Man erkennt, dass das Luzerne-Kleegras im Zentrum der Fruchtfolgen steht, während die anderen Früchte von ihm abhängen und die gewonnene Fruchtbarkeit abtragen. Die Beispiele der Tab. 7.7 enthalten keine Hackfrüchte und bringen auch nicht zum Ausdruck, dass das Spektrum der angebauten Früchte vielfältiger sein kann. Letzteres trifft sich mit Impulsen aus der Nachfrage. Nicht selten betreiben Öko-Betriebe Selbstvermarktung oder beteiligen sich an regionalen Vermarktungsstrukturen, die eine Nachfrage nach seltenen, historischen oder mit regionaler Identität versehenen Produkten bedienen, wie Linsen (Abschn. 3.2.1.3), Dinkel, „Champagnerroggen" sowie weiteren Spezialitäten.

Durch die ausgeklügelten Fruchtfolgen lassen sich Pflanzenkrankheiten, deren Erreger im Boden überdauern, wirk-

Tab. 7.7 Beispiele für Fruchtfolgen im ökologischen Ackerbau

Jahr	A Ackerzahl 50[a]	B Ackerzahl 40	C Ackerzahl > 30	D Ackerzahl < 30
1	Luzerne-Kleegras	Luzerne-Kleegras	Luzerne-Kleegras	Luzerne-Kleegras
2	Winterweizen	Luzerne-Kleegras	Luzerne-Kleegras	Hafer
3	Winterroggen	Winterweizen	SWeizen/Hafer	WRoggen/Triticale
4	Ackerbohne	Winterroggen	Dinkel/Tritic./WWeizen	Lupine/Luz-Kleergras
5	Hafer	Lupine	Körnerlegumin./SGerste	WRoggen
6		Silomais	WRoggen/Triticale	
7		Hafer		

[a] Die Güte der Äcker wird in Deutschland in einer Skala von 1 bis 100 angegeben. < 30: recht armer Boden, 50: mittlere Qualität
W, S: Winter, Sommer
Quellen: A und B: aus KTBL 2015, S. 91. dort nach Bachinger et al., C und D: aus BfN 2010, Tab. 8, S. 88

sam eindämmen, nicht jedoch solche, die über die Luft verbreitet werden, wie zum Beispiel bei der Kartoffel die Kraut- und Knollenfäule oder bei den Reben der echte und falsche Mehltau. Dort muss auch der ökologische Landbau Mittel einsetzen, die er im anorganischen Bereich findet, wie Kupfer- und Schwefelpräparate. Diese Mittel besitzen im Vergleich zu den synthetischen Präparaten der organischen Chemie, die im konventionellen Landbau Einsatz finden, den Nachteil, dass sie nicht biologisch abgebaut werden, sondern sich im Boden anreichern können. Vorteilhaft ist dagegen, dass sie nicht in die Früchte eindringen (nicht „systemisch" wirken), sondern früher oder später vom Regen abgewaschen werden, sodass keine Rückstände verbleiben.

7.5.5 Ideale und andere Betriebsformen

Eine betriebliche Kreislaufwirtschaft der Nährstoffe verlangt die Existenz von Tieren im Betrieb. Da zur Einschleusung von Stickstoff Klee- und Luzernegras angebaut werden muss, müssen es Tiere sein, die dieses Raufutter* nutzen, also Wiederkäuer und Pferde. Als einziger Verband fordert Demeter einen Mindestbesatz mit „Raufutterfressern". Der ideale Tierbesatz ist eine Milchviehherde.

Eingangs ist auf große Mutterkuhherden auf extensiver genutztem Grünland in Nordostdeutschland hingewiesen worden. Wegen der geringen Ansprüche der Tiere und der Verfügbarkeit über große Flächen scheinen die natürliche Fixierung durch Weißklee plus geringe Zufuhren von Kraftfutter den nötigen Stickstoff bereitstellen zu können. Ein leistungsfähiger Milchviehbetrieb allein auf Grünland ist schwerer vorstellbar. Intensiv genutztes Grünland dürfte auf die Dauer allein kaum genug Stickstoff liefern, um Exporte in Milch und Fleisch sowie unvermeidliche Verluste auszugleichen. Als Stickstoff-Zufuhr kommt nur ökologisches Kraftfutter in Frage, dessen Zukauf andererseits weitestmög-

lich begrenzt wird. Betriebe müssen damit selbst in betonten Grünlandlagen bestrebt sein, auch Ackerfutterflächen zu besitzen, es besteht eine Tendenz zum Verbundbetrieb.

Die Pflicht zum Weidegang bedeutet Schwierigkeiten für Betriebe auf reinen Ackerstandorten. Dort gibt es kaum Grünland. Man könnte schließen, dass seine Anlage umso mehr zu begrüßen wäre, wenn nicht die Niederschläge etwa im Thüringer Becken zu gering wären. Ertragreiches Grünland ohne Grundwasseranschluss verlangt mindestens 800 mm Niederschlag im Jahr. In regenarmen Gebieten wie in Ostbrandenburg fehlt dies zwar auch, dafür ist jedoch die Fläche dort reichlich und relativ preiswert vorhanden, sodass man es sich leisten kann, Rinder auf magerem Grünland Auslauf zu gewähren und zuzufüttern. Das ist in fruchtbaren Ackerbörden weniger angebracht. Seitdem die frühere Fütterung mit Runkelrüben sowie Zuckerrübenblatt und -schnitzeln zurückgegangen ist, sind die Tierbestände in diesen Regionen auch im konventionellen Landbau gering geworden. Diese Umstände mögen dabei mitspielen, dass der ökologische Landbau im mitteldeutschen Ackerbaugebiet wenig verbreitet ist.

Mangel an Grünland hat dazu geführt, die Pflicht zum Weidegang abzuschwächen und in gewissen Fällen einen Ersatz durch bloßen hofnahen Auslauf zuzulassen. Auch in anderer Hinsicht haben sich beim Tierwohl Kompromisse als erforderlich erwiesen. Obwohl die herkömmliche Anbindehaltung von Milchkühen das glatte Gegenteil einer tierfreundlichen Haltung darstellt, erlaubt der ökologische Landbau die Anbindehaltung in kleinen Betrieben bis zu 20 Kühen, wenn dafür im Sommer Weidegang gewährt wird. Dieses Zugeständnis dürfte schwer gefallen, aber unumgänglich gewesen sein, hätte man nicht kleinbäuerliche Betriebe verloren, die zu teuren Stallinvestitionen nicht in der Lage sind.

Auch reine Ackerbaubetriebe ohne Viehhaltung erfüllen die Mindestanforderungen der EU an den ökologischen Landbau und dürfen sich so nennen. Ihr Hauptkennzeichen ist, auf Stickstoff-Mineraldünger und chemischen Pflanzenschutz zu verzichten. Kreislaufwirtschaft und Stallmist gibt es nicht, stickstoffsammelnde Fruchtfolgeglieder werden untergepflügt. Die derart betriebene Humuswirtschaft und Bodenpflege wird Forschungsergebnissen im konventionellen und ökologischen Landbau zufolge als ausreichend angesehen – ob sie ideal ist und den Stallmist voll ersetzt, sei dahingestellt. Betriebe, die zum Gartenbau überleiten oder ganz als solche anzusehen sind, können natürlich keine Tiere halten. Man erkennt, dass es neben dem Idealtyp des ökologischen Betriebes Formen gibt, die davon zuweilen recht weit abweichen, jedoch durch örtliche Umstände erzwungen sein können.

Die erlaubte Obergrenze des Tierbesatzes im ökologischen Betrieb wird nicht in Großvieheinheiten pro Hektar, sondern direkt in Kopfzahlen ausgedrückt. Da der Futterbau im Vordergrund steht, ist hier das Rindvieh am wichtigsten. Erlaubt sind maximal zwei Kühe (= zwei GV) pro Hektar Betriebsfläche. Damit kann der Stickstoffanfall theoretisch recht hoch sein. Die Vorschrift über die maximale Tierdichte ist also an sich nicht streng, im Übrigen gilt auch im ökologischen Landbau die Grenze von 170 kg Stickstoff pro Hektar und Jahr für die Ausbringung organischen Düngers aus tierischen Ausscheidungen. Im Einzelfall mag das zu kritikwürdigen Verhältnissen führen, wichtiger ist jedoch, dass die Grenzen in der Praxis selten erreicht werden. Den unvollständigen statistischen Angaben zufolge beträgt der gesamte Viehbesatz im ökologischen Landbau in Deutschland kaum über 600.000 Großvieheinheiten (GV). Bezogen auf die Fläche von etwa einer Million Hektar entspricht dies einem Durchschnitt von etwa 0,6 GV pro Hektar gegenüber 1,05 in der gesamten Landwirtschaft, ganz zu schweigen von den Regionen mit viel höherer Viehdichte. Wird ferner bedacht, dass der ökologische Landbau mineralischen Stickstoff überhaupt nicht und importiertes Kraftfutter so wenig wie möglich einsetzt, so kann er sich im Ganzen auf einen sehr mäßigen Umgang mit Stickstoff berufen.

7.5.6   Weitere Düngungsfragen

Der ökologische Landbau kennt durchaus auch stickstoffhaltige Handelsdünger, sie müssen nur sämtlich organischer Natur sein. Unter denen pflanzlicher Herkunft werden solche genannt, die eher als Futtermittel bekannt sind, wie Schlempen*. Tierische Produkte sind unter anderem Mehle aus Knochen, Fleisch, Blut und Federn. Die Vorzüge solcher Substanzen gegenüber dem Mineraldünger erschließen sich dem Uneingeweihten schwer; mehrere Anbauverbände verbieten ihre Anwendung.

Die Versorgung des Bodens mit Calcium, Kalium, Magnesium sowie erforderlichenfalls Schwefel und Mikronährstoffen in mineralischen Substanzen ist generell zugelassen. Es darf nur kein Chlorid im Kalisalz enthalten sein.

Besondere Probleme bereitet der Phosphor als dritte Haupt-Düngesubstanz neben Stickstoff und Kalium. Da er nicht wie der Stickstoff über die Kulturpflanzen aus der Luft gewonnen werden kann, muss auch der ökologische Landbau zum Ersatz von Entzügen mit der Ernte eine gewisse Zufuhr auf mineralischer Grundlage tolerieren, weil die Nachlieferung aus der Verwitterung der Gesteine für die landwirtschaftliche Produktion zu gering ist. Getreu Steiners Grundsatz, Pflanzen nicht künstlich zu „füttern", verbietet er jedoch leicht lösliche und damit mehr oder weniger direkt pflanzenverfügbare Zufuhr. Es ist nur weicherdiges Rohphosphat zugelassen.

Nun ist die Dynamik des Phosphors im Boden kompliziert. Stark vereinfacht kann gesagt werden, dass nach langjähriger landwirtschaftlicher Kultivierung quantitativ oft genug Phosphor in der Ackerkrume vorhanden ist; das Problem ist aber die Verfügbarkeit für die Pflanzen. Hier besteht eine anschauliche Parallele zur menschlichen Ernährung: Kaum jemand nimmt zu wenig Eisen mit der Nahrung auf; Eisenmangel gibt es trotzdem, weil das Element im Darm oft nicht genug resorbiert wird. Der konventionelle Landbau düngt chemisch aufgeschlossenen, das heißt leichter verfügbaren Phosphor. Der Anteil dieses Düngers, der nicht umgehend von den Pflanzen aufgenommen wird, „altert" und wird mit der Zeit immer weniger aufnahmefähig. So kritisiert der konventionelle Landbau und die ihm verbundene Wissenschaft am ökologischen, dass dieser absichtlich schwer lösliche, gealterte und damit wenig pflanzenverfügbare Phosphorverbindungen anwende und damit besonders das Getreide in der relativ kurzen Zeit im Jahr, in welcher es intensiv Nährstoffe aufnehmen kann, „hungern" lasse. Der ökologische Landbau kontert, dass das bei seiner Wirtschaft aktivere Bodenleben dafür sorge, dass auch die vermeintlich gealterten und inaktiven Phosphorverbindungen den Wurzeln der Kulturpflanzen und damit ihrem Gedeihen zugeführt werden können. Ferner übersehe die konventionelle Landwirtschaft die Nachlieferung von Phosphor aus dem Humus, der im Öko-Landbau viel besser gepflegt werde. Auch erschlössen tief wurzelnde Leguminosen Nährstoffvorräte in tieferen Bodenhorizonten, die den getreidebetonten Fruchtfolgen des konventionellen Landbaus nicht verfügbar sind. Diese Kontroverse wird die Wissenschaft auch künftig begleiten.

7.5.7   Leistungen und Wirtschaftlichkeit

Die Erträge im Anbau von Getreide und anderen Marktfrüchten liegen im ökologischen Landbau bei etwa der Hälfte derer im konventionellen. Hauptgrund ist die geringere Nährstoffversorgung. Rein quantitativ wird das Ertragsniveau durch die Aufnahme interessanter, aber meist wenig ertragreicher, zuweilen alter Feldfrüchte noch weiter gesenkt. Die Marktfruchterzeugung vom Ackerland wird ferner durch den notwendigen Einschub von Kleegras beschränkt.

Bei der tierischen Erzeugung gibt es kaum systematische Gründe für eine geringere Leistung im ökologischen gegenüber dem konventionellen Landbau. Selbstverständlich wird auf Leistungszuwächse, die nur mit abgelehnten Mitteln, zum Beispiel Medikamenten erreicht werden können, verzichtet. Die Pflicht zum Weidegang mag ebenso wie in konventionellen Weidebetrieben gewisse Minderungen der Milchleistung nach sich ziehen, ebenso wie hier und da die Zucht und Pflege regionaler Rassen. Die Statistik zeigt jedoch, dass diese Effekte begrenzt sind; Kühe im ökologischen Landbau liefern im Schnitt fast 90 % der Milch im konventionellen Landbau. Zu vermuten ist, dass in etlichen Betrieben Zugangsschwierigkeiten zum Kraftfutter oder der absichtliche Verzicht auf dieses die Ursachen für diese Minderleistung sind.

Bekanntlich werden die quantitativen Mindererträge im ökologischen Landbau weitgehend durch die Steigerung der Produkte in ihrem Wert wettgemacht. Pflanzliche und tierische Erzeugnisse sind wesentlich teurer als im konventionellen Landbau. Die Betriebe profitieren ferner von einer, wenn auch notorisch als zu gering erachteten finanziellen Förderung. So führt der Vergleich von Buchführungsunterlagen zu dem Ergebnis, dass konventionelle und ökologische Betriebe, die hinsichtlich ihrer Größe und Struktur vergleichbar sind, auch etwa den gleichen betrieblichen Erfolg erzielen – in einem Jahr liegen die ökologischen etwas vorn, in einem anderen die konventionellen.

7.5.8 Ökologischer Landbau und Naturschutz

Der ökologische Landbau ist als ein Natur und Umwelt schonendes System anzuerkennen. Durch seinen zurückhaltenden Umgang mit Pflanzennährstoffen reduziert er deren unkontrollierte Austräge in die Umwelt. Dies und vor allem der Verzicht auf chemische Pflanzenschutzmittel bewirken eine deutliche Schonung der Lebensgemeinschaften in der Landschaft.

Es fragt sich jedoch, ob der ökologische Landbau über diesen „Stressabbau" in der Landschaft hinaus auch spezifische Leistungen für den Naturschutz erbringt. Wie ein reichhaltiges Handbuch zu diesem Thema zeigt (Gottwald und Stein-Bachinger 2015), bestehen hier auf der einen Seite günstige Ansatzpunkte – günstigere als im konventionellen Landbau –, sind aber auf der anderen Seite Handreichungen und Anweisungen erforderlich, um diese zur Wirkung zu bringen. Das kann nur so verstanden werden, dass sie sich nicht automatisch einstellen. Ökologisch wirtschaftende Landwirte mögen aufgrund ihrer Überzeugungen eine größere Bereitschaft besitzen, zum Naturschutz beizutragen – auf der anderen Seite wollen und müssen auch sie zunächst einmal produzieren.

Im Ackerbau wirkt sich der Verzicht auf Chemikalien, insbesondere Herbizide, vorteilhaft für die Begleitkräuter aus. Zwar sind mechanische Maßnahmen ebenso wie geeignete

Abb. 7.17 Getreidefeld im Öko-Landbau

Fruchtfolgen durchaus wirksam bei der Unkrautbekämpfung. Sie führen jedoch nicht zur völligen Vernichtung von Krautpopulationen, sondern reduzieren diese auf Umfänge, die für die Kulturpflanzen tragbar sind. Die geringere Bestandesdichte beim Getreide auch in Feldmitte sowie das breitere Spektrum der Feldfrüchte tun ein Übriges, um dem ökologischen Ackerbau auf diesem arg vernachlässigten Gebiet des Naturschutzes wertvolle Verdienste zu bescheinigen (Abb. 7.17).

Die Literatur erwähnt zuweilen, dass auch das Grünland im ökologischen Landbau artenreicher sei als im konventionellen. Empirische Befunde dieser Art, soweit sie methodisch einwandfrei sind, sind natürlich nicht zu bestreiten. Die Frage ist aber, ob solche Befunde systemtypisch für den ökologischen Landbau sind oder aber andere Ursachen haben oder rein zufällig sind. Das Zweite ist im Allgemeinen anzunehmen. Die für den ökologischen Landbau charakteristische Viehbesatzstärke vermeidet zwar Belastungen des Landschaftshaushaltes durch übermäßige Nährstoffausträge, bewirkt aber auf dem Grünland immer noch Stickstoffumsätze von über 100 kg pro Hektar und Jahr. Hochwertiges Grünland, wie die früheren „Fettwiesen" mit 40 bis 60 Gras- und Krautarten, hatten einen Umsatz von wenig über 60 kg/ha. Sie werden auch bei dem Intensitätsniveau eines zünftigen ökologischen Betriebes in artenärmere Bestände überführt.

Haupttriebkraft im ökologischen Milchviehbetrieb ist das Interesse, so wenig Kraftfutter wie möglich einzusetzen. Erstens ist dies der Gesundheit der Wiederkäuer förderlich (Abschn. 7.3). Zweitens ist Getreide als überwiegend energielieferndes Kraftfutter teuer. Natürlich dürfte nur ökologisch, möglichst im eigenen Betrieb erzeugtes Material verwendet werden, was aber ebenso gut zum hohen Preis des Öko-Getreides am Markt verkauft werden kann. Das dritte Problem ist Eiweiß-Kraftfutter. Das ist nicht nur teuer, sondern zuweilen schwer zu erhalten. Der Weltmarkt für Soja wird beherrscht von gentechnisch veränderter Ware, die für den Öko-Betrieb tabu ist. Gentechnikfreies Soja ist noch ein Nischenprodukt. Selbst wenn es mehr und preiswert davon gäbe, gälte auch hier der Grundsatz, dass möglichst wenig Futter zugekauft werden soll.

Der Betrieb meistert diese Schwierigkeiten nur, wenn er Grundfutter von bester Qualität erzeugt, das den Kraftfuttereinsatz soweit möglich reduzieren lässt. Im Abschn. 7.3 ist ausführlich dargestellt worden, was das bedeutet: gute Düngung, häufige und frühe Nutzung, Herauszüchtung von Weidelgras, Weißklee und Löwenzahn als dominierende Pflanzen und damit Artenarmut. Das systemtypische Grundfutter für Milchkühe ist im ökologischen Landbau nicht artenreicher als im konventionellen – ist artenreicheres zu finden, dann nicht *weil*, sondern *obwohl* dort ökologischer Landbau betrieben wird. Selbstverständlich kann ein Öko-Betrieb die im genannten Kapitel beschriebenen Möglichkeiten nutzen, flankierend artenreiches Grünland für das Jungvieh zu bewirtschaften, aber das kann ein konventioneller Betrieb nicht weniger.

Der ökologische Landbau ist also von seinem Systemcharakter her kein Mittel zur Bewahrung und Wiederherstellung artenreichen Grünlands. Eine noch grundsätzlichere Unverträglichkeit zwischen den Anliegen des Naturschutzes und des ökologischen Landbaus tut sich auf, wenn an die Ergebnisse der Kap. 2 und 5 erinnert wird, insbesondere den Umstand, dass der Artenreichtum oft an unvollkommene, ja schlechte Landwirtschaftsmethoden gebunden war und ist, an „ungepflegte" und der Fruchtbarkeit ermangelnde Standorte. Ein großer Teil der heute gefährdeten Pflanzen- und Tierarten ist auf ein Milieu angewiesen, wie es kein Bauer mag – weder der konventionelle noch der ökologische: an Nässe oder Trockenheit oder Nährstoffarmut oder unregelmäßige Unterbrechungen der Standortbedingungen oder an alles Derartige zusammen.

Dies betrifft Landschaftselemente wie Heiden, Sandfelder, Kalktrockenrasen und Wiesen ebenso wie kleinere Habitate in bäuerlichen Biotopen. Eine Bodenpflege nach den Regeln des ökologischen Landbaus würde der Lebensgemeinschaft eines Kalkmagerrasens schlecht bekommen. Man wird einwenden, dass so etwas gar nicht beabsichtigt ist, jedoch findet man Parallelen auch im Kleinen auf Äckern und Wiesen. Das Mäuseschwänzchen (*Myosurus minimus*) als heute seltenes und schützenswertes Wildkraut lebt in nassen Stellen auf dem Acker, die der ökologische Landwirt ebenso wenig mag wie der konventionelle (Abb. 7.18).

Man darf zusammenfassen: Der ökologische Landbau mäßigt den Stress, den intensiver konventioneller Landbau der Landschaft auferlegt und schafft somit bessere Grundvoraussetzungen für den Erfolg zielgerichteter Naturschutzmaßnahmen. Seine Prinzipien führen im Ackerbau auf direktem Wege dazu, dass auch spezifische Naturschutzziele erreicht werden, insbesondere durch den Verzicht auf Herbizide. Im Grünland ist dies weniger der Fall. Die für den Naturschutz erforderlichen Standortbedingungen stehen oft im Gegensatz zu denen, die der ökologische Landbau anstrebt. Ökologi-

Abb. 7.18 Mäuseschwänzchen

scher Landbau unterstützt somit den Naturschutz flankierend, jedoch wäre es eine Illusion anzunehmen, es bedürfe nur eines universalen Systems ökologischen Landbaus, um alle Naturschutzziele automatisch zu erreichen. Derartige „Kielwassertheorien", die auch im Forst populär waren und sind, haben sich stets als irrig erwiesen.[11]

7.5.9 Ökologischer Landbau und Ernährungssicherung

Zur geläufigen Kritik am ökologischen Landbau gehört, er sei wegen seiner geringen Flächenproduktivität nicht in der Lage, die Bevölkerung zu ernähren, sei es in einem Land wie Deutschland oder gar weltweit. Dabei ist bemerkenswert, dass diese Behauptung oder ihr Gegenteil nie wissenschaftlich geprüft wurden. Die wenigen früheren Untersuchungen darüber, wie eine Bundesrepublik Deutschland mit ausschließlich ökologischer Landwirtschaft aussehen könnte, sind methodisch unzureichend. Soweit bekannt, sind nicht einmal die Konsequenzen analysiert worden, die sich beim (2018) immer noch gültigen, jedenfalls nicht widerrufenen Ziel der Bundesregierung ergeben würden, nur 20 % der Landesfläche ökologisch zu bewirtschaften. In einem jüngeren großvolumigen Werk zum ökologischen Landbau finden sich im Kapitel „Ernährungssicherung" viele Worte, aber keine Zahlen (Freyer 2016).

---

[11] Eine Kielwassertheorie besagt Folgendes: Wird ein Wald, ein Feld, eine Wiese oder auch ein Garten nach verbindlichen Regeln ordentlich bewirtschaftet, dann werden nicht nur die direkt angestrebten Ergebnisse erreicht (zum Beispiel im Wald eine gute Holzernte), sondern auch alle anderen Dinge, die für gut gehalten werden. Man brauche sich um diese nicht zu sorgen, da sie im „Kielwasser" mit realisiert werden. Auffassungen dieser Art dienen stets zur Legitimation einer herkömmlichen, in der Regel wirtschaftlich bevorzugten Praxis und zur Abwehr von Ansprüchen, die mit jener ganz oder teilweise unvereinbar sind.

Im Prinzip besteht zwar an der geringeren Flächenproduktivität des ökologischen Landbaus kein Zweifel. Die Frage ist aber, ob umgekehrt das Produktionsvolumen des konventionellen Landbaus in voller Höhe benötigt wird. Wenn auch eine vollständige Berechnung eines zu 100 % ökologischen Agrarsystems in Deutschland weit über den vorliegenden Rahmen hinausginge, so kann doch in der Box 7.4 eine kurze Skizze entworfen werden, die nichts anderes zum Ziel hat, als die Probleme deutlich zu machen, auf die ein solches Vorhaben stößt.

Box 7.4 Ökologischer Landbau und Ernährungssicherung

Unterstellt sei ein System mit ökologischem Landbau in der heutigen Form, verbunden mit einer Bevölkerung, die den Konsum tierischer Lebensmittel gegenüber heute stark mäßigt. Beides dürfte einer Gesellschaft mit hohem Gesundheitsanspruch und ebensolchem „ökologischen Gewissen" entsprechen. Unterstellen wir eine (drastische!) Reduktion der Erzeugung und des Konsums tierischer Produkte auf die Hälfte. Die Ackerfläche sinke im Interesse ihrer besseren Durchmischung mit Strukturelementen leicht auf 11 Mio. Hektar, die Grünlandfläche betrage wie heute 4,6 Mio. Hektar. Es gebe keinen Außenhandel mit Grundnahrungs- und Futtermitteln. Alle Zahlenwerte pro Jahr werden gerundet. Wohin führen diese Annahmen?

Wie der Leser anhand der Tab. 3.6 und 3.9 und den Ausführungen in den Abschn. 3.4.3.2 und 3.4.4 leicht nachprüft, reduziert sich die Milcherzeugung auf 16 Mio. t bzw. 50 PJ und die von Fleisch und Eiern auf 4,7 Mio. t oder 62 PJ. Der Erhaltungsbedarf* der Rinder beträgt 185 PJ Grund- und 7 PJ Kraftfutter. Milch werde zu 80 % aus Grundfutter (105 PJ) und zu nur 20 % aus Kraftfutter erzeugt (26 PJ). Bei der Rindfleischerzeugung werden die Werte aus Tab. 3.6 einfach halbiert; es resultieren 27 PJ Grundfutter und 22 PJ Kraftfutter. Die Rinderhaltung verbraucht also pro Jahr 317 PJ Grund- und 55 PJ Kraftfutter.

20 % des Ackerlandes werden mit Klee- und Luzernegras bestellt mit Erträgen von 6 t TM pro Hektar. Der Aufwuchs enthält 244 PJ an Energie, wovon nach Abzug von 20 % Verlusten 195 PJ für die Ernährung der Rinder zur Verfügung stehen. Das Grünland liefert wie heute im Schnitt 5,6 t TM pro Hektar und damit 450 PJ; nach Abzug von 20 % Verlust 360 PJ. In dem System stehen 555 PJ an Grundfutter zur Verfügung; das Rindvieh konsumiert nur 317 PJ.

8,8 Mio. ha können auf dem Acker mit Nahrungs- und Kraftfutterpflanzen bestellt werden. Natürlich kann nicht nur Getreide angebaut werden – unterstellen

wir dennoch in erster Näherung, dass durchweg Pflanzen mit dem heutigen Flächenertrag des ökologischen Landbaus an Getreide, also 4 t Frischmasse pro Hektar angebaut werden. Es resultiert eine Energieernte von 573 PJ. Oben wurde festgestellt, dass die Rinder 55 PJ Kraftfutter verbrauchen. Reduzieren wir den heutigen Futterverbrauch von Schweinen und Geflügel auf die Hälfte und damit 210 PJ, so entfallen 265 PJ auf Viehfutter, und der für die menschliche Ernährung übrig bleibende Anteil reduziert sich auf 308 PJ.

Wenn sie sehr sorgfältig umgehen und wenig Abfall erzeugen, verbrauchen die 82 Mio. Menschen in Deutschland bei 80 % pflanzlicher Ernährung pflanzliche Lebensmittel im Umfang von 290 PJ. Auf dem Papier scheint die Erzeugung von 308 PJ zu reichen, nicht aber in der Realität. Auf der einen Seite entstehen unvermeidliche Verarbeitungsabfälle, auf der anderen Seite kann, wie schon erwähnt, nicht nur Getreide angebaut werden. Der ökologische Landbau will eine Vielfalt von Feldfrüchten, unter denen zahlreiche eine geringere Flächenproduktivität als Getreide aufweisen. Wenn sie auf so viel Fleisch verzichten, werden sich die Verbraucher dafür eine hohe Vielfalt pflanzlicher Erzeugnisse, Gemüse und Obst, wünschen. Die Lücke durch Importe zu schließen, dürfte in einem ökologisch bewussten Gemeinwesen, wo unter anderem Transporte vermieden werden sollen, keine Option sein.

Wie fast zu erwarten war, führt also selbst ein Verzicht auf 50 % Milch und Fleisch noch nicht zu einem tragfähigen System. Es bedürfte struktureller Änderungen, bei denen auf noch mehr Schweine- und Geflügelfleisch verzichtet werden müsste. Das zweite, vielleicht weniger erwartete Ergebnis unseres kleinen Modells besteht darin, dass es viel zu viel Grundfutter für das Rindvieh gibt; 238 PJ bleiben ungenutzt. Es gibt zu viel Grundfutter, weil neben dem Grünland (das als Futterbasis schon ausreichen würde) Klee und Luzerne auf dem Ackerland angebaut werden müssen, um Stickstoff in das System einzuschleusen. Welche Auswege gäbe es?

• Grünlandextensivierung. Teilweise wäre dies wünschenswert, jedoch besteht eine Grenze dergestalt, dass die laktierenden Kühe insbesondere bei weitestgehendem Kraftfutterverzicht auf intensiv bewirtschaftetes und damit ertragreiches Grünland angewiesen sind.

• Reduktion der Grünlandfläche, etwa durch Aufforstung. Aus Sicht von Naturschutz und Landschaftspflege wäre dies strikt abzulehnen.

- Verzicht auf Nutzung des Klee- und Luzerneaufwuchses als Futter, stattdessen Unterpflügen. Das mag im Einzelfall sinnvoll sein, nicht aber als generelle Lösung. Es gäbe in Ackerbauregionen keine betriebliche Kreislaufwirtschaft und keinen organischen Dünger.
- Mehr Rinder. Vielleicht wäre die beste Lösung, überschüssiges, relativ extensives Grünland mit Mutterkühen und anderen Fleischrindern (Ochsen, Färsen) zu nutzen. Es resultierte paradoxerweise ein höheres Angebot an Rindfleisch. Konsequent durchgedacht, mag ein universelles System ökologischer Landwirtschaft fast nur Rindfleisch bereitstellen. Schweine und Geflügel als direkte Futterkonkurrenten des Menschen müssten fast verschwinden.

Der Leser ist eingeladen, mit Phantasie weitere Schlussfolgerungen zu ziehen, um endlich eine ernsthafte Debatte über ökologische Landwirtschaft im Großen in Gang zu setzen. Mit Rückgriff auf die Ergebnisse des Kap. 6 wird er feststellen, dass das vorgestellte kleine Modell auch deswegen noch nicht funktionieren würde, weil mit 20 % Leguminosen zu wenig Stickstoff eingeschleust würde. Weitere Modifikationen wären erforderlich. Man hat den Eindruck, dass Vertreter des ökologischen Landbaus lieber in ihrer Nische als Minderheit verbleiben als sich der Debatte um eine Verallgemeinerung ihrer Ideen zu stellen.

7.5.10 Warum kein Kompromiss?

Der Ton zwischen konventionellem und ökologischem Landbau ist im Vergleich zu früheren Jahrzehnten gewiss milder geworden, aber die Fremdheit besteht fort. Der konventionelle Landbau akzeptiert den ökologischen als ein Marktsegment – „Wenn eine Gruppe von Verbrauchern solche Produkte wünscht, soll sie sie haben!" Er reagiert aber sofort allergisch, wenn sich der ökologische Landbau als das bessere System geriert, als der „Goldstandard" (RNE 2011), dem alle anderen nacheifern sollten. Dabei sind gar nicht alle Leiter ökologischer Betriebe von der fundamentalen Richtigkeit ihres Systems und der fundamentalen Falschheit des anderen überzeugt. Manche von ihnen haben ihren Betrieb – wenn man es so nennen will – aus Opportunismus umgestellt, weil das Marktsegment ökonomischen Erfolg verspricht. In der Milchkrise des Jahres 2016 mit längst nicht kostendeckenden Preisen für konventionelle Milch flüchten Betriebe in den ökologischen Sektor, um zu retten, was zu retten ist. Andere stellen aus verschiedenen Gründen wieder auf konventionell um. Solche sind natürlich bei den Fundamentalisten auf beiden Seiten wenig beliebt.

Wir haben in diesem Buch schon einmal aus dem „Stechlin" zitiert, weil dieser Roman so viel Weisheit enthält. Auf einer Landpartie um 1895 unterhalten sich zwei ältere Herren, der preußische Graf von Barby und der bayerische Baron Berchtesgaden. Der Bayer ist noch in traditionellem Denken befangen, Barby klärt ihn auf: „Das moderne Leben räumt erbarmungslos mit all dem Überkommenen auf. Ob es glückt, ein Nilreich aufzurichten, ob Japan ein England im Stillen Ozean wird, ob China mit seinen vierhundert Millionen aus dem Schlaf erwacht und, seine Hand erhebend, uns und der Welt zuruft, ‚hier bin ich', allem vorauf aber, ob sich der vierte Stand etabliert und stabilisiert (denn darauf läuft doch in ihrem vernünftigen Kern die ganze Sache hinaus) – das alles fällt ganz anders ins Gewicht als die Frage ‚Quirinal oder Vatikan'.[12] Es hat sich überlebt" (Fontane 1898/1969, S. 146–147).

Hat sich nicht in der Auseinandersetzung zwischen konventionellem und ökologischem Landbau auch manches überlebt? Ist „organischer oder mineralischer Stickstoff" noch die Frage, die ins Gewicht fällt – oder handelt es sich um „Quirinal oder Vatikan"? Hat man nicht in den fast 100 Jahren seit Rudolf Steiners schlesischen Vorträgen dazugelernt?

Umweltschäden durch den konventionellen Landbau und sonstige Probleme entstehen nicht, weil er überhaupt mineralischen Stickstoff verwendet. Austräge in konventionellen Ackerbaubetrieben betragen bei guter Bestandesführung unter 30 kg pro Hektar und Jahr; so groß dürften sie im ökologischen Landbau auch sein.[13] Es ist die gedankenlose bis missbräuchliche Verwendung, die Schäden verursacht. Radieschen und Erdbeeren werden mit Stickstoff gefüllt, bis sie wässrig sind und platzen. Der unkundige Futterbauer streut – entgegen der konventionellen Beratung! – 150 kg N pro Hektar und Jahr, obwohl die Gülle seiner Kühe schon fast genügen würde. Die kritikwürdigen Seiten des konventionellen Landbaus sind in diesem Buch ausführlich beschrieben worden. Die größten Probleme sind die rücksichtslose Ausnutzung des Produktionspotenzials der Landschaft unter Hintanstellung der Bedürfnisse natürlicher Lebensgemeinschaften wie auch des der Naturschönheit bedürftigen Menschen sowie die Formen und die Konzentration der Viehhaltung in gewissen Regionen mit Stickstoff-Austrägen bis zu 250 kg pro Hektar und Jahr. Nicht nur ist es vorstellbar, sondern wird es durch mustergültige Beispiele bewiesen, dass die Landwirtschaft diese Auswüchse vermeiden kann und dabei konventionell bleibt.

Der ökologische Landbau überzeugt gewiss durch seine Ablehnung von Mitteln und Techniken, die teilweise manifest naturschädlich sind, wie chemische Pflanzenschutzmittel.

---

[12] Quirinal wurde in Rom der Palast des Staatspräsidenten des 1870 vereinigten Italien. Der Papst im Vatikan verlor die Macht über seinen bis dahin bestehenden Kirchenstaat in Mittelitalien und musste sich in die heute bestehende Vatikanstadt zurückziehen. Diese Ereignisse beschäftigten das europäische Geistesleben für viele Jahre.
[13] Eine Ausnahme ist die Spätdüngung bei „Qualitätsweizen", vgl. Abschn. 6.5.

Noch mehr überzeugt er jedoch durch sein Prinzip der Mäßigung. Die Abläufe in seiner Viehhaltung und Düngung sind an sich gar nicht darin perfektioniert, die Umwelt nicht zu belasten. Der Stickstoff im organischen Dünger lässt sich erheblich schwieriger kontrollieren als der im mineralischen. Weidegang ist nicht das beste Mittel zur Kontrolle der Stoffkreisläufe. Der ökologische Landbau ist wenig umweltbelastend, weil er insgesamt seine Viehhaltung begrenzt. Nicht technische Tricks verleihen ihm Umweltfreundlichkeit, sondern schlicht das Prinzip der Mäßigung.

Würde der ökologische Landbau auch einen mäßigen Gebrauch leicht von den Pflanzen aufnehmbaren mineralischen Stickstoffs und Phosphors dulden, so würde dies weder seiner Umweltfreundlichkeit noch der Qualität seiner Produkte Abbruch tun. Er könnte damit das Niveau seiner Getreideerträge um 50 % steigern. Die Ertragserwartung bliebe mit etwa sechs Tonnen pro Hektar und Jahr (statt jetzt höchstens vier) in einem Bereich, in dem komplementärer Chemikalieneinsatz zur Bekämpfung luftverbreiteter Schadpilze noch nicht erforderlich wäre. Einem solchen System wäre weniger leicht nachzusagen, vor den Ernährungsbedürfnissen der Menschheit zu versagen.

Ein Dialog zwischen konventionellem und ökologischem Landbau über solche Themen ist nirgends zu beobachten. Jeder meint, recht zu haben. Wie im Abschn. 6.9 beschrieben, muss dem konventionellen Landbau jeder von der Wissenschaft dringend geforderte Schritt zur Umweltentlastung mühsam abgerungen werden. Ökonomische Zwänge und Verflechtungen, Ideologien und politische Macht lassen es zuweilen aussichtslos erscheinen, dort eine Kultur der Mäßigung, der Mäßigung um ihrer selbst willen, zu entwickeln.

Alle Publizistik des ökologischen Landbaus, wie insbesondere die Internetauftritte der Verbände, besteht wiederum darin, sich selbst zu loben – jeder Verband hält sich für noch besser als ein anderer. Diskussionsbedarf über Prinzipien oder gar Zweifel an ihnen oder über die Notwendigkeit von Fortentwicklungen scheint es jedenfalls nach außen hin nicht zu geben.

Es ist zu begrüßen, dass es den ökologischen Landbau als Alternative zum konventionellen überhaupt gibt. Er macht vor, wie man es auch anders tun kann. Das bedeutet jedoch nicht, dass er gegen Kritik immun ist; es muss erlaubt sein, auch ihm Fragen zu stellen. Warum er sich sträubt, von Prinzipien abzurücken, deren Sinn in fast 100 Jahren nicht plausibler wurde, muss er selbst erklären. Fundamentalismus ist gewiss nicht der einzige Grund dafür, vielleicht sogar ein weniger wichtiger. Es scheint, dass Lebensregeln von Minderheiten einfach sein müssen, um ihre Wirkung zu entfalten und den Zusammenhalt der Gruppe zu gewährleisten. In der Tat würde die Zulassung eines mäßigen Mineraldüngereinsatzes sofort endlose Diskussionen darüber eröffnen, was „mäßig" unter jeweiligen Standortbedingungen heißt. Wahrscheinlich käme es zu Schismen zwischen Orthodoxie und Revisionisten und zu Abspaltungen, wie man es aus politi-

scher Geschichte und von Religionsgemeinschaften kennt. Deshalb bleibt man lieber bei der Maxime „Null-Mineraldünger".

So haben wir ein mehrheitliches Agrarsystem, welches auf Kosten der Natur zu viel produziert und ein minderheitliches, welches zu wenig produziert. Dieser deprimierende Schluss lässt den unvoreingenommenen Beobachter nicht von seiner These abrücken (bestärkt ihn vielmehr darin), dass ein Kompromiss zwischen konventionellem und ökologischem Landbau, eine Synthese, bei der die Stärken beider Systeme gebündelt und ihre jeweiligen Untugenden und Schwächen über Bord geworfen würden, vielleicht das Beste aller Landwirtschaftssysteme wäre.

7.6 Lebensstile – Ernährungsweisen

7.6.1 Geschmack versus Moral

Die Lebensstile von Völkern und Kulturen üben einen starken Einfluss auf das Erscheinungsbild und das ökologische Gefüge von Landschaften aus. Dies betrifft die Siedlungsweise, das Mobilitätsverhalten und auch die Ernährungsweise. Mit dieser befassen wir uns im Folgenden. Dabei blicken wir allein auf die physischen Konsequenzen unterschiedlicher Lebensstile – zum Beispiel, dass es in einem Reich der Vegetarier keine Schweine gäbe und damit auch kein Futter für diese erzeugt werden müsste. Dass sich Schweinemäster und Metzger andere Berufe suchen müssten, ist klar, muss aber wie zahlreiche weitere gesellschaftliche Probleme unter soziologischen und ökonomischen Aspekten betrachtet werden.

Eines ist voranzuschicken: Alle Leserinnen und Leser werden sich in einer der besprochenen Ernährungsweisen wiederfinden, mögen sie mehr oder weniger Fleisch essen, Vegetarier oder Veganer sein. Zwar werden nachfolgend gewisse praktische Erscheinungsformen von Lebensstilen kritisch gesehen, die Grundideen auch des Vegetarismus und des Veganismus verdienen jedoch ernsthafte Würdigung; hier wird nichts beurteilt oder gar *ver*urteilt. Allerdings ist es zulässig, ja sogar erforderlich, den Folgen nachzuspüren, die eine jeweilige Ernährungsweise in der Landschaft nach sich zieht. Das ist bei derjenigen, die die breite Mehrheit der Bevölkerung pflegt, nicht schwer – wir brauchen nur auf die Fakten zu blicken. Der Nachdenkliche stellt aber schon aus reiner Neugier die Frage, was es bedeuten würde, wenn *alle* einen anderen Lebensstil hätten, etwa wenn alle Vegetarier wären.

Man soll eine solche Frage nicht einfach mit der Bemerkung abtun, dass wohl niemals alle Vegetarier werden würden. Prognosen sind immer unsicher, besonders wenn sie sich auf die Zukunft beziehen, wie Premier Churchill einmal spitz bemerkte. In der Vergangenheit gab es gelegentlich radikale Wandlungen im Konsumverhalten, die niemand vorausgesehen hatte. Bis zum Ende des 19. Jahrhunderts war es in Mitteleuropa allgemein üblich, Singvögel (grausam) in Netzen oder mit Leimruten zu fangen und zu verspeisen. Krammetsvögel (Wacholderdrosseln, *Turdus pilaris*) waren der Stolz der Küche von Äbtissin Adelheid in Fontanes „Stechlin", die uns schon im Abschn. 3.3 begegnet ist. Auch Oberst von St. Arnaud in „Cecile" meinte zur selben Zeit, dass Krammetsvögel viel zu gut schmeckten, um mit ihnen Mitleid zu haben.

Die Agitation des 1899 gegründeten Bundes für Vogelschutz und seiner Chefin Lina Hähnle benötigte nur zehn Jahre, um diese jahrhundertealte Praxis in tiefste moralische Verdammung zu senken. Seitdem ist nicht nur der Fang von Singvögeln hierzulande tabu, vielmehr ruft sein Fortbestehen in mediterranen Ländern Empörung hervor. Gewiss hat die Abschaffung des Singvogelkonsums keine dramatischen Folgen für das Nutzungsprofil der Landschaft mit sich gebracht, aber Änderungen im allgemeinen Verbraucherverhalten, die dazu in der Lage wären, sind nicht auszuschließen. In Viehhaltung und im Metzgerberuf beobachtet man das Umsichgreifen fleischarmer Lebensstile unter jüngeren Menschen mit Aufmerksamkeit.

Interessant ist, in welcher Form sich die Anhänger von Lebensstilen der Frage ihrer Verallgemeinerung stellen. Die Antworten werden unterschiedlich sein, und zwar vor allem nach Maßgabe dessen, ob und wie stark ethische Überzeugungen mitspielen. Man kann aus unterschiedlichen Gründen vegetarisch leben:

- „Ich esse kein Fleisch, weil es mir einfach nicht schmeckt. Wie es die anderen halten, sollen sie selbst entscheiden." Solange es nur um den Geschmack geht, spielen moralische Aspekte keine Rolle und gibt es keine Pflichten. Der Rotweinliebhaber gönnt dem Weißweinanhänger seinen Genuss und vice versa, niemand will den anderen überzeugen.
- „Ich mag Fleisch, aber ich verzichte darauf, weil es mir selbst guttut, einmal verzichten zu müssen und nicht immer alles zu haben." Dieses *Fastenargument* greift im Allgemeinen temporär während der Fastenzeit und spielt in vielen Kulturen eine Rolle. Hier geht es um Einkehr und Selbstläuterung; das Verhalten der anderen ist wie im voranstehenden Fall nicht so wichtig.
- „Ich verzichte auf den Fleischgenuss, weil ich sehe, welche ökologischen Zerstörungen durch den erforderlichen Futteranbau angerichtet werden, und weil ich sehe, dass unmöglich alle Menschen (besonders wenn es künftig noch mehr werden) den derzeitigen fleischbetonten Lebensstil pflegen könnten, ebenso wie sich nicht alle Menschen den Energieverbrauch der Industrieländer auf nachhaltige Weise leisten könnten." Diese Argumentation enthält zwei Elemente: Zum einen die empirische Vermutung, dass Fleischgenuss schädlich für die Landschaft ist, und zum zweiten, dass solcher Schaden moralisch

nicht zu akzeptieren ist, entweder weil Menschen darunter leiden oder weil Ökosysteme und ihre Pflanzen- und Tierarten ein Eigenrecht auf unbeschädigte Existenz besitzen, oder aus beiden Gründen. Diese Begründung des Vegetarismus ist wie die beiden voranstehenden nicht kategorisch. Sollte sich zeigen, dass die empirische Vermutung falsch oder übertrieben ist, so wäre nach ihr zumindest ein reduzierter Fleischkonsum zulässig.

- „Ich esse kein Fleisch, weil es mir meine Religion vorschreibt. Ich glaube an diese und brauche deshalb keine Begründungen." Pflichten dieser Art beziehen sich typischerweise auf das Fleisch bestimmter Tiere. Muslime dürfen kein Schweinefleisch essen. Bernhard von Clairvaux schrieb seinen zisterziensischen Ordensbrüdern vor, dass sie kein Fleisch von vierbeinigen Tieren essen durften, wohl aber von Vögeln.[14] Ausgedehnte Teichanlagen erlaubten früher in ganz Europa den Verzehr von Fisch während der fleischlosen Fastenzeit. Da in einer säkularen Gesellschaft niemand zu einem bestimmten Glauben gezwungen werden darf, besitzen religiös begründete Pflichten dort keine allgemeine Verbindlichkeit.
- „Ich esse kein Fleisch, weil ich das Töten von Tieren ablehne." Dieses, heute vielleicht geläufigste Argument ist eindeutig ein moralisches. Hier geht es nicht um Geschmack, sondern um richtig oder falsch, um gut oder böse. Im Reich der Moral gibt es keine Beliebigkeit. Wer davon überzeugt ist, moralisch zu handeln, sieht in gegenteiligem Handeln Unmoral. Er oder sie würden mindestens wünschen, dass alle anderen die eigene Moral übernehmen würden, manche würden es sogar gern erzwingen.

Wer also seinen Lebensstil nicht als Geschmackssache ansieht, sondern moralisch begründet, der muss sich die Frage vorlegen, welche empirisch-faktischen Konsequenzen es hätte, wenn alle anderen Menschen seiner Moral folgen würden, was er ja nur wünschen kann. Es macht also Sinn zu untersuchen, welche Folgen es für die Landschaft hätte, wenn abweichende Ernährungsweisen universell übernommen würden.

7.6.2 Hoher Konsum tierischer Produkte – die heutige Situation

Blicken wir auf die Ergebnisse des Kap. 3 zurück: Zwei Drittel der in der deutschen Landwirtschaft geernteten Pflanzensubstanz wird als Tierfutter verwendet. Gemittelt über alle Nutztierarten und Erzeugungsrichtungen ist der Energiegehalt dieses Futters fast siebenmal so groß wie der der tierischen

---

[14] Das hinderte die Erbauer des Klosters Zinna südlich von Berlin nicht daran, eine Küche zu dimensionieren, in der man ein ausgewachsenes Wildschwein am Spieß braten konnte.

Erzeugnisse, die die Menschen konsumieren. Sehr pauschal und vereinfacht: Wenn das ganze Tierfutter auch als Nahrung für den Menschen geeignet wäre, könnten damit siebenmal so viele Personen satt werden wie mit den tierischen Produkten. 32 bis 35 % der in Deutschland durchschnittlich konsumierten Nahrungsenergie bestehen aus tierischen Produkten. Die Ernährungswissenschaft ist sich einig, dass eine Reduktion insbesondere des Fleischkonsums für die menschliche Gesundheit nur vorteilhaft wäre.

Im genannten Kapitel wurde jedoch differenziert: Ein erheblicher Teil der in der Landwirtschaft geernteten Pflanzenmasse ist *nicht* für den Menschen geeignet, nämlich der von Wiesen und Weiden. Würde es die Not erfordern, könnte ein Teil davon, das „fakultative Grünland", zu Acker umgebrochen werden, um pflanzliche Menschennahrung, etwa Getreide zu erzeugen. Es gibt jedoch Konsens in der Gesellschaft, dass dies landschaftsökologisch unerwünscht wäre. Das Grünland soll flächenmäßig erhalten bleiben. Aber auch über die Hälfte des Ackerlandes dienen der Futtererzeugung. Dort besteht eine direkte Nahrungskonkurrenz zwischen Tieren und Menschen.

Die Transformation von Futter in tierische Nahrungsmittel ist je nach Tierart und Erzeugungsrichtung unterschiedlich effizient. Die Erzeugung von Eiern, Geflügel- und Schweinefleisch ist energetisch relativ günstig, jedoch verlangt die schiere Menge der Erzeugung große Flächen, fast 30 % der Ackerfläche dient der Schweine- und Geflügelfütterung.

Die Erzeugung von Rindfleisch durch Mutterkuhhaltung und Mastbullen ist demgegenüber energetisch außerordentlich ineffizient. Während dies bei der Mutterkuhhaltung kaum Anlass zu Kritik gibt, weil deren Zweck auch in der Pflege extensiven und landschaftsökologisch höchst erwünschten Grünlandes liegt, muss in der Bullenmast auf Ackerland eine erhebliche Belastung der Landschaft gesehen werden. Hinzu kommt die wenig tiergerechte Haltung im Stall.

Kann man sagen, dass der luxuriöse Lebensstil der deutschen Verbraucher mit einem hohen Anteil der Nahrungsenergie in Form tierischer Produkte die direkte und alleinige Ursache für die ökologische Überlastung der Agrarlandschaft ist? Wie nachfolgend genauer betrachtet, würde schon eine mäßige Reduktion des Konsums tierischer Nahrung den Produktionsstress in der Landschaft deutlich reduzieren, daran ist kein Zweifel. Es stehen jedoch auch andere Möglichkeiten der Entstressung offen. Ein Verzicht auf den technisch zweifelhaften Energiepflanzenanbau (Abschn. 7.4) sowie auf die gesamtwirtschaftlich wenig überzeugenden Ausfuhrüberschüsse an Agrarprodukten (Abschn. 4.6, Box 4.2) würde schon genügend Fläche bereitstellen, um anspruchsvolle Programme der Extensivierung und ökologischen Aufwertung der Agrarlandschaft zu ermöglichen.

Man darf also resümieren, dass – beinahe unerwarteterweise – sogar der bestehende Lebensstil mit einem deutlich höheren Niveau an Landschaftsqualität und Naturschutz vereinbar wäre, wenn andere Fehlentwicklungen korrigiert würden.

7.6.3 Reduzierter Konsum tierischer Produkte

Hier wie auch in den folgenden Abschnitten über Vegetarismus und Veganismus erfolgt die Argumentation cum grano salis. Es wird vorausgesetzt, dass sich Lebensstil und Produktionsstruktur in der Landschaft entsprechen. Eine Perspektive, wonach zwar im Inland kein Fleisch mehr gegessen, aber dennoch nicht weniger Fleisch erzeugt wird, um es zu exportieren, macht keinen Sinn. Indirekt wird daher vorausgesetzt, dass es sich bei den jeweils diskutierten Änderungen des Lebensstils mehr oder weniger um globale Tendenzen handelt, wenn auch unter starken Intensitätsabstufungen in unterschiedlichen Kulturen und Entwicklungsstadien.

Die Deutsche Gesellschaft für Ernährung empfiehlt einen durchschnittlichen Fleischkonsum pro Person, der bei der Hälfte des derzeitigen in Deutschland liegt. Wird bedacht, dass der Fleischkonsum ungleichmäßig verteilt ist und manche Verbraucher, insbesondere Männer, noch wesentlich mehr als der Durchschnitt essen, so liegt nahe, dass diese ungesund leben.

Eine graduelle Minderung des Konsums von Fleisch und anderen tierischen Produkten verlangte keinerlei fundamentale Lebensumstellung und auch keinen Wandel ethischer Wertungen. Es würde einfach der Konsumstil wieder Einzug halten, der noch vor wenigen Jahrzehnten selbstverständlich war und damals nicht als mangelhaft empfunden wurde. Fleisch wäre nicht mehr so alltäglich wie heute, sondern wieder etwas Besonderes.

Wichtig ist die Beachtung struktureller Aspekte. Werden Milcherzeugnisse weiterhin konsumiert, so fällt Rindfleisch als Kuppelprodukt an.[15] Zusätzliches und besonders qualitätsvolles Rindfleisch plus begrenzte Mengen von Schaffleisch ergeben sich aus der landschaftsökologisch zwingenden Beweidung und Pflege von Extensivgrünland. So besteht eine unvermeidliche Sockelversorgung mit Rindfleisch.

In Großvieheinheiten umgerechnet, stellen Rinder fast 70 % des Viehbestandes in Deutschland dar. Soweit Umweltbelastungen an *Bestände* von Tieren geknüpft sind, wie etwa die Belastung der Atmosphäre mit Ammoniak und Treibhausgasen, wäre also eine Reduktion der Rinderzahlen besonders effektiv für den Umweltschutz. Gewissen medizinischen Erkenntnissen zufolge ist der Konsum von Rindfleisch risikoreicher als der von anderen Fleischarten. Diese Aspekte würden dafür sprechen, vorzugsweise Rindfleisch einzusparen.

Vom Fleischkonsum in Deutschland entfallen jedoch nur 12 % auf Rindfleisch. Hinzu kommen die unvermeidliche

---

[15] Es fällt umso weniger an, je höher das Milchleistungsvermögen der Kühe ist. Zwei Kühe mit je 4000 kg Milch pro Jahr liefern doppelt so viel Rindfleisch wie eine Kuh mit 8000 kg.

Koppelung mit Milchprodukten und die Anforderungen der Landschaftspflege. Der Forderung, nur weniger *Fleisch* zu konsumieren (nicht generell weniger tierische Produkte), kann unter den genannten Umständen beim Rindfleisch in Deutschland nur begrenzt entsprochen werden.

60 % des in Deutschland konsumierten Fleisches ist Schweinefleisch. Der Forderung, weniger Fleisch, nicht aber weniger Milchprodukte zu konsumieren, kann also überwiegend durch eine deutliche Reduktion der Schweinebestände entsprochen werden. Das würde traditionellen deutschen Verbraucherwünschen zwar weniger entgegenkommen, erforderte aber keine komplizierten physischen Umstellungen der Produktion. Eine Zurückhaltung auch beim Konsum von Milchprodukten würde erlauben, auch die gekoppelte Rindfleischerzeugung zu reduzieren.

Schon eine mäßige Reduktion des Fleischkonsums hätte eine überproportionale Entlastung der Landschaft zur Folge wegen des oben mehrfach dargestellten Multiplikatoreffektes: Wird nur eine Einheit Fleisch weniger erzeugt, so wird ein Vielfaches dessen an Futter entbehrlich.

7.6.4   Vegetarismus

Wie allgemein verstanden, sei Vegetarismus definiert als eine Lebensweise, die auf das Töten von Tieren und damit den Konsum von Fleisch verzichtet, tierische Erzeugnisse, die ohne das Töten gewonnen werden, wie Milchprodukte und Eier, jedoch zulässt. Inwieweit auch auf Fisch verzichtet wird oder nicht, kann im vorliegenden Zusammenhang offenbleiben.

Es darf davon ausgegangen werden, dass Erwachsene und Kinder durch eine derartige Kost vollwertig ernährt werden; tierisches Eiweiß sowie vorzugsweise in tierischer Nahrung vorhandene Spurenstoffe und Vitamine sind vor allem in Milchprodukten hinreichend vorhanden. Was wären die Folgen für die Landschaft, wenn *alle* Menschen Vegetarier würden?

Es gäbe keine Schweine, kein Mastgeflügel und keine Bullenmast. Sämtliches Futter für diese wäre entbehrlich, etwa 40 % des Ackerlandes könnte anderen Verwendungen zugeführt werden, wie der Erzeugung pflanzlicher Nahrungsmittel und nachwachsender Rohstoffe, soweit der gewonnene Spielraum nicht für eine allgemeine Extensivierung der Agrarerzeugung genutzt würde.

Auf dem Ackerland würde nur das Futter für die Legehennen in vollem Umfang und das für das Milchvieh – überwiegend Rinder, aber gegebenenfalls auch Milchschafe und -ziegen – anteilig erzeugt, Letzteres als Kraftfutter in Ergänzung zum Futter vom Grünland. Je stärker sich die Milcherzeugung auf das Grünland konzentrierte, was aus mehreren Gründen durchaus wünschenswert wäre, umso größer würde die Gefahr, dass in reinen Ackerbaugebieten Tiere und damit organischer Dünger fehlten (wie es jetzt schon der Fall ist). In einem System des ökologischen Landbaus, in dem die Grundfuttererzeugung

und damit die Milchviehhaltung im Ackerbau erfolgen muss, käme wiederum die Erhaltung des Grünlandes in Gefahr.

Eine landschaftsökologisch unwillkommene Konsequenz wäre das Ausbleiben der Mutterkuhhaltung und der Schafhutung*, womit einige der wertvollsten Biotope der Kulturlandschaft, Extensivgrünland und Magerrasen, der notwendigen Pflege entbehrten.

In einem vegetarischen Deutschland wäre somit einerseits eine gewaltige Entlastung des Ackerbaus vom Produktionsstress möglich, andererseits wären hochwertige traditionelle Biotope der Kulturlandschaft, die nur mit Tieren zur Fleischerzeugung genutzt und gepflegt werden können, kaum mehr zu erhalten.

Die größten Probleme stellten jedoch die Tiere selbst. Im Durchschnitt ist jedes zweite Kalb ein kleiner Bulle. Davon werden nur ganz wenige zur Zucht gebraucht – was soll mit der großen Mehrzahl von ihnen geschehen?

Für dieses Problem sind drei Lösungen möglich:

- Durch biotechnische Eingriffe wird dafür gesorgt, dass Bullenkälber gar nicht erst geboren werden. Schon heute gibt es im konventionellen Landbau „gesextes" Sperma, mit dem man bei künstlicher Befruchtung männliche oder weibliche Tiere erzeugen kann. Es ist fraglich, ob ein Vegetarier dies gutheißen könnte. Wer das Töten von Tieren für Unrecht hält, kann sie auch nicht gern zu Objekten biotechnischer Manipulationen werden lassen.
- Die unerwünschten Tiere werden zwar nicht vom Menschen verspeist, womit dem Prinzip des Vegetarismus genügt würde, aber sie werden getötet und anderweitig genutzt, etwa als Futter für Haustiere (wie es heute mit alten Legehennen geschieht). Wer Vegetarier ist, weil er das Töten von Tieren ablehnt, kann sich auch hiermit kaum anfreunden.
- Die nicht nutzbaren Tiere werden geboren und ihnen wird ein artgerechtes Leben geboten. Dies müsste für Millionen Bullenkälber und Abermillionen Stück männliches Geflügel gelten. Für den moralisch denkenden Vegetarier wäre dies die einzige Lösung.

Die Kosten und praktischen Probleme eines solchen Megazoos lassen sich unschwer vorstellen. Das Problem wird verdoppelt, wenn an die nutzbaren Tiere nach Ablauf ihrer Nutzungszeit gedacht wird. Was geschieht mit den alten Kühen und den alten Legehennen? Dieses Problem würde sogar dem über den Kopf wachsen, der sich mit dem „sexen" von Sperma abfinden könnte. Sie frei von Angst und Stress zu töten, wäre für die alten Tiere wahrscheinlich das Beste, aber dann könnte man ihr Fleisch auch nutzen. Wird das Töten nicht mehr leistungsfähiger, aber gesunder Tiere abgelehnt, dann bedarf es riesiger Gnadenhöfe, wie sie in der Pferdehaltung bekannt sind. Dort würden die Tiere unter Aufsicht von Veterinären so lange gehalten, wie ihr Leben lebenswert erscheint, um dann,

Abb. 7.19 Die Tierherde als Begleiter des Menschen in vielen Kulturen: **a** Alpen in Frankreich, **b** Kyrgizstan, **c** Aserbaidschan, **d** Korsika

wie bei Hunden und Stubentieren üblich, mit einer „Spritze" erlöst zu werden. Die extremste Variante wäre, sie in den Gnadenhöfen ihrem Schicksal zu überlassen, um wie wilde Tiere zu verenden. Die ethischen und ästhetischen Aspekte einer solchen Praxis mag man sich ungern vorstellen.

Alle diese Probleme bleiben unsichtbar, solange nur eine Minderheit der menschlichen Bevölkerung Vegetarier ist. Deshalb werden sie auch nirgendwo diskutiert. Ein Vegetarier in moralischer Absicht kann aber nicht mit der Erkenntnis glücklich sein, dass die Mehrheit der Nicht-Vegetarier dafür sorgen wird, dass die aus seinem Lebensstil folgenden Probleme gelöst werden. Die Nicht-Vegetarier verzehren die Tiere, deren Körper die Vegetarier verschmähen, derer Leistungen sie aber bedürfen. Es ist zu vermuten, dass sich die meisten Vegetarier das hier angesprochene Problem nicht vorlegen, weil ihre ethische Überzeugung, mag sie auch vorhanden sein, nur einen Teil der Motive ausmacht, die ihren Lebensstil begründen. Nicht wenige werden auf die Frage, welcher der oben genannten fünf Gründe für das vegetarische Leben bei ihnen zutrifft, antworten, dass alle oder wenigstens mehrere unter ihnen eine Rolle spielen („man soll die Tiere leben lassen und außerdem schmeckt mir kein Fleisch …"). Ein solcher privatistischer Vegetarismus nach dem Motto „lass die anderen tun,

was sie wollen, ich mache da nicht mit" dürfte verbreiteter sein als ein kantischer, der die Verallgemeinerung seines eigenen Handelns bedenkt: „Handele stets nach der Maxime, mit der du zugleich wollen kannst, dass sie ein allgemeines Gesetz werde" (Kant 1785/1969, S. 68).

Trotz allem bleibt das Anliegen des Vegetarismus, keine Tiere für eigene Zwecke zu töten, beachtlich. Es wird auch nicht durch naturalistische Argumente geschwächt, wonach sich der Mensch in der Evolution als Allesfresser entwickelt hat. Dass er das dann auch bleiben sollte, ließe sich nur mit unabweisbaren ernährungsphysiologischen Fakten belegen, die aber gegen den Vegetarismus, so wie hier definiert, nicht vorliegen. Wenn der Mensch vorgeschichtlich angelegte Triebe, wie den zum Töten anderer Menschen, in der Zivilisation mit Einsicht überwinden und ablegen muss, dann müsste er auch in der Lage sein, auf das Töten von Tieren zu Nahrungszwecken zu verzichten. So sehr dies überzeugt, verbleibt doch der Einwand, dass die privatistische Form des Vegetarismus die kulturelle Dimension des jahrtausendelangen Zusammenlebens des Menschen mit seinen Nutztieren ungenügend wahrnimmt (Abb. 7.19). Die bekannteste und Gläubige wie nicht Gläubige in gleicher Weise anrührende

Geschichte des Neuen Testaments erzählt von der Krippe, dem Stall und den Hirten auf dem Felde bei ihren Herden.

„Ich mache da nicht mit" kann auch als Wegducken vor der Realität angesehen werden, in der der Tod – von Menschen und von Tieren – ein unentrinnbarer Teil des Lebens ist. Auch dürfte der Privatismus die Ursache dafür sein, dass die meisten Vegetarier vor den geschilderten, wahrscheinlich unlösbaren oder zumindest exorbitant teuren praktischen Problemen eines universellen Vegetarismus die Augen schließen.

7.6.5 Veganismus

Vegan zu leben heißt, Tiere in keiner Weise zur menschlichen Nahrung heranzuziehen. Es werden auch keine Milchprodukte und Eier verzehrt, die Nahrung ist kompromisslos pflanzlich. Tiere überhaupt nicht für Zwecke zu nutzen (auch nicht für andere Zwecke, wie etwa die Kleidung), ist zunächst ein ebenso unverächtliches Anliegen wie das des Vegetarismus. Ebenso wie dort müssen freilich seine Konsequenzen analysiert werden. Die Gegenmeinung, dass der Mensch Tiere für Zwecke nutzen darf, wenn er sie gut behandelt, ist nicht weniger unverächtlich. Bemerkenswert ist im Übrigen, dass manche Veganer anscheinend weniger Anstoß daran nehmen, dass Menschen andere *Menschen* für Zwecke ausnutzen und ihnen dabei Unrecht und Leid zufügen.

In ernährungsmedizinischer Sicht ist ein gesundes veganes Leben möglich, es erfordert jedoch bedeutend größere Sorgfalt bei der Zusammenstellung der Kost als beim Vegetarismus, vor allem bei wachsenden Kindern. Eltern müssten in der Tat fundierte ernährungsphysiologische Kenntnisse besitzen, wollen sie ihre Kinder nicht Risiken aussetzen, etwa durch unzureichende Kalkzufuhr für das Knochenwachstum, die Folgen für das ganze Leben haben können. Es ist zu befürchten, dass diese Kenntnisse nicht überall vorhanden sind, zumal der Veganismus in der Praxis starke Züge einer Mode trägt. Deshalb raten Fachleute und Behörden von veganer Ernährung ab.

Die Folgen eines universellen Veganismus für die Landschaft wären noch drastischer als beim Vegetarismus. Es wäre überhaupt kein Futter für landwirtschaftliche Nutztiere erforderlich, zwei Drittel der landwirtschaftlichen Fläche wären von dieser Lieferung befreit. Auf dem Ackerland ergäben sich nahezu grenzenlose Möglichkeiten für eine vielseitige, auch gärtnerisch betriebene Erzeugung von Nahrungspflanzen. Da es keine Tiere gibt, gibt es freilich auch keinen organischen

Dünger, es sei denn, man greift zu menschlichen Exkrementen.[16]

Da sich Grünland, ob intensiv oder extensiv, nur durch Tiere nutzen lässt, besäße es keine Funktion mehr. Wenn nicht andere Eingriffe erfolgten, würde es sich wieder bewalden. Veganer würden wahrscheinlich den einen oder anderen Landschaftsökologen (oder auch Förster) finden, der eine solche Entwicklung gutheißen würde, die meisten Fachleute sowie große Teile der Bevölkerung würden dies jedoch als Verlust eines wertvollen Elements der Kulturlandschaft bedauern. Ein Drittel aller in Roten Listen geführten gefährdeten Gefäßpflanzen Deutschlands lebt auf dem Grünland. Zentrale Naturschutzpflichten Mitteleuropas blieben unerfüllt, sehr viele Tier- und Pflanzenarten gerieten in noch größere Gefährdung als jetzt schon oder stürben aus. Erneut wird erkennbar, wie sehr der Mensch und seine Nutztiere über Jahrtausende in der Kulturlandschaft zusammengehörten. In einem veganen Reich käme es zu einer völligen Umwälzung der Landschaft.

Der Veganismus besitzt den Vorteil, eine schlichte Lehre zu sein, was unzweifelhaft Teil seines Erfolges als Mode unter jüngeren Leuten ist. Die geschilderten Probleme des Vegetarismus in Bezug auf die Tiere fallen fort, weil es gar keine Tiere gibt. Der Veganer wird dem Vegetarier vorhalten, dass dessen Probleme die Folge von Inkonsequenz seien: Tiere „ein wenig" zu halten und dann nicht zu wissen, wohin mit ihnen, sei keine Perspektive. Alle Probleme lösen sich, wenn es Nutztiere gar nicht erst gibt.

Wie sehr aber der Veganismus in der Praxis eine unreflektierte Mode ist, erweist sich durch Äußerungen, die schon bei einem Minimum an Nachdenklichkeit nicht fallen würden. In einem Kommentar zu einer kontroversen Internetseite über Milchkonsum schrieb ein Veganer, dass die Milch für die Kälbchen und nicht für uns Menschen da sei. In einer veganen Welt gibt es aber gar keine Kälbchen außer in freier Wildbahn, deren Milch wir Menschen in keiner Weise nachstellen. Rindvieh gäbe es nicht. Eine Umfrage würde mit großer Sicherheit ergeben, dass Veganer auch Anhänger des ökologi-

---

[16] Hierzu Justus Liebig: „In der Festung Rastatt und den badischen Kasernen ist zur Entfernung der Excremente das Tonnensystem eingeführt. Die Abtrittsitze münden unmittelbar durch weite Trichter in Fässer aus, welche auf beweglichen Wagen stehen, so dass alle Excremente, Harn und Fäzes zusammengenommen, ohne allen Verlust angesammelt werden können. Sobald die Fässer sich gefüllt haben, wird ein neuer Wagen untergeschoben. ... Die tägliche Ration eines Soldaten ist 2 Pfund Brot, und die Excremente der verschiedenen Garnisonen von 8000 Soldaten enthalten die Aschenbestandtheile und den Stickstoff von 16000 Pfund Brot, welche auf das Feld gebracht vollkommen ausreichen, um so viel Korn wiederzuerzeugen, als zu diesen 16000 Pfund Brot als Mehl verbacken worden ist" (Liebig 1876, S. 368–69). Wie auch bei anderer Gelegenheit irrt Liebig hier in Bezug auf den Stickstoff, der auch bei sorgfältiger Sammlung der Exkremente zum erheblichen Teil als Ammoniak entweicht.

schen Landbaus sind; Öko-Läden bieten ein breites Spektrum an veganen Produkten an.[17] Wie im voranstehenden Abschnitt näher beschrieben, ist ein zünftiger ökologischer Landbau ohne Tiere aber unmöglich; organischer Dünger und Bodenfruchtbarkeit sind ohne Tiere nicht zu haben. Es ist ein Widerspruch in sich selbst, gleichzeitig Veganer und Anhänger der ökologischen Landwirtschaft zu sein, aber die wenigsten werden sich dessen bewusst sein.

Der Veganismus ist deutlich weniger privatistisch als der Vegetarismus, vielmehr missioniert er teilweise aggressiv, etwa durch die Beschädigung und Überschriftung von Werbeplakaten für Fleisch („go vegan!"), und ähnelt in dieser Hinsicht mancher Agitation für den Tierschutz. Das liegt zweifellos am Durchschnittsalter seiner Klientel. Es mag auch ernsthafte und nachdenkliche Veganer geben, der größere und lautere Teil unter ihnen gehört jedoch nicht dazu.

7.6.6 Fazit

Unser Vergleich der Lebensstile mit ihrer Wirkung auf die Kulturlandschaft hat ergeben:

- Der gegenwärtige luxuriöse Lebensstil mit hohem Fleischkonsum bedeutet Stress für die Kulturlandschaft. Erstaunlicherweise, wie man fast meinen möchte, bestehen jedoch selbst bei Beibehaltung des Lebensstils Potenziale für eine ökologische Aufwertung der Kulturlandschaft, die bei einer klügeren Politik dem Schwund der Biodiversität energisch entgegentreten könnten.

---

[17] Auf die zuweilen unappetitlichen und nicht nachprüfbaren Rezepturen industriell gefertigter veganer Produkte sei hier nicht eingegangen.

- Jede Umorientierung in der Bevölkerung in Richtung auf eine graduelle Minderung des Konsums tierischer Nahrungsmittel käme der Qualität der Kulturlandschaft entgegen. Dies wie bei den folgenden Lebensstilen allerdings nur dann, wenn die entstehenden Spielräume nicht wieder vernutzt werden, etwa durch noch höhere Exportüberschüsse bei tierischen Nahrungsmitteln.
- Solange Vegetarismus und Veganismus nur von Minderheiten gepflegt werden, üben sie natürlich keine Wirkungen auf die Kulturlandschaft aus. Es lohnt sich aber, darüber nachzudenken, welche Folgen es hätte, wenn sie universelle Lebensstile wären, also von allen oder zumindest den meisten Menschen gepflegt würden.
- Ein universeller Vegetarismus hätte überwiegend positive Wirkungen auf die Kulturlandschaft, weil erheblich weniger Futter erzeugt werden müsste. Nicht hinzunehmen wäre aus ökologischer Sicht dagegen der Verlust des extensiven Grünlands wegen des Ausfalls der Fleischrinder- und -schafhaltung und damit der Pflege.
- Die ambivalente Grundstruktur des Vegetarismus – Verbot des Fleischgenusses und damit der Tötung, aber Zulässigkeit der Kuppelprodukte der Tierhaltung – führt in kaum lösbare praktische Probleme des Umgangs mit den Tieren, sobald dieser Lebensstil mehrheitlich oder universell gepflegt wird.
- Der Veganismus vermeidet diese Probleme, indem auf Nutztiere völlig verzichtet wird. Die Einfachheit seiner Doktrin dürfte eine Ursache für seinen derzeitigen Erfolg unter jungen Menschen und Trendsettern sein; ob dieser anhält, muss die Zukunft zeigen. Ein universeller Veganismus würde die traditionelle Kulturlandschaft hinfällig werden lassen, es gäbe weder Grünland noch organischen Dünger. Es wird deutlich, wie stark die Tierhaltung die Kulturlandschaft jahrtausendelang geprägt hat.

In diesem Kapitel werden drei Politikbereiche beschrieben, die die Aufgabe haben, der Kulturlandschaft zu dienen, noch stärkere Belastungen zu vermeiden und Fehlentwicklungen zu korrigieren. Es handelt sich zunächst um das Planungsrecht, speziell die *Landschaftsplanung*, sodann um ein besonders herauszuhebendes Element aus dem Bundes-Naturschutzgesetz, die *Eingriffsregelung*, und schließlich um die Instrumente der *Agrarumweltpolitik* und des *Vertragsnaturschutzes*, mit denen Landwirte direkt angesprochen werden.

8.1 Landschaftsplanung und damit verwobene Rechtsquellen

► **Studienberatung in Goethes Faust I**

Student: „Zur Rechtsgelehrsamkeit kann ich mich nicht bequemen"

Mephistopheles, als Faust verkleidet:

„Ich kann es euch so sehr nicht übel nehmen,
ich weiß, wie es um diese Lehre steht.
Es erben sich Gesetz' und Rechte
wie eine ew'ge Krankheit fort;
sie schleppen von Geschlecht sich zum Geschlechte
und rücken sacht von Ort zu Ort.
Vernunft wird Unsinn, Wohltat Plage;
weh dir, dass du ein Enkel bist!
Vom Rechte, das mit uns geboren ist,
von dem ist leider nie die Frage."

Dass bei Goethe (o. Jg.) der leibhaftige Teufel das Menschenrecht einfordert, ist in der Tat bemerkenswert. Um gleich zu Beginn klarzustellen: Das Recht ist die höchste Leistung und das höchste Gut der Zivilisation. Auch Kant erklärt, dass sich selbst ein Volk von Teufeln Regeln geben würde, „... wenn

sie nur Verstand haben" (Kant 1781/1984, S. 31).[1] Wenn also im Folgenden Kritik geübt wird, dann daran, wie das Recht gehandhabt wird, nie am Recht an sich.

Wer eine Wohnung einrichtet, hat dazu einen Plan, entweder im Kopf oder sogar auf dem Papier. Ebenso der, der einen Garten anlegt. Zwar gibt es nur wenige Städte, die als ganze auf dem Reißbrett geplant wurden (etwa zur Barockzeit), vielmehr spielt bei ihrer Entwicklung und ihrem Wachstum die spontane Evolution meist eine große Rolle – dennoch gibt es Stadtplanung, also Gedanken und Taten dazu, wie die Stadt aussehen sollte. Und natürlich gilt dasselbe für die Landschaft, die im Idealfall nach einem Plan geordnet sein sollte, dessen Elemente jeweils wohlbegründet sind und unter anderem den Zwecken dienen, unterschiedliche Ansprüche von Interessenten gegeneinander auszugleichen und sensible Ökosysteme vor Störungen zu schützen.

An der Notwendigkeit der Planung im Raum – nicht nur in Bezug auf Naturschutz und Landschaftspflege, sondern auch hinsichtlich aller anderen Belange – besteht also kein Zweifel. In Deutschland bestehen beeindruckende Planungssysteme in unterschiedlichen räumlichen Skalen und sachlichen Bezügen. Die durch das Raumordnungsgesetz (ROG) geregelte Raumordnung steht an der Spitze, indem sie den „... Gesamtraum der Bundesrepublik Deutschland und seine Teilräume ... zu entwickeln, zu ordnen und zu sichern ..."

---

[1] Die Textstelle lautet: „Das Problem der Staaterrichtung ist, so hart es auch klingt, selbst für ein Volk von Teufeln (wenn sie nur Verstand haben) auflösbar und lautet so: ‚Eine Menge von vernünftigen Wesen, die insgesamt allgemeine Gesetze für ihre Erhaltung verlangen, deren jedes aber insgeheim sich davon auszunehmen geneigt ist, so zu ordnen und ihre Verfassung einzurichten, daß, obgleich sie in ihren Privatgesinnungen einander entgegenstreben, diese einander doch so aufhalten, daß in ihrem öffentlichen Verhalten der Erfolg eben derselbe ist, als ob sie keine solche böse Gesinnungen hätten.'" Blicken wir auf moderne Spieltheorie, Staatswissenschaft sowie die Theorie der öffentlichen Güter (Box 8.4 am Schluss dieses Kapitels), so ist kein Satz aktueller als dieser von Kant.

© Springer-Verlag GmbH Deutschland, ein Teil von Springer Nature 2018
U. Hampicke, *Kulturlandschaft – Äcker, Wiesen, Wälder und ihre Produkte*, https://doi.org/10.1007/978-3-662-57753-0_8

sucht (§ 1, Aufgaben und Leitvorstellungen). Das ROG weist den größten Teil der hieraus folgenden Pflichten den Ländern und dort wiederum den zuständigen Behörden zu. Diese sollen nach den allgemeinen Vorschriften des § 7 Raumordnungspläne und gegebenenfalls Regionalpläne erstellen, raumordnungswidrige Planungen und Maßnahmen untersagen sowie Raumordnungsverfahren durchführen. Interessant ist, dass die in früheren Fassungen im § 2, Satz 10 verlangte Förderung einer „bäuerlich strukturierten Landwirtschaft" aktuell nicht mehr enthalten ist.[2]

Das Baurecht nach dem Baugesetzbuch (BauGB) regelt zwar überwiegend den Innenbereich von Siedlungen, ist jedoch für Natur und Landschaft durchaus von Bedeutung. Nach jeweils unterschiedlichen Einzelregelungen in den Ländern müssen Gemeinden Flächennutzungspläne, Bauleitpläne und Bebauungspläne erarbeiten.

Die Landschaftsplanung betrifft die Belange der Kulturlandschaft direkt und detailliert. Sie ist heute geregelt in den §§ 8 bis 12 des Bundes-Naturschutzgesetzes (BNatSchG). Allerdings ist sie in Deutschland nichts Neues. Sie erlebte eine erste Blüte in der NS-Zeit, und ihre damaligen Vordenker waren vor allem mit Konzepten für eine deutsch-völkische Neugestaltung der seit 1939 bzw. 1941 eroberten Ostgebiete beschäftigt, die man sich von den vormals dort lebenden Menschen entleert vorstellte, sodass man unbeschwert ans Werk gehen konnte. Dieses Tabula-rasa-Erlebnis, Traum jedes Planers und damals bejubelt, steht heute nicht mehr offen. Die Landschaftsplanung ist wie der gesamte Naturschutz historisch stark belastet; SS-Größen und andere Nazis, deren Hetzschriften kaum wiederzugeben sind, machten bis Mitte der 1960er-Jahre Karrieren als Professoren und hohe Verwaltungsbeamte in der damaligen Bundesrepublik (höchst instruktiv Piechocki 2006).

Das heutige BNatSchG schreibt vor, dass, von gewissen Ausnahmen abgesehen, Landschaftsrahmenpläne überall angefertigt werden müssen. Landschaftspläne müssen erstellt werden, wenn ein Bedarf nach ihnen besteht, sei es, dass in einer Landschaft Veränderungen anstehen, die geplant ablaufen müssen, dass besondere Schutzbedürfnisse für Landschaftsteile bestehen oder aus anderen Gründen. Im Innenbereich von Siedlungen wird der Landschaftsplan durch den Grünordnungsplan ersetzt, der aber nicht angefertigt werden muss.

Der Landschaftsplan enthält vier Elemente: zunächst eine Zustandserfassung der Landschaft, sodann eine Aufstellung von jeweils begründeten Entwicklungszielen einschließlich erforderlicher Prioritätensetzungen. Daran schließt sich ein Soll-Ist-Vergleich an, der die Defizite einer bestehenden Situation gegenüber den Planungszielen erkennen lässt.

Schließlich werden, wiederum detailliert begründet, Erfordernisse genannt und Maßnahmen vorgeschlagen.

Da die Landschaftsplanung im BNatSchG verankert ist und ausdrücklich dem Naturschutz und der Landschaftspflege zu dienen hat, da sie ferner ein wissenschaftliches Fundament durch zahlreiche Lehrstühle und Kapazitäten an Universitäten und Hochschulen besitzt (von Scharen ausgebildeter Kräfte in Planungsbüros ganz abgesehen), möchte man meinen, dass sie die Landschaft zu deren Wohl ordnen sollte. Man fragt sich, wie die in diesem Buch dargestellten Defizite und Missstände in der Landschaft entstehen konnten, ja sich zum Teil noch verstärken, wenn eine Planung nach den soeben dargestellten Regeln erfolgte und *sich die Realität nach ihr richtete*.[3]

Die drei geschilderten Planungssysteme sind bei Weitem nicht die einzigen Rechtsquellen, die das gesellschaftliche Handeln in der Landschaft ordnen. Elemente des landwirtschaftlichen Fachrechtes werden im Kap. 4 und des forstlichen im Kap. 10 genannt. Die wichtige Eingriffsregelung wird nachfolgend vorgestellt. Das EU-Recht spricht überall hinein; zahlreiche Regelungen in der Landschaft sind heute Umsetzungen von Vorgaben der EU. Die FFH-Richtlinie und das Schutzgebietsystem Natura 2000 sind im Kap. 5 angesprochen worden. Ein weiteres sehr bedeutsames Fachrecht in der Landschaft ist das Wasserrecht, ebenfalls EU-geprägt durch die Wasserrahmenrichtlinie (WRRL).

Nicht weniger zahlreich und kompliziert sind die Instrumente zur Durchsetzung der Rechtsmaterien, zur Nachprüfung ihrer Wirksamkeit, zur Planung und Durchführung von wichtigen Einzelvorhaben sowie für Sanktionen. Der Laie versucht sich in der Flut von Kürzeln zurechtzufinden: Nach dem Verwaltungsverfahrensgesetz (VwVfG) ist für fast alle größeren Vorhaben der Infrastruktur ein Planfeststellungsverfahren erforderlich, zweifellos zu Recht. Ein anderes Gesetz definiert die Notwendigkeit und regelt die Durchführung der Umweltverträglichkeitsprüfung (UVP) von Projekten und Maßnahmen, gleiches gilt für die Strategische Umweltprüfung (SUP) sowie die FFH-Verträglichkeitsprüfung. Umfangreiche Vorschriften regeln den Artenschutz. Das Umweltschadensgesetz (USchadG) und das Umwelthaftungsgesetz runden verwaltungs- und zivilrechtlich ab, schließlich gibt es noch einen Katalog von Ordnungswidrigkeiten und Straftatbeständen. Es gibt also für alles Vorschriften (zusammenfassend Gassner 2016).

---

[2] Verglichen werden die Fassungen von 1997, zuletzt geändert 2005 mit der von 2008, zuletzt geändert 2017. Aktuell ist im § 2, Satz 4 nur von der Landwirtschaft im Allgemeinen die Rede.

[3] Der Landschaftsplanung wurde schon in einem Gutachten des Rates von Sachverständigen für Umweltfragen (SRU 1987, Zf. 410–414, S. 139 ff.) Versagen konstatiert, wogegen sich ihre Vertreter verständlicherweise wehren. Die Gerechtigkeit gebietet, zwei Aspekte zu trennen: Versagt sie, weil sie politisch machtlos gehalten wird und gar nichts erreichen *soll*, oder versagen ihre Vertreter an eigentlich lösbaren Aufgaben? In diesem Buch wird weit überwiegend die erste Frage bejaht, nicht ohne hier und da auch die Zunft zu kritisieren. Eine „Erfolgsgeschichte" ist die Landschaftsplanung höchstens im Urteil ihrer eigenen Vertreter (Hoppenstedt und Hage 2017, S. 167).

Auch diese Zusammenstellung kann die Vielschichtigkeit des Regelungswesens in der Landschaft nur unvollkommen wiedergeben, denn in jedem der 16 Bundesländer werden Dinge etwas anders geregelt, um sich vom Nachbarn abzusetzen, und in jedem Bundesland werden Dinge wieder geändert, wenn eine neue Regierung oder auch nur ein neuer Ministerialdirigent antritt. Man beachte allein die endlosen Kataloge von Abweichungen, die sich Bundesländer bei den nicht „abweichungsfesten" Teilen des BNatSchG erlauben. Heerscharen von Juristen und Verwaltungsbeamten pflegen das Gespinst von Vorschriften, die Literatur füllt Bibliotheken, um darin flugs zu veralten. Schöner ist die Landschaft davon nicht geworden.

Wie eingangs festgestellt, sind Recht und Planung Ausdrucke rationaler Realitätsbewältigung und unentbehrlich. Aber ein vernünftiger und durchsetzungsfähiger Rechtsrahmen und Detailregulierungswut sind zwei verschiedene Dinge. Da ist einmal die Überschüttung des Landwirtes mit Bürokratie, die nachvollziehbar Verdruss und Unwillen schafft, an konstruktiven Aktionen wie dem Vertragsnaturschutz teilzunehmen und letztlich nur die Kunst des Unterlaufens von Vorschriften heraufzüchtet. Auf ganz anderem Gebiet wird ebenfalls in die falsche Richtung gerudert. Absolventen des Universitätsstudiums Landschaftsplanung sind notorisch dafür bekannt, unzureichende Kenntnisse über Pflanzen- und Tierarten, Ökologie, Bodenkunde, Geomorphologie, Gewässerkunde und andere Disziplinen zu besitzen, von land- und forstwirtschaftlicher Praxis ganz zu schweigen, obwohl sie alle diese Dinge in ihrem Berufsleben benötigten. Ein Grund dafür ist die Verstopfung des Studiums mit Planungs- und Rechtsmaterial, die eine ernsthafte Beschäftigung mit der Landschaft schon zeitlich nicht mehr zulässt. Die Parallelwelt der Vorschriften ist wichtiger geworden als die Realität. Es gibt Lehrbücher zur Landschaftsplanung, die auf hunderten Seiten Paragraphen aneinanderreihen und für Normalbürger unlesbar sind – die Landschaft selbst kommt darin nicht vor (Köppel et al. 2004).

Von der Universität über die zuständigen Ministerien und Behörden bis zu zahlreichen privaten Planungsbüros verwaltet also ein riesiger Apparat Papier und Computerspiele (→ Box 8.1). Man hat den Eindruck, dass hier eine Maschinerie unter Vollgas leerläuft; die gar nicht so knappen Geldmittel versickern bei Plänemachern, anstatt auf kurzem Wege zu den Praktikern in der Landschaft geleitet zu werden.

Die Wirkung der Landschaftsplanung in der Realität ist mehr als bescheiden, sie ist ein zahnloser Tiger. Warum das so ist und warum andere Rechtsgebiete mit Planungswirkung, wie im Forst, stark sind und ihre Ziele erreichen, das mögen Fachleute beurteilen. Die Waldfläche ist in Deutschland so streng geschützt, dass alle Ansprüche von anderen an ihr abprallen.

Box 8.1 Plauderei mit einem Mitbearbeiter einer Unteren Naturschutzbehörde

„Was arbeitest du den Tag über?" „Ich vergebe Aufträge an Planungsbüros für die Erarbeitung von Managementplänen". „Gib mal ein Beispiel!" „Da ist bei uns ein FFH-Magerrasen, der wächst mit Gehölzen zu und verliert seine schützenswerten Offenlandarten, weil die Beweidung mit Schafen seit Längerem eingestellt ist." „Wie viel Geld kannst du verteilen?" „20.000 €". „Wenn ihr dem Schäfer die 20.000 € gebt, dann lässt er den Rasen wieder beweiden und das Problem ist gelöst. Er freut sich schon darauf." „Darf ich nicht, erst muss ein Managementplan erstellt werden, das verlangt die EU." „Ist der Managementplan eigentlich notwendig?" „Nein, es ist sonnenklar, dass nur die Schafe wieder drauf müssen, so wie es früher war, da gibt es weder was zu managen noch zu planen." „Was kostet der Managementplan, den das Büro anfertigt?" „20.000 €" „Ist das nicht sehr teuer für einen Plan?" „Na hör mal, was glaubst du, wie viele Stunden der Planer im Büro sitzt! Das Büro muss Miete zahlen, Overheads kalkulieren und der Chef will auch was davon abhaben. Außerdem wird da ja nicht bloß wie früher was gemalt, sondern da ist GIS erforderlich, ferner ,Landview', ,Ecopixel', ,Soilexcel', ,Biointeract', ,Speciestrack', ,Waterwatcher', ,Climatecare' und noch mehr Computerprogramme, die kosten allein ein Vermögen". „Wird damit der Plan besser?" „Nein" „Und wenn der Plan fertig ist, gibt es dann Geld für den Schäfer?" „Weiß ich nicht – unser Geld ist dann jedenfalls alle."

Ins Auge springende räumliche Gestaltungsbedürfnisse bleiben unerfüllt, einfach weil der Druck von Interessen stärker ist. Eine Landschaftsplanung, die ihren Namen verdient, hätte längst dafür gesorgt, dass Tierbestände vernünftig im Land verteilt sind, dass mit Stickstoff verantwortungsvoll umgegangen wird. Die Versiegelung von Boden würde eingedämmt. Ferner gäbe es elementare Landschaftsstrukturierungen, wie die Errichtung und Pflege von Gradienten, Abstands- und Pufferstreifen zwischen Äckern und Gewässern. Sensible Ökosysteme würden wirksam geschützt, Ackerbau auf 400.000 ha Moorboden würde mindestens durch Grünland* ersetzt. Äcker vom mehreren hundert Hektar Ausdehnung in Ostdeutschland, auf denen die Winderosion wütet, wären mit Strukturelementen aufgelockert. Es ist unmöglich, eine Hecke zu pflanzen, weil die Eigentümer angeblich nicht „mitmachen". Muss aber eine Straße gebaut werden, werden sie schnell zum Mitmachen bewegt.

8.2 Die Eingriffsregelung des Bundes-Naturschutzgesetzes

Die Inhalte des BNatSchG vollständig zu nennen, ist im Vorliegenden weder möglich noch erforderlich. Schon längst ist festgestellt worden, dass der Naturschutz in Deutschland auf dem Papier wenig Anlass zu Klagen hat (Czybulka 1999). In der Realität sieht es freilich anders aus. Wir greifen ein Detail heraus, dessen Mängel und Stärken sowie dessen Bedeutungswandel im Laufe der Jahrzehnte von besonderem Interesse sind.

Zu den wichtigsten Inhalten des 1976 verabschiedeten BNatSchG gehört die Eingriffsregelung (heute §§ 14 ff.). Das deutsche Naturschutzrecht ist bis heute stolz auf sie. Wer in die Landschaft eingreift, sei er privater Unternehmer oder Behörde, hat diesen Eingriff auszugleichen oder Ersatz zu leisten. Die Grundidee war die der „Naturalrestitution" oder „Realkompensation" – bildlich gesprochen: Wer ein Loch in die Landschaft gräbt, hat es wieder zuzuschütten. Ist das nicht möglich, dann muss er einen seinem Eingriff funktional und räumlich möglichst nahestehenden Ersatz leisten, der die Landschaft zwar nicht gleichartig, aber gleichwertig hinterlässt. Geht auch das nicht, muss er als letzte Möglichkeit eine Ersatzzahlung leisten. Die Regel gilt nicht etwa nur in Naturschutzgebieten, sondern überall, nach einer Novelle im Jahre 1991 in abgewandelter Form auch im Innenbereich von Gemeinden. Absicht war ursprünglich nicht ein offensives Streben nach „mehr Naturschutz", sondern die Sicherung der bestehenden Qualität von Natur und Landschaft und Vorsorge gegen Verschlechterung und Verluste. Ihr Charakter war defensiv (Czybulka 2011).

Im Jahre 2006 feierte der Deutsche Rat für Landespflege in einem Symposium und mit einer Festschrift das 30-jährige Bestehen der Eingriffsregelung, die ein „voller Erfolg" gewesen sei (DRL 2007). Nimmt man das wörtlich, dann hätten Natur und Landschaft in den 30 Jahren florieren und von Einbußen an Vielfalt verschont gewesen sein müssen. Das kann nun abgesehen von positiven Einzelbeispielen insgesamt kaum behauptet werden. Als ein Grund dafür wurde und wird die sogenannte Landwirtschaftsklausel angeführt, nach der die Landbewirtschaftung nach den Regeln der guten fachlichen Praxis keinen Eingriff in die Landschaft darstelle. In Wirklichkeit greift nichts so tief, dauerhaft und folgenreich ein wie die moderne Landwirtschaft. Die Landwirtschaftsklausel ist freilich nicht der einzige Grund für die über lange Zeit mäßige Wirkung der Eingriffsregelung.

Im Festband zu dem genannten Symposium nehmen Beiträge aus der Rechtswissenschaft den ersten Platz ein. Der führende Beitrag schildert bezeichnenderweise nicht die Evolution der *Ergebnisse* der Eingriffsregelung, sondern die Evolution der Vorschriften zu ihr. Doch nicht nur im Festband: die Eingriffsregelung ist der Anknüpfungspunkt, an dem sich die Rechtswissenschaft der Landschaft und dem Naturschutz

zuwendet. Gleiches gilt für die Landschaftsplanung, die sich, wie schon oben erwähnt, auch lieber den Vorschriften über die Natur als dieser selbst widmet, während Ökologen im Felde gewöhnlich eher auf die oft mangelnde Qualität der Ausgleichs- und Ersatzmaßnahmen hinweisen.

Unter Ökonomen war die Eingriffsregelung nie ein aufregendes Thema. Das ist bemerkenswert und bedauerlich, weil dort weitgehend unbemerkt von der Öffentlichkeit sehr hohe Geldsummen fließen. Da nichts dokumentiert wird, ist die Eingriffsregelung hinsichtlich der Geldströme eine diskrete Angelegenheit zwischen Ausgleichspflichtigen, den zuständigen (in der Regel Unteren Naturschutz-) Behörden, den für Biotopkartierungen und Gutachten eingeschalteten Landschaftsplanungsbüros sowie weiterer Akteuren, die sich mit der Zeit etabliert haben. Bedingt durch knappe Fläche und oft solvente Eingriffsverursacher scheint es bis heute einen strukturellen Anreiz zu geben, möglichst viel Geld auf kleiner Fläche loszuwerden. Was dort an Kosten für die Herstellung von Gehölzen und Grünland genannt wird, bewegt sich teilweise beim zehnfachen der Kalkulationswerte des KTBL (2012), bedingt wohl auch dadurch, dass neben der technischen Herstellung Scharen von Planungsbüros, Sachverständigen und Rechtsanwälten mitverdienen. Es wird vermutet, dass die Geldsummen, die im Rahmen der Eingriffsregelung bewegt werden, dieselbe Größenordnung besitzen wie staatliche Naturschutzetats. Da wäre natürlich eine Art Controlling über die Effizienz der eingesetzten Mittel mehr als wünschenswert.

Solange die Realkompensation im Vordergrund steht, besteht eine Ineffizienzfalle, in der im Laufe der Jahrzehnte viele Millionen Euro versenkt worden sind. Ein Beispiel: Es gebe einen typischen Eingriff, etwa eine Abgrabung, Sand- oder Kiesgrube oder Ähnliches. Der Betreiber ist verpflichtet, das Gelände nach Ablauf der Nutzung zu „renaturieren" und zusätzliche Maßnahmen zu treffen. Wir sehen darüber hinweg, dass das Gelände im nicht renaturierten Zustand möglicherweise wertvoller für gefährdete Pflanzen und Tiere, zum Beispiel Amphibien sein kann. Das möge nicht der Punkt sein, sondern: ganz in der Nähe gebe es einen höchst wertvollen Biotop, etwa einen Magerrasen, der infolge der aus Geldmangel fehlenden Beweidung seine Qualität zu verlieren droht. Der Eingriffsverursacher muss seine eigene Baustelle mit unter Umständen sehr viel Geld „renaturieren", auch wenn das nur einen geringen ökologischen Mehrwert oder gar keinen erzeugt. Hätte er dasselbe Geld für die Rettung des nachbarlichen Magerrasens ausgegeben und eine dauerhafte Beweidung dort finanziert, wäre es unvergleichlich besser investiert worden. Das darf er nach dem Gesetz aus drei Gründen nicht: Erstens muss er seinen eigenen Eingriff kompensieren, zweitens darf Kompensationsgeld nicht dazu verwendet werden, die Qualität schon bestehender Biotope zu sichern (obwohl jeder Kundige bestätigt, dass solches zuverlässigere Erfolge für die Natur schafft als alle Versuche von Neuetablierungen) und drittens darf es nicht dazu verwendet werden, Biotopen zu dienen, für die ohnehin schon eine Pflegepflicht seitens Dritter besteht. Ist der Magerrasen eine FFH-Fläche, dann besteht eine solche Pflicht, auch wenn sie niemand erfüllt.

Die systematische Hervorrufung von Ineffizienz ist in der Debatte um die Eingriffsregelung nie ein beachtetes Thema gewesen, was nur heißen kann, dass allen Beteiligten ökonomische Effizienz – also die Lenkung knapper Mittel dorthin, wo sie den größten Nutzen stiften – keine wichtige Angelegenheit war. Weit lauter und oft im Recht war die Kritik an fehlender ökologischer Qualität der Maßnahmen. Bäume wurden gepflanzt, wo es schon genug von ihnen gab oder dort, wo sie nicht hingehörten. Ein besonderes Problem ist teils bis heute die Dauerhaftigkeit der Maßnahmen. Oft wurden Biotope angelegt, wie Obstwiesen, Hecken oder Teiche, die eine Pflege benötigen. Fast alles in der offenen Landschaft bedarf irgendeiner Pflege, sei es Beweidung oder Beerntung. Diese wurde nach kurzer Zeit „vergessen", die zuständigen Behörden hatten und haben keine Kapazitäten, die Eingriffsverursacher zur Wahrnehmung ihrer Pflichten zu veranlassen. Dabei schreibt das Gesetz eine Pflege erforderlichenfalls nicht nur ausdrücklich vor, sondern bestimmt, dass die Ausgleichs- oder Ersatzmaßnahme (also Anlage plus Pflege) während der gesamten Zeit, in der der Eingriff wirkt, ebenfalls wirksam sein muss, sonst wäre er ja nicht ausgeglichen. Bei Eingriffen mit nicht absehbarer Lebensdauer, wie etwa dem Bau einer Straße, ist eine solche „Ewigkeitsgarantie" nun ihrerseits problematisch, indem sie einen Schein erzeugt, dem gar nicht genügt werden kann. Davon abgesehen sind Pflege und Instandhaltung der Maßnahmen über einen vernünftig definierten Zeitraum selbstverständlich berechtigte Anliegen.

Zu der Kritik von außen trat solche vonseiten der Eingriffsverursacher hinzu, die, an ökologischen Dingen wenig interessiert, sich einer zuweilen schwerfälligen Bürokratie gegenübersahen. Die Kosten der zu erbringenden Pflichten waren weniger das Problem. Bei privaten Trägern nahmen sie oft nur einen geringen Teil der Kosten der Eingriffe (und der Gewinne aus ihnen) ein, und öffentliche Träger, wie etwa ein Straßenbauamt, hatten und haben keine Schwierigkeiten, sie zusammen mit den Baukosten zu veranschlagen. Wichtiger waren zeitraubende Streite etwa darüber, ob in einem Fall eine Ausgleichs- oder eine Ersatzmaßnahme angezeigt wäre (die Spitzfindigkeiten bei deren Unterscheidung lassen sich unschwer vorstellen). Es mussten sinnvolle Maßnahmen in sachlicher und räumlicher Nähe zum Ausgleich erst gefunden werden und vieles andere mehr, was viel Zeit in Anspruch nahm und im schlimmsten Fall zum „Investitionsstau" führte. So entstand von allen Seiten her ein Druck, die Eingriffsregelung zu effektivieren und vor allem zu flexibilisieren.

Dies geschah zum einen durch mehrere Novellen des BNatSchG. Dabei wurde die Prioritätenrangfolge von Ausgleich und Ersatz (Ersatz nur, wenn Ausgleich nicht möglich ist) abgeschafft, womit sich endlose Streite erübrigten. Aus-

gleich und Ersatz sind seit 2010 gleichwertige Kompensationen. Gewisse, nicht zuletzt parteipolitisch genährte Initiativen, auch die Ersatzzahlung für gleichwertig zu erklären, wurden freilich zurückgewiesen. Damit wäre der Schritt von der immer noch maßnahmenbezogenen Regelung zur reinen monetären Kompensation gegangen worden, den man nicht gehen wollte.

Noch wichtiger war die Entstehung neuer Institutionen in den meisten Bundesländern, wie die *Flächenagenturen*. Ihre Aufgabe ist, Kompensationsobjekte im Vorhinein zu entwickeln und vorzuhalten, auf die Eingriffsverursacher bei Bedarf unbürokratisch und zeitsparend zugreifen können. Die Agenturen bevorraten im *Flächenpool* solche Objekte und Flächen und bieten sie an. Die Abwicklung geschieht typischerweise über *Ökopunkte*. Gemeinsam mit der zuständigen Behörde wird gemäß der Schwere eines Eingriffes ermittelt, wie viele Ökopunkte der Verursacher erwerben und bezahlen muss. Die vorgehaltenen Flächen werden ihrerseits mit Ökopunkten bewertet, auch wird ein Geldwert pro Ökopunkt festgelegt. So wird dann zum Beispiel ermittelt, dass der Erbauer eines Windkraftwerkes x und der eines befestigten Feldweges y Ökopunkte erwerben muss und dass dann eine Streuobstwiese gerade für den ersten und ein Feldgehölz für den zweiten die ideale Kompensation darstellen mag. Die Flächenagenturen sind nicht nur Makler und Mittler, sondern entwickeln auch von sich aus Biotope, um sie bei Bedarf anzubieten. Auch ist möglich, dass Privatpersonen Kompensationsflächen anbieten und dabei je nach Einzelfall sogar an den Ökopunkten verdienen.

Kommentare von ökonomischer Seite, dass Ökopunkte nichts anderes als ein Ersatzgeld („Spielgeld") sind und dass man viel einfacher gleich in Euro kompensieren könnte, werden ungern gehört, weil damit der Eindruck entstehen würde, noch weiter von der immer noch heiligen Kuh der Realkompensation abzurücken. Für den unvoreingenommenen Beobachter ist dagegen klar, dass die – sachlich uneingeschränkt zu begrüßende – Flexibilisierung des Kompensationswesens die Geburtsidee der Eingriffslösung weitgehend verlässt. Wenn heute ein Erbauer eines Windkraftwerkes im Zuckerrübenfeld seiner Kompensationspflicht genügt, indem er 20 Jahre lang Ackerrandstreifen zum Schutz gefährdeter Wildkräuter finanziert, so hat das mit einer Wiederherstellung früherer Zustände vor dem Eingriff (Realkompensation) nicht mehr das Geringste zu tun. Auf dem Zuckerrübenfeld gab es herbizidbedingt schon seit Jahrzehnten keine schutzwürdigen Unkräuter mehr. Der Windkraftbetreiber tut eine „gute Tat", weiter nichts und ist dafür zu loben.

Sachlich sind also im Kompensationswesen große Fortschritte zu erkennen. Auch ist der Druck, frühere Sünden nicht mehr zu tolerieren, stärker geworden; es ist nicht mehr so leicht, sich über Pflegepflichten hinwegzusetzen. Verfolgt man, was die Praktiker des Kompensationswesens etwa in den Flächenagenturen gegen vielfältige und zuweilen kleinlichste Widerstände in der Landschaft erreichen (oder oft besser: erkämpfen), so ist ihnen Hochachtung geschuldet. Der ideologische Ballast ist freilich nicht abgeschüttelt. Begleitet von emotionalem Szenenapplaus wird in der Festveranstaltung[4] geschworen, nie von der Realkompensation abzugehen – am nächsten Tag auf der Exkursion erfährt man, dass die Windkraftbetreiber auf dem Acker im Nordwesten von Berlin ihrer Kompensationspflicht genügen, indem sie 70 km entfernt im Havelland Feuchtwiesen fördern.

Als Fortschritt ist auch der Trend von einmalig-investiven zu langfristigen Vorhaben zu werten. Im Blickpunkt steht hier die Produktionsintegrierte Kompensation „PIK" (Czybulka 2011; Czybulka et al. 2012). Eingriffsverursacher verpflichten sich, über einen längeren Zeitraum (20 oder 25 Jahre) hinweg Agrarbetrieben Zahlungen für Extensivierungen oder andere Vorhaben auf Teilen deren Fläche zu finanzieren, ganz ähnlich den staatlichen Vertragsnaturschutzmaßnahmen. Diese Vorhaben werden von Eingriffsverursachern, kooperationswilligen Agrarbetrieben und zuständigen Behörden gemeinsam konzipiert und wenn möglich wissenschaftlich begleitet. Ein erheblicher Anteil der im Projekt „100 Äcker für die Vielfalt" gesicherten Äcker wird über die PIK finanziert (Abschn. 9.7). Agrarbetriebe sind diesem Modell aufgeschlossen, weil gegenüber staatlichen Fördermaßnahmen im Rahmen der Zweiten Säule weniger Bürokratie und Sanktionsandrohung zu befürchten sind und weil die Finanzierung bei solventen Kompensationspflichtigen großzügiger sein kann – die (unten erläuterte) Regel, dass man keinen Cent über die Kosten hinaus verdienen darf, gibt es jedenfalls nicht. Vom Naturschutz werden die viel längeren Vertragszeiträume begrüßt (20 oder 25 Jahre anstatt nur fünf Jahre bei Vertragsnaturschutzmaßnahmen). Auch wirkt die PIK der gebietsweise immer stärkeren Verknappung landwirtschaftlicher Flächen entgegen. Es wird nicht zusätzlich zu der vom Eingriff betroffenen Fläche noch mehr Agrarland in ungenutzte Biotope geleitet, vielmehr behalten die Agrarunternehmen ihre Fläche. In einer Umfrage zeigte sich, dass allein die Unteren Naturschutzbehörden gelegentlich skeptisch gegenüber der PIK sind, teils mit dem erstaunlichen und völlig unzutreffenden Argument, dass Maßnahmen auf landwirtschaftlichen Flächen nicht prioritär seien. Begreiflicher ist, dass sie bei unzureichender Personaldecke zögern, langjährige Verpflichtungen bei der Betreuung der Agrarbetriebe zu übernehmen.

Zusammenfassend ist also das Kompensationswesen von seiner ursprünglichen Bestimmung abgerückt, Zustände in der Landschaft wieder herzustellen, wie sie vor einem Eingriff bestanden. In intensiv genutzten Landschaften hätte ein solches Prinzip auch keinen Sinn mehr, weil Zustände vor

einem Eingriff aus Naturschutzsicht gar nicht mehr wiederherstellungswürdig sind, wenn nur an das oben genannte Beispiel des Windrades im Zuckerrübenfeld gedacht wird. Stattdessen werden heute echte Naturschutzbeiträge erbracht, die nicht eine gegebene ökologische Qualität der Landschaft erhalten, sondern sie – bei deren im Allgemeinen weit abgesunkenem Niveau – punktuell wieder wirksam heben. Möglich wurde dies durch eine Flexibilisierung, die zwar mit ihrem umständlichen System der „Ökopunkte" in ökonomischer Sicht immer noch auf halbem Wege stecken bleibt, aber dennoch einen großen Fortschritt bedeutet.

Der Fortschritt hat jedoch eine Kehrseite: Eigentlich ist die Gewährleistung eines hinreichenden Umfangs an Naturschutz in der Kulturlandschaft eine Pflicht des Staates im Rahmen der Daseinsvorsorge. Sie hat mit öffentlichen Mitteln zu geschehen. Nicht nur ist zu beobachten, dass bei Akteuren in der Landschaft die Mittel aus der Eingriffsregelung aus den oben erwähnten Gründen willkommener sind als „Staatsgeld" mit seiner immer weiter wuchernden Bürokratie, auch wird mancher Haushaltspolitiker bei chronischer Knappheit über die sprudelnde Geldquelle froh sein und guten Gewissens Mittel, die eigentlich für den Naturschutz da sein sollten, einsparen. So wie man in manchen Bundesländern meint, seinen Pflichten zu genügen, wenn nur noch die FFH-Flächen betreut werden, wird man diese Flächen im nächsten Schritt aus Kompensationsmitteln notdürftig finanzieren.

Der Vergleich, Schulen von den „Knöllchen" der Verkehrssünder zu finanzieren, hinkt gewiss, ist aber nicht so weit hergeholt, wie es zunächst scheint; Schulleitern wird schon heute von Behörden geraten, Geld für den Neuanstrich der Klassenräume bei Eltern oder Sponsoren einzuwerben. Solange die Eingriffsregelung trotz aller Flexibilisierung formal eine private Kompensation für Beanspruchungen der Landschaft ist, bleiben die Bedenken bestehen, dass sich hier der Staat aus einer Pflicht herausstiehlt. Pragmatisch gesehen wird man den Zustand akzeptieren müssen – wenn es brennt, und die eigentlich zuständige Feuerwehr ist nicht da, dann sind auch unzuständige Helfer willkommen. Gottlob gibt es die Eingriffsregelung in ihrer heutigen Form; ordnungspolitisch ist sie dagegen ein Problem.

Das Problem ließe sich heilen, indem der Eingriffsregelung ihr immer noch der den Einzelfall kompensierende Charakter genommen und die von den Ausgleichspflichtigen geforderten Geldsummen von Anfang an in eine Steuer oder Sonderabgabe mit Zweckbindung umgewandelt würden. Auf einen Schlag wären die oben formulierten Bedenken obsolet, denn Staat und „Staatsgeld" finanzierten nun den Naturschutz. Es ist sinnvoll und (vorbehaltlich juristischer Prüfung) verfassungskonform, wenn der Staat einen Teil der für den Naturschutz benötigten Mittel von einer klar definierten Gruppe erhebt, die aufgrund

---

[4] Bei der Festveranstaltung zum zehnjährigen Bestehen des Bundes der Flächenagenturen am 22. September 2016 in Brandenburg an der Havel hielt die Präsidentin des Bundesamtes für Naturschutz eine Rede.

Abb. 8.2 Drei Schriften zwischen 1971 und 1981 zu Landwirtschaft, Umwelt- und Naturschutz: dieselben Themen wie heute. (Mit jeweils freundlicher Genehmigung der Inhaber der Urheberrechte)

Abb. 8.1 Werden wir sie – mit Rachel Carsons Befürchtung aus dem Jahre 1962 – bald ganz entbehren?

ihrer Eingriffe in die Landschaft den Problemen des Biodiversitätsschwundes näher steht als die allgemeine Bevölkerung.[5]

Selbstverständlich dürfen die erhobenen Mittel nicht in einem allgemeinen Steuertopf versickern. Die Sorge darüber ist verständlich, wenn sich auch die massive Ablehnung einer solchen „Naturkasse" seitens der Landschaftsplanung eher aus anderen Motiven speist. Die ursprüngliche pädagogische Idee, der Eingreifer soll „seinen angerichteten Schaden wieder gutmachen", soll wenigstens dem Schein nach fortleben.

Die Bayerische Kompensationsverordnung (KompVO) zeigt, wie ökonomische Effizienz in die Eingriffsregelung Einzug halten kann und zerstreut Bedenken.[6] Von kompensationspflichtigen Eingriffsverursachern wird Geld eingesammelt und dorthin geleitet, wo es den größten Nutzen für den Naturschutz schafft. Hier wird etwas gut gemacht – allerdings kann man es wie auf allen Gebieten auch schlecht machen, womit sich die Bedenken der Landschaftsplanung bestätigen würden.

8.3   Agrarumweltpolitik

8.3.1   Beginn

Die Diskussion um die übermäßige Beanspruchung der Kulturlandschaft durch die moderne Landwirtschaft ist fast so alt wie jene selbst. Seit Ende der 1960er- und verstärkt in den 1970er-Jahren wurde in der alten BRD darüber gestritten, anfangs auf allen Seiten weniger mit elegantem Florett als mit Hau-drauf-Parolen. Kam Kritik von links, also etwa

aus Kreisen der „1968er" oder auch aus der beginnenden Bewegung der Bürgerinitiativen (Vorläufer der Partei der Grünen), dann wurde sofort das Feuer auf die „Ideologen" eröffnet, die angeblich ökologische Sorgen nur als Vorwand benutzten, um die gesellschaftliche Ordnung und insbesondere das Leitbild des bäuerlichen Familienbetriebs zu untergraben. Jedoch kam radikale Kritik vereinzelt, aber wirkungsvoll durchaus auch aus dem konservativen Lager. Das Buch des CDU-Bundestagsabgeordneten Herbert Gruhl (1975) „Ein Planet wird geplündert" bezog sich zwar überwiegend nicht auf die Landwirtschaft, traf sich aber mit der Verurteilung des Wachstumswahns und der ausbeuterischen Ressourcennutzung der Menschheit auf globaler Ebene mit K.W. Kapps (1950/1988) „Soziale Kosten der Marktwirtschaft". Alles kulminierte schließlich in der sensationellen, wenn auch fachökonomisch nicht zu Unrecht kritisierten Schrift „Die Grenzen des Wachstums" des Club of Rome (Meadows et al. 1973). Die erste radikale und weltweit wahrgenommene Kritik an der modernen Landwirtschaft war „Der stumme Frühling" von Rachel Carson (1962/1979). Ihrer Vision einer durch Pestizide zuerst von Insekten und dann von singenden Vögeln entvölkerten Welt kommen heute einige Landschaften beklemmend nahe (Abb. 8.1).

Im Laufe der 1970er-Jahre gewann die Debatte teilweise an Profil und Sachlichkeit. Organisationen wie die Agrarsoziale Gesellschaft, der Deutsche Bauernverband, die Deutsche Landwirtschafts-Gesellschaft (DLG) und andere veranstalteten Symposien und veröffentlichten Schriften mit Titeln wie in der Abb. 8.2.

Die 1980er-Jahre brachten für die damalige Bundesrepublik drei wichtige Ereignisse: In mehreren Beiträgen (1980, 1984) veröffentlichte der Ökologe Wolfgang Schumacher seine Erkenntnis, dass Ackerwildkräuter auf ungespritzten Randstreifen erhalten werden können (Abb. 8.3). Hier wurde erstmals praktisch gezeigt, dass mit geringen Kosten und unter bereitwilliger Mitarbeit der Landwirte im Rahmen der bestehenden Technologie substanzielle Naturschutzleistungen erbracht werden können, also nicht nach dem Motto „zurück in die Steinzeit", wie es um die Kulturlandschaft besorg-

---

[5] Dass keine klar definierte und von der Allgemeinheit abgrenzbare Gruppe betroffen war, war das zentrale Argument des Bundes-Verfassungsgerichtes bei seinem Verbot des „Kohlepfennigs" im Jahre 1994.

[6] In Jahre 2016 scheiterte der Versuch, eine bundeseinheitliche Kompensationsverordnung zu schaffen. Zum Glück gibt es fortschrittliche Verordnungen in Ländern wie Bayern.

Sonderdruck aus „Natur und Landschaft" 55 (1980) Nr. 12, S. 447   Verlag W. Kohlhammer GmbH, Stuttgart

Natur und Landschaft

Zeitschrift
für Umweltschutz
und Landespflege

Verlag W. Kohlhammer   55. Jahrgang Heft 12 Dezember 1980

Wolfgang Schumacher

Schutz und Erhaltung gefährdeter Ackerwildkräuter durch Integration von landwirtschaftlicher Nutzung und Naturschutz *)

1 Einleitung

Nur wenige Pflanzengesellschaften sind in ihrer Entstehung und Erhaltung so sehr vom Einfluß des Menschen abhängig wie die Wildkrautfluren der Äcker, Gärten und Weinberge. Die Bindung dieser gemeinhin als „Ackerunkräuter" bekannten Arten an landwirtschaftliche Kulturen ist so eng, daß die meisten von ihnen ohne den regelmäßigen Eingriff des Menschen nicht existieren können.

Ihre Ausbreitung in Mitteleuropa erfolgte mit der Entwicklung von der waldreichen Naturlandschaft zur extensiv genutzten Kulturlandschaft. Teilweise haben sie sich bereits mit dem Ackerbau der vor- und frühgeschichtlichen Zeit als Kulturbegleiter bei uns eingebürgert und zu eigenen Gesellschaften zusammengeschlossen.

Unsere Ackerwildkräuter sind also nur zum geringeren Teil einheimisch. Überwiegend stammen sie — wie die Wildformen unserer Getreidearten und der Getreideanbau überhaupt — aus den Steppen und Halbwüsten Vorderasiens, andere sind aus dem Mittelmeerraum eingewandert**). Diese Entwicklung hat zweifellos zu einer Bereicherung der heimischen Flora und wohl auch der Kleintierlebewelt beigetragen. Die Ackerwildkräuter sollten aber auch unter kulturhistorischen Aspekten gesehen werden, sind doch viele von ihnen lebende Zeugen alter bäuerlicher Wirtschaftsformen und Kulturen. Nicht wenige waren als Gift- und Heilpflanzen von Bedeutung und sind es z. T. heute noch. Andere wiederum haben mit ihrem auffälligen Blütenflor mehr als zweitausend Jahre lang Äcker und ganze Landschaften geschmückt.

Mit der Intensivierung der Landwirtschaft hat die Wildkrautflora der Äcker, Gärten und Weinberge — als Segetalflora bezeichnet — in den letzten dreißig Jahren ganz erhebliche Änderungen und Verluste erfahren (vgl. u. a. MEISEL, 1972; MEISEL & v. HÜBSCHMANN, 1976; ELLENBERG, 1978). Eine Reihe von Arten sind heute gefährdet, verschollen oder ausgestorben; ehemals häufige Wildkräuter wie z. B. die Kornblume (Centaurea cyanus)***) sind selten geworden oder gebietsweise ganz verschwunden. Die „Roten Listen" der gefährdeten Pflanzenarten der Bundesrepublik Deutschland und der einzelnen Bundesländer belegen diesen Rückgang sehr deutlich (z. B. KORNECK, LOHMEYER, SUKOPP & TRAUTMANN, 1977; KÜNNE, 1974; RAABE, 1975; HAEUPLER, MONTAG & WÖLDECKE, 1976; FOERSTER, LOHMEYER, PATZKE & RUNGE, 1979). So sind von den rund 260 Arten der Segetalflora 72 bundesweit gefährdet oder verschollen.

---

*) Der Druck der Farbfotos wurde ermöglicht durch die freundliche Unterstützung der S t i f t u n g z u m S c h u t z e g e f ä h r d e t e r P f l a n z e n , 5300 Bonn-Oberkassel, Kalkuhlstraße 24.
**) (ELLENBERG, 1978).
***) Lat. Pflanzennamen nach OBERDORFER, 1970.

Abb. 1: Wintergerste mit reichem Vorkommen von Adonisröschen (Adonis aestivalis) auf nicht gespritztem Randstreifen. Blankenheim-Ahrhütte, Juni 1980   (Foto: Außem)

Abb. 8.3 Eine bahnbrechende Leistung für den Naturschutz im Jahre 1980. (Mit freundlicher Genehmigung der Schriftleitung und des Verlages W. Kohlhammer)

ten Menschen oft entgegenscholl. Diese Pioniertat – nicht am Schreibtisch, sondern mit Landwirten in der Eifel – ist bis heute ohne Parallele (Abschn. 9.8).

Im Jahre 1985 veröffentlichte der Rat von Sachverständigen für Umweltfragen (SRU) sein Sondergutachten „Umweltprobleme der Landwirtschaft" (SRU 1985). Die Übergabe des Gutachtens durch den Vorsitzenden des Rates an den damaligen Bundes-Landwirtschaftsminister ist in einem Foto festgehalten. Dem Betrachter kommt es vor, als hätte der Minister den Band mit spitzen Fingern und nur sehr ungern entgegengenommen. Das hohe Renommee des Rates und besonders das seines damaligen Vorsitzenden zwangen dazu, zunächst verbindlich zu tun. Dann aber fielen die Landwirtschaft und alle ihr nahestehenden Kreise über das Gutachten her, in dem alles übertrieben oder ganz unwahr wäre und, ginge es nach diesem, Ernährung und Lebensstandard der Bevölkerung in Gefahr gerieten und der bäuerliche Familienbetrieb unterhöhlt würde. Wer das Gutachten liest, erkennt, dass es auch heute hätte geschrieben werden können; es werden dieselben Themen angesprochen und ähnliche Urteile geäußert wie im vorliegenden Buch. Das ist leider auch so zu verstehen, dass sich in über 30 Jahren wenig an den grundlegenden Problemen geändert hat.

Das dritte bemerkenswerte Ereignis der 1980er-Jahre war, dass sich die Agrarpolitik auf der Ebene der Bundesländer und auch die Europäische Union (EU) der Umwelt ernsthaft annahmen. Angespornt durch die Erfolge Schumachers entwarfen einige Bundesländer die ersten Extensivierungsprogramme, in denen Landwirte mit Zahlungen rechnen konnten, wenn sie bestimmte Maßnahmen oder Unterlassungen trafen, eben auf Herbizide* oder auch auf die übliche Düngung verzichteten. In ihrer Effizienzverordnung (VO (EWG) 797/85) von 1985 ermutigte die EU solche Aktivitäten und kündigte eigene für die Zukunft an.

8.3.2 Übernahme durch die EU

Wie schon im Abschn. 4.7 beschrieben, erfolgte im Jahre 1992 eine Neuausrichtung der europäischen Agrarpolitik, in der die bisherigen künstlich erhöhten Agrarpreise durch Direktzahlungen ersetzt wurden. Zu den „flankierenden" Maßnahmen dieser Reform gehörten Agrarumweltmaßnahmen ganz nach dem Vorbild derer, die in einigen Bundesländern schon bestanden.

Der Übergang von vereinzelten Insel-Lösungen zu einem kohärenten EU-weiten System bezeugt zwar auf der einen Seite einen Bedeutungsgewinn. Auf der anderen Seite entstand jedoch eine erhebliche Bürokratisierung. Wo eine Idee für ein Programm geboren wurde, musste diese erst von der EU „notifiziert" sein, um in die Realität umgesetzt werden zu dürfen. Schon vorhandene Programme mussten abgeändert werden. Ein Grund dafür war die Sorge, Mitgliedstaaten oder

in Deutschland Bundesländer könnten die Zahlungen an die Landwirte dazu missbrauchen, jenen unter Benachteiligung anderer Landwirte Einkommen ohne hinreichende ökologische Gegenleistungen zukommen zu lassen. Dieses Misstrauen gegenüber Geschenken „im grünen Mäntelchen" ist begreiflich, jedoch zeigte die Erfahrung, dass solche Erscheinungen auch unter der Aufsicht der EU noch lange Zeit ein zähes Leben hatten.

Agrarumweltpolitik und Vertragsnaturschutz sind heute Gegenstand der Zweiten Säule der Europäischen Agrarpolitik. Sie werden durch den „Europäischen Landwirtschaftsfonds für die Entwicklung des Ländlichen Raumes" (ELER) gefördert. In Deutschland gibt es für die mehr landwirtschaftlich orientierten Teile eine Rahmenregelung durch die Gemeinschaftsaufgabe „Verbesserung der Agrarstruktur und des Küstenschutzes" (GAK) nach Artikel 91a GG. Hier finanziert nicht nur die EU, sondern auch der Bund mit. Die Länder übernehmen diesen Rahmen in ihre jeweiligen Kulturlandschaftsprogramme (es gibt auch andere Bezeichnungen) und dürfen bei den Honorierungen gewisse Abweichungen vornehmen. Maßnahmen, die vorrangig den Naturschutz betreffen, werden von den Ländern ganz in eigener Regie ergriffen. Dabei müssen sie die Fördersätze der EU ohne den Bund kofinanzieren. Die Vertragsnaturschutzprogramme unterscheiden sich von den Kulturlandschaftsprogrammen darin, dass ihre praktische Organisation nicht den Landwirtschafts-, sondern den Naturschutzbehörden obliegen kann, dass Maßnahmen – sachlich gewiss zu Recht – auf bestimmte Gebietskulissen beschränkt sind und dass eine deutlich intensivere Betreuung der teilnehmenden Betriebe durch ökologische Fachleute erfolgt.

Hinsichtlich Umfang, Finanzierung und Ausgestaltung bestehen große Unterschiede zwischen den Ländern. Da sich Bremen und Niedersachsen sowie Berlin und Brandenburg jeweils zusammengetan haben und sich Hamburg vornehm ganz zurückhält, gibt es 13 verschiedene Programmpakete. Wer sich elektronisch informiert (www.netzwerk-laendlicher-raum.de), gewahrt zunächst eine Flut von Broschüren, Faltblättern und sonstigem Material, bis er sich zu handfesteren Quellen mit Vorschriften, Zahlen über Programme, Anforderungen, Honorierungen usw. vorarbeitet. So gibt es für Nordrhein-Westfalen ein „Anwenderhandbuch Vertragsnaturschutz". Es ist leichter, im Nachhinein nach Ablauf einer Förderperiode einen Überblick zu erhalten. So informiert Freese (2012) detailliert über Maßnahmen, Schwerpunktsetzungen und Ausgaben in der Periode 2007 bis 2014, weitere Auswertungen finden sich in Hampicke (2013, Kapitel 7).

Weiter unten wird auf Probleme des Förderwesens näher eingegangen. Zunächst sei nur festgestellt, dass es außerordentlich kompliziert ist und immer komplizierter wird. Wie schon in der vorangehenden Förderperiode fließen umfangreiche (auch „hellgrün" genannte) Mittel zugunsten der sogenannten „abiotischen" Ressourcen,[7] also in den Boden- und Gewässerschutz, wobei nicht nur viel Geld versickert, sondern auch stets die Frage zu stellen ist, ob die geförderten Maßnahmen nicht als gute fachliche Praxis ohne Honorierung zu verlangen wären. Im Allgemeinen werden die geringeren „dunkelgrünen" Mittel des Vertragsnaturschutzes zielgerichteter eingesetzt. Die Box 8.2 zeigt ausgewählte Beispiele aus dem Rahmenplan der Gemeinschaftsaufgabe für die „hellgrünen" Programme, die Box 8.3 charakteristische „dunkelgrüne" Beispiele aus den Vertragsnaturschutzprogrammen von Bayern und Nordrhein-Westfalen.

Box 8.2 Beispiele für markt- und standortangepasste Landbewirtschaftung im GAK-Rahmenplan 2015–2018
Es gibt sieben Maßnahmengruppen:

A. Förderung der Zusammenarbeit im ländlichen Raum,

B. Förderung des ökologischen Landbaus,

C. Förderung besonders nachhaltiger Verfahren im Ackerbau,

D. auf Dauergrünland* und

E. bei Dauerkulturen*,

F. Förderung besonders nachhaltiger und tiergerechter Haltungsverfahren sowie

G. genetischer Ressourcen in der Landwirtschaft.

Die Finanzierung erfolgt durch die GAK und darin meist zu 60 % vom Bund und zu 40 % von den Ländern. Beispiele:

(B) Landwirtschaftliche Betriebsinhaber, die sich verpflichten, für die Dauer des Verpflichtungszeitraums (mindestens 5 Jahre) im gesamten Betrieb ökologischen Landbau nach der Verordnung (EG) Nr. 834/2007 zu betreiben, erhalten für die Beibehaltung von Gemüsebau 360, für Ackerbau 210, für Grünland 210 und für Dauer- oder Baumschulkulturen 750 € pro Hektar und Jahr.
Landwirtschaftliche Betriebsinhaber, die sich verpflichten, … auf erosionsgefährdeten Ackerflächen des Betriebes Direktsaat- oder Direktpflanzverfahren anzuwenden, erhalten 65 € pro Hektar und Jahr. Die Länder legen erosionsgefährdete Gebiete fest.

(C) Landwirtschaftliche Betriebsinhaber, die sich verpflichten, … Blühstreifen von mindestens 5 Metern Breite (anzulegen), die jährlich mit einer standortangepassten Saatgutmischung be-

---

stellt werden, mit der blütenreiche Bestände etabliert werden können und die Nützlingen, Bienen und anderen Wildtieren als Wirts-, Nahrungs- und Schutzpflanzen dienen können, erhalten 850 € pro Hektar und Jahr. Im Bereich C gibt es vier weitere Schwerpunkte.

(D) Landwirtschaftliche Betriebsinhaber, die … nachweisen können, dass auf den betreffenden Dauergrünlandflächen … mindestens vier verschiedene Kennarten aus einem Katalog von 20 bis höchsten 40 krautigen Pflanzen vorkommen, den die Länder erstellen …, ferner auf den betroffenen Flächen auf jede Form der Bodenbearbeitung außer Pflegemaßnahmen wie Walzen, Schleppen oder Nachmahd verzichten … sowie Art und Datum der auf der Fläche vorgenommenen Bewirtschaftungsmaßnahmen dokumentieren, erhalten 180 € pro Hektar und Jahr. Der Betrag steigt bei sechs Kennarten auf 240 und bei acht Kennarten auf 300 € pro Hektar und Jahr. Es gibt einige weitere Formen der Extensivierung, die honoriert werden können.

(F) Landwirtschaftliche Betriebsinhaber, die sich verpflichten, … Milchkühe, deren Nachkommen in der Aufzuchtphase oder Mastrinder mindestens ein Jahr Sommerweidehaltung zukommen lassen, erhalten 60 € je Großvieheinheit.

Zahlreiche weitere Fördermaßnahmen finden sich in BMEL (2015, Anhang 9). Soweit die jeweiligen Maßnahmen auch als ökologische Vorrangflächen im Rahmen der Verpflichtungen zum Greening ausgewiesen werden, erfolgen Abzüge. Abzüge können auch bei ökologisch wirtschaftenden Betrieben greifen. Detailliertes im Rahmenplan der GAK 2015–2018: https://www.wibank.de/blob/wibank/407488/3ffde75ae295bff07cbcb952bd9e1f5304/gak-rahmenplan-2015-2018-data.pdf.

Box 8.3 Beispiele für Vertragsnaturschutzmaßnahmen in Nordrhein-Westfalen und Bayern
Nordrhein-Westfalen (vns.naturschutzinformationen.nrw.de/vns/de/fachinfo/anwenderhandbuch)

„Extensive ganzjährige Großbeweidungsprojekte" (Paket 5170)
erforderlich sind:

- Größe mindestens 10 ha
- ≤ 0,6 Großvieheinheiten pro Hektar
- keine Düngung
- keine Pflanzenschutzmittel

---

[7] Die Bezeichnung könnte nicht irreführender sein, da sowohl Böden als auch Gewässer höchst belebte Systeme sind.

- keine mechanische Weidepflege vor dem 15. Juni
- Zufütterung im Winter nur bei Futtermangel gemäß Tierschutzrecht
- Einstallung im Winter nur bei extremer Witterung

Weitere Erläuterungen und Regelungen für den Einzelfall finden sich im Dokument. Die Honorierung beträgt 510 € pro Hektar und Jahr.

„Extensive Nutzung von Äckern zum Schutz der Feldflora" (Paket 5000)
erforderlich sind:

- keine flüssigen organischen Düngemittel, keine ätzenden Düngemittel und kein Klärschlamm
- keine Pflanzenschutzmittel
- keine mechanische oder thermische Unkrautbekämpfung
- keine Wachstumsregulatoren
- keine Untersaaten
- keine Ablagerungen
- während des Vertragszeitraums mindestens dreimal Getreide oder andere zugelassene Feldfrüchte

Die Honorierung beträgt 765 € pro Hektar und Jahr. Im Paket 5010 gelten dieselben Anforderungen, zusätzlich jedoch Verzicht auf jegliche, also auch auf mineralische Stickstoffdüngung. Die Honorierung beträgt 1140 € pro Hektar und Jahr. Zu beiden Paketen bestehen umfangreiche Detailregelungen für den Einzelfall und eine hohe Betreuungsintensität.

Bayern (www.stmelf.bayern.de/mam/cms01/agrarpolitik/dateien/massnahmenuebersicht_vnp.pdf)

„Wiesen", extensive Mähnutzung naturschutzfachlich wertvoller Lebensräume
Honorierung bei Einhaltung folgender Erfordernisse:

- Schnittzeitpunkt bis
  01.06. → 230 € pro Hektar und Jahr
  15.06. → 320 €
  01.07. → 350 €
  01.08. → 375 €
  01.09. → 425 €
- Ruhe vom 15.03. bis 01.08. → 300 €
- Nachweis von 6 Kennarten → 320 €
- Zusatz: Verzicht auf Düngung und chem. Pflanzenschutz → 150 €
- Besondere Honorierung von Erschwernissen → 20–680 €

„Acker" extensive Ackernutzung für Feldbrüter und Ackerwildkräuter
Erforderliche Grundleistungen: in der Fruchtfolge kein Mais, keine Zuckerrüben oder Kartoffeln, kein Klee, Kleegras, Luzerne usw., keine Untersaat, mindestens zwei Winterungen Getreide und höchstens einmal Körnerleguminosen* und Brache, Bewirtschaftungsruhe nach der Saat bis zum 30.06.

- Honorierung → 420 €
- Zusatz: keine Düngung → 180 €
- Stoppelbrache → 130 €
- Besondere Honorierung von Erschwernissen → 30–220 €

Die Pakete in Bayern enthalten weitere Einzelheiten.

8.3.3 Probleme

Die nunmehr jahrzehntelangen Erfahrungen mit Agrarumweltmaßnahmen haben Erfolge und Schwächen aufgezeigt. Bevor im Folgenden teils deutliche Kritik an ihrer Ausformung geäußert werden muss, sei aber vorangestellt: „Gut, dass es sie gibt – machen wir sie wieder besser!".

Auf technisch-organisatorische Mängel, die durch klügeres Design leicht zu tilgen wären, gehen wir nur mit wenigen Beispielen am Rande ein, da dieser Aspekt weniger interessant ist. So verlangen bis heute einige Programme schlicht unsinnige Maßnahmen, wie das Mecklenburg-Vorpommersche Programm „Extensive Bewirtschaftung von Dauergrünlandflächen". Darin ist jede Düngung verboten, obwohl ökologisch hochwertiges Grünland durch mäßige Düngung entstanden ist. Offenbar meint man, mäßige Düngung nicht kontrollieren zu können und verbietet sie daher ganz. Ein trostloses Kapitel ist die Herabwirtschaftung der ursprünglich glänzenden Schumacher'schen Idee der Ackerrandstreifen durch mehrere Bundesländer in den 1990er-Jahren. Erst versäumte man, die hier besonders wichtige Sorgfalt bei der Standortwahl walten zu lassen und förderte wertlose Problem-Unkräuter zum begreiflichen Unmut der Landwirte, dann und parallel dazu reduzierte man die Erstattungszahlungen so weit, dass kein Landwirt mehr teilnehmen wollte, um den willkommenen Vorwand zu bekommen, die Programme ganz zu liquidieren, wie es besonders für Brandenburg dokumentiert ist. Erst nach der Jahrtausendwende kam es zur dringend nötigen Renaissance wirksamer Ackerwildkrautprogramme.

Interessanter sind die systematischen Mängel, die nicht auf handwerkliches Unvermögen oder Unwilligkeit der Behörden zurückgehen, sondern entweder auf die Verkennung elementarer ökonomischer Regeln oder tiefere, geradezu verfassungsjuristische Fragen aufwerfen.

8.3.3.1 Kurzfristigkeit

In aller Regel gelten Verträge für fünf Jahre. Man malt sich leicht den Verdruss eines Ökologen aus, der einen Landwirt begleitet und mit ihm schöne Erfolge auf dessen Acker oder Grünland erzielt hat, wenn der Landwirt nach fünf Jahren alles wieder „wegspritzt". Ob aber die Kurzfristigkeit insgesamt so schädlich ist, wie sie im Einzelfall erscheint, ist nicht sicher. Zweifellos gibt es Aufgaben in der Kulturlandschaft, die ihren Wert erst langfristig erhalten und bei denen daher Kontinuität oberstes Gebot ist. Auf der anderen Seite: Sind Angebote finanziell und organisatorisch attraktiv, dann gibt es wenig Grund für einen Landwirt, einen Vertrag nach Ablauf von fünf Jahren nicht zu verlängern oder ihm einen gleichwertigen folgen zu lassen. Auch gibt es Maßnahmen, die durchaus nicht ständig an derselben Stelle durchgeführt werden müssen und bei denen es nur wichtig ist, dass sie überhaupt in hinreichendem Umfang Platz greifen, sei es auch alternierend. Die Kurzfristigkeit der Verträge ist also ein Problem, aber vielleicht nicht das wichtigste.

8.3.3.2 Bürokratie und Sanktionsdruck

Wie auch in vielen anderen Lebensbereichen ist die Bürokratie zu einer Last, ja zu einer zersetzenden Kraft geworden. Dass Landwirte mit Papierkram überhäuft werden und schon aus diesem Grund manches Erfolg versprechende Angebot ablehnen, ist noch das kleinste Übel. Der Eindruck ist schwer abzuweisen, dass manche Behörden erst in zweiter Linie am Erfolg für die Natur interessiert und vor allem anderen bestrebt sind, sich gegenüber höheren Behörden, Rechnungshöfen, der EU-Aufsicht und weiteren gegenüber abzusichern. Die EU und Rechnungshöfe verlangen zunehmend, dass die Erfüllung der den Landwirten obliegenden Pflichten aus den Verträgen in jedem Detail nachprüfbar ist. Maßnahmen, die nach der Erfahrung ökologischer Fachleute langfristig lohnend sein werden, aber kurzfristiger bürokratischer Kontrolle unzugänglich sind, können damit gar nicht ergriffen werden. Es ist bemerkenswert, dass hier jeder Pfennig umgedreht werden soll, während woanders, etwa bei der Ersten Säule, Milliarden ohne Begründung fließen.

Schon die äußere Erscheinung der Verträge ist von einer Art, die den vernünftigen Menschen nur abschrecken kann. Das bis 2014 gültige Thüringische Kulturlandschaftsprogramm (KULAP) umfasste 56 Druckseiten. Davon waren 24 Seiten, also 40 % des Inhalts (!) ein kleingedruckter Katalog von Sanktionen, die solche Vertragsnehmer zu gewärtigen hatten, die sich Verletzungen schuldig machten. Diese waren sortiert nach „fahrlässig", „grob fahrlässig" und „vorsätzlich", nach „einmalig auf einer Fläche", „mehrfach auf einer Fläche", „einmalig auf einer, aber mehrfach auf anderen Flächen", „mehrfach nicht nur auf einer, sondern auf mehreren Flächen", „einmalig pro Jahr", „mehrmals pro Jahr", „einmalig pro Jahr und Fläche, aber mehrfach im Vertragszeitraum", „mehrfach pro Jahr und Fläche und auch

mehrfach auf anderen Flächen im Vertragszeitraum" und so weiter und so fort. So geht das 24 Seiten lang. Beim Neuentwurf des KULAP 2017 besteht der Sanktionskatalog in einer gesonderten Tabelle im Internet. Auf 38 Seiten reihen sich Kürzel, Hieroglyphen und Symbole, die nur die Behörden verstehen und vielleicht auch nur verstehen sollen (https://www.thueringen.de/mam/th9/invekos/kulap2017/sanktionskatalog_gemass_anlage_11_der_forderrichtlinie_-_august_2017.pdf).

Es mag schwarze Schafe geben, die Fördergelder missbrauchen. Einen ganzen Berufsstand im Vorhinein der Erschleichung von Fördergeld zu verdächtigen, wie es aus dem Sanktionssystem nicht anders herausgelesen werden kann, ist freilich ein starkes Stück. Ein funktionierendes Vertragsrecht regelt in Deutschland Verträge über viele Millionen Euro, da ist ein komplizierter Apparat für Streitfälle, in denen es um 200 € geht, völlig überflüssig.

Landwirte, die an Kulturlandschaftsprogrammen teilnehmen, müssen damit rechnen, gründlicher kontrolliert und gegebenenfalls sanktioniert zu werden als ihre Kollegen, die nicht teilnehmen. Wird eine Unregelmäßigkeit erkannt, so folgen empfindliche finanzielle Sanktionen nicht nur dort, wo diese festgestellt werden, sondern für den ganzen Betrieb, auch in Bereichen, die mit ihr gar nichts zu tun haben. Es ist gut nachzuvollziehen, dass ein Landwirt so etwas als Benachteiligung empfindet. Anstatt dass diejenigen, die sich für Natur und Landschaft einsetzen, gelobt und belohnt werden, wickelt man sie noch fester in das bürokratische Gespinst ein. Diese Absurdität führt natürlich dazu, dass man als Landwirt besser gar nicht erst teilnimmt.

Dass die hier geäußerte Kritik nicht die eines einzelnen Querulanten ist, belegen Äußerungen hochrangiger Behörden zu Beginn des Jahres 2017. Das Sächsische Staatsministerium für Umwelt und Landwirtschaft beklagt, dass ELER mittlerweile 24 Verordnungen und 60 Leitlinien auf über 1000 Seiten Regelwerk umfasst, die sowohl Antragsteller wie auch regionale Behörden völlig überfordern. Es zeigt sich, dass die mit viel Aufwand verfolgten und sanktionierten Regelwidrigkeiten von Agrarbetrieben fast nie auf böse Absicht zurückzuführen sind, sondern in aller Regel auf fehlerhafte (und durchaus begreifliche) Anwendung der unübersichtlichen Verfahrensvorschriften. Das Staatsministerium hält das bestehende System für nicht reformierbar und fordert einen grundsätzlichen Neustart für ELER (Kannegießer und Trepmann 2016).

Dieselben Erscheinungen sind auch beim Greening (Abschn. 4.7) zu beobachten. Zweifellos wären die besten Maßnahmen hier die Anlage und Pflege von ökologisch wirklich wertvollen Biotopen, wie Hecken, Feldgehölzen, Säumen und anderen. Deren Umfang wird in der Landschaft auf wenige Zentimeter genau nachgeprüft (!); Fehler bei der Flächenangabe werden streng sanktioniert. Um der Sanktionsgefahr auszuweichen, ziehen es Landwirte verständlicherweise vor, ökologisch weit weniger wertvolle, aber zulässige Dinge als Ausgleichsflächen anzubieten, wie Zwischenfrüchte und den Leguminosenanbau.

8.3.3.3 Anreiz

Bis 2004 konnten Verträge so abgefasst werden, dass teilnehmende Landwirte über die Erstattung ihrer Kosten hinaus einen finanziellen Vorteil von 20 % genießen durften, um ihnen einen Anreiz zur Teilnahme zu bieten. Diese vernünftige Regelung wurde zum 1. Januar 2005 abgeschafft. Von dann ab durften sie nur noch Zahlungen erhalten, die genau ihre Kosten abdeckten, wenn sie die Auflagen des Vertrages erfüllten, also den Mehraufwand an Arbeit und sonstigen Faktoren plus den Wert von Ernteausfällen. Angeblich sah sich die EU zu diesem Schritt durch Regeln der WTO (World Trade Organisation) gezwungen – es würde an dieser Stelle zu weit führen, die ganz anderen Hintergründe darzulegen.

Das neue Regime dokumentiert einen Abgrund von ökonomischem Unverständnis. Jedes elementare Lehrbuch zur Volkswirtschaft führt den Erfolg der marktwirtschaftlichen Ordnung und ihre Überlegenheit gegenüber planwirtschaftlichen Systemen darauf zurück, dass die Teilnehmer am Wirtschaftsleben ihrem Anreiz nachgehen dürfen, Geld zu verdienen und aus diesem Grund einfallsreich und innovativ sind. Schon Adam Smith schrieb: „Wir genießen das Brot des Bäckers und das Bier des Brauers nicht wegen deren Fürsorglichkeit für uns, sondern wegen ihrer Eigenliebe."[8] Würden Landwirte aus Eigenliebe Natur und Artenvielfalt fördern, so wäre das Ergebnis unvergleichlich besser, als wenn sie es wie jetzt in Folgsamkeit bürokratischer und innerlich abgelehnter Vorschriften tun sollen.

Wie alles, kennt auch Smiths Prinzip unerwünschte Auswüchse, und es ist bemerkenswert, dass es erlaubt ist, mit vielen Dingen von zweifelhaftem Wert Geld zu verdienen, nur nicht mit der Förderung der Artenvielfalt. Wer dieser und damit einem der knappsten und wertvollsten Güter dienen will, dem wird gesagt: „Das können Sie gern tun, indem Sie einen Vertrag abschließen, der ihre Kosten deckt. Der Vertrag sorgt aber dafür, dass Sie keinen Cent über Ihre Kosten hinaus verdienen."

Über den fehlenden Anreiz hinaus zeigt die Regelung noch eine andere fatale Wirkung. Sie drückt aus, dass die erbrachte Leistung gar nicht im Mittelpunkt steht. Deren Wert ist nebensächlich. Die Hauptsache ist der ökonomische „Schaden", den der Landwirt erleidet, und für den er „entschädigt" wird. In Wirklichkeit hat der Landwirt keinen Schaden angerichtet, indem er etwas weniger von dem (nicht knappen) landwirtschaftlichen Produkt erzeugt, sondern hat eine Leistung erbracht, indem er die (sehr knapp gewordene) Artenvielfalt in der Kulturlandschaft fördert. So wie er selbstverständlich am erzeugten Weizen Geld verdienen darf und man ihm faire Preise dafür wünscht, sollte er an der Förderung der Biodiversität auch verdienen dürfen. Die behördliche Entschädigungsattitüde verkennt die Gleichwertigkeit der beiden Leistungen Weizen und Biodiversität.

Das Ganze zieht weitere Kreise: Rechnungshöfe halten es für ihre Aufgabe, Erscheinungen wie dem „Mitnahmeeffekt" das Wasser abzugraben. Man stelle sich ein Programm zur Honorierung von artenreichen Blumenwiesen vor. Ein Landwirt habe eine solche Wiese schon immer gehabt, sie verursache ihm keine Kosten und er habe nicht vor, die Blumen durch Intensivierung zu vertreiben. Nach der Logik des Systems verdient er dann auch keine Honorierung, denn er strengt sich nicht an. Zahlungen an ihn werden als „Mitnahme" herabgesetzt, als unnötige Ausgabe öffentlichen Geldes. Sein Nachbar, der sein zuvor artenarm gemachtes Grünland mittels eines Extensivierungsprogramms mit viel schlechterem Erfolg wieder verschönern will, erhält dafür aber eine „Entschädigung". Zieht der Kreuzzug gegen den Mitnahmeeffekt im Interesse behördlicher Sparsamkeit auch viel wohlfeilen Beifall auf sich, so handelt es sich im Sinne wissenschaftlicher Ökonomik um eine der größten Dummheiten, indem sie das Interesse derjenigen Landwirte zertritt, die mit geringsten Kosten und unter besten Voraussetzungen ökologische Leistungen erbringen können. Überall in einer rationalen Wirtschaft, speziell in der Marktwirtschaft zählt das *Ergebnis* einer Handlung, nur im Agrarumweltbereich soll zunächst allein der Aufwand zählen.[9]

Von positiven Ausnahmen abgesehen, ist es in Deutschland[10] in fast dreißig Jahren nicht gelungen, den Zahlungen für Landschaftspflegeleistungen ihren Charakter als minder-

---

[8] „It is not from the benevolence of the butcher, the brewer or the baker, that we expect our dinner, but from their regard to their own interest. We address ourselves, not to their humanity but to their self-love, and never talk to them of our own necessities but of their advantages." (Smith 1776/2000b, The Wealth of Nations, Chapter II, page 15). Smith wird verkannt, wenn er besonders in Deutschland der Propagierung eines dem Gemeinwohl indifferenten oder gar schädlichen personellen Egoismus' geziehen wird. Wie in seinem hierzulande weitgehend unbekannten ersten großen Werk „The Theory of Moral Sentiments" erläutert, besitzen die in einzelnen ökonomischen Transaktionen gewiss an sich selbst denkenden Akteure Gemeinsinn in Gestalt des „impartial spectators" in ihrem Innern, der die Folgen ihrer Handlungen für die Allgemeinheit sehr wohl erkennt (Smith 1759/2000a).

[9] Die Wirtschaftswissenschaft interpretiert den sogenannten Mitnahmeeffekt als die Erzielung einer Rente. David Ricardo (1817/1996) zeigte vor 200 Jahren, dass Bauern auf gutem Boden, der Getreide zu geringeren Kosten als auf schlechtem Boden wachsen lässt, einen Gewinn, das heißt eine Rente erzielen, wenn der Getreidepreis für alle gleich ist. Genauso ist es hier: Werden Wiesenblumen mit einem bestimmten Satz bezahlt, dann erzielt der Bauer, bei dem sie von selbst und kostenlos wachsen, eine Rente gegenüber dem, der dafür Kosten aufwenden muss. Solche Renten sind im Wirtschaftsleben völlig normal, nur im Naturschutz soll es sie nicht geben. Wer dem Bauern die (bescheidene) Rente missgönnt, die er mit Wiesenblumen erzielt und dies als „Mitnahme" herabsetzt, dürfte dem, der am Potsdamer Platz in Berlin ein Grundstück geerbt hat und damit ohne eigene Anstrengung Millionen verdient, dies erst recht nicht gönnen.

[10] Aus Österreich wird zum Teil besseres berichtet.

wertiges Zubrot (das man nur geschickt „abzugreifen" habe) zu nehmen und sie als dem Erlös aus Produktverkäufen gleichrangiges Einkommen zu begreifen.

Man fragt sich, ob sich die Urheber der bestehenden Regeln jemals überlegt haben, wie ein landwirtschaftlicher Betrieb noch Interesse an einem Vertragsabschluss haben könnte. In der Tat ist das Interesse insbesondere gut geführter Großbetriebe an der Teilnahme an Kulturlandschaftsprogrammen zurückgegangen. Mancher mag sich sogar sagen, dass er lieber auf eigene Kosten ein wenig für die Natur tut, als sich der Schikaniererei zu unterwerfen. Dass Verträge nach wie vor geschlossen werden, hat als Hauptgrund, dass die Regel „kein Verdienst über die Kosten hinaus" in der Praxis unterlaufen wird. Dies erfolgt auf verschiedene Weise, zum Beispiel durch die Kalkulation sogenannter Transaktionskosten, also Kosten, die dem Betrieb durch Bürokratie, Termine und Verhandlungen entstehen können und deren wahre Höhe nie nachgeprüft werden kann. Seitdem die Preise für Ackerfrüchte durch den Weltmarkt bedingt ständig in Bewegung sind, müsste man als Entschädigung für Ackerrandstreifen jedes Jahr neue Tarife setzen, da die entgangenen Verdienste der Betriebe ebenso schwanken wie die Getreidepreise. Das ist administrativ unmöglich, also werden, um überhaupt Betriebe zu gewinnen, hohe Entschädigungen angeboten, die den Betrieben in Jahren schwacher Erzeugerpreise mehr Geld zufließen lassen, als sie mit der 20 %-Regelung vor dem 1. Januar 2005 jemals verdient hatten. Der KULAP-Entwurf 2017 für Thüringen sieht für Ackerrandstreifen einen Tarif von 840 € pro Hektar und Jahr vor, während eine detaillierte Berechnung für typische Flächen dieses Landes und durchschnittliche Getreidepreise Kosten von etwa der Hälfte dieses Betrages ansetzt.[11] Auch die in der Box 8.3 ausgewiesene Honorierung für Ackerwildkräuter in Nordrhein-Westfalen übersteigt die betrieblichen Kosten im Allgemeinen erheblich.

Regeln zu setzen, die sich in der Praxis nicht administrieren lassen, ist nicht nur mit Blick auf ihre speziellen, oft kontraproduktiven Resultate bedenklich. Darüber hinaus befördern sie eine Atmosphäre der Regelverdrossenheit im Allgemeinen. Wer im Alltag erlebt, dass bestimmte Regeln nur auf dem Papier stehen und sieht, dass sogar Behörden schummeln müssen, der entwickelt leicht eine laxe Haltung gegenüber allen Regeln, auch denen, deren Einhaltung in einer zivilisierten Gesellschaft zwingend erforderlich ist.

---

[11] Geisbauer und Hampicke (2013). Dem Landwirt sei der hohe Betrag im Sinne des Anreizes und der Anerkennung seiner Leistung durchaus gegönnt – überraschend ist nur, wie offen sich die Verwaltungspraxis hier über Vorschriften hinwegsetzt. Leider führt selbst die fürstliche Honorierung in Thüringen zu keiner hohen Teilnahmebereitschaft, wahrscheinlich wirkt die Abschreckung durch Bürokratie und Sanktionsdrohung stärker. Sehr guter Ackerwildkrautschutz erfolgt in Thüringen mittels der Produktionsintegrierten Kompensation (PIK).

8.3.3.4 Gute fachliche Praxis

Eine sehr wichtige Frage lautet: Wie viel Rücksicht auf Natur und Umwelt muss ein Landwirt auf eigene Kosten walten lassen, ohne dafür eine Bezahlung verlangen zu können, und wo liegt die Schwelle, von der ab Leistungen honorierungswürdig sind? Wie wird diese Schwelle definiert? Hier handelt es sich um eine Frage von verfassungsrechtlichem Rang, denn der Artikel 14 des Grundgesetzes, der das Eigentum garantiert, besagt im Absatz zwei, dass der Gebrauch des Eigentums auch dem Gemeinwohl dienen soll. Seit Jahrzehnten verlangt höchstrichterliche Rechtsprechung insbesondere von Eigentümern und Besitzern von Grundstücken, auf das Wohl der Allgemeinheit Rücksicht zu nehmen. Man darf mit Grund und Boden nicht um des kurzfristigen Vorteils willen und ohne Rücksicht auf andere verfahren. Dies gilt besonders für die Land- und Forstwirtschaft.

Ein Spannungsverhältnis entsteht auf diesem Gebiet daraus, dass es einerseits klare Regeln geben muss, um Streit in Einzelfällen und auch Ungleichbehandlungen zu vermeiden. Auf der anderen Seite befinden sich die gesellschaftlichen Auffassungen über Rechte und Pflichten wie alles andere in beständigem Fluss und in Fortentwicklung. Was gestern noch erlaubt war, kann es aufgrund neuer Einsichten heute nicht mehr sein. Ein wichtiger und umfassend kommentierter Einschnitt war hier das sogenannte „Nassauskiesungsurteil" des Bundes-Verfassungsgerichtes von 1981. Während bis dahin der Besitzer eines Kiesabbaus ein ökonomisches Verfügungsrecht nicht nur über die Fläche, sondern auch über den darunter liegenden Grundwasserkörper besaß, wurde ihm dieses Verfügungsrecht durch das Urteil entzogen. Das Grundwasser hat eine zu große Bedeutung für die Allgemeinheit, um schrankenlos den Interessen eines Grundeigentümers zu Gebote zu stehen. Was dem Betroffenen als Enteignung vorkommt, ist tatsächlich die Geltendmachung von Artikel 14 GG, Absatz zwei.

In der Landwirtschaft definieren die Regeln der guten fachlichen Praxis die Verfügungsrechte der Nutzer. Sie sind in vier Rechtsquellen festgelegt:

- § 5, Absatz 2 Bundes-Naturschutzgesetz
- § 17 Bundes-Bodenschutzgesetz
- Düngegesetz und Düngeverordnung
- Pflanzenschutzgesetz.

Die Düngeverordnung und das Pflanzenschutzgesetz enthalten klare Richtlinien. Mögen, wie im Abschn. 6.9 näher beschrieben, die Regeln der Düngeverordnung auch zu lasch sein, so sind sie aber wenigstens konkret. Das Pflanzenschutzgesetz verlangt nachprüfbare Fachkunde der Anwender, geeignete Geräte, die Dokumentation der verwendeten Mittel und anderes mehr.

Im Gegensatz dazu enthalten die beiden erstgenannten Gesetze äußerst allgemeine, wenn nicht gar überflüssige Aussagen, so Nr. 6 aus § 5, Abs. 2 BNatSchG, dass die Anwendung von Dünge- und Pflanzenschutzmitteln nach Maßgabe des landwirtschaftlichen Fachrechts zu erfolgen habe.[12] Das versteht sich von selbst. Der § 17 BBodSchG enthält weit überwiegend Soll-Aussagen. So sollen Bodenverdichtungen und Bodenabträge „so weit wie möglich" bzw. „möglichst" vermieden werden.

Man fragt sich, was „möglichst" hier bedeutet. Technisch lässt sich Erosion nahezu vollständig vermeiden, es bedürfte nur einer geschlossenen Grünlandnarbe oder Wald. Gemeint kann nur sein, dass Erosion im Rahmen bestehender Ackernutzung so weit zu reduzieren ist, wie es dem Nutzer ökonomisch zumutbar ist. Auf der einen Seite kann man in der Tat schwer Unzumutbares verlangen, auf der anderen Seite ist es aber alles andere als selbstverständlich, dass das, was in einer bestimmten Situation zumutbar ist, auch ausreicht, um „gute fachliche Praxis" genannt werden zu können.

Grundsätzlich dürfen Agrarumwelt- und Vertragsnaturschutzmaßnahmen nur honorieren, was über die gute fachliche Praxis hinausgeht. Für deren Einhaltung auch noch zu bezahlen, wird scherzhaft der Situation gleichgesetzt, dass ein Autofahrer einen Euro dafür erhält, dass er an der roten Ampel auch hält. So klar dieses Prinzip auf den ersten Blick erscheint, so verworren ist aber die Praxis in der Realität:

- Wie erwähnt, ist das Ordnungsrecht weitgehend vage; es ist leicht möglich, sich im konkreten Einzelfall über seine zaghaften („möglichst …") Forderungen hinwegzusetzen. Der Übergang von großzügiger Auslegung des Rechts bis zu seiner offenen Übertretung ist fließend.
- Die Cross Compliance (Abschn. 4.7), also das Recht des landwirtschaftlichen Förderwesens, ist strenger und präziser. Zum Beispiel werden Böden dort in Klassen der Erosionsgefährdung eingeteilt, woraus sich jeweils Auflagen ableiten. Werden diese nicht eingehalten, kommt es zu schmerzhaften Kürzungen der Fördergelder aus der Ersten Säule. Es ist bemerkenswert, dass nicht das *Gesetz* lenkt, sondern das *Zahlungsversprechen*. Der Staatsbürger hält Regeln ein, nicht weil es sich selbstverständlich so gehört, sondern um nicht eines Vorteils verlustig zu gehen.
- Schließlich gibt es umfangreiche Förderungen genau für die Dinge, die Bestandteile der guten fachlichen Praxis sind. In der Periode 2007 bis 2015 flossen über zwei Drittel der Mittel der Agrarumweltmaßnahmen in Maßnahmen zum Schutz der „abiotischen Ressourcen", das heißt des

Bodens und der Gewässer. Das dürfte sich in der laufenden Förderperiode kaum ändern. Werden also doch Autofahrer dafür bezahlt, dass sie an der roten Ampel halten?

Die Frage lässt sich nur auf der Basis einer umständlichen und in sich widersprüchlichen gedanklichen Fiktion verneinen. Nach dieser halten die Landnutzer die gute fachliche Praxis ein, indem sie – über die Beachtung der klaren Vorschriften aus der Düngeverordnung und dem Pflanzenschutzrecht hinaus – Erosion und Gewässerbelastung soweit vermeiden, wie es ihnen wirtschaftlich zumutbar ist. Besser für die Natur ist es freilich, wenn hier noch mehr erfolgt, und das wird eben honoriert. Hier fragt man sich: Warum heißt etwas „gute fachliche Praxis", wenn hunderte Millionen Euro fließen, um die Ergebnisse dieser Praxis zu verbessern oder, korrekter, die Schäden dieser Praxis abzumildern? Wenn das, was die Landnutzer mit „guter fachlicher Praxis" bewirken, tatsächlich gut ist, dann braucht nicht nachgeschoben zu werden, um es zu verbessern. Ist die Verbesserung aber erforderlich, dann ist die Praxis gar nicht gut, sondern schlecht, und man sollte sie so nennen. Sprachlich ist es schon ein Fortschritt, wenn anstelle der „guten fachlichen Praxis" von „Mindestanforderungen" die Rede ist.

Da die Vorschriften etwa zur Ausbringung von Gülle* von Zeit zu Zeit durch Novellen von Düngegesetz und Düngeverordnung verschärft werden, kommt es dazu, dass eine Ausbringungstechnik vor der Verschärfung eine Honorierung genoss, aber nach ihr unhonoriert verlangt wird. Mit der Verschärfung einer Vorschrift (Abschn. 6.9.2) wird nichts anderes ausgedrückt, als dass sie vorher zu lasch war und die Wirtschaft nach ihr *keine* gute fachliche Praxis darstellte. Mit der Verschärfung wird eingestanden, dass mit der zuvor gewährten Honorierung dafür bezahlt wurde, dass schlechte Praxis durch bessere ersetzt wurde – nicht aber dafür, wie es sein sollte, dass über die gute fachliche Praxis hinausgegangen wurde.

In der geschilderten Gemengelage ist von einer Klarheit über die den Landnutzern zugeteilten (oder von ihnen angemaßten) Verfügungsrechte keine Rede. Der Verfasser des vorliegenden Buches hat den bisher unbeachteten Vorschlag gemacht, die Schwelle, von der ab Zahlungen erfolgen, von der Definition der guten fachlichen Praxis zu trennen (Hampicke 2013, S. 206 ff.). Als gute fachliche Praxis sollte definiert werden, was wirklich gut ist, nicht aber, was Betrieben zumutbar erscheint. Gute fachliche Praxis sollte das sein, was von unabhängigen Wissenschaftlern und Fachleuten seit Langem gefordert, aber immer wieder verschleppt wird: Wirksamer Erosionsschutz, Abstandhaltung von Gewässern, Minimierung der Stickstoff- und Phosphorausscheidungen der Tiere, sorgfältigster Umgang mit deren Ausscheidungen im Stall, bei der Lagerung und besonders der Ausbringung, strikte Grenzen der Tierhaltung pro Fläche. Die Dinge sind im Abschn. 6.8 näher erläutert. Sie sollten zwingend gefordert

---

[12] Wie zahnlos der Tiger des § 5 BNatSchG ist, erweist ein Urteil des Bundes-Verwaltungsgerichtes vom 01.09.2016 (4 C4.15). Nr. 5, Absatz 2 besagt „auf erosionsgefährdeten Hängen, in Überschwemmungsgebieten, auf Standorten mit hohem Grundwasserstand sowie auf Moorstandorten ist ein Grünlandumbruch zu unterlassen." Ein Landwirt klagte erfolgreich gegen das gegen ihn verhängte Verbot, eine Grünlandfläche auf Moorboden zu Ackerland umzubrechen. Er darf es höchstrichterlich, denn die Vorschrift normiere Grundsätze der guten fachlichen Praxis in der Landwirtschaft, enthalte aber keinen Verbotstatbestand.

sein, sodass von echter guter fachlicher Praxis gesprochen werden kann. Betriebe, die diese Anforderungen wirtschaftlich nicht erfüllen können, aber sonst zukunftsfähig sind, werden gegebenenfalls durch gezielte Zahlungen dazu in die Lage versetzt. Genau auf diese Weise sind vor Jahrzehnten im technischen Umweltschutz, bei der industriellen und kommunalen Luft- und Gewässerreinhaltung, nach dem vorübergehend gewährten Gemeinlastprinzip große Erfolge in relativ kurzer Zeit erzielt worden.

8.4   Rückblick auf Ordnungsrecht und Agrarumweltpolitik

Trotz der Mühen vieler engagierter Mitarbeiter ist die Landschaftsplanung ein zahnloser Tiger – letztlich weil das politisch so gewollt ist. Man könnte es ändern. Die Eingriffsregelung ist in der Tat bemerkenswert und hat eine interessante Geschichte hinter sich mit hohen Erwartungen und blasser Routine, aber auch wiedergewonnener Stärke. Nicht zuletzt zeigt sich ihre Bedeutung darin, dass sie angegriffen wird – Kräfte, denen Verkehrswege und andere Infrastruktur in der Landschaft alles und die Natur nichts ist, würden sie gern abschaffen. Das ist genug, um sie trotz der oben im Abschn. 8.2 dargelegten Bedenken zu verteidigen.

Agrarumwelt- und besonders Vertragsnaturschutzmaßnahmen haben in den vergangenen Jahrzehnten gewiss auch Erfolge erzielt, besonders dort, wo sie durch kompetente Personen umgesetzt wurden (glänzende Bilanz in Schumacher 2007, auch Abschn. 9.8). Wir wollen nicht alles herunterziehen und schlechtreden. Aber die drei oben diskutierten Punkte wiegen schwer: Bürokratie und Kontrollsucht wirken alles andere als einladend zur Mitarbeit. Die ausdrückliche Verweigerung einer ökonomischen Belohnung für Leistungen zugunsten der Natur schafft einen der Marktwirtschaft systemwidrigen Ausnahmebereich, in dem nicht Leistung, sondern behördliche Zuteilung bestimmend ist. Konsequent umgesetzt, wäre hier jeglicher Anreiz ausgelöscht, nur das Unterlaufen des Prinzips erhält eine gewisse Mitwirkung aufrecht. Und die vage Definition der guten fachlichen Praxis und ebenso vage Bestimmung der Verfügungsrechte der Landnutzer in der Praxis werfen geradezu verfassungsrechtliche Unklarheiten auf. Besonders bedrückend ist, dass zwei der drei besprochenen Hemmfaktoren im Laufe der vergangenen 15 Jahre an Wirkung und Blockadekraft zugenommen haben. Früher gab es weder das heutige Kontrollkorsett noch das Verbot, wirtschaftlichen Vorteil aus Leistungen zugunsten der Natur zu ziehen. Es gab ebenso wie heute vereinzelt Missgriffe und Übertretungen, aber gewiss keine massenweise Subventionserschleichung, die Maßnahmen erfordert hätte. Man fragt sich, was um alle Welt Bürokraten dazu antreibt, gut funktionierende Regelungen mit Hemmschuhen zu verstopfen und darauf auch noch stolz zu sein.

Überblickt man das Fachrecht in Deutschland und die Agrarumweltpolitik der EU gemeinsam, so fällt ein merkwürdiger Kontrast auf. Jahrzehntelang war das Recht besonders in Bezug auf düngende Stoffe und tierische Ausscheidungen lasch. Die schon im Kap. 6 so bezeichnete Schmuddelwirtschaft wird toleriert, als „gute fachliche Praxis" wird bezeichnet, was in Wirklichkeit schlecht ist, und selbst bei Übertretungen der laschen Vorschriften wurden und werden die Augen zugedrückt. Landschaften und Gewässer werden mit Stickstoff und Phosphor über jede Gebühr belastet. Ob die Novellen von 2017 hier Grundlegendes ändern, muss die Zukunft erweisen.

Demgegenüber scheinen sich Strenge, Kontrollaufwand und Sanktionsdruck beim Vertragsnaturschutz sowie beim „Greening" geradezu zu überschlagen. Wer 200 € dafür erhält, dass er auf einem Stück Grünland Schaf und Ziege hält, aber vertragswidrig sein Pferd für einen Tag dazu stellt, muss mit größerer Wahrscheinlichkeit rechnen, von seinem Nachbarn angezeigt und sanktioniert zu werden als der, der sich jahrelang über Düngevorschriften hinwegsetzt. Es wird berichtet, dass die Kontrollkosten in Extremfällen 59-mal so hoch sind wie die Kosten durch den aufgedeckten Fehler (BfN 2017, S. 34).

Es gibt einzelne Erklärungen für diese Merkwürdigkeit, aber sie alle überzeugen nur teilweise. Die das Ordnungsrecht zu kontrollieren haben, sind andere als die, die den Rahmen für Sanktionen beim Vertragsnaturschutz setzen – die einen sind lokale Behörden vor Ort, die „ihre" Landwirte persönlich kennen, die anderen sind anonyme Bürokraten in Brüssel. „Brüssel" ist strenger, als es deutsche Gesetzgeber und -überwacher sind; wiederholt ist Deutschland wegen Laschheit aufgefallen. In Brüssel die Erklärung zu suchen, geht aber deswegen fehl, weil auch deutsche Ämter, die die Misswirtschaft beim Stickstoff für ganz normal halten, Gesprächen zufolge Strenge im Vertragsnaturschutz richtig finden und das Sanktionssystem bereitwillig umsetzen. Scheinbar überzeugt das Argument der Haushaltsdisziplin; wer am Vertragsnaturschutz teilnimmt, bekommt Geld – das müsse man streng überwachen. Das sollte man freilich bei den viel höheren Mitteln aus der Ersten Säule auch tun.

Es mag noch manchen Aspekt pro und contra geben, jedoch bleibt es dabei, dass der *Eifer*, mit dem bei den beiden beschriebenen Problemen gehandelt und überwacht wird, auffällig unterschiedlich ist. Als – selbstverständlich widerlegbarer – Erklärungsversuch sei vorgestellt, dass die Bezahlung für immaterielle Leistungen in der Landschaft bei zahlreichen Menschen insbesondere in Verwaltungen noch immer etwas nicht richtig Akzeptiertes ist. Völlig fremd ist die Erkenntnis, dass es sich hier um eine *ökonomische* Angelegenheit handelt. Wahrgenommen wird es als reines behördliches Verwaltungsproblem. Besonders in Rechnungshöfen sitzen anstatt Ökonomen hauptsächlich Juristen, die von der Theorie und der überwältigenden Bedeutung Öffentlicher Güter keine Ahnung haben. Eine kurze Erklärung gibt die Box 8.4.

Box 8.4 Etwas Ökonomie – Private und Öffentliche Güter

Die Theorie über Öffentliche Güter oder Kollektivgüter ist eng mit dem US-amerikanischen Ökonomen Paul Samuelson verbunden, ergänzend auch mit dem Finanztheoretiker Richard Musgrave – Ausführlicheres hierzu in Hampicke (2013, Kapitel 6).

Ein Gut heißt Öffentliches Gut, nicht weil es dem Staat gehört, sondern weil es zwei bestimmte Eigenschaften aufweist. Im Idealfall besteht *Nichtrivalität im Konsum*; genießt einer den Anblick des Matterhorns, nimmt er dem anderen denselben Genuss nicht weg. Beim idealen Privatgut gilt das Gegenteil, esse ich einen bestimmten Apfel, so kann es niemand anders auch tun. Die zweite Eigenschaft ist die *Nichtausschließbarkeit*. Das Matterhorn steht für alle da.

Es liegt auf der Hand, dass die Idealeigenschaften selten in der Realität vorliegen. Der Touristenansturm am Matterhorn kann so groß sein, dass er den Genuss eines einzelnen Naturfreundes durchaus einschränkt. Kommt es zu Überfüllungseffekten (*Congestion Externalities*), dann macht sich Rivalität zwischen den Nutzern bemerkbar. Theoretisch könnte man Personen, etwa solche, die nicht zahlungswillig sind, vom Genuss des Matterhorns ausschließen. Erscheint das in diesem Beispiel auch etwas hergeholt, so kann Ausschluss in anderen Fällen durchaus praktiziert werden, indem etwa für das Betreten eines Nationalparkes Eintrittsgebühr erhoben wird. Wer nicht zahlt, kommt nicht hinein. Die Ausschließbarkeit herzustellen verursacht aber in der Regel Kosten, die so hoch sein können, dass sie nicht lohnen.

Auch das ideale Privatgut ist eher die Ausnahme. Es liegt dann vor, wenn sein Konsum durch eine Person keinerlei (positive oder negative) Wirkungen auf dritte ausübt. Jene dürfen sozusagen gar nichts von ihm merken. Schon Mitfreude, Missgunst oder Neid bei der Beobachtung des Konsums einer Person sind aber *Externe Effekte*, die den rein privaten Charakter eines Gutes einschränken und Dritte in irgendeiner Weise mit beteiligen. Erst recht ist dies der Fall, wenn sich Passanten an einem (an sich privaten) blühenden Magnolienbaum in einem Vorgarten erfreuen (*positiver Externer Effekt*) oder wenn sie den Lärm eines Motorradfahrers (*negativer Externer Effekt*) ertragen müssen.

Externe Effekte (EE) sind Wirkungen im Wirtschaftsleben auf Dritte, die der Bezahlung durch den Markt entgehen. Gäbe es eine Bezahlung für positive EE, wie Magnolienbäume, dann gäbe es mehr von ihnen, müsste der Erzeuger eines negativen EE, wie Motorradlärm, dafür bezahlen, so würde er leiser fahren. Die genannten Güter besitzen einen gewissen *Öffentlichkeitsgrad*.

Trotz dieser Differenzierungen lassen sich die meisten Güter in *überwiegend privat* oder *überwiegend öffentlich* einteilen. Da die Erstgenannten individuell besessen werden, lassen sie sich handeln und kaufen. Es entsteht ein Markt, sie werden zur Ware und erhalten Preise. Ist ihre Bereitstellung für den Markt lukrativ, so entsteht der Anreiz, sie zu erzeugen. Besteht genügend Kaufkraft, dann sorgt der Anreiz dafür, dass kein Mangel an privaten Gütern entsteht. Im Schnitt (von persönlichen Ungerechtigkeiten abgesehen) ist die Gesellschaft in Deutschland des Jahres 2018 mit *Privatgütern* gut versorgt. Sogar die These ist diskussionswürdig, dass es viel zu viele, überflüssige und auch minderwertige Privatgüter gibt. Dies steht in starkem Kontrast zu Systemen, in denen grundsätzlich (im Sozialismus) oder zeitweilig (auch in Westdeutschland in der Nachkriegszeit) die Versorgung ohne Markt und auf dem Verordnungsweg erfolgte. Die Erfahrung hat gezeigt, dass es sich dabei fast immer um Mangelwirtschaften handelt.

Beim reinen Öffentlichen Gut gibt es laut Theorie keinen Anreiz für Produzenten, es herzustellen und auf dem Markt anzubieten. Wegen seiner Eigenschaft der Nichtausschließbarkeit kann es, einmal vorhanden, von allen genossen werden, auch von denen, die nicht dafür bezahlen, die *Trittbrettfahrer* oder *Free Rider*. Kein privater Anbieter käme nach dieser Erwartung auf seine Kosten, also bleibt nur der Staat übrig. Nach den genannten Erfahrungen mit staatlicher Bereitstellung von Privatgütern kann nicht verwundern, dass auch die Versorgung mit Öffentlichen Gütern systematische Tendenzen zur Mangelwirtschaft aufweist.

Nur wo relativ leicht Ausschließbarkeit hergestellt werden kann, das heißt, zahlungsunwillige Personen nicht bedient werden, gibt es auch private Anbieter, wie zum Beispiel Privatschulen zu „Produktion" von Bildung. Solche Güter heißen auch *Clubgüter*. Je nach kultureller Prägung und Entwicklungsstand einer Gesellschaft nehmen Werte wie Bildung, Sicherheit, Kultur und vieles andere mehr die Eigenschaften eines überwiegend öffentlichen oder eines Clubgutes an. Im 17. Jahrhundert war sogar Krieg zu führen teilweise Privatsache – Wallenstein war ein Geschäftsmann.

Naturschutz, Artenvielfalt sowie Schönheit und Erholungswert einer Landschaft sind in fast idealer Ausprägung Öffentliche Güter. Der Landwirt, der Weizen erzeugt, erzeugt ein Privatgut und wird dafür am Markt bezahlt. Erzeugt er auch Kornblumen, so gibt es erst einmal keinen Markt und keine Bezahlung, also unterbleibt deren Erzeugung, zumal sie mit der von Weizen in Konkurrenz steht, dessen Ertrag und damit die Einnahmen des Landwirtes senkt.

Die oben sehr kurz dargestellte elementare Theorie der Öffentlichen Güter besitzt eine empirische Schwachstelle, die erst nach und nach deutlich wurde. Mit der sogenannten *starken Free Rider-These* unterstellt sie allen Menschen, jegliche Zahlungsbereitschaft für Öffentliche Güter zu verweigern. In der Tat – bietet sich einmal die Gelegenheit zu einem kostenlosen Genuss, dann nutzt man sie, wie es menschlich ist. Das bedeutet aber nicht, dass es aufseiten der Konsumenten überhaupt keine Wertschätzung, das heißt Zahlungsbereitschaft gibt. Wie inzwischen sehr zahlreiche Untersuchungen zeigen, sind Menschen bereit, für Öffentliche Güter ebenso wie für Privatgüter zu bezahlen, wenn sie von der Notwendigkeit der Zahlung überzeugt werden, so wie vernünftige Staatsbürger auch ihre Steuern zumindest teilweise mit Einsicht zahlen. Schließlich erkennt man, dass überall, wo in der Landschaft ein Clubgut besteht, also Ausschluss praktiziert wird, auch Gelder fließen. Bei hochwertigen Biotopen im Ausland werden durchaus Eintrittsgebühren bezahlt.

Ökonomisch gesehen, besteht das Problem nur darin, dass geeignete Institutionen fehlen, die die Zahlungsbereitschaft des Publikums für Artenvielfalt einsammeln und als Entlohnung an die Landwirte weiterleiten, die solche Artenvielfalt produzieren. Mit der Existenz solcher Institutionen würde die Versorgung mit den Kollektivgütern Artenvielfalt, Landschaftsschönheit usw. zu einer rein ökonomischen Angelegenheit in völliger Parallele zur Versorgung mit Weizen. Es geht allein darum, den fehlenden Markt durch eine klug erdachte Institution zu ersetzen.

Da in Deutschland ökonomische Bildung – man kann es nicht anders ausdrücken – am Boden liegt,

wird das Problem in der Öffentlichkeit, in den Medien und in Ämtern aber überhaupt nicht so verstanden, vielmehr erscheint es als ein *behördliches Versorgungsproblem*, nicht viel anders, als die Nahrungsmittelverteilung in der Nachkriegszeit ein behördliches Versorgungsproblem war. Diese Attitüde erklärt vieles, zunächst, dass hier dieselbe Mangelverwaltung vorliegt, wie es auch in Schulen, bei der Grundsicherung armer Personen, in der öffentlichen Sicherheit und teilweise im Infrastrukturwesen der Fall ist. Sparen gilt als Selbstzweck, sodass auch an falschen Stellen gespart wird. Die am Vertragsnaturschutz teilnehmenden Landwirte gelten im Amt nicht als Empfänger wohlverdienten Lohns für wertvolle Leistungen, sondern sind „Zuwendungsempfänger", erhalten „Erschwernisausgleich", „Entschädigung", „Ausgleichszahlungen", also mehr oder weniger Gnadenerweise. Die Sprache ist immer verräterisch. Dazu passt dann, dass die behördlichen „Bezüge" nicht dazu da sein dürfen, Gewinne zu erzielen (wie es am Markt beim Weizen erlaubt ist), sondern nur Kosten decken sollen. Auch passt dazu das völlig überzogene Kontroll- und Sanktionswesen, welches oben im Text ausführlicher dargestellt ist.

Zusammengefasst fühlt sich die für Agrarumweltpolitik und Vertragsnaturschutz zuständige Bürokratie nicht als *Mittler* zwischen Nachfragern und Anbietern von Landschaftsleistungen, die *im Auftrag* der Bevölkerung deren Zahlungsbereitschaft für eine schönere Landschaft bündelt und in kluger Weise mit möglichst hoher Anreizwirkung an deren Produzenten weiterleitet. Vielmehr fühlt sie sich als Macht ausübende Elite, die nicht nur selbst über Art und Umfang von Maßnahmen zu bestimmten weiß, sondern alle Beteiligten ihre Macht auch spüren lässt. Dass es positive Ausnahmen gibt, ist mehrfach erwähnt worden.

In diesem Kapitel werden Institutionen, Vorhaben und Ansätze vorgestellt, die sämtlich der Kulturlandschaft zum Wohl geraten, wenn auch hier und da im Einzelnen Einwände geäußert und Vorschläge gemacht werden dürfen. Die Vorhaben sind sehr unterschiedlicher Art, auch ist die Aufzählung keineswegs vollständig. Die sehr bedeutsamen Nationalparke betreffen überwiegend Wälder und werden daher im Kap. 10 angesprochen. Einige Projekte werden von der EU, der Bundesrepublik oder von Ländern initiiert und finanziert und zeigen, dass durchaus nicht alles, was „von oben" kommt, unzureichend ist. Andere beruhen auf lokalen Initiativen oder wissenschaftlichen Projekten, schließlich sind sogar verdienstvolle Einzelpersonen zu nennen, die in jahrzehntelanger kontinuierlicher Arbeit Erfolge erreicht haben, die sich neben staatlichen Vorhaben nicht nur sehen lassen können, sondern jenen zum Vorbild dienen. Dort wird deutlich, was zivilgesellschaftliches Engagement, das nicht nach dem Staat ruft, bewirken kann.

9.1 LIFE

Im Jahre 1992 gründete die EU „L'institut financier pour l'environnement", abgekürzt LIFE. Das Finanzierungsinstrument ist unabhängig von der Agrarförderung, das heißt nicht Bestandteil von ELER. Mit LIFE werden Projekte des Umwelt- und Naturschutzes, neuerdings ergänzt um Klimaschutzaspekte, gefördert. LIFE fördert auch Maßnahmen im technischen Umweltschutz; vorliegend interessiert der Teil LIFE-Natur, womit in Deutschland bereits 75 Projekte realisiert worden sind.

LIFE-Natur-Projekte dienen vor allem dem Management in Natura-2000-Gebieten. In der Praxis entsteht ein Projekt aus einer Initiative, die einen überzeugenden Antrag zur Förderwürdigkeit eines Vorhabens stellt. Projektträger sind Naturschutzverbände, Landesbehörden und Kommunen. Die Tab. 9.1 zeigt eine Reihe typischer Vorhaben aus Nordrhein-Westfalen und Bayern. Über alle sind leicht mehr Informationen über das Internet erhältlich. Aus den Budgets der 75 Projekte in Deutschland ist zu entnehmen, dass es sich um ein Instrument handelt, das nicht die gesamte Fläche der Natura-2000-Gebiete bestreichen kann, sondern sich auf ausgewählte Gebiete und Einzelmaßnahmen beschränkt. Sollte es dazu bestimmt sein, die Naturschutzaufgaben in allen Natura-2000-Gebieten in vollem Umfang zu finanzieren, dann wäre sein Volumen wegen der meist hohen Pflegekosten in den Offenland-Biotopen bei Weitem zu gering.

Als Beispiel blicken wir genauer auf das Projekt „Erhaltung und Entwicklung der Steppenrasen Thüringens" (Baumbach o.J. sowie die anderen Beiträge im Band, Pfützenreuter et al. 2017).[1] Die Lebensräume der Trocken- und Steppenrasen sind im Abschn. 5.3.1.1 bereits dargestellt worden; die Abb. 9.3 zeigt einige besonders interessante Pflanzen. Im intensiv landwirtschaftlich genutzten Thüringer Becken und an seinen Rändern finden sich hochwertige Flächen. Typischerweise handelt es sich um Erhebungen aus hartem Kalk-, Dolomit- oder Gipsgestein, die aus dem weicheren Material des Beckens herausmodelliert wurden. Diese bedürfen größtenteils einer mindestens unregelmäßigen Pflege durch Schafweide, Mahd oder Feuer, weil das heutige Klima in Thüringen kein volles Steppenklima mehr ist, sondern Gehölze aufkommen lässt. Ebenso wichtig sind Maßnahmen, die der Verinselung der teilweise kleinen Biotope entgegenwirken und Randeinflüsse der intensiven Landwirtschaft abwehren. Damit sind die wichtigsten Zielsetzungen des Projektes schon umschrieben, hinzu kommen jedoch Aktivitäten, die die Bekanntheit der Biotope in der Bevölkerung und bei Behörden sowie das Bewusstsein ihres Wertes und ihrer Eignung als Erholungsgebiete fördern.

Die Laufzeit des Programms betrug sechseinhalb Jahre von 2009 bis 2015, das Gesamtvolumen der Finanzierung fünf Millionen Euro, welches zu 75 % von der EU und zu

---

[1] Stephan Pfützenreuter, dem Hauptinitiator dieses Projektes, sei für wertvolle Anregungen und Korrekturen herzlich gedankt, ebenso auch Erwin Schmidt.

© Springer-Verlag GmbH Deutschland, ein Teil von Springer Nature 2018
U. Hampicke, *Kulturlandschaft – Äcker, Wiesen, Wälder und ihre Produkte*, https://doi.org/10.1007/978-3-662-57753-0_9

Tab. 9.1 Beispiele für LIFE-Projekte in Deutschland

	Budget, €	Entwickelte Lebensräume	Geförderte Arten	Träger
Rieselfelder Münster, Nordrhein-Westfalen 1997–2000	1,9 Mio.	Flachwasserzonen, Feuchtgrünland	Weißstorch, Zwergdommel, Watvögel, Schwimmenten ...	Biologische Station Rieselfelder Münster
Ahsewiesen, Kreis Soest, NRW 1999–2003	0,3 Mio.	Mähwiesen, Feuchtgrünland	Großer Brachvogel, Bekassine, Rohrweihe, Kranich ...	Biologische Station Soest
Großes Torfmoor, Kreis Minden-Lübbecke, NRW 2008–2008	1,8 Mio.	Wiederherstellung eines wachsenden Hochmoores	Torfmoose, Wollgräser, seltene Libellen ...	NABU-Kreisverband Minden-Lübbecke
Medebacher Bucht, Hochsauerlandkreis, NRW 2003–2009	3,1 Mio.	Glatthafer- und Bergmähwiesen, strukturreiche Bäche	Neuntöter, Raubwürger, Schwarzstorch, Große Sumpfschrecke ...	Biologische Station Hochsauerlandkreis
Oberlauf der Rur und andere Gebirgsbäche, Eifel, NRW, 2003–2009	2,3 Mio.	Strukturreiche Mittelgebirgsbäche	Bachneunauge, Flussperlmuschel ...	Biologische Station Euskirchen
Schwäbisches Donautal, Bayern	2,0 Mio.	Feuchtgrünland mit Flachgewässern	Rotschenkel, Kiebitz, großer Brachvogel ...	Landkreis Dillingen und andere
Weinberge und Streuobst auf Muschelkalk am Main	2,6 Mio.	Kulturlandschaftskomplex auf Trockenstandorten	Frauenschuh, Hirschkäfer, Mopsfledermaus ...	Landkreis Main-Spessart und andere
Wälder und Waldwiesentäler am Steigerwaldrand	1,6 Mio.	Verstetigung historischer Mittelwaldnutzung	Kammmolch, Mittelspecht, Gelbbauchunke ...	Stadt Iphofen und andere

Quellen: MKULNV-NRW 2016, www.stm.bayern.de/themen/naturschutz/foerderung/life/index.htm

25 % vom Land Thüringen getragen wurde. Für die FFH-Projektgebiete wurden Pflege- und Entwicklungspläne mit einem Beweidungskonzept aufgestellt. Im Büro in der Stadt Sömmerda waren einschließlich des Projektmanagers 3,5 Stellen verfügbar. Eine projektbegleitende Arbeitsgruppe (PAG) stand beratend zu Seite.

Die 14 Projektgebiete umfassen mehr als 700 ha Trocken- und Steppenrasen. Nur etwa 280 der 666 ha des Projektgebietes sind „echte" Steppenrasen im Sinne der FFH-Codierung (6240) und der Pflanzensoziologie (Festucetalia valesiacae). Der Anteil der ebenso schutzwürdigen submediterran getönten Magerrasen (6210, Brometalia erecti) ist mit 50 % sogar höher; sie finden sich besonders auf kalkreichen Standorten mit wintermilderem Geländeklima. Thüringen liegt genau dort, wo sich diese beiden Vegetationstypen treffen und mischen, auch lassen sich hier die Grenzen menschlichen Klassifikationseifers erkennen. Neben den beiden großflächigen Vegetationstypen finden sich kleinräumige, aber höchst wertvolle Biotope, wie auf dem Bottendorfer Hügel Schwermetallstandorte mit *Armeria halleri* und anderwärts Kalk-Pionierrasen, Kalk-Schutthalden, eingestreute kleine Silikatfelsen sowie Mähwiesen.

Wie die Karte der Abb. 9.1 zeigt, liegen die Projektgebiete teils mitten im Becken, teils nahe der randlichen Höhenzüge, wie der Schmücke und Finne im Nordosten. Der sehr wertvolle Bottendorfer Hügel (Abb. 9.2) liegt unweit der Landesgrenze zu Sachsen-Anhalt. Flächen im Bereich des Kyffhäuser waren nicht einbezogen, weil sie bereits von 1997 bis 2008 über ein Naturschutzgroßprojekt entwickelt wurden.

Im Projekt wurden 142 ha insbesondere für den Artenschutz besonders wertvolle Flächen durch Grunderwerb gesichert. Auf der Hälfte der etwa 700 ha Trocken- und Steppenrasen wurden Erstpflegemaßnamen mit einem Finanzvolumen von 1,43 Mio. Euro durchgeführt, entsprechend etwa 4000 € pro Hektar. Es handelte sich um Entbuschung, Entfilzung insbesondere durch Feuer, kleinräumige Rodungen, Bekämpfung von Neophyten* und Beweidung mit Ziegen. Diese Maßnahmen sind Voraussetzung für die Wiederaufnahme der Beweidung mit Schafen. Die Infrastruktur für diese Beweidung wurde durch die Bereitstellung von Tränken, Zäunen sowie die Wiedereinrichtung von Triftwegen geschaffen. Der Erfolg aller Maßnahmen wurde durch ein Monitoring zu Ende der Projektlaufzeit kontrolliert.

Parallel zu den Arbeiten im Feld erfolgten für die besonders interessanten Pflanzenarten Stängelloser Tragant (*Astragalus exscapus*, Abb. 9.3), Purpur-Schwarzwurzel (*Scorzonera purpurea*), für eine Unterart der Wiesen-Kuhschelle (*Pulsatilla pratensis subsp. nigricans*) sowie die beiden Sommerwurze *Orobanche artemisiae-campestris* und *O. bohemica* gärtnerische Artenhilfsmaßnahmen. Die Pflanzen wurden vermehrt und an geeigneten Wuchsplätzen wieder angepflanzt.

Die an die menschliche Gesellschaft gerichteten Maßnahmen beinhalten zum einen den Aufbau eines Vermarktungskonzeptes für Fleisch aus der Schaf- und Ziegenhaltung, nach dem Vorbild anderer Regionen wird eine Marke geschaffen („Weidewonne"). Damit soll importiertes Lammfleisch durch eigenes ersetzt, der Appetit für dieses gesteigert und möglichst

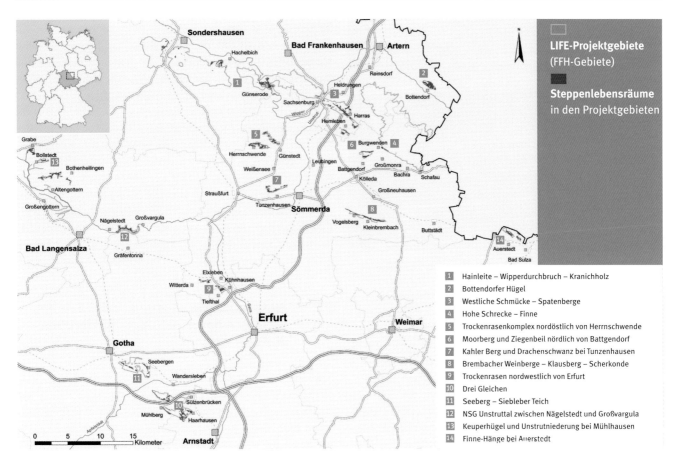

Abb. 9.1 Flächen des LIFE-Projektes „Erhaltung und Entwicklung der Steppenrasen Thüringens". (Mit freundlicher Genehmigung des TMUEN; vgl. Abb. 5.14)

ein höherer Preis durchgesetzt werden, der eine Anerkennung für die erbrachte Leistung in der Landschaft auch seitens der Verbraucher darstellt. Zum zweiten wurde eine umfangreiche Öffentlichkeitsarbeit durchgeführt, die von Vorträgen und Ausstellungen bis zur organisierten Wanderungen reicht. Dazu gehört ein äußerst attraktiver Wanderführer (Abb. 9.4).

Allen Mitwirkenden ist klar, dass mit dem LIFE-Projekt die Probleme der Steppenrasen in Thüringen nicht für alle Zeiten gelöst sind, vielmehr ist ein Start gegeben worden, auf

den dauerhafte Bemühungen folgen müssen. Im physischen Bereich sind Biotope wiederhergestellt und funktionsfähig gemacht und im geistig-gesellschaftlichen ist das Bewusstsein dafür geschärft worden, welche Schätze es zu bewahren und auch zu genießen gibt. Kernstück aller künftigen Maß-

Abb. 9.2 Zwei Schätze auf dem Bottendorfer Hügel: **a** Kleiner Ausschnitt aus dem wohl größten Vorkommen in Deutschland des überall zurückgegangenen Kleinen Knabenkrautes (*Orchis morio*), **b** Galmei-Grasnelke (*Armeria halleri,* früher *bottendorfensis*) als Zeuge früheren Kupfer-Bergbaus und damit Anreicherung des Bodens mit Schwermetall

Abb. 9.3 Pflanzen der Steppe: **a** Zottiger Spitzkiel (*Oxytropis pilosa*), **b** Dänischer Tragant (*Astragalus danicus*), **c** Stängelloser Tragant (*Astragalus exscapus*), **d** Frühlings-Adonisröschen (*Adonis vernalis*)

Abb. 9.4 Wanderführer zu den Steppen in Thüringen. (Mit freundlicher Genehmigung des TMUEN; vgl. Abb. 5.14)

nahmen ist die Etablierung einer stabilen Schäferei. Nur wenn dort eine hinreichende berufliche Sicherheit in Aussicht steht, werden sich junge Leute finden, um dieses schöne Gewerbe zu betreiben.

Einen Vorteil besitzt die Region ebenso wie die Thüringische Rhön in der Existenz landwirtschaftlicher Großbetriebe. Neben der gegebenenfalls möglichen Bereitstellung von Stallungen und anderen Voraussetzungen können diese den Schäferinnen und Schäfern eine sicherere Berufsperspektive bieten als im risikoreichen und oft zu kleinen Einzelunternehmen*. Zur Not können sie die Schäferei kurzzeitig durch Quersubventionierung aus anderen Betriebszweigen unterstützen. Auch die Einrichtung und Unterhaltung von Triftwegen erleichtert sich auf den Flächen der Großbetriebe. Es sollte alles getan werden, um diese für die Schäferei zu gewinnen.

Zurückhaltung ist dagegen angebracht hinsichtlich der Mittel, die durch vermehrten und mit Aufpreis versehenem Konsum von Lammfleisch in der Region gewonnen werden sollen. Die Anstrengungen im Vermarktungswesen werden ausdrücklich getätigt, um sich etwas weniger abhängig von der Förderung zu machen, sozusagen um mehr „eigenes Geld" zu verdienen. Natürlich ist das Interesse der Bevölkerung für regionale Produkte zu fördern. Erfahrungen in anderen Gegenden zeigen aber, dass das deutlich hochpreisige Segment, insbesondere durch Direktvermarktung an die gehobene Gastronomie, immer begrenzt bleibt. Damit ist in der Masse nichts zu erreichen. Wie die Tab. 5.4 im Abschn. 5.3.1.1 zeigt, betragen die Markterlöse der Schäferei mit 230 € pro Jahr im Allgemeinen nur ein Viertel der Gesamtkosten. Selbst wenn sich die Erlöse verdoppeln ließen (was nur zu wünschen wäre), verbliebe immer noch eine Kostenunterdeckung von mehreren hundert Euro pro Hektar und Jahr.

Man wird immer von der Förderung abhängen, die im Übrigen, wenn die Beträge aus der Ersten Säule und des KULAP addiert werden, rein von den Zahlen her durchaus nicht un-

angemessen ist. Ihre Probleme im Rahmen von ELER sind die Unzuverlässigkeit, die Abhängigkeit von der Politik und Kassenlage, die Bürokratie und der geradezu beleidigende Apparat von Sanktionsdrohungen. Wäre die Honorierung der Landschaftsleistung eine angesehene, langfristig stabile und zuverlässige Angelegenheit, dann gäbe es keinen Anlass für eine Flucht in die Markterlöse. Bei aller Wertschätzung des Lammfleisches ist die kaum durch anderes zu ersetzende Leistung des Schafes in der Landschaftspflege im Thüringen der Jahre um 2020 nun einmal wertvoller als das leichter ersetzbare Fleischangebot. Deshalb ist es folgerichtig, wenn aus der Landschaftsleistung der größere Teil der Entlohnung erfolgt. Die Honorierung von Landschaftsleistungen in der EU ist dringend zu reformieren; unten im Abschn. 9.9 werden beachtenswerte Vorschläge dazu angesprochen.

9.2   Naturschutzgroßprojekte des Bundes („chance natur" – Bundesförderung Naturschutz)

Nach dem Grundgesetz der Bundesrepublik ist Naturschutz überwiegend Sache der Länder, und einige unter ihnen wachen sehr aufmerksam darüber, dass diese Arbeitsteilung zwischen Bund und Ländern respektiert wird. So gibt es zwar ein Bundes-Naturschutzgesetz (BNatSchG) mit Kerninhalten, die die Länder umsetzen müssen, und anderen Teilen, wo sie Abweichungen vornehmen dürfen, eine kohärente Naturschutz*politik* des Bundes gibt es jedoch nicht. Das Bundesamt für Naturschutz (BfN) in Bonn-Bad Godesberg, hervorgegangen aus der früheren Bundesforschungsanstalt, ist mit mehreren hundert Mitarbeitern unter anderem damit ausgefüllt, den Berichtspflichten gegenüber der EU zu genügen, um dort und bei anderen Gelegenheiten zu bestätigen, wie schlecht es mit der Qualität vieler FFH-Gebiete im Offenland bestellt ist. Die Kernaufgaben des BfN sind also Verwaltungsroutine.

Neben einigen weiteren Aktivitäten[2] gibt es eine Ausnahme: Das BfN organisiert und finanziert „Naturschutzgroßprojekte von gesamtstaatlicher Bedeutung". Schon der Name klingt nach Rechtfertigung gegenüber den Ländern. Ein weiterer Grund ist freilich, im internationalen Rahmen Taten vorzeigen zu können, die die Wahrnehmung von Pflichten aus der Konvention über Biologische Vielfalt (CBD) bezeugen. Das Programm wurde schon 1979 begründet, ist inzwischen in „chance natur" umbenannt worden und hat seit seinem Bestehen 77 Projekte auf insgesamt etwa 350.000 ha gefördert. Die durchschnittliche Projektgröße liegt demnach bei knapp 4600 ha. Förderfähig sind Vorhaben in Lebensraumtypen, die in Deutschland besonders beispielhaft vorliegen und die im nationalen und interna-

---

[2] Bundesprogramm Biologische Vielfalt, Erprobung und Entwicklung (E+E-Vorhaben), Forschung und Entwicklung (F+E-Vorhaben) sowie Verbändeförderung → BfN 2016, S. 132–133.

Tab. 9.2 Beispiele für Naturschutz-Großprojekte

Projekt	Landschaft/ Bundesland	Entwicklungsziele
Pfrunger-Burgweiler Ried	Oberschwaben, Baden-Württemberg	Sicherung und Entwicklung einer großen und vielfältigen Moorlandschaft[a]
Mündung der Isar in die Donau	Niederbayern	Wiederherstellung eines naturnahen Auwaldes mit hohem Wasserstandswechsel
Lenzener Elbtalaue	Prignitz, Brandenburg	Deichrückverlegung, Bildung eines Überschwemmungsgebietes an großem Strom
Krähenbeer-Küstenheiden	Bei Cuxhaven, Niedersachsen	Sicherung der größten Heidefläche an der Nordseeküste
Bliesgau	Saarland	Sicherung großflächiger Salbei-Glatthaferwiesen auf Keuper und Muschelkalk
Drömling	Sachsen-Anhalt, Grenze zu Niedersachsen	Entwicklung von Feuchtwiesen und -wäldern auf großer versumpfter Wasserscheide
Obere Treenelandschaft	Schleswig-Holstein	Erhaltung eines Komplexes aus Mooren, Bruchwäldern, Grünland, Heiden und Magerrasen
Kyffhäuser	Nord-Thüringen	Sicherung einer seltenen Gipskarstlandschaft mit Trockenrasen und -wäldern

[a] Vgl. Text und Abb. 5.25 im Abschn. 5.3 1.2, Quelle: http://www.bfn.de/0203_liste_abgeschl.html

Abb. 9.5 Titelbild des Wanderführers zum Peenetal. Die Biotope sollen erlebt werden können. (Mit freundlicher Genehmigung des Verlages Küstenland)

tionalen Interesse liegen. Die gesamte Fördersumme seit 1979 beläuft sich auf etwa 450 Mio. €; das Jahresbudget liegt bei etwa 14 Mio. €. Die Tab. 9.2 zeigt eine kleine Auswahl der ab dem Jahre 2001 abgeschlossenen Naturschutzgroßprojekte. Man erkennt Parallelen zu den LIFE-Projekten.

Auf Antrag zuständiger Stellen vor Ort und unter deren Mitfinanzierung in Höhe von 25 % werden Projekte in geeigneten Gebieten durchgeführt. Wie bei LIFE ist die Projektlaufzeit begrenzt; sie beträgt typischerweise drei Jahre für die Planung und etwa zehn Jahre für die Umsetzung. Die Ergebnisse jedes Projektes sollen natürlich dauerhaft bleiben. Wir wählen als Beispiel das jüngst abgeschlossene Projekt „Peenetal-/Peenehaffmoor" (Kulbe und Hennicke 2017).

Wie andere Flüsse in Mecklenburg und Pommern, die Warnow, die Recknitz und die Trebel, besitzt auch die bei Usedom ins Meer mündende Peene eine charakteristische Geschichte und Gestalt. Durch den jahrtausendlangen Meeresspiegelanstieg der Ostsee wurden die Flüsse zurückgestaut, entwickelten mächtige und breite Moorkörper und besitzen auch heute ein sehr geringes Gefälle. Die (etwas übertrieben) auch der „Amazonas des Nordens" genannte Peene (Abb. 9.5) bildet eines der ursprünglichsten und schönsten Flusstäler in Nord-

deutschland und wird zunehmend Ziel eines sanften Tourismus mit Kanus und anderen Booten (Vegelin und Heinz 2008).

Besonders während der DDR-Zeit wurden in großem Umfang naturnahe Biotope durch Intensivierung, Polderung, Wasserstandsregulierung und die künstliche Einsaat von Gras zerstört. Dies ist nicht nur aus Naturschutzsicht zu bedauern, sondern erwies sich unter den ökonomischen Bedingungen nach der Wende auch als zunehmend sinnlos, indem einerseits die Kosten der Wasserregulierung immer weiter stiegen und die Futtererträge auf den Saatgrasflächen dennoch sanken.

Das Naturschutzgroßprojekt hat unter anderem zum Ziel, das einmalige Flusstal zu schützen und, wo erforderlich, zu entwickeln, den Moorkörper zu sichern, beschädigte Landschaftteile zu reparieren sowie intensive Landwirtschaft in zu großer Nähe durch extensive, traditionelle Wirtschaftsformen zu ersetzen, die früher zur Standortsvielfalt stark beigetragen haben. Dabei soll die Flussniederung nicht allein als Durchzugs-, Rast- und Brutgebiet für die Vogelwelt erhalten, sondern sollen auch Flora und Fauna im Allgemeinen gefördert werden. Im Gebiet finden sich sonst in ganz Norddeutschland selten gewordene bunte Wiesen und unter sehr zahlreichen Arten Seltenheiten wie die Orchidee *Dactylorrhiza curvifolia*, für die Deutschland eine besondere Verantwortung trägt.

Wie bei allen Naturschutzgroßprojekten ist vor Ort eine Organisation in Gestalt eines Zweckverbandes, hier mit Sitz in Anklam, eingerichtet worden, dem Vertreter von Landkreisen und Städten sowie Mitglieder des Fördervereins angehören. Das Projektbüro unterhielt während der Laufzeit fünf Angestellte. Die großzügige Finanzierung mit 28,5 Mio. € erfolgte zu 73 % aus Bundes-, zu 19 % aus Landesmitteln und der Rest aus weiteren Quellen. Ungefähr je ein Drittel der Kosten entfielen auf den Grunderwerb und Extensivierungsverträge und das restliche Drittel auf Baumaßnahmen, Personalkosten und Sonstiges. Es wurden 5500 ha gekauft und auf über 2000 ha Pachtverträge gegen Entschädigung aufgelöst. Auf über 2000 ha wurden Verträge der extensiven Grünlandnutzung mit Laufzeiten von bis zu 30 Jahren geschlossen.

Eine Evaluierung hat ergeben, dass in Bezug auf die Sicherung von Flora und Fauna schöne Erfolge erzielt worden sind. Viele hochwertige Flächen im Projektgebiet sind gesicherte Naturschutzgebiete geworden. Die Bilanz hinsichtlich des Einbezugs der landwirtschaftlichen Nutzer bleibt allerdings Beobachtern zufolge nicht ganz ohne Kritik. Wird in diesem Buch auch mehrfach über unnötigen Kontroll- und Sanktionsdruck im Agrarumweltwesen der EU geklagt, so wird bei Projekten wie dem vorliegenden anderes berichtet. Agrarbetrieben sind Entschädigungen und andere Zahlungen im Voraus als kapitalisierte Einmalbeträge gewährt worden, ohne mit der nötigen Konsequenz auf die Erfüllung der langfristig eingegangenen Verpflichtungen zu achten.

Wird das Förderkonzept des BfN als Ganzes betrachtet, so sind folgende Anmerkungen erlaubt: Auch wenn die Gesamtfläche aller durchgeführten Vorhaben durchaus beeindruckt, handelt es sich trotzdem wie bei den LIFE-Projekten jeweils um solche räumlich punktuellen Charakters. Ziel ist, „Perlen" des Naturschutzes in der Landschaft zu sichern, Fehler aus der Vergangenheit zu reparieren und nicht zuletzt, den Druck abzumildern, der auf sie durch intensive Landwirtschaft oder andere Aktivitäten ausgeübt wird. Das Programm ist kein Instrument zur Entwicklung der Kulturlandschaft in der Breite oder zur Förderung einer Flächen deckenden rücksichtsvolleren Landnutzung.

Im Vergleich zur sonst im Naturschutz allgegenwärtigen Mittelknappheit ist die Finanzausstattung des Programms geradezu fürstlich. Da erhebt sich die Frage nach der Effizienz der eingesetzten Mittel – eigentlich müsste hierzu eine Art Controlling erfolgen. Beim berichteten Beispiel aus dem Peenetal erscheint die Mittelverwendung überzeugend, indem nur ein Drittel für den Landerwerb veranschlagt wurde und die

gekauften Flächen im deutschlandweiten Vergleich sehr billig waren. Man wird hier auf ein heikles Thema geführt. Es gehört zu den eifrigsten Tätigkeiten hoheitlicher Organe und privater Naturschutzverbände, möglichst viele Flächen zu kaufen. Als Begründung ist schnell bei der Hand, dass nur auf diese Weise die Flächen für den jeweiligen Naturschutzzweck gesichert werden könnten. Das mag für sehr hochwertige Flächen zutreffen, die im Übrigen Landwirte oft gar nicht besitzen wollen. Vielfach wären jedoch Extensivierungsverträge ebenso nützlich. Diese böten die Vorteile, wesentlich billiger zu sein und die Landnutzer in die Anliegen des Naturschutzes konstruktiv einzubinden. Dass die Verträge nicht immer zuverlässig funktionieren, sollte nicht als Grund dafür dienen, noch mehr Land zu kaufen, sondern auch hier, das teilweise heruntergewirtschaftete Vertragsnaturschutzwesen zu reformieren.

Schon im Jahre 1983 wurde in einer Publikation in Großbritannien auf das gewaltige Hindernis für den Naturschutz in Gestalt der hohen Bodenpreise in der Kulturlandschaft aufmerksam gemacht (Bowers und Cheshire 1983). Stets wirkt irgendein Einfluss, Kaufpreise über ihren objektiven Ertragswert hinaus hochzutreiben: Früher die künstlich überhöhten Produktpreise im Agrarwesen, dann bis heute die Zahlungen der Ersten Säule, im Zeitalter der Quasi-Zinslosigkeit der Wirtschaft die Flucht der Anleger in Immobilien und nicht zuletzt ein sprichwörtliches bauernschlaues Verhandlungsgeschick der Verkäufer. In allen Fällen zahlt der Naturschutz bei Landkäufen für diese Einflüsse mit.

So waren die früher außerordentlich hohen Ausgaben für Flächenkäufe bei Naturschutzgroßprojekten immer kritikwürdig; die Verkäufer bedankten sich für den Geldsegen aus Steuermitteln. Was kein Naturschützer jemals zugeben wird, liegt für den, der Menschen kennt, auf der Hand: Hier geht es um denselben Territorialismus, dem auch Bauern und Förster frönen nach dem Motto „hier habe ich zu sagen".

9.3 Biosphärenreservate

Biosphärenreservate sind eine Initiative der UN-Organisation UNESCO und ihres Programms „Man and the Biosphere" (MAB), welches seit 1970 weltweit wirkt. Im Gegensatz zu Nationalparken, in deren großzügigen Kernzonen sich die Natur ungestört entwickeln soll, sind Biosphärenreservate Kulturlandschaften, die Vorbilder dafür sein wollen, wie der Mensch zu seinem eigenen Wohl schonend und nachhaltig wirtschaftet. Sie gelten als Modelle, in denen das Zusammenleben von Mensch und Natur beispielhaft entwickelt und erprobt wird. Weltweit gibt es über 600 Biosphärenreservate (BR).

In der alten Bundesrepublik bis 1990 spielten BR keine Rolle. Interessanterweise wurde das älteste deutsche BR im Jahre 1979 in der DDR gegründet, das Vessertal (heute „Thüringer Wald") in Thüringen. Der näher im Abschn. 10.7.3

Biosphärenreservate in Deutschland

Stand: Februar 2017

Abb. 9.6 Biosphärenreservate in Deutschland. (Quelle: BfN 2016, S. 105, mit freundlicher Genehmigung)

Odertal oder die Senne in Ostwestfalen, besser ein BR, da dort weniger die ungestörte Natur als die Kulturnutzung durch den Menschen im Vordergrund steht.

Ein BR muss von der UNESCO anerkannt werden und dafür bestimmte Voraussetzungen erfüllen. Dazu gehört eine Kernzone der ungestörten Entwicklung, die aber relativ klein sein kann und gegenüber dem Nationalpark an Bedeutung zurücktritt,[3] sowie eine Pflege- und eine Entwicklungszone. Ein BR sollte eine Mindestgröße von 30.000 ha besitzen, die in Deutschland nicht immer erreicht wird. Die Box 9.1 enthält den Wortlaut des § 25 BNatSchG über BR.

Box 9.1 Biosphärenreservate laut § 25 BNatSchG

(1) Biosphärenreservate sind rechtsverbindlich festgesetzte einheitlich zu schützende und zu entwickelnde Gebiete, die

1. großräumig und für bestimmte Landschaftstypen charakteristisch sind,
2. in wesentlichen Teilen ihres Gebietes die Voraussetzungen eines Naturschutzgebietes, im Übrigen überwiegend eines Landschaftsschutzgebietes erfüllen,
3. vornehmlich der Erhaltung, Entwicklung oder Wiederherstellung einer durch hergebrachte vielfältige Nutzung geprägten Landschaft und der darin historisch gewachsenen Arten- und Biotopvielfalt, einschließlich Wild- und früherer Kulturformen wirtschaftlich genutzter oder nutzbarer Tier- und Pflanzenarten dienen und
4. beispielhaft der Entwicklung und Erprobung von die Naturgüter besonders schonenden Wirtschaftsweisen dienen.

(2) Die Länder stellen sicher, dass Biosphärenreservate unter Berücksichtigung der durch die Großräumigkeit und Besiedlung gebotenen Ausnahmen über Kernzonen, Pflegezonen und Entwicklungszonen entwickelt werden und wie Naturschutzgebiete oder Landschaftsschutzgebiete geschützt werden.

---

erwähnte Schub durch Succow, Jeschke und Knapp in den Schlussminuten der DDR führte zur Gründung nicht nur von Nationalparken, sondern auch der BR Südost-Rügen, Schorfheide-Chorin, Spreewald und Thüringische Rhön. Es folgten wenig später Schaalsee, Oberlausitzer Heide- und Teichlandschaft und Flusstallandschaft Elbe. Inzwischen gibt es in Deutschland 17 Biosphärenreservate mit einer Fläche auf dem Lande von 1,3 Mio. Hektar, wozu noch 670.000 ha Wasser- und Wattfläche treten. Die einbezogene Fläche ist damit weitaus höher als die aller LIFE-Projekte zusammen und auch nahezu viermal so groß wie die der Großschutzgebiete des Bundes.

Die Abb. 9.6 zeigt alle Biosphärenreservate mit ihrer jeweiligen Flächengröße. In Württemberg widersetzt man sich der in der Tat nicht nur in der deutschen Sprache problematischen Bezeichnung „Reservat" und nennt sich „Biosphärengebiet". Wenig überzeugend erscheint, dass sehr hochwertige Gebiete wie die Wattenmeere und die Berchtesgadener Alpen gleichzeitig den Status Nationalpark und BR tragen, obwohl die Schutzabsichten in beiden Kategorien unterschiedlich sind. Auch wären manche als Nationalpark ausgewiesene oder in Aussicht gestellte Großschutzgebiete, wie das Untere

In der Praxis herrschen in den deutschen BR land- und forstwirtschaftliche Nutzungen und der Tourismus als Aktivitäten vor. Angestrebt werden in der Regel die Extensivierung der Nutzung, der ökologische Landbau und die Rückkehr zu traditionellen Methoden. Das ist jedoch nicht zwingend, vielmehr begrüßt das MAB-Programm auch innovative Lösungen. Auch geht es nicht nur um rurale Landschaften; vor Jahren war

---

[3] Man darf fragen, ob diese Kernzone bei der allgemeinen Zielsetzung der BR erforderlich ist. Einige BR haben Schwierigkeiten, sie in der geforderten Weise vorweisen zu können.

durchaus mit Erfolgsaussichten ein BR in einer Bergbaufolge-landschaft wie dem nördlichen Ruhrgebiet im Gespräch.

Erwartungsgemäß unterscheiden sich die Qualität der Füh-rung und die Erfolgsbilanz erheblich von BR zu BR. Es ist nicht herabsetzend, sondern entspricht den Tatsachen, dass manche zwar eine Verwaltung haben, in der Umsetzung aber hauptsächlich auf dem Papier bestehen. Derzeit warten in Deutschland zwei BR auf ihre Anerkennung durch die UN-ESCO, was in diesen Fällen mit der erst kurz zurückliegenden Gründung zusammenhängen mag. Bedenklicher ist, dass an-dere, wie Südost-Rügen die Aberkennung ihres Ranges be-fürchten müssen, wenn sich nicht wichtige Dinge verbessern.

Wieder andere sind dagegen durchaus Leuchttürme, indem sie wenigstens die Idee des die Natur schonenden, nachhalti-gen und dabei dem Menschen Nutzen stiftenden Umgangs mit der Kulturlandschaft verbreiten, wenn auch die Umset-zung mühsam sein kann. In manchen Fällen hat es „gefunkt"; so besteht zum Beispiel im BR Schorfheide-Chorin in Bran-denburg mit über 10.000 ha das größte geschlossene Acker-baugebiet des ökologischen Landbaus in Deutschland mit herausragenden Vorkommen sonst überall gefährdeter Acker-wildkräuter. Wir greifen als Muster eines erfolgreichen Pro-jektes das BR Schaalsee in Mecklenburg an der Landesgrenze zu Schleswig-Holstein heraus, Abb. 9.7 (ausführlich Jarmatz und Mönke 2011).

Das BR liegt in einem außerordentlich interessanten Na-turraum. Der wie alles andere in Nordostdeutschland durch die letzte Vereisung entstandene Schaalsee ist mit 72 Metern der tiefste See Norddeutschlands und besitzt wegen seiner vielen Buchten eine etwa 80 km lange Uferlinie. Die Gegend zeichnet sich durch nährstoffarme Gewässer und zahlreiche Moore, Sümpfe und Brüche aus. Die vielfältige Landnutzung durch den Menschen in früheren Zeiten mit Äckern, Grün-land und Wäldern wurde zwar durch Meliorationen* in der DDR-Zeit teilweise beeinträchtigt, jedoch trug die Lage des Gebietes als Sperrzone direkt an der Grenze zur früheren BRD wohl dazu bei, dass sich die Überformungen in Gren-zen hielten.

Das BR von etwa 30.000 ha zieht sich vom Ostufer des Schaalsees entlang der Landesgrenze zu Schleswig-Holstein nach Norden bis zum Ratzeburger See, der übrigens 30 m tiefer als der Schaalsee liegt, was von der erheblichen Relief-energie in der Landschaft zeugt. Auch außerhalb des BR ist die Gegend dünn besiedelt und enthält als urbane Elemente nur die Kleinstädte Zarrentin, Wittenburg, Gadebusch und Rhena. Die Kernzone von etwa 1900 ha (6,2 %) umfasst un-ter anderem Verlandungszonen der Seen, Moore und Wälder, die Pflegezone von fast 9000 ha (28,9 %) setzt sich größten-teils aus Naturschutzgebieten und FFH-Gebieten zusammen, während die Entwicklungszone mit etwa 20.000 ha (64,9 %) größtenteils landwirtschaftlich genutzt wird. Besonders die Kern- und Pflegezone zeichnen sich durch eine sehr reiche Flora und Fauna mit vielen schutzwürdigen Arten aus.

Die Verwaltung geschieht durch das Amt für das BR in Zarrentin mit 36 Mitarbeitern, die zeitweise durch Praktikan-ten und Teilnehmer am Freiwilligen Ökologischen Jahr un-terstützt werden. Da das Amt auch die ohnehin anfallenden Aufgaben einer Unteren Naturschutzbehörde wahrnimmt, kann nicht geschlossen werden, dass „netto" 36 Stellen für das BR eingerichtet sind. Unterstützt wird die Arbeit durch einen Förderverein sowie eine Stiftung.

Was die Leistungen des BR anbetrifft, so darf davon aus-gegangen werden, dass die hochwertigen Biotope in der Kern- und Pflegezone so geschützt und entwickelt werden, wie es bei Naturschutzgebieten und FFH-Flächen auch au-ßerhalb eines BR der Fall ist oder sein sollte. Die Erfolge im BR sind überdurchschnittlich unter anderem deshalb, weil die Pflegepflichten für Biotope ernster genommen wer-den als sonst und weil es leichter gelingt, gelegentlich zu-sätzliche Ressourcen von außen zu akquirieren. So konnte ein vom Bund gefördertes länderübergreifendes Gewässer-randstreifenprojekt „Schaalsee-Landschaft" realisiert wer-den, welches zur Gründung eines Zweckverbandes führte. Die Deutsche Bundesstiftung Umwelt (DBU) unterstützte das Verwaltungs-, Informations- und Medienzentrum PAHLHUUS in Zarrentin. Allerdings besitzen BR-spezifi-sche Planungsinstrumente wie der parzellenscharfe Pflege- und Entwicklungsplan (PEPL) keine hoheitliche Wirkung. Die Stellung des BR gegenüber privaten Landnutzern ist nicht sehr stark; Modell für das Zusammenleben von Mensch und Umwelt zu sein, kann jenen nicht aufgezwun-gen werden. So dürfte sich die Landwirtschaft im BR Schaalsee nicht besonders von der übrigen im Lande unter-scheiden; der Flächenanteil des ökologischen Landbaus liegt bei unter 5 %. Bezogen auf einige BR in Deutschland muss davon ausgegangen werden, dass der wirklich hoch-wertige Anteil der Landschaft in den Kern- und Entwick-lungszonen auch nicht viel ausgedehnter als in den LIFE- und chance-natur-Projekten ist und damit ebenfalls punktuellen Charakter trägt. In anderen, wie dem BR Bliesgau im Saarland ist dagegen fast die gesamte Fläche hochwertig und war sie es schon immer wegen bestimmter agrarstruktureller Sonderbedingungen.

Die größten spezifischen Leistungen des BR Schaalsee liegen offenkundig im sozialen Bereich. Die Umweltbildung in Zusammenarbeit mit Schulen wird vorbildlich und kon-tinuierlich gepflegt. Das Zentrum PAHLHUUS gehört mit etwa 480.000 Besuchern in zehn Jahren zu den attraktivsten Einrichtungen seiner Art in Norddeutschland. Wie auch in anderen BR, etwa in der Rhön, wird eine Identität stiftende Regionalmarke entwickelt. Es ist gelungen, die Bevölkerung für das BR einzunehmen. In dem Maße, wie dies gelingt, wird auch der Boden bereitet für eine grundsätzliche Akzeptanz des Naturschutzes, und ein wesentlicher Auftrag des BR ist erfüllt.

Zurückkommend auf die generelle Idee der Biosphären-reservate und ihre bisherige Erfolgsbilanz in Deutschland

Abb. 9.7 Das
Biosphärenre-
servat Schaal-
see. (Quelle:
Jarmatz und
Mönke 2011,
S. 2, mit
freundlicher
Genehmigung
des Verlages
Wiley VCH)

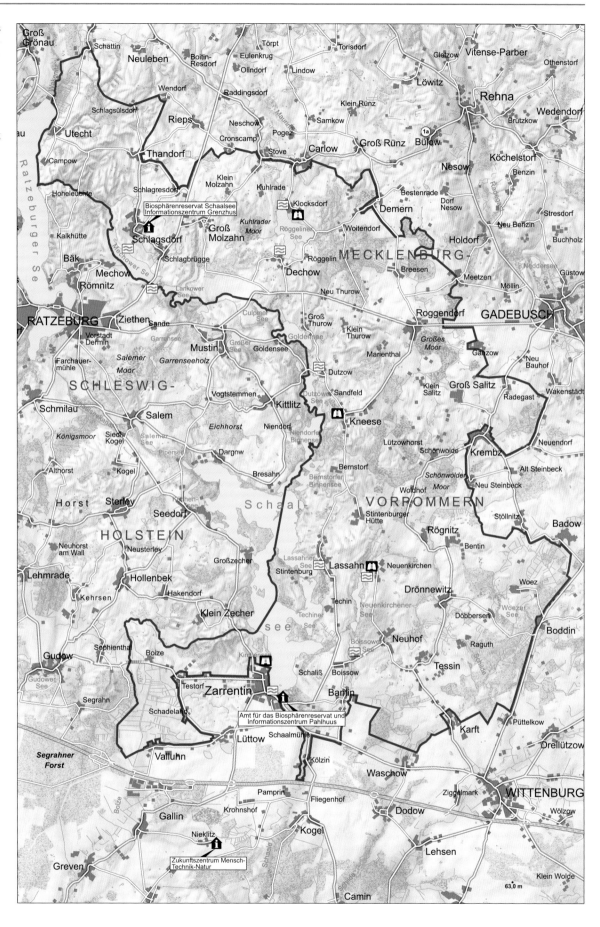

Abb. 9.7 Das Biosphärenreservat Schaalsee. (Quelle: Jarmatz und Mönke 2011, S. 2, mit freundlicher Genehmigung des Verlages Wiley VCH)

Abb. 9.8 Erholungslandschaft auf der Halbinsel Groß-Zicker im Biosphärenreservat Südost-Rügen von unübertrefflicher Schönheit

Abb. 9.9 Diese Beschwerde hat nichts an Aktualität verloren. (Quelle: Ostsee-Zeitung vom 21.06.2000, S. 14, mit freundlicher Genehmigung)

ist zu wiederholen, dass die Qualität der Führung, also der menschliche Faktor über allem anderen steht. Dabei werden diejenigen, die ihre Kraft für ein BR eingeben, ungenügend unterstützt. Personaleinsparungen sind wie bei allen Behörden auch im BR gang und gäbe. Man muss sich fragen, was sich die Politik dabei denkt, in Deutschland 17 Biosphärenreservate zu gründen, dafür Vorschriften, Gesetze, Komitees und Beiräte zu schaffen, viel Publizität zu wecken, aber solide finanzielle Ressourcen nicht für nötig zu halten.[4] Es bedarf keines tiefen Nachdenkens, um zu erkennen, dass „Modell" zu sein, „in dem das Zusammenleben von Mensch und Umwelt beispielhaft entwickelt und erprobt wird", *Geld kostet.* Wäre es umsonst zu haben, dann würden solche Modelle überall ganz von allein entstehen, und man benötigte keinen § 25 BNatSchG. Die nicht nachhaltigen Praktiken werden in der Landschaft überall durchgeführt, weil sie die geringsten Kosten erfordern und den höchsten kurzfristigen Gewinn erzielen lassen. Viele Akteure wählen sie gar nicht aus Überzeugung, sondern weil die ökonomischen Realitäten sie dazu zwingen. Die Bauern im BR Schaalsee widersetzen sich den Wünschen der Naturschützer nicht, weil sie jene ärgern wollen, sondern weil sie es sich wirtschaftlich nicht leisten können. Im BR Südost-Rügen pflegen Schafzüchter eine traumhaft schöne, von Touristen überaus geschätzte Landschaft auf der Halbinsel Groß-Zicker. Schon im Jahre 2000 beschwerten sie sich mit Recht über ungenügende Honorierung ihrer Leistung, obwohl sie es sind und nicht Hoteliers, die die Touristen anziehen (Abb. 9.8 und 9.9).

Gewiss können Förderinstrumente, die ohnehin bestehen, auch oder sogar schwerpunktmäßig im BR genutzt werden. Es bleibt jedoch ein Widerspruch, hohe Erwartungen in das Instrument des Biosphärenreservates zu setzen, aber nirgendwo eine Institution zu erblicken, die über die oben erwähnten punktuellen Zahlungen etwa für ein Besucherzentrum hinaus kontinuierlich Mittel bereitstellt. Bund, Länder, das Bundesamt für Naturschutz – alle winken ab, jeder hat einen anderen Grund. Vielleicht träfen Geldzuflüsse sogar auf Behinderung durch die EU-Wettbewerbsbehörde.

9.4   Das Nationale Naturerbe

In den Jahren nach der Wende 1990 fielen dem Bund umfangreiche Flächen zu, unter anderem aus dem Bestand der Nationalen Volksarmee der DDR. Sie bildeten einen Teil des in der Tab. 10.1 im Abschn. 10.2.1 ausgewiesenen bundeseigenen Staatswaldes, enthielten jedoch auch andere Biotope in Truppenübungsplätzen, Sukzessionsflächen, dem ehemaligen Grenzgebiet und anderen. Anders als die Letztgenannten waren die Wälder durchaus von ökonomischem Wert; alle sind außerordentlich wertvoll für die Artenvielfalt. An sich hätte es dem Bund oblegen, die Flächen, die er nicht selbst nutzen konnte, zu veräußern, und sowohl potenzielle Käufer als auch die am Erlös interessierte Finanzverwaltung drängten dazu. Nachdem

---

[4] Ein unrühmliches Beispiel ist wieder einmal die Politik in Brandenburg, die – nach enthusiastischem Start – das Biosphärenreservat Schorfheide-Chorin nach dem Jahr 2000 personell so ausdünnte und so viele dem Schutzzweck widersprechende Eingriffe gestattete, dass eine Evaluierung der UNESCO im Jahre 2012 bedenkliche und die Anerkennung gefährdende Tatsachen erbrachte, vgl. Henne (2013).

der hohe Naturschutzwert vieler Flächen bekannt wurde, formierte sich Gegnerschaft, die schließlich die politischen Entscheidungsträger überzeugen konnte. Der Bund erkannte die Flächen als „Nationales Naturerbe" und ließ sie schrittweise geeigneten Institutionen zukommen, die sie naturschutzgerecht bewirtschaften und entwickeln (Johst und Unselt 2013).

In einer ersten Tranche erhielten Naturschutzverbände, wie der NABU, der WWF, die Succow-Stiftung und andere gewisse Flächen. Den größeren Teil von 46.000 ha, verteilt auf 33 Liegenschaften, erhielt die Deutsche Bundesstiftung Umwelt (DBU), welche zuerst aus begreiflichen Gründen zögerte, dieses Erbe anzunehmen. Das Erbe ist sowohl eine Auszeichnung als auch eine Last; die DBU ist ursprünglich nicht dazu gegründet worden, so umfangreiche Flächen zu verwalten. Sie musste eine eigene Organisation, die „DBU Naturerbe GmbH" schaffen. Fast 80 % dieser Flächen sind mit Wald bestockt. Soweit dieser schon naturnah ist, wird er wie in Kernzonen eines Nationalparks sich selbst überlassen. Auf dem größeren Anteil herrschen jedoch wirtschaftsbedingte und weniger naturnahe Verhältnisse vor. Entgegen puristischen Ansichten im Naturschutz hat sich die DBU entschieden, diese Flächen forstlich zu bewirtschaften und erst nach Abtrieb der vorhandenen Fichten und Kiefern in Naturwald zu überführen. Nicht zuletzt werden die Erlöse aus dem Holzverkauf gebraucht, um den Aufgaben des Naturerbes gerecht zu werden. Wertvolle Offenlandflächen, wie die Oranienbaumer Heide in Sachsen-Anhalt, bedürfen, schon weil es sich um FFH-Flächen handelt, der Pflege mit Weidetieren, die wohl etwas kostengünstiger als die landwirtschaftliche Hüteschafhaltung sein mag ($\rightarrow$ Tab. 5.4, Abschn. 5.3.1.1), aber dennoch erhebliche Mittel verlangt.

In zwei weiteren Tranchen konnte die Gesamtfläche des Nationalen Naturerbes auf 156.000 ha aufgestockt werden und beträgt damit fast 70 % der Landflächen der deutschen Nationalparke (BfN 2016, S. 112–113). Die Erwartungen an den Wert der Flächen können durchaus auf dem Niveau von Nationalparken liegen; das Naturerbe Deutschlands stellt ein besonders hochrangiges Stück Naturschutz und eine wertvolle Ergänzung zu den Nationalparken dar.

9.5 Landschaftspflegeverbände und Biologische Stationen

Landschaftspflegeverbände sind das beste Beispiel dafür, wie durch Initiative aus der Zivilgesellschaft Institutionen entstehen, bundesweit wachsen und große Wirkungen ausstrahlen. Ihre Gründung im Jahre 1986 ist zum erheblichen Teil das persönliche Verdienst des Försters und bayerischen CSU-Bundestagsabgeordneten Joseph Göppel; der Dachverband Deutscher Verband für Landschaftspflege (DVL) ist nach wie vor nahe seiner Heimatstadt Herrieden in Ansbach in Mittelfranken angesiedelt.

Ein Landschaftspflegeverband (LPV) ist ein freiwilliger Zusammenschluss von Akteuren auf regionaler Ebene unter Landwirten, Naturschützern und Kommunalpolitikern. Das kontinuierliche Zusammenwirken der sonst leider oft verfeindeten Lager ist an sich schon segensreich. Die Mitgliederversammlung aus natürlichen und juristischen Personen (z. B. Verbänden, Gemeinden) wählt einen Vorstand, in dem eine strenge Drittelparität der oben genannten Akteure herrscht. Der Vorstand setzt eine Geschäftsführung ein und wird durch einen Fachbeirat unterstützt. Der LPV besitzt den Status eines gemeinnützigen eingetragenen Vereins. Die fehlenden hoheitlichen Befugnisse ersetzt er durch hohes Ansehen und beste Kontakte insbesondere zur Landwirtschaft.

Der LPV kümmert sich in seinem Wirkungsgebiet um alle Belange der Landschaftspflege, von der bestmöglichen Nutzung des Vertragsnaturschutzes durch Landwirte über die Durchführung von Ausgleichs- und Ersatzmaßnahmen nach der Eingriffsregelung (Abschn. 8.2) bis zur Sensibilisierung der Anwohnerschaft für den Naturschutz. Er steht in der ersten Reihe bei der Akquisition von Fördermitteln aus allen in Frage kommenden Quellen. Die Box 9.2 zählt systematisch die Aufgaben auf.

Box 9.2 Aufgaben des Landschaftspflegeverbandes

1. Planung, Organisation, Anleitung, Abwicklung und Kontrolle von Biotoppflegemaßnahmen.
2. Umsetzung von Biotopverbundkonzepten.
3. Förderung der extensiven landwirtschaftlichen Nutzung über die Abwicklung von Vertragsnaturschutz- und Kulturlandschaftsprogrammen.
4. Durchführung einer regionalen Bildungs- und Öffentlichkeitsarbeit für Naturschutz und Landschaftspflege.
5. Hilfe bei der Vermarktung von landwirtschaftlichen Produkten aus der Landschaftspflege.
6. Schutz kulturhistorisch bedeutsamer Landschaftselemente.
7. Modellprojekte zur nachhaltigen Regionalentwicklung.
8. Einbindung der Landwirte in die Landschaftspflege und damit Schaffung eines zuverlässigen Zusatzeinkommens.

Der Dachverband in Ansbach widmet sich nicht allein der Betreuung der örtlichen Verbände und der Öffentlichkeitsarbeit, sondern ist ein schwergewichtiger politischer Mitstreiter in Angelegenheiten der Agrarumweltpolitik und bringt seine Kompetenz und seine Forderungen auch in Brüssel ein. Er veranstaltet einen jährlichen „Landschaftspflegetag" und verleiht für herausragende Leistungen Preise. Als Umsetzungspartner im Naturschutz in der Kulturlandschaft sind LPV

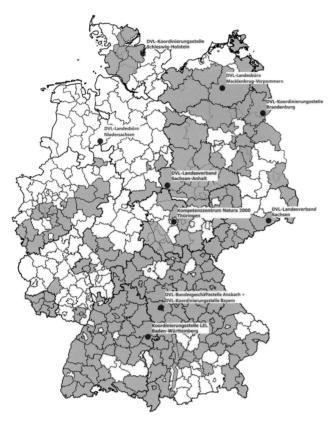

Abb. 9.10 Landschaftspflegeverbände in Deutschland. (Bereitstellung und freundliche Genehmigung durch den DVL Ansbach)

hoch anerkannt und werden in verschiedenen Landesgesetzen als solche genannt. Ideenreichtum war schon immer eine Stärke des DVL. Im Jahre 2017 macht er in der Diskussion um die Zukunft der Direktzahlungen an die Landwirtschaft den hoch beachtenswerten Vorschlag, einen Katalog von *Gemeinwohlprämien* auszuarbeiten. Auf das Konzept wird unten im Abschn. 9.9.1 zurückgekommen.

Wie die Abb. 9.10 zeigt, gibt es in Deutschland sehr zahlreiche LPV; regionale Häufungen sind in Bayern und den östlichen Bundesländern festzustellen. Die hohe Präsenz in Bayern verdankt sich natürlich der Gründungsinitiative; in den damals „neuen" Ländern nach der Wende kam es ebenfalls zu einer Gründungswelle.

Die Finanzierung sowie der Eifer, mit dem sie erfolgt, unterscheiden sich je nach Bundesland. Teilweise gibt es eine institutionelle Förderung etwa der Personalkosten der Geschäftsführung. Auch die Länder können sich beteiligen; erwartungsgemäß ist allerdings ein hoher Anteil der Finanzierung an Projekte geknüpft und muss ständig wieder akquiriert werden. Mittel aus der Eingriffsregelung sowie aus LIFE und

LEADER[5] werden verwaltet, auch kommen Mitgliedsbeiträge, Spenden und Bußgelder hinzu.

Der LPV plant, konzipiert und prüft, führt jedoch grundsätzlich keine Pflege- und Entwicklungsmaßnahmen selbst aus und besitzt auch keine Gerätschaften oder Maschinen hierfür. Er beauftragt dafür geeignete Unternehmen, vorzugsweise landwirtschaftliche Betriebe. Dies stärkt nicht nur das Vertrauen zur Landwirtschaft, sondern erweist sich in aller Regel auch als wesentlich preiswerter als eine Ausführung durch Unternehmen des Landschaftsbaus.

Als Beispiel sei auf den Landschaftspflegeverband Uckermark-Schorfheide in Nordost-Brandenburg mit Sitz in Angermünde geblickt.[6] Dieser wirkt in einem durch zwei Umstände geprägten Spannungsfeld: Einerseits in einer Landschaft von außergewöhnlicher Schönheit – der Reichtum der von der letzten Vereisung geprägten Landschaft an Strukturen, wie Seen, Söllen, Mooren, alten Wäldern, trockenen Rasen und anderen ist so groß, dass selbst wenig rücksichtsvolle Landnutzungen unter früheren Verhältnissen der DDR und den neuen der Marktwirtschaft relativ viel von ihnen übrig lassen mussten (Abb. 9.11). Andererseits wirkt er in einem Bundesland, in dem er von der Politik nur wenig Unterstützung erfährt, vor allem keine institutionelle Förderung. Der Stolz der brandenburgischen Politik auf die Naturschätze ihres Landes scheint sich in engen Grenzen zu halten, jedenfalls dem finanziellen Einsatz für sie nach zu urteilen. Auch ist für Brandenburg typisch, dass ökonomische Potenziale der Landschaft in viel zu geringem Maße erschlossen werden. Die riesige Nachfrage nach Produkten des ökologischen Landbaus aus dem Ballungsraum Berlin muss überwiegend durch Lieferungen aus entfernten Landstrichen bedient werden, anstatt aus dem nahen Umfeld zu schöpfen und dort Wertschöpfungen zu generieren. Brandenburg nimmt zwar bundesweit den Spitzenplatz hinsichtlich der ökologischen Anbaufläche ein,[7] Veredlungs- und Verarbeitungsstrukturen sind aber vergleichsweise unzureichend entwickelt.

Unter diesen relativ widrigen Umständen sind die Aktivitäten und Erfolge des LPV besonders zu würdigen. Er besitzt 52 Mitglieder, darunter Kommunen, Verbände, natürliche Personen, 15 Agrarbetriebe und eine kleine Anzahl lokaler Vereine mit dem Ziel der Landschaftspflege und des Naturschutzes.

---

[5] „Liaison Entre Actions du Développement de l'Économie Rurale". Es handelt sich um ein Förderprogramm im Rahmen von ELER. Lokale Aktionsgruppen (in Deutschland 321 im Jahre 2017) führen Initiativen zur Förderung des ländlichen Lebens durch, teilweise, aber nicht zwingend, mit Umweltbezug.

[6] Jan Noack und Holger Pfeffer sei für wertvolle Informationen gedankt.

[7] Der im Abschn. 9.3 berichtete Umfang des ökologischen Ackerbaus im Biosphärenreservat Schorfheide-Chorin ist eine erfreuliche, wenn auch im Landesmaßstab nur punktuelle Ausnahme.

Abb. 9.11 Eiszeitlich geprägte, außerordentlich vielgestaltige Landschaft in der Uckermark. (Foto: Klaus Pape)

Zu den Tätigkeiten gehören:

- Eine Vielzahl anfallender Kompensationsvorhaben im Wirkungsbereich des LPV, seien sie produktionsorientiert (PIK) oder nicht (Abschn. 8.2), werden organisiert und langfristig begleitet. Kontakte zur in der Stadt Brandenburg an der Havel befindlichen Flächenagentur können sich in der Zukunft als besonders hilfreich erweisen.
- Pflege und Erhalt von Natura-2000-Gebieten. So werden zum Beispiel Trockenrasen in FFH-Gebieten gepflegt, sei es durch Erstinstandsetzung mit der Entfernung von Gehölzen, sei es durch die Organisation regelmäßiger Beweidung. Auf einer Fläche von 41 ha werden Vertragsnaturschutzmaßnahmen im Auftrag des Biosphärenreservates Schorfheide-Chorin umgesetzt.
- Landwirtschaftliche Betriebe werden in Rahmen des bundesweiten Projektes „Land zum Leben" zur Umsetzung von PIK-Maßnahmen und bei der Erfüllung ihrer Pflichten zum Greening beraten (Abschn. 4.7), wobei der bereits sprichwörtlich gewordenen Ineffizienz jenes Instruments entgegengewirkt wird. Der ansonsten wenig geförderte Anbau von kleinkörnigen Leguminosen wird hier als effizienteste Maßnahme eingesetzt, um die Nahrungsgrundlage für den Rotmilan (*Milvus milvus*) zu sichern. Besonders wirksam sind mehrjährige Flächen mit Feldfutter (Luzerne, Klee, Gras und Gemische) als Heimstätten von Kleinsäugern und anderen Beutetieren, die zur Brutzeit gemäht werden, um dem Rotmilan Nahrung zu bieten.
- Unter den weiteren Vorhaben zum Schutz des Rotmilans ist eine Vereinbarung mit der Allianz AG zu nennen. Dieses Unternehmen spendet fünf Euro an den LPV oder an vergleichbare Institutionen für jeden seiner Kunden, der von der Umwelt belastenden Briefpost auf die E-Mail umsteigt. Der Kunde kann dabei aus bundesweit 18 Programmen auswählen. Der Rotmilan ist in Europa endemisch, die Hälfte seines weltweiten Bestandes liegt in Deutsch-

land. In Nordostdeutschland sind die Populationen rückläufig, bedingt durch Todesfälle an Windenergieanlagen und durch die Intensivierung der Landwirtschaft. Diesen teils unvermeidlichen Todesursachen kann auf der Ebene der Populationen nur durch besonders gute Bedingungen für die Überlebenden entgegengewirkt werden, namentlich durch ein reiches Futterangebot und insbesondere dessen sichere Verfügbarkeit.

- Der LPV konnte in seinem 26-jährigen Bestehen eine Vielzahl von Hecken, Baumreihen und Streuobstwiesen pflanzen, womit die teilweise strukturarme Ackerlandschaft der Uckermark aufgewertet wurde. Aktuell (2018) sind weitere neun Hektar Hecken und Feldgehölze in Planung.
- Zu weiteren beantragten Vorhaben gehört ein Projekt zur Förderung der Population der Wiesenweihe (*Circus pygargus*) und der Bau einer Amphibienleiteinrichtung.

In einigen Bundesländern mit teilweise (zu) intensiver Landwirtschaft sind Landschaftspflegeverbände rar, weil offenbar der Wille zu solch einem Zusammenschluss, wenn nicht gar der zur Landschaftspflege überhaupt fehlt (Abb. 9.10). Nicht so in Nordrhein-Westfalen (NRW), obwohl ältere Dokumente zeigen, dass es dort lange Zeit sehr wenige LPV gab. Grund ist die Existenz einer Art „Konkurrenz" in Gestalt der Biologischen Stationen (BS).

Schon in den 1970er- und beschleunigt in den 1990er-Jahren entstanden in NRW Biologische Stationen, deren Zahl einschließlich einiger Naturschutzzentren auf 39 gestiegen ist. Typischerweise besitzt jeder Landkreis bzw. jede kreisfreie Stadt eine Station. Eine große Rolle bei ihrer Gründung spielte der ehrenamtliche Naturschutz. Einige befinden sich nach wie vor in dessen alleiniger Trägerschaft, während bei anderen Vertretern der Land- und Forstwirtschaft sowie der Landkreise als Zuwendungsgeber in die jeweiligen Trägervereine eingebunden sind.

Bis zum Jahr 2004 gab es unterschiedliche Finanzierungsmodelle. Insbesondere die älteren BS mussten sich über Werkverträge, Projekte und Ähnliches, also abschnittsweise von Fall zu Fall über Wasser halten, während andere von Beginn an eine institutionelle Förderung genossen. Seit dem Jahr 2005 gilt für alle die „Förderrichtlinie Biologische Stationen NRW". Sofern eine BS mehrjährige Aktivitäten in den Bereichen Schutzgebietsbetreuung, Vertragsnaturschutz und anderen nachweisen kann, erhält sie eine Förderung des Landes in Höhe von 80 % ihres Grundbedarfes, während die übrigen 20 % von den Landkreisen bereitgestellt werden müssen. Obwohl auch die Biologischen Stationen zusätzliche Mittel der EU, von Stiftungen und aus anderen Quellen benötigen und akquirieren, ist doch ihre finanzielle Situation aufgrund der gesicherten institutionellen Förderung wesentlich besser als die vergleichbarer Einrichtungen. Dies sollte anderen Bundesländern als Vorbild dienen. Es wird berichtet, dass Niedersachsen und Thüringen ebenfalls erwägen, biologische Stationen einzurichten.

Die Beschreibung zeigt, dass die BS von ihrer ursprünglichen Idee her etwas stärker als die LPV dem „reinen" Naturschutz und etwas weniger der Landschaftspflege unter Nutzungsgesichtspunkten zugewandt waren. Schon ihr Name deutet darauf hin. So besteht eine ihrer Kernaufgaben bis heute darin, 65 % aller Schutzgebiete zu betreuen. Dies bedeutet eine erhebliche Entlastung der hoheitlichen, aber unterfinanzierten Unteren Naturschutzbehörden. In weniger landwirtschaftlich geprägten Teilen des Landes dürfte diese Schwerpunktsetzung nach wie vor dominieren, während in den landwirtschaftlichen Kerngebieten, wie dem Münsterland oder in der Köln-Aachener Börde*, mit deren Übergängen zur Eifel die Kooperation mit der Landwirtschaft stark an Bedeutung gewonnen hat. Nicht nur sind dort im Verständnis ihrer Arbeit kaum noch Unterschiede zwischen BS und LPV festzustellen, auch hat sich fast die Hälfte aller BS im Land dem DVL mit dessen Regeln, insbesondere der Drittelparität im Vorstand, angeschlossen. Daher ist NRW inzwischen kein „Land ohne LPV" mehr.

Als Beispiele seien die Biologischen Stationen Oberberg und Rhein-Berg im Bergischen Land östlich des Rheines betrachtet, beide Mitglieder im DVL (Herhaus 2016). Sie wirken in einer niedrigen, regenreichen und außerhalb des Waldes vom Grünland dominierten Mittelgebirgslandschaft. Neben dem für die Milchwirtschaft genutzten intensiven Grünland gehören auch steilere, weniger gut nutzbare Wiesen und Weiden zur natürlichen Ausstattung und besonders ein mehrere tausend Kilometer umfassendes Netz kleiner, sämtlich zum Rhein fließender Wasserläufe mit artenreichen feuchten, die Bäche begleitenden Wiesen.

Die Schutzgebietsbetreuung in Abstimmung mit den zuständigen Behörden ist ein wichtiger Teil der Arbeit. Dazu gehören auch deren Erfassung und Bewertung, die Erarbeitung von Pflegeplänen sowie das Monitoring der Natura-2000-Gebiete nach den Berichtspflichten der EU. Im Vertragsnaturschutz sind die beiden BS Anlaufstellen für sämtliche Maßnahmen auf dem Grünland. Zur Offenhaltung der wertvollen Bachwiesen bedient sich eine BS einer eigenen Herde von Moorschnucken und Skudden, anspruchslosen Schafen, die besser als andere Rassen auch in feuchten Biotopen zurechtkommen. Man wird diese Art der Pflege dem Zuwachsen der Täler gewiss vorziehen, noch besser wäre freilich die Wiederaufnahme der früheren Mahd, wozu sich Landwirte verständlicherweise nicht bereitfinden können, solange nicht strukturelle Probleme bei der Verwertung des Mähgutes gelöst sind.[8] In der waldreichen Regionen spielt der Vertragsnaturschutz auch im Forst eine Rolle; in Zusammenarbeit mit einer Stiftung werden Waldbesitzer dafür honoriert, alte und tote Bäume zu tolerieren. Von großer Bedeutung sind Öffentlichkeitsarbeit und Umweltbildung einschließlich der Organisation von Festivitäten wie dem Bergischen Landschaftstag.

9.6   Stiftungen

Eine Stiftung ist eine Organisation, die mit ihren Mitteln einem definierten, oft gemeinnützigen Zweck dient und dabei keine Gewinnabsichten verfolgt. Um ihren Bestand zu sichern, darf sie im Allgemeinen nicht ihr Vermögen, sondern allein die Erträge daraus dem jeweiligen Stiftungszweck zuführen. Hinsichtlich der Trägerschaften, der Größen und der Zweckbestimmungen von Stiftungen herrscht in Deutschland eine große Vielfalt.

Nicht wenige große und kleine Stiftungen widmen sich Natur und Umwelt. Als Beispiele unter den großen können die Deutsche Bundesstiftung Umwelt (DBU), die Allianz-Stiftung und die Umweltstiftung Michael Otto genannt werden. Es ist unmöglich, alle Aktivitäten dieser Stiftungen zu nennen; wichtige Beispiel sind:

Die DBU widmet sich unter anderem Vorhaben zur Umweltbildung. Dazu gehört die Finanzierung von Informationszentren in großen Schutzgebieten, wie im oben erwähnten Biosphärenreservat Schaalsee. Dem Naturerleben und damit der Verbreitung von Kenntnissen über die Natur und ihre Schutzbedürftigkeit dienen ferner die von der DBU geförderten Baumkronenpfade im Nationalpark Hainich und auf der Insel Rügen. Auf die von der DBU verwalteten Flächen des „Nationalen Naturerbes" ist schon oben eingegangen worden.

Die Umweltstiftung Michael Otto unterhält gemeinsam mit dem NABU ein wissenschaftliches Institut in Schleswig-Holstein, welches die Forschung zu Vögeln der Agrarlandschaft und ihrer Gefährdung in Deutschland maßgeblich prägt (Abschn. 5.2.3). Jüngst hat die Stiftung gemeinsam mit anderen Institutionen mit dem Projekt F.R.A.N.Z ein Netz von Agrarbetrieben in ganz Deutschland ins Leben gerufen, in denen vorbildliche Maßnahmen zur Landschaftsentwicklung erprobt werden. Ausführlich informiert die Festschrift Umweltstiftung Michael Otto (2018).

Von großem Interesse sind auch Stiftungen, deren einziger und direkter Zweck es ist, der Landschaft zu dienen, oft durch Ankauf wertvoller Biotope oder auf andere Weise. Die großen Erfolge der Nordrhein-Westfalen-Stiftung werden unten im Abschn. 9.8 dieses Kapitels angesprochen. Unter den Organisationen, die besonders kooperativ mit der Landwirtschaft wirken, steht die Stiftung Rheinische Kulturlandschaft an vorderster Stelle. Ihre Gründung durch den Deutschen Bauernverband erfolgte nicht nur aus altruistischen Motiven zugunsten der Landschaft, sondern war durchaus auch von eigenen Interessen motiviert. Im dicht besiedelten, durch die Energiegewinnung (Braunkohle) und diverse Industriezweige hoch in

---

[8] Vielleicht wären hier Wege eine Lösung, wie sie in der Eifel gefunden wurden, Abschn. 9.8.

Abb. 9.12 Etwas ganz Besonderes auf dem Acker des Hofes Brechmann: die Feuerlilie (*Lilium bulbiferum*). Eigentlich eine Pflanze der Alpenwiesen, kommt sie an verschiedenen Stellen in Norddeutschland auf Äckern vor, umrankt von widersprüchlichen Aussagen über ihre natürliche oder vom Menschen betriebene Verbreitung. Sogar Name und Farbe des Niederländischen Hofes („Oranje") sollen etwas mit ihr zu tun haben

len. Die Eigentümer des seit Jahrhunderten im Familienbesitz befindlichen „Hofes Brechmann" in der Senne in Ostwestfalen haben ihren Betrieb vollständig von der Agrarproduktion auf die Gewährung von Lebensraum für schutzwürdige Ackerwildkräuter umgestellt und betreiben ihn auf diese Weise im Range einer Stiftung. Die sandige Gegend bietet dem wenig, der Produktionsmaximierung anstrebt, aber dafür umso mehr dem Naturschützer. Auf den Flächen des Hofes Brechmann befinden sich die wohl größten Populationen des Kahlen Ferkelkrautes (*Hypochaeris glabra*), in Deutschland auf wenige Standorte reduziert. Die Flächen, welche so bewirtschaftet werden, dass dieses Kraut floriert, bieten natürlich auch zahlreichen anderen Pflanzen- und Tierarten Lebensraum (Abb. 9.12). In sehr ähnlicher Weise wirkt die Stiftung „Hof Hasemann" in Bramsche.

9.7 Wissenschaftliche Projekte: „100 Äcker für die Vielfalt" und anschließende Gedanken

Schauet die Lilien auf dem Felde, wie sie wachsen …
Ich sage euch, dass
auch Salomo in aller seiner Herrlichkeit nicht bekleidet gewesen ist wie
derselben eine (Matthäus 6,28).

Nachdem, wie im Abschn. 8.3.3 berichtet, Ackerrandstreifenprogramme von inkompetenten Behörden vielfach heruntergewirtschaftet worden waren, war die Situation der Ackerwildkräuter zu Beginn der 2000er-Jahre trostlos. Die Abb. 9.13 zeigt einige Beispiele am Rande des Aussterbens in ihrer Schönheit und Subtilität. Ihre Vernachlässigung durch den hoheitlichen (amtlichen) Naturschutz wurde durch das FFH-System noch einmal verstärkt, denn dort spielen sie, wie auch schon berichtet, bis heute gar keine Rolle. So platzte einer Gruppe engagierter Naturschützer der Kragen und sie verfassten im Jahre 2004 einen Aufruf – das „Karlstädter Manifest" –, dass es so nicht weitergehen könne.

Der Ruf wurde gehört, und die Deutsche Bundesstiftung Umwelt (DBU) förderte in höchst verdienstvoller Weise das Projekt „100 Äcker für die Vielfalt", mit dem die Situation in Deutschland zehn Jahre später eine ganz andere ist. Es wurde von Christoph Leuschner an der Universität Göttingen und Thomas van Elsen am Fachbereich Ökologische Agrarwissenschaften der Universität Kassel in Witzenhausen betreut; „Chef" in der Praxis war Stefan Meyer aus Göttingen (Meyer und Leuschner 2015).

Das Projekt gliederte sich in zwei Teile. Im ersten ging es um eine Bestandsaufnahme. Gemeinsam mit vier Regionalkoordinatoren wurden überall in Deutschland etwa 600 Ackerflächen ausfindig gemacht, auf denen noch schützenswerte Bestände von Ackerwildkräutern vorhanden waren. Schon das war eine fachliche und logistische Leistung von Gewicht.

Anspruch genommenen und gleichzeitig landwirtschaftlich intensiv genutzten Köln-Aachener Raum wurde die Eingriffsregelung (Abschn. 8.2) zum Problem. Den immer zahlreicheren Eingriffsverursachern sollte die Landwirtschaft immer mehr von ihrer knappen Fläche für Ausgleichsmaßnahmen abtreten. Mit Recht beklagte sie sich, dass sie zweimal abtrat: Zuerst für die Fläche, auf der der Eingriff stattfand und dann noch einmal für den Ausgleich. Hinzu kam Kritik an der Gestaltung der Ausgleichs- und Ersatzmaßnahmen, die nicht immer dem Charakter der Bördelandschaft entsprachen. Die Flächenknappheit wurde so dringlich, dass das Instrument der Ausgleichszahlung in Anspruch genommen werden musste mit der Folge, dass sich Gelder häuften, ohne ausgegeben werden zu können.

Die Stiftung Rheinische Kulturlandschaft interveniert in dieser Situation mit Professionalität und dem großen Vorteil, selbst aus der Landwirtschaft hervorgegangen zu sein und so das Vertrauen der Landwirte zu besitzen. Unter zahlreichen anderen Maßnahmen organisiert sie Vorhaben der Produktionsintegrierten Kompensation (PIK Abschn. 8.2). Blühflächen und andere der Artenvielfalt dienende Biotope werden in der intensiv bewirtschaften Börde angelegt, ohne dass die Landwirte die Flächen verlieren. Alle Aufgaben, die der PIK anderwärts oft Probleme bereiten können, wie die zuverlässige Verwaltung der von den Eingriffsverursachern erhobenen Geldmittel über Vorhaben mit längeren Laufzeiten, werden von der Stiftung professionell gemeistert. Neben den sichtbaren Maßnahmen trägt die Stiftung dazu bei, das Bewusstsein der jahrzehntelang an die Produktionsmaximierung gewöhnten Landwirte wieder für Belange von Natur und Artenvielfalt zu öffnen.

Es gibt in der Kulturlandschaft Stiftungen, die von ihrer Statur her klein erscheinen, jedoch eine große Wirkung ausstrah-

Abb. 9.14 Viel Prominenz bei der Einweihung eines Schutzackers. (Mit freundlicher Genehmigung der Stiftung Rheinische Kulturlandschaft)

Abb. 9.13 In Deutschland hochgradig gefährdete Ackerwildkräuter, **a** namengebend für die Gesellschaft der Kalkscherben-Äcker („Caucalidion"): die Möhren-Haftdolde (*Caucalis platycarpos*), **b** auf sandigen Äckern: Finger-Ehrenpreis (*Veronica triphyllos*), **c** Nach Ausrottung auf dem Acker nun Zierpflanze: die Kornrade (*Agrostemma githago*), **d** andere könnten auch diese Laufbahn einschlagen: Gemeiner Frauenspiegel (*Legousia speculum-veneris*), **e** Sommer-Adonisröschen (*Adonis aestivalis*), **f** Acker-Schwarzkümmel (*Nigella arvensis*)

Im zweiten und schwierigeren Teil ging es darum, möglichst die Besten aus diesen Flächen langfristig vertraglich zu sichern. Dabei wurden Grundeigentümer, Flächennutzer, Behörden, Verbände und andere örtliche Gruppen der Zivilgesellschaft einbezogen, um – ganz pragmatisch – für jeden Einzelfall eine passende Lösung zu finden. Ziel war, für mindestens 20 Jahre zu garantieren, dass die Äcker wildkrautgerecht bewirtschaftet werden – einfach ausgedrückt, so wie man es früher tat: ohne Herbizide*, mit mäßiger Düngung und geeigneten Ackerfrüchten. Einige gingen in das Eigentum von Naturschutzverbänden oder Stiftungen über, nicht wenige andere wurden mit Mitteln aus der Produktionsintegrierten Kompensation (PIK) gesichert. Bis zum Jahre 2015 gelang es, bundesweit 112 Äcker mit zusammen etwa 400 ha in das Programm einzubeziehen. Man erkennt aus diesen Zahlen, dass es sich nicht um Randstreifen, sondern um Flächen von durchschnittlich einigen Hektar Größe handelt.

Das bisher Erreichte erscheint flächenmäßig als ein „Tropfen auf den heißen Stein". Dieser Eindruck täuscht jedoch. Der Tropfen verdampft und hinterlässt keine Wirkung, während die 112 Äcker sichtbar bleiben. Nicht nur bilden sie ein sicheres Refugium für zahlreiche höchst gefährdete Arten, sondern sind sie auch ein Vorbild für ein weit größeres Netz solcher Flächen in der Zukunft. Ihre Wirkung auf Spaziergän-

ger und das allgemeine Publikum ist beeindruckend, viele erfahren hier aus erster Hand von der Notwendigkeit des Naturschutzes in der Agrarlandschaft (Abb. 9.14).

Im Jahre 2017 findet nun schon zum zehnten Mal eine Exkursionstagung zu Ackerwildkräutern statt, nach beeindruckenden Erlebnissen unter anderem im Kyffhäuser, im Rheinland und in Luxemburg nunmehr im Biosphärenreservat Schorfheide-Chorin in Brandenburg. Diese Exkursionstagungen sind zwar keine direkten Bestandteile des Projektes „100 Äcker für die Vielfalt", wohl aber gibt es personelle und sachliche Verbindungen, die zeigen, dass der Ackerwildkrautschutz Rückenwind bekommen hat.

Dass hier seit Jahrzehnten endlich wieder ein Meilenstein errichtet worden ist, ist ein großartiger Erfolg und nicht allein, aber zum erheblichen Teil dem Organisationstalent und der Beharrlichkeit von Stefan Meyer zuzuschreiben, wofür er mit Recht mehrfach ausgezeichnet worden ist. Der Erfolg ist auch Anstoß, in die Zukunft weisende strategische Überlegungen zu dieser Pflanzengruppe und der an sie gebundenen, zumindest von ihr profitierenden Tierwelt anzustellen. Alle heutigen Ackerwildkräuter gab es lange, bevor der Mensch den Ackerbau erfand. Also muss es natürliche Biotope gegeben haben, in denen sie florierten. Wir kennen die wichtigste Eigenschaft dieser Biotope: Sie müssen offen sein und Bewegung enthalten, es muss regelmäßige oder unregelmäßige Störungen geben, genau oder ähnlich wie im Ackerbau. Nachdem die heutige Technik im konventionellen Landbau Wildkräuter kaum noch toleriert, sollte man Biotope entwickeln, die den prä-landwirtschaftlichen Lebensräumen dieser Kräuter möglichst ähneln. Auch gibt es etliche Kräuter, die der voll ausgeprägten Bedingungen des Ackerbaus, insbesondere der regelmäßigen Bodenbearbeitung, nur teilweise bedürfen und die daher an Wegrändern, in zeitweiligen Brachen, in Übergangsbereichen und gelegentlich gestörten Magerrasen und an Ruderalstellen vorkommen (Abb. 9.15). Das läuft auf die Forderung hinaus,

Abb. 9.15 Zwei „Halb-Ackerwildkräuter", die nicht unbedingt regelmäßigen Ackerbau benötigen, jedoch offene, gestörte Plätze, wie am Wegrand, auf zeitweiliger Brache usw.: **a** Braunes Mönchskraut (*Nonea pulla*), **b** Acker-Wachtelweizen (*Melampyrum arvense*)

in der Landschaft auch „ungepflegte", keiner klaren Zweckbestimmung dienende Flächen, darunter kurz- bis mittelfristige Brachen zu dulden, die in der einen oder anderen Weise an der Sukzession zu geschlossener Vegetation gehindert werden.

Ein weiterer Problembereich ist der räumliche Transport von Pflanzenarten. Dies betrifft nicht nur Ackerwildkräuter, sondern auch Sippen des Grünlandes. Seit vielen Jahren bestätigen Experimente die ernüchternde Erkenntnis, dass Aushagerungen von Grünlandflächen auf ein niedrigeres Nährstoffniveau und ihre extensive Bewirtschaftung oft nicht genügen, um die Flächen wieder artenreich werden zu lassen. Arten des traditionellen, bunten Grünlandes besitzen offenbar nur eine schwache Tendenz, aktiv Entfernungen mit ihren Samen zu überbrücken, auch stößt deren Keimung in einer geschlossenen Grasnarbe auf Widerstand. So sind mehrere Methoden ersonnen worden, die räumliche Verbreitung zu forcieren. Heu einschließlich der darin vorkommenden Samen wird auf eine Fläche ausgebracht, die somit „geimpft" wird. Bei Ackerwildkräutern werden mit erheblichen Kosten Kulturen eingerichtet und deren Samen geerntet, um diese gezielt auszubringen.

Box 9.3 Herkunftsregionen und Verbreitungsgebiete
Die Landkarte in der Abb. 9.16 ist nicht etwa ein Vorschlag zur Neugestaltung der deutschen Bundesländer, sondern gibt „Produktionsräume" für den Wildpflanzen-Samenhandel an. Absicht ist, regionstypische Herkünfte zu schützen und zu zertifizieren und regionale Floren von „fremden" Herkünften freizuhalten. Nach der Karte ist es zum Beispiel zulässig, Saatgut von Kornblumen oder Klatschmohn, welches in Geilenkirchen, 10 km nördlich von Aachen gesammelt wurde, in Buxtehude zu vermehren, nicht aber

in Kötzschenbroda bei Dresden, weil dort die Flora verfälscht würde. Es darf nicht einmal 10 km südlich nach Aachen gebracht werden, obwohl Wind und Vögel dies eifrig tun.

Vor Jahrhunderten gab es weder Behörden, die über die Saargutverbreitung wachten, noch Zertifizierungen – es gab überhaupt keine Regeln. Ochsenkarren mit Salzfässern transportierten Samen von Lüneburg nach Bayern und transportierten auf dem Rückweg bayerische Samen nach Lüneburg. Im Ergebnis strotzte die Landschaft von Artenreichtum und Buntheit. Noch vor wenigen Jahrzehnten wanderten Schafherden *absichtlich quer zu den Grenzen* der Abb. 9.16, zum Beispiel von der Schwäbischen Alb ins Bodenseegebiet und zurück (Pfeile) und transportierten „verbotenerweise" Diasporen in großen Mengen, sogar Tiere in der Wolle der Schafe.

Die Absicht der neuen Saatgutbürokratie ist, die genetische Vielfalt der Restpopulationen von Arten zu erhalten. Diese Absicht ist löblich, jedoch sind die Vorschriften und Maßnahmen fragwürdig bis lächerlich. Trifft eine Sendung von Klatschmohnsamen rheinischen Ursprungs einmalig in Franken ein, so ist es unwahrscheinlich, dass die fränkischen Populationen durch dominante Rheinländer ausgelöscht werden. Im Gegenteil verschwinden in der Regel 99 % der unangepassten Eindringlinge wieder von selbst. Was nicht passieren darf, ist etwas ganz anderes: Produziert eine Saatgutfirma genetisch homogene Herkünfte in großer Menge und unverändert über viele Jahre und werden diese Samen *überall* hingebracht – gleichgültig ob innerhalb eines erlaubten Verbreitungsgebietes oder über seine Grenzen hinaus – dann kommt es zur

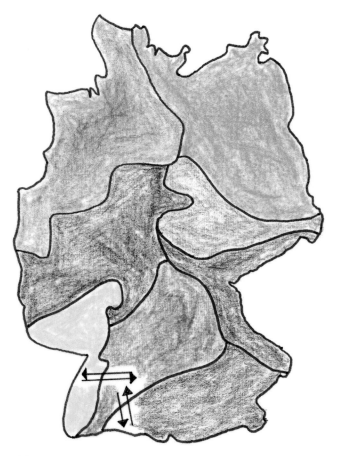

Abb. 9.16 Produktionsräume und Verbreitungsgebiete für Wildpflanzen. (Quelle: Rieger-Hofmann GmbH 2014/2015, S. 11, verändert)

Erosion genetischer Vielfalt. Es muss also bei der Saatgutfirma angesetzt werden: Sie muss genetisch heterogenes Saatgut erzeugen und darf keine „großen Portionen" auf den Markt bringen. Dann ist es in vernünftigen räumlichen Bezügen gleichgültig, wo ausgebracht wird. Dafür darf Saatgut zweifelhafter Qualität und Herkunft (etwa aus dem Mittelmeergebiet) in der freien Landschaft überhaupt nicht verbreitet werden, was im Zeitalter der Globalisierung mit seinen unkontrollierbaren Ferntransporten gewiss nicht leicht sicherzustellen ist.

Besonders in Deutschland möchten alle alles regeln. Naturschützer möchten immer mehr verbieten. Zu verbieten erzeugt den Schein von Macht. Wenn man keine Macht hat wie der Naturschutz, klammert man sich umso bereitwilliger an ihren Schein. Kommt denn niemand auf den Gedanken, dass *nicht* zu regeln (wie es jahrhundertelang Realität war) der Natur besser bekommen könnte?

Die Methoden sind noch durchweg teuer, auch haben sich Firmen etabliert, die Samen von Wildpflanzen handeln. In

vielen Fällen sind diese Aktivitäten segensreich und zu unterstützen, zum Beispiel bei der Anlage neuer Grünlandflächen als Begleitung von Verkehrswegen, wo aus Mitteln der Eingriffsregelung oft viel Geld fließt. Allerdings beobachtet der unvoreingenommene „Querdenker" auch sonderbare ideologische Phänomene, wie in der Box 9.3 kurz beschrieben.

9.8   Verdienstvolle Einzelpersonen: das Wirken Wolfgang Schumachers in der Eifel

Schon im Abschn. 8.3.1 ist auf den „Vater" der Ackerrandstreifen hingewiesen worden (Schumacher 1980, 1984, 2007). Er zeigte in Zusammenarbeit mit landwirtschaftlichen Betrieben, dass auf geeigneten Standorten, auf denen im Boden noch ein Samenpotenzial für Ackerwildkräuter besteht, allein durch den Verzicht auf den Herbizideinsatz Restvorkommen gefährdeter und ästhetisch überaus attraktiver Ackerwildkräuter wieder zu üppigen und lebensfähigen Populationen heranwachsen können. Die Samen dieser Kräuter besitzen nicht immer, aber oft eine jahre- bis jahrzehntelange Keimfähigkeit. Wo es auf Äckern vor der Maßnahme nur wenige kümmerliche Pflanzen gab, entwickelten sich innerhalb weniger Jahre tausende Individuen. Da die besten Vorkommen in der Regel auf weniger produktionsstarken Standorten vorkommen und für ein sicheres Überleben der Arten nur kleine Flächen – eben Randstreifen – benötigt werden, sind die Maßnahmen kostengünstig. Den Landwirten kann der Minderertrag aus den Randstreifen leicht erstattet werden. Selten gibt es bei Naturschutzmaßnahmen ein günstigeres „Preis-Leistungs-Verhältnis" als hier.

Schumachers Wirken beschränkt sich jedoch nicht hierauf. Exakt auf der Staatsgrenze zwischen Belgien und Deutschland bei Hellenthal fließt der Bach Olef. Es war früher ein typisches Bergwiesental mit einem bedeutenden Vorkommen von *Narcissus pseudonarcissus* (gelbe Narzissen, „Osterglocken"). Dabei handelt es sich um eine Art mit atlantischem Verbreitungsschwerpunkt, deren östlichste natürliche Vorposten hier in der Eifel (auch im Perlbachtal bei Monschau) und weiter südlich in den Vogesen liegen. In den Jahrzehnten nach dem Zweiten Weltkrieg ließ das Interesse an der Mahd der Wiesen nach und sie wurden großflächig und teilweise illegal mit Fichten aufgeforstet. Das einzige natürliche Vorkommen der Narzissen in Deutschland schien verloren. In langjährigem zähen Wirken schaffte es Schumacher mit Unterstützung der Nordrhein-Westfalen-Stiftung, Flächeneigentümer, Behörden und andere zu überzeugen, die Fichten zu entfernen, die Flächen wieder zu öffnen und als Wiesen zu nutzen. Ganz von selbst bildete sich wieder ein kilometerlanges mattgelbes Meer fröhlich dreinschauender Narzissen, das zur Blütezeit Busladungen von Besuchern und zahlreiche Exkursionsgruppen lockt

Abb. 9.17 Wiederentwickelte Narzissenwiese an der deutsch-belgischen Grenze

(Abb. 9.17). Die Gattin des Altbundeskanzlers und namhafte Naturschützerin Loki Schmidt war eine Schirmherrin dieses Juwels in der Landschaft.

Eine weitere wegweisende Idee Schumachers ist die Verkoppelung intensiver Milchviehhaltung in Grünlandbetrieben mit dem Naturschutz. Wie im Abschn. 7.3.2 näher erläutert, benötigen heutige hochleistende Milchkühe Grundfutter*, das überwiegend von intensiviertem, gut gedüngtem sowie oft und früh genutztem Grünland stammt, auf dem kein Lebensraum für gefährdete Arten erwartet werden kann. Das gilt im ökologischen Landbau nicht weniger als im konventionellen. Ein solcher Betrieb besitzt jedoch nicht nur laktierende* Kühe, sondern auch Jungvieh. Diese Färsen* erhalten aus Gründen der Betriebsvereinfachung meist dasselbe Futter wie die Milchkühe, obwohl sie es nicht benötigen. Im Gegenteil ist die Verfettung solcher Färsen unerwünscht, und sie gedeihen am besten mit traditionellem, weniger energiereichen Grundfutter von Blumenwiesen oder im Sommer auf artenreichen Weiden.

Im Landkreis Euskirchen im Nordrhein-Westfälischen Teil der Eifel betreiben über hundert konventionelle und ökologische Betriebe diese Art der Färsenfütterung mit großem Erfolg – auf Anregung und mit Betreuung durch Wolfgang Schumacher. Auch in Regionen, in denen höchst professionell Milch erzeugt wird, kann es sichtbare und ökologisch außerordentlich wirksame Flächen traditionellen artenreichen Grünlandes geben.

Mit berechtigtem Stolz berichtet Schumacher, dass im Landkreis Euskirchen das seinerzeit in Göteborg formulierte Ziel der Europäischen Union, bis 2010 den Artenschwund in der Kulturlandschaft zu stoppen, erreicht worden ist – im Gegensatz zu fast überall sonst. Ackerwildkrautbestände sind gesichert, wertvolles Grünland ist nicht nur erhalten, sondern vermehrt worden, Individuenzahlen von Pflanzenarten der Roten Listen gehen in die Hunderttausende bis Millionen, sodass sie eigentlich nicht mehr „selten" genannt werden dürften. Obwohl bisher nur teilweise erforscht, sind positive

Effekte auch für die Tierwelt sicher. Worin liegen die Ursachen des Erfolges?

Sie liegen zweifellos zunächst in der Person Schumachers, der anders als der typische Naturschützer ein hohes Vertrauen bei Landwirten genießt, deren Probleme kennt und deren Sprache spricht. Gleichzeitig besitzt er beste Kontakte nach „oben", zu Politik, Verwaltung und Stiftungen, die er zeitweise mitgeprägt hat. Nichts könnte besser seine persönliche Autorität in seiner Heimat ausdrücken als ein Sketch, den seine Schüler bei seiner Verabschiedung von der Universität Bonn aufführten: Jemand fährt vorschriftswidrig mit dem Auto durch den Wald und wird vom Förster angeschnauzt: „Was treiben Sie denn hier, wissen Sie nicht, dass …" Antwort: „Wir kommen von Herrn Schumacher, der hat gesagt, wir sollen da vorn mal etwas nachsehen." Förster: „Ach so, natürlich, dann fahren Sie mal weiter!".

Es gibt zwei Dinge, die über den ganz persönlichen Aspekt hinausweisen und verallgemeinert werden müssen. Einer ist die schon genannte Bildung von Vertrauen, Achtung und persönlicher Sympathie und das Lernen voneinander. Der zweite, ebenso wichtige Aspekt ist die *Kontinuität*. Schumacher wirkte über 30 Jahre lang und kennt alles und jeden. Kontinuität ist in der Kulturlandschaftspflege sonst leider vielfach die Ausnahme. Ständig kommen neue Vorschriften, neue Programme, neue Leute und angeblich neue Erkenntnisse aus der Wissenschaft (oft in Wirklichkeit Neuerfindungen des Rades). Die Diskontinuität wird sogar wissenschaftlich vorangetrieben und als Tugend ausgegeben: Ökonomen raten dazu, Pflegeleistungen in der Landschaft jährlich neu auszuschreiben, damit man immer den billigsten Anbieter nehmen kann. Also Anonymität anstatt persönlichen Vertrauens. Solche Ideen bezeugen Kenntnislosigkeit von der Praxis. Wolfgang Schumachers Wirken in der Eifel hat sogar dazu geführt, dass sich die im Kapitel Abschn. 8.3.3 ausführlich beschriebenen Mängel des staatlichen Vertragsnaturschutzes nicht negativ auswirkten. In guten Händen sind sogar mangelhafte Instrumente segensreich. Fazit: Wir brauchen zwar bessere Instrumente, mehr noch aber brauchen wir Persönlichkeiten.

9.9 Denkanstöße und Konzepte

Institute, Expertenzirkel und Einzelpersonen erarbeiten Konzepte, die weniger in die bestehende Praxis einwirken als vielmehr Denkanstöße dafür sind, in welche Richtung die Agrarpolitik zu reformieren ist. Es wird (hoffentlich zu Recht) erwartet, dass das gegenwärtige System der Agrarförderung in der EU, insbesondere deren Erste Säule, außerhalb der Landwirtschaft irgendwann so stark an Akzeptanz verliert, dass es in dieser Form nicht mehr zu halten sein wird. Da um das Jahr 2020 eine erneute Revision der Agrarpolitik ansteht, wird darauf hingearbeitet, bis zu diesem Stichjahr Vorschläge möglichst breit zu diskutieren. Wir greifen zwei wichtige Konzepte aus den Jahren 2016 und 2017 heraus, initiiert vom Deutschen Verband für Landschaftspflege (DVL) und dem Institut für Agrarökologie und Biodiversität (IFAB) im Auftrag des NABU. Hinzu tritt eine Kostenschätzung für Maßnahmen, die die Artenvielfalt in der Agrarlandschaft sichern und vermehren würden.

9.9.1 Gemeinwohlprämie des Deutschen Verbandes für Landschaftspflege

Nach den Vorstellungen des oben im Abschn. 9.5 näher beschriebenen DVL soll das Fördersystem im Agrarwesen so umgebaut werden, dass Landwirtschaftsbetriebe die Produktion von Stoffen (Futter, Nahrungs- und Industriepflanzen sowie tierische Erzeugnisse) und die Pflege der Landschaft als *gleichrangige* Aufgaben ansehen. Es soll nicht mehr so sein wie heute, dass die Produktion das Eigentliche und Wichtige ist und, unter Zwang oder mit umständlichen Förderinstrumenten, nebenbei etwas Rücksicht auf die Natur genommen wird. Die Gleichrangigkeit erfordert, dass erstens die finanzielle Honorierung der Landschaftspflege attraktiv und zuverlässig ist und zweitens, dass die Betriebsleitungen selbst entscheiden, wie sie den einen mit dem anderen Betriebszweig – Produktion mit Landschaftspflege – kombinieren. So wie Adam Smiths Bäcker die Menschen mit Brot versorgen, nicht weil sie deren Bedürftigkeit rührt, sondern weil sie selbst einen Vorteil davon haben (Abschn. 8.3.3.3), soll der Landwirt zu seinem eigenen Vorteil Landschaftspflege betreiben. Er „… kann künftig auf seinen Flächen nicht nur … Getreide, Kartoffeln oder Milch erzeugen, sondern auch ökologische Güter wie Artenvielfalt, intakte Gewässer und Klimaschutz … Dabei kann er seine Entscheidungen freiwillig und aus unternehmerischer Sicht treffen" (DVL o. Jg., S. 3). Statt Fessel und Behinderung zu sein, wird Landschaftspflege zur betrieblichen Chance.

Das Konzept der *Gemeinwohlprämie* setzt voraus, dass natur- und landschaftsförderliche Leistungen bewertet werden. Dies geschieht zum einen mit einem Punktesystem; jede Leistungsart erhält eine bestimmte Punktzahl. Zum zweiten müssen die Punkte mit Preisen versehen werden. Bei der Bepreisung wird ein interessanter marktwirtschaftlicher Selbstregelungsmechanismus eingebaut. Es wird eine fixe Fördersumme vorgegeben, mit der sämtliche Punkte bedient werden müssen. Planen die Betriebe in hohem Umfang Landschaftsleistungen und müssen damit viele Punkte auf den Markt geworfen werden, muss deren Einzelpreis zwangsläufig sinken. So wie eine Ware auf dem Markt bei hohem Angebot im Preis sinkt, weil sie weniger knapp wird, sinkt auch die Vergütung für eine Landschaftsleistung, wenn sie weniger knapp ist und es Natur und Landschaft relativ „gut geht". Je weniger umgekehrt Landschaftsleistungen angeboten werden, umso knapper und teurer werden sie, und

umso mehr steigt der Anreiz für Betriebe, sich dort zu engagieren. Da nach Auffassung des DVL die Planungssicherheit für die Betriebe allerdings verlangt, dass ein Mindestpreis pro Punkt garantiert werden muss, kann es bei festem Budget und hohem Angebot von Landschaftsleistungen zu einer Übernachfrage nach Punkten kommen, der dann nur durch ein Kontingentierungssystem begegnet werden kann (manche Betriebe müssen leer ausgehen), was ökonomisch weniger überzeugt.

Das Konzept des DVL besticht damit, dass die bisherige Erste Säule nicht nur dem Namen nach, sondern inhaltlich vollständig getilgt wird. Es gibt überhaupt kein Geld mehr für Agrarbetriebe ohne Gegenleistung, sondern es werden gemäß der Forderung „public money for public goods" ausschließlich definierte Leistungen bezahlt. Auch wird, wer eine Landschaftsleistung erbringt, nicht umständlich „entschädigt", sondern das Ergebnis selbst wird bewertet und entlohnt.

Da das Ziel im Ersatz der Ersten Säule besteht, werden Regelungsnotwendigkeiten, die auch jetzt außerhalb derselben liegen, fortbestehen. Dies betrifft auf der einen Seite besonders hochrangige Naturschutzziele, für die weiterhin ein (möglichst erfolgs- anstatt aufwandsorientiertes) System des Vertragsnaturschutzes erforderlich sein wird. Während dies relativ unproblematisch erscheint, dürfte die Abgrenzung der mittels Punkten entlohnten Leistungen „nach unten", also gegenüber den nicht entlohnbaren Pflichten aus den Mindestanforderungen schwieriger sein. Zwar betont der DVL, dass nur honorierungswürdig ist, was über die gute fachliche Praxis und gesetzliche Mindeststandards hinausgeht, wir haben aber im Abschn. 8.3.3.4 gesehen, wie widersprüchlich und weich dort die Definitionen sind, von der unzureichenden Vollzugspraxis ganz abgesehen. Parallel zum Vorschlag des DVL müssten also die Mindestnormen präzisiert werden, auch sollte eine allein auf ihnen beruhende Wirtschaft nicht „gute fachliche Praxis" heißen, denn wenn sie gut wäre, brauchte es keine Gemeinwohlprämie zu geben.

Jeder konzeptionelle Entwurf wird in Einzelheiten Fragen aufwerfen und Überarbeitungen erfordern. Bei der starken Verwurzelung des DVL im landwirtschaftlichen Umfeld und dem hohen Vertrauen, das er in der Landwirtschaft genießt, bestehen jedoch die besten Aussichten darauf, dass dessen Ideen die Landwirte selbst davon überzeugen, von der schon im Abschn. 4.8 beklagten einseitigen Produktionsorientierung abzugehen und sich auch als Landschaftspfleger zu verstehen. Auf weitere Probleme, die gemeinsam mit dem alternativen Entwurf des IFAB aufgeworfen werden, wird bei dessen Besprechung im folgenden Abschnitt zurückgekommen.

9.9.2   Der Vorschlag des IFAB im Auftrag des NABU

Anders als im Konzept des DVL schlägt das IFAB vor, die Erste und Zweite Säule der bisherigen Agrarförderung gemeinsam abzuschaffen und in Gänze durch neue Konstruktionen zu ersetzen (IFAB und INA 2016). Diese bestehen aus einer *Nachhaltigkeitsprämie* (NaP) als Basis. Die Nachhaltigkeitsprämie soll etwa die Hälfte der Zahlungen pro Hektar aus der derzeitigen Ersten Säule beinhalten. Sie wird jedem Betrieb ausgezahlt, der – über alles ordnungsrechtlich Gebotene und alle Cross Compliance-Vorgaben hinaus – einen Mindestanteil seines Acker- und Grünlandes ökologisch hochwertig bewirtschaftet, während einer Übergangsfrist nur 5 % und danach 10 %. Ferner sind ein maximaler Viehbesatz von 1,6 GV/ha und die Erhaltung des Dauergrünlandes* gefordert.

Zwar gibt es bei der Konkretisierung der Hochwertigkeit jeweils mehrere Möglichkeiten, dennoch ist der betriebliche Entscheidungsspielraum in schwächerer Weise als beim Konzept des DVL betont. Die NaP verbleibt stärker dem Charakter einer Auflage verhaftet. Sie kann als Fortsetzung der bisherigen Grundförderung der Ersten Säule, jedoch mit einer wesentlich anspruchsvolleren, ja erstmalig ernst zu nehmenden Greening-Komponente interpretiert werden.

Auf die NaP ist eine Agrar-Natur-Prämie (ANP) aufgesattelt. Mit ihr wird honoriert, wenn auf Teilen der betrieblichen Fläche ökologisch anspruchsvollere Aktivitäten oder Unterlassungen vorgenommen werden. Es wird ein Katalog mit zehn europaweit anwendbaren Anforderungen vorgelegt, denen Mindestvoraussetzungen unterlegt sind, wie Verzicht auf synthetische Pflanzenschutzmittel und mineralische Düngung. Es ist berechnet worden, dass wer diesen Anforderungen auf 10 % der Acker- und 20 % der Grünlandfläche nachkommt, gemeinsam mit der NaP mindestens so hohe Gesamt-Förderungen erhält wie derzeit mit der Ersten Säule. Weil die ANP so attraktiv ist, müssen Obergrenzen für ihre Inanspruchnahme gesetzt werden, etwa 20 % auf dem Ackerland und 50 % auf dem Grünland, um die landwirtschaftliche Produkterzeugung nicht durch „zu viel" Naturschutz zu verdrängen. Wer aber mindestens 10 % seiner Fläche der ANP überlässt, soll zusätzlich eine Natur-Management-Prämie (NMP) in Höhe von 50 € pro Hektar und Jahr erhalten, wenn eine naturschutzfachliche Beratung in Anspruch genommen wird. Ähnlich wie im Konzept des DVL sind weitere spezielle Förderungen für besonders anspruchsvolle Naturschutzleistungen, für ökologischen Landbau und anderes vorgesehen.

Beide Konzepte des DVL und des IFAB legen im Interesse ihrer Praktikabilität großen Wert darauf, an bestehende Verwaltungs- und Kontrollstrukturen anzuschließen. Es bedarf keiner Erhebung von betrieblichen Daten, die den Behörden nicht ohnehin verfügbar sind. Das Kontroll- und Sanktionswesen soll vielmehr vereinfacht werden, dem nur zuzustimmen ist. Beide Entwürfe können beanspruchen, über das Konzeptionelle hinaus detaillierte betriebliche Überlegungen vorzulegen. Das DVL-Konzept ist in einem von der Landesregierung geförderten Modellversuch in Schleswig-Holstein in der Praxis getestet worden. Das IFAB wartet wiederum mit umfangreichen Berechnungen für verschiedene Betriebstypen auf. Beide erwarten Akzeptanz vonseiten der Landwirtschaft, indem sie sicherstellen, dass der Fluss an öffentlichen Mitteln in diesen Sektor in möglichst vollem Umfang erhalten bleibt. Dies wird ihnen zufolge nur gelingen, wenn die Agrarbetriebe Gegenleistungen in der Landschaft erbringen – nur dann werde die Akzeptanz der hohen Direktzahlungen aufseiten der Nicht-Landwirtschaft erhalten bleiben.

In beiden Entwürfen soll die Landwirtschaft finanziell als Ganze gegenüber dem Status quo nicht verlieren. Den betrieblichen Modellrechnungen zufolge soll es vielmehr auch jeder einzelne Betrieb nicht. Er braucht theoretisch nur hinreichend viele der nachgefragten Landschaftsleistungen zu erbringen, um dasselbe Einkommen wie bisher oder gar ein noch höheres zu erreichen. Jedoch: dass eine so ambitionierte Reform ganz ohne Umverteilungen abliefe, wäre sehr erstaunlich. Schon die Behauptung einer solchen und die Furcht vor ihr dürfte bei zahlreichen Betrieben Skepsis erzeugen und Gegnern in die Hände spielen. Dem muss durch Praxiserfahrungen und ein (tatsächlich auch vorgesehenes) wirksames Beratungssystem begegnet werden.

Beide Entwürfe fordern eine großzügige Honorierung von Landschaftsleistungen, die über die bloße Kostenerstattung hinausgeht und Anreizwirkungen ausübt. Dem kann aus ökonomischer Sicht nur nachdrücklich zugestimmt werden. Im Abschn. 8.3.3.3 ist freilich berichtet worden, dass Anreizkomponenten dieser Art im Jahre 2005 mit fadenscheiniger Begründung abgeschafft worden sind, angeblich verbiete sie die WTO. Werden sie seitdem auch „heimlich" und in versteckter Form toleriert, so dürfte doch ihre offensive Wiedereinführung einen fundamentalen Sinneswandel der EU-Oberen und anderer Autoritäten erfordern. Ob Hinweise darauf, dass sich die Schweiz auf diesem Gebiet an keinerlei WTO-Vorgaben hält und dass die WTO auch gegenüber der EU nicht einschreiten würde, solange sich niemand beschwert, diesen Sinneswandel bewirken können, bleibt abzuwarten, zumal Finanzminister und Rechnungshöfe, die bei Landschaftsleistungen gern auf den Pfennig blicken, den angeblichen WTO-Knüppel als Steilvorlage für ihre eigenen Auffassungen und Ziele benutzen. Dass ein Agrarbetrieb für die Rücksichtnahme auf die Natur zwar „entschädigt" werden darf, an solchen immateriellen Leistungen aber nichts verdienen soll, ist in deren prä-ökonomischem Denken noch so tief eingekerbt, dass es wohl noch viel geduldiger Überzeugungsarbeit bedarf.

9.9.3 Kostenschätzung für die Aufwertung der Agrarlandschaft

In einem kurzen Gutachten für die Umweltstiftung Michael Otto berechnete Hampicke (2014) die Höhe der erforderlichen Ausgleichszahlungen für ambitionierte Naturschutzleistungen in der Agrarlandschaft. Es werden vier Maßnahmenkomplexe vorgeschlagen:

(1) Erhaltung und dauerhafte Pflege des noch verbliebenen hochwertigen Grünlands und der Halbkulturlandschaft, überwiegend mittels Beweidung,

(2) Extensivierung von 10 % des derzeit intensiv genutzten Grünlandes in Milcherzeugungsregionen zur Fütterung von Färsen nach dem Vorbild, wie es in der Eifel praktiziert wird (Abschn. 7.3.5 und 9.8),

(3) Extensivierung von 10 % des ertragsschwächsten Quartils (Viertels) des Ackerlandes für Wildkräuter, Nischenkulturen, Brachen usw. und

(4) die Herausnahme von 7 % der Fläche in ertragsstarken Ackerbauregionen zur Anlage von Strukturelementen, wie Hecken, Feldgehölzen, Säumen und anderen.

Der Umfang aller Maßnahmen umfasst 2,18 Mio. Hektar oder fast 13 % der landwirtschaftlichen Fläche. Als Maßstab für die Kostenschätzung dienen bei (1) gesicherte empirische Erhebungen der Kostenunterdeckung von Beweidungsverfahren, wie sie auch in der Tab. 5.4 im Abschn. 5.3.1.1 in diesem Buch wiedergegeben sind. Bei (2) erfolgt überwiegend eine Schätzung des entgehenden Futterwertes, bei (3) werden die Berechnungen von Geisbauer und Hampicke (2013) über die Kosten des Ackerwildkrautschutzes zugrunde gelegt, während bei (4) die entgehende Grundrente bei intensivem Ackerbau maßgeblich ist. Die Tab. 9.3 fasst die Ergebnisse zusammen.

Rechnerisch ergibt sich eine Summe von etwa 1,6 Mrd. € pro Jahr. Zur Absicherung gegen mögliche Unterschätzungen sowie zur Gewährleistung einer Anreizkomponente wird die Summe im Gutachten auf bis zu 2 Mrd. € pro Jahr erhöht. Mit dieser Zahl wird zum einen deutlich, dass ein ambitioniertes Naturschutzprogramm mit nicht zuletzt erheblicher weltweiter Außenwirkung im Rahmen der Konvention für Biologi-

sche Vielfalt (CBD) nur 0,8 Promille (Promille, nicht Prozent!) des volkswirtschaftlichen Brutto-Inlandsproduktes der Bundesrepublik ausmacht. Ein wohlhabendes Land, welches die CBD unterzeichnet, sollte 0,8 Promille seines jährlichen Einkommens für ein so wichtiges Ziel wie den Biodiversitätsschutz übrig haben; die oft gehörte Behauptung, Naturschutz sei „unbezahlbar", ist somit gegenstandslos. Zum zweiten wird deutlich, dass die Summe aus dem bereits bestehenden, viel größeren Agrarbudget zu bestreiten ist (somit gar keine zusätzlichen öffentlichen Ausgaben entstehen); es müssen nur Umverteilungen vorgenommen werden.

9.10 Fazit: Verallgemeinerung der „Lichtblicke"

Dieses Kap. 9 zeigt, in wie großer Zahl es „Lichtblicke" in der Kulturlandschaft gibt. In Projekten vielfältiger Art wird auf relativ kleinen Flächen hervorragendes geleistet. Großen und kleinen Institutionen und verdienstvollen Einzelpersönlichkeiten gebührt Anerkennung. Kenner der Szene unterbreiten beachtenswerte Vorschläge zur Entwicklung und Verbesserung des agrarpolitischen Umfeldes. Nicht zuletzt zeigen einfache, bislang nirgends in der Literatur oder der politischen Debatte widerlegte Berechnungen, was alles mit relativ bescheidenen Mitteln zu erreichen wäre, die aus dem schon bestehenden, sehr großen Finanztopf geschöpft werden könnten.

Addiert man zu den genannten alle anderen Aktivitäten, die in diesem Kapitel keine Erwähnung finden können – von selbstlosen Mitgliedern in Naturschutzverbänden, die ihre Freizeit opfern bis zu den im Abschn. 4.9 dargestellten Keimzellen solidarischer Landwirtschaft – dann darf man resümieren, dass sich vieles tut. Trotzdem gleicht bis jetzt das Agrarwesen als Ganzes und damit der flächenmäßig weit überwiegende Teil der Kulturlandschaft einem riesigen Tanker, der, einmal in Fahrt, von solcher Trägheit ist, dass es tausenden wohltuenden Kräften noch nicht gelingt, seinen Kurs zu ändern.

Es besteht kaum ein Bedarf an zusätzlichen Konzepten, vor allem nicht an solchen, die vernünftige und berechtigte Produktionsanliegen der Landwirtschaft leugneten oder in

Tab. 9.3 Erforderliche Ausgleichszahlungen für hochwertige Biotope in der Agrarlandschaft. (Nach Hampicke 2014)

Biotope	Fläche, ha	€ / ha · a	Mio. €/a
Halbkulturlandschaft und hochwertiges Grünland	1.000.000	550	550
Grünlandextensivierung	400.000	1200	480
Ackerextensivierung	150.000	400	60
Strukturelemente in der Ackerlandschaft	630.000	800	500
Zusammen	2.180.000		1590

anderer Hinsicht lebensfern wären. Auch besteht nicht überall Bedarf an noch mehr wissenschaftlicher Forschung – vielfach ist alles Wichtige bekannt.[9] Es müsste nur umgesetzt werden. Was bis jetzt auf kleinen Flächen erreicht werden konnte, muss in der Breite wirken.

Wie auch auf anderen Gebieten sind es die wohlbekannten Beharrungskräfte und „Bremser", die im Interesse ihrer Privilegien dafür sorgen, dass alles beim Alten bleibt. Es ist in der Tat erstaunlich, welche Beharrungskraft die herkömmlichen Agrarinteressen entwickeln, wo doch ihr Ansehen in der Öffentlichkeit stark gesunken ist. Wie schon ganz zu An-

fang in der Einleitung (Boxen 1.1 und 1.2 in Kap. 1) deutlich wurde, teilt dieses Buch nicht unberechtigte und laienhafte, teils mit illusorischen Vorstellungen verbundene Kritik an der Landwirtschaft. Es gibt aber vieles, was sich ändern muss. Dazu gehört die Sturheit, mit der sich die Architekten der Agrarpolitik in Brüssel wie in Berlin weigern, überkommene Strukturen abzuschaffen. Der Befreiungsschlag, der alle kundigen und vernünftigen Beobachter der Szene aufatmen, ja jubeln ließe, wäre die Umwandlung der Ersten Säule in ein Gerüst zur Honorierung ökologischer Landschaftsleistungen, etwa so, wie es der Deutsche Verband für Landschaftspflege mit seiner Gemeinwohlprämie sowie jüngst besonders nachdrücklich auch der Wissenschaftliche Beirat für Agrarpolitik beim BMEL vorschlagen (WBA 2018). Die Landwirtschaft sollte sich nicht länger gegen eine solche Reform sperren, die ihr gesamtes Einkommen aus dieser Quelle nicht mindern (wenn auch umverteilen) würde. Sie sollte wahrnehmen, dass es Kräfte in der Gesellschaft, darunter einflussreiche Ökonomen gibt, die die Erste Säule am liebsten ersatzlos streichen würden. Solche Kräfte können bei weiterem Verschleppen von Reformen durchaus die Oberhand gewinnen.

---

[9] Die Deutsche Forschungsgesellschaft (DFG) fördert an Universitäten „Grundlagenforschung" zu Grünland-Ökosystemen in Millionenhöhe, um Wissenschaftlern heiß ersehnte Veröffentlichungen in internationalen Journalen zu ermöglichen. Diese Journale lesen, wenn überhaupt, nur andere Wissenschaftler, nie aber ein Bauer. Der Kenner der Grünlandwirtschaft hält alles nicht nur für überflüssig, sondern muss sogar feststellen, dass die Veröffentlichungen unanfechtbarem Praxiswissen widersprechen. Wenn, wie im „Jena-Experiment" behauptet, artenreiche Wiesen produktiver wären als artenarme, dann hätten alle Bauern artenreiche Blumenwiesen (→ www.the-jena-experiment.de).

Der Wald

Abb. 10.1 Herbst im Müritz-Nationalpark

10.1 Geschichte

Deutschland besitzt wegen seiner gemäßigten Temperaturen und zuverlässigen Niederschläge ein typisches Waldklima. Fast überall würde auf die Dauer Wald wachsen, wenn man ihn ließe, Ausnahmen gibt es nur im Hochgebirge, an steilen Felsen, in manchen Mooren und dort, wo Wasser und selbst seltener Eisgang ihn verbieten, wie an der Nordseeküste. Ob es ohne Menschen fast überall geschlossenen Wald gäbe, ist aber auch bestritten worden – vielleicht würden dann ähnlich wie in der afrikanischen Savanne große Pflanzenfresser, wie früher die Mammute, ihn auflichten.

Wer immer in dieser Frage recht hat, steht doch fest, dass die Menschen früherer Jahrtausende und Jahrhunderte den

© Springer-Verlag GmbH Deutschland, ein Teil von Springer Nature 2018
U. Hampicke, *Kulturlandschaft – Äcker, Wiesen, Wälder und ihre Produkte*, https://doi.org/10.1007/978-3-662-57753-0_10

Wald in mühseliger Arbeit mit primitiven Hilfsmitteln roden mussten, um Raum für ihre Äcker und Siedlungen zu gewinnen. Die Arbeit wurde ihnen gebietsweise durch Feuer erleichtert und vor allem dadurch, dass ihre Schweine, Rinder, Schafe, Ziegen und Pferde, die zur Weide in den Wald getrieben wurden, diesen schädigten. Wurde so etwas nur lange genug betrieben, degradierte der Wald durch den Verbiss allen Jungwuchses so weit, dass schließlich nur noch mageres Weideland und einige alte Bäume übrig blieben. Wie im Abschn. 5.3.1 näher beschrieben, war diese ruinöse Praxis, die heute streng verboten ist, der Ursprung unserer heutigen Perlen im Naturschutz, der Heiden und Magerrasen mit ihrer Vielfalt an Pflanzen und Tieren.

Technische Fortschritte, eine wachsende Bevölkerung und östlich der Elbe ein ausgeprägter Kolonisationsgeist bewirkten im frühen und hohen Mittelalter eine intensive Rodungstätigkeit, an die heute noch Ortsnamen auf „-rode", „-rath" oder „-reute" erinnern. Um 1300 war die Waldfläche etwa auf ihren heutigen Umfang, eher auf einen noch etwas geringeren zurückgedrängt. In den schlechten Zeiten des Spätmittelalters nahm der Wald wieder zu, um im 16. Jahrhundert einen neuen Rodungsschub zu erleben. Es ist bemerkenswert, dass in erster Näherung der Betrachtung die heutige Grenze zwischen Offenland und Wald im Wesentlichen seit 700 Jahren unverändert besteht.

Es heißt mit Bedacht „in erster Näherung", denn die scharfen Grenzen zwischen verschiedenen Nutzungsarten, die wir heute kennen – zwischen Wald und Feld, Wiese und Siedlungsland – gab es damals nicht. Man merkte gar nicht genau, wo der Wald anfing und die Weide aufhörte. Übergänge, Gradienten, Säume nahmen einen viel größeren Raum ein als heute, zum Vorteil für die Artenvielfalt. Vieles von dem, was noch als Wald angesehen war, würde man heute als solchen kaum erkennen.

Nach den durch Klimaverschlechterung, Pestzüge und andere Übel des Spätmittelalters verdüsterten Zeiten blühte in der frühen Neuzeit das Wirtschaftsleben auf, in anderen Ländern, die nicht den Dreißigjährigen Krieg ertragen mussten, noch mehr als in Deutschland. Es handelte sich um eine Zivilisation, die durchaus schon eine umfangreiche Güterfertigung, aber so gut wie keinen fossilen Kohlenstoff kannte. So war die Holzkohle das einzige Mittel, das sowohl die nötige Hitze erzeugen als auch bei der Metallverhüttung als chemisches Reduktionsmittel dienen konnte. Der Köhler war eine Schlüsselfigur im Wirtschaftsleben. Eisenschmieden, Glashütten, Ziegelwerke und Salinen wurden mit Holz oder Holzkohle befeuert, noch heute findet sich mancher Ort mit dem Namen „Glashütten" mitten im Wald. So verwundert nicht, dass trotz scharfer Verbote vonseiten der Landesfürsten viele Wälder übernutzt oder gänzlich zugrunde gerichtet wurden.

Dies war eine Dauererscheinung bis zum Ende des 18. Jahrhunderts. Ausgenommen waren hauptsächlich die fürstlichen Jagdreviere, in denen es den gemeinen Menschen verboten war, Nutzungen zu betreiben. In den schwerer zugänglichen Wäldern im Gebirge, wie im Schwarzwald, blieben stattliche Bäume zunächst stehen, die dann aber die Begierde von Haus- und Schiffbauern erweckten, die durch die hoch entwickelte Flößerei bedient wurde. Das Floßwesen war eine erstaunliche Kunst – auf dem Rhein fuhren Flöße von 300 Metern Länge nach Holland, die Scharen von Menschen als Verkehrsmittel dienten.

Obwohl schon Anfang des 18. Jahrhunderts Hans Carl von Carlowitz seine berühmte Formel aussprach, nach der in einer *nachhaltigen* Nutzung nicht mehr Holz pro Fläche entnommen werden darf als natürlicherweise nachwächst, wurde doch in der Breite erste viele Jahrzehnte später durchgegriffen. Die in Deutschland die Politik lenkenden großen und kleinen Landesfürsten erkannten, dass zur Sicherung ihrer wirtschaftlichen und nicht zuletzt auch militärischen Macht eine geordnete Holzwirtschaft erforderlich war. Sie gründeten Forstakademien zur Heranbildung von Fachleuten – in Sachsen Tharandt und in Preußen Eberswalde – und verfügten die planmäßige Wiederaufforstung heruntergekommener Flächen.

Man muss nun die beschränkten technischen Mittel jener Zeit sowie die allgemeinen Hindernisse kennen, die sich einer Aufforstung entgegenstellen. Auch lohnt es zu überlegen, wie denn eine natürliche Wiederbewaldung vonstattengegangen wäre, hätte man sie gewähren lassen. Diese wäre über *Pioniergehölze* abgelaufen, die auch in natürlichen Ökosystemen, wie der sibirischen Taiga zuerst Fuß fassen, wenn ein Wald durch natürliche Ursachen, zum Beispiel einen Brand nach Blitzschlag, vernichtet wurde. Solche Pioniergehölze wie Weiden, Birke, Hasel, Eberesche, Kiefer und später die Eiche würden in einem sehr langen Prozess den Boden und den Humusgehalt vorbereiten und den erforderlichen Schatten erzeugen, um die Voraussetzungen für das Gedeihen der sogenannten Klimaxbäume zu schaffen, wie in Mitteleuropa heute der Buche.

Heute kann ein Hektar blanken Bodens mit hohen Kosten und dem Einsatz von Mitteln gegen Unkraut und Mäuse „mit Gewalt" sogar mit der Buche bepflanzt werden, obwohl das widernatürlich ist. Damals war das unmöglich. Da die Förster am Ende des 18. Jahrhunderts die lange Pionierphase der natürlichen Wiederbewaldung nicht abwarten wollten und mit Pioniergehölzen außer der Kiefer auch wenig anzufangen wussten, blieb ihnen nichts anderes übrig, als Nadelbäume zu pflanzen, im Norden Deutschlands überwiegend die Kiefer, im Süden die Fichte. Alles andere wäre bei der Beschaffung von Pflanzgut auch viel zu teuer geworden.

Es wäre also ungerecht, die Walderneuerer im 18. und 19. Jahrhundert zu schelten, dass sie nicht die heute favorisierten Laubbäume pflanzten. Jedoch ist das Problem nicht zu leugnen, dass bis heute, 200 Jahre später, Nadelhölzer mit ihren vielerlei Problemen regional vorherrschen und man nicht schon früher daran dachte, diese in Laub- oder Mischwälder umzuwandeln. Allerdings: Erscheinen auch 200 Jahre zwar als eine lange Zeit, so umfasst diese im Forstwesen je-doch nur zwei typische Baumgenerationen.

10.2   Der heutige Wald

10.2.1 Grunddaten und Fachbegriffe

Der Wald bedeckt in Deutschland mit gut elf Millionen Hektar ein knappes Drittel der Landesfläche. Die Karte in Abb. 10.2 zeigt seine Verbreitung. Nicht von ungefähr sind Regionen mit sehr gutem Ackerboden, insbesondere Löss*, waldarm. Dies sind auch die nördlichen Landesteile in Küstennähe und große, früher versumpfte oder vermoorte Niederungsflächen, die von Grünland* eingenommen werden. Alle Mittelgebirge mit Ausnahme der Rhön sind waldreich. Zum einen Teil waren sie es immer, zum anderen wurden sie wie die großen Sand-flächen der Lüneburger Heide und andere in Brandenburg und in der Lausitz im 19. Jahrhundert wieder aufgeforstet.

Seit Ende der 1980er-Jahre wird in Deutschland alle zehn Jahre eine Waldinventur durchgeführt, die wertvolle Auf-schlüsse vermittelt. Aus der dritten Inventur im Jahre 2012 stammen alle folgenden statistischen Daten, wobei teilweise stark vereinfacht werden muss – wer tiefer eindringen möchte, sei auf die Inventur selbst sowie auf die Fachliteratur hingewiesen. Lassen sich auch die *Bestände* an Holz mit ge-eigneten Methoden jederzeit recht präzise messen, so gilt dies für jährliche *Veränderungen*, insbesondere Zuwächse, nicht. Diese lassen sich erst in Zehn-Jahres-Schritten gut erkennen; hier liegt der besondere Wert der Inventuren.

Die Eigentumsstrukturen im Wald gibt die Tab. 10.1 wie-der. Im Gegensatz zur Landwirtschaft befindet sich ein großer Teil des Waldes aus historischen Gründen in staatlichem Ei-gentum. Nach dem Bundes-Waldgesetz wird zwischen Pri-vatwald, Körperschaftswald und Staatswald unterschieden. Beim Privatwald ist wiederum der Unterschied zwischen Großprivatwald, also Besitztümern bis zu vielen tausend Hektar Größe, die nicht selten von alteingesessenen Adelsfa-milien unterhalten werden, und dem Kleinprivatwald bedeut-sam. Die Hälfte des Privatwaldes entfällt auf Besitztümer bis 20 ha, ist also typischer „Bauernwald". Die Ziele der Bewirt-schaftung und deren Methoden können bei Klein- und Großprivatwald beträchtliche Unterschiede aufweisen. Kör-perschaftswald ist Wald, der im Eigentum von Kommunen oder Zweckverbänden ist, während der Staatswald weit über-wiegend den Ländern und nur zum kleinen Teil dem Bund gehört. In den östlichen Bundesländern sind nach einer län-geren Übergangsphase („Treuhandwald") große Flächen pri-vatisiert oder früheren Privateigentümern zurückgegeben worden, sodass der Anteil des Privatwaldes in Deutschland heute etwas größer als in der früheren (West-) Bundesrepu-blik ist. Ganz grob sind die eine Hälfte des Waldes in privatem und die andere Hälfte in öffentlichem Eigentum.

Tab. 10.1 Waldfläche nach Eigentumsart

Eigentumsart	Fläche ha	%
Privatwald	5.485.679	48,0
Darunter bis 20 ha	2.733.389	23,9
Darunter über 500 ha	1.032.919	9,0
Körperschaftswald	2.220.445	19,5
Staatswald	3.713.001	32,5
Darunter Länder	3.309.537	29,0
Darunter Bund	403.464	3,5
Alle Eigentumsarten	11.419.124	100,0

Quelle: Dritte Bundes-Waldinventur (wie bei allen folgenden Nachweisen: https://bwi.info)

Viele Menschen gehen davon aus, dass Wald im öffent-lichen Eigentum weniger kommerziell bewirtschaftet werde und mehr Gelegenheiten biete, der Erholung zu dienen und Naturschutzziele zu realisieren. Dieses Urteil überzeugt intui-tiv, auch sind sehr hochrangige Ziele, wie die Einrichtung von Nationalparken, auf öffentliches Eigentum angewiesen. Den-noch sollte man vorsichtig urteilen: Anders als früher steht der Staats- und Körperschaftswald unter erheblichem Druck, „schwarze Zahlen" zu produzieren, und auf der anderen Seite sind nicht wenige Privatwaldbesitzer durchaus ansprechbar für den Naturschutz, wenn – wie auch in der Landwirtschaft – Verständnis für ihre wirtschaftlichen Belange besteht.

Die Tab. 10.2 zeigt die heutige Baumartenzusammenset-zung. Die wichtigsten forstlichen Baumarten sind Fichte, Kiefer, Buche und Eiche. Bergahorn, Esche, Linde, Kirsche und andere *Edellaubbaumarten* nehmen ebenso wie die forstlich als minderwertig angesehenen Arten wie Hainbuche und Aspe geringere Flächen ein. Die Weißtanne behauptet als seltenerer Nadelbaum kleine Flächen und die lichtbedürf-tige Lärche steht meist am Waldrand. Manche Baumarten, wie die Eibe gibt es leider fast gar nicht mehr im Wald. Be-deutung haben dagegen fremdländische, aber in forstlicher Hinsicht vorteilhafte Bäume, wie zuallererst die Douglasie – ein Objekt lebhaften Streites zwischen Förstern und Natur-schützern.

Nach diesen Zahlen macht statistisch der Nadelwald in Deutschland etwa 54 % und machen Laubbaumarten etwa 43 % der Gesamtfläche aus. Unter den Laubbäumen sind gut 30 % solche mit langer Lebensdauer, hauptsächlich Eichen und Buchen, die übrigen 10 % entfallen überwiegend auf Bir-ken, Erlen und Pappeln. Bei den Nadelbäumen dominiert im Norden die Kiefer und im Süden die Fichte. Die schönsten und ausgedehntesten Laubwälder liegen in der Mitte, in Rheinland-Pfalz, Hessen, Thüringen und dem nördlichen Franken mit mehreren Buchenwald-Nationalparken und den berühmten Furniereichenwäldern im Spessart.

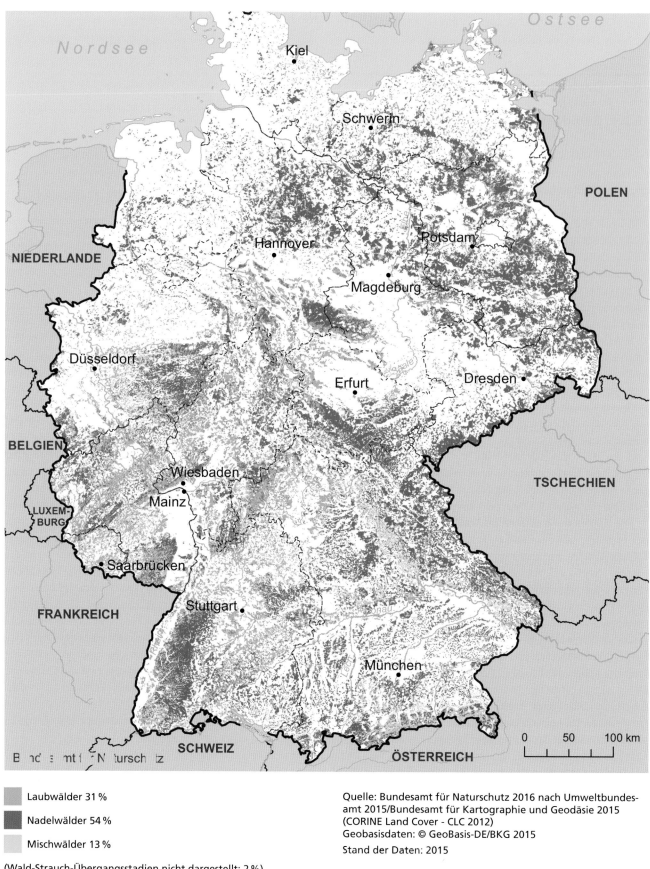

Laubwälder 31 %

Nadelwälder 54 %

Mischwälder 13 %

(Wald-Strauch-Übergangsstadien nicht dargestellt: 2 %)

Quelle: Bundesamt für Naturschutz 2016 nach Umweltbundes-
amt 2015/Bundesamt für Kartographie und Geodäsie 2015
(CORINE Land Cover - CLC 2012)
Geobasisdaten: © GeoBasis-DE/BKG 2015

Stand der Daten: 2015

Abb. 10.2 Waldflächen in Deutschland. (Quelle: BfN 2016, S. 57, mit freundlicher Genehmigung)

Tab. 10.2 Baumartenzusammensetzung des Waldes in Deutschland 2012

Baumart	Fläche, ha	%
Alle Laubbäume, darunter	4.727.260	43,4
– Eiche	1.129.706	10,4
– Buche	1.680.072	15,4
– Andere hoher Lebensdauer[a]	769.578	7,1
– Andere niedriger Lebensdauer[b]	1.147.904	10,5
Alle Nadelbäume, darunter	5.900.253	54,2
– Fichte	2.763.219	25,4
– Tanne	182.757	1,7
– Kiefer	2.429.623	22,3
– Lärche	307.050	2,8
– Douglasie	217.604	2,0
Lücken und Blößen	260.477	2,4
Gesamtfläche[c]	10.887.990	100,0

[a] Unter anderen Bergahorn, Esche, Linde, Ulme, Hainbuche
[b] Hauptsächlich Pappel, Erle und Birke sowie Spontanwuchs nach Windwürfen, wie Eberesche
[c] Differenz zur Tab. 10.1 erhebungsbedingt. Quelle: 3. Bundes-Waldinventur

Abb. 10.3 Niederwald-Struktur mit Birken. Man erkennt die Neuausschläge nach Ernte der früheren Bäume

Es darf nicht übersehen werden, dass die Daten der Tab. 10.2 ein statistisches Konstrukt sind, denn der Wald besteht nicht nur aus Reinbeständen, sondern auch aus Mischungen. So wird für etwa drei Viertel der Waldfläche eine Beimischung ausgewiesen, die freilich unterschiedlicher Stärke und unterschiedlicher ökologischer Wirksamkeit sein kann. Nicht alle als beigemischt ausgewiesenen Flächen werden Mischwald im vollen Wortsinne sein.

Bei der Bewirtschaftung des Waldes wird zwischen Hoch-, Mittel- und Niederwald unterschieden – besser gesagt wurde, denn die beiden letzten Typen gibt es leider kaum noch. Damit ist nicht etwa die Höhe der Bäume gemeint. Vielmehr ist im Hochwald jeder Baum aus einem Sämling entstanden, ist also ein „richtiger" Baum. Der Aufwuchs im Niederwald besteht dagegen aus Stockausschlägen. Bei geeigneten Baumarten, wie Birke, Hainbuche, Esche, Eiche, Hasel und anderen wachsen aus den Stubben gefällter Bäume erneut Sprosse und werden diese etwa alle 20 Jahre geerntet, um dann wieder nachzuwachsen (Abb. 10.3). Früher gab es regional einen hohen Bedarf an solchem Schwachholz, etwa für Rebstöcke, zur Gewinnung von Gerbstoff und andere Verwendungen. Niederwälder waren eine Bereicherung der Kulturlandschaft mit einigem Naturschutzwert; ihre Betreiber wurden von Behörden oft bedrängt, die Flächen in Hochwald zu überführen. Sie sind daher äußerst selten geworden. Ein Mittelwald ist eine Kombination aus wertvollen starken Einzelbäumen und Stockausschlägen und ist damit in der Lage, mehrere Pro-

dukte gleichzeitig zu liefern. Wie schon im Abschn. 9.1, Tab. 9.1 erwähnt, findet sich das größte und als LIFE-Projekt entwickelte Mittelwaldvorkommen in Deutschland am Steigerwald in Franken.

So wie der weitaus größte Teil des Waldes heute aus Hochwald besteht, dominiert ebenso stark der *Altersklassenwald*. Wie der Name sagt, sind die Bäume einer Altersklasse etwa gleich alt. Allerdings gibt es in großem Umfang mehrschichtige Wälder, etwa mit einer 90-jährigen Schicht von Kiefern, die mit 40-jährigen Fichten unterbaut sind. Über die Hälfte der Waldfläche wird als zweischichtig und nur etwa ein Drittel als einschichtig ausgewiesen. Der Altersklassenwald wird bei Erreichen der Hiebreife der Bäume flächenmäßig abgeerntet, wobei die „Kahlschläge" in Mitteleuropa nur geringe Flächen einnehmen dürfen. Die beernteten Flächen müssen entweder mit jungen Bäumen bepflanzt oder es muss für Naturverjüngung gesorgt werden, das heißt, die alten Bäume müssen genügend Sämlinge erzeugt haben, die erfolgreich anwachsen. Die Naturverjüngung ist aus mehreren Gründen vorzuziehen.

Die Alternative zum Altersklassenwald ist der auf nur kleinen Flächen betriebene *Plenter*- oder *Dauerwald*. Dabei gibt es auf einer Fläche Bäume allen Alters und in der Regel auch verschiedener Arten, und es werden stets die hiebreifen Einzelstämme entnommen. Der Plenterwald mutet natürlicher an als der Altersklassenwald, jedoch ist dies eine Täuschung. Er setzt vielmehr planmäßige Eingriffe des Menschen voraus, um insbesondere die Lichtverhältnisse zu steuern. Dies ist zum Beispiel erforderlich, wenn Wert auf Edellaubhölzer, wie Kirschbaum, Bergahorn und andere gelegt wird, die ohne die menschlichen Eingriffe von der dominierenden Schattholzart Buche auf die Dauer verdrängt würden. Ein großer Teil der Plenterwälder in Europa besteht freilich aus Tanne und Buche. Plenterwälder sind ästhetisch sehr attraktiv und besitzen wegen ihrer Strukturvielfalt auch einen hohen Wert für den Naturschutz.

Tab. 10.3 Waldfläche nach Baumaltersklassen

Baumaltersklasse	Fläche ha	%
1 bis 20 Jahre	1.066.834	9,8
21 bis 40 Jahre	1.630.992	15,0
41 bis 60 Jahre	2.228.158	20,5
61 bis 80 Jahre	1.710.663	15,7
81 bis 100 Jahre	1.389.192	12,7
1 bis 100 Jahre	**8.025.839**	**73,7**
101 bis 120 Jahre	1.089.301	10,0
121 bis 140 Jahre	693.219	6,4
141 bis 160 Jahre	468.986	4,3
Über 160 Jahre	350.169	3,2
Über 100 Jahre	**2.601.675**	**23,9**
Alle Altersklassen	10.627.514[a]	97,6

[a] Plus 260.477 ha ohne Angabe, wohl teilweise Plenterwald,
Quelle: 3. Bundes-Waldinventur

Nach Tab. 10.3 sind etwa drei Viertel des Waldes in Deutschland unter 100 und etwa ein Viertel über 100 Jahre alt. Etwa 10 % dürften über 130 Jahre alt sein, „ganz alt", das heißt über 160 Jahre sind nur etwas über 3 % der Waldfläche.

Die Altersklassenstruktur zeigt, dass der Wald in Deutschland zum weitaus größten Teil genutzt wurde und wird. Wo Bäume etwa 50 Jahre alt sind, kann man davon ausgehen, dass dort vor 50 bis 60 Jahren ein Altbestand gefällt wurde. Hier ist hinzuzufügen, dass der Förster nicht nur *Endnutzungen* betreibt, also alte Bäume fällt. Vielmehr besteht ein großer Teil der Holzernte aus *Zwischennutzungen* und Pflegehieben. Im Altersklassenwald muss zu bestimmten Zeiten die Zahl der Bäume reduziert werden, um den verbleibenden bessere Wachstumsmöglichkeiten, insbesondere Raum und Licht zu gewähren.

10.2.2 Bewirtschaftung und Entwicklungen

Seit Langem ist in Deutschland Carlowitz' Forderung nach Nachhaltigkeit der Holznutzung gesetzliche Pflicht. Öffentliche und private Eigentümer müssen ihren Wald gemäß einer *Forsteinrichtung* bewirtschaften, einer Art Zehn-Jahres-Plan, in dem auch der *Hiebsatz*, also die jährliche Entnahme von Holz in Abhängigkeit vom Zuwachs festgelegt ist. Der Hiebsatz darf höchstens kurzfristig oder wenn ein Wald längere Zeit nicht genutzt wurde und daher als „überstockt" gilt, über dem durchschnittlichen Zuwachs liegen.

Die Forstinventuren haben bestätigt, was viele Fachleute schon lange vermuteten: Der Wald wächst schneller als früher gemessen und in herkömmlichen *Ertragstafeln* dokumentiert.

Jene geben zum Beispiel für einen Fichtenbestand guter Bonitur im Alter von 100 Jahren etwa 12 Festmeter durchschnittlichen Zuwachs pro Hektar und Jahr an (Schober 1987, S. 63) – ermittelt werden heute bis zu 18 Festmeter. Als Gründe sind die Klimaerwärmung und damit Verlängerung der Wachstumszeit im Jahr, die Düngung über die Luft mit Stickstoff, der angestiegene Kohlendioxidgehalt der Atmosphäre sowie die Erholung von Übernutzungen zu vermuten, die nicht so lange zurückliegen – Raubbau kam regional auch in den letzten 100 Jahren, besonders nach den Weltkriegen vor.

Auch die Bundes-Waldinventur von 2012 zeigt, dass der Zuwachs größer als die Holzernte ist, der Holzvorrat im forstlichen Sinne ist seit 2002 um etwa 7 % gewachsen. „Im forstlichen Sinne" heißt, dass nur das oberirdische Holz mit mehr als sieben cm Durchmesser, das *Derbholz* zählt. Hinzu kommt die weiter unten noch einmal näher angesprochene Akkumulation von Kohlenstoff im Totholz, in Schwachholz und Abfällen, in den Wurzeln, in der Streuschicht und im Bodenhumus. Allerdings ist der durchschnittliche Zuwachs gegenüber der vorigen Inventur von 12,1 Festmetern pro Hektar und Jahr leicht auf 11,2 Festmeter gesunken, was auf mehrere strukturelle Effekte zurückgeht.

Ein hoher Holzvorrat im Wald wird vom Naturschutz gern gesehen – ein alter Wald ist im Allgemeinen struktur- und artenreicher als ein junger. Alte Bäume üben eine starke emotionale Wirkung aus. Insofern gehört der deutsche Wald mit einem Vorrat von durchschnittlich 336 Festmetern pro Hektar zur europäischen Spitzengruppe und wird nur noch von Österreich und der Schweiz leicht übertroffen.[1] Die für ihren Waldreichtum bekannten skandinavischen Länder fallen dagegen weit ab. Dort erreichen Bäume kein hohes Alter, weil sie aus ökonomischen Gründen relativ früh als Industrieholz geerntet werden. Der Förster, der auch in Deutschland an die Wirtschaftlichkeit denken muss, hat hier abzuwägen. Je höher die Bäume werden, umso leichter kann der Sturm sie umwerfen, je älter sie sind, umso mehr steigt im Allgemeinen die Gefahr, dass sich durch Schadpilze oder aus anderen Gründen Wertminderungen des Holzes einstellen. Auch sind dicke Bäume der heutigen Sägewerksstruktur und Holztechnik gar nicht besonders willkommen, sodass es aus wirtschaftlicher Sicht Gründe gibt, Bäume „rechtzeitig" zu fällen.

Nicht zuletzt ergibt sich durch den Netto-Einfang von Kohlendioxid ein das Klima schonender Effekt. Die komplizierten Zusammenhänge auch mit der energetischen Nutzung des Holzes werden in einem späteren Abschnitt dargestellt.

Nach einer langen Periode unbefriedigender Holzpreise und entsprechend zögerlicher Nutzung stieg die weltweite Nachfrage nach Holz in den Jahren nach 2000 so an, dass der

---

[1] Die Zahl ist besser einzuordnen, wenn dazu gesagt wird, dass ein „voll ausgewachsener" 120 bis 160 Jahre alter Wald je nach Standort und Baumartenzusammensetzung einen Vorrat von 500 bis 700 Festmetern pro Hektar aufweist. Der durchschnittliche Vorrat im ganzen Land reflektiert also die Mischung aus jungen, mittleren und alten Beständen.

Holzverkauf lukrativer geworden war. Wie schon erwähnt, wird auch im öffentlichen Wald Druck ausgeübt, zu positiven Wirtschaftsergebnissen zu kommen. Nicht zuletzt erlebt das Brennholz eine Renaissance, sodass Befürchtungen hinsichtlich einer zu intensiven Nutzung des Waldes laut geworden sind. Wird dies auch durch die amtliche Statistik über Holzeinschläge nicht bestätigt, so sind die Befürchtungen dennoch nicht unbegründet. Da sich zur Verbrennung auch minderwertiges Holz eignet, welches in ökologischer Sicht im Wald verbleiben sollte, sind Befürchtungen, der Wald werde zu stark „ausgeräumt", zumindest regional nicht von der Hand zu weisen.

Die Intensität der Waldnutzung seit etwa 2000 zeichnet sich durch eine unübersichtliche und durch äußere Einflüsse bestimmte Abfolge aus. Es gab 2000 und 2007 zwei katastrophale Stürme („Lothar" und „Kyrill"), die solche Menge an Windwurf lieferten, dass Einschläge im Folgejahr zurückgingen. Die Nachfrage ist bei der stofflichen Nutzung des Holzes stark konjunkturabhängig. Bis 2007 brummte die Konjunktur, um darauf einzubrechen und sich seitdem nur zögerlich zu erholen. Der Brennholzverbrauch ist wiederum von der Winterwitterung abhängig und erlebte eine Spitze im Winter 2010/2011.

10.2.3   Alte und neue Gefährdungen

Das rasante Wachstum der Bäume mutet allen Menschen überraschend an, die die Diskussion um das „Waldsterben" besonders in den 1970er-Jahren miterlebt haben. Die damals massive Luftverschmutzung führte zu beängstigenden Waldschäden auch abseits der Emissionsquellen (Abb. 10.4). Es gab die lebhaftesten Expertenstreitigkeiten über die Ursachen, ob nun das Schwefeldioxid (SO_2) mit dadurch verursachter Versauerung des Bodens, Stickoxide (NO, NO_2) mit ihrem giftigen Folgeprodukt Ozon (O_3), Ammoniak (NH_3) oder noch andere Stoffe die Ursache wären. Zum Glück bewahrheiteten sich die Befürchtungen eines flächendeckenden Absterbens der Wälder nicht. Sie machten einer differenzierteren Sicht Platz. Eine monokausale (alle Beobachtungen auf eine einzige Ursache zurückführende) Erklärung wurde schon aus dem Grund hinfällig, dass sich einige Baumarten, die zuerst am meisten betroffen waren, wie Tanne und Fichte, wieder erholten und dafür heute Laubbäume stärker geschädigt sind. In den letzten Jahren vor 2015 zeigen nur wenige Kiefern, etwa ein Viertel aller Fichten, aber ein Drittel bis zur Hälfte aller Buchen und Eichen deutliche Schadsymptome verschiedener Art. Intensive Forschung führt manchen Experten zu dem Schluss, dass Waldökosysteme wie auch in der Natur selten frei von Erscheinungen sind, die wir Menschen als Schäden deuten und dass solche mal milder und mal stärker auftreten. Schon wenige trockene Sommer können einem vorgeschädigten Wald noch stärker zusetzen. Auch erscheint

Abb. 10.4 Abgestorbene Fichten im Harz als Zeugen des „Waldsterbens"

Wachstumsbeschleunigung auf der einen und die Ausbildung von Schadsymptomen auf der anderen Seite nicht mehr so widersprüchlich. Die Düngung mit Stickstoff kann Bäume zu einem sozusagen „ungesunden" Wachstumsschub stimuliert haben, bei dem andere lebensnotwendige Stoffe, wie das für das Chlorophyll notwendige Magnesium zum Mangelfaktor werden und damit der Stoffhaushalt aus der Balance geraten kann.

Nachdem durchgreifende Erfolge im technischen Umweltschutz die Luftqualität stark verbessert haben, wird im künftigen, vom Menschen verursachten Klimawandel eine neue Gefahr für den Wald gesehen. In der Tat wird es spannend zu beobachten sein, ob und wie sich die Wälder in Mitteleuropa von allein oder durch Wirtschaftsmaßnahmen unterstützt an den Klimawandel anpassen können.

Bisher haben sich in dieser Frage unter Fachleuten zwei Lager gebildet. Das eine empfiehlt eine Strategie, die „technokratisch" genannt werden kann. Sie beinhaltet unter anderem verkürzte Umtriebszeiten, also Holzernte in geringerem Alter der Bäume, sowie die Kultur von auch fremdländischen Baumarten, welche erwarteten Verhältnissen, wie langer Sommertrockenheit, besser zu widerstehen versprechen. Das andere Lager empfiehlt im Gegenteil eine Stärkung der natürlichen Widerstandskraft des Waldes durch Bevorzugung heimischer Baumarten und die Pflege deren Bestände. Es ist zum Beispiel bekannt, dass die Buche als Einzelbaum zwar empfindlich gegen Licht, Hitze, Dürre und so weiter ist, dass ein geschlossener Bestand solchen Einflüssen jedoch erfolgreich widerstehen kann, indem er sein eigenes Bestandesklima bildet und erhält. Hiernach wären also frühe Holzernten gerade nicht zu empfehlen, möglicherweise auch der Plenterwald zu fördern. Die Aussichten dieser Strategie werden bestärkt durch Erkenntnisse, nach denen der Wald in Teilen des Mittelmeergebietes, wie auf der Insel Korsika, vor den destruktiven Eingriffen des Menschen einen viel markanteren „mitteleuropäischen" Charakter trug – trotz des mediterranen Klimas mit Sommerdürre.

Die zweite Strategie mutet dem Naturschützer sympathischer an, jedoch wäre ein Urteil zu früh und spekulativ. Die Förderung der Widerstandskraft des bestehenden Waldes gegen Klimaänderungen sollte zunächst Vorrang haben, ohne dabei die „technokratische", in gewissen Fällen vielleicht unumgängliche Strategie kategorisch abzulehnen. Im Abschn. 10.4.5 weiter unten wird allerdings auf Expertenmeinungen zurückgekommen, die nicht überzeugen.

10.3   Wald als Teil der Kulturlandschaft

10.3.1   Der Streit um seine „Natürlichkeit"

Wie über alles, gibt es Streit auch über die Qualität des Waldes, seine Naturnähe, seinen Wert für Biodiversität und Naturschutz. Waldbesitzer, Ministerien und die Forstpartie im Allgemeinen loben ihn, während die Gegenseite das als „Beschwichtigung" zurückweist. Beide Seiten sprechen manches Richtige aus, was aber leider von der üblichen Rechthaberei überlagert wird.

Der Wald in Deutschland ist ein reiner Kulturbiotop. Es gibt überhaupt keinen Urwald, also Wald, der schon immer existierte und nie von Menschen beeinflusst wurde. Sogenannte „Urwälder", die mit ausladenden und knorrigen Eichen oder Buchen Bewunderung erregen, sind immer alte *Hutewälder*, in denen das Vieh seine destruktive Wirkung ausübte (Abb. 10.5).

Wie schon in der Einleitung zu diesem Buch erwähnt, scheint es in der deutschen Öffentlichkeit (und wohl auch anderwärts) die Tendenz zu geben, Kulturbedingtheit und Zweckmäßigkeit im Offenland im Wesentlichen zu akzeptieren – nicht ohne mit Recht auf Fehlentwicklungen im Einzelnen hinzuweisen. Jeder weiß, dass es nichts zu essen gäbe, wenn dort nicht gearbeitet würde. Es besteht jedoch ein diffuses Gefühl, beim Eintritt in den Wald das Reich der Notwendigkeiten zu verlassen und sich dem nicht vom Menschen gemachten, dem „Anderssein" hingeben zu können. Im Offenland grüßt man freudig den fleißigen Bauern – besonders wenn er nicht gerade an seiner Spritze hantiert. Im Wald möchte man dagegen Rehe anstatt arbeitender Menschen sehen. Bedienen die arbeitenden Menschen im Wald dann noch schwere und laute Maschinen, so steigert das die Enttäuschung des Besuchers.

Der Wunsch, nicht vom Menschen vereinnahmte Natur genießen zu können, ist durchaus anerkennenswert; unten im Abschn. 10.7 wird hierauf zurückgekommen. Vom Wald als Kulturbiotop wird jedoch zu viel verlangt, wenn er diesen Wunsch voll erfüllen soll. Ein Kulturbiotop erfüllt Zwecke und ist immer anders, als er es von Natur aus und ohne Menschen wäre. Sowohl im Offenland wie auch im Wald ergeben sich die Zwecke aus den Anforderungen der Gesellschaft. Eine Anforderung im Wald ist die Versorgung mit Holz. Holz

Abb. 10.5 Bevor der junge Wald im Hintergrund wieder aufkam, stand die große Buche in weitem Abstand von andern in einer halboffenen Waldweidelandschaft. Hier wurde intensiv und destruktiv gewirtschaftet, die Bezeichnung „Urwald" greift weit daneben

als Werkstoff wird im Allgemeinen hochgeschätzt. Der Bedarf an Nadelholz für Dachsparren, Fußböden, sonstige Konstruktionselemente, Papier und Zellstoff ist beim heutigen Stand der Technik mengenmäßig weitaus höher als der an edlem Laubholz, welches zu Messergriffen, guten Möbeln und zahlreichen anderen kleinen Gegenständen verarbeitet wird. „Wald-Puristen" unter Naturschützern, die vom gesamten Wald in Mitteleuropa verlangen, dass nur die Bäume wachsen, die dort auch von allein wachsen würden, müssen erklären, wie sie den dann riesigen Überschuss an Laubholz und ebenso großen Mangel an Nadelholz verwalten würden. Es ist vernünftig, auch in Deutschland in Maßen und auf geeigneten Standorten Nadelholz wachsen zu lassen und den Wald so zu bewirtschaften, dass den Anforderungen an seine Produkte genügt wird, auch bezüglich des Fällzeitpunktes der Bäume. Allerdings gibt es in der Fachwelt Stimmen, die diesen Aspekt übertreiben; auf sie wird unten zurückgekommen.

Die Feststellungen sind auch nicht dahingehend misszuverstehen, alles im deutschen Wald sei in bester Ordnung. Bevor jedoch in die seit Jahrzehnten geführten Diskussionen hierüber näher eingestiegen wird, steht eines fest: Im weltweiten Vergleich ist der Umgang mit dem Wirtschaftswald in Deutschland vorbildlich. Den informierten Beobachter bedrückt, was er vom Schicksal der Tropenwälder erfährt, kaum weniger berühren Bilder aus nördlichen Nadelwäldern etwa in Kanada oder Sibirien mit riesigen Kahlschlägen. Weniger mediennotorisch, aber ebenso bedauerlich sind die Vernichtung höchst wertvoller Südbuchenwälder in Chile und nicht zuletzt ästhetisch abstoßende, dem alleinigen Ziel der Holzmaximierung unter Hintanstellung sämtlicher ökologischen Funktionen dienende Plantagen in Neuseeland, Schottland und in anderen Ländern. Schließlich ist der Wald in Deutschland heute in unvergleichlich besserem Zustand als vor 200 Jahren.

10.3.2 Ursachen relativ pfleglicher Waldbewirtschaftung

Vergleicht man die heimische Land- und Forstwirtschaft miteinander unter dem Gesichtspunkt, wie stark sie ihre Flächen einseitigen Produktionsinteressen und dem Ziel der möglichst kurzfristigen Einkommenserzielung unterwerfen, so steht die Landwirtschaft klar obenan. Schon in der Einleitung wurde festgestellt, dass kein anderes Flächensystem in Stadt und Land so einseitig einem einzigen Ziel, der rationellen Produkterzeugung zu dienen hat wie eine Ackerbörde*. Wohl findet man auch im Wald Biotope, die als Parallelen erscheinen, wie gleichaltrige Fichten-Monokulturen, aber sie sind längst nicht so dominant. Wenn alle Waldeigentümer ihren Wald so einrichten wollten und dürften, dass nur die schnellen Geldeinkünfte aus ihm zählten und sonst nichts, sähe er fast überall anders aus als heute.

Die den Wald schützende strenge Gesetzgebung geht so weit, dass sie von liberalen Ökonomen gelegentlich der Unflexibilität geziehen wird. Es ist sehr schwer und bedarf zwingender Gründe des Gemeinwohls, Wald zu beseitigen. Das trägt dazu bei, dass trotz des Flächenhungers so vieler miteinander konkurrierender Nutzungsansprüche in Deutschland seine Fläche insgesamt unangetastet bleibt und sogar leicht wächst – wie erwähnt im deutlichen Kontrast zum Grünland, das als landeskulturell ebenso wertvolle Nutzungsform einen Gebietsschutz nicht weniger verdiente. Waldmehrung wird oft uneingeschränkt positiv beurteilt, obwohl dies im Einzelfall nicht so sein muss. Naturschützer, die sich um teilweise mit Gehölz bestandenes artenreiches Offenland kümmern, sind mitunter nicht gut auf Förster zu sprechen, wenn jene nur darauf warten, dass der Gehölzbewuchs eine Dichte erreicht, die es erlaubt, die Fläche als „Wald" zu klassifizieren und fortan so zu bewirtschaften, dass auf schützenswerte Arten des Offenlandes keine Rücksicht mehr genommen wird.

Der vergleichsweise gute Zustand des Waldes ist nicht nur das Ergebnis gesetzlicher Regelungen und auch nicht allein eines der lobenswerten Gesinnung der Forstpartie. Es gibt weitere schwerwiegende Gründe. Einer ist die viel schnellere Reaktionsfähigkeit der Landwirtschaft auf wechselnde Umstände, besonders im Ackerbau. Wird eine Frucht schlecht bezahlt, so wird sie in kürzester Zeit aus der Fruchtfolge entfernt. Werden finanzielle Anreize für bestimmte Flächennutzungen gesetzt, wie etwa den Anbau von Energiepflanzen, so wird dem in kürzester Frist gefolgt. Das ist im Wald unmöglich; Versuche, eine ökonomische „Wetterlage" auszunutzen, endeten oft im Misserfolg. Vor 100 Jahren wurden Kulturen angelegt mit dem Ziel, Grubenholz für den Steinkohlebergbau oder Telegraphenstangen zu produzieren. Fällt die Nachfrage nach solchen Produkten aus, ist es schwer bis unmöglich, in dem wachsenden Wald das Produktionsziel erfolgreich zu ändern. Auch der Waldbesitzer reagiert kurzfristig auf wechselnde ökonomische Anreize, so wird etwa bei guten Preisen

Abb. 10.6 Bestand mit Wald-Kiefern (*Pinus sylvestris*)

etwas mehr Holz einschlagen und verkauft. Langfristig zahlt sich jedoch ökonomischer Opportunismus wenig aus.

Ein weiterer Grund für die größere ökonomische Gelassenheit ist die Eigentümerstruktur im Wald. Scharf zu rechnen brauchte immer nur der Großprivatwald. Für den Bauernwald gilt die sprichwörtliche Regel, dass er die „Spardose" ist, die bei Familienfeiern wie Hochzeiten versilbert wird. So weist die vorletzte Bundes-Waldinventur aus, dass im Kleinprivatwald sowohl die höchsten Vorräte an Holz angesammelt sind als auch, dass die Intensität des Einschlags am geringsten ist. Da die Statistik Groß- und Kleinprivatwald selten trennt, lassen sich Tendenzen, die allein für den Großprivatwald gelten, schlecht erkennen. Der Staats- und Körperschaftswald wiederum hat jahrzehntelang darauf vertrauen können, dass seine regelmäßig vorgelegten „roten Zahlen" von der Allgemeinheit getragen wurden, was sich erst in jüngerer Zeit geändert hat.

10.3.3 Baumartenzusammensetzung

Wie schon festgestellt, ist die einseitige Bevorzugung der Nadelbäume trotz Bestrebungen, diese abzumildern, immer noch ein Problem. Hier ist allerdings die Vorherrschaft der Kiefer (Abb. 10.6) in allen nördlichen Bundesländern anders zu beurteilen als die der Fichte im Süden und in den Mittelgebirgen besonders Nordrhein-Westfalens und Sachsens. Etwas vereinfacht formuliert, wurden die Kiefernforsten meist angelegt, weil nichts anderes möglich war, und weniger, um einen hohen und frühen wirtschaftlichen Ertrag zu erhalten. Im Gegensatz zur Fichte ist die Kiefer wirtschaftlich wenig attraktiv, weil ein großer Teil der Ernte im minderwertigen Kronenholz besteht, das nur industriell verwendet werden kann.

Viele Kiefernforsten in Brandenburg sind nach dem Zweiten Weltkrieg neu begründet worden, nachdem die Rote Armee die noch vorhandenen Holzvorräte als Reparationsleistung abtransportiert hatte. Was hätte man in der Zeit anderes

Abb. 10.7 Im höheren Mittelgebirge ist die Fichte (*Picea abies*) am richtigen Platz und erzeugt auch stimmungsvolle Waldbilder

tun können? Für die Kiefernpflanzung kann auch geltend gemacht werden, dass ein Baum verwendet wird, der in der Frühphase einer natürlichen Sukzession auch seinen Platz hätte, freilich nicht allein, sondern zusammen mit Birken, Aspen und anderen. Auf die Dauer sollten die Kiefernforste jedoch, wie es auch die Natur täte, langsam in Mischwälder mit Anteilen von Eiche und Buche entwickelt werden. Dem Eichelhäher (*Garrulus glandarius*) sollte Gelegenheit gegeben werden, hier kostenlos mitzuwirken, indem er möglichst viele Eicheln versteckt, von denen die, die er später vergisst, einen Baum erzeugen können. Nachdem früher die Meinung herrschte, dass die armen Sandböden Brandenburgs buchenfrei sein müssten, ist heute sicher, dass die Buche auch dort Standorte erobern würde, wenn man ihr nur Zeit ließe und sofern die Niederschläge nicht zu gering sind.

Die Fichte ist dagegen ein lukratives Gewächs und der „Brotbaum" mittel- und süddeutscher Forstbetriebe. Dies nicht nur wegen ihres schnellen Wachstums, sondern auch, weil 90 % ihres Volumens im gut bezahlten Stammholz liegt. Sie wurde und wird daher immer noch eindeutig in Gewinnabsicht gepflanzt und verdrängt mögliche Alternativen. In höheren Lagen besonders der östlichen Mittelgebirge (Bayerischer und Böhmerwald, Erzgebirge) und in den Alpen ist sie standortgemäß (Abb. 10.7), unter 700 bis 800 Metern jedoch nicht. In tiefen Lagen ist ihre Pflanzung rein künstlich und kann nicht wie bei der Kiefer als einer natürlichen Bestandsbegründung wenigstens ähnlich gelten. Bisher wuchs die Fichte auch außerhalb ihrer natürlichen Standorte gut, wenn sie auch im Alter zur Rotfäule neigt und sturmempfindlich ist. Mancher Betrieb mag sich sagen, dass selbst die im Sturm umgefallenen Fichten noch mehr Geld einbringen als die dort standsicheren Laubbäume. Dennoch gehen Fläche und Vorräte bei der Fichte im Gegensatz zu allen anderen Baumarten leicht zurück. Wie sie mit einem künftig veränderten Klima, höheren Temperaturen und sommerlicher Trockenheit zurechtkommen wird, muss die Zukunft zeigen. Insgesamt ist

vom waldbaulich-technischen Standpunkt her an der Fichten-Monokultur mehr Kritik zu üben als an den Kiefern.

Ein in den letzten Jahren dokumentierter zunehmender Import von Nadelstammholz wird von manchen Beobachtern schon als erstes Zeichen einer aufziehenden Nadelholzknappheit gedeutet. Es stellt sicherlich einen vernünftigen Kompromiss dar, in Deutschland in mäßigem Umfang und auf geeigneten Standorten auch Nadelholz zu erzeugen, vorzugsweise in Mischung mit Laubbäumen. Werden in den kommenden Jahrzehnten – vielleicht durch den Klimawandel von ganz allein – die Fichtenplantagen aus den tieferen Lagen verbannt und werden die nördlichen Kiefernforsten nach und nach mit Eichen bereichert, dann wäre das eine Entwicklung, mit der auch der Naturliebhaber zufrieden sein könnte.

10.4   Wachstum, Nutzung und Klimawirksamkeit des Waldes

Wer sonst auf die hoch entwickelte amtliche Statistik in Deutschland vertraut, muss sich sehr wundern, dass über den jährlichen Holzeinschlag immer noch falsche Zahlen veröffentlicht werden, obwohl Fachleute deren Falschheit bereits im Jahre 1978 kritisierten. Wie die Abb. 10.8 zeigt, liegt der jährliche Holzeinschlag nach amtlicher Statistik in einem Zeitraum von 20 Jahren stets um etwa 15 Mio. Festmeter oder 20 % unter den Werten einer genaueren Studie, die von der Verwendungsseite her erschließt, wie viel Holz wirklich eingeschlagen oder gesammelt worden sein muss. Die Zahlen der letztgenannten Studie werden in unabhängiger Weise von den Ergebnissen der dritten Bundes-Waldinventur bestätigt, die für die Jahre 2002 bis 2012 einen durchschnittlichen Einschlag von etwa 76 Mio. Festmetern pro Jahr (anstatt 55 bis 60 nach amtlicher Statistik) ausweist.

Die wichtigsten Ursachen der Unterschätzung in der amtlichen Statistik liegen darin, dass dort der Einschlag im Privatwald nur geschätzt wird, dass nur die Angaben von Säge-

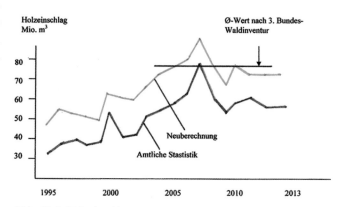

Abb. 10.8 Holzeinschlag 1995–2013 (Mio. Efm.) nach amtlicher Statistik und nach Neuberechnung des Thünen-Instituts sowie der 3. Bundes-Waldinventur. (Nach Jochem et al. 2015, S. 753, verändert)

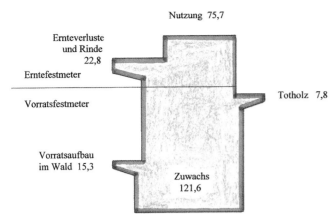

Abb. 10.9 Zuwachs, Verbleib und Nutzung von Holz, Ø 2002–2012, Mio. Fm. (Nach BMEL o.J, S. 35, verändert)

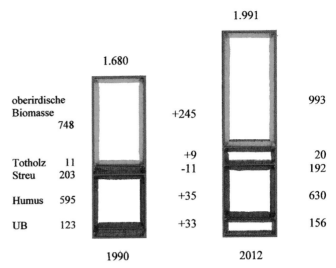

Abb. 10.10 Verteilung und Veränderung der Kohlenstoffvorräte im Wald 1990–2012, Mio. t Kohlenstoff. (Nach Wellbrock et al. 2014, S. 349, verändert)

werken mit mehr als 20 Mitarbeitern verwertet werden und vor allen im der Unmöglichkeit, die Menge an geworbenem Brennholz aufkommensseitig zuverlässig zu erheben. So ähnelt die von der amtlichen Statistik unterschätzte Menge am Einschlag der seit etwa 20 Jahren lebhaft gewachsenen Brennholznutzung durch Haushalte.

10.4.1 Waldwachstum

Die Informationen über die Nutzung des Holzes erhalten ihre volle Bedeutung erst, wenn sie mit denen über das Wachstum des Waldes kombiniert werden. Schon oben wurde berichtet, dass dieses Wachstum durch das hergebrachte Wissen der Ertragstafeln unterschätzt wird und erst durch die jüngeren Waldinventuren genauer bekannt wurde. Die Abb. 10.9 zeigt den durchschnittlichen jährlichen Zuwachs und Verbleib sowie die Nutzung des deutschen Waldes während des Zeitraumes 2002 bis 2012. Die Erklärung der Fachbegriffe sowie Umrechnungsfaktoren etwa von Volumen- auf Massenmaße entnimmt der Leser der Box 10.1.

Box 10.1 Forstliche Fachbegriffe, Maßeinheiten und Umrechnungen

- *Festmeter:* Volumenmaß, welches das tatsächliche Holzvolumen misst, pro Stamm nach der bekannten Formel $V = \pi r^2 h$. Ist ein Stamm abholzig (wird er nach oben hin dünner), so wird in der Praxis die Kreisfläche in seiner Mitte gemessen.
- *Raummeter:* Volumen eines Stapels geschichteten Holzes einschließlich seiner Luftzwischenräume.
- *Vorratsfestmeter Vfm:* Volumen mit Rinde
- *Erntefestmeter Efm:* Volumen ohne Rinde
- *Derbholz:* alles Holz mit einem Durchmesser von ≥ 7 cm.

- *Rohholzäquivalent:* die Menge Rohholz, die zur Fertigung einer Holzware erforderlich ist. Wiegt ein Tisch 10 kg und hat es bei seiner Fertigung Abfälle in Gestalt von Rinde, Sägenebenprodukten und Verschnitt in Höhe von 18 kg gegeben, dann beträgt sein Rohholzäquivalent 28 kg, was je nach Holzart in ein Volumenmaß umgerechnet wird.
- *atro:* hypothetische (in der Praxis nicht zu erreichende) Holzmasse im absolut trockenen Zustand, Wassergehalt von Null.
- *Umrechnung von Volumen in Masse:* ein Erntefestmeter (Efm) Buche enthält durchschnittlich 554 kg Holz atro, ein Efm Eiche 562 kg, ein Efm Kiefer 430 kg, ein Efm Fichte 378 kg und ein Efm Douglasie 412 kg, jeweils mit Schwankungen. Laubholz ist also dichter und schwerer als Nadelholz, woraus auch sein höherer Heizwert resultiert.
- *Umrechnung von Holzmasse in Kohlenstoff:* für praktische Rechnungen hinreichend genau enthält alle Holzmasse etwa 50 % Kohlenstoff (C).
- *Energiegehalt von Holz:* Holz besteht zu 2/3 aus Zellulose mit 17,8 kJ/g und zu 1/3 aus Lignin mit 19,6 kJ/g und besitzt deshalb atro (H_s) 18,4 kJ/g. Es enthält jedoch immer Wasser, dessen Verdampfungswärme v = 2,44 kJ/g beträgt. Kann diese Verdampfungswärme bei der Kondensation des Wassers nicht wiedergewonnen werden, so errechnet sich beim Wassergehalt w der Heizwert des Holzes mit $H_i = H_s(1 - w) - wv$. Bei 25 % Wassergehalt (w = 0,25) resultiert $H_i = 13,2$ kJ/g.

Vom jährlichen Zuwachs von 121,6 Mio. Vorratsfestmeter fließen zunächst 15,3 Mio. in den Vorratsaufbau lebender Biomasse im Wald (12,6 %) und weitere 7,8 Mio. (6,4 %) in im Wald verbleibendes Totholz. Geerntet werden 98,5 Mio. Vorratsfestmeter, von denen 22,8 Mio. Rinde und Ernteverluste darstellen, sodass die schon oben erwähnte Zahl von 75,7 Mio. Erntefestmeter als theoretische Nutzung verbleibt. Vom Zuwachs gehen also 81 % in die Nutzung (einschließlich dort auftretender Verluste), 19 % verbleiben im Wald – Carlowitz' Forderung nach Nachhaltigkeit (nicht mehr zu ernten als nachwächst) ist erfüllt, sogar übererfüllt.

Das Schema der Abb. 10.10 zeigt die Massenentwicklung im Wald zwischen den Jahren 1990 und 2012, also in einem Zeitraum von 22 Jahren, hier gemessen in Millionen Tonnen Kohlenstoff (C). Die oberirdische lebende Biomasse, also die Masse der Bäume, nahm um 245 Mio. t von 748 auf 993 Mio. t C zu. Zuwächse gab es auch bei der unterirdischen Biomasse (den Wurzeln), dem Totholz und dem Humus im Mineralboden, während die Masse der Streuschicht (tote und halb zersetzte Biomasse auf dem Waldboden) leicht sank, vermutlich geschätzt aus der leichten Abnahme des Nadel- zugunsten des Laubwaldes. Alle Zahlen einer solchen Schätzung werden nicht gleich zuverlässig sein, in der Summe bleibt aber kein Zweifel, dass der im Wald gebundene Kohlenstoff-Vorrat im Zeitraum ungefähr um 300 Mio. t (rechnerisch 311 Mio. t) oder im Schnitt um 14,14 Mio. t C pro Jahr zugenommen hat. Die letztere Zahl entspricht der verbreiteten Angabe von ca. 52 Mio. t CO_2 pro Jahr oder ca. 6 % des jährlichen technischen Ausstoßes an Kohlendioxid in Deutschland.

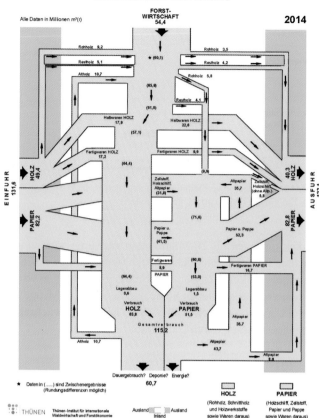

Abb. 10.11 Holzbilanz 2014 für die Bundesrepublik Deutschland. (Quelle: Weimar 2016, Abbildung 10, S. 23, mit freundlicher Genehmigung des Autors und des Thünen-Instituts)

10.4.2 Stoffliche Nutzung des Holzes und Außenhandel

Eine detaillierte Bilanzierung der Holzwirtschaft in Deutschland ist äußerst kompliziert und durch umfangreichen Außenhandel sowie zeitliche Brüche (Konjunkturen, Sturmwürfe u. a.) geprägt; vorliegend kann nur ein stark vereinfachtes Bild gezeichnet werden, in dem die großen Linien klar werden. Die Bilanz wird in Rohholzäquivalenten ausgedrückt. Dabei werden alle Holzwaren, vom Dachbalken über Möbel bis zum Papier, auf die Menge Rohholz zurückgerechnet, die zu ihrer Herstellung erforderlich war. Dies ergibt ein gemeinsames physisches Maß für alle Erzeugnisse. Zu beachten ist dabei, dass ein Gegenstand, der Ergebnis einer langen Verarbeitungskette ist, wie etwa ein Möbelstück, selbst weniger Holz beinhaltet als sein Rohholzäquivalent, welches auch sämtliche Verarbeitungsabfälle enthält.

Der Außenhandel mit Holzerzeugnissen ist sehr lebhaft. Die Abb. 10.11 zeigt, dass im Jahr 2014 etwa 131 Mio.m³ Rohholzäquivalente ein- und etwa 123 Mio. m³ wieder aus-

geführt wurden, jeweils zu knapp zwei Dritteln als papiernahe Erzeugnisse (Zellstoff, Holzschliff, Altpapier, Papier, Pappe und Papier-Fertigwaren) und gut einem Drittel Holz (Rohholz, Restholz, Halb- und Fertigwaren aus Holz). Holz-Halbwaren sind dabei unter anderem Platten und Schnittholz, Holz-Fertigwaren unter anderem Möbel. Beim Holz gibt es einen leichten Importüberhang durch umfangreiche Einfuhr von Möbeln (IKEA?) und zunehmend an Rohholz; die gesamte Außenhandelsbilanz einschließlich der papiernahen Erzeugnisse ist jedoch fast ausgeglichen.

Das inländische Aufkommen an Holz durch Einschlag, hier basierend auf den amtlichen Zahlen weitgehend ohne Brennholz, beträgt mit 54,5 Mio. Festmeter Rohholzäquivalenten nur gut 40 % des Außenhandelsvolumens. Das bedeutet jedoch nicht, dass knapp 60 % des Verbrauchs durch Importe gedeckt würden, vielmehr wird die Lücke durch die Verwendung von Altpapier geschlossen. Der Verbrauch in Höhe von 115,2 Mio. m³ besteht zu 45 % aus Papier.

Da vom verbrauchten Papier 43,5 Festmeter Rohholzäquivalent (85 %) fast sofort (nachdem die Zeitung gelesen wurde) wieder in das Altpapier gehen und vom verbrauchten

Holz 10,7 Festmeter (17 %) in das Altholz, die beide rezirkuliert werden, beträgt der Netto-Verbrauch an Rohholzäquivalenten nur 60,7 Mio. m³; der geringfügige Überschuss gegenüber dem heimischen Einschlag wird durch einen ebenso geringfügigen Importüberschuss ausgeglichen.

Es ist interessant, dass der überaus wichtige Papiersektor (einschließlich Zellstoff, Holzschliff usw.) die Außenhandelsbilanz weitgehend beherrscht; nur in geringerem Umfang wird Papier aus heimischem Holz hergestellt. Das heimisch eingeschlagene Holz wird vielmehr überwiegend auch als Holz verwendet, und zwar (2013) zu 26,8 Mio. Erntefestmetern als Stammholz und zu 12,3 Mio. Erntefestmetern als Industrieholz (StJELF 2016, Tabelle 428, S. 406–407). Aus dem Industrieholz werden überwiegend Platten und andere Halbwaren gefertigt.

10.4.3 Energetische Nutzung des Waldes

Brennholz war über Jahrtausende hinweg *die* Energie-, insbesondere Wärmequelle schlechthin und ist es noch in nicht wenigen Staaten der Erde. Auch wer seine Bedeutung in Deutschland erkennt oder erahnt, staunt aber darüber, dass im Jahre 2010 68,4 Mio. Festmeter Rohholzäquivalent energetisch genutzt worden sein sollen (FNR 2013, S. 10; auch Mantau 2012). Das ist mehr als der amtlich angegebene Gesamteinschlag und etwa 90 % der laut der dritten Bundes-Waldinventur überhaupt genutzten Menge. Wie geht das zu?

Wirksam sind drei Komponenten: Ein großer Posten ist der durch Befragungen ermittelte Brennholzverbrauch der privaten Haushalte von meist etwa 25 Mio. Festmetern pro Jahr.[2] Hier handelt es sich um den Zuwachs im Wald, der der amtlichen Statistik bis heute entgeht; hinzukommen nicht unbeträchtliche Mengen, die außerhalb des Waldes, etwa im eigenen Garten gewonnen werden. Zweitens gibt es bei sämtlichen Verarbeitungsschritten in der Holzindustrie Abfälle, die schon seit Langem energetisch verwendet werden. In jeder herkömmlichen Tischlerei wanderten Späne in den Ofen. Die dritte Komponente ist die Kaskadennutzung von Altholz und Altpapier. Alle Holzprodukte, die länger oder kürzer stofflich genutzt wurden, können irgendwann auch energetisch genutzt werden.

In industriellen und kommunalen Biomasse-Verbrennungsanlagen werden jährlich etwa 27 Mio. Festmeter energetisch genutzt, darunter in abnehmenden Anteilen Altholz (37 %), Waldindustrie- und Restholz (17 %), Schwarzlauge (16 %), Sägenebenprodukte und industrielles Restholz (12 %), Landschaftspflegematerial (10 %) sowie Rinde und sonstige Reste (8 %) (Mantau 2012, S. 35). Die Schwarzlauge

ist ein wichtiges Produkt in der Zellstoff- und Papierindustrie. Dort muss die Zellulose des Holzes vom Lignin (Näheres dazu unten im Abschn. 10.7.2) getrennt werden. Es handelt sich um eine Mischung aus Lignin, Wasser und den zur Extraktion nötigen Chemikalien, die im Zellstoffwerk verheizt wird. Der wachsende Markt der Energieholzprodukte (Briketts und Pellets) nutzt etwa 4 Mio. Festmeter.

Nach diesen Zahlen ist davon auszugehen, dass in Deutschland jährlich Holz mit einer Energielieferung von etwa 480 Petajoule (10^{15} J), umgerechnet in Leistung etwa 15 Gigawatt (10^9 W) genutzt wird, etwa drei Viertel für die Wärme- und ein Viertel für die Stromgewinnung. Das sind 42 % des Beitrages erneuerbarer Energie zur Deckung des deutschen Energiebedarfes,[3] 2,5-mal so viel wie der aller landwirtschaftlichen Energiepflanzen (für Biogas, Biodiesel und Ethanol) zusammen (Abschn. 7.4). Abgesehen von einer regional möglichen Ausräumung von zu viel Brennholz im Wald (die es zu vermeiden gilt) wird dieser starke Beitrag ohne speziellen Flächenanspruch und sozusagen „nebenbei" geleistet.

10.4.4 Aktuelle Klimaschonung durch den Wald

Wie in der Landwirtschaft (Abschn. 6.6) stellt das Intergovernmental Panel on Climatic Change (IPCC) auch für die Forstwirtschaft Regeln darüber auf, wie Kohlenstoff-Quellen- und Senkeneffekte zu kalkulieren und in der Gesamtbilanz eines Landes anzurechnen sind. Mit Recht haben Experten in Deutschland diese Regeln als unzureichend kritisiert, indem etwa der Verbleib von Holz nach seiner Ernte und sein Einbau in langlebige Strukturen in Bauten lange unberücksichtigt blieb. Diese Auseinandersetzung hat zu einer intensiven Beschäftigung mit den Problemen geführt. Die Box 10.2 unterscheidet vier Klimaschutzwirkungen.

Die Effekte hängen teilweise mit der energetischen Nutzung zusammen. Ausschlaggebend ist das Treibhausgas CO_2; Methan (CH_4) mag eine gewisse Rolle bei der Deponierung von Altholz spielen. Stets ist zu unterscheiden zwischen gespeicherten und ausgetauschten Mengen, also zwischen Beständen und Flüssen. Der Bestand an Kohlenstoff im Wald ist zwar über lange Zeiträume hinweg der Atmosphäre entnommen worden, ist aber selbst aktuell keine Senke. Eine solche ist nur die schon oben angegebene *zusätzliche* Netto-Fest-

---

[2] Wegen des harten Winters 2010/2011 betrug der private Brennholzverbrauch in diesem Jahr rund 30 Mio. Fm.

[3] Der Wert von 42 % folgt aus der Rechnung nach dem heute verbindlichen sogenannten Wirkungsgradprinzip. Bei ihm zählt jede Energieeinheit gleich, möge sie in Form von Strom oder Wärme anfallen. In Wirklichkeit ist Strom ein „edlerer", zu höherwertigen Verwendungen befähigter Energieträger als etwa Brennholz. Dies wurde beim früher in Deutschland gültigen Substitutionsprinzip berücksichtigt. Da beim Holz die Wärmeerzeugung im Vordergrund steht, andere regenerierbare Energieträger, wie Wind- und Wasserkraft jedoch direkt Strom liefern, führt der Wert von 42 % zu einer Überschätzung der Wertigkeit des Holzes.

legung von gut 14 Mio. t Kohlenstoff pro Jahr. Das ist ein messbarer das Klima schonender Effekt, jedoch darf nicht davon ausgegangen werden, dass diese Akkumulation für unbegrenzte Zeit fortbestehen kann. Auch wenn sich, wie zu wünschen ist, die Intensität des Holzeinschlages nicht verstärkt, wird das Waldökosystem irgendwann an eine Grenze der Kohlenstoff-Aufnahme stoßen.

Box 10.2 Klimaschutzwirkungen des Waldes

1. Speicherung von Kohlenstoff (C) im Wald. Dies ist nach wie vor der Fall, jedoch bestehen Obergrenzen. Irgendwann gleichen sich Zu- und Abflüsse von C und der Wald ist „voll".
2. Speicherung von C in Artefakten, besonders im Bauwesen. Auch hier ist der Saldo aus Zu- und Abgängen maßgeblich, wobei besonders die Letzteren nur grob geschätzt werden können.
3. Substitution energieintensiver Materialien besonders im Bauwesen durch Holz. (2) und (3) sind ausbaufähig und sollten gefördert werden.
4. Direkte energetische Verwendung von Holz und damit Substitution von fossilem C.

Ein zweiter Effekt ist die Festlegung von Holz in Produkten aller Art. Sind diese kurzlebig, wie Papier, dann sind sie zwar klimaneutral, denn das bei ihrer Verbrennung oder anderweitigen Vernichtung anfallende CO_2 ist erst kurz zuvor der Atmosphäre entnommen worden und wird nur an diese zurückgegeben. Ein Netto-Entzug aus ihr besteht dagegen bei langlebigen Artefakten, wie insbesondere allen Konstruktionselementen von Häusern, wie Dachstühlen, Balkendecken, Fußböden und anderen. Dass auch der Kohlenstoff in langlebigen Artenfakten irgendwann der Atmosphäre zurückgegeben wird, bildet kein stichhaltiges Argument gegen die Klimaschonung durch Holz. Eine Speicherung über 50 oder 100 Jahre ist wertvoll, indem sie Zeit zu gewinnen hilft, von der Nutzung fossilen Kohlenstoffs abzukommen.

In Deutschland ist nie darüber Buch geführt worden, wie viel Holz in Häusern, Möbeln und anderen Gegenständen gebunden ist, sodass die Größe dieses Speichers schlicht unbekannt ist. Wie beim Wald ist auch hier allerdings weniger die Größe als vielmehr der Saldo aus Zu- und Abflüssen relevant. Einerseits behilft man sich mit Modellrechnungen, in denen Zerfallsraten der Holzprodukte geschätzt werden, andererseits lässt sich aus Statistiken manches ableiten. So lässt sich aus dem Einschlag aller Baumarten als Stammholz, Schwellenholz, Stangen und Industrieholz im Jahre 2013 (StJELF 2016, Tab. 428, S. 406–407) ein Anfall von Kohlenstoff von gut 8 Mio. t errechnen, von dem nach Abzug aller Verluste durch Rinde, Sägenebenprodukte und Verschnitt in Fertigwaren etwa 3,6 Mio. t übrig bleiben.

Tab. 10.4 Klimaschonung von Wald und Holzwirtschaft durch Zurückhaltung von Kohlenstoff gemäß WBW, etwa 2013–2015, Mio. t pro Jahr

	CO_{2eq}[a]	C	%
1 Massezunahme des Waldes	58	15,8	45,6
2 Massezunahme des Produktspeichers	3	0,8	2,3
3 Stoffliche Substitution	30	8,2	23,7
4 Energetische Substitution	36	9,8	28,3
Zusammen	127	34,6	100,0

[a] eq = Äquivalent. Die Nichtberücksichtigung eventueller Beiträge anderer Treibhausgase bei der Umrechnung in C ($\cdot$ 12 / 44) dürfte unwesentlich sein. Quelle: WBA und WBW (2016, Abbildung 2.2, S. 9)

Dem steht ein Abgang von C mit Altholz von etwa 2,4 Mio. t gegenüber, sodass eine Netto-Speicherung von etwa 1,2 Mio. t C verbleibt. Diese sehr grobe Schätzung stimmt größenordnungsmäßig mit der Angabe in der Tab. 10.4 überein und zeigt, dass die Neuspeicherung in Produkten derzeit nicht besonders hoch ist.

Eine indirekte Energieeinsparung und damit Klimaschonung ergibt sich durch einen stofflichen Substitutionsprozess, indem Holz statt energieintensiver Baumaterialien, wie Stahl, anderer Metalle oder Beton, verwendet wird. So verbraucht die Produktion von Fenstern aus Aluminium über achtmal und die aus Plasten fast dreimal so viel Energie, wie im Holzfenster festgelegt ist. Eine viel beachtete internationale Studie schätzt, dass der Substitutionseffekt gemittelt über alle Produkte bei 2,1 liegt, für jede Tonne Kohlenstoff in Holzprodukten werden 2,1 t durch Verzicht auf energieintensive Materialien eingespart (Sathre und O'Connor 2010).

Schließlich gibt es die schon im vorigen Abschnitt genannte energetische Substitution: Würden die durch Brennholz gespendeten 480 PJ an Energie durch Methan oder flüssige fossile Kohlenwasserstoffe gewonnen, so würden dadurch jährlich 8,6 bis 10,9 Mio. t Kohlenstoff der Atmosphäre zugeführt ($\rightarrow$ Box 10.3). Diese Belastung wird durch den Wald vermieden.

Die Tab. 10.4 gibt zusammenfassend die Werte der jeweiligen Einspareffekte an, wie sie der Wissenschaftliche Beirat Waldpolitik (WBW) in seinem Gutachten von 2016 nennt.

Etwas abweichend von dem entsprechenden Wert der dritten Bundes-Waldinventur (Abschn. 10.4.1) entfällt hiernach fast die Hälfte der Senke auf den wachsenden Wald. Die stoffliche Rolle des Produktspeichers wird gering eingeschätzt. Die stoffliche Substitution wird mit knapp einem Viertel und der Beitrag des Brennholzes mit einem guten Viertel angesetzt. Die Werte der Positionen 2 und 3 über die Beiträge des Produktspeichers beruhen nur teilweise auf Beobachtungen und Messungen, darüber hinaus auf Modell-rechnungen mit Annahmen, die zutreffen mögen oder auch nicht. Die gesamte Klimaschutzleistung der Wald- und Holz-wirtschaft wird mit knapp 35 Mio. t Kohlenstoff pro Jahr taxiert, ohne diese wären die deutschen Treibhausgasemissi-onen um 14 % höher.

Ungeachtet verbleibender Unschärfen und Fragen steht eines fest: Auf die Dauer wird sich dieser Beitrag zur Klima-schonung nur aufrecht erhalten oder gar steigern lassen, wenn die Festlegung in Artenfakten intensiviert wird, weil die Vor-ratszunahme im Wald nicht unbegrenzt währen kann. Es soll-ten in höchstmöglichem Umfang Tragwerke aus Holz anstatt Stahl oder Beton gebaut werden, die im Übrigen hohe ästhe-tische Attraktivität ausstrahlen können. Obwohl Papier an sich nicht klimaschädlich ist, ist vorzuschlagen, die Flut min-derwertiger Druckerzeugnisse und Reklameschriften zu re-duzieren und das dafür verwendete Holz in dauerhafte Struk-turen umzulenken.

Box 10.3 Wissenswertes zum Holz: Ist Brennholz für das Klima so gut?

Die 68,4 Mio. Festmeter, die im Jahr 2010 thermisch genutzt wurden, bestehen zum größeren Teil aus Laub-holz. Anknüpfend an die Werte in der Box 10.1 un-terstellen wir im Schnitt einen trockenen Massegehalt von 500 kg oder bei 50 % Kohlenstoff 250 kg C pro Festmeter. Mit im Schnitt 21 % Wassergehalt besitzt das Holz einen Heizwert H_i von 14 kJ/g. Mit $68,4 \cdot 10^6 \cdot 500 \cdot 10^3 \cdot 14 \cdot 10^3$ ergeben sich etwa 480 PJ an Energieumsatz. Dafür werden $68,4 \cdot 10^6 \cdot 250 \cdot 10^3 = 17,1 \cdot 10^{12}$ g (Mio. t) C emittiert.

Jetzt besteht die Frage, welchen fossilen Energie-träger das Holz ersetzt. Steinkohle besitzt einen Heiz-wert von 29 kJ/g. 480 PJ würden $16,6 \cdot 10^{12}$ g C er-fordern, das Substitutionsverhältnis wäre nahezu 1:1.

Methan (CH_4) besitzt einen Heizwert von 55,5 kJ/g. Derselbe Energiegewinn wie beim Brennholz erfordert nur $8,6 \cdot 10^{12}$ g C, genau die Hälfte des Brennholzes. Der Grund liegt darin, dass beim Methan nicht nur die Oxidation $C + O_2 \rightarrow CO_2$ zählt, sondern gleichzeitig die Wasserbildung (Knallgasreaktion) $4\,H + O_2 \rightarrow 2\,H_2O$. Auf die C-Oxidation entfällt nur ein Teil des Energie-umsatzes, der größere entfällt auf die Wasserbildung.

Bei flüssigen Kohlenwasserstoffen wie Heizöl/Dieselöl beträgt der Heizwert um 44 kJ/g. Zum Ersatz des Holzes wären $480 \cdot 10^{15} / 44 \cdot 10^3 = 10,9 \cdot 10^{12}$ g Heizöl erforderlich, die $9{,}2 \cdot 10^{12}$ g C bei einer Zu-sammensetzung von rechnerisch $C_{12}H_{26}$ enthalten (ab-weichende Kettenlängen wirken sich nur gering aus).

Realistischerweise ersetzt Brennholz hauptsächlich flüssige Kohlenwasserstoffe, sodass zunächst über-zeugt, dem deutschen Brennholzverbrauch eine Ein-sparung von etwa 9 bis 10 Mio. t fossilem Kohlenstoff gegenzurechnen, wie es in Gutachten und offiziellen Dokumenten angegeben wird. Die Einsparung gründet sich auf die Annahme, dass Brennholz klimaneutral ist, weil der dabei emittierte Kohlenstoff erst relativ kurz zuvor beim Wachstum des Holzes der Atmo-sphäre entzogen worden ist.

Man kann jedoch auch eine andere Rechnung an-stellen. Würde man theoretisch alles Brennholz in irgendeiner Weise konservieren und den ausfallenden Energieertrag mit Methan decken, dann würden nicht 17,1 Mio. t, sondern nur 8,6 Mio. t. C emittiert. Für die CO_2-Bilanz der Atmosphäre ist es fast gleichgültig, wie die 480 PJ gewonnen werden: Entweder durch Er-satz von Methan durch Brennholz, wobei netto 17,1– 8,6 = 8,5 Mio. t C emittiert werden, oder durch Kon-servierung des Holzes und Verbrennung von Methan mit 8,6 Mio. t. Über Vor- und Nachteile beider Alter-nativen ist nach dritten Aspekten zu entscheiden: Me-than ist ein erschöpflicher Rohstoff und wert, zurück-haltend verbraucht zu werden, Holz wächst zwar nach, ist jedoch im Kleinverbrauch (Kamine und Öfen) mit erheblichen Staubemissionen verbunden, die nicht ignoriert werden dürfen. Wird Holz nach Trocknung sofort verbrannt, so wird auf seine Nutzenstiftung in stofflicher Form verzichtet. Hiernach folgert man: Holz von hinreichender Qualität sollte nicht sofort verbrannt, sondern möglichst lange stofflich genutzt werden, um erst nach der Nutzungskaskade verbrannt zu werden.

Diese Empfehlung ist zweifellos richtig, fordert jedoch eine kleine Einschränkung. Im Text wurde er-läutert, dass die Festlegung von C im Holz auch dann zur Klimaschonung beiträgt, wenn sie nicht ewig, sondern vielleicht nur 100 Jahre währt. Gelingt es, während dieser 100 Jahre von der Emission fossilen Kohlenstoffs abzugehen, dann erfolgt die Rückfüh-rung des C aus dem Holz in einer sozusagen „ent-spannten" Lage, in der sie eher tolerabel erscheint. Das Argument ist jedoch umzukehren: Wird heute ein 100 Jahre altes Stück Holz verbrannt, dann ist des-sen C der Atmosphäre entnommen worden, als es noch kein dringendes CO_2-Klima-Problem gab, wird aber in der heutigen kritischen Situation an die Atmosphäre zurückgegeben. Es wäre mit anderen Worten besser, das Stück Holz noch 100 Jahre länger aufzuheben. Ist der Effekt auch quantitativ nicht besonders hoch, so folgt doch zumindest, dass der Substitutionseffekt gegenüber der Verbrennung von fossilem C nicht zu 100 %, sondern etwas kleiner angesetzt werden sollte.

Holz ist auch ein Kohlenwasserstoff. Zellulose und Lignin bestehen zu je etwa 45 und 60 % aus Kohlenstoff und etwa 6 % aus Wasserstoff. Anders als im Methan spielt die Wasserbildung bei der Verbrennung nur eine untergeordnete Rolle. Die im Vergleich zu anderen Energieträgern geringe Energiedichte des Holzes von selbst atro nur 18,4 kJ/g beruht auf dem hohen Sauerstoffgehalt, der massenmäßig fast 50 % beträgt und natürlich nichts zur Verbrennung beiträgt. Das größte praktische Problem ist indessen der Wassergehalt. Könnte man Holz atro verbrennen, so ergäbe sich mit 18,4 kJ/g ein um 40 % höherer Energiegewinn als mit lufttrockenem Holz mit 13 bis 14 kJ/g. Derselbe Effekt resultierte, wenn die Verdampfungswärme des Wassers mittels Kondensation wiedergewonnen werden könnte. Wird auch atro eine Utopie bleiben, so sind technische Verfahren denkbar oder schon in Gebrauch, die den gezeigten Energiegewinn wenigstens teilweise realisieren lassen. Als Konsequenz folgt die Empfehlung, Holz möglichst technisch hochwertig zur Energiegewinnung zu nutzen. Kamine und Kachelöfen verströmen zwar Gemütlichkeit, sind aber energietechnisch nur zweitbeste Lösungen.

10.4.5 „Laubholz-Irrweg"?

Viele Förster, die in den vergangenen Jahrzehnten unter Beifall aus Öffentlichkeit und wissenschaftlicher Vegetationskunde tätig waren, standortfremde Nadelholzplantagen in Mischwälder zu überführen, reiben sich die Augen, wenn sie die Vorschläge des Wissenschaftlichen Beirates Waldpolitik in seinem Gutachten von 2016 über die Zukunft des Waldes beim erwarteten Klimawandel gewahren (WBA und WBW 2016). Darin heißt es ohne Umschweife „Kommando zurück – wir brauchen wieder mehr Nadelholz". Ergänzend wird in der Fachliteratur über den „Laubholz-Irrweg" geklagt.

Der Beirat schlägt vor, 50 % der derzeitigen Kiefern- und 30 % der derzeitigen Fichtenbestände durch Douglasien und ergänzend andere fremdländische Bäume zu ersetzen, um allein damit die Fläche der Douglasien von derzeit knapp 220.000 ha auf 2,5 Mio. Hektar mehr als zu verzehnfachen. Darüber hinaus soll der Nadelholzanteil im deutschen Wald von derzeit 55 auf 70 % wachsen.

Der Vorschlag wird begründet mit der erwarteten höheren Widerstandsfähigkeit der empfohlenen Baumarten gegenüber dem Klimawandel mit Dürren im Sommer und vermehrten Stürmen, mit einer höheren Biomasseerzeugung durch Nadelhölzer sowie deren höherem Substitutionspotenzial. Der Beirat betont, die Aspekte der *Adaption* an den Klimawandel durch die Wahl widerstandsfähiger Baumarten von denen der *Mitigation*, also der Abmilderung des Klimawandels durch CO_2-Sen-

keneffekte, gerade nicht trennen zu wollen, sondern integriert zu betrachten. Die Argumente gewinnen freilich an Klarheit, wenn ihre Schlüssigkeit jeweils gesondert überprüft wird.

Geht es um die Adaption, so ist auf die schon oben im Abschn. 10.2.3 erwähnte Position zu verweisen, nach der ein gut strukturierter Wald aus heimischen Baumarten einschließlich der Buche den Klimawandel auch zu bestehen verspricht. Diese Meinung wird von erfahrenen Vegetationskundlern vertreten und ist nicht etwa Wunschdenken. Es wäre die Aufgabe eines Gutachtens gewesen, zunächst die wissenschaftlichen Erkenntnisse hierüber zusammenzufassen, sei es auch in kritischer Form. Stattdessen wird als nicht begründungsbedürftige Selbstverständlichkeit vorausgesetzt, dass der Wald in Deutschland umgebaut werden müsse.

Was die Biomasseproduktion und damit die Mitigation betrifft, wird im gesamten Gutachten nicht ein einziges Mal die oben in der Box 10.1 erläuterte Tatsache erwähnt, dass Nadelhölzer das Laubholz zwar an Volumenzunahme pro Zeiteinheit übertreffen, jedoch bezüglich der Massenzunahme nur in geringerem Maße überlegen sind. Für die CO_2-Senkenfunktion ist die Masse, nicht aber das Volumen entscheidend. Ein Festmeter Buchenholz enthält durchschnittlich 554 kg Lignozellulose, ein Festmeter Douglasie nur 412 kg, beide mit je etwa 50 % Kohlenstoff. Mag ein Douglasienforst mit einem jährlichen Zuwachs von 15 Festmetern pro Hektar über 80 % mehr Volumen bilden als ein Buchenwald auf demselben Standort mit 8 Festmetern, so schrumpft diese Überlegenheit bezogen auf die Holzmasse auf 40 % zusammen. Sie schrumpft noch weiter, sollte der Buchenbestand schneller und mehr Bodenhumus erzeugen. Der CO_2-Haushalt der Atmosphäre ist nur global, nicht aber regional zu verstehen. Die nur mäßig unterschiedliche Massenzunahme von Bäumen auf dem im weltweiten Maßstab winzigen Areal des deutschen Waldes ist klimapolitisch absolut keine Größe; das schnellere Wachstum der Nadelhölzer ist ein sehr schwaches Argument.

Die Überlegungen zum Substitutionspotenzial überzeugen eher, wenn auch nicht in der Form, in der der Beirat sie vorbringt. Bei derzeitiger Nutzungsstruktur werden 45 % des Laubholzes und nur 13 % des Nadelholzes energetisch genutzt. Bei dieser Nutzungsstruktur wird Nadelholz in weit größerem Umfang in dauerhaften Strukturen besonders im Bauwesen festgelegt, was, wie schon oben berichtet, sehr zu fördern ist. Also, schließt der Beirat, muss Nadelholz angebaut werden.

Dieser Schluss ist zu bezweifeln: (1) Technische Fortschritte bei der Holzverarbeitung und -verwendung gibt es ständig und wird es auch in Zukunft geben. Sie werden Nutzungspotenziale für Laubholz in dauerhaften Strukturen erschließen, sodass die derzeit einseitige energetische Nutzung nicht in dem Maße fortbestehen muss. Die Holztechnik hat sich in der Vergangenheit als einfallsreich und wandelbar erwiesen. Solange es immer genug Nadelholz gab, sah sie keinen Anlass für Innovationen, die die Nachteile des Laubholzes im Bauwesen abmildern oder tilgen würden, wie zum

Beispiel seine höhere Masse (= Gewicht) bei nicht besseren statischen Eigenschaften. Aus Jahrhunderten der Erfahrung sagt der Ökonom voraus: Sollte es wirklich zu einer Knappheit an Nadelholz kommen, dann wird es binnen Kurzem Erfindungen hageln, die die Nachteile des Laubholzes zumindest abmildern werden.

(2) Konzediert man auf der anderen Seite, dass Nadelholz dennoch auch künftig Vorteile bei der Verwendung behalten mag, so folgert daraus nicht, dass es in großem Umfang standortwidrig im Flach- und Hügelland in Deutschland angebaut werden muss. Erstens gibt es auch hier besonders in den östlichen Mittelgebirgen hinreichend natürliche Standorte, die erhebliche Mengen Fichtenholz erzeugen lassen. Zweitens stellt der Beirat fest, dass Transporte von Holz auf dem Wasser- und Schienenweg wenig umweltschädlich sind, sodass Nadelholz auch von dort bezogen werden kann, wo es standortgemäß ist. Gegen eine mäßige Einfuhr von Nadelholz spricht nichts. Wird befürchtet, dass der Wald in den Herkunftsländern weniger nachhaltig bewirtschaftet wird, so ist es angezeigt, durch Überzeugung, Anreize sowie bei Abnahme des Holzes durch Bedingungen Einfluss auf die Wirtschaftsmethoden zu nehmen. Ohne Handel wird in solchen Ländern kaum nachhaltiger mit dem Wald umgegangen werden. Im Gegenteil werden Handelsbeziehungen dazu beitragen, Maximen der Nachhaltigkeit, die in Deutschland selbstverständlich sind, in jene Ländern zu bringen, wo es noch nicht der Fall ist.

Unter allen Argumenten des Beirates ist das der guten Substituierbarkeit energieintensiver Rohstoffe wie Metalle und Beton im Bauwesen durch Nadelholz das einzige überzeugende. Aus ihm jedoch den oben beschriebenen radikalen Waldumbau gegen alle Grundsätze zu folgern, die jahrzehntelang galten, ist nicht nachzuvollziehen. Es kommt hinzu, dass die Wirkung der Vorschläge erst in 50 bis 100 Jahren eintreten wird. Gewiss wird Klimaschutz auch dann willkommen sein, der große Anstrengungen erfordernde Umbau des Energiesystems erfolgt jedoch früher, während die Maßnahmen noch lange nicht wirken.

Die Nachteile und Risiken einer massiven Re-Vernadelung des deutschen Waldes mit Douglasien finden im Gutachten kaum Erwähnung. Nachdem jahrzehntelang der Segen der Selbstverjüngung im Forst hervorgehoben wurde, soll jetzt wieder gepflanzt werden. Wie vor 200 Jahren wird man Erfahrungen mit falschem Pflanzgut machen, dessen Schaden erst Jahrzehnte später erkennbar werden wird. Die Wirkungen auf den Wasserhaushalt, auf die Artenvielfalt im Wald, auf den Boden und dort besonders auf die Mykorrhizapilze sowie die Gefahr durch mit den Douglasien eingeschleppten Kalamitätsrisiken sind noch längst nicht hinreichend erforscht. Nicht zuletzt ist die unter erwarteten Klimawandlungen zu erwartende sommerliche Feuergefahr in Nadelwäldern ein Problem.

Die Begründungen für die Empfehlungen des Beirates sind jede für sich schwach. Die höhere CO_2-Fixierung der Nadel-

bäume gegenüber Laubbäumen wird übertrieben und ist global zu vernachlässigen. Das Gutachten ignoriert technische Fortschritte und ist strukturkonservativ – schlicht gesagt, soll das deutsche „Holz-Cluster" von jedem Veränderungsdruck verschont werden. Gründe *gegen* die vorgeschlagene Strategie ökologischer und landschaftspflegerischer Art bleiben unerwähnt. Die massiven negativen Rückwirkungen auf die Biodiversität werden mit keinem Wort erwähnt, obwohl deren Pflege auch auf der Ebene internationaler Konventionen denselben Rang einnimmt wie der Klimaschutz. Man meint wohl, ein paar Buchenwald-Reservate würden genügen.

Die Aufgabe des Wissenschaftlichen Beirates eines Bundesministeriums besteht darin, ausschließlich *gemeinwohldienlich* zu argumentieren. Stattdessen sehen wir unverhüllt eine Steilvorlage für die partikulären Interessen der heimischen Sägewerksindustrie und Holzwirtschaft; Klimaschutzargumente werden so zurechtgebogen, dass sie ihnen dienen.

10.5 Wald und Wohlergehen

Es ist sprichwörtlich, dass die Deutschen ihren Wald lieben. Gesetzliche Regelungen nehmen seine Erholungsfunktion sehr ernst. So ist das Betreten des Waldes – auch des Privatwaldes – zum Zwecke der Erholung gewährleistet und kann nur durch besondere Gründe eingeschränkt werden, etwa wegen des Naturschutzes oder um Gefahren von den Besuchern abzuwenden. Für Fußgänger gibt es nicht einmal ein Wegegebot; auf keinem anderen Privatgrundstück hat die Allgemeinheit so umfangreiche Rechte. Das Bundes-Waldgesetz (BWaldG) legt für jeden Wald seine vorrangige Funktion fest, ob es sich um die Holzerzeugung, den Schutz vor Lawinen oder Erosion oder die Erholung handelt. So ist im Gebiet des Landes Berlin mit seinen umfangreichen Waldflächen aller Wald vorrangig für die Erholung und nur nachrangig für die Holzerzeugung bestimmt. Man male sich aus, wie eine Parallele im Umkreis einer Großstadt beschaffen sein musste, die fast nur von Äckern umgeben ist, wie etwa um Köln. Dort hat die landwirtschaftliche Produktionsmaximierung auch dann den Vorrang, wenn ein dringendes Bedürfnis nach Naherholungsmöglichkeiten ohne Zweifel besteht. Durch örtliche Initiativen können höchstens kleine Flächen gesichert werden, die die Erholungseignung des Gebietes heben.

Es ist wissenschaftlich untersucht worden, welche Wertschätzung die Menschen dem Wald angedeihen lassen. Fragt man einfach nur danach, ob sie den Wald schön finden oder nicht, so wird man recht belanglose Antworten erhalten. Der Ökonom sagt sich, dass, wer etwas wertschätzt, auch bereit sein sollte, dafür zu bezahlen. So gibt es etliche Studien darüber, wie viel Eintrittsgeld die Besucher für Waldspaziergänge bezahlen würden, wenn sie dies müssten. In zahlreichen Ländern werden solche Gebühren für den Zugang zu hochrangigen Biotopen, wie Nationalparken durchaus verlangt.

In Deutschland herrscht gegenüber Erhebungen der Zahlungsbereitschaft für Dinge, die man nicht am Markt kaufen kann – sei es durch Befragungen oder mit einer anderen Technik – traditionell eine starke Skepsis sowohl in Teilen der Wirtschaftswissenschaft als auch in der Allgemeinheit. Nur so viel sei hier gesagt, dass die Forscher, die die in der Box 10.4 näher beschriebenen Studien durchführen, sich der Einwände natürlich bewusst sind und sie in erheblichem Maße entkräften können. Der interessierte Leser sei auf die Originalveröffentlichungen der Studien verwiesen, ferner auf methodische Erläuterungen in Elsasser und Meyerhoff (2001), Hansjürgens und Lienhoop (2015) sowie eine aktuelle Zusammenfassung von Elsasser und Weller (2013). Selbst wenn die ermittelten Zahlungsbereitschaften nur zum Teil der Realität entsprechen sollten, demonstrieren sie eindrucksvoll die positive Bewertung des Waldes durch die Bevölkerung und sollten von Politik und Waldeigentümern wahrgenommen werden.

Box 10.4 Zahlungsbereitschaft für Waldbesuche

Die beiden wichtigsten Methoden zu deren Erhebung sind die Reisekostenmethode (Travel Cost Method, TCM) und die Befragung der betreffenden Personen (Contingent Valuation Method, CVM).

Bei der TCM wird erhoben, welche Kosten Personen auf sich nehmen, um Reiseziele zu erreichen. Sie würden die Anreisen nicht bezahlen, wenn ihnen das Ziel nicht so viel wert wäre. Allerdings ist es mit der bloßen Erhebung der Reisekosten nicht getan. Ist jemandem das Erlebnis am Reiseziel 300 € wert und kostet die Reise 300 €, dann hat er/sie keinen Gewinn aus der Reise erzielt und kann auch daheim bleiben. Entscheidend ist der erzielte Nutzenüberschuss oder in der Fachsprache die *Konsumentenrente* (consumer surplus CS), wie im Übrigen bei jedem normalen Kauf auf einem Markt. Kostet die Anreise 300 €, würde der Betreffende für das Erlebnis am Ziel aber maximal 500 € ausgeben, dann hat er einen CS von 200 € erzielt.

Ausgefeilte statistische Methoden erlauben, aus einer gut gewählten Stichprobe alle CS zu summieren und auf alle Anreisenden hochzurechnen. Voraussetzung ist, dass die Besucher *unterschiedliche* Reisekosten haben, weil sie unterschiedlich weite Anreisen haben. Es wird die nicht unproblematische Annahme getroffen, dass ein Teil der Besucher mit kurzer und billiger Anreise auch die Kosten derjenigen mit weiter Anreise bezahlt hätte, wenn dies erforderlich gewesen

wäre. Ihr CS besteht in der Ersparnis gegenüber den Reisekosten der weit anreisenden.

Die TCM besitzt eine unzweifelhafte Stärke, ein relativ enges Anwendungsgebiet und, wie alle anderen Methoden auch, jede Menge praktischer Fehlerquellen. Die Stärke gegenüber der nachfolgend besprochenen CVM besteht darin, dass das tatsächliche Verhalten der Leute beobachtet wird und man nicht auf deren Angaben angewiesen ist, die zutreffen mögen oder nicht. Anwendbar ist sie zum einen nur auf Fälle, in denen erhebliche Reisekosten bestehen (also nicht bei fußläufigen Zielen) und zum anderen nur auf den sogenannten Erlebniswert. Sind Personen zahlungsbereit für Dinge, ohne dort hinzureisen (etwa für den Erhalt der Eisbären oder Wale), dann ist die Methode natürlich nicht anwendbar. Der praktischen Fehlerquellen sind viele, zum Beispiel wenn in heutiger Zeit Reisekosten immer weniger mit der zurückgelegten Entfernung korrelieren (Billigflüge weniger kosten als kurze Bahnreisen) und die Schnäppchenjagd die gesamte Konsumwirtschaft beherrscht. Bei Anreisen mit dem Auto greift dies zwar weniger, dafür macht es einen großen Unterschied, ob ein, zwei oder vier Personen reisen.

Bei der Contingent Valuation Method (CVM) werden Personen befragt, wie viel Geld sie maximal zu zahlen bereit wären – entweder um einen zusätzlichen Genuss zu erzielen, den es noch nicht gibt (zum Beispiel beim Bau eines Schwimmbades in der Nähe) oder um einen Verlust abzuwenden, den sie derzeit unbezahlt genießen. Der zweite Fall beinhaltet die typische Frage „Wie viel würden Sie höchstens zahlen wollen, wenn für den Wald Eintrittsgeld erhoben würde?".

Der spontane Einwand gegen die Methode lautet, die Leute würden bewusst nicht die Wahrheit sagen, weil sie damit etwas bezwecken wollen („strategic bias") oder aus anderen Gründen. Inzwischen haben aber etliche Jahrzehnte Praxis gezeigt, dass in gut konzipierten Studien die Leute ehrlicher sind, als es ihnen selbst Ökonomen zutrauen. Das strategische Verhalten ist im Allgemeinen begrenzt. Andere Einwände, nicht selten berechtigt, sind beim Thema Wald und Eintrittsgeld weniger wichtig. Unter „hypothetical bias" wird verstanden, dass Befragte einfach überfordert sein können, Geldbeträge anzugeben in Zusammenhängen, über die sie noch nie nachgedacht haben, und somit Phantasiezahlen nennen. Eintrittsgeld für Waldbesuche können sich dagegen die meisten als durchaus realistische Einrichtung vorstellen, gleichgültig ob sie sie akzeptieren oder ablehnen.

Gegenstandslos ist auch der Einwand, Personen, die sich als zahlungsbereit ausgeben, hätten die Gelegenheit, dies in freiwilligen Spenden zu beweisen, würden es aber nicht tun. Die Zahlungswilligkeit ist zu verstehen als Bereitschaft, Kosten zu tragen, *wenn dies verlangt würde* – insbesondere auch von allen anderen.

Merkwürdigerweise wird dagegen ein Problem weder in der internationalen noch in der deutschsprachigen Literatur bisher diskutiert. Anschließend an die vom britischen Ökonomen Sir John Hicks vor vielen Jahrzehnten begründete Theorie wird angenommen, dass die Befragten tatsächlich ihre gesamte Zahlungsbereitschaft (ZB) angeben, also so viel, dass sie beim Waldbesuch gar keine Konsumentenrente (CS) mehr haben (in der Fachsprache ihre „Equivalent Variation"). Ihr Nutzenniveau wäre bei einer derartigen Zahlung ebenso reduziert, wie wenn sie gar nicht in den Wald dürften.

Alle Methoden der Zahlungsbereitschaftsanalyse möchten die Befragten in Situationen versetzen, die der gewohnten auf dem Markt möglichst ähnlich sind. Wie erwähnt, verhalten sich vernünftige Käufer auf einem Markt stets so, dass sie einen CS erzielen. Nichts liegt näher, als dies auch für die Antworten in einer CVM-Studie anzunehmen. Ein Tarif für Waldbesuche, der den gesamten CS abschöpfte, wäre (abgesehen von seiner praktischen Undurchführbarkeit, wenn die Befragten *unterschiedliche* Beträge angeben) das Gegenteil einer Marktsimulation und verteilungspolitisch fragwürdig.

Ferner fällt auf, dass Befragte als ihre ZB überwiegend Beträge nennen, die geläufigen Tarifen für vergleichbare Erholungseinrichtungen ähneln – für einen einmaligen Besuch etwa zwei bis fünf Euro, für eine „Jahreskarte" um 30–100 €. Sie vergleichen also und geben wahrscheinlich nicht an, was sie im äußersten Falle (zähneknirschend) noch bezahlen würden, sondern was sie für einen fairen Tarif halten, der beiden Seiten – Nachfragern und Anbietern – entgegenkommt.

Es wird höchste Zeit, dass das Problem geklärt wird. Sollte sich die Vermutung bestätigen, dass die Befragten in der CVM Beträge für ihre ZB nennen, bei denen ein CS einbehalten wird, dann ist der monetäre (geldliche) Wert der Erholungsleistung des Waldes noch höher als errechnet.

Abschließend ist zu betonen, dass die *Bewertung* des Waldes anhand der ZB und die tatsächliche *Erhebung* einer Eintrittsgebühr zwei verschiedene Dinge sind. Ein verteilungspolitisches Werturteil kann lau-

ten, auch in Kenntnis eines hohen Wertes des Waldes für die Erholung den Besuchern freien Eintritt zu gewähren, wie es das BWaldG bestimmt. Erwägenswert sind in Deutschland allenfalls Gebühren für besonders hochwertige Erholungswälder, wie Nationalparke. Dort werden in Gestalt hoher Parkgebühren sowie Tarife für besondere Einrichtungen, wie Baumkronenpfade, im Übrigen bereits nennenswerte Zahlungsbereitschaften der Besucher abgeschöpft.

Auf eine zahlenmäßige Darstellung von Ergebnissen aus Studien wird vorliegend verzichtet, hierzu sei auf Meyerhoff et al. (2007) hingewiesen. Die bloßen Zahlen aus Studien, die teils Jahrzehnte auseinanderliegen, können ohne Berücksichtig von Geldwertänderungen sowie nähere Erläuterungen, für die der Platz fehlt, eher verwirren. Der interessierte Leser studiert mit Gewinn besonders einflussreiche Pionierarbeiten, wie Löwenstein (1994) und Elsasser (1996) sowie jüngst Mayer (2013). Die letztgenannte Studie ermittelt in derselben Stichprobe für die Konsumentenrente in der TCM einen zehnfach so hohen Betrag wie für die ZB als Eintrittskarte in der CVM. Hätten die Befragen ihre Equivalent Variation angegeben, so hätten beiden Beträge etwa gleich hoch sein müssen. Dies ist ein deutlicher Hinweis darauf, dass die Befragten die CVM anders verstehen als die befragenden Wissenschaftler.

Nicht viel Gesichertes weiß man hingegen über die spezielleren Präferenzen der Besucher, also welche Baumarten, Altersklassen und allgemeinen Waldstrukturen sie vorziehen. Ein abwechslungsreicher Plenterwald oder ein Laubwald in prächtiger Herbstfärbung dürfte allen gefallen, aber auch in einem 80-jährigen Fichten-Reinbestand stößt man auf Spaziergänger. Vermutlich ziehen ältere Leute einen wohlgepflegten, „sauberen" Wald, jüngere dagegen einen „wilderen" vor. Der Ökologe würde einen solchen Präferenzwandel begrüßen, vorausgesetzt die jüngeren Leute würden auch in den Wald gehen und ihn nicht nur aus dem Internet kennen.

Bekannt geworden sind die heftigen Kontroversen zwischen Wissenschaft und Verwaltung von Nationalparken und der Anwohnerschaft, wenn Entwicklungsziele des Waldes zunächst nicht überzeugen konnten. Die Bürger im Umkreis des Nationalparks Bayerischer Wald waren entsetzt, als man dort nach Sturmschäden die Vernichtung der Fichten durch den Borkenkäfer zuließ, um der spontanen Waldverjüngung durch die Baumarten Raum zu gewähren, die von allein die Oberhand gewinnen. Geduldige Informationen waren erforderlich, Verständnis für diese Maßnahmen zu wecken, bis irgendwann alle sehen konnten, wie schön sich der spontane Jungwuchs entwickelte.

Landwirtschaft 513

Forstwirtschaft 338

Tourismus 161

Rohstoffgewinnung 158

Siedlung und Industrie 155

Wasserwirtschaft 112

Abb. 10.12 Verursacher des Artenrückgangs, angeordnet nach Anzahl der betroffenen Pflanzenarten der Roten Liste. (Quelle: Korneck und Sukopp 1988, S. 168, verändert)

Es ist sehr zu bedauern, dass in der Schule Naturbildung und Naturästhetik einen immer geringeren Raum einnehmen. Wie viele Biologielehrer – eingesponnen in die Welt der Enzyme, Coenzyme, Ribosomen, DNA und RNA – können noch Tanne und Fichte unterscheiden? Wachsende ökologische Kenntnisse und ästhetische Ansprüche in der Bevölkerung wären ein zusätzlicher Impuls, den Zustand des Waldes in Deutschland weiter zu verbessern.

10.6   Wald und Naturschutz

10.6.1   Rote Listen der Gefäßpflanzen

Die schon im Abschn. 5.2.1 erläuterten *Roten Listen* wurden in den 1970er- und 1980er-Jahren in der damaligen Bundesrepublik und in anderen Ländern erstellt. Dabei wurden auch Gründe für die Verdrängung von Arten unterschieden und Wirtschaftszweigen Anteile an der Verursachung des Arten-

schwundes zugewiesen. Die Graphik in Abb. 10.12 erregte großes Aufsehen und wurde vielfach reproduziert. In ihr wurden die Land- und Forstwirtschaft als mit Abstand wichtigste Verursacher des Artenschwundes festgestellt.

Die Wirtschaftszweige wehrten sich natürlich gegen die ihnen zugewiesene Verantwortung, wenn auch mit unterschiedlicher Berechtigung. Während in den Jahrzehnten nach der Veröffentlichung der Abb. 10.12 die Rolle der Landwirtschaft bei der Artenverdrängung immer deutlicher wurde, musste in der Beurteilung der Forstwirtschaft differenziert werden. Freilich sind auch dort Defizite im Naturschutz zu erkennen, teils durch offensichtliche Missgriffe, teils durch Praktiken, die systematisch mit der Betriebsweise verbunden sind. Auch ist zu berücksichtigen, dass ein großer Teil der in der Abb. 10.12 der Forstwirtschaft zugeschriebenen Artengefährdung weniger auf die Praktiken in Wäldern als auf Aufforstungsmaßnahmen in artenreichen Offenland-Biotopen zurückzuführen war. Diese haben heute geringere Bedeutung als früher.

Ein Problem der Abb. 10.12 in Bezug auf die Forstwirtschaft liegt in der Interpretation der Roten Listen. Unzweifelhaft finden sich in den Wäldern Deutschlands seltene und gefährdete Pflanzenarten, darunter etliche, die in der Tat durch forstliche Praktiken reduziert worden sind und bei denen Anforderungen an die Forstwirtschaft zu Recht erhoben werden.

Andere Fälle sind jedoch anders zu interpretieren. In Südwestdeutschland kommen Pflanzen im Wald vor, die hier ihre Verbreitungsgrenze haben und schon immer selten waren, wie der schneeballblättrige Ahorn (*Acer opalus*), die Pimpernuss (*Staphylea pinnata*), der Blasenstrauch (*Colutea arborecens*) und andere (Abb. 10.13). Zwar differenziert die Rote Liste auch hier und behandelt in genauerer Betrachtung Arten, die von Natur aus selten sind, anders als solche, die eigentlich häufiger sein sollten, aber in einer aufgeregten Debatte in den

Abb. 10.13 Zwei Gehölzarten am Waldrand, die wegen ihres nur kleinen Areals in Deutschland auf der Roten Liste stehen: **a** Pimpernuss (*Staphylea pinnata*), RL 3, **b** Blasenstrauch (*Colutea arborescens*), RL R

Medien geht so etwas leicht unter. Viele Naturschützer schlossen und schließen einfach, dass es im Wald viele Pflanzenarten der Roten Liste gibt und dass die Forstwirtschaft daher zu tadeln sei. Das ist sicher ungerecht, wenn die Bewirtschafter der betreffenden Wälder sogar darauf achten, dass die seltenen Arten erhalten bleiben.

10.6.2 Besonders geschützte Biotope nach § 30 BNatSchG

Das Bundes-Naturschutzgesetz enthält im § 30 eine Liste besonders geschützter Biotope, deren Beeinträchtigung oder Zerstörung verboten ist. In der Tab. 10.5 sind die unter ihnen genannt, die im Wald oder an seinem Rand vorkommen. Auch ist ihr Flächenumfang eingetragen.

Es handelt sich zusammen nur um gut 5 % der Waldfläche. Den Löwenanteil machen Bruch-, Sumpf- und Auwälder sowie andere Feuchtbiotope aus, alle anderen besitzen nur geringe, manche nur sehr geringe Flächenumfänge. Nicht wenige der Biotope dürften nicht oder kaum nutzbar sein, etwa wegen sehr steilen Geländes, und daher ohnehin außerhalb der Bewirtschaftung liegen. Bei anderen mag eine schonende Nutzung mit dem Erhaltungsgebot des Biotops vereinbar sein, wie bei Erlenbrüchen, während dritte den jeweiligen Waldeigentümern durchaus Verzichte abverlangen können. Dies besonders, wenn nicht nur eine sehr kleine Fläche, etwa eine Quelle oder ein Baum mit einem Adlerhorst zu schonen ist, sondern auch ein größerer Schutzstreifen um diese herum. Ist also der Nutzungsverzicht, den diese Biotope verlangen, bezogen auf die gesamte Waldfläche nur geringfügig, so kann er doch für den einzelnen Waldeigentümer fühlbar sein. Besonders mit einem Seitenblick auf die hohen Förderungen, die die Landwirtschaft zugunsten ökologischer Rücksichtnahme genießt, drängt sich das Thema möglicher Ausgleichszahlungen auf, worum schon oft rechtliche Auseinandersetzungen geführt worden sind.

10.6.3 FFH-Richtlinie im Wald

Wie im Offenland gehen auch im Wald entscheidende Impulse für den Naturschutz heute von der Europäischen Union aus. In ihrer FFH-Richtlinie aus dem Jahr 1992 nennt die EU Lebensraumtypen im Wald, die besonderen Wert für die Biodiversität besitzen. Sie sind in der Tab. 10.6 zusammengestellt.

Fast 20 % des Waldes in Deutschland ist FFH-Fläche (im Gegensatz zu nur gut 2 % im landwirtschaftlichen Offenland), also ein erheblicher Teil. Den Löwenanteil machen typische Buchenwälder aus, und das aus gutem Grund (Abb. 10.14). Viele Menschen wissen nicht, dass die bei uns verbreitete Rotbuche (*Fagus sylvatica*), die selbst Laien erkennen, welt-

Tab. 10.5 Besonders geschützte Biotope im Wald nach § 30 BNatSchG

Biotoptyp	Fläche (ha)
Bruch-, Sumpf- und Auwälder	317.782
Wälder trockenwarmer Standorte	27.982
Schluchtwälder	12.470
Block- und Hangschuttwälder	22.920
Feldgehölze	16.455
Regional seltene naturnahe Waldgesellschaften	6839
Hangwälder	200
Natürliche und strukturreiche Waldränder	2103
Höhlenreiche Altholzinseln	797
Historische Bewirtschaftungsformen[a]	900
Ufergehölze	400
Kiefern-Eichen-, Eichen-Buchen- und Eichen-Hainbuchenwälder	3159
Geschützte Feuchtbiotope	140.000
Geschützte Trockenbiotope	16.708
Geschützte Geländeformationen	17.556
Geschützte Biotope an der Waldgrenze	6391
Zusammen	592.662

[a] Offenbar Nieder- und Mittelwälder, Quelle: 3. Bundes-Waldinventur

weit ein „seltener" Baum ist. Sie ist selten in dem Sinne, dass ihr Areal, in dem sie nur vorkommt, verhältnismäßig klein ist, ganz im Gegensatz zum riesigen, große Teile von Sibirien umfassenden Wuchsgebiet der Fichte. Mitteleuropa ist ein Teilzentrum dieses kleinen Wuchsgebietes, und nur hier kommt die Buche in großen Beständen im Tiefland vor. Ein zweiter Schwerpunkt liegt in den Karpaten und auf dem Balkan. An den Arealrändern im Süden steigt sie in die Gebirge und bildet manchmal in den Pyrenäen, dem Appenin und auf Korsika gemeinsam mit der Weißtanne oder Schwarzkiefer (*Pinus laricio*) sogar die Waldgrenze im Hochgebirge – ganz anders als in den Alpen. Interessanterweise und anders als die Eiche besitzt sie auch nicht viele nahe Verwandte – im Kaukasus und im Iran die Ostbuche (*Fagus orientalis*) und auf der Südhalbkugel die Südbuchen (*Nothofagus spec.*). Es leuchtet ein, dass ein Land, in dem eine Tier- oder Pflanzenart ihr alleiniges oder überwiegendes Vorkommen hat, für das Wohlergehen dieser Art eine besondere weltweite Verantwortung trägt. Genauso ist es in Deutschland in Bezug auf die Buche. Zwar besteht keine Gefahr, sie auszurotten; Naturschutz bedeutet jedoch, nicht nur eine Art überhaupt zu erhalten, sondern die von ihr geprägten Ökosysteme in hinreichendem Umfang zu optimaler Entfaltung zu bringen.

Abb. 10.14 Vier charakteristische Buchenwälder, **a** auf den Kreidefelsen auf Rügen, **b** an der Moränen-Steilküste auf Wollin in Polen, **c** im Müritz-Nationalpark, Teil Serrahn, Mecklenburg-Strelitz, **d** auf der Schwäbischen Alb bei Bad Urach. (Foto: Angelika Hampicke)

Auf FFH-Flächen darf der „günstige Erhaltungszustand der Lebensräume" nicht verschlechtert werden. Wie wir im Abschn. 5.2.2 gesehen haben, ist er im Offenland häufig schlecht genug, weil die Pflege der Flächen Geld kostet. Man erwartet, dass die Probleme im Wald weniger scharf sind, jedoch führt die relativ vage Formulierung der Ansprüche an den Waldnutzer auch hier zu Streit. Den „günstigen Erhaltungszustand" eines Waldmeister-Buchenwaldes zu erhalten, kostet im Allgemeinen kein Geld, kann aber zur Folge haben, dass der Waldbesitzer auf Einnahmen verzichten muss, die er genösse, wenn er keine Rücksicht nehmen müsste.[4] Der Schutz durch die FFH-Richtlinie ist stark genug oder sollte es sein, um eine völlige Vernichtung des Biotops und seinen Ersatz etwa durch eine Fichten-Monokultur zu verhindern, jedoch sind weniger scharfe Eingriffe kontrovers. Waldbesitzer und Behörden gehen davon aus, dass eine ordnungsgemäße Bewirtschaftung des Waldes einschließlich der Holzernte auch im FFH-Gebiet zulässig ist, was gewiss nicht grundfalsch ist. Es kann aber der Fall vorliegen, dass der besondere Wert eines

Gebietes auf alte – in forstlicher Sicht „hiebreife" – Bäume zurückgeht, die ein besonderes Wald-Innenklima erzeugen, auf welches wiederum gefährdete Moos- oder Flechtenarten angewiesen sind. Die sonst ordnungsgemäße Bewirtschaftung kann also auch einmal schädlich für den Naturschutz sein – hier sollten die Bäume stehen bleiben. In solchen und ähnlichen Fällen prallen die Auffassungen von Waldeigentümern und Naturschützern aufeinander, sodass Gerichte beschäftigt werden. Konflikte dieser Art ließen sich mit Geldzahlungen schlichten, die pro Hektar hoch anmuten, sich aber in landesweiter Perspektive und im Vergleich zu den Summen, die die Landwirtschaft erhält, auf triviale Summen verdünnen würden.

Die Liste in der Box 10.5 stellt Wünsche an die Forstwirtschaft aus der Sicht des Naturschutzes zusammen, bei denen in nicht wenigen Fällen eine finanzielle Förderung durch die Allgemeinheit nützlich wäre.

---

[4] Der Ökonom nennt entgangene Einnahmen „Opportunitätskosten" – in schlichtes Deutsch übersetzt Verzichtkosten.

Tab. 10.6 Lebensraumtypen der FFH-Richtlinie im Wald in Deutschland

Waldlebensraumtypen	Biogeographische Region			
	Atlantisch ha	Kontinental ha	Alpin ha	Zusammen ha
Atlantischer saurer Buchenwald (9120)	399	894	–	1293
Hainsimsen-Buchenwald (9110)	58.785	760.288	796	819.809
Waldmeister-Buchenwald (9130)	25.260	707.865	33.192	766.317
Subalpiner Buchenwald (9140)	–	500	1397	1898
Orchideen-Buchenwald (9150)	–	25.210	–	25.210
Eichen-Hainbuchenwald (9160)	38.888	43.049	–	81.938
Labkraut-Eichen-Hainbuchenwald (9170)	2090	92.940	–	95.030
# Hang- und Schluchtwälder (9180)	–	12.080	2801	14.881
Bodens. Eichenwälder auf Sand (9190)	20.788	27.909	–	48.697
# Moorwälder (91D0), darunter	19.531	14.368	398	34.297
– Birken-Moorwald	12.659	1495	–	14.154
– Waldkiefern-Moorwald	6176	3399	–	9574
– Bergkiefern-Moorwald	–	5887	199	6087
– Fichten-Moorwald	–	3387	199	3586
– Sonstige	696	200	–	896
# Erlen-, Eschen- und Weichholzauenwälder an Fließgewässern (91E0)	8450	62.879	400	71.730
Hartholz-Auenwälder am Ufer großer Flüsse (91F0)	397	17.355	–	17.752
Bodensaure Nadelwälder (9410)	–	63.252	2393	65.645
Alpiner Lärchen-Arvenwald (9420)	–	–	400	400
Alle Lebensraumtypen	174.588	1.828.530	41.778	2.044.896

In Klammern Code-Nr. nach FFH-Richtlinie, # prioritäre Lebensräume, Quelle: 3. Bundes-Waldinventur, Ssymank (2002)

Box 10.5 Anforderungen des Naturschutzes an die Forstwirtschaft
1. Langfristige strategische Ausrichtung

- Schrittweiser Umbau standortwidriger Nadelbaumforsten in *Mischbestände* mit hinreichendem Laubbaumanteil im landesweiten Umfang, vorrangig Beseitigung von Fichten-Reinbeständen im Tief- und Hügelland.
- Bedachtsamer Umgang mit fremdländischen Baumarten (*Neophyten**). In diesem Buch wird nicht gefordert, sie völlig zu meiden, jedoch müssen ihre Vorkommen kontrolliert bleiben. Zum Beispiel darf es nicht dazu kommen, dass sie durch ihre Vitalität die Naturverjüngung heimischer erhaltenswerter Bäume gefährden, wie etwa der Weißtanne.

- Regulierung des *Wildbesatzes* in einer Weise, die erfolgreiche Naturverjüngung zulässt – nicht allein durch jagdliche Einstellung der Populationen auf ein verträgliches Maß, sondern auch durch Maßnahmen zur Verhaltenslenkung der Tiere. Schalenwild, das sich auch im Offenland aufhalten und ernähren kann, wird weniger Jungwuchs im Wald verbeißen.
- Vermeidung und möglichst Rückgängigmachung jeglicher Formen der *Nivellierung* von Standortdifferenzierungen im Wald. Diese erfolgen gewiss zum erheblichen Teil durch Eindrang von außen, insbesondere die Verbreitung von Stickstoff. Es hat jedoch auch Nivellierungen durch die Forstwirtschaft selbst gegeben, etwa die großflächige Kalkung von Waldböden. Gemeinsam mit dem Stickstoff führt dies zur Verdrängung standorttypischer und inte-

Abb. 10.15 Nicht zuletzt beeindruckt die Krautschicht in einem Laubwald, die früh im Jahr blüht, bevor sich das Kronendach belaubt.
a Märzenbecher (*Leucojum aestivum*) in einem Wald nahe Weimar, **b** Leberblümchen (*Hepatica nobilis*) auf dem Streckelsberg auf Usedom,
c Buschwindröschen (*Anemone nemorosa*) im Plenterwald Kammerforst im Hainich

ressanter Vegetation der Kraut- und Strauchschicht zugunsten von Wald-Reitgras, Brombeeren und anderen gemeinen Arten (Abb. 10.15).

- Die auch außerhalb von Nationalparken schon bestehenden, kleineren *Totalreservate* sind zu erhalten und gegebenenfalls zu mehren.

2. Tolerierung und Förderung dem Naturschutz dienlicher Elemente im Forst

- Zulassung eines höheren *Totholzanteils* im Wirtschaftswald. Die 3. Bundes-Waldinventur weist aus, dass im Schnitt nur 2 % der oberirdischen Biomasse aus Totholz besteht. Das ist zu wenig, um einen Mindestbesatz an auf Totholz angewiesene Organismen flächendeckend zu gewährleisten, wie in Baumhöhlen brütende Vögel und andere Tiere. Zudem ist das Totholz ungleichmäßig verteilt und in manchen Forsten noch viel spärlicher vertreten. Naturschützer bemängeln, dass die Statistik auch Material einbezieht, welches ökologisch von geringerem Wert ist, wie Stubben und durch Windwurf an die Oberfläche gebrachtes Wurzelmaterial.

- Zulassung nicht nur von definitiv totem Holz, sondern auch von wirtschaftlich uninteressantem, „kränkelnden" Material in gewissem Umfang (Abb. 10.16). Der katastrophale Rückgang von Flechtenarten im vergangenen Jahrhundert wird in erheblichem Maß auf den Mangel an solchen Strukturen zurückgeführt.[5]

- Erhaltung auch im Wirtschaftswald ein Minimum an *alten Bäumen*, selbst wenn diese holzwirtschaftlich als „hiebreif" gelten.

---

[5] Interessant ist, dass die Verarmung der Flechtenflora in Laubwäldern stärker auf waldbauliche Maßnahmen und Unterlassungen zurückgeführt wird als die ebenso starke Verarmung der Moosflora, für die eher der Eindrang von Stickstoff in den Wald und ähnliche Einflüsse verantwortlich sind, vgl. Hauck et al. (2013) sowie Dittrich et al. (2016).

Abb. 10.16 Gehölz an der Boddenküste von Südost-Rügen: wertlos für den Förster, aber ein Paradies für Vögel und andere Tiere

Abb. 10.17 Das Soll (aus der Eiszeit stammendes kleines Stillgewässer) im Wald ist ein Beispiel für eine erhaltenswerte und oft zu knappe Kleinstruktur, hier in den Brohmer Bergen in Mecklenburg

- Zulassung holzwirtschaftlich *unerwünschter Bäume* in hinreichendem Umfang, die außerordentlich wichtige ökologische Funktionen erfüllen. Zitterpappeln (*Populus tremula*) sind zum Beispiel unentbehrliche Raupenfutterpflanzen des größten und seltenen Tagfalters in Mitteleuropa, des Großen Eisvogels (*Limenitis populi*), und auch anderer Falter.
- Gewährleistung, Entwicklung und Pflege von *Lichtungen* in Wald. Isolierte Grünlandflächen im Wald erweisen sich als wertvolle Lebensräume für Schmetterlinge und andere wirbellose Tiere, schon weil die Beeinträchtigung durch Pestizide im Agrarraum nicht besteht. Lichtungen sollten nicht als bloße Wildäsungs- (und Fütterungs-)orte dienen und keinesfalls mit *Lupinus polyphyllus* eutrophiert* werden.
- *Waldränder* sind in ähnlicher Weise wie Lichtungen zu entwickeln, etwa durch Gewährung möglichst breiter Säume, was freilich auch eine Anforderung an die benachbarte Landwirtschaft darstellt.
- Bei den im Wirtschaftswald gewiss unentbehrlichen Rückegassen und *Wegen* darf die Transportfunktion nicht das einzige Kriterium ihrer Gestaltung sein. Die Befestigung der Wege mit standortfremdem Material ist zu unterlassen. Unbefestigte Wege, auf denen sich nach Niederschlägen Pfützen erhalten, sind wichtige Teil-Lebensräume für Schmetterlinge im Wald.
- Auf alle *Gewässer* ist Rücksicht zu nehmen, nicht nur die nach § 30 BNatSchG geschützten Quellen (Abb. 10.17). Kleine Fließgewässer im Wald sind Lebensräume schutzwürdiger Libellenarten wie *Cordulegaster spec.*

3. Aufbau und Pflege historischer und anderer interessanter Waldformen zumindest als Modelle

- Einrichtung und geeignete Bewirtschaftung von *Plenterwäldern* unterschiedlichen Charakters und auf unterschiedlichen Standorten. An den seit 100 Jahren in Deutschland bestehenden „Dauerwald"-Gedanken ist anzuschließen. Erfahrungen mit gebietsweise erfolgreichen eingriffsarmen Waldnutzungsverfahren, die sich durch zwar niedrigere Erlöse, aber dafür durch wesentlich geringere Bewirtschaftungskosten auszeichnen, sind näher auszuwerten. Bekannt ist hier der Stadtwald Lübeck.
- Betrieb und gegebenenfalls Wiedereinrichtung von *Niederwäldern* insbesondere in Gebieten ihrer früheren Bedeutung. Noch bestehende private „Haubergsgesellschaften" etwa im Siegerland sind zu fördern. Niederwälder können sinnvoll energetisch genutzt werden. Querverbindungen und Kooperationen mit landwirtschaftlichen Schnellwuchsplantagen sowie generell Formen der „Agro-Forestry" sind zu erwägen.
- *Mittelwälder* sind geeignete Habitate zahlreicher schutzwürdiger Tierarten, erzeugen ein abwechslungsreiches und der Erholung dienendes Landschaftsbild und können sich wirtschaftlich als durchaus erfolgreich, zumindest akzeptabel erweisen. Noch bestehende, wenn auch durchgewachsene Reste sind wieder zu entwickeln.
- Mit Recht ist die *Waldweide* in früheren Jahrhunderten auf großen Flächen zurückgedrängt und aufgehoben worden. Das bedeutet jedoch nicht, dass sie in heutiger Zeit nicht wenigstens in experimentellem

Abb. 10.18 Leider oft zu sehen: Tiefe Fahrspuren im Wald. (Foto: Angelika Hampicke)

Umfang und unter wissenschaftlicher Kontrolle interessant wäre.

- In Stromtälern sind *Weichholzauen* zu tolerieren und zu entwickeln. Dafür gibt es erfolgreiche Beispiele, wie etwa im Auwald Isarmündung in Niederbayern.

- In mitteldeutschen Bergbaufolgelandschaften, am früheren Grenzsaum zwischen DDR und BRD, auf Eisenbahngelände und anderen Standorten haben sich, von der Flächennutzungsstatistik teilweise übersehen, *Sukzessionswälder* gebildet, also Wälder, die kein Mensch angelegt hat, sondern die von selbst gewachsen sind. Sie bieten mindestens interessante wissenschaftliche Einblicke und können Vorbilder für kostenminimierende Wirtschaftsweisen sein. Ihnen wird zu wenig Aufmerksamkeit geschenkt.

- *Unwirtschaftliche Gehölze* aller Art sind häufig geeignete Lebensräume zahlreicher Tiere.

4. Vermeidung offensichtlich natur- und bodenschutzwidriger Einzelmaßnahmen

- *Bodenschäden* bei der Holzernte besonders in frostarmen Wintern rufen Aufmerksamkeit und Widerspruch hervor (Abb. 10.18). In diesem Buch wird nicht gegen moderne Maschinen (Prozessoren) argumentiert, im Gegenteil können diese sogar Bodenschäden abmildern, indem sie Reisig vor sich aufbauen, um darauf zu fahren. Gleichwohl sind tiefe Fahrspuren und Verdichtungen nicht selten im Wald. Es müssen größere Anstrengungen, gegebenenfalls auch ökonomische Verzichte zu ihrer Vermeidung unternommen werden.

- Plätze für die *Zwischenlagerung* von Holz sind sorgfältig zu wählen. Besonnte Stellen an Waldwegen sind häufig Lebensstätten schutzwürdiger Pflanzen.

- Sehr zahlreiche Formen der *Rücksichtnahme* auf Tiere und Pflanzen örtlicher und zeitlicher Art können nicht einzeln aufgezählt werden. Sie reichen von der Sicherung eines störungsfreien Brutgeschäftes der Vögel bis zur Kontrolle über Licht und Beschattung bei Pflanzenstandorten. Die meisten Maßnahmen und Unterlassungen werden zwar in Rechtsquellen und Handreichungen verlangt, sind aber nicht immer allen Tätigen bekannt oder werden nicht immer mit der nötigen Sorgfalt umgesetzt. Nicht zuletzt ist die Schulung des Personals wichtig und können – wie in der Landwirtschaft – ernst genommene Sanktionen fehlen.

10.7   Naturwälder und Nationalparke

10.7.1   Naturlandschaften und deren Reste

Nur in Landschaften, die großräumig als Naturlandschaften anzusprechen sind, kann das Nicht-auf-den-Menschen-Zugeschnittene, das Nicht-von-ihm-Vereinnahmte, die andere, zweckfreie Welt oder „die Welt am vierten Tage der Schöpfung" – ganz wie es jemand nennen mag – erlebt werden. Oben wurde mehrfach erwähnt, dass der Wunsch nach solchem Naturerlebnis zu achten ist. Eine Kulturnation sollte Gelegenheit geben, ihn zu erfüllen, so wie sie Gelegenheit gibt, Kunst in Konzertsälen, Theatern und Museen zu erleben.

In Mitteleuropa gibt es zwei Landschaften, die trotz Einbußen Naturlandschaften geblieben sind: das Wattenmeer und das Hochgebirge (Abb. 10.19). Zwar ist beim Wattenmeer der Übergang zum Festland aus begreiflichem Grund – dem Küstenschutz – vom Menschen überformt und sind europäische Hochgebirge von Verkehrswegen, Wasserkraftwerken und Wintersportzentren durchzogen, dennoch gibt es in beiden Freiräume, in denen gesagt werden kann: „Hier hat kein Mensch etwas verändert". Das deutsche Wattenmeer ist in Gänze Nationalpark und in den Alpen gibt es ebenfalls hochwertige Schutzgebiete.

Andere Naturlandschaften sind zu kleinen Inseln geschrumpft, die etwas von ihrer früheren Bedeutung erahnen, aber kaum noch erleben lassen. Moore in Nordwestdeutschland sind fast vollständig vernichtet und lassen sich in Zeiträumen selbst vieler menschlicher Generationen nicht wieder herstellen. Von den früher riesigen Überschwemmungsgebieten in Stromtälern ist zwar nur sehr wenig übrig geblieben, lokal gibt es dennoch beeindruckende Reste, die wie an der Elbe als Biosphärenreservat entwickelt werden.

Abb. 10.19 Die beiden verbliebenen großflächigen Naturlandschaften in Mitteleuropa. **a** das Wattenmeer, **b** das Hochgebirge

Box 10.6 Das berühmte Zitat von John Stuart Mill über Einsamkeit

Der bedeutendste britische Philosoph und Ökonom des 19. Jahrhunderts schrieb 1848:

Eine Welt, aus der die Einsamkeit verbannt wäre, wäre ein sehr armes Ideal. … Es liegt auch nicht viel befriedigendes darin, wenn man sich die Welt so denkt, daß für die freie Thätigkeit der Natur nichts übrig bliebe, daß jeder Streifen Landes, welcher fähig ist, Nahrungsmittel für menschliche Wesen hervorzubringen, auch in Kultur genommen sei, daß jedes blumige Feld und jeder natürliche Wiesengrund beackert werde, daß alle Thiere, welche sich nicht zum Nutzen des Menschen zähmen lassen, als seine Rivalen in Bezug auf Ernährung getilgt, jede Baumhecke und jeder überflüssige Baum ausgerottet werde und daß kaum ein Platz übrig sei, wo ein wilder Strauch oder eine Blume wachsen könnte, ohne sofort im Namen der vervollkommneten Landwirthschaft als Unkraut ausgerissen zu werden. Wenn die Erde jenen großen Bestandtheil ihrer Lieblichkeit verlieren müsste, den sie jetzt Dingen verdankt, welche die unbegränzte Vermehrung des Vermögens und der Bevölkerung ihr entziehen würde, lediglich zu dem Zwecke, um eine zahlreichere, nicht aber auch bessere und glücklichere Bevölkerung ernähren zu können, so hoffe ich von ganzem Herzen im Interesse der Nachwelt, dass man schon viel früher, als die Notwendigkeit dazu treibt, mit einem stationären Zustand sich zufrieden gibt (Deutsche Übersetzung von 1869, Band 1, S. 62 f).

Gäbe es keine Menschen, so wäre die im Tiefland und im Mittelgebirge abseits des Wassers dominierende Landschaft der von der Buche dominierte Wald, wie auch immer von Tieren mitgeformt. Es ist berechnet worden, wie gering die

Fläche geworden ist, die dieser Naturlandschaft noch ähnelt. Zunächst ist der Wald auf 30 % seines natürlichen Umfangs reduziert. Darin dominieren Fichten, Kiefern und andere Baumarten und nehmen die Buchen nach Tab. 10.2 nur 15 % der Fläche ein. Der weitaus größte Teil davon wiederum sind jüngere Bestände; auf die Gesamtfläche bezogen sind alte Buchenwälder somit nur noch in punktuellem Umfang vorhanden.

So wie Länder wie Kazachstan einen Teil ihrer Naturlandschaft, der Steppe, Natur bleiben lassen sollen, muss bei uns ein Teil des Waldes Natur bleiben oder wieder werden. Der wirklich unbewirtschaftete, keinem Zweck dienende Wald ist Ort tiefer Naturerlebnisse und damit ein kulturelles Juwel. Hinzu kommen wissenschaftliche Aspekte; sich selbst überlassene Wälder sind ein unentbehrliches Vergleichsmaterial für den, der einen Wald bewirtschaftet. Viele Erkenntnisse über richtige und falsche Waldbewirtschaftung – gerade im Zeichen erwarteter Klimaänderung – lassen sich bei der Beobachtung gewinnen, wie es der Wald „von allein tut".

Wer wie Deutschland tropischen Ländern (darunter auch armen) zuruft, sie mögen zur Erhaltung der Biodiversität ihren natürlichen Regenwald unangetastet lassen, der macht sich unglaubwürdig, wenn er nicht von sich selbst gleiches fordert. Zwar wird der Wald als Kulturbiotop hier besser behandelt als in vielen anderen Ländern der Erde, aber angesichts der Verpflichtungen, die Deutschland in internationalen Konventionen zur Erhaltung der Biodiversität auf der Erde eingegangen ist, bliebe auch dann noch ein Defizit. Nur voll sich selbst überlassener Wald erfüllt alle Anforderungen des Naturschutzes, wie im Folgenden näher erläutert.

Abb. 10.20 Der Wald auf der Insel Vilm im Greifswalder Bodden ist seit 1527 nicht mehr holzwirtschaftlich genutzt, sondern nur als Viehweide verwendet worden und besitzt sämtliche Entwicklungsstufen von der Keimung eines Baumes bis zu seinem Absterben

10.7.2 Naturschutzwert ungenutzter Wälder

Das Alter bis zur Hiebreife beträgt in Deutschland bei Nadelbäumen 80 bis 120 Jahre, bei Laubbäumen liegt es teils noch darüber, maximal 180 Jahre bei den wertvollsten Eichen. Ein Viertel aller Waldbäume in Deutschland ist über 100 Jahre alt. Das sind für Kulturwälder im internationalen Vergleich gute Werte. So wie in der Landwirtschaft aber kein Schwein sein natürliches Alter erreicht und natürlich stirbt, ist es auch im Kulturwald mit den Bäumen.

Die wenigen Wälder in der gemäßigten Klimazone der Erde, die lange nicht oder kleinflächig überhaupt nicht vom Menschen bewirtschaftet wurden, veranschaulichen, welche Vielfalt von Arten in den Stadien herrscht, in denen der Wald altert, abstirbt und sich erneuert (Abb. 10.20). Die Alters- und Absterbephasen (Abb. 10.21 und 10.22) fehlen im Kulturwald völlig. So wie der Bauer gesunde Schweine schätzt, schätzt der Förster gesunde Bäume aus guten Gründen. Ein

Abb. 10.21 In den „Heiligen Hallen" bei Neustrelitz befindet sich ein Buchenwald seit vielen Jahren in freier Entwicklung mit Absterbe- und Erneuerungsphase. Ein politisch korrekter Zeitgenosse meinte kurz nach 1990, am Eingangsschild mit dem Hinweis auf den „ältesten Buchenwald in der DDR" drei Buchstaben tilgen zu müssen

gut geführter Wirtschaftswald enthält auch alte Bäume, aber diese sind fast alle gesund, auch wenn etwas Totholz toleriert wird. Seit Langem ist aber bekannt, dass „kranke", das heißt beschädigte, durchlöcherte, faule, absterbende und sich zersetzende Bäume eine überwältigende Artenvielfalt bewirken, die durch etwas Totholz im Wirtschaftswald nicht ersetzt werden kann.

Diese Artenvielfalt ergibt sich unter anderem aus dem wichtigsten ökosystemaren Vorgang in der Phase des Waldes, der Holzzersetzung. Holz besteht etwa zu zwei Dritteln aus Zellulose und zu einem Drittel aus Lignin. Ähnlich wie im Stahlbeton übernimmt ein Part, hier die Zellulose, die Zugfestigkeit und der andere, das Lignin, die Druckfestigkeit, was dem Holz seine überragenden physikalischen Eigenschaften gibt. Lignin unterscheidet sich biochemisch von fast allen anderen großmolekularen Naturstoffen darin, dass die elementaren Bausteine, wie im Fall der Zellulose die Zuckermoleküle, sich nicht unter Wasserabspaltung, also *Polykondensation* zu Großmolekülen zusammenschließen, sondern durch *Polymerisation*, also die Aufspaltung chemischer Doppelbindungen. Das macht Lignin in gewisser Weise modernen polymeren Kunststoffen ähnlich: Beide sind biologisch schwer abbaubar, weil nur bestimmte Organismen die Fähigkeit besitzen, Polymere zu „knacken". Während das beim Kunststoff zu schweren Umweltproblemen Anlass gibt – die Ozeane sind voll von unzersetzten Plastikteilen – trägt die schwere Zersetzbarkeit des Lignins dazu bei, die Bodenfruchtbarkeit als Lebensvoraussetzung für alle Pflanzen und Tiere einschließlich des Menschen zu schaffen. Humus, also unzersetzte organische Substanz, ist bekanntlich ein entscheidendes Element der Bodenfruchtbarkeit. Zwar wäre es übertrieben zu sagen, aller Humus bestünde aus unzersetzten Resten des Lignins – dafür sind die biochemischen Umset-

Abb. 10.22 Das Ende einer Buche. Tod inmitten neuen Lebens. Wir Menschen müssen lernen, dass uns nicht alles gehört, auch nicht alles Holz

zungen im Boden viel zu kompliziert –, aber die chemische Ähnlichkeit beider Stoffgruppen fällt auf. Sowohl im Lignin als auch im schwer zersetzlichen alten Humus (der Landwirt spricht von „Dauerhumus") sind aromatische Ringverbindungen nach Art der Phenole vorherrschend, was in keinem anderen in großen Mengen von den Pflanzen erzeugten Stoff der Fall ist.

Der Ligninabbau ist ein Zusammenspiel zahlreicher Organismen, unter ihnen Insekten und Pilze als den wichtigsten. Die Insekten und anderen Kleintiere bewirken die mechanische Zerkleinerung des faulenden Holzes, woraufhin bestimmte Pilze, die Basidiomyceten, die als einzige lignin-spaltende Enzyme besitzen, seine chemische Zersetzung betreiben. Der Vorgang läuft natürlich auch in jedem Garten ab, nirgendwo hat sich jedoch eine solche Vielfalt von einander zuarbeitenden Spezialisten entwickelt wie in alten Wäldern. Wer das Glück hat, einen der seltenen prächtigen Käfer an alten Eichen zu erleben, kann sich schon als Laie eine Vorstellung davon machen, was in einem Wald mit vielen toten Bäumen zu erwarten wäre. Das Heer der Pilze im Naturwald ist nur teilweise bekannt und in seiner Hinsicht spitzt sich wissenschaftlich von Jahr zu Jahr das Problem zu, dass es immer weniger Kenner gibt, die seltene Pilzarten überhaupt unterscheiden können. Die meisten Pilzspezialisten sind bejahrt, junge werden nicht ausgebildet, weil die Taxonomie an den Universitäten keinen Platz mehr hat. Wer nicht molekular forscht, hat dort kaum Aufstiegschancen. Immer mehr wird in der Politik über Biodiversität geredet und immer größer wird die Gefahr, dass sie gar nicht mehr erfasst werden kann.

Hartnäckig halten sich fragwürdige Vergleiche von Ökosystemen, die auf einseitigen Betrachtungsweisen und nur selektiver Wahrnehmung der Fakten beruhen. So heißt es, ein Buchenwald auf saurem Boden sei „artenarm" im Vergleich mit einem Kalkmagerrasen. Ganz abgesehen davon, dass die

bloße Anzahl von Arten nie das einzige Kriterium für den Wert eines Biotopes ist, wird hier einseitig allein aus den Vorkommen von auffälligen Pflanzen geschlossen. Werden alle minder auffälligen Wesen, wie Insekten, Spinnen, Pilze, Flechten, Moose und andere einbezogen, dann dürfte ein Wald, der groß genug ist und alle Entwicklungsstufen einschließlich seiner Zerfallsphase aufweist, das artenreichste Ökosystem in Mitteleuropa darstellen.

Werden über das Geschilderte hinaus die weiteren faszinierenden Dinge in Betracht gezogen, die in sehr alten Wäldern zu erleben sind – allein die unzähligen Lebensstätten für viele Tiere –, so verfliegt jeder Zweifel daran, dass ein Teil des Waldes in Deutschland *gar nicht* genutzt werden sollte. Solche Flächen gibt es durchaus – sie werden statistisch mit nur 1,9 % angegeben (BfN 2016, S. 56). In Wirklichkeit sind sie sogar größer, weil viele Forstbetriebe schlecht zu bearbeitende, etwa stark hängige Flächen ausgliedern. Solche „Naturwaldparzellen" oder „Bannwälder" sind sehr zu begrüßen, ersetzen jedoch nicht große zusammenhängende Flächen alten Waldes.

10.7.3 Nationalparke

10.7.3.1 Bestände
Nationalparke – in den USA vor über 100 Jahren ersonnen, um nach dem Raubzug der weißen Siedler quer durch den Kontinent die letzten Reste der Naturwunder zu erhalten – haben auch in Europa und in Deutschland zum Ziel, Reste der Naturlandschaft zu bewahren und wieder zu entwickeln. So unterscheiden sie sich von Biosphärenreservaten, die sich der Kulturlandschaft widmen (Abschn. 9.3).

Nachdem der erste westdeutsche Nationalpark im Bayerischen Wald noch überwiegend zugunsten der touristischen Entwicklung gegründet worden war, entstanden Nationalparke mit eindeutiger Naturschutz-Zielsetzung in den Schlussminuten der DDR, als Michael Succow, Lebrecht Jeschke und Hans Knapp die sich gerade auflösende Regierung dazu bewogen, noch eben mehrere Großschutzgebiete per Verordnung zu schaffen. Neben einigen Biosphärenreservaten und Naturparken waren das die Nationalparke Jasmund auf Rügen, Vorpommersche Boddenlandschaft, Müritz, Harz und Sächsische Schweiz. Erfreulicherweise sind seitdem noch einige hinzugekommen.

Aus der Tab. 10.7 geht hervor, dass in den Nationalparken 1 bis 7 Wald-Ökosysteme weit im Vordergrund stehen, natürlich mit begleitenden Strukturen, wie Lichtungen, Wiesen, weiteren Biotopen und auch geologischen Bildungen. Auch bei 8 bis 10 spielen Wälder neben anderen, nicht kulturbedingten Erscheinungen eine große Rolle, im Nationalpark Müritz zum Beispiel im östlichen Teil, dem Serrahn. 11 schützt einen wertvollen Abschnitt des deutschen Anteils an den Alpen und 12 und 13 widmen sich der Küsten-Natur-

Tab. 10.7 Nationalparke in Deutschland

Name und Gründungsjahr	Größe in ha	Region	Besondere Schutzziele/Bemerkungen
1 Bayerischer Wald, 1970	24.217	Östliches Mittelgebirge, BY	Bergmischwälder, Moore, Bäche, Blockhalden
2 Harz, 1990/1994[a]	24.732	Nördlichstes Mittelgebirge, Klimagradient zu südlicheren, ST/NI	Subalpine Matten, Hochlagen-Fichtenwälder, Begleitstrukturen wie 1
3 Hainich, 1997	7513	Hügelland, West-TH	Laubmisch- und Buchenwälder, Sukzessionsflächen
4 Kellerwald-Edersee, 2004	5738	Hügelland, Nord-HE	Buchenwälder, Felshänge
5 Eifel, 2004	10.770	NW, nahe belgischer Grenze	Atlantisch getönte Buchenwälder
6 Schwarzwald, 2014	10.062	Nordschwarzwald, BW	Buchen-Tannen-Wälder, Hochheiden
7 Hunsrück-Hochwald, 2015	10.230	Westliches Mittelgebirge, RP/SL	Buchen-Eichen-Wälder, Blockschutthalden
8 Jasmund, 1990	3070[b]	Insel Rügen, MV	Buchenwälder auf Kalk an der Küste, Kreidefelsen
9 Sächsische Schweiz, 1990	9350	Sandsteingebirge, SN	Felsen, seltene Waldformen
10 Müritz, 1990	32.200	Mecklenburgische Seenplatte, MV	Buchenwälder, Seen, Ufer, Moore
11 Berchtesgaden, 1978	20.804	Alpen, SO-BY	Subalpine und alpine Biotope
12 Vorpommersche Boddenlandschaft, 1990	78.600[b]	Ostseeküste, MV	Boddengewässer, Dünen, Salzwiesen, Wattenmeer
13, 14.15 Wattenmeere: Schleswig-Holsteinisches, Niedersächsisches, Hamburgisches, 1985–90	800.250[c] (zusammen)	Wattenmeer, SH, HH, NI	Salzwiesen, Elbmündung mit Brackwasser, Wattflächen
16 Unteres Odertal, 1995	10.323	Odertal, BR	Flussauenlandschaft, Trockenrasen

[a] Ursprünglich zwei Nationalparke in Sachsen-Anhalt und Niedersachsen schlossen sich zusammen
[b] Erhebliche Anteile Wasserflächen
[c] Über 90 % Wasserflächen
BY Bayern, *BR* Brandenburg, *BW* Baden-Württemberg, *HE* Hessen, *HH* Hamburg, *MV* Mecklenburg-Vorpommern, *NI* Niedersachsen, *NW* Nordrhein-Westfalen, *RP* Rheinland-Pfalz, *SL* Saarland, *SN* Sachsen, *ST* Sachsen-Anhalt
Quelle: BfN (2016, Tabelle 21, S. 99), verändert

landschaft, an der Ostsee der freien Küstenbildung und an der Nordsee dem weltweit einmaligen Wattenmeer. Der Nationalpark Unteres Odertal fällt trotz seines Wertes für den Naturschutz etwas aus dem Rahmen, weil er wegen seines hohen Anteils der Kulturlandschaft auch als Biosphärenreservat anzusprechen wäre.

In den Kernzonen der Wald-Nationalparke besteht das Ziel, umfangreichen Alters- und Zerfallsphasen des Waldes wieder Raum zu gewähren (Abb. 10.23). Dazu ist Geduld erforderlich, denn die meisten ausgewiesenen Flächen sind noch viel zu jung und weit davon entfernt, in diese Phasen einzutreten. Bleiben die Nationalparke von Dauer, dann werden ihre Besucher in 100 bis 200 Jahren endlich das Walderlebnis in seiner Fülle genießen können: Jungphase, Reifungsphase, Zerfallsphase und erneute Jungphase.

Es gibt kaum eine besser begründete Forderung im Naturschutz als die, dass ein bestimmter Teil der Waldfläche ungenutztes Totalreservat werden sollte. Die Bundesregierung strebt in ihrem Programm für biologische Vielfalt (BMU

2007) einen Wert von 5 % der Waldfläche an – fachliche Erwägungen sehen darin eher ein Minimum. Eine entschiedene Stärkung hat die Forderung nach ungenutztem Wald dadurch erhalten, dass der Buchenwald Mitteleuropas ebenso wie das Wattenmeer zum Welt-Naturerbe der UNESCO erhoben wurde. Das ist eine Auszeichnung und eine Verpflichtung. Eine pflegliche Bewirtschaftung der genutzten Buchenwälder erfüllt die hier bestehenden Pflichten schon zum bedeutenden Teil, sie muss jedoch durch die Entscheidung, einen hinreichenden Teil des Waldes *gar nicht* zu nutzen, ergänzt werden.

10.7.3.2   Einwände gegen Nationalparke

Der Widerstand, der solchen Ausweisungen von Wildnis und Naturwald entgegengebracht wurde, konnte teilweise Verständnis hervorrufen. Die Bewohner im Umkreis der 1990 in den östlichen Bundesländern geschaffenen Nationalparke konnten mit gewissem Recht einwenden, dass sie „nicht gefragt" wurden. Was in der turbulenten Zeit gar nicht möglich

Abb. 10.23 Der Eichenheldbock (*Cerambyx cerdo*), prioritäre Art des Anhangs II der FFH-Richtlinie, gilt im Wirtschaftswald als schwer zu tolerieren, da seine Larven auch wertvolles Holz durchbohren. Umso mehr braucht er den Lebensraum im Nationalpark. (Foto von der Insel Korsika)

war, wird bei neueren Vorhaben mit großem Aufwand an Bürgerbeteiligung nachgeholt. Manche Befürchtung von Privatwaldbesitzern, durch den Einflug von Borkenkäfern aus dem benachbarten Nationalpark geschädigt zu werden, kann mit gutem Willen auch verstanden werden. Auf der anderen Seite haben Meinungsbildner mit absolut unzutreffenden Behauptungen Stimmungen entfacht und grundlose Befürchtungen geschürt.

Wald-Großschutzgebiete werden durchweg auf öffentlichem Eigentum errichtet. Abgesehen von den erwähnten möglichen Randeffekten (die leicht entschädigt werden können) wird also kein privater Wald-Eigentümer betroffen. Insofern ist die Agitation, ja geradezu Hysterie, die teilweise von dort ausgeht, ökonomisch unverständlich; ganz klar geht es allein um Ideologie. Noch nie ist durch die Ausweisung eines Nationalparks ein Forstarbeiter oder anderer Arbeitnehmer im Wald beschäftigungslos geworden, im Gegenteil haben stets neue Aufgaben auf sie gewartet.

Es trifft zu, dass ungenutzte Wälder eine geringere positive Klimawirksamkeit entfalten können als gut genutzte, wenn sie sich irgendwann einem Gleichgewicht zwischen Stoffaufbau und -abbau nähern (Box 10.7 zu Fragen und Kontroversen). Deutschland hat allerdings nicht nur die Konvention zum Klimaschutz, sondern auch die zum Biodiversitätsschutz unterschrieben. Deshalb muss es Wälder geben, die dem Schutz der Biodiversität besonders dienen, selbst wenn sie beim Klimaschutz weniger gut abschneiden sollten.

Abb. 10.24 Spaziergang durch den Müritz-Nationalpark, Teil Serrahn, mit dem Schweingartensee (**a–d**)

Zu den gegenstandslosen Einwänden gegen die Ausweisung ungenutzter Wälder gehört ferner der eines zu befürchtenden Holzmangels. Im Abschn. 10.4.2 ist die Holzwirtschaft in Deutschland in Grundzügen dargestellt worden. Wie die Tab. 10.8 nochmals zeigt, ist Deutschland auf der Ebene der Gesamtholzbilanz keineswegs ein großer Netto-Importeur von Holz oder gar ein Holz-„Mangelland". Der Inlandsverbrauch wurde im Jahre 2013 zu 96 % aus Einschlag, Altpapier und Altholz gedeckt. Die kleine Lücke hat strukturelle Gründe; bis vor wenigen Jahren war Deutschland sogar Netto-Exporteur an Holz. Beim Nadel-Rohholz macht sich in der Tat seit einigen Jahren ein kleiner Importbedarf bemerkbar. Dieser dürfte in der Zukunft in dem Maße zunehmen, wie der Umbau von Nadel- in Misch- und Laubwald in *bewirtschafteten* Forsten vorankommt. Gegen eine mäßige Einfuhr von Nadel-Rohholz gibt es keine volkswirtschaftlichen Einwände.

Box 10.7 Einseitige Betrachtungsweisen, misplaced concretness

Nicht nur in Polemiken, wie sie leider im Abschn. 4.10 Erwähnung finden mussten, sondern auch in seriöseren Meinungsäußerungen von Experten erkennt man zuweilen voreilige Schlüsse und einseitige Betrachtungsweisen. Anscheinend fällt es der menschlichen Natur schwer, gleichzeitig auf mehrere, auch miteinander konfligierende Ziele zu blicken, Unvereinbarkeiten zu akzeptieren und Kompromisse zu suchen. Wer Fachmann/frau ist, urteilt immer zuerst nach seinen/ihren Regeln und blickt auf seine/ihre Ziele und auf die eigene anerzogene Berufsehre. Oder es werden Dinge genannt, die zwar *grundsätzlich* richtig sind, aber unter speziellen Umständen Entscheidungen zumindest nicht allein bestimmen dürfen. Der letztere Fehler wird auch als „misplaced concretness" bezeichnet.

Ein Beispiel liefert die im Text genannte Aussage, dass unbewirtschaftete Wälder eine geringere positive Klimawirkung entfalten als genutzte, weil bei einer langfristigen Speicherung des Holzes in Tragwerken und anderen Strukturen mehr Kohlenstoff aus der Atmosphäre fixiert wird.

Dieses Urteil ist in der konkreten Situation des Jahres 2018 verfehlt. Es ist richtig in einer Modellbetrachtung: Hier ein ausgewachsener unbewirtschafteter Wald im Gleichgewicht zwischen CO_2-Einfang und -Ausstoß, dort ein Wirtschaftswald mit fortwährender Holzernte und -speicherung in Produkten. Diese Modellbetrachtung ist jedoch weit von der Realität entfernt. Kaum ein Nationalpark in Deutschland befindet sich im CO_2-Gleichgewicht mit der Atmosphäre, in den meisten überwiegen junge Altersklassen. Die

Nationalparke werden ausgewiesen, um künftigen Generationen in ferner Zukunft das Erlebnis alter Naturwälder zu bieten. In den kommenden 50 Jahren und länger werden die Kernzonen der Nationalparke ebenso Kohlenstoff fixieren wie andere Wälder. Die Klimaschutzpolitik der Bundesrepublik agiert aber in den kommenden 50 Jahren und nicht in der fernen Zukunft. Es liegt ein klassisches Beispiel für „misplaced concretness" vor.

Die durch den Nutzungsverzicht in Nationalparken hervorgerufen Lücke ist dagegen kaum zu bemerken. Im Übrigen gibt es in fast allen schon bestehenden Nationalparken (wie auch in den Naturerbe-Flächen, s. Abschn. 9.4) noch auf längere Zeit gar keinen Nutzungsverzicht, weil dort in erheblichem Umfang Bäume herausgenommen werden müssen, die nicht dem Schutzzweck dienen, wie früher angepflanzte Kiefern, Fichten, Sitkafichten, Roteichen und andere Baumarten. Sie sollen den von selbst nachwachsenden Eichen und Buchen Platz machen.

Um kein noch so an den Haaren herbeigezogenes Argument verlegen, wenn es in ihr Weltbild passt und ihren Interessen dient, lehnen manche forstlichen Kreise ungenutzte Teile des Waldes nicht allein deshalb ab, weil der Verzicht auf die Holzernte zu steigenden Importen führe. Diese Importe erfolgten aus Ländern mit niedrigerem ökologischem Bewusstsein als bei uns und so fördere man dort die nicht-nachhaltige Holzerzeugung. Wie auf solche Länder positiv eingewirkt werden sollte (*mit* Handel, nicht ohne ihn), ist bereits oben im Abschn. 10.4.5 erläutert worden. Ebenso verstiegen ist der Einwand, Holzimporte etwa aus Skandinavien würden eine größere Flächeninanspruchnahme erfordern, als wenn dasselbe Holz in Deutschland erzeugt würde, weil wegen des dortigen raueren Klimas der Zuwachs pro Hektar geringer ist. Entscheidend ist aber nicht die Zählung von Hektaren oder Quadratkilometern, sondern die *Bewertung* der Fläche – ihr Überfluss in Skandinavien und ihre Knappheit in Deutschland.

Gegen die Ausweisung ungenutzter Wälder in den Kernzonen von Nationalparken vorgebrachten Argumente verlieren jeden Anspruch auf ernsthafte Beachtung, wenn an Größenordnungen gedacht wird: 95 % des Waldes sollen nach dem Willen der Bundesregierung Wirtschaftswald bleiben. Wer nicht einmal 5 % der Wälder der Natur gönnt, hat noch dazuzulernen.

Allerdings sind auch Berechnungen sorgfältig zu prüfen, Nationalparke würden auf touristischem Gebiet großen Nutzen stiften, der den Verzicht auf Holz schon rein ökonomisch überwiegen könne. Die Methodik solcher Studien überzeugt nicht immer, insbesondere wird nicht hinreichend zwischen Netto-Wertschöpfungen und Verlagerungseffekten unterschieden. Es ist damit zu rechnen, dass die Besucher von Na

Tab. 10.8 Gesamtholzbilanz Deutschlands 2014, Mio. Fm

Aufkommen		Verwendung	
Einschlag	54,4	Lagerbestände, Zunahme	2,1
Altpapier (Inlandsaufkommen)	43,8	Ausfuhr	123,2
Altholz/(Inlandsaufkommen)	10,7	Inlandsverbrauch	115,2
Einfuhr	131,6		
Gesamtaufkommen	240,4	Gesamtverbleib	240,4

Quelle: Statistisches Jahrbuch über ELF (2016, Tabelle 444, S. 418). Anmerkung: Wie oben im Abschn. 10.4 erläutert, weist die amtliche Statistik den inländischen Einschlag deutlich zu gering aus. Dem steht jedoch eine in gleicher Weise zu geringe Annahme des Inlandsverbrauches an Brennholz gegenüber, sodass die Bilanzaussagen dieser Tabelle nicht tangiert werden

tionalparken ihr Geld ohne diese auch für Waldbesuche oder ähnliche Zwecke an anderen Orten ausgegeben hätten. Ein wirklicher ökonomischer Nutzen ist in solchen Fällen nur dann festzustellen, wenn die räumliche Verlagerung des Konsums erwünscht ist, weil zuvor benachteiligte Regionen begünstigt werden. Dies war das Motiv für die Gründung des Nationalparks Bayerischer Wald.

Wie überall in der Politik, gibt es auch hier die sonderbarsten und sich jeder Vorhersage entziehenden Entwicklungen. Um den Nationalpark Kellerwald in Nordhessen wurden über zehn Jahre lang erbitterte Kämpfe ausgetragen, Gegner malten den Untergang der Wirtschaftsregion an die Wand. Nachdem Befürworter und Gegner so erschöpft waren, dass der Kampf äußerlich abflaute, entschied eine Landesregierung mit einem besonders konservativen Ministerpräsidenten, dem niemand eine ökologische Regung zugetraut hatte, dass der Nationalpark gegründet werden möge. Seitdem gibt es ihn, ohne dass auch nur ein Wirtschaftssubjekt darunter leidet.

10.8   Einiges zur Ökonomie des Waldes

Das vorliegende Buch verzichtet aus Platzmangel auf die Ausarbeitung ökonomischer Problematik in der Landwirtschaft und Offenlandnutzung, auch weil dies in einem anderen Buch des Autors aus dem Jahre 2013 ausführlich getan wurde (Hampicke 2013). Zum Wald müssen jedoch einige ökonomische Anmerkungen erfolgen.

Mitte der 1980er-Jahre fragte der damals führende Umweltökonom Holger Bonus rhetorisch, wie überhaupt jemand auf die Idee kommen könne, um Geld zu verdienen Waldwirtschaft zu betreiben. Wenn die Neubegründung eines Hektars Fichtenwald 4000 € kostet, so kann das als eine Investition wie jede andere angesehen werden, die zu dem Zweck erfolgt, dass sie sich rentiert. Bei einer in vielen Wirtschaftszweigen zum Beispiel erwarteten Rendite von 4 % pro Jahr müsste der Investor bei der Hiebreife in 100 Jahren inflationskorrigiert einen Erlös von $4000 \times 1{,}04^{100}$ gleich etwa 202.000 € zurückbekommen. Wenn auch in einem realistischeren Modell die

während der 100 Jahre anfallenden Zwischennutzungen und Betriebskosten berücksichtigt werden müssen, wird selbst bei sehr guten Holzpreisen ein solches Ergebnis nie erreicht. Die interne Verzinsung liegt in solchen Rechnungen bei Fichte und Douglasie bei 2 %, bei Laubhölzern wie Buche und Eiche bei unter 1 % und nur bei Pappelkulturen höher, wenn diese schon nach 40 Jahren geerntet werden. Die Zahlen erklären im Übrigen zum Teil die Attraktivität von Fichte und Douglasie.

Den Staat hat diese Unwirtschaftlichkeit lange Jahre nicht gestört und die Kleinwaldbesitzer haben sie nicht bemerkt, sodass sie nur für den Groß-Privatwald, der rechnen musste, ein Problem war. Warum sind seine Eigentümer in dieser Situation, die jahrzehntelang währte, nicht „ausgestiegen"? Dafür gibt es drei Gründe. Erstens ist der ideelle Wert des Waldes von Bedeutung, wenn er wie oft seit Jahrhunderten zur Familie gehört. Prestige, Emotionen, Jagdmöglichkeiten und anderes kommen hinzu, auch fällt ein Ausstieg aus dem Wald wegen der praktischen Unwiederbringlichkeit dieses Schrittes schwer. Zweitens sind die Abwanderungskosten hoch. Große Waldbetriebe sind zuweilen Mischunternehmen, die auch Immobilien, Brauereien und anderes besitzen und die Risiken und steuerlichen Nachteile alternativer Geldanlagen kennen. Drittens und am wichtigsten: Die Kosten der Waldbegründung und früheren Bewirtschaftung haben andere, die Vorfahren bezahlt und interessieren nicht mehr, es sind „sunk costs". Wer einen Wald erbt, der schon in 10 oder 20 Jahren hiebreif ist, sieht sich in einer ganz anderen Rolle als ein hypothetischer Mensch, der vor 100 Jahren die Waldbegründungskosten getragen hat und nun verzinst zurückerhalten möchte.

Ein tieferes Eindringen in die Forstökonomie ist überaus faszinierend, erfordert jedoch fortgeschrittenes mathematisches Handwerkszeug. In keinem anderen Wirtschaftszweig spielen lange Zeiträume eine so dominierende Rolle. Gewiss wird nicht nur ein Wald, sondern wird zum Beispiel auch ein Bahnhof für viele Jahrzehnte angelegt, jedoch wird von ihm wie von aller Infrastruktur nicht erwartet, sich individuell zu rentieren, weil eine solche Berechnung unmöglich wäre.

Das Problem der geringen Verzinsung von Investitionen im Wald wird in der Zeit einer früher für undenkbar erachteten Politik der Zentralbank neu gesehen. Zwar erwarten Unternehmen bei Investitionen immer noch Renditen, für private Sparer, Stiftungen, Versicherungen und andere Anleger ist der Zins von der Europäischen Zentralbank jedoch „abgeschafft" worden – eine sonderbare Situation, von der man sich fragt, wie lange sie Bestand haben kann, ohne an den Fundamenten des bestehenden Wirtschaftssystems zu rütteln. Jedenfalls ist die geringe Rendite des Forsteigentums nicht mehr ein so außergewöhnliches Phänomen wie früher. Die fehlenden Anlagemöglichkeiten im Finanzwesen haben dazu geführt, dass die Nachfrage auch außerforstlicher Kreise, Wälder wie überhaupt Flächen auch im Offenland zu kaufen, zugenommen hat.

Waldeigentümer müssen einen langen Atem haben, sie haben schon vieles erlebt. Sie kennen gute Zeiten und schlechtere Zeiten und haben gelernt, dass klug erscheinende Anpassungen an die Nachfrage der Märkte erfolgreich sein können oder auch nicht. Meist kommt es anders als erwartet. Man ist froh, „schwarze Zahlen" schreiben zu können, das heißt, dass in der Buchführung die Einnahmen größer als die Ausgaben sind. „Schwarze Zahlen" sind ein Zeichen dafür, dass die Rendite des eingesetzten Kapitals größer als Null ist. Sie kann aber viel kleiner als in alternativen Anlagen sein. Mit einem gewissen Recht sollte die Allgemeinheit den privaten Waldeigentümern fast dankbar sein, dass jene auf theoretisch viel höhere Renditen alternativer Kapitalanlagen verzichten.

Beim Wald im öffentlichen Eigentum ist dieses Urteil zu modifizieren. Wie schon erwähnt, wird seit Jahren von der Politik ein erheblicher Druck ausgeübt, den öffentlichen Wald rentabler zu bewirtschaften. Dies und die besseren Holzpreise haben bewirkt, dass der Körperschaftswald in den letzten Jahren durchweg positive Reinerträge erwirtschaftet, während der Staatswald seine früher notorischen Defizite im Schnitt mehr oder weniger auf null reduzieren konnte.

Hier ist auf einen Punkt hinzuweisen, der manchen Lesern selbstverständlich erscheinen mag, es aber nicht ist: Bezahlt wird dem Wald weit überwiegend nur das erzeugte Holz. Zwar kommen noch etwa 20 % zusätzliche Einnahmen aus der Bereitstellung „forstwirtschaftlicher Dienstleistungen" (zum Beispiel der Jagdpacht) sowie aus „nichtforstwirtschaftlichen Nebentätigkeiten" hinzu, alle Leistungen des Waldes für Umwelt, Ökologie und Erholung bleiben hingegen unabgegolten. Der Wert dieser Leistungen liegt außerhalb jeden Zweifels. Es ist auch zumindest auf einigen Gebieten keineswegs unmöglich, ihn in Geld auszudrücken. Der Einfang von Kohlendioxid und damit der Beitrag zum Klimaschutz könnte zum Beispiel mit dem Satz honoriert werden, den Autofahrer als Verursacher von Kohlendioxid-Emissionen als „Ökosteuer" entrichten müssen. Auf die Zahlungsbereitschaft von Spaziergängern ist schon im Abschn. 10.5, Box 10.4 hingewiesen worden.

Auch wenn hier keine Geldbeträge fließen, sind diese Leistungen bei der Waldbewirtschaftung zu würdigen. Unter diesem Gesichtspunkt ist das in neuerer Zeit an den öffentlichen Wald gerichtete Verlangen, „schwarze Zahlen" zu schreiben, das heißt, für eine *partielle* Wirtschaftlichkeit zu sorgen, die sich aber nur auf die Holzproduktion bezieht, problematisch. Gewiss ist es richtig, wenn manche früher gewohnheitsmäßige Nachlässigkeit im Staatsforst abgestellt wird. Er sollte sich zum Beispiel wie der Privatwald bei der Vermarktung des Holzes unternehmerisch verhalten, anstatt das Holz ohne viel Rücksicht auf die erzielten Preise einfach abzuliefern. Die Ausblendung der Nicht-Holz-Leistungen aus den Wirtschaftlichkeitsanforderungen bleibt jedoch ein systematischer Fehler, der Korrekturen verlangt.

Die „Roten Zahlen" des öffentlichen Waldes wurden früher nicht nur toleriert, weil der Staat nicht genau hinsah oder meinte, genug Geld zu haben, sondern waren auch stets von dem Hinweis auf die Nicht-Holz-Leistungen begleitet. Gewiss war dies eine unklare und vage Form der Honorierung dieser Leistungen, die eine Präzisierung verlangt hätte, im Ergebnis kam die Praxis jedoch einer fairen ökonomischen Behandlung des öffentlichen Waldes näher als die heutige mit ihrem Druck auf die Erlöse aus dem Holzverkauf.

Körperschafts- und Privatwald genießen Förderungen, die sich auf die Nicht-Holz-Leistungen beziehen. Sie liegen bei 25 bzw. 12 € pro Hektar Holzbodenfläche. Ein Vergleich mit diesbezüglichen Zahlungen an die Landwirtschaft im Abschn. 4.7 dieses Buches spricht für sich selbst. Wird in der Landwirtschaft nur die Zweite Säule betrachtet, so klaffen sie etwa um den Faktor zehn auseinander, ohne dass ersichtlich wäre, dass die Leistungen der Landwirtschaft für den Naturschutz zehnmal wertvoller wären als die der Forstwirtschaft. Die Forstwirtschaft konnte und kann von den öffentlichen Mitteln, die in die Landwirtschaft fließen, nur träumen.

Der Ökonom ist sich aus langjähriger Erfahrung sicher, dass viele und hässliche Konflikte zwischen Waldbewirtschaftern und Naturschützern, die oft vor Gericht landen, gegenseitige Vorwürfe und Bombardierung mit Paragraphen (oft aus dem Zusammenhang gerissen) – dass all das aus der Welt geschafft würde, wenn es eine sinnvolle Honorierung ökologischer Leistungen auch in der Forstwirtschaft gäbe. Es bestünde sogar der Vorteil, dies in nationaler Eigenregie oder noch dezentraler durch die Bundesländer zu organisieren und damit der immer stärker um sich greifenden Bürokratisierung in der EU zu entgehen. Die Eingriffsregelung (Abschn. 8.2) könnte eingebunden werden. Kein privater Forsteigentümer müsste einen finanziellen Nachteil erleiden, wenn die in der Box 10.5 vorgeschlagenen Maßnahmen umgesetzt würden.

Literaturempfehlungen
Einführend und zur Geschichte: Küster (2008) „Geschichte des Waldes". Zu Nationalparken und anderen Großschutzgebieten: Succow et al. (2013) „Naturschutz in Deutschland". Grundsätzliches zu Arten und Problemen des Waldes sowie zum Waldbau auf ökologischer Grundlage findet sich in Reif et al.

(2001) „Wald" sowie Thomasius und Schmidt (2003) „Waldbau und Naturschutz". Umfassend ist nach wie vor Scherzinger (1996) „Naturschutz im Wald". Einen interessanten Abstecher in frühere ideengeschichtliche Diskussionen bietet Möller (o.J./1923) „Der Dauerwaldgedanke". Für alle aktuellen Daten ist die 3. Bundes-Waldinventur heranzuziehen.

11.1 Rückblick auf die beiden technischen Kernprobleme der Landwirtschaft

Kehren wir nach dem Ausflug in den Wald zur Landwirtschaft zurück. Blicken wir noch einmal auf das, was in den Kap. 5 und 6 als die beiden „technischen Kernprobleme der heutigen Agrarlandschaften" bezeichnet wurde. Es handelt sich um die Austreibung der Artenvielfalt auf der einen Seite und die Desorganisation der Stoffkreisläufe, insbesondere des Stickstoffs, auf der anderen.

Beide Prozesse sind technisch beschrieben worden, jedoch verlangt die Beurteilung ihrer ökonomischen und politischen Triebkräfte einen zweiten Blick, den wir – unterbrochen durch die Kap. 7 bis 10 – bewusst mit einem Abstand werfen. Diese Triebkräfte unterscheiden sich ebenso deutlich voneinander wie die erforderlichen Maßnahmen für Abhilfen sowie deren politische Konsequenzen und Kosten.

Triebkraft für den Biodiversitätsverlust war und ist an erster Stelle die Verbreitung moderner pflanzenbaulicher Produktionsmethoden. Vergrößerung der Felder, Regulierung der Wasserverhältnisse, Optimierung des Nährstoffangebotes, chemischer Pflanzenschutz und starke, schlagkräftige Technik – diese Ursachen sind wohlbekannt. Wo sie uneingeschränkt wirken, kann es keine Artenvielfalt geben.

Die Technisierung erklärt vieles, aber nicht alles. Sie erklärt nicht, warum die Artenvielfalt auf fast der *gesamten* landwirtschaftlich genutzten Fläche und damit auf der Hälfte der Landesfläche in Deutschland in so radikaler Weise reduziert worden ist. Es wäre technisch, gesellschaftlich und ökonomisch durchaus möglich gewesen, in hinreichendem Umfang artenreiche Biotope zu erhalten. Die zweite Ursache für den Biodiversitätsverlust besteht also darin, dass der landwirtschaftlich-technische Fortschritt die *gesamte* Landschaft hemmungslos „überleimt",[1] dass ihn keine Planung in hinreichendem Maße räumlich kanalisiert hat.

Die Landwirtschaft erhebt Ansprüche an die Flächennutzung nach ihren Vorstellungen, die in Frage gestellt werden müssen. Alles wird in weiten Kulturlandschaften dem Ziel maximaler Produktion untergeordnet. Das Gemeinwohl verlangt aber gar nicht, dass die Produktion fast überall heiß läuft. In diesem Buch wird nirgendwo gegen angemessen intensive konventionelle Landwirtschaft argumentiert, aber es geht nicht an, dass fast der letzte Winkel der Landschaft von ihr erfasst wird. Es sei noch einmal erlaubt, wie schon im Kap. 5 schlicht zu formulieren: Die intensive moderne Landwirtschaft hat sich „zu breit gemacht."

In den betreffenden Kapiteln (Abschn. 4.6, Box 4.2 und Abschn. 5.4) dieses Buches ist ferner festgestellt worden, dass – um es einmal *sehr* milde auszudrücken – in großem Umfang Güter erzeugt werden, nach denen, wenn sie auch nicht komplett überflüssig genannt werden sollen, jedenfalls kein prioritärer Bedarf aus der Sicht des Gemeinwohls besteht. Dies betrifft den Agrarexport auf fast einer Million Hektar und die Energiepflanzen auf zwei Millionen Hektar. Die Umwidmung selbst nur eines Teils dieser drei Millionen Hektar in pflegende Nutzungen oder Strukturelemente würde die Qualität der Kulturlandschaft schon erheblich aufwerten.

Es muss ausdrücklich darauf hingewiesen werden, dass das Fehlen einer durchsetzungsfähigen räumlichen Planung bereits in den 1970er-Jahren von führenden Experten angemahnt worden sind. Wolfgang Habers „Theorie differenzierter Landnutzung" (Haber 1972) drückte vor fast 50 Jahren die Inhalte des vorliegenden Abschnitts in anderen Worten, aber in sehr ähnlichem Sinn aus. Stete Erinnerungen und Neuformulierungen haben im politischen Prozess nicht gefruchtet. Dies, obwohl auf anderem Gebiet in Deutschland räumliche

---

[1] Das starke Wort stammt aus der Feder von Annette von Droste-Hülshoff, „Landschaft in Westfalen".

© Springer-Verlag GmbH Deutschland, ein Teil von Springer Nature 2018
U. Hampicke, *Kulturlandschaft – Äcker, Wiesen, Wälder und ihre Produkte*, https://doi.org/10.1007/978-3-662-57753-0_11

Planung durchaus funktioniert, wie beim Schutz des Waldes. Die intensive Landwirtschaft durfte die Landschaft für sich vollständig vereinnahmen. Wo sie es nicht tut, sind selten wirksame Sperrungen die Ursache, vielmehr hat sie an den betreffenden Biotopen kein Interesse.

Nicht nur hat die Politik die Warnungen Habers und anderer Experten überhört, sie hat ihnen sogar ausdrücklich zuwider gehandelt und tut es noch. Die Landschaftsplanung wurde machtlos gehalten, ihr wurde jede deutliche Wirkung in der Landschaft genommen. Mit viel öffentlichem Geld wurde auf dem Wege der Flurbereinigung fast überall die Produktionseignung der Landschaft auf Kosten der Natur perfektioniert – in der DDR mit der Komplexmelioration teilweise noch radikaler. Die volkswirtschaftlich fragwürdigsten Zweige der Agrarproduktion, die Energiepflanzen und der Export, werden allen Einwänden zum Trotz massiv gefördert. Anstatt die landwirtschaftliche Erzeugungswut behutsam und mit Rücksicht auf die Interessen der betroffenen Menschen zu mäßigen, wird sie angefacht.

Nun zum zweiten Problem, der Desorganisation der Stoffströme; beschränken wir uns zur Vermeidung umständlicher Sprache auf den Stickstoffstrom, auch wenn für Phosphor Ähnliches gilt. Auch hier ist räumliche Ordnung bzw. deren Fehlen ein wesentlicher Faktor. Dies betrifft die wohlbekannte Massierung der Tierbestände in Nordwestdeutschland bei gleichzeitigem Desinteresse an der Viehhaltung in Ackerbauregionen mit entsprechendem Mangel an organischem Dünger.

Auch hier versagt räumliche Ordnung, insofern bestehen Parallelen zum ersten Problem. Jedoch gibt es Aspekte, die es von ihm unterscheiden und die es anders beurteilen lässt. Dies sind Aspekte nicht landschaftsplanerischer, sondern *verfahrenstechnischer* Art. Zwar ist zuzugestehen, dass die Beherrschung von Stoffströmen in der Landwirtschaft auf Schwierigkeiten stößt, die die Industrie weniger kennt. Ein Kohlekraftwerk besitzt mit seinem Schornstein eine einzige große Emissionsquelle, und geeignete Filteranlagen sind in der Lage, Schadstoffe auf kurzem Wege und sehr effizient abzuscheiden. In der Landwirtschaft quillt der Stickstoff sozusagen „aus allen Ritzen"; es gibt neben punktuellen Emissionsquellen flächige Quellen und in der Tat auch manche technisch unvermeidlichen Verluste. Dennoch bestehen Verfahrenstechniken für einen besseren Umgang mit Stickstoff, die nur jahrzehntelang unausgeschöpft blieben – wir haben dies in früheren Kapiteln eine „Schmuddelwirtschaft" genannt.

Die derzeitige Situation (2018) in der Landwirtschaft besitzt eine gewisse Ähnlichkeit mit der in Industrie und Siedlungswasserwirtschaft der 1960er-Jahre in der DDR und der BRD. Schwer belastete Luft, sogar geruchsbeladen und gesundheitsschädlich, wurde damals ebenso wie Schaumkronen auf trüben Gewässern als unvermeidliche Nebenerscheinung des wirtschaftlichen Fortschrittes ausge-

geben. Dies wurde von der Bevölkerung lange akzeptiert, Willy Brandt verlor noch die Bundestagswahl 1961 mit dem Slogan, dass „der Himmel über der Ruhr wieder blau" werden sollte. Die richtige Initiative kam zu früh, aber von 1972 ab wurde im Westen mit technischem Umweltschutz Ernst gemacht. Nach gewissen Blockaden gegen Ende der 1970er-Jahre[2] ergaben sich die Früchte in der BRD in den 1980er-Jahren und folgte nach der Wende eine schnelle Übernahme in der ehemaligen DDR. Heute beträgt der Ausstoß an Schwefeldioxid (SO_2) nur noch 4 % dessen in den beiden deutschen Staaten in den 1970er-Jahren. So wie wir nicht verstehen, wie man sich mit der früheren Umweltbelastung jahrzehntelang abfand, werden sich spätere Generationen fragen, wie wir unsere heutige Schmuddelwirtschaft im Agrarbereich normal finden können, in der sich jährlich fast 1,7 Mio. t Stickstoff in der Landschaft der Kontrolle entziehen.

Die besonders vom damaligen Bundes-Innenminister Hans-Dietrich Genscher energisch vorangetriebene Umweltpolitik bewirkte nicht allein, dass vorhandene Techniken endlich eingesetzt wurden. Noch wichtiger war die Stimulierung des technischen Fortschrittes. Verlangt die Politik im Umweltbereich nichts, dann passiert auch nichts. Verlangt sie Dinge, die von den allgegenwärtigen Bremsern als „unmöglich" bezeichnet werden, dann braucht man nicht lange zu warten, bis es technische Fortschritte hagelt, die das „Unmögliche" möglich machen. Nachdem die Politik in Deutschland unter der Androhung eines Vertragsverletzungsverfahrens der EU-Kommission fünf Jahre verhandelt hatte, kam es 2017 zu Novellen des Düngegesetzes und der Düngeverordnung, wie näher im Abschn. 6.9 beschrieben. Deren Wirkung bleibt abzuwarten.

Die Maßnahmen zur Bändigung der Stoffströme sind im Abschn. 6.8.3 vorgestellt worden. Entscheidend für die Zusammenschau ist, dass sie sämtlich *Geld* kosten. Das ist der Unterschied zwischen den beiden technischen Problemen: Bei der Rettung und Mehrung der Biodiversität steht die räumliche Planung mit Autorität an erster Stelle und das Geld an zweiter. Bei der Bändigung der Stoffströme ist es umgekehrt. Auch hier spielt räumliche Planung eine Rolle, aber das Geld ist noch wichtiger. Die Schmuddelwirtschaft wird betrieben, weil sie billiger ist. „Billiger" heißt, dass sie zu Einsparungen in den Betrieben führt und dass die Kosten, in Geld ausdrückbar oder nicht, auf andere und auf die Zukunft verlagert werden.

---

[2] Aus rein politischen Gründen blockierte die Mehrheit der CDU-geführten Länder im Bundesrat die Initiativen der Regierung von Helmut Schmidt, um nach der Machtübernahme 1981 eine noch schärfere Großfeuerungsanlage (13. VO zum Bundes-Immissionsschutzgesetz von 1983) durchzusetzen, als zuvor jemals gefordert.

11.2 Agrarpolitik

Die Politik hat der Landwirtschaft einerseits erlaubt, sich schrankenlos in Fläche und Raum auszubreiten, um damit allein mit der Produktion von Gütern ihr Einkommen zu steigern. Auf der anderen Seite hat sie ihr erlaubt, Kosten, die ihre Wirtschaftsweise besonders in der tierischen Erzeugung sauberer gemacht hätten, einzusparen. Das kann man lasch oder permissiv nennen. Die Gründe dafür sind mehrschichtig. Die Standard-Ausrede, wonach die heimische Landwirtschaft „wettbewerbsfähig" bleiben müsse, also nicht durch schärfere Vorschriften als in anderen Ländern beeinträchtigt werden dürfe, zieht nur noch bedingt. Deutschland ist auf wichtigen Gebieten nicht Vorreiter, sondern hinkt strengeren Regelungen in Nachbarländern wie Dänemark hinterher. Der traditionell starke Einfluss der agrarischen Interessenvertretung im politischen Prozess ist wohlbekannt. Eine Erklärung für ihn könnte darin bestehen, dass die Belegschaft in Agrarverwaltungen und in der politischen Fachwelt überwiegend selbst aus der agrarischen Klasse stammt.[3] Nicht vergessen werden darf jedoch, dass in bäuerlich strukturierten Regionen tatsächlich jeder Hektar von den Betrieben benötigt wird und dass sich dort Investitionen zur Abmilderung der Schmuddelwirtschaft nicht nur wegen der Knappheit von Eigenmitteln verbieten, sondern dass auch kaum öffentliche Hilfen lohnen, wenn ungewiss ist, wie lange die Betriebe überhaupt noch bestehen.

In bäuerlich strukturierten Gebieten drückt also die Last, dass es zu viele Bauern gibt, die um die Flächenressource konkurrieren und jeweils zu klein für kostspielige Investitionen sind. Wie schon in den Abschn. 4.8 und 4.9 ausdrücklich hervorgehoben, gibt es in einer soziologischen Perspektive durchaus nicht zu viele Bauern – im Gegenteil ist ihr Schrumpfen auf einen sehr kleinen Bevölkerungsanteil zu bedauern –, aber es gibt zu viele allein gemessen am Arbeit sparenden Fortschritt im Agrarwesen. Hier ist die Agrarpolitik dahingehend zu kritisieren, dass sie den flächen- und kapitalknappen Betrieben zu wenige alternative Einkommensquellen, nicht zuletzt in der Landschaftspflege, und zu wenige Möglichkeiten der Berufskombination im Nebenbetrieb eröffnet hat.

In großbetrieblichen Regionen wie besonders in Nordostdeutschland gibt es diese Probleme nicht, dafür aber andere. In Mecklenburg-Vorpommern besteht die absurde Situation, dass große Ackerbaubetriebe so wenige Mitarbeiter haben,

dass sie nicht in der Lage sind, in den kurzen zur Verfügung stehenden Zeitfenstern ihre Felder zu pflügen. Sie betreiben pfluglosen Ackerbau (Abschn. 7.1) nicht aus technisch-ökologischer Überzeugung, sondern weil sie keine Zeit zum Pflügen haben. Eine Arbeitskraft bewirtschaftet bis zu 200 ha. Jeder vernünftige Entschluss bestünde hier darin, in der Weite des Landes einige Hektar *nicht* zu bewirtschaften. Wie im Abschn. 5.2.3 berichtet, haben Vogelkundler die Zeit der vorübergehenden Brachlegungspflicht von Ackerland bis in die ersten Jahre des 21. Jahrhunderts als segensreich für die Vögel der Agrarlandschaft beschrieben. Eher pressen die Betriebe in Nachtschichten das Letzte aus ihrer Arbeitskraft heraus, als einen Hektar abzugeben, weil sie dann auf die Flächenprämie der Ersten Säule verzichten müssten. Wenn die Politik aus der reinen Bewirtschaftung der Fläche – ob sinnvoll oder nicht – eine Lizenz zum Gelddrucken macht, braucht man sich nicht zu wundern, dass es selbst bei extremem Mangel an Arbeitskraft keine Flächen gibt, die in Ruhe gelassen werden.

11.3 Naturschutzpolitik

Blicken wir nun auf Landschaftsplanung, Ordnungsrecht und Naturschutzpolitik zurück, also auf alles, was die Landschaft pflegen und vor übermäßiger Beanspruchung durch die Landwirtschaft bewahren will. Man hat den Eindruck, dass alle dort Tätigen sich in der Rolle fühlen wie eine schwache Fußballmannschaft, die ihre ganze Kraft dafür aufwendet, dass der übermächtige Gegner nicht noch mehr Tore schießt. Man wähnt sich in einer ewigen Defensive und sieht in der Ausgabe immer neuer Vorschriften die einzige Waffe. Wie im Kap. 8 beschrieben, wächst das Gespinst an Gesetzen und Vorschriften ins Unüberschaubare und stapeln sich in Planungsbüros und Ämtern Gutachten, Biotopkartierungen und Landschaftspläne, ohne auch nur andeutungsweise die Wirkung in der Landschaft zu entfalten, die ihrem Aufwand entsprechen würde.

Dabei sind die technischen Möglichkeiten der Landschaftsplanung und aller ihr nahestehenden Aktivitäten ebenso gewachsen wie die technischen Möglichkeiten der Gegenpartei. Digitalisierung und Datenverarbeitung haben schon lange Einzug gehalten, Fachleute sind stolz auf ihre Umweltinformationssysteme, Geobasisdatensammlungen und vieles andere. Sämtliche Magerrasen basenreicher Standorte und sämtliche Vorkommen von *Helleborus foetidus* Baden-Württembergs sind in hunderten kleiner Pünktchen auf Verbreitungskarten festgehalten (Höll 2017). Dokumentation ist ja nichts Schlechtes, aber: auf dem Papier werden es immer mehr Arten und in der Landschaft immer weniger. Datenbanken quellen über und die Landschaft ist leer. Die Kenntnisse über Fledermäuse werden immer größer und die Populationen der Fledermäuse werden immer kleiner. Die

---

[3] Die Bundesministerin für Ernährung, Landwirtschaft und Verbraucherschutz der Regierung Schröder von 2001 bis 2005, Renate Künast, war als Stadtkind fachlich vielleicht nicht die beste Besetzung für das Amt. In einer Hinsicht ziert sie jedoch ein bleibendes Verdienst: Als erste Ministerin seit Bestehen der Bundesrepublik stellte sie fest, nicht die oberste Lobbyistin der Bauern zu sein, sondern den Auftrag zu besitzen, das Agrarwesen zum Wohle *aller*, auch der 98 % Nicht-Bauern zu ordnen. Seither sind wieder alte Verhältnisse eingekehrt.

Masse der fliegenden Insekten ist in wenigen Jahrzehnten auf ein Viertel ihres früheren Bestandes geschrumpft.

Durchaus nicht alles ist allerdings fragwürdige Bürokratie. Insbesondere durch die Europäische Union hat die Landschaftsgestaltung auch starke Instrumente erhalten, wie besonders das Flächennetz Natura 2000 und alle Vorschriften der FFH-Richtlinie. Gerade das macht die Situation jedoch besonders bedrückend: Nicht einmal die starken Instrumente vermögen es, die Verhältnisse in der Agrarlandschaft in der Breite zu wenden oder, wie schon am Schluss des Kap. 9 formuliert, den schwerfälligen Tanker von seinem Kurs abzubringen. Höchst zu begrüßende Ausnahmen, ohne die alles noch schlimmer wäre, sind ebenfalls im Kap. 9 beschrieben worden.

11.4   Das Selbstverständnis der Landwirte

Wer Land- oder Forstwirt ist, hat in der Regel eine ständige Sorge: „Hoffentlich findet kein Ökologe bei mir irgendetwas Schützenswertes". Die Entdeckung einer geschützten Tier- oder Pflanzenart bringt Einschränkungen bei der Nutzung, die Entdeckung eines besonders geschützten Biotopes nach § 30 BNatSchG bringt Verbote und das Schlimmstmögliche, eine Ausweisung als Naturschutzgebiet, senkt Einkommen und Vermögenswerte gleichzeitig. Also sind zahlreiche (nicht alle) Land- und Forstwirte Gegner des Naturschutzes, wenn auch nicht unbedingt im Allgemeinen, so jedoch auf ihren Flächen.

Wie schön wäre es, wären Bauern und Förster *stolz* auf ökologische Schätze! Wie schön wäre es, wenn ein Waldbesitzer in Mecklenburg-Vorpommern nicht sagte „hoffentlich brütet der Schreiadler beim Nachbarn und nicht bei mir", sondern „hoffentlich brütet er bei mir".

Die Haltung gegen den Naturschutz hat mehrere Gründe. Die jahrhundertealte Überzeugung, dass die Natur beherrscht und gezähmt und von „Raubzeug" und Gegenspielern des Menschen gesäubert werden müsse, lebt als Ideologie besonders in älteren Personen fort. Dieses Fortleben gründet sich darauf, dass die Umkehr von Knappheiten nicht wahrgenommen wird oder man sich ihrer Wahrnehmung verweigert. Früher war die Natur reich, stark und gefährlich und war die Kultur schwach, sodass alles gut war, was sie stärkte. Heute ist es umgekehrt. Die Ideologie verhärtet sich, wenn Zeitgeist und ökologisches Bewusstsein der Städter als Bedrohungen wahrgenommen werden und manchen in eine trotzige „jetzt erst recht"-Haltung treibt. Natürlich denken nicht alle Bauern so, aber selbst moderne können sich gewissen, der Natur nicht förderlichen Elementen der landwirtschaftlichen Berufsehre nicht verschließen, wie zum Beispiel, dass ein Feld unkrautfrei zu sein hat. Neue Ideologien entstehen, wie die, dass jeder Hektar in Deutschland im Interesse der Welternährung intensiv genutzt werden müsse. Der Präsident der Deutschen Landwirtschafts-Gesellschaft erklärte im Jahre 2011, dass sich Deutschland „Wohlfühl-Landschaften" nicht leisten könnte.

Neben die ideologischen treten natürlich die handfesten ökonomischen Realitäten. Dass ein Land- oder Forstwirt wütend wird, wenn ihm vom Naturschutz einfach etwas verboten wird, ist leicht zu verstehen, blicken wir aber auf die mehr ökonomischen Aspekte. Wie in der Box 8.4 am Schluss des Kap. 8 erklärt und hier nicht noch einmal ausführlich wiederholt, wird der Betrieb für die Waren entlohnt, die er auf dem Markt verkauft. Artenvielfalt und Landschaftsschönheit als Nicht-Waren-Werte sind nicht nur nicht vermarktbar, sondern senken sogar die Einkünfte über den Markt, da ihre Anwesenheit mit der Markterzeugung in Konkurrenz steht. Wer mehr Kornblumen hat, hat weniger Roggen auf dem Feld.

Die Wirtschaftswissenschaft ist überzeugt, dass Teilnehmer am Wirtschaftsleben Anreizen folgen. Kann man an der Bereitstellung eines Gutes oder einer Leistung verdienen, dann werden sie auch bereitgestellt, wie jahrhundertelange Erfahrung und unzählige Beispiele zeigen. So müsste es auch in der Landschaft mit den Kornblumen funktionieren: kann an ökologischen Leistungen verdient werden, dann werden sie auch geliefert.

Skeptiker meinen dagegen, dass das traditionelle landwirtschaftliche Berufsethos die hier erforderliche Flexibilität verhindere. Bauern wollten seit Jahrtausenden nur produzieren und kein Unkraut dulden, und so werde es immer bleiben. Das sei der Grund dafür, dass Kulturlandschaftsprogramme so wenig ausrichten. Sicher gibt es Beharrungskräfte in der Landwirtschaft, aber andererseits erweist sich kaum ein Wirtschaftssektor so anpassungsfähig an neue Erfordernisse wie sie. Die Erfahrung der vergangenen etwa 30 Jahre lässt einen anderen Schluss zu, nämlich den, dass der Fehler nicht aufseiten der potenziellen Anbieter von Leistungen zum Wohl von Landschaft und Artenvielfalt (also der Landwirtschaft) liegt, sondern überwiegend aufseiten der Nachfrage.

Die Nachfrage in Gestalt von Kulturlandschaftsprogrammen und Vertragsnaturschutz ist öffentlich organisiert und wird von Ämtern geregelt. Im Abschn. 8.3 ist ausführlich beschrieben, wie dieses System im Laufe der Zeit seine Attraktivität und sein Vertrauen bei den Landwirten eingebüßt hat. Die Einzelheiten – Abbau von ökonomischen Anreizen, wuchernde Bürokratie und ein verbissener Kontroll- und Sanktionsapparat – brauchen hier nicht wiederholt zu werden. Diese Entwicklung hat den Kräften in der Landwirtschaft in die Hände gespielt, die von Landschaftsökologie sowieso nichts halten und ihre Kollegen davor warnen, sich von der unzuverlässigen Einkommensquelle ökologischer Leistungen abhängig zu machen. Lieber solle man auf maximale Warenablieferung und den Markt setzen, wobei verkannt wird, der in Zeiten der Globalisierung und stark schwankender Preise für Agrarprodukte die Einkünfte über den Markt auch keineswegs zuverlässig kalkuliert werden können.

Dennoch: Politische Unzuverlässigkeit und Bürokratie sind durchaus mitverantwortlich dafür, dass in Deutschland Einkünfte aus Landschaftsleistungen nicht ernst genug genommen werden; Ausnahmen bestätigen die Regel (Kap. 9). Der Hauptgrund liegt jedoch noch eine Etage tiefer. Es gelingt nicht, die Landwirte davon zu überzeugen, dass die „Produktion" von Landschaftsleistungen und Artenvielfalt eine *ökonomische Wertschöpfung von gleichem Rang wie die Gütererzeugung* ist. Hiervon zu überzeugen setzte allerdings voraus, dass die, die die Nachfrage organisieren, nämlich die Ämter, ebenfalls ein *ökonomisches* Problem sehen, wozu es einer minimalen Vertrautheit mit den Regeln der Ökonomie bedarf. Fehlt diese, dann wird das Problem eben als behördliches Ge- und Verbots- sowie Zuteilungsproblem mit ähnlichen Mechanismen wie im Sozialismus gesehen, mit der begreiflichen Reaktion des Publikums, mit Behörden lieber weniger als mehr zu tun haben zu wollen.

Noch immer heißt die Erzeugung von Weizen, Schweinen und Eiern „Produktion", und der Schutz von Natur und Landschaft ist „Beschränkung". Behörden wachen darüber, dass diese eingehalten wird. Zwar streuen sie dabei in Kulturlandschaftsprogrammen manche finanzielle Erleichterung an die produzierenden Betriebe aus, im Wesentlichen aber verschanzen sie sich hinter Wällen von Verboten und Vorschriften gegen die anbrandenden Kräfte der Erzeugungswut.

In einer solchen Situation gibt es wie im Fußball zwei Möglichkeiten: Entweder man perfektioniert die Abwehr oder man nimmt den Druck aus dem Angriff. Das Erste wird seit Jahrzehnten praktiziert mit riesigem Aufwand und zweifelhaftem Erfolg. Wie viel größer wäre der Erfolg, wenn die Landwirte gar nicht so viel und so intensiv auf Kosten von Natur und Landschaft produzieren *wollten* – wenn man ihnen nicht verbieten müsste, Tiere und Pflanzen zu verjagen, sondern wenn sie es von allein nicht mehr täten oder sogar von allein Artenvielfalt wünschten und herbeiführten!

Natürlich werden sie das nicht tun, wenn sie dabei ökonomisch verlieren oder gar ihre betriebliche Existenz gefährden. Es steht aber der Politik frei, Bedingungen zu schaffen, in denen dies nicht die Konsequenz ist, sondern in denen es im Gegenteil Betrieben besonders gut geht, wenn sie im gesellschaftlichen Auftrag Güterproduktion und Landschaftspflege in optimaler Weise kombinieren. Je nach Standort und anderen Bedingungen wird der Schwerpunkt mehr auf der Produktion oder auf der Landschaftspflege liegen, stets sind aber beide prinzipiell *gleichrangige* Ziele.

Der vom Deutschen Verband für Landschaftspflege (DVL) vorgeschlagene und schon im Abschn. 9.9.1 beschriebene Weg weist genau in die richtige Richtung. Die Pflege der Landschaft und die Förderung der Artenvielfalt sind darin nicht *Beschränkungen* der landwirtschaftlichen Tätigkeit, sondern *Ziele* derselben, sie werden zu Betriebszweigen wie alle anderen auch. Der Betrieb wählt nicht mehr nur zwischen Raps, Weizen und Gerste aus, sondern zwischen Raps, Weizen, Gerste, weiteren Feldfrüchten, Brachen, Strukturelementen sowie über die Grundanforderungen hinausgehenden Leistungen für Boden-, Gewässer- und Klimaschutz und erweitert anstatt verengt somit seine Optionen. Voraussetzungen sind eine faire, absolut zuverlässige und unbürokratische Honorierung der Leistungen in der Landschaft.

11.5 Flankierendes und Finanzierung

In diesem Buch wird die *Änderung der Motivation* der in der Landwirtschaft Tätigen als der zentrale Hebel für eine Wende angesehen. Das ist kein Wunschdenken – andere denken ebenso und die zahlreichen im Kap. 9 gesammelten Beispiele beweisen, dass hier etwas bewegt werden kann. Die vielen kleinen Inseln des Fortschritts müssen nur zu einer großen Landmasse zusammenwachsen. Freilich dürfen aber andere Themen, die in obigen Kapiteln ausführlich behandelt wurden, nicht vergessen werden.

Der Staat zeigt Stärke in tausend unnötigen Detailregelungen von Nebensächlichkeiten sowie in der Kontrolle einzelner Betriebe und zeigt Schwäche dort, wo seine eigentliche Aufgabe liegt, nämlich in der Gestaltung der Rahmenbedingungen in der Landschaft. Genau umgekehrt müsste es sein. Der zahnlose Tiger der Landschaftsplanung muss einer durchsetzungsfähigen Institution weichen, die die Aufgaben in der Landschaft übernimmt, welche einzelne Betriebe beim besten Willen nicht allein leisten können. Diese sind im Abschn. 8.1 genannt worden und reichen von der Beseitigung des Ackerbaus auf Moorboden über eine ausgewogene Verteilung der Tierbestände und der wirksamen Abschirmung sensibler Biotope bis zur Mehrung von Strukturen in übermäßig ausgeräumten Landschaften.

Und dann gibt es noch die Geldfragen in dreierlei Hinsicht. Im Abschn. 5.4 ist festgestellt worden, dass es ein wichtiges Gebiet gibt, wo starke Regelungen nicht mehr erforderlich sind, sondern wo allein das Geld fehlt: in der Halbkulturlandschaft mit ihren wichtigsten (natürlich nicht alleinigen) Pflegern, den Schafherden und Schäfern.

Zweitens fehlt Geld bei der technischen Ausrüstung zur wirksameren Beherrschung der Stoffflüsse, insbesondere der Abdichtung von Ställen gegen Ammoniak-Emissionen, der sicheren Behältnisse für Gülle und emissionsarmer Ausbringungstechnik. Die im Abschn. 6.8 geforderten Geräte mit Schleppschuhen oder bodennaher Verteilung können auch für kleinere Familienbetriebe verfügbar werden, wenn dieser Dienst von Lohnunternehmern übernommen wird. Diese können zumindest vorübergehend Förderungen analog derer genießen, die vor Jahrzehnten im technischen Umweltschutz flossen und in kurzer Zeit Erfolge vorweisen konnten.

Drittens schließlich erfordert die oben ausgeführte Honorierung von Landschaftsleistungen bisher nur produzierender Betriebe einen hinreichenden Fonds. Es muss für die

Betriebe ökonomisch attraktiv werden, die Landschaft zu pflegen und dabei etwas weniger Raps oder Getreide abzuliefern. Das wird es nur, wenn hier nicht geknausert wird.

Alle Berechnungen – hier im Buch im Abschn. 9.9.3, aber auch weit darüber hinaus – kommen zu dem Schluss, dass eine Umwidmung der bisher ohne Ziel ausgestreuten Mittel der Ersten Säule im Umfang von fast fünf Milliarden Euro pro Jahr die finanziellen Erfordernisse weitgehend abdecken könnte. Im Bereich der Finanzen ist die Umwidmung der Ersten Säule die entscheidende Maßnahme. Sie ist in der bestehenden Form auch ordnungspolitisch nicht zu rechtfertigen.[4] Allerdings wird die Umwidmung ihrer Mittel Umverteilungen auslösen, die ausgehalten werden müssen.

11.6   Was kann die Zivilgesellschaft tun?

In der Einleitung dieses Buches heißt es, dass es für die Zivilgesellschaft gedacht ist. Fachleuten brauchen die Inhalte nicht erneut vorgelegt zu werden, der landwirtschaftliche Berufsstand blockiert (mit bemerkenswerten und in jeder Hinsicht zu würdigenden Ausnahmen) und die Politik verwaltet, beschäftigt sich mit sich selbst und wacht nur auf, wenn sie getrieben wird.

Bisher bezogen sich Initiativen der Zivilgesellschaft eher auf bestimmte Bereiche, wie das Tierwohl, und erzielten damit auch nur punktuelle Erfolge. Ursache ist unter anderem eine ungenügende Information über die Medien, nicht nur wegen der Albernheiten vom Schlage „Bauer sucht Frau". In der Regel wird zusammenhanglos ein Thema aufgeblasen, wie heute Glyphosat, im nächsten Jahr ein anderes. Politikern aus umweltbewussten Parteien fällt in Wahlkämpfen und Koalitionsverhandlungen auch nicht mehr ein, als gebetsmühlenartig einen höheren Anteil ökologischen Landbaus zu fordern. Die Propaganda der Umwelt- und Naturschutzverbände ist häufig aggressiv und stark vereinfachend, etwa nach dem Motto, dass bäuerliche Kleinbetriebe naturnotwendig gut, während die großen Betriebe böse und an allem Schuld seien.

Wer es wirklich will, kann sich besser informieren – die Kenntnislosigkeit ansonsten gebildeter Stadtmenschen ist in diesem Buch schon beklagt worden. Die Zivilgesellschaft als armes Lamm anzusehen, das nichts dafür kann, schlecht informiert zu sein, trifft also nicht ganz die Wahrheit. Allerdings sind Schuldzuweisungen wenig produktiv und gibt es viel interessantere Fragen, wie zum Beispiel, *warum* die Verhältnisse so und nicht anders sind.

Zu Beginn des 20. Jahrhunderts waren in Deutschland 25 % der Bevölkerung in der Landwirtschaft tätig, ein Bauer ernährte vier Menschen. Fast jede Familie in der Stadt hatte Verwandte auf dem Lande und erfuhr von ihnen, wie es dort zuging. Auch bekam man von ihnen ab und zu eine Wurst und zu Weihnachten vielleicht sogar eine Gans. Viele in der Stadt erzeugten selbst Lebensmittel im Garten, die Bergleute im Ruhrgebiet hatten Kaninchen oder sogar eine Ziege. Man wusste, wie Kartoffeln und Speck erzeugt wurden.

Wie im Kap. 4 gezeigt, hat der technische Fortschritt in der Landwirtschaft nicht nur erlaubt, sondern *erzwungen*, dass die Bauern eine winzige Minderheit wurden. Noch wichtiger ist, dass sie sich fast nur aus sich selbst rekrutieren und unter sich bleiben, sehr selten wird ein Städter Landwirt. Da blüht natürlich der Stammtisch, der Weltbilder erzeugt und verfestigt. Schärfer kann eine Teilung der Gesellschaft in zwei Klassen nicht sein als die in Deutschland in Bauern und Nicht-Bauern. Zwischen ihnen und von beiden Seiten kritisch beäugt bis gehasst, steht der konzentrierte Lebensmittel-Einzelhandel mit angeblich ungeheurer Macht.

Während diese Diagnose für Landstriche im Süden vielleicht übertrieben erscheint, so gilt sie im großbetrieblichen Milieu im Osten und auch in traditionell bäuerlichen Regionen, wie Niedersachsen und Schleswig-Holstein in vollem Umfang. Die noch immer vorzufindende und anderweitig kritikwürdige technische Rückständigkeit und Kleinheit zahlreicher Betriebe in Bayern (15 Kühe, aber auch Folklore und Fremdenzimmer) mildert die Trennung ab, dafür ist sie bei Großbetrieben in Pommern perfekt. Dort ist es die große Ausnahme, wenn man sich klassenübergreifend einmal an einen Tisch setzt, wie bei der „Greifswalder Agrarinitiative".[5]

Der technische Fortschritt bewirkt nicht nur eine kolossale Arbeitsersparnis in der Landwirtschaft, sondern noch eins: Er bewirkt eine üppige und sichere Versorgung der Bevölkerung. Wo es vereinzelt Mangel gibt, ist das die Schuld von Eltern, Behörden oder allgemeiner Ungerechtigkeit, nie wäre er nötig. Man geht einkaufen und bekommt alles, das Essen kommt wie der Strom aus der Steckdose. Als das nicht so war, wie in der Nachkriegszeit, entstanden sehr schnell Kontakte zwischen Bauern und Nicht-Bauern, wenn auch wenig harmonische – auf die Hamsterer, die Wertgegenstände gegen Kartoffeln tauschen mussten, ist schon im Abschn. 4.1 hingewiesen worden. Die Mangellosigkeit ist damit ein weiterer Grund dafür, dass sich Bauern und Städter aus dem Wege gehen können. Der

---

[4] Der Mitglieder-Rundbrief des DVL vom August 2017 zitiert aus der überaus treffenden Rede eines Teilnehmers am Landschaftspflegetag 2017: „Stellen Sie sich vor, es gäbe noch keine Gemeinsame Europäische Agrarpolitik mit den gewohnten Direktzahlungen – würde heute irgendjemand ernsthaft auf die Idee kommen, pauschale Flächenprämien zur Lösung der Probleme einzuführen?"

[5] Die höchst anerkennenswerte Initiative entstand an der Universität Greifswald und in der Succow-Stiftung aus der Situation heraus, dass im Umkreis der Stadt sehr große landwirtschaftliche Flächen in öffentlichem Eigentum sind (Universität, Stadt Greifswald, Kirchen und andere) und an Nutzer verpachtet werden. Die Eigentümer besitzen eine Verantwortung für die Natur und prinzipiell auch die Befugnis, von ihren Pächter eine größere Rücksichtnahme auf diese zu nehmen als vielfach üblich. Die Initiative wird von der Deutschen Bundesstiftung Umwelt (DBU) gefördert. Gesprächsrunden führen, wenn auch sehr zeitaufwändig, zu Ergebnissen.

so gescholtene Lebensmittel-Einzelhandel vermittelt perfekt zwischen den Erzeugern und den Konsumenten. Er erledigt alles, die Parteien brauchen sich nicht einmal zu sehen.

Was ist zu tun? Natürlich können weder technische Verhältnisse wie vor 100 Jahren eingeführt werden noch ist wieder Mangel zu wünschen. Gehen wir zunächst auf Argumente ein, die sich mit den Hindernissen einer Veränderung befassen und daraus Pessimismus ableiten. Ist die Bürokratie der Europäischen Union so mächtig, dass „nichts geht"? Gewiss ist ein großer politischer Körper schwerer zu bewegen als ein kleiner. Es trifft zu, dass die Erste Säule in gegenwärtiger Form allein von der EU abgeschafft werden kann. Das ist aber fast der einzige, wenn auch sehr wichtige Fall, in dem die Dinge so krass liegen. Fast überall sonst sind es die nationale Politik sowie alle Entscheidungsgremien darunter, die als Bremser wirken.

Erstens sind die positiven Anstöße zu würdigen, die von der EU kommen. Die FFH-Richtlinie wäre in Berlin nie ersonnen worden. Zweitens ist das, was die EU durchsetzt, von den Agrarministern der Mitgliedsländer einschließlich Deutschlands so beschlossen worden und könnte auch anders beschlossen werden. Drittens muss die EU den Mitgliedstaaten, darunter Deutschland, androhen, die von ihr gesetzten Mindestanforderungen zum Schutz der Natur auf dem Klagewege zu erzwingen, wie im Fall der Nitratrichtlinie. Viertens schöpft Deutschland von der EU angebotene Spielräume nicht aus. Die Mitgliedstaaten dürfen auf dem Wege der Modulation bis zu 15 % der Mittel der Ersten Säule in die Zweite überführen (Abschn. 4.7). Deutschland überführt 4,5 %. Würde der Modulationsspielraum ausgeschöpft, könnten umfangreiche Vorhaben zur Aufwertung der Kulturlandschaft durchgeführt werden. Fünftens hätte die EU gar nichts dagegen, wenn Mitgliedstaaten einschlägige Regeln zum Schutz von Natur und Umwelt noch schärfer als ihren Mindestnormen entsprechend treffen würden (sie hat es wohl auch kaum zu befürchten). In der Summe folgt, dass sehr wohl mit Erfolgsaussichten Druck auf die eigene Regierung ausgeübt werden kann und dass deren Ausflüchte, sich hinter der EU zu verstecken, leicht durchschaubar sind.

Ernste Worte an Regierung und Verwaltung sind nötig, aber sie sind nicht die Hauptsache. Das Hauptproblem ist die Spaltung der Gesellschaft in die beiden Klassen der Bauern und der Konsumenten. Solange zur Grünen Woche in Berlin die Städter mit „Wir haben es satt" demonstrieren und einige Straßen weiter die Bauern mit der Parole „Wir machen euch satt", wird nichts vorankommen. Man stachelt sich nur gegenseitig auf und vertieft die Gräben.

Jeder Fortschritt beginnt damit, dass die Parteien aufeinander zugehen und miteinander reden. Erfahren Bauern, dass sie nicht nur kritisiert werden, sondern dass Städter sie *loben* und Beifall zollen, wenn sie die Landschaft verschönern, dann ist schon ein wichtiger Schritt getan. Dies ist überall zu beobachten, wo Städter spazieren gehen und sich an Blühstreifen am Wegrand erfreuen. Überhaupt wird die nicht an Geld gebundene Anerkennung von Leistungen in der Gesellschaft sträflich unterschätzt. Sickert im Bauernstand die Erkenntnis durch, dass die Pflege der Kulturlandschaft nicht etwas ist, was Bürokraten fordern, sondern was die allgemeine Bevölkerung erfreut und deren Meinung vom Berufsstand wesentlich hebt, dann ist schon eine andere Situation geschaffen.

Ist es auch eine Wiederholung, so ist noch einmal festzustellen, wie unmöglich die Methode ist, mit der ein Bauer von der Pflege der Kulturlandschaft zu überzeugen versucht wird: Wer an einem Kulturlandschaftsprogramm teilnimmt, hat erst einmal Bürokratie. Dann wird ihm gesagt, dass er daran nichts verdienen darf (wenn das auch unterlaufen wird). Ferner weiß er, dass er zur „Belohnung" seiner Teilnahme fünfmal so intensiv kontrolliert wird wie sein Kollege, der nichts beiträgt. Anstatt gelobt zu werden, wird er misstrauisch beäugt. Strukturelemente auf seinem Land werden auf den Zentimeter genau vermessen und wehe, er hat etwas fehlerhaft angegeben. Und hinter seinem Rücken spürt er die Schnüffelei eines Rechnungshofes, der nur darauf wartet, irgendwo einen „Mitnahmeeffekt" aufzudecken.

Es wäre viel besser, wenn diese Landwirte mit normalen Leuten kommunizierten anstatt mit Behörden. Noch besser als mit Kontakten und Gesprächen wird die Spaltung in Bauern und Nicht-Bauern jedoch gemildert, wenn sich beide in *Handlungen* treffen, wie in den Aktivitäten der Solidarischen Landwirtschaft („SoLaWi", Abschn. 4.9). Hier besteht ein sehr fruchtbares Feld, auf dem die Zivilgesellschaft mit Beispielen vorangehen kann.

Die unselige Spaltung der Gesellschaft in Bauern und Nicht-Bauern kann nur durch Initiativen beseitigt werden, die aus dem Lager der 98 % Nicht-Bauern kommen. Sie müssen auf die Bauern zugehen und sagen: „Hört mal, wir möchten, dass ihr das in der Landschaft anders macht. Dabei soll es euch nicht schlechter gehen, sondern eher besser. Ihr sollt anders mit der Landschaft umgehen, nicht weil es Behörden verlangen, sondern weil *wir* es wollen. Wir möchten euch bei der Umorientierung helfen und werden unseren Obrigkeiten Druck machen, dass sie aufwachen. Ein wenig müsst ihr euch freilich auch bewegen. Wir möchten eine schöne Kulturlandschaft, in der **Kultur** von allen ernst genommen wird. Wir möchten unsere Rolle als passive Konsumenten, die nur gefüttert werden, verlassen und uns mit Kopf und möglichst auch Hand an der Nahrungserzeugung und Landschaftsgestaltung beteiligen. Dabei werden wir auch unseren Konsumstil überdenken."

Die Glaubwürdigkeit dieser Gesinnung ließe sich steigern mit dem Zusatz: „Als Erstes werden wir in unseren Gärten Rollrasen und Friedhofsgehölze beseitigen und stattdessen Kartoffeln anbauen und ein Blütenmeer für Insekten schaffen (Abb. 11.1). Dann braucht ihr Bauern das nur im Großen nachzumachen." Der Zusatz erscheint im Jahre 2018 als Utopie. So war es aber auch bei Willy Brandts Wahlparole im Jahre 1961, dass der Himmel über der Ruhr wieder blau werde.

Abb. 11.1 Artenvielfalt im Hausgarten als Vorbild für die Agrarlandschaft

Dieser Anhang stellt das Material zusammen, welches zum tieferen Verständnis der Kap. 3 und 6 des Buches nützlich ist. Die Aufnahme aller Daten aus diesem Anhang in die Buchkapitel würde den Lesefluss dort beeinträchtigen. Wer den Argumenten dort auch so folgt, mag den Anhang ignorieren; der kritische Leser, der es „genau wissen will", kann hingegen alles nachprüfen. Es werden ausschließlich folgende Quellen benutzt:

- das Statistische Jahrbuch über Ernährung, Landwirtschaft und Forsten (StJELF 2016),
- ergänzende Materialien aus Veröffentlichungen des Kuratoriums für Technik und Bauwesen in der Landwirtschaft (KTBL),
- für Inhaltsstoffe von Ernteprodukten und Futtermitteln (Jeroch et al. 1993),
- für Inhaltsstoffe von Nahrungsmitteln (Souci et al. 1994),
- für alles zur Tierernährung (Roth et al. 2011).

Das Material gliedert sich in vier Teile:

- Tabellen zu Inhaltsstoffen und Energiegehalten – Anhang A
- Daten zur Tierernährung – Anhang B (Kap. 3)
- Daten zur Ernährungswirtschaft – Anhang C (Kap. 3)
- Daten zum Stickstofffluss – Anhang D (Kap. 6).

12.1 Tabellen zu Inhaltsstoffen und Energiegehalten, Ernte- und Futterstatistik – Anhang A

Die Tab. 12.1 enthält die Trockenmasseanteile an der Frischmasse (FM) sowie die Energiegehalte von Erntefrüchten und Futtermitteln in der Trockenmasse (TM) in Anlehnung an die altbewährte Weender Futtermittelanalyse. Darin sind

- Rohprotein (RP): alle Stickstoff (N)-haltigen Bestandteile, teilweise auch Nicht-Proteine,
- Rohfett (RF): alle in unpolarem Lösungsmittel extrahierbare Stoffe, vornehmlich Fette,
- Rohfaser (RFa): alle auch in „schärferen" Säuren bzw. Laugen unlösbaren Feststoffe, vornehmlich Zellulose,
- N-freie Extraktstoffe (NFES): alles was durch vorige Extraktionsmethoden nicht erfasst wird, unter anderem Zucker.

Die Weender Analyse unterscheidet keine exakt definierten chemischen Stoffe, sondern Stoffgruppen nach Maßgabe der Analysemethoden. Sie ist trotz ihrer Einfachheit nach wie vor nützlich und wird nach Bedarf in Teilen verfeinert. Für Näheres vgl. Roth et al. (2011).

Die Tab. 12.2 ist identisch der Tab. 3.3 im Abschn. 3.4.2 und wird in Verknüpfung mit den folgenden Tabellen hier reproduziert.

© Springer-Verlag GmbH Deutschland, ein Teil von Springer Nature 2018
U. Hampicke, *Kulturlandschaft – Äcker, Wiesen, Wälder und ihre Produkte*, https://doi.org/10.1007/978-3-662-57753-0_12

Tab. 12.1 Inhaltsstoffe und Energiegehalte von Erntefrüchten und Futtermitteln

	TM g/kg FM	RP g/kg TM	RF g/kg TM	RFa g/kg TM	NFES g/kg TM	kJ/g TM
Weizen Wi	880	138	20	29	794	18,57
Gerste Wi	880	125	27	57	764	18,58
Roggen	880	113	18	28	819	18,31
Hafer	880	123	52	113	679	19,16
KMais	880	106	46	26	805	18,97
Getreide[a]						**18,50**
Ackerbohne	880	299	16	90	556	19,32
Erbse	880	259	15	68	621	19,02
Raps[b]	880	229	445	79	203	28,32
Sojabohne	880	404	201	60	282	23,80
Zuckerrüben[c]	230	68	6	54	791/647	16,15
Z-Blatt	160	142	32	159	499	16,60
Kartoffeln	220	97	4	27	810	17,20
Freilandgemüse[d]	140	165	25	155	480	16,45
Maniok	871	26	7	36	888	17,16
Getreidestroh (Gerste)	860	38	16	434	449	18,13
Gras frisch[e]	180	208	44	239	406	18,63
Grasanbau[f]	860	138	27	307	434	18,14
Ganzpflanze Gerste[g]	170	119	30	298	439	17,71
Ganzpflanze Roggen[g]	170	166	37	257	444	18,38
Ganzpflanze Weizen[g]	210	126	33	267	492	18,30
Getreide Ganzpflanze	**183**					**18,13**
Kleeheu[h]	860	146	24	285	456	18,15
Wiesenheu[j]	860	138	27	307	434	18,14
Zwischenfrüchte[k]	130	258	43	147	403	17,88
Grassilage[l]	350	144	40	263	443	18,07
Maissilage[m]	320	86	33	204	631	18,51
Trockengrün[n]	900	200	31	261	386	18,01
Pflanzenöl[o]	1000	–	100	–	–	38,60
Rapsextraktions-schrot 00	890	406	27	139	359	19,85
Sojaextraktionsschrot	890	552	13	39	329	20,25
Palmkernexpeller*	910	207	73	168	506	20,08
Trockenschnitzel	900	100	9	206	629	17,90
Melasse[c]	770	129	2	5	761/628	15,95

Tab. 12.1 (*Fortsetzung*)

	TM g/kg FM	RP g/kg TM	RF g/kg TM	RFa g/kg TM	NFES g/kg TM	kJ/g TM
Kleien*[p]	890	126	39	150	631	18,62
Biertreber getrocknet	900	264	86	169	433	20,71
Bierhefe getrocknet	900	521	22	24	352	19,97
Getreideschlempe*[q]	900	369	68	112	391	20,62
Kartoffelschlempe*[q]	900	278	16	104	464	17,49
Kartoffelpülpe	18	49	5	208	703	17,85
Citrustrester getrocknet	900	72	35	136	693	17,97
Maiskleber[r]	890	261	41	90	548	19,27
Malzkeime	920	296	11	145	478	18,79
Fischmehl	910	631	104	17	23	19,96
Vollmilch[s]	140	262	324	0	361/357	25,08
Magermilch[s]	86	361	11	0	546/481	18,09
Molke[s,t]	64	156	12	0	720/600	16,99
Magermilchpulver[s]	960	365	5	0	547/481	17,97
Molkenpulver[s,t]	960	152	8	0	730/616	16,05

[a] Gewogener Durchschnitt aller Getreidearten, für alle Rechnungen verwendet
[b] Sonnenblumen ebenso
[c] hinter Schrägstrich: Saccharose
[d] Weiß- und Rotkohl nach Jeroch et al. (1993, Tab. 195, S. 350)
[e] Weide intensiv, 1. Aufwuchs im Rispen/Ährenschieben
[f] Wiesenheu, 1. Schnitt in der Blüte
[g] vor und bis Ährenschieben
[h] Rotklee 1. Schnitt, in der Blüte, Luzerne ebenso
[j] Klee- und kräuterreich, 1. Schnitt in der Blüte, Weide ebenso
[k] Weißer Senf
[l] Wiese, grasreich, 1. Schnitt
[m] Ende der Teigreife
[n] Grünmehl, Luzerne
[o] Reinfett
[p] Gerstenkleie
[q] getrocknet
[r] bis 30 % Protein
[s] hinter Schrägstrich: Lactose
[t] sauer
Alle Werte außer [d] aus Jeroch et al. (1993, Tab. 15.1, S. 448–461). RP 23,9 kJ/g, RF 39,8 kJ/g, RFa 20,1 kJ/g, NFES 17,5 kJ/g, nach GfE (1995) in Roth et al. (2011, S. 165). Saccharose 16,5 kJ/g, Lactose 16,4 kJ/g, Glucose 15,6 kJ/g, ebenda, S. 145

Tab. 12.2 Pflanzliche Inlandserzeugung 2013

	1 Fläche 1000 ha	2 % der LF	3 % der AF	3 Ernte 1000 t	4 TM %	5 TM 1000 t	6 kJ/g TM	7 PJ	8 PJ, Futter direktd	9 PJ, Futter indirekte	10 PJ Futter	%
Getreideª	6526	39,08	54,95	47.757	88	42.026	18,50	777,5	439,2	37,5	476,7	61,3
Erbsen	38	0,23	0,32	129	88	114	19,02	2,2	0,8		0,8	36,4
Ackerbohnen	16	0,01	0,13	60	88	53	19,32	1,0	0,6		0,6	60,0
Andere Hülsenfr.ᵇ	20	0,12	0,17	31	88	28	19,02	0,5	0,7		0,7	100,0
Kartoffeln	243	1,46	2,04	9670	22	2127	17,20	36,5	1,9	0,1	2,0	5,5
Zuckerrüben	357	2,14	3,01	22.829	23	5251	16,15	84,8	1,9	25,3	27,2	32,1
Raps und Rübsen	1466	8,88	12,34	5784	88	5090	28,32	144,1	1,4	52,9	54,3	37,6
Sonnenblumen	22	0,13	0,19	46	88	40	28,32	1,1	.		.	.
Freilandgemüse	112	0,67	0,94	3214	14	450	16,45	7,4	0		0	0
Getreideganzpfl.ᶜ	67	0,40	0,56	1616	18	291	18,13	5,2	2,6		2,6	50,0ᶠ
Klee und Luzerne	274	1,64	2,31	1892	86	1627	18,15	29,5	26,6		26,6	90,0ᶠ
Feldgras	360	2,16	3,03	2477	86	2130	18,15	38,7	30,1		30,1	80,0ᶠ
Silomais	2003	11,99	16,87	78.249	32	25.040	18,51	463,5	278,1		278,1	58,8ᶠ
Wiesen und Weiden	4411	26,41		28.493	86	24.504	18,15	444,7	426,9		426,9	96,0ᶠ
Strohᵈ				1566	86	1347	18,13	24,4	24,8		24,8	100,0
Zwischenfrüchteᵈ				2193	13	285	17,88	5,0	5,0		5,0	100,0
Zuckerrübenblattᵈ				50	16	8	16,60	0,1	0,2		0,2	100,0
Zusammen								**2066,2**	**1240,8**	**115,8**	**1356,6**	**65,7**

ª Einschließlich Körnermais*
ᵇ Süßlupinen und andere
ᶜ Getreideganzpflanzensilage
ᵈ Entnommen aus der Futterstatistik, vgl. Tab. 12.3
ᵉ Bei Getreide Kleien, Maiskleber, Biertreber, Getreideschlempe, Malzkeime und Bierhefe, bei Kartoffeln Kartoffelpülpe, bei Zuckerrüben Trockenschnitzel und Melasse und bei Raps und Rübsen Ölkuchen* und -schrote
ᶠ Anteile im Abschn. 3.4.2 begründet
Landwirtschaftlich genutzte Fläche: 16.700, Ackerland 11.876, erfasste Ackerfläche: 11.439 oder 96,36 %. Nicht erfasste Ackerfläche: 437 (Getreide zur Körnergewinnung 73, Hülsenfrüchte 1, Hackfrüchte 5, Gemüse und Gartengewächse 20, Handelsgewächse 48, Brache 199, sonstiges 91). Grünlandfläche* 4621. Nicht erfasste Grünlandfläche 210. Dauerkulturen*: Gartenland 3, Obstanlagen 66, Baumschulen 36, Rebland 97. Alle Angaben in 1000 ha
LF landwirtschaftliche Fläche, *AF* Ackerfläche, *TM* Trockenmasse
Quellen: StJELF (2016, Tab. 86, 98, 121 und 122, S. 93, 104–106, S. 125–127). TM und kJ/g TM nach Tab. 12.2

Tab. 12.3 Futteraufkommen 2013/2014

	TM %	Inland 1000 t	1000 t TM	kJ/g TM	PJ Inland	Import 1000 t	1000 t TM	PJ Import	zusammen 1000 t TM	Zusammen PJ
Getreide und Reis	88	26.976	23.739	18,50	439,2	1074	945	17,5	24.177	456,7
Erbsen	88	48	42	19,02	0,8	8	7	0,1	49	0,9
Ackerbohnenª	88	75	66	19,32	1,3	7	6	0,1	59	1,4
Ölsaaten*ᵇ	88	57	50	28,32	1,4	0	0	0	85	1,4

Tab. 12.3 (*Fortsetzung*)

	TM %	Inland 1000 t	1000 t TM	kJ/g TM	PJ Inland	Import 1000 t	1000 t TM	PJ Import	zusammen 1000 t TM	Zusammen PJ
Trockengrün	90	198	178	18,01	3,2	56	50	0,9	228	4,1
Maniok	87	0	0	0	0	0	0	0	0	0
Kleien	89	1531	1363	18,62	25,4	−9	−8	−0,1	1339	25,3
Ölkuch. u. -schrote[c]	89	2997	2667	19,85	52,9	5715	5086	101,0	7753	153,9
Trockenschnitzel	90	1492	1343	17,90	24,0	−221	−199	−3,6	1144	20,4
Maiskleber[d]	89	12	11	19,27	0,2	299	266	5,1	277	5,3
Melasse	77	106	82	15,95	1,3	1	1	0	83	1,3
Pfl. Öle und Fette	100	29	29	39,80	1,2	410	410	16,3	456	17,5
Biertreber	90	224	202	20,71	4,2	91	82	1,7	284	5,9
Getreideschlempe	90	342	308	20,62	6,4	92	83	1,7	390	8,1
Kartoffelschlempe	90	3	3	17,49	0	0	0	0	0	0
Pülpe	18	42	8	17,85	0,1	0	0	0	8	0,1
Malzkeime[e]	92	62	57	18,79	1,0	27	25	0,5	82	1,5
Bierhefe trocken	90	18	16	19,97	0,3	18	16	0,3	34	0,6
Trester	90	0	0	17,97	0	22	20	0,4	20	0,4
Gras frisch	18	33.595	6.047	18,63	112,7				6.047	112,7
Grassilage	35	56.649	19.827	18,07	358,3				19.827	358,3
Heu	86	6.820	5.865	18,14	106,4				5.865	106,4
Silomais	32	46.000	14.720	18,51	272,5				14.720	272,5
Zwischenfrüchte	13	2193	285	17,88	5,1				285	5,1
Stroh	86	1566	1347	18,13	24,4				1347	24,4
Zuckerrübenblatt[f]	16	52	8	16,60	0,1				8	0,1
Futterhackfrüchte	23	508	117	16,15	1,9				117	1,9
Kartoffeln	22	500	110	17,20	1,9	0	0	0	110	1,9
Fischmehl	91	28	25	19,96	0,5	0	0	0	25	0,5
Vollmilch	14	894	125	25,08	3,1	0	0	0	125	3,1
Mager- u. Butter-milch	8,6	91	8	18,09	0,1	0	0	0	8	0,1
Molke	6,4	2766	177	16,99	3,0	0	0	0	177	3,0
Magermilchpulver	96	51	49	17,97	0,9	25	24	0,4	73	1,3
Molkepulver	96	21	20	16,05	0,3	18	17	0,3	37	0,6
Zusammen					**1454,1**			**142,6**	85.239	**1596,7**

[a] und andere Hülsenfrüchte
[b] Raps
[c] Inländische Erzeugung: Raps, Importe: bei kJ/g TS gewogenes Mittel aus etwa 70 % Soja und 30 % Raps
[d] und Nebenprodukte der Maisverarbeitung
[e] und Schwimmgerste
[f] und Futterrübenblatt. Futteraufkommen nach StJELF (2016, Tab, 121 und 122, S. 125 und 127), Trockenmasse und Energiegehalte gemäß Tab. 12.1

Sämtliche inländisch erzeugten Futtermittel, die Nebenerzeugnisse der Getreide-, Raps-, Kartoffel und Zuckerrübenverarbeitung sind (zweiter Block in der Tab. 12.3, „Kleien" bis „Trester") gehen in die Spalte 9 der Tab. 12.2 (Tab. 3.3 im Abschn. 3.4.2) als „Futter indirekt" ein.

Während in der Erntestatistik beim Grundfutter* neben Klee und Luzerne, Feldgras und Silomais das Grünland als „Wiesen und Weiden" en bloc ausgewiesen wird (Tab. 12.2), differenziert die Futterstatistik beim Grünland in „Gras frisch", „Grassilage" und „Heu". Das Grundfutteraufkommen wird aus den Tab. 12.2 und 12.3 im Abschn. 3.4.3.1 in der Tab. 3.5 komprimiert, mit der dort diskutierten Differenz zwischen Ernte- und Futterstatistik. Beachtet seien die beim Silomais erheblichen und bei anderen Grundfuttermitteln weniger großen Differenzen zwischen der geernteten und der verfütterten Menge aufgrund anderweitiger Verwendungen, insbesondere als Substrat für die Biogasgewinnung.

Alles, was nicht Grünlandaufwuchs, Feldgras, Klee und Luzerne, Silomais, Stroh, Zwischenfrucht und Zuckerrübenblatt ist, wird in der Tab. 3.5, Abschn. 3.4.3.1 als „Kraftfutter"* ausgewiesen.

12.2   Daten zur Tierernährung – Anhang B

Abkürzungen: LM Lebendmasse, SM Schlachtmasse, ME umsetzbare Energie, GE Bruttoenergie

12.2.1 Bedarfsnormen

Schweine

Der *Erhaltungsbedarf* wird angegeben in Megajoule Umsetzbare Energie pro kg Lebendmasse zur Potenz 0,75 und Tag: MJ ME/kg $LM^{0,75}$ · d. In der Tab. 12.4 wird in Spalte 1 der Schweinebestand in Ferkel, Läufer*, Mastschweine unterschiedlicher Größe, Eber, Jungsauen und Zuchtsauen gegliedert. Die Spalte 2 zeigt die jeweils vorhandenen Anzahlen und die Spalte 3 die durchschnittlichen Lebendmassen der jeweiligen Tiere. Die Spalte 4 gibt den Zahlenwert der genannten Formel für den Erhaltungsbedarf an, der je nach Alter der Tiere zwischen 0,44 und 0,55 schwankt, bedingt durch Zuschläge für jüngere Tiere aufgrund stärkerer Bewegung und höherer Wärmeverluste. Aus den Spalten 3 und 4 folgt in Spalte 5 der Energiebedarf pro Tier und Tag, in Spalte 6 der pro Tier und Jahr und in Spalte 7 multipliziert mit der jeweiligen Anzahl der Tiere der für alle Tiere im Jahr. Dieser Betrag in Umsetzbarer Energie (ME) muss in der letzten Spalte 8 in Bruttoenergie (GE) umgerechnet werden. Das Verhältnis zwischen GE und ME wird mit 1,23:1 geschätzt. So ergibt sich der Erhaltungsbedarf für alle Schweine im Stichjahr mit etwa 127 PJ.

Für die *Fleischbildung* werden folgende Annahmen getroffen:

- Das Mastschwein hat bei der Schlachtung eine Lebendmasse (LM) von 120 kg, enthält 14,1 % Protein und 32,7 % Fett (Roth et al. 2011, Übersicht 6.5-2, S. 309). Alle anderen Substanzen sind zu vernachlässigen. Die Ausschlachtung* AS beträgt 0,77 (StJELF 2016, Tabelle 269, S. 245), die Schlachtmasse somit 92,4 kg. Von ihr sind 72,2 % oder 66,7 kg konsumierbar (StJELF 2016, Tabelle 278, S. 250). Für das tierische Protein werden 23,8 kJ/g und für das Fett 39,7 kg/g angesetzt (Roth et al. 2011, S. 314 – man beachte die geringfügigen Unterschiede zu Rohprotein und Rohfett in Tab. 12.1) Wie schon im Abschn. 3.4.1 in der Box 3.7 vermerkt, betragen die Wirkungskoeffizienten bei der Proteinbildung $k_p = 0,56$ und bei der Fettbildung $k_f = 0,74$ (Roth et al. 2011, S. 314). Zur Bildung eines Gramms Protein sind also 23,8 / 0,56 = 42,5 kJ ME und eines Gramms Fett 39,7 / 0,74 = 53,6 kJ ME im Futter erforderlich.

- Die Jahreserzeugung an Schweinefleisch beträgt zum Stichzeitpunkt 5.027.700 t Schlachtmasse (SM)(Bruttoeigenerzeugung, Mittelwert aus 2013 und 2014, StJELF 2016, Tabelle 278, S. 250). Bei einer Ausschlachtung von 0,77 entspricht diesem eine Lebendmasse von 6.529.481 t. Nach den obigen Werten enthält diese Lebendmasse 920.657 t Protein und 2.135.140 t Fett.

- Der Energiegehalt des Proteins beträgt 21,912 PJ und der des Fettes 84,765 PJ, zusammen sind es 106,677 PJ. Mit den oben genannten Wirkungskoeffizienten beträgt der Nahrungsenergiebedarf für die Proteinbildung 39,129 PJ ME und der für die Fettbildung 114,547 PJ ME, zusammen 153,676 PJ ME. Mit demselben Verhältnis wie oben zwischen GE und ME von 1,23:1 ergibt sich ein Bedarf an Bruttoenergie für die Fleischbildung von 189,021 PJ GE. Der gesamte Futterbedarf für die Schweine (Erhaltung plus Fleischbildung) beziffert sich damit zu 127,398 + 189,021 = 316,419 PJ GE, wie gerundet in der Tab. 3.5 in Abschn. 3.4.3.2 des Textes wiedergegeben. 40,3 % der Futterenergie wird für die Erhaltung und 59,7 % für die Fleischbildung verwendet.

- Enthalten alle Tierkörper der Schweine zusammen 106,677 PJ an Energie, dann beträgt die Relation zwischen verfütterter Bruttoenergie und der Tierkörperenergie 316,419 / 106,677 = 2,97:1. Unter der leicht vergröbernden Annahme gleicher Zusammensetzung von Tier- und Schlachtkörper beträgt sie für den Letzteren 316,419 / 106,677 · 0,77 = 3,85:1 und unter gleicher Annahme für den verzehrbaren Anteil 316,419 / 106,677 · 0,77 · 0,722 = 5,34:1.

Tab. 12.4 Berechnung des Erhaltungsbedarfes* der Schweine

1	2	3	4	5	6	7	8
	n^a	kg^b	MJ ME/kg $LM^{0,75} \cdot d^c$	MJ ME/d · Tier	GJ ME/a · Tier	PJ ME/a alle	PJ GE/a alle^d
Ferkel	8.206.500	17	0,550	4,605	1,681	13,795	17,014
< 50 kg LM	5.499.500	40	0,534	8,493	3,100	17,049	21,027
50–80 kg	5.748.000	65	0,495	11,332	4,136	23,774	29,321
80–110 kg	5.246.500	90	0,456	13,324	4,863	25,516	31,470
> 110 kg	1.097.500	120	0,440	15,953	5,823	6,391	7,882
Eber* > 50 kg	27.000	170	0,440	20,715	7,561	0,204	252
Jungsauen	495.000	135	0,440	17,426	6,361	3,148	3,883
Andere Sauen	1.571.000	200	0,440	23,401	8,541	13,418	16,549
							127,398

^{a} n: Anzahl, StJELF 2016, Tab. 145, S. 143, jeweils Mittel aus 2013 und 2014, Mai-Erhebung
^{b} Ferkel: Mittelwert aus 7 und 28 kg, < 50 kg: Mittelwert aus 28 und 50 kg, 50–110 kg jeweils Mittelwerte, 28 bis > 110 kg: Mastschweine. Für Eber, Jungsauen und andere Sauen jeweils mittlere Angaben aus Roth et al. 2011, Kapitel 6
^{c} Bedarfsnorm für Mastschweine nach Roth et al. 2011, S. 314, für Ferkel Zuschläge wegen Bewegung, ebenda, S. 278
^{d} ME-Gehalt/kg TM in Wintergerste 14,35, in Winterweizen 15,67 und in CCM 14,87 nach Jeroch et al. 1993, S. 463 f., Mittelwert genau 15 MJ ME/kg TM. GE aller Substanzen 18,5 MJ/kg TM, deshalb Umrechnung: PJ GE = PJ ME · 185 / 150 = 1,23:1. Das etwas weitere Verhältnis GE/ME bei Raps- und Sojaextrationsschrot etc. führt zu einer geringfügigen Unterschätzung des Bedarfs an GE

Die Ergebnisse in Stichworten gerundet:

Energiegehalt aller im Stichjahr
erzeugten Schweine: 107 PJ
Brutto-Energieverzehr für die Erhaltung: 127 PJ
Brutto-Energieverzehr für die Fleischbildung: 189 PJ
Gesamter Brutto-Energieverzehr: 316 PJ

Geflügel

Die Berechnung des *Erhaltungsbedarfes* erfolgt voll analog zu der bei Schweinen. Der amtlichen Geflügelzählung folgend ist das Stichjahr 2013. Zusätzlich werden Daten des KTBL verwendet.

Die Erzeugung von *Eiern* verläuft wie folgt: Eimasse enthält pro Gramm 6,5 kJ. Der pauschale Wirkungskoeffizient k_{ei} beträgt nach Roth et al. 2011 (S. 573) 0,68.

Die verwendbare Erzeugung an Eiern beträgt 2013 848.000 t (StJELF 2016, Tabelle 304, S. 268), die darin enthaltene Energie beträgt 848.000 · 10^6 g · 6,5 · 10^3 J/g = 5,511 PJ.

Ihre Erzeugung erfordert 5,511 / 0,68 = 8,105 PJ ME, mit dem Faktor 1,23 umgerechnet 9,968 PJ GE.

Fleischbildung: Bei der Erzeugung von *Geflügelfleisch* stehen zwar Hühner weit im Vordergrund, jedoch sind kleine Korrekturen erforderlich zur Berücksichtung von Truthühnern, Gänsen und Enten. Ein Broiler enthält im Alter von 5 bis 6 Wochen 20 % Protein und 10 % Fett (Roth et al. 2011, Übersicht 10.4-1, S. 594). Bei einer LM von 2000 g sind dies 400 g Protein und 200 g Fett, enthaltend je 9,520 und

7,940 MJ Energie, zusammen 17,46 MJ oder 8,730 kJ/g. Ähnlich dem Schwein werden die Wirkungskoeffizienten $k_p = 0,52$ und $k_f = 0,84$ unterschieden, sodass die Proteinbildung pro Tier 18,308 und die Fettbildung 9,452 MJ ME/g verlangen, zusammen 27,760 MJ ME. Umgerechnet pro Gramm LM sind dies 13,880 kJ ME, multipliziert mit 1,23 entsprechend 17,072 kJ GE/g LM.

Die Bruttoeigenerzeugung am Geflügelfleisch betrug 2013 1.714.300 t SM (StJELF 2016, Tabelle 278, S. 251). Wegen des Anteils an Truthühnern, Gänsen und Enten wird die Ausschlachtung der Hühner von 0,73 auf 0,75 erhöht, sodass von einer LM von 2.285.333 t mit einem Energiegehalt von 19,995 PJ ausgegangen wird. Der konsumierbare Anteil an der SM beträgt 58,8 % (StJELF 2016, Tabelle 278, S. 251). Der Bedarf an GE beziffert sich hiermit mit 2.285.333 · 10^6 g · 17,072 kJ/g = 39,015 PJ GE. Wegen eines wenn auch geringen Anteils „Suppenhühner" mit höherem Fettgehalt sei dies auf 40 PJ GE aufgerundet.

Die Ergebnisse in Stichworten gerundet:

Energiegehalt alles im Stichjahr
erzeugten Geflügelfleisches: 20 PJ
Energiegehalt aller erzeugten Eier: 6 PJ
Brutto-Energieverzehr für die Erhaltung: 58 PJ
Brutto-Energieverzehr für die Eiererzeugung: 10 PJ
Brutto-Energieverzehr für
die Geflügelfleischerzeugung: 40 PJ

Tab. 12.5 Berechnung des Erhaltungsbedarfes des Geflügels

1	2	3	4	5	6	7	8
	n^a	Ø g^b	MJ ME/LM0,75 / d^c	MJ ME/d · Tier	MJ ME/a · Tier	PJ ME/a alle	PJ GE/a alle^d
Küken u. Jungh.	15.641.000	700	0,528	0,370	135,050	2,112	2,598
Legehennen	47.987.000	1650	0.528	0,769	280,695	13,470	16,568
Broiler	97.146.000	1000	0.528	0,528	192,720	18,722	23,028
Truthühner	13.256.000	8000	0.528	2,512	916,880	12,154	14,949
Enten	2.760.000	2000	0.528	0,888	324,120	0,894	1,010
Gänse	544.000	3000	0.528	1,204	439,460	0,239	0.294
							58,447

[a] Alle Werte für 2013, n: Anzahl, StJELF (2016, Tab. 155, S. 149)
[b] Für alle Tiere Mittel aus Einstall- und Ausstallmasse, KTBL (2012, S. 714 ff).
[c] 480 kJ/kg LM0,75 bei Käfighaltung von Hennen (Roth et al. 2011, S. 573), wegen überwiegender Boden- und Freilandhaltung + 10 %. Für alle anderen übernommen, für Küken und Junghennen MJ ME/LM · d
[d] GE = 1,23 ME

Rinder

Die Berechnung des *Erhaltungsbedarfes* ist der bei Schweinen weitgehend analog. Zu beachten ist nur das erheblich weitere Verhältnis zwischen GE und ME beim Grundfutter. Wegen des Verzehrs von Milchaustauschfutter der Kälber besteht ein geringfügiger Anteil des gesamten Erhaltungsfutteraufwandes von 383,861 PJ aus Kraftfutter. Verzehrt werden 369,453 PJ GE Grundfutter und 14,371 MJ GE Kraftfutter.

Beim Bedarf für die *Milchbildung* besteht eine nicht unproblematische, aber im Vorliegenden nicht näher klärbare Annahme darin, dass 50 % durch Grundfutter und 50 % durch Kraftfutter gebildet werden. Einiges deutet darauf hin, dass sie in Bezug auf den Grundfuttereinsatz etwas zu optimistisch ist und dass mehr Kraftfutter verbraucht wird. Das könnte auch die im Text diskutierte Tendenz zur leichten Unterschätzung des gesamten Kraftfutterverbrauchs teilweise erklären. Wir bleiben dennoch bei ihr.

Tab. 12.6 Berechnung des Erhaltungsbedarfes der Rinder

1	2	3	4	5	6	7	8
	n^a	Ø kg^b	MJ ME/kg LM 0,75^c	MJ ME/d · Tier	GJ ME/a · Tier	PJ ME/a alle	PJ GE/a alle^d
Kälber < 1/2 a	2.667.000	110	0,530	18,002	6,571	17,525	24,690
1/2–1 a	1.194.500	260	0,530	34,317	12,526	14,962	26,333
1–2 a ♂	1.028.500	500	0,530	56,041	20,455	21,038	37,027
1–2 a ♀	1.979.000	430	0,530	50,047	18,267	36,150	63,624
> 2 a ♂	88.000	700	0,530	72,127	26,326	2,317	4,078
> 2 a ♀	749.000	530	0,530	58,544	21,369	16,005	28,169
Milchkühe	4.267.000	650	0,488	62,821	22,930	97.842	172,202
Mutterkühe	672.000	600	0,530	64,252	23,452	15,760	27,738
							383,861

[a] n: Anzahl, StJELF 2016, Tab. 137, S. 137, jeweils Mittel aus 2013 und 2014, Mai-Erhebung
[b] Jeweils mittlere Werte aus KTBL 2012 und Roth et al. 2011, Kapitel 7, S. 349 ff.
[c] Roth et al. 2011, S. 353, 433 und 477
[d] Kälber: 2/3 Milchaustauschfutter GE/ME = 185 / 150 = 1,23, 1/3 Grundfutter. Alle anderen nur Grundfutter, ME Mittel aus Grassilage, Maissilage und Weide 10,5 MJ ME/kg TM, GE wie Getreide 18,5 MJ/kg TM, Umrechnung GE/ME = 18,5 / 10,5 = 1,76

Das Grundfutter enthalte im Schnitt 6,2 MJ NEL/kg TM, das Kraftfutter 8,55 MJ NEL/kg TM (Schnitt aus Wintergerste 8,47, Winterweizen 9,13 und Sojaextraktionsschrot 8,06 MJ NEL/kg TM; Jeroch et al. 1993, Tab. 15.1, S. 448 ff.). Alle Futtermittel mögen im Schnitt 18,5 MJ GE/kg TM enthalten, sodass ein Verhältnis von GE/NEL im Grundfutter von 2,98:1 und im Kraftfutter von 2,16:1 besteht.

Die Milcherzeugung beträgt im Stichjahr (Mittel aus 2013 und 2014) 31.866.500 t (StJELF 2016, Tabelle 294, S. 259). Mit 3,2 kJ/g entspricht dies einem Energiegehalt von 101,973 PJ. Wird davon jeweils eine Hälfte, also 50.987 PJ NEL aus Grundfutter und eine Hälfte aus Kraftfutter erzeugt, so verlangt dies mit den obigen Umrechnungsfaktoren $50{,}987 \cdot 2{,}98 = 151{,}941$ PJ GE Grundfutter und $50{,}987 \cdot 2{,}16 = 110{,}132$ PJ GE Kraftfutter, zusammen 262,073 PJ GE.

Beim Futterbedarf für die *Fleischbildung* wird unterstellt, dass das Schlachtrind in der LM 18 % Protein und 21 % Fett mit jeweils denselben Energiegehalten wie beim Schwein enthält. Es handelt sich etwa um Mittelwerte aus Schwarzbunten und Fleckvieh (Roth et al. 2011, Übersicht 7.7-2, S. 472).

Die Bruttoeigenerzeugung an Rindfleisch beträgt zum Stichzeitpunkt (Ø 2013/2014) 1.158.100 t SM (StJELF 2016, Tabelle 278, S. 250), die Zahl der Schlachtungen bei Großrindern 3.212.000 (StJELF 2016, Tabelle 272, S. 246). Unter der Annahme, dass es sich je zur Hälfte um Jungbullen und Altkühe handelt, ist eine durchschnittliche Ausschlachtung (AS) von 53 % anzunehmen (StJELF 2016, Tabelle 269, S. 245). Daraus ergibt sich eine Bruttoeigenerzeugung von 2.168.396 t LM.

Mit den obigen Werten ergibt sich daraus eine Erzeugung von 390.311 t Protein und 455.363 t Fett, enthaltend je 9,289 PJ und 17,668 PJ, zusammen 26,957 PJ. Beim Rind werden derzeit noch keine Wirkungskoeffizienten für die Bildung von Protein und Fett unterschieden, vielmehr wird bei Schwarzbunten und Fleckvieh mit k_g (gesamt) von 0,4 gerechnet. Daraus folgt ein Futterbedarf für sämtliche Schlachtrinder von 67,393 PJ ME.

Anders als bei der Erzeugung von Schweinefleisch muss beim Rind zwischen Grund- und Kraftfutter unterschieden werden. Wegen der unterschiedlichen Verhältnisse bei Jungbullen und Altkühen gelingt dies nur näherungsweise. Unterstellen wir zunächst mit Roth et al. (2011, S. 477 ff.) bei Mastrindern ein Verhältnis vom Erhaltungs- zum Leistungsfutterbedarf von 60:40. Die Autoren geben ferner auf S. 487 (Übersicht 7.7-12) einen Futterplan mit Maissilage für typische tägliche Zunahmen beim Fleckvieh. Verabreicht werden im mittleren Lebensabschnitt (375 bis 475 kg) täglich 15,3 kg Maissilage, 1,3 kg Weizen-Körnermaismischung und 1,5 kg Rapsextraktionsschrot. Die Futtermittel enthalten nach Jeroch et al. (1993, Tabelle 15.1, S. 448 ff.) 56,182 MJ ME im Grundfutter und 34,44 MJ ME im Kraftfutter, zusammen

90,622 MJ ME. Das bedeutet, dass ziemlich genau 60 % der Energie im Grundfutter und 40 % im Kraftfutter enthalten sind. Da oben in der Tab. 12.6 mit Ausnahme für die Kälber sämtlicher Erhaltungsbedarf in Form von Grundfutter angesetzt ist, würde es sich rechtfertigen, den Leistungsbedarf* wachsender Jungrinder *voll* aus dem Kraftfutter anzusetzen. Wir mildern dies ab und unterstellen, dass bei Jungbullen 10 % der Leistung aus Grund- und 90 % aus Kraftfutter resultiert. Es werden also von den 33,697 PJ ME 3,369 PJ ME als Grund- und 30,328 PJ ME als Kraftfutter konsumiert. Mit denselben Umrechnungsfaktoren wie beim Erhaltungsbedarf resultiert ein Verbrauch von $3{,}369 \cdot 1{,}76 = 5{,}929$ PJ GE $+ 30{,}328 \cdot 1{,}23 = 37{,}303$ PJ GE, zusammen 43,232 PJ GE. Für die relativ geringe Zahl an Schlachtfärsen* und Ochsen dürften diese Werte auch hinreichend genau sein.

Bei Milchkühen sind andere Verhältnisse zu unterstellen. Sie haben einen wesentlichen Teil ihrer Lebendmasse als Färse erreicht und während dieser Zeit weit überwiegend Grundfutter erhalten. Zwar nehmen sie während der Laktationen* weiter an LM zu, jedoch dient der größte Teil des verabreichten Kraftfutters der Milcherzeugung. Vorbehaltlich genauerer Zahlen sei daher unterstellt, dass 80 % ihres Fleisches aus Grund- und nur 20 % aus Kraftfutter erzeugt werde. Dies führt auf $33{,}697 \cdot 0{.}8 = 26{,}958$ PJ ME aus Grund- und 6,739 PJ ME aus Kraftfutter, umgerechnet jeweils $26{,}958 \cdot 1{,}76 = 47{,}446$ PJ GE sowie $6{,}739 \cdot 1{,}23 = 8{,}289$ PJ GE, zusammen 55,735 PJ GE.

Alle Rinder zusammen verbrauchen nach diesen Rechnungen für die Fleischbildung 53,375 PJ GE an Grund- und 45,592 PJ GE an Kraftfutter, zusammen 98,967 PJ GE.

Die Ergebnisse in Stichworten gerundet:

Energiegehalt aller im Stichjahr erzeugten Milch: 102 PJ
Energiegehalt alles erzeugten Rindfleisches: 27 PJ
Brutto-Energieverzehr an Grundfutter: 574 PJ
Brutto-Energieverzehr an Kraftfutter: 170 PJ
Brutto-Energieverzehr für die Erhaltung: 384 PJ
Brutto-Energieverzehr für die Milchbildung: 262 PJ
Brutto-Energieverzehr für die Fleischbildung: 99 PJ
Brutto-Energieverzehr gesamt: 745 PJ

Schätzung für Pferde und Schafe
Eine genaue Rechnung für Pferde erscheint wegen unterschiedlicher Größe sowie unterschiedlicher Beanspruchung durch Ritt und Arbeit unmöglich. Für Schafe erscheint sie wegen der sehr geringen Biomasse nicht lohnend. Daher wird nur eine Schätzung aufgrund des Vergleichs von Großvieh-Einheiten (GV) vorgenommen.

Die Wertigkeit aller Pferde, Schafe und Ziegen beträgt in GV-Einheiten 6,5 % der der Rinder. Daher wird näherungsweise ein Futterverbrauch von 6,5 % des der Rinder angenommen.

Tab. 12.7 Pferde, Schafe und Ziegen in GV-Einheiten 2013

	N	GVE[e]	GV	
Rinder < 1 Jahr	3.848.000	0,3	1.155.400	
Rinder 1–2 Jahr	3.011.000	0,7	2.107.700	
Übrige Rinder	5.728.000	1,0	5.728.000	
Alle Rinder[a]			8.991.100	
Pferde[b]	461.000		439.000	% von Rindern
Mutterschafe[c]	1.161.000	0,1	116.100	
Lämmer[c]	410.000	0,05	20.500	
Ziegen[d]	130.000	0,08	10.400	
Zusammen			586.000	6,5

[a] StJELF (2016, Tab. 137, S. 137)
[b] Zahl: StJELF (2016, Tab. 130, S. 133), GV-Einheiten: ebenda, Tab. 160, S. 153
[c] Ebenda, Tab. 151, S. 147
d Ebenda, Tab. 130, S. 133
e Ebenda, Tab. 131, S. 134

12.2.2 Energieeffizienz ausgewählter Erzeugungsprozesse

Die obige Erhebung des Futterbedarfs nach Normen vermittelt wertvolle Erkenntnisse, nicht zuletzt beim Vergleich mit dem Aufkommen an Futter. Bei Tieren, die nur einen Zweck erfüllen, wie die Schweine der Fleischerzeugung, lassen sich durch den Vergleich von Futteraufwand und Erzeugungsmenge schon Aufschlüsse über die Verwertungseffizienz des Futters gewinnen. Das ist bei Geflügel und Rindern nicht möglich. Erstens werden verschiedene Produkte im Verbund erzeugt (Fleisch und Eier, Fleisch und Milch) und zweitens unterscheiden sich einzelne Erzeugungslinien in mehrerer Hinsicht voneinander, wie die Broiler- und Legehennenhaltung oder die Milchkuh- von der Mutterkuhhaltung*. Deshalb wird im Folgenden tiefer in einige ausgewählte Erzeugungsprozesse geblickt.

Alle Annahmen folgen Roth et al. (2011) und KTBL (2012) und sind stets als **KI** (Kirchgeßner) bzw. **KTBL** mit jeweiligen Seitenzahlen kenntlich gemacht. Gewisse Vereinfachungen hier und da dürften die Rechnungen nicht wesentlich beeinträchtigen.

Schweinemast
KI 255, KTBL 687: Ein Schwein nimmt während seiner 3-wöchigen Säugezeit als Saugferkel 115 MJ ME durch die Milch auf. Es nimmt dabei 5,5 kg zu und verbraucht pro kg Zunahme 4,1 kg Sauenmilch, die jeweils 5,1 MJ/kg enthält. Der Teilwirkungsgrad k_l beträgt 0,7, sodass 164,29 MJ pro Ferkel von der Sau abgegeben werden muss. Wird die Sau mit Kraftfutter gefüttert, so verlangt dies eine Zufuhr an sie

von 164,20 · 1,23 = 202,0 MJ Futter für die Bereitstellung der Milch für ein Ferkel. Der Erhaltungsbedarf der Sau sei ebenso wie ihre Massenänderung nicht dem Ferkel zugerechnet.

KI 292, Übersicht 6.2-11, KTBL 687: Das Ferkel vermehrt seine Masse in 49 Tagen von 7 auf 28 kg und verbraucht dafür 544,1 MJ an Futter.

KI 309, 314, 315, 326, KTBL 699: Die Mast beginnt im Alter von 70 Tagen bei einer Masse von 28 kg und endet nach 112 Tagen mit einer Masse von 118–120 kg. Die Box 12.1 berechnet den Energiebedarf für die Protein- und Fettbildung. Es werden 12.032 g Protein und 34.018 g Fett gebildet, die mit den jeweiligen Wirkungskoeffizienten zusammen eine Futterzufuhr von 2336,4 MJ ME erfordern.

Box 12.1 Energiebedarf für die Protein- und Fettbildung bei Schweinen

LM kg	% Protein	% Fett	g Protein	g Fett
28	16,45	12,1	4606	3388
118	14,1	31,7	16.638	37.406

Proteinbildung

g	kJ/g	MJ	k_p	MJ ME erforderlich
12.032	23,8	286,4	0,56	511,4

Fettbildung

g	kJ/g	MJ	k_f	
34.018	39,7	1350,5	0,74	1825,0
				Σ **2336,4**

Der Erhaltungsbedarf während der Mast errechnet sich vereinfacht nach der Formel in Übersicht 6.5-4 (**KI 315**) mit

Tab. 12.8 Bedarf für Körperwachstum in der Broilermast

	Wasser	% Prot.	% Fett	g Prot.	g Fett	kJ Prot.	kJ Fett	Σ kJ
Eintagsküken	74,5	16,0	5,3	6,4	2,12	152,32	84,16	236,48
35 d	67,2	19,1	10,2	305,60	163,20	7243,28	6479,04	13.722,32

1288 MJ. Die Vereinfachung besteht darin, dass eine lineare Zunahme der Masse unterstellt ist. In Wirklichkeit ist sie leicht konkav, sodass der Wert leicht aufgerundet werden sollte.

> **Box 12.2 Zusammen sind also pro Mastschwein erforderlich:**
>
> | | GJ ME | GJ GE (ME · 1,23) |
> |---|---|---|
> | Milch | 0,164 | 0,202 |
> | Ferkelfutter | 0,544 | 0,669 |
> | Mast, Erhaltung | 1,288 | 1,584 |
> | Mast, Fleischansatz | 2,336 | 2,873 |
> | Mast, gesamt | 3,624 | 4,457 |
> | Mast, Erhaltung % | | 35,5 |
> | Mast, Zuwachs % | | 65,5 |
> | Gesamtaufwand | 4,332 | 5,328 |

Der Energiegehalt des Mastschweines beträgt bei 120 kg LM, 14,1 % Protein und 32,7 % Fett 1,961 GJ/LM. Bei Unterstellung homogener Zusammensetzung folgt bei einer Ausschlachtung von 77 % ein Energiegehalt in der Schlachtmasse SM von 1,510 GJ und bei einem konsumierbaren Anteil an der SM von 72 % ein Energiegehalt darin von 1,087 GJ.

Die Relation vom Futteraufwand (in GE) beträgt nach der vorliegenden Rechnung (in Klammern nach Bedarfsnorm)

zur Lebendmasse	5,328:1,961 = 2,72	(2,97)
zur Schlachtmasse	5,328:1,510 = 3,53	(3,86)
zum Konsumanteil	5,328:1,087 = 4,90	(5,36)

Wahrscheinlich untertreibt die vorliegende Rechnung pro Einzeltier leicht. Jedoch ist der Unterschied zu den Ergebnissen nach Bedarfsnormen gering. Dies gewährt eine recht hohe Sicherheit; gerundet darf von einer Relation der Futterenergie zur Lebendmasse von knapp 3, zur Schlachtmasse von gut 3,5 und zum Konsumanteil von etwa 5 ausgehen.

Broilermast

Anders als bei der Berechnung nach Bedarfsnormen für das gesamte Geflügel gehen wir hier Roth et al. (2011) folgend von einem Mastverfahren für Broiler bis 1600 g LM aus (**KI 593 ff.**).

Eintagsküken von 40 g Masse werden 35 Tage lang gemästet. Das bei Geflügel verwendete Energiemaß ist AME_N

(N-korrigierte scheinbare umsetzbare Energie), die subtile Differenz zur ME soll uns nicht interessieren. Der Erhaltungsbedarf wird mit 480 kJ AME_N/kg $LM^{0,75}$ angegeben. Dies führt linear genähert zu einem Erhaltungsbedarf während des kurzen Lebens pro Tier von $528 \cdot 0{,}78^{0,75} \cdot 35 = 15{,}34$ MJ AME_N.

Der Bedarf für das Körperwachstum ergibt sich analog zur Rechnung für die Schweine oben aus der Tab. 12.8.

Die Tiere erfahren einen Zuwachs an Protein von 299,2 g und von Fett von 161,08 g, entsprechend 7,120,96 MJ im Protein und 6,394,88 MJ im Fett, zusammen 13,515,84 MJ. Mit $k_p = 0{,}52$ und $k_f = 0{,}84$ sind für den Proteinzuwachs 13,694 MJ und für den Fettzuwachs 7,631 MJ erforderlich, zusammen 21,325 MJ AME_N.

Der Aufwand für Erhaltung und Leistung zusammen beträgt $13{,}94 + 21{,}33 = 35{,}27$ MJ AME_N, entsprechend 43,38 MJ GE. Zusammengefasst pro Tier:

> **Box 12.3 Aufwand für Erhaltung und Leistung pro Tier**
>
> | | MJ AME_n | | MJ GE |
> |---|---|---|---|
> | Erhaltung | 15,34 | | 18,75 |
> | Körperwachstum | 21,33 | | 26,24 |
> | Erhaltung | | 39,5 % | |
> | Körperwachstum | | 60,5 % | |
> | Gesamtaufwand | 36,67 | | 44,99 |

Mit einer Ausschlachtung AS von 73 % und einem konsumierbaren Anteil am Schlachtkörper von 59,6 % ergeben sich folgende Relationen:

zur Lebendmasse	44,99:13,72 = 3,28:1
zur Schlachtmasse	44,99:10,02 = 4,49:1
zum Konsumanteil	44,99:5,97 = 7,54:1

Der Aufwand für die Bruteier ist in der Rechnung nicht enthalten und würde die Relation zum Ergebnis leicht verschlechtern. Trotz der sehr kurzen Lebenszeit ist das Verhältnis zwischen Erhaltungs- und Leistungsaufwand etwas schlechter als beim Schwein. Während der energetische Futteraufwand zur Erzeugung der Lebendmasse nur geringfügig höher ist als beim Schwein, fallen die Relationen bei der Schlachtmasse und besonders beim Konsumanteil deutlich ab. Ein Grund besteht darin, dass der Broiler wesentlich mehr Protein und wesentlich weniger Fett als das Schwein enthält.

Tab. 12.9 Nahrungsaufnahme Aufzuchtkalb

	Masse in kg	% Prot.	g Fett	% Prot.	g Fett	MJ Prot.	MJ Fett	Σ MJ
Einstallung	50	19	9500	5	2500	226,1	99,5	325,6
Ausstallung	132	19	25.080	8	10,56	596,9	419,2	1016,1

Eine parallele Rechnung für schwerere Broiler (2,4 kg LM, 42 Tage Mastzeit gemäß **KTBL 730**) führt auf fast identische Ergebnisse: Relation des Futteraufwandes zur Lebendmasse 3.25, zur Schlachtmasse 4,45 und zum Konsumanteil 7,26. Die geringfügige Verbesserung beruht auf dem höheren Fettanteil der älteren Broiler.

Jungbullenmast

Wir erfassen die Nahrungsaufnahme durch Kolostralmilch*, die des Aufzuchtkalbes und des Mastrindes.

Das *neugeborene Kalb* wird eine Woche lang nur mit Kolostralmilch ernährt. Diese enthält **KI 351**, Übersicht 7.1-1 zufolge wegen des sehr hohen Proteingehaltes 6,06 MJ NEL/l. Entsprechend ebenda, Übersicht 7.3-5 werden in der Woche im Schnitt 43 l aufgenommen mit einem Energiegehalt von 261 MJ NEL. Wird vereinfachend angenommen, dass die Kuh auch die Kolostralmilch zur Hälfte aus Grundfutter und zur Hälfte aus Kraftfutter erzeugt, so ergibt sich mit den Faktoren aus Box 3.7, Abschn. 3.4.1 ein Bedarf von 387 MJ GE aus Grundfutter und 282 MJ GE aus Kraftfutter, zusammen 669 MJ GE, der dem Mastverfahren zugerechnet werden muss. Die Bildung des Fötus sei hier Sache der Milchkuh, könnte aber ebenfalls erfasst werden.

Das *Aufzuchtkalb* werde im Alter von 8 Tagen mit einer Masse von 50 kg eingestallt und im Alter von 125 Tagen mit einer Masse von 132 kg ausgestallt. Die Haltungsdauer beträgt somit 117 Tage, die Massenzunahme 82 kg. Bei der Einstallung enthalte das Kalb 19 % Protein und 5 % Fett, bei der Ausstallung ebenfalls 19 % Protein, jedoch 8 % Fett. Der Wirkungskoeffizient des Futters wird wie bei allen Rindern mit 0,4 angenommen. Die Tab. 12.9 zeigt die Rechnung.

Das Kalb nimmt während der Aufzucht 1016,1 − 325,6 MJ = 690,5 MJ an Körpermasse zu. Mit dem Wirkungskoeffizienten ergibt sich ein Futterbedarf für die Zunahme von 690,5 / 0,4 = 1726,2 MJ ME.

Der Erhaltungsbedarf beträgt wie bei allen Rindern zunächst 530 kJ ME/kg LM^{0,75}. Wird die mittlere Masse während der Aufzucht von (132 + 50) / 2 = 91 kg angesetzt, so resultieren 15,62 MJ pro Tag oder 1827 MJ während der Aufzucht. Da die Massenentwicklung konvex ist (zunehmende Zunahmen), beinhaltet dies eine leichte Übertreibung. Diese ist jedoch so gering, dass sie als Ausgleich für den bei oft niedrigeren Temperaturen erforderlichen Mehrbedarf veranschlagt werden kann.

Der Erhaltungs- und Leistungsbedarf summiert sich zu 1827 + 1726,2 = 3553,2 MJ ME. Da das Kalb frühzeitig an

Grundfutter herangeführt werden soll, wird unterstellt, dass 10 % der Energie in Form von Heu gegeben wird. Mit den verwendeten Faktoren resultiert ein Bedarf von 3197,9 · 1,23 = 3933,4 und 355 · 1,76 = 624,8 MJ GE, zusammen 4558,2 MJ GE.[1]

Bei der *Jungbullenmast* wird von einer Einstallungsmasse von 132 kg, einer Ausstallungsmasse von 625 kg, einem Einstallungsalter von 125 und einem Ausstallungsalter von 575 Tagen, mithin einer Mastdauer von 450 Tagen ausgegangen. Das sind Mittelwerte aus den Zahlen für Schwarzbunte und Fleckvieh. Die täglichen Zunahmen liegen damit im Schnitt bei 1100 g.

Der Erhaltungsbedarf liegt bei 530 kJ ME/kg LM^{0,75} pro Tag. Beim arithmetischen Mittelwert zwischen Einstallungs- und Ausstallungsmasse von 378,5 kg ergeben sich 530 · 378,5^{0,75} = 45,48 MJ ME pro Tag und während der Mast 20,47 GJ ME. Wegen der nichtlinearen Zunahme der Tiere ist derselbe Einwand wie bei den Aufzuchtkälbern zu erheben, allerdings ist bei der Stallhaltung der Bullen kaum ein Zuschlag für Kälte gerechtfertigt. Insofern kann eine leichte Überschätzung vorliegen. Allerdings führen die expliziten Angaben für den Erhaltungsbedarf während der Mast in **KI 478**, Übersicht 7.7-4 eher zu noch höheren Werten.

Abbildung 7.7-1 in **KI 471** folgend lautet die Rechnung für den Leistungsbedarf in Tab. 12.10.

Der Zuwachs beträgt 8036,88 − 1016,1 = 7020,78 MJ und verlangt, dividiert durch 0,4 eine Futtermenge von 17.551,95 MJ ME. Der Gesamtaufwand für Erhaltung und Leistung beträgt 20,47 + 17,55 = 38,02 GJ ME mit 53,8 % für die Erhaltung und 46,2 % für die Leistung.

Die Berechnung der erforderlichen Bruttoenergie GE verlangt die Festlegung der Anteile von Grund- und Kraftfutter. Als Anhalt diene der schon oben angesprochene Futterplan in **KI 487**, Übersicht 7.7-12, der allerdings für Fleckvieh mit höheren Zunahmen gilt. Dennoch darf aus ihm abgeleitet werden, dass etwa 60 % der Futterenergie im Grund- und

---

[1] Ebenso wie bei der Schweinemast ist diese Rechnung nicht kompatibel mit Bedarfszahlen in Roth et al. (2011) Wird angenommen, dass das Kalb in je einem Drittel seiner Lebenszeit 600, 700 und 800 g/d zunimmt, so wird die Gesamtzunahme genau erreicht. Nach Übersicht 7.3-2 (S. 434) muss das Kalb dann jeweils etwa 18,8, 24,4 und 29,8 MJ ME pro Tag erhalten, zusammen 2,847 GJ ME. Das sind nur 80 % des einzeln aus Erhaltungs- und Leistungsbedarf errechneten Wertes in ME. Die Nichtberücksichtigung des Unterschiedes zwischen LM und Leerkörper im Vorliegenden reicht zur Erklärung nicht aus. Entweder sind die Richtwerte für die Berechnung zu hoch oder die Zahlen in Übersicht 7.3-2 sind zu gering. Wir halten uns an die Richtwerte der GfE.

Tab. 12.10 Leistungsbedarf Bullen

	Masse in kg	% Prot.	% Fett	g Prot.	g Fett	MJ Prot.	MJ Fett	MJ
Einstallung	132	19	8	25.080	10.560	596,904	419,232	1016,1
Ausstallung	625	19	21	11.875	131.250	2826,25	5210,63	8036,88

40 % im Kraftfutter enthalten sind. Wie schon oben festgestellt, erfolgt die Zunahme weit überwiegend aus dem Kraftfutter. Kann die Schätzung akzeptiert werden, so folgt ein Einsatz von $38{,}02 \cdot 0{,}6 \cdot 1{,}76 + 38{,}02 \cdot 0{,}4 \cdot 1{,}23 = 40{,}15 + 18{,}71 = 58{,}86$ GJ GE, zu 68 % aus dem Grund- und 32 % aus dem Kraftfutter.

Werden Kälber- und Bullenernährung addiert, so folgt ein Aufwand von $0{,}67 + 4{,}56 + 58{,}86 = 64{,}09$ GJ GE pro gemästeten Bullen, übersichtlich zusammengefasst:

Box 12.4   Kälber- und Bullenernährung gesamt

	GJ ME	GJ GE	
Kalb, 1. Woche	0,261	0,669	
Aufzuchtkalb, Erhaltung	1,827	2,247	} 5,227
Aufzuchtkalb, Leistung	1,726	2,311	
Bulle, Erhaltung	20,47	36,027	
Bulle, Leistung	17,55	22,833	} 58,86
Zusammen	41,834	64,09	

Mit der im Bullenkörper enthaltenen Energie von 8,037 GJ ergeben bei einer Ausschlachtung von 56 % und einem konsumierbaren Anteil an der Ausschlachtung von 68,5 % die Relationen

zur Lebendmasse	$64{,}09 : 8{,}037 = 7{,}97 : 1$
zur Schlachtmasse	$64{,}09 : 4{,}501 = 14{,}24 : 1$
zum Konsumanteil	$64{,}09 : 3{,}083 = 20{,}79 : 1$

Werden vom Konsumanteil die gefragtesten, fettarmen Teile betrachtet, so dürfte das Verhältnis noch ungünstiger werden. Werden die Bullen mit Silomais auf Ackerland gefüttert, so kann nicht wie bei Milchkühen geltend gemacht werden, dass Grünland genutzt werde. Auf der Fläche besteht volle Konkurrenz zur Erzeugung pflanzlicher Nahrungsmittel. Wegen der hohen Flächenproduktivität des Silomaises, der kein Bestandteil menschlicher Ernährung ist, und einer geringeren

der Nahrungsmittel, die auf dieser Fläche alternativ zu erzeugen wären, ist allerdings der wahre Verdrängungseffekt etwas abzumildern.

Mutterkuhhaltung

Während der Weideperiode von 10 Monaten ernährt die Kuh von 600 kg LM ihr Kalb, welches zum Schluss eine LM von 300 kg besitzt. Als Energieaufwände sind der Erhaltungsbedarf der Kuh, ihre Milchleistung, ein Anteil ihrer eigenen Aufzucht als Färse sowie ein relativ geringer Weidefutterverzehr des Kalbes zu verbuchen. Es wird ausschließlich Grundfutter genutzt.

Der Erhaltungsbedarf der Kuh beträgt $530 \cdot 600^{0{,}75}$ kJ ME pro Tag = 64,25 MJ ME/d, über die Weideperiode summiert 19,28 GJ ME. Die Umrechnung von ME in GE beträgt beim Grundfutter 1:1,76, sodass ein Verbrauch von 33,93 GJ GE resultiert.

Für die unterstellte Milchleistung von 3500 kg werden $3500 \cdot 3{,}2$ MJ = 11,2 GJ NEL benötigt. umgerechnet mit 2,98 entsprechend 33,38 GJ GE.

Das Kalb benötigt wie oben zunächst 261 MJ in der Kolostralmilch. Wird diese voll aus Grundfutter erzeugt, so benötigt dies $261 \cdot 2{,}98 = 777{,}8$ MJ GE.

Der Leistungsbedarf des Kalbes folgt aus der Tab. 12.11. Es wird angenommen, dass das „Baby Beef" fettarm ist.

Das Tier bildet 3,580 GJ Energie und fordert dazu bei einem Wirkungskoeffizienten von 0,4 eine Futterenergiemenge von 8,95 GJ ME.

Der durchschnittliche Erhaltungsbedarf des Kalbes errechnet sich mit $530 \cdot 175^{0{,}75} = 25{,}50$ MJ ME pro Tag, über die Weideperiode hinweg mit 7,65 GJ ME.

Der Gesamtbedarf des Kalbes ohne Kolostralmilch beträgt somit $8{,}95 + 7{,}65 = 16{,}60$ GJ ME. Davon werden 11,2 GJ ME durch die Milch geliefert, insbesondere das ältere Kalb nimmt zusätzlich 5,4 GJ ME durch die Weide auf, umgerechnet 16,09 GJ GE.

Liefert die Weide den Erhaltungsbedarf der Kuh, ihre Milchleistung sowie den Weideanteil des Kalbes, muss sie $33{,}93 + 33{,}38 + 16{,}09 = 83{,}4$ GJ GE leisten. Bei starker Be-

Tab. 12.11 Leistungsbedarf Kalb

kg	% Prot.	% Fett	g Prot.	g Fett	MJ Prot.	MJ Fett	Σ MJ
50	19	5	9500	2500	226,1	99,25	325,35
300	19	13	57.000	39.000	1356,6	1548,3	3904,9

Tab. 12.12 Energieaufwand Mutterkuh

kg	% Prot.	% Fett	g Prot.	g Fett	MJ Prot.	MJ Fett	Σ MJ
132	19	8	25.080	10.560	596,904	419,232	1016,14
600	19	21	114.000	126.000	2713,2	5002,2	7715,4

wegung von Kuh und Kalb besonders in hügeligem Gelände müsste dies noch aufgerundet werden. 83,4 GJ GE entsprechen einer Trockenmasse im Weideaufwuchs von 4,5 t. Selbst bei relativ hohem Weiderest kann dies, hinreichende Qualität des Aufwuchses vorausgesetzt, ein Hektar traditionelles, artenreiches Grünland leisten.

Die Mutterkuh hat zunächst als Kalb den oben errechneten Aufwand von 5,227 GJ GE erfordert. Dann ist sie von 132 auf 600 kg LM gewachsen, mit dem in der Tab. 12.12 ausgewiesenen Energieaufwand.

Sie hat 7,715 − 1,016 = 6,699 GJ an Energie zugelegt, wofür mit 0,4 16,748 GJ ME erforderlich sind. Allein mit Grundfutter sind dies 29,476 GJ GE.

Zur Erhaltung benötigt sie durchschnittlich $530 \cdot 366^{0,75} = 44,349$ MJ ME pro Tag, multipliziert mit der Aufzuchtzeit von 745 Tagen (25 Monaten) 33,04 GJ ME oder 58,15 GJ GE.

Der Aufzuchtaufwand der Mutterkuh beläuft sich damit auf 5,227 (Kalb) + 29,476 (Wachstum) + 58,15 (Erhaltung) = 92,853 GJ GE. Möge sie in ihrem Leben fünf Kälber aufziehen, so entfällt auf jedes ein Anteil von 18,571 GJ GE.

Box 12.5 Der Gesamtaufwand des Verfahrens im Überblick:

		GJ ME	GJ GE
1.	Erhaltung Mutterkuh	19,28	33,93
2.	Milchleistung (NEL)	11,20	33,38
3.	Kalb, Kolostralmilch	0,26	0,78
4.	Kalb, Erhaltung	7,65	
5.	Kalb, Leistung	8,85	
6.	Kalb, Weide	5,40	16,09
7.	Mutterkuh als Kalb	3,55	5,23
8.	M als Färse, Erhaltung	33,04	58,15
9.	M als Färse, Wachstum	16,72	29,48
10.	Mutterkuhaufzucht zus.	52,76	92,85
11.	×0,2	10,55	18,57

Für das Kalb sind die Positionen 2, 3 und 6 anzurechnen. Dazu kommen der Erhaltungsaufwand der Mutterkuh sowie 20 % aus ihrer Aufzucht, zusammen 11,2 + 0,26 + 5,40 + 19,28 + 10,55 = 46,59 GJ ME bzw. 33,38 + 0,78 + 16,09 + 33,93 + 18,57 = 102,75 GJ GE.

Als Leistung ist die LM des Kalbes von 3,905 GJ plus ein Fünftel der der Mutterkuh anzusetzen. Mit 600 kg LM, 19 % Protein und 22 % Fett errechnet sich ein Energiegehalt von

7,967 GJ. Ein Fünftel davon sind 1,593 GJ; die Gesamtleistung beträgt somit 5,498 GJ.

Die Relationen betragen

zur Lebendmasse	102,75:5,498 = 18,69:1
zur Schlachtmasse	102,75:3,079 = 33,37:1
zum Konsumanteil	102,75:2,109 = 48,72:1

Milcherzeugung (partiell)

Es mag sinnvoll sein, den Energieaufwand der Milcherzeugung ohne den Aufzuchtbedarf der Kuh und die gekoppelte Fleischerzeugung zu berechnen. Die letzteren Positionen werden der Fleischerzeugung zugerechnet; wir betrachten allein den Erhaltungsaufwand während der Laktation und die Milchbildung.

Mit 600 kg LM verlangt die Kuh einen täglichen Erhaltungsbedarf von $530 \cdot 600^{0,75} = 64,252$ MJ ME. Über das Jahr hinweg sind dies 23,452 GJ ME oder bei reiner Grundfutterernährung für die Erhaltung 41,275 GJ GE.

Sie gebe 7500 kg Milch mit 24 GJ Energieinhalt.

Die Milchbildung erfolge zu 50 % aus Grund- und zu 50 % aus Kraftfutter. Je 12 GJ NEL rechnen sich um in $12 \cdot 2,98 = 35,76$ GJ GE im Grundfutter und $12 \cdot 2,16 = 25,92$ GJ GE im Kraftfutter.

Der der Milchbildung zugerechnete Energieaufwand beträgt damit 41,275 + 35,76 + 25,92 = 102,955 GJ GE. Das Verhältnis zwischen Aufwand und Ertrag beträgt 102,955:24 = 1:4,290.

12.3   Daten zur Ernährungswirtschaft – Anhang C

Die inländische Erzeugung pflanzlicher Produkte ist bereits oben in der Tab. 12.2 ausgewiesen und sei nicht wiederholt. Zu pflanzlichen Produkten einschließlich pflanzlicher Speiseöle und -fette wird in der Tab. 12.13 zunächst der Außenhandel dokumentiert. Pflanzenöl zu technischen Zwecken und zur Energiegewinnung (Biodiesel) ist abgetrennt, woraus sich einige Schwierigkeiten ergeben, die im Text im Abschn. 3.4.5.3 angesprochen werden. Daran schließt sich die Darstellung des Verbrauches pflanzlicher Nahrungsmittel in der Tab. 12.14. Die Tab. 12.15, 12.16 und 12.17 zeigen Erzeugung, Außenhandel und Verbrauch für Fleisch, die Tab. 12.18, 12.19 und 12.20 dasselbe für Milchprodukte und die Tab. 12.21 und 12.22 für Eier und alkoholische Getränke. Alle Ergebnisse sind im Abschn. 3.4.5 zusammengefasst.

Die Tab. 12.13 gibt einen Überblick über den Außenhandel mit pflanzlichen Erzeugnissen, soweit sie nicht ausschließlich als Futter oder zur industriellen, insbesondere energetischen Verwendung dienen. Bei Getreide und Hülsenfrüchten sowie in sehr geringem Maße bei Kartoffeln und Zucker spielen Futteranteile eine Rolle, alle anderen Produkte dienen allein der menschlichen Ernährung.

Aus den in den Anmerkungen ausgewiesenen Quellen werden Import- und Exportmengen entnommen, werden diese in Trockensubstanz umgerechnet und wird ihr Energiegehalt in Petajoule erfasst. Der Außenhandel mit den in der Tabelle erfassten pflanzlichen Erzeugnissen ist so gut wie ausgeglichen. Der Ausgleich erfolgt derart, dass dem Exportvolumen von Getreide, Kartoffeln und Zucker von fast 100 PJ ein etwas geringeres Importvolumen gegenübersteht. In der Spalte 10 sind bei Nahrungsmitteln die in Tab. 12.14 ausgewiesenen Abfallanteile berücksichtigt, wie zum Beispiel Nussschalen. Es ist wenig sinnvoll, jene als „Nahrungsmittelimport" zu verbuchen. Mit dieser Korrektur wird der geringe Exportüberschuss an Energie etwas höher.

Alle Werte bis auf den für Speiseöl sind so exakt, wie es die verwendeten Quellen für Trockensubstanz- und Energiegehalt sowie den Warenverkehr erlauben. Beim Speiseöl ist es nicht möglich, den Außenhandel des für Nahrungszwecke verwendeten Pflanzenöles aus der Statistik zu entnehmen, da die verfügbaren Quellen nur die gesamten Warenströme für Ölsaaten und Öle ausweisen, unabhängig von ihrer Verwendung.

Hier musste eine Schätzung erfolgen, die von den ausgewiesenen Flächenanteilen der inländischen Rapsernte für jeweils technische Verwendungen und Speiseöl ausgeht. Das Vorgehen ist gemeinsam mit weiteren Schwierigkeiten bei der Erfassung im Abschn. 3.4.5.2, speziell in der Tab. 3.12 beschrieben. Wird dieser Rechnung gefolgt, so resultiert ein Import von Speiseölen und -fetten von 22,756 PJ.

Die Tab. 12.14 vermittelt ein detailliertes Bild über den Verbrauch pflanzlicher Nahrungsmittel in Deutschland. Alle Produkte sind um unvermeidliche Abfälle bereinigt, der zum Beispiel beim Schalenobst mit 55 % sehr erheblich ist. Etwa 70 % der Energiezufuhr mit der Nahrung erfolgen mit Getreide, Zucker und Speiseöl. Der Verzehr allein von Zucker ist energetisch fast dreimal so hoch wie der von Kartoffeln, hinzu tritt noch Traubenzucker (Glucose). Selbstverständlich sind die weniger energiereichen Nahrungsmittel wie Obst und Gemüse ebenfalls wichtig. Unerwartet hoch sind die Energiegehalte von Kakao und Schalenobst. Die pflanzliche Ernährung erfolgt in Deutschland energetisch zu 73 % aus heimischen Erzeugnissen (die darüber hinaus noch exportiert werden) und zu 27 % aus Importen.

In Deutschland wurden im Wirtschaftsjahr 2013/2014 etwa 118,3 PJ Fleisch erzeugt, wovon 17,3 PJ oder fast 15 % netto exportiert werden. Der heimische Konsum beträgt nach Abzug der nicht für den Verzehr bestimmten Anteile 70,7 PJ.

In Deutschland wurden im Wirtschaftsjahr 2013/2014 Milchprodukte im Umfang von etwa 90 PJ hergestellt, saldiert um Importe davon über 20 PJ (22,8 %) netto exportiert und etwa 67 PJ verzehrt.

12.4   Daten zum Stickstofffluss – Anhang D

Der Anhang D enthält das Material zur Berechnung des Stickstoff-Flusses im Agrar- und Ernährungssystem Deutschlands.

Die Tab. 12.23 geht wie die Tab. 3.3 im Text (identisch mit Tab. 12.2 im Anhang 12.2) von den Erntemengen der Feldfrüchte im Jahre 2013 aus, errechnet daraus jedoch nicht deren Energie-, sondern deren Protein- und damit Stickstoff- (N-) Gehalt. Die Ernte beläuft sich auf 2,201 Mio. t N. Anders als Tab. 12.2 weist die vorliegende nur den direkt als Futter genutzten Anteil in Höhe von 1,340 Mio. t N aus. Den indirekten Anteil erfasst Tab. 12.24.

Die Tab. 12.25 gibt, analog zur Tab. 12.3 im Anhang 12.2, das Futteraufkommen im Wirtschaftsjahr 2013/2014 nach der Futterstatistik wieder und errechnet daraus den Anfall an Protein sowie Stickstoff (N), jeweils aus heimischer Ernte und aus Importen. Man entnimmt, dass vom heimischen N-Aufkommen von 1,779 Mio. t jeweils 0,491 Mio. t (27,6 %) aus der Getreideernte, 0,173 Mio. t (9,7 %) aus überwiegend Rapsölkuchen und -schroten, 0,769 Mio. t (43,2 %) aus Gras, Grassilage und Heu sowie 0,212 Mio. t (11,9 %) aus Silomais herrühren. Nach der Erntestatistik, die das Aufkommen aus Grünland und Feldfutter außer Silomais etwa 20 % geringer ansetzt, betragen die Werte: Getreideernte 0,489 Mio. t (30,7 %), Rapskuchen 0,171 Mio. t (10,7 %), Grünland und Feldfutter außer Silomais 0,603 Mio. t (37,9 %) und Silomais 0,217 Mio. t (13,6 %). Für die grobe Orientierung kann man Getreide mit knapp 30 %, Grünland mit 40 %, Silomais mit etwa 12 % und Rapskuchen mit etwa 10 % ansetzen. Der Rest von etwa 8 % entfällt auf sonstige Futtermittel.

Die Importe von 0,449 Mio. t stammen zum weit überwiegenden Teil aus Soja und machen 20,1 % des Gesamtaufkommens von 2,229 Mio. t N aus. Nach der Erntestatistik sind es 21,8 % von 2,061 Mio. t. Unsicherheitsfaktoren in der Tab. 12.25 sind die schon bei der Behandlung der Energieströme diskutierten Ernteschätzungen vor allem beim Grünland und die Schätzung seines Proteinanteils.

Die Tab. 12.26 fasst analog zur Tab. 3.5 im Text die Inhalte der Tab. 12.15 übersichtlich zusammen. Die Futterstatistik führt zu etwa 8 % höheren Werten an Stickstoff als die Erntestatistik.

Die Tab. 12.27 erfasst den Stickstofffluss im Außenhandel mit pflanzlichen Erzeugnissen 2013/2014. Alle Werte bis auf den für Getreide sind um Abfallanteile bereinigt und beziehen sich daher auf die verwertbaren Anteile der Produkte. Beim

Getreide ist kein sicherer Wert für den Abfallanteil bekannt, weil Mühlennebenprodukte zum erheblichen Teil als Futter dienen. Nach der Tabelle steht dem Export von etwa 100.000 t Stickstoff – wie überwiegend im Getreide und ergänzt durch Kartoffeln – ein Import in Obst, Gemüse und anderen Produkten von rund 45.000 t gegenüber, sodass ein Nettoexport gemäß der Tabelle von 55.866 t, entsprechend rund 350.000 t Protein resultiert.

Die Tab. 12.28 zeigt, dass im Wirtschaftsjahr 2013/2014 rund 152.000 t Stickstoff in erzeugten Milchprodukten enthalten sind, von denen rund 105.000 t im Inland konsumiert und rund 43.000, entsprechend rund 270.000 t Protein, netto exportiert werden.

Die Tab. 12.29 zeigt, dass im Wirtschaftsjahr 2013/2014 etwa 242.000 t Stickstoff in erzeugtem Fleisch und erzeugten Eiern enthalten sind, von denen etwa 211.000 t im Inland konsumiert und 31.000 t netto exportiert werden.

Die Tab. 12.30 berechnet den N-Gehalt der *gesamten* Tierkörper, indem der Gehalt in der Schlachtmasse über die Ausschlachtung auf die Lebendmasse extrapoliert wird. Dabei wird vorausgesetzt, dass genutzter und ungenutzter Tierkörper im Wesentlichen dieselbe Zusammensetzung enthalten. Das ist gewiss eine sehr grobe Annahme, die erhebliche Fehler enthalten kann. Es sind jedoch mit vertretbarem Aufwand keine Informationen verfügbar, die genauere Schlüsse erlaubten. Die Berücksichtigung der nicht genutzten Teile der Tiere in der vorliegenden Form dürfte der Praxis vorzuziehen sein, diese Teile überhaupt nicht in die Bilanz einzubeziehen. Die Tab. 12.31 beziffert die Stickstoff-Ausscheidungen landwirtschaftlicher Tiere.

Tab. 12.13 Außenhandel mit pflanzlichen Produkten und pflanzlichen Speiseölen/fetten 2013/14

	1	2	3	4	5	6	7	8	9	10
	% TM	kJ/g TM	Import t	Import t TM	Import PJ	Export t	Export t TM	Export PJ	Saldo PJ	Saldo PJ o. Abfall
Getreide[a]	88	18,50	13.606.000	11.973.280	221,506	18.195.000	16.011.600	296,215	−74,709	−74,709
Reis	88	18,50	618.000	543.840	10,061	187.000	164.560	3,044	+7,017	+7,017
Hülsenfrüchte	88	18,50	61.000	53.680	0,993	14.000	12.320	0,228	+0,765	+0,765
Kartoffeln	22	17,20	2.139.000	470.580	8,094	4.862.000	1.069.640	18,398	−10,304	−9,274
Zucker	100	16,50	1.889.000	1.889.000	31,169	2.721.000	2.721.000	44,897	−13,728	−13,728
Glucose[b]	100	15,60	724.000	724.000	11,294	145.000	145.000	2,262	+9,032	+9,032
Bienenhonig	81	14,53	88.250	71.483	1,039	22.400	18.144	0,264	+0,775	+0,775
Kakao	95	26,00	856.000	813.200	21,143	531.000	504.450	13,116	+8,027	+8,027
Gemüse	9	17,00	7.000.000	630.000	10,710	1.418.000	127.620	2,170	+8,540	+6,661
Gemüsekon- serven	8	13,00	1.077.100	86.168	1,120	145.500	11.640	0,151	+0,969	+0,969
Obst	18	16,50	7.703.000	1.386.540	22,878	2.691.000	484.380	7,992	+14,886	+13,100
Zitrusfrüchte	14	15,00	3.364.000	470.960	7,064	651.000	91.140	1,367	+5,697	+3,874
Schalenobst	95	31,00	524.000	497.800	15,432	129.000	122.550	3,800	+11,632	+5,234
Trockenobst	80	15,00	156.000	124.800	1,872	34.000	27.200	0,408	+1,464	+1,391
Obstkonserven	15	16,00	567.000	85.050	1,361	221.800	33.270	0,532	+0,829	+0,797
Speiseöle[c]	100	39,70							+22,756	+22,756
Zusammen					365,736			394,844		
Summe Exporte									−98,741	−97,711
Summe Importe									+92,389	+80,398
Saldo									−6,352	−17,313

[a] Einschließlich Sorghum und Hirse

[b] Werte von 2011/12, neuere nicht ausgewiesen

[c] Pflanzenöle und Margarine, Rohöl und -fett, StJELF (2016, Tab. 91 und 307, S. 97 und 27()), Mittel aus 2012 und 2014. Zur Berechnung vgl. Text, Abschn. 3.4.5.2

Spalten 1 und 2: *TM* Trockenmasse, *kJ/g TM* Kilojoule pro Gramm Trockenmasse. Werte für Getreide, Reis, Hülsenfrüchte und Kartoffeln aus Tab. 12.1, Werte für Nahrungsmittel aus Souci et al. (1994)

Spalten 3 und 6: StJELF (2016, Tab. 230, 231, 244, 245, 246, 250, 252, 253, 254, 256, 258, 261, 262, 266, 267, 269 und 307, S. 223–270)

Tab. 12.14 Verbrauch pflanzlicher Nahrungsmittel 2013/2014

	1	2	3	4	5	6	7	8	9	10	11	12
	% TM	kJ/g TM	Verbrauch in t	Abfall %	Ohne Abfall in t	TM in t	PJ	% des Verbr.	Heimisch	Heimisch %	Import PJ	Import %
Getreide[a]	88	18,50	8.407.000	20	6.733.600	5.925.568	109,623	38,22	109,623	100,0	0	0
Reis	88	18,50	427.000	5	405.650	356.972	6,604	2,30	0	0	6,604	100,0
Hülsenfrüchte	88	18,50	42.000	5	39.900	35.112	0,650	0,23	0,591	90,9	0,059	9,1
Kartoffeln	22	17,20	4.690.000	10	4.221.000	928.620	15,972	5,57	15,972	100,0	0	0
Zucker	100	16,50	2.692.000	0	2.692.000	2.692.000	44,418	15,49	44,418	100,0	0	0
Glucose[b]	100	15,60	773.000	0	773.000	773.000	12,059	4,20	3,618	30,0	8,441	70,0
Bienenhonig	81	14,53	85.400	0	85.400	69.174	1,005	0,35	0,231	23,0	0,774	77,0
Kakao	95	26,00	325.000	0	325.000	308.750	8,028	2,80	0	0	8,028	100
Gemüse	9	17,00	7.808.000	22	6.090.240	548.149	9,319	3,25	3,355	36,0	5,964	64,0
Gemüsekonserven	8	13,00	1.044.400	0	1.044.400	83.552	1,086	0,38	0,117	10,8	0,969	89,2
Obst	18	16,50	5.758.000	12	5.067.040	912.067	15,049	5,25	2,603	17,3	12,446	82,7
Zitrusfrüchte	14	15,00	2.675.000	32	1.819.000	254.660	3,820	1,33	0	0	3,820	100
Schalenobst	95	31,00	387.000	55	174.150	165.443	5,129	1,79	0	0	5,129	100
Trockenobst	80	15,00	120.000	5	114.000	91.200	1,368	0,48	0	0	1,368	100
Obstkonserven	15	16,00	514.100	0	514.100	77.115	1,234	0,43	0,407	33,0	0,827	67,0
Speiseöle[c]	100	39,70	1.296.000	0	1.296.000	1.296.000	51,451	17,93	28,695	55,4	22,756	44,6
Zusammen							286,815	100,00	209,630	73,0	77,185	27,0

[a,b,c] wie in Tab. 12.13

[c] Rohöl, Mittel aus 2012 und 2014

Spalten 1 und 2: wie in Tab. 12.13

Spalte 3: StJELF (2016), gleiche Quellen wie in Tab. 12.13

Spalte 4: Wert für Getreide gemäß StJELF 2016, Tab. 230 „Ausbeute 80,5 %", leicht gerundet, Abfall bei allen anderen nach Souci et al. (1994)

Spalten 9 bis 12: Bei Getreide, Kartoffeln und Zucker besteht Nettoexport aus Deutschland, bei Reis, Kakao, Zitrusfrüchten, Schalen- und Trockenobst besteht keine inländische Erzeugung

Tab. 12.15 Erzeugung von Fleisch 2013/2014

	1	2	3	4	5	6
	% TM	kJ/g TM	Erzeugung t	Erzeugung TM	Erzeugung PJ	Erzeugung %
Schwein	46,8	34,91	5.040.150	2.358.790	82,345	69,7
Rind, Kalb	39,0	31,94	1.158.100	451.659	14,426	12,2
Schaf, Ziege	39,0	31,94	33.050	12.890	0,412	0,3
Pferd	39,0	31,94	3250	1268	0,040	0,0
Innereien	29,1	24,88	584.700	170.148	4,222	3,6
Geflügel	32,8	29,37	1.744.650	572.245	16,807	14,2
(Sonstiges)	39,0	31,94	62.200	24.258	(0,775)	
Fleisch, zusammen					118,252	100,0

Spalten 1 und 2: Werte für Schwein, Rind und Geflügel aus Roth et al. (2011, Übersicht 6.5-2, S. 309, Übersicht 7.7-2, S. 472 und Übersicht 10.4-1, S. 594), für Innereien aus Souci et al. (1994). Schaf, Ziege, Pferd und Sonstiges (Kaninchen, Wildbret) wie Rind
Spalte 3: Bruttoeigenerzeugung, StJELF (2016, Tab. 278, S. 250–251)
Spalte 5: Fleisch zusammen ohne Sonstiges, da hauptsächlich Wildbret, das nicht landwirtschaftlich erzeugt

Tab. 12.16 Außenhandel mit Fleisch 2013/2014

	1	2	3	4	5	6	7	8	9
	% TM	kJ/g TM	Import t	Import TM	Import PJ	Export t	Export TM	Export PJ	Saldo PJ
Schwein	46,8	34,91	1.808.500	846.378	29,547	2.523.450	1.180.974	41,228	11,681
Rind, Kalb	39,0	31,94	427.750	166.823	5,328	520.450	202.976	6,483	1,155
Schaf, Ziege	39,0	31,94	45.350	17.687	0,565	9700	3783	0,121	−0,444
Pferd	39,0	31,94	1500	585	0,019	1350	527	0,017	0,002
Innereien	29,1	24,88	160.350	46.662	1,161	697.100	202.856	5,047	3,886
Geflügel	32,8	29,37	939.500	308.156	9,051	1.111.100	364.441	10,704	1,653
Sonstiges	39,0	31,94	69.950	27.281	0,871	16.000	6240	0,199	−0,672
Zusammen					46,542			63,799	17,257

Spalten 1 und 2: wie in Tab. 12.15
Spalten 3 und 6: StJELF (2016, Tab. 278, S. 250–251)

Tab. 12.17 Verbrauch von Fleisch 2013/2014

	1	2	3	4	5	6	7	8
	% TM	kJ/g TM	Verbrauch SM	Abzug %	Menschl. Verzehr in t	Verzehr in t TM	Verzehr PJ	% vom Verzehr
Schwein	46,8	34,91	4.325.200	28,0	3.114.144	1.457.419	50,878	72,0
Rind, Kalb	39,0	31,94	1.065.400	31,2	732.995	285.868	9,131	12,9
Schaf, Ziege	39,0	31,94	68.700	37,5	42.938	16.746	0,535	0,7
Pferd	39,0	31,94	3350	31,2	2305	899	0,029	0,0
Innereien	29,1	24,88	47.950	66,7	15.968	4647	0,116	0,2
Geflügel	32,8	29,37	1.573.000	40,5	935.935	306.987	9,016	12,8
Sonstiges	39,0	31,94	116.150	33,3	77.472	30.214	0,965	1,4
Zusammen							70,670	100,0

Spalten 1 und 2 wie in Tab. 12.15
Spalten 3 und 4: StJELF (2016, Tab. 278, S. 250–251), Abzug nach Schätzung des Bundesmarktverbandes für Vieh und Fleisch: ohne Knochen, Futter, industrielle Verwertung und Verluste. Tierfutter dürfte bei Innereien und Geflügel (alte Legehennen) eine große Rolle spielen

Tab. 12.18 Erzeugung von Milchprodukten 2013/2014

	1	2	3	4	5
	TM %	kJ/g TM	Herstellung in t	Herstellung t TM	Herstellung PJ
Vollmilch	12,9	24,62	2.326.500	300.119	7,389
Teilentrahmte M.	10,4	21,10	2.501.500	260.156	5,489
Entrahmte M.	9,1	18,42	115.000	10.465	0,193
Buttermilch	8,8	20,38	142.000	12.496	0,255
Joghurt etc.	15,0	21,00	2.976.000	446.400	9,374
Sahne	33,5	32,67	558.500	187.098	6,112
Kondensmilch	28,4	23,44	413.600	117.462	2,753
Vollmilchpulver	96,5	22,93	199.650	192.662	4,418
Magermilchpulver	95,7	18,05	355.750	340.453	6,145
Molkenpulver	92,9	16,21	368.350	342.197	5,547
Hartkäse	55,8	27,88	1.093.550	610.201	17,012
Sauermilchkäse	36,0	20,70	25.000	9000	0,186
Schmelzkäse	50,0	28,04	172.300	86.150	2,416
Frischkäse	29,1	26,42	845.000	245.895	6,497
Butter	86,7	38,30	486.650	421.926	16,160
Zusammen					89,946

Spalten 1 und 2: Alle Werte aus Souci et al. (1994). Joghurt: Mittel aus Joghurt, Fruchtjoghurt, Kefir, Sauermilch- und Milchmischerzeugnissen, Sahne: gewogenes Mittel aus 75 % Schlagsahne und 25 % Kaffeesahne, Kondensmilch: Mittel aus > 10 % Fett und > 7,5 % Fett, bei TM und kJ/g TM 10 % Abschlag wegen Anteils Kondensmagermilch, Hartkäse: Mittel aus Hart, Schnitt-, halbfestem Schnitt- und Weichkäse, Sauermilchkäse: einschließlich Koch- und Molkenkäse, Schmelzkäse: Mittel aus 45 und 60 % Fett, Frischkäse: Mittel aus Frischkäse und Quark verschiedener Fettstufen
Spalte 3: StJELF (2016, Tab. 301, 302, 303 und 308, S. 265–271)

Tab. 12.19 Außenhandel mit Milchprodukten 2013/2014

	1	2	3	4	5	6	7	8	9
	% TM	kJ/g TM	Import t	Import t TM	Import PJ	Export t	Export t TM	Export PJ	Saldo PJ
Vollmilch	12,9	24,62	27.500	3.548	0,087	354.500	45.731	1,126	1,039
Teilentrahmte M.	10,4	21,10	58.000	6032	0,127	445.500	46.332	0,977	0,850
Entrahmte M.	9,1	18,42	9000	819	0,015	64.000	5824	0,107	0,089
Buttermilch	8,8	20,38	33.000	2904	0,059	77.500	6820	0,139	0,092
Joghurt etc.	15,0	21,00	169.000	25.350	0,532	737.000	110.550	2,322	1,790
Sahne	33,5	32,67	4000	1340	0,044	109.000	36.515	1,193	1,149
Kondensmilch	28,4	23,44	59.350	16.855	0,395	327.000	92.868	2,177	1,782
Vollmilchpulver	96,5	22,93	185.650	179.152	4,108	202.800	195.702	4,487	0,379
Magermilchpulver	95,5	18,05	61.100	58.351	1,053	325.900	311.235	5,618	4,565
Molkenpulver	92,9	16,21	88.300	82.031	1,330	335.150	311.354	5,047	3,717
Hartkäse	55,8	27,88	488.150	272.388	7,594	609.200	339.934	9,477	1,883
Sauermilchkäse	36,0	20,70	28.500	10.260	0,212	12.750	4590	0,095	−0,117
Schmelzkäse	50,0	28,04	31.200	15.600	0,437	79.650	39.825	1,117	0,680

Tab. 12.19 (*Fortsetzung*)

	1	2	3	4	5	6	7	8	9
	% TM	kJ/g TM	Import t	Import t TM	Import PJ	Export t	Export t TM	Export PJ	Saldo PJ
Frischkäse	29,1	26,42	118.800	34.571	0,913	430.450	125.261	3,309	2,396
Butter	86,7	38,20	142.300	123.374	4,713	148.650	128.880	4,923	0,210
Zusammen					21,619			42,114	20,495

Spalten 1 und 2 sowie Produktdefinitionen wie Tab. 12.18

Tab. 12.20 Verbrauch von Milchprodukten 2013/2014

	1	2	3	4	5
	% TM	kJ/g TM	Verbrauch in t	Verbrauch t TM	Verbrauch PJ
Vollmilch	12,9	24,62	1.999.000	257.870	6,349
Teilentrahmte M.	10,4	21,10	2.113.500	219.804	4,638
Entrahmte M.	9,1	18,42	60.000	5460	0,094
Buttermilch	8,8	20,38	98.000	8624	0,101
Joghurt etc.	15,0	21,00	2.407.000	361.050	7,582
Sahne	33,5	32,67	458.500	153.598	5,018
Kondensmilch	28,4	23,44	145.250	41.251	0,967
Vollmilchpulver	96,5	22,93	178.400	172.156	3,948
Magermilchpulver	95,5	18,05	77.150	73.678	1,363
Molkenpulver	92,9	16,21	116.450	108.182	1,754
Hartkäse	55,8	27,88	889.650	496.425	13,840
Sauermilchkäse	36,0	20,70	40.700	14.652	0,303
Schmelzkäse	50,0	28,04	122.900	61.450	1,723
Frischkäse	29,1	26,42	526.750	153.284	4,050
Butter	86,7	38,20	465.700	403.762	15,424
Zusammen					67,154

Spalten 1 und 2 sowie Produktdefinitionen wie Tab. 12.18

Tab. 12.21 Erzeugung, Außenhandel und Verbrauch von Eiern 2013/2014

	1	2	3
	t	t TM	PJ
Erzeugung[a]	851.000	272.320	5,532
Einfuhr[b]	529.500	169.440	3,442
Ausfuhr[b]	185.500	59.360	1,206
Saldo	344.000	110.080	2,236
Aufkommen	1.195.000	382.400	7,768
Verbrauch	1.134.500	363.040	7,374

[a] Verwendbare Erzeugung
[b] Schaleneier und Eiprodukte in Schaleneiwert
Spalte 1: STJELF (2016, Tab. 304, S. 268). Trockenmasse mit Schale 32 %, 6,5 kJ/g, entsprechend 20,313 kJ/g TM (Roth et al. 2011, Übersicht 10.1-1, S. 569). Bei 10 % Schalenanteil und Werten von Souci et al. (1994) ohne Schale (25,9 % TM und 29,09 kJ/g etwa 4 % höhere Werte)

Tab. 12.22 Alkoholische Getränke 2013/2014

	1000 hl	10^9 g[f]	kJ/g[g]	PJ
Wein, Erzeugung[a]	8493	849	3,0	2,547
Wein, Einfuhr[a]	15.472	1547		4,641
Wein, Ausfuhr[a]	3980	398		1,194
Wein, Aufkommen[a]	19.985	1999		5,996
Bier, Erzeugung[b]	84.050	8405	1,79	15,045
Bier, Einfuhr[c]	6618	662		1,185
Bier, Ausfuhr[d]	15.373	1537		2,751
Bier, Aufkommen[e]	75.295	7530		13,497
Saldo Einfuhr/Ausfuhr				2,572
Verbrauch				19,475

[a] StJELF (2016, Tab. 315, S. 275), geringfügiger Vorratsabbau unberücksichtigt
[b] Ebenda, Tab. 329, S. 297
[c] Ebenda, Tab. 395, S. 369
[d] Ebenda, Tab. 410, S. 388
[e] Erhebliche Differenzen zu Absatz/Verbrauch, für Gesamtergebnis unwesentlich
[f] Geringfügige Ungenauigkeit wegen Annahme 1 ml = 1 g
[g] Souci et al. (1994)

Tab. 12.23 Stickstoff in pflanzlicher Inlandserzeugung 2013

	Ernte in 1000 t	TM %	TM in 1000 t	RP %	RP 1000 t	N in 1000 t	% Futter	N in 1000 t, nicht Futter direkt	N in 1000 t Futter
Getreide	47.757	88	42.026	13	5463	874	56[a,b]	385	489
Erbsen	129	88	114	26	30	5	37	3	2
Ackerbohnen	60	88	53	30	16	3	60	1	2
Andere Hülsenfrüchte	31	88	28	26	7	1	100	0	1
Kartoffeln	9670	22	2127	10	213	34	5	32	2
Zuckerrüben	22.829	23	5251	7	368	59	2[b]	58	1
Raps und Rübsen	5784	88	5090	23	1171	187	1[b]	185	2
Sonnenblumen	46	88	40	23	9	1	1[b]	1	0
Freilandgemüse	3214	14	450	17	77	12	0	12	0
Getreidesilage	1616	18	291	16	47	7	50[c]	4	3
Klee u. Luzerne	1892	86	1627	15	244	39	90[c]	4	35
Feldgras	2477	86	2130	14	298	48	80[c]	10	38
Silomais	78.249	32	25.040	9	2254	361	60[c]	144	217
Dauergrünland*	28.493	86	24.504	14	3431	549	96[c]	22	527
Stroh	1566	86	1347	4	54	9	100	0	9
Zwischenfrüchte	2193	13	285	26	74	12	100	0	12
Zuckerrübenblatt	50	16	8	14	1	0	100	0	0
Summe					13.757	2201		861	1340

[a] Gemäß Tab. 3.3 (Pflanzliche Inlandserzeugung), Abschn. 3.4.2
[b] Nur Feldfrüchte, für Produkte der Getreideverarbeitung, Schnitzel und Schrote vgl. Tab. 12.24
[c] Anteile wie in Tab. 3.3 und begleitendem Text, Abschn. 3.4.2
TM Trockenmasse, *RP* Rohprotein, *N* Stickstoff, 16 % im RP
Erntemengen: StJELF (2016, Tab. 99, S. 106). Trockenmasse und Rohprotein nach Tab. 12.1

Tab. 12.24 Stickstoff im Futteranteil der Feldfruchternte einschließlich Verarbeitungsprodukten 2013/2014

	Rohprotein, 1000 t	N, 1000 t
Ernte an Pflanzenmasse[a]	13.757	2201
Futter direkt[a]	8488	1340
Getreideverarbeitung[b]	370	58
Ölfruchtverarbeitung[c]	1067	171
Zuckerverarbeitung[d]	145	24
Futter direkt und indirekt	10.070	1593
Anteil der Ernte		72,4 %

[a] Gemäß Erntestatistik, Tab. 12.23
[b] Kleien, Maiskleber, Biertreber, Getreideschlempe, Malzkeime
und Bierhefe
[c] Ölkuchen und -schrote
[d] Trockenschnitzel und Melasse*
[b-d] Gemäß Futterstatistik Tab. 12.25

Tab. 12.25 Stickstoff im Futteraufkommen 2013/2014

	TM %	Inland in 1000 t	Inland TM	RP %	RP Inland	N Inland	Import in 1000 t	Import TM	RP Import	N Import	RP zus.	N zus.
Getreide und Reis	88	26.851	23.629	13	3072	491	1074	945	123	20	3195	511
Erbsen	88	48	42	26	11	2	8	7	2	0	13	2
Ackerbohnen u. a.	88	75	53	30	16	3	7	6	2	0	18	3
Ölsaaten	90	57	85	23	20	2	0	0	0	0	20	2
Trockengrün	87	198	178	20	36	6	56	50	10	2	46	8
Maniok		0	0		0		0	0	0			
Kleien	89	1513	1347	13	175	28	−9	−8	−1	0	174	28
Ölkuchen und -schrote	89	2997	2667	[a]	1083	173	5715	5086	2552	408	3635	581
Trockenschnitzel	90	1492	1343	10	134	22	−221	−199	−20	−3	4	19
Maiskleber u. Verarb.	89	12	11	26	3	0	299	266	69	11	72	11
Melasse	77	106	82	13	11	2	1	1	0	0	11	2
Pfl. Öle und Fette	100	29	29	0	0	0	410	410	0	0	0	0
Biertreber	90	224	202	26	53	8	91	82	21	3	74	11
Getreideschlempe	90	342	308	37	114	18	92	82	30	5	144	23
Kartoffelschlempe	90	3	3	28	1	0	0	0	0	0	1	0
Pülpe	90	42	8	5	0	0	0	0	0	0	0	0
Malzkeime	18	62	57	30	17	3	27	25	8	1	25	4
Bierhefe trocken	90	18	17	52	9	1	18	17	9	1	18	2
Trester	90	0	0	7	0		22	20	1	0	1	0
Gras frisch	18	33.595	6047	21	1270	203					1270	203
Grassilage	35	56.649	19.827	14	2776	444					2776	444

Tab. 12.25 (*Fortsetzung*)

	TM %	Inland in 1000 t	Inland TM	RP %	RP Inland	N Inland	Import in 1000 t	Import TM	RP Import	N Import	RP zus.	N zus.
Heu	86	6820	5862	13	762	122					762	122
Silomais	32	46.000	14.720	9	1325	212					1325	212
Zwischenfrüchte	13	2193	285	26	74	12					74	12
Stroh	86	1566	1347	4	54	9					54	9
Zuckerrübenblatt	16	50	8	14	1	0					1	0
Futterhackfrüchte	23	508	117	7	8	1					8	1
Kartoffeln	22	500	110	10	11	2	0	0			11	2
Fischmehl	91	28	25	63	16	2	0	0			16	2
Vollmilch	14	894	125	26	33	5	0	0			33	5
Mager- u. Butter-milch	8,6	91	8	36	3	1	0	0			3	1
Molke	6,4	2766	177	16	28	4	0	0			28	4
Magermilchpulver	96	51	49	37	18	0	25	24	9	1	27	4
Molkepulver	96	21	20	15	3	3	18	17	3	0	6	1
Zusammen					**11.137**	**1779**			**2818**	**449**	**13.955**	**2229**

[a] Inländisch wie Rapsschrot, 406 g RP i. TM, Import: 78,5 % Soja mit 552 g, 19,5 % Raps und 2 % Palmkernexpeller mit 207 g RP i. TM. Erntemengen nach StJELF (2016, Tab. 121 und 123, S. 125 127), TM, RP und N-Gehalte wie in Tab. 12.23

Tab. 12.26 Futterübersicht 2013/14, 1000 t N

	Erntestatistik	Futterstatistik	Import
Grünland[a]	603	769	
Silomais[b]	217	212	
Stroh u. a.[c]	21	24	
Grundfutter zusammen	**841**	**1005**	
Kraftfutter			
– Energiebetont	579		38 (6,1 %)
– Proteinbetont[d]	180		408 (69,4 %)
Zusammen	759		446 (36,7 %)
Kraftfutter zusammen	**1205**		
Heimisches Futter zus.	1600	1764	
Pflanzl. Futter zus.	2046	2210	
Tierische Futterm.[e]	15	15	
Futter zusammen	**2061**	**2225**	

[a] Erntestatistik: Dauergrünland sowie Feldgras und Klee/Luzerne auf Acker, geringe Menge Getreide-Ganzpflanzensilage, Futterstatistik: Gras frisch, Grassilage und Heu
[b] 40 % der Ernte für Biogaserzeugung abgezogen
[c] Stroh, Zwischenfrüchte, Futterhackfrüchte und Kartoffeln
[d] Erbsen, Ackerbohnen, Ölsaaten sowie Ölkuchen und -schrote; alles übrige Kraftfutter energiebetont
[e] Fischmehl und Milchprodukte

Tab. 12.27 Import/Exportsaldo von Stickstoff in pflanzlichen Erzeugnissen 2013/2014

	1 Protein %[a]	2 Import t[b]	3 Import t Protein	4 Import t N	5 Export t[b]	6 Export t Protein	7 Export t N	8 Saldo t N
Getreide	12,8	13.606.000	1.741.568	278.651	18.195.000	2.328.960	372.634	−93.983
Reis	8,2	587.100	48.142	7703	177.000	14.514	2322	+5381
Hülsenfrüchte	23,8	57.950	13.792	2207	13.300	3165	506	+1701
Kartoffeln	2,2	1.925.100	44.352	7096	4.375.800	96.268	15.403	−8307
Bienenhonig	0,38	88.250	0.335	54	22.400	85	14	+40
Kakao	15,0	856.000	128.400	20.544	531.000	79.650	12.744	+7800
Gemüse	2,5	5.460.000	136.500	21.840	1.106.000	27.650	4424	+17.416
Gemüsekonserven	2,5	1.077.100	26.928	4308	145.000	3625	580	+3728
Obst	0,4	6.778.640	27.115	4338	2.368.080	9472	1516	+2822
Zitrusfrüchte	0,9	2.287.752	20.590	3294	442.680	3984	637	+2657
Schalenobst	15,0	235.800	35.370	5659	58.050	8708	1393	+4288
Trockenobst	2,0	148.000	2960	474	32.300	646	103	+371
Obstkonserven	0,4	567.000	2268	362	221.800	887	142	+220
Zusammen			2.228.320	356.530		2.577.615	412.418	−55.866

[a] Nach Souci et al. (1994)
[b] Werte aus Tab. 12.13, korrigiert um Abfallanteile nach Tab. 12.14
− Nettoexport, + Nettoimport

Tab. 12.28 Stickstoff in Milcherzeugnissen sowie Außenhandel 2013/14

	Her- stellung 1000 t	Protein %[a]	t Pro- tein	t N	Saldo I/E 1000 t	t Protein	t N	Ver- brauch 1000 t	t Pro- tein	t N
Vollmilch	2327	3,4	79.118	12.659	−327	−11.118	−1779	1999	67.966	10.875
Teilentrahmt	2502	3,35	83.817	13.411	−388	−12.998	−2080	2114	70.819	11.331
Entrahmt	115	3,5	4025	644	−55	−1925	−308	60	2100	336
Buttermilch	142	3,5	4970	795	−45	−1575	−252	98	3430	549
Joghurt etc.	2976	3,74	111.302	17.808	−568	−21.243	−3399	2407	90.022	14.404
Sahne	559	2,55	14.255	2281	−102	−2601	−416	459	11.705	1873
Kondensmilch	414	7,63	31.588	5054	−268	−20.448	−3272	145	11.064	1770
Vollmilchpulver	200	25,2	50.400	8064	−17	−4284	−685	178	44.056	7049
Magermilchpulver	356	35,0	124.600	19.936	−265	−92.750	−14.840	77	26.950	4312
Molkenpulver	368	12,0	44.160	7066	−247	−29.640	−4742	116	13.920	2227
Hartkäse	1094	24,6	269.124	43.060	−121	−29.766	−4763	890	218.940	35.030
Sauermilchkäse	25	30,0	7500	1200	16	+4800	+768	41	12.300	1968
Schmelzkäse	172	13,8	23.736	3798	−48	−6624	−1060	123	16.974	2716
Frischkäse	847	12,24	103.673	16.588	−320	−39.168	−6267	527	64.505	10.321
Zusammen			952.268	152.364		−269.340	−43.095		654.751	104.761
%				100			28,3			

[a] Nach Souci et al. (1994)
− Nettoexport, + Nettoimport, Bestandsänderungen nicht erfasst, stets Mittel aus 2013 und 2014
Produktdefinitionen bei Joghurt usw. wie in Tab. 12.18. Herstellung, Saldo Import/Export sowie Verbrauch in 1000 t: StJELF (2016, Tab. 301, 302 und 303, S. 265–267)

Tab. 12.29 Stickstoff in Fleisch und Eiern sowie Außenhandel 2013/2014

	t BEE[b]	Prote-in %[c]	t Protein	t N	Saldo I/E	t Protein Saldo	t N Salso	Ver-brauch t	Ver-brauch t Protein	Ver-brauch t N
Rind und Kalb	1.158.100	18	208.458	33.353	−92.700	−16.700	−2672	1.065.400	191.800	30.688
Schwein	5.040.200	15	756.030	120.965	−715.000	−107.300	−17.168	4.325.200	648.800	103.808
Schaf und Ziege	33.100	18	5958	953	+35.700	+6400	+1024	68.700	12.400	1984
Pferd	3300	18	594	95	+300	+500	+80	3400	600	96
Innereien	584.700	17	99.399	15.904	−536.800	−91.300	−14.608	48.000	8200	1312
Geflügel	1.744.700	19	331.493	53.039	−171.600	−32.600	−5216	1.573.000	298.900	47.824
Sonstiges Fleisch	62.200	15	9330	1493	+54.000	+8100	+1296	116.200	17.400	2784
Fleisch zusammen			1.411.262	225.802		−236.600	−37.264		1.178.100	188.496
%				100			16,5			83,5
Eier[a]	851.000	12	102.120	16.339	+352.500	+42.300	+6760	1.204.000	144.500	23.117
Fleisch und Eier			1.513.382	242.141		−194.300	−30.504		1.322.600	211.613
%				100			12,6			87,4

[a] Verwendbare Erzeugung einschließlich Bruteier, StJELF (2016, Tab. 304, S. 268)
[b] BEE: Brutto-Eigenerzeugung, Schlachtmasse, StJELF (2016, Tab. 278, S. 250–251)
[c] Werte fur Fleisch aus Roth et al. (2011, Übersicht 6.5-3, S. 309 (Schweine), Ü 7.7-2, S. 472 (Mastrinder), Ü 10.4-2, S. 594 (Broiler) und Ü 10.1-1, S. 569 (Eier))
− Nettoexport, + Nettoimport, Bestandsänderungen nicht erfasst, stets Mittel aus 2013 und 2014

Tab. 12.30 Schätzwert für nicht zur Nahrung genutzte Tierkörper, t Stickstoff

	Erzeugung t N[a]	Ausschlachtung %[b]	Lebendmasse t N	Ungenutzt t N
Rind und Kalb	33.360	0,52	64.154	30.794
Schwein	120.960	0,77	157.091	36.131
Schaf und Ziege	960	0,48	2000	1040
Pferd	92	0,50	184	92
Innereien	15.904			
Geflügel	53.040	0,74	72.843	19.803
Sonstiges Fleisch	1488	0,50	2976	1488
Zusammen	225.804			89.348

[a] Werte aus Tab. 12.29
[b] StJELF (2016, Tab. 270, S. 245), Werte für Rinder und Geflügel als gewogene Mittel

Tab. 12.31 Stickstoff-Ausscheidungen landwirtschaftlicher Tiere 2012

	kg N/a[a]	Anzahl[b]	t N/a	%
Weibl. Nachzucht[c]	56	3.404.000	191.000	
Milchkühe	125	4.191.000	524.000	39
Kälber < 9 Mon.	16,6	2.635.000	44.000	
Mastbullen[d]	36,5	1.574.000	57.000	
Mutterkühe	95	673.000	64.000	
Rinder zusammen		*12.477.000*	*880.000*	*65,5*
Mastschweine[e]	12	17.665.000	212.000	
Zuchtsauen	36	1.674.000	60.000	
Ferkel	3,5	8.268.000	29.000	
Jungsauen	12	499.000	6000	
Eber	22	27.000	–	
Schweine zusammen[g]		*28.132.000*	*307.000*	*22,9*
Legehennen	750[f]	47.987.000	36.000	
Junghennen	260	15.641.000	4000	
Broiler	350	97.146.000	34.000	
Enten	600	2.760.000	2000	
Puten	2000	13.256.000	26.000	
Gänse	1500	544.000	1000	
Geflügel zus.[g]			*103.000*	*7,7*
Pferde	50	464.000	23.000	
Schafe	18	1.641.000	30.000	
Zusammen			**1.343.000**	

[a] Pro Tierplatz, Aufzuchtrinder und Rindermast auf Tierplatz umgerechnet, Zuchtsauen pro 22 aufgezogene Ferkel, Geflügel pro 100 Stallplätze, aus DLG 2014. Werte teils gerundet

[b] StJELF (2016, Tab. 137, 145, 151, 155, 158, 159, S. 137–152)

[c] Einschl. Schlachtfärsen

[d] Einschl. Zuchtbullen

[e] Ab 28 kg

f Bei Geflügel pro 1000 Tierplätze

[g] Geflügel im Jahr 2013, Rinder und Schweine: Mai-Erhebung

Glossar

In diesem Verzeichnis werden Fachbegriffe aus Land- und Forstwirtschaft, Landschaftsökologie und einige aus der Chemie erklärt. Jeder von ihnen ist bei seinem ersten Auftreten in einem Kapitel mit einem * markiert. Die Erklärung kann freilich nur wenig erschöpfend erfolgen; ein besseres Verständnis ergibt sich aus den Zusammenhängen, in denen diese Fachbegriffe vorkommen. Begriffe, die sich im Text von selbst erklären, werden mit wenigen Ausnahmen nicht in das Glossar aufgenommen.

Allmende Der Begriff bezieht sich ursprünglich auf die Eigentumsform, es handelt sich um Flächen im Gemeineigentum etwa einer Dorfgemeinschaft. Da aber in der Regel ertragsstarke und günstig liegende Flächen zu Privateigentum wurden, handelt es sich faktisch um wenig produktives Land, was oft auch noch nachlässig bewirtschaftet wurde. Daher rührt die negative Bewertung der Allmende im früheren Agrarwesen. Heute sind die Flächen fast immer von hohem Naturschutzwert, auch finden sich Beispiele für gute Bewirtschaftung; Prototypen sind hier die Schweizer Gemeinschaftsweiden.

Anion Atom oder Molekül von Nichtmetallen, welches in wässriger Lösung ein zusätzliches Elektron oder mehrere aufgenommen hat, die es elektrisch negativ machen. Bestandteil von Salzen.

Ausschlachtung Anteil der Schlachtmasse an der Lebendmasse eines geschlachteten Tieres, beim Schwein zum Beispiel 77 %. Die Schlachtmasse enthält die für den Konsum verwertbaren Teile einschließlich Knochen. In der Praxis wird, physikalisch unkorrekt, von „Schlachtgewicht" usw. gesprochen.

Archäophyten Pflanzenarten, die in vorgeschichtlichen Zeiten, in der Antike und im Mittelalter durch den Menschen oft unbeabsichtigt nach Mitteleuropa gebracht wurden.

Alle, die seit Beginn der überseeischen Entdeckungsfahrten (etwa ab 1500) dazu kamen, sind → Neophyten.

Azidophile Standorte, Azidophilie Standorte mit niedrigem pH-Wert, also in saurem Milieu.

Besatzstärke Anzahl der Tiere pro Futterfläche im Schnitt des gesamten Jahres, selbst in der Wissenschaft gelegentlich mit der Besatzdichte verwechselt, die die Anzahl der Tiere auf einer Fläche zu einem bestimmten Zeitpunkt misst.

Börde Landschaft mit sehr gutem, meist → Lössboden, in der intensiver Ackerbau schon seit Langem dominiert. Berühmt ist die „Magdeburger Börde".

Dauergrünland Von Gräsern und Kräutern bestandene Flächen, die nie oder höchstens in längeren Zeiträumen neu eingesät werden und Futter für → Raufutterfresser liefern,

Dauerkulturen Landwirtschaftliche Kulturen, die nicht in jedem Jahr neu angelegt werden und auch nicht auf Dauergrünland beruhen. Dauerhafte Pflanzen werfen bis jahrzehntelang jährlich Produkte ab oder werden nach mehreren Jahren als ganze geerntet. Die wichtigsten Beispiele sind Weinreben, Obstbäume, Hopfenanlagen, Baumschulen und Christbaumkulturen.

Deckungsbeitrag In der landwirtschaftlichen Betriebslehre die Differenz aus dem Markterlös eines Betriebszweiges und den nur für diesen Zweig erforderlichen Spezialkosten. Dieser Betrag ist dazu da, um alle fixen Kosten und Gemeinkosten, die auch ohne den betrachteten Betriebszweig anfallen, abzudecken. Der Deckungsbeitrag entscheidet bei gegebener Gesamtorganisation eines Betriebes zum Beispiel darüber, ob Weizen oder Gerste angebaut werden soll.

Dezitonne Zehntel einer Tonne = 100 kg. Früher benannt als „Doppelzentner".

Eber männliches Schwein als Zuchttier oder zur Mast. Bei der Mast ist ein unangenehmer Geruch des Fleisches zu vermeiden.

© Springer-Verlag GmbH Deutschland, ein Teil von Springer Nature 2018
U. Hampicke, *Kulturlandschaft – Äcker, Wiesen, Wälder und ihre Produkte*, https://doi.org/10.1007/978-3-662-57753-0

Einzelunternehmen Ausdruck in der Statistik für herkömmliche Familienbetriebe oder „Bauernhöfe".

endemische Art Tier- oder Pflanzenart, die nur in einem begrenzten, zuweilen kleinen Gebiet der Erde vorkommt. Diesem Gebiet kommt dann eine besondere Verantwortung für die Erhaltung der Art zu.

Erhaltungsbedarf Energiebedarf im Futter eines Tieres für seine bloße Erhaltung, also für die dazu erforderlichen physiologischen Vorgänge, für die Aufrechterhaltung der Körpertemperatur sowie für lebensnotwendige und darüber hinaus leichte Muskelarbeit.

Eutrophe Standorte, Eutrophie an Pflanzennährstoffen, insbesondere Stickstoff und/oder Phosphor relativ reiche Standorte.

Eutrophierung Übermäßige Versorgung von Biotopen auf dem Land und im Wasser mit Pflanzennährstoffen – Phosphor und/oder Stickstoff – mit nachteiligen Folgen für die Biodiversität und für andere Belange. Im engeren Sinne Anreicherung weit über das in natürlich eutrophen Standorten hinaus.

Expeller Substanzen aus → Ölsaaten, denen das Öl durch Pressung entzogen wurde und die als Rest überwiegend Futterprotein enthalten.

Färse Junge Kuh bis zum Alter von 25–29 Monaten, die zum ersten Mal trächtig ist, aber noch nicht gekalbt hat und daher auch noch keine Milch gibt.

Flächenbilanz Gegenüberstellung der Mengen eines bestimmten Stoffes (in der Praxis Stickstoff und Phosphor), die aus verschiedenen Quellen der landwirtschaftlich genutzten Fläche zugeführt und durch die Entzüge der Kulturpflanzen wieder abgeführt werden.

Flurbereinigung In Westdeutschland seit Jahrzehnten und heute in ganz Deutschland getroffene Maßnahme zur Hebung der Arbeitsproduktivität in der Feldwirtschaft. Meist werden zu kleine, zersplitterte und ungünstig geformte Parzellen zu größeren zusammengelegt, die mit Maschinen bearbeitet werden können. Sie hat sich teils sehr negativ für die Arten- und Strukturvielfalt der Agrarlandschaft ausgewirkt. Heute wird versucht, auch ihnen Rechnung zu tragen.

Futterbaubetrieb Betrieb, der Rinder oder andere Wiederkäuer hält und mit → Grundfutter vom Grünland oder Acker – hier heute überwiegend Grünmais – versorgt, das für den menschlichen Verzehr ungeeignet ist.

Grundfutter auch Raufutter oder Grobfutter: Aufwuchs vom Grünland oder Acker – dort außer im ökologischen Landbau heute überwiegend Silomais – der einen möglichst großen Teil der Futterenergie der Wiederkäuer bereitstellen soll und durch → Kraftfutter zu ergänzen ist.

Grünland Meist ist → Dauergrünland gemeint, es gibt jedoch auch → Wechselgrünland.

Grünmais → Silomais

Gülle halbflüssige Mischung der tierischen Ausscheidungen Kot und Harn, in Behältern gesammelt und zur Düngung ausgebracht. Wegen heute verbreiteter einstreuloser Stallhaltung wichtigste Form des → Wirtschaftsdüngers.

Handelsdünger → Mineraldünger

Haupterwerbsbetrieb Betrieb, der mehr als die Hälfte seines Gesamteinkommens aus landwirtschaftlicher Tätigkeit bezieht, im Gegensatz zum → Nebenerwerbsbetrieb.

Herbizide Chemische Pflanzenschutzmittel, die in erste Linie Unkräuter bekämpfen und zum Absterben bringen. Teils werden sie auch zur Abtötung unerwünschter Reste der Kulturpflanzen selbst verwendet.

Hoftorbilanz Gegenüberstellung der Mengen eines betrachteten Stoffes (in der Praxis Stickstoff und Phosphor), die einem landwirtschaftlichen Betrieb zugeführt werden (als Handelsdünger, zugekauftem Futter u. a.) mit denen, die ihn in seinen Produkten wieder verlassen. Ziel ist die Bestimmung der die Umwelt belastenden Verluste.

Hutung Extensiv genutzte und in der Regel wenig fruchtbare Weide, auf der Tiere „gehütet" werden, heute weit überwiegend Schafe. Die Flächen können außerordentlich artenreich und wertvoll für den Naturschutz sein.

Ion von griech. „Wanderer": In wässeriger Lösung durch Abgabe oder Aufnahme zusätzlicher Elektronen elektrisch positiv oder negativ geladene Teilchen, die bei Stromzuführung zu dem jeweils entgegengesetzten Pol wandern. Bestandteile von Säuren, Laugen und Salzen → Anion, Kation.

Jauche flüssige Ausscheidungen der Tiere mit Düngewirkung, heute wie → Stallmist weitgehend durch → Gülle ersetzt.

Juristische Personen Ausdruck in der Statistik für landwirtschaftliche Großbetriebe in Rechtsformen, wie Genossenschaft, GmbH, seltener AG, überwiegend als Nachfolgebetriebe der LPGs und Volkseigenen Güter der DDR.

Kation meist metallisches Atom, welches in wässriger Lösung ein oder mehrere Elektronen abgespalten hat und daher elektrisch positiv geladen ist, Bestandteil von Salzen. → Box 6.1 „Kationenaustausch".

Kleien Nebenprodukte mit einigem Futterwert, die in der Müllerei bei der Erzeugung von Mehl aus Getreide anfallen.

Körnermais Mais, von dem nur die Körner, teils verbunden mit der Körnerspindel, als → Kraftfutter geerntet wird.

Kolostralmilch Milch, die das Muttertier seinem Kind in den ersten Tagen nach der Geburt spendet. Sie unterscheidet sich stark von der Zusammensetzung normaler Milch und ist nicht marktfähig. Sie muss dem Jungtier unbedingt verabreicht werden, weil sie Stoffe enthält, die die Resistenz gegen Krankheiten begründen.

Komplexmelioration Herstellung maschinengerechter Verhältnisse im Ackerbau der DDR ähnlich der westlichen

→ Flurbereinigung. Die Eingriffe waren in der Regel noch schärfer und beinhalteten auch eine – der Landwirtschaft nützliche, aber ökologisch verarmende – Regelung der Grundwasserstände, besonders auf Moorböden.

Kraftfutter Getreide oder Eiweißfuttermittel hoher Nährstoffkonzentration, welches bei Wiederkäuern und Pferden bei hoher tierischer Leistung das → Grundfutter ergänzt. Schweine und Geflügel werden ausschließlich damit gefüttert.

Laktation Fachwort für die Milchproduktion der Kuh.

Laktationsspitze Zeitraum der höchsten Tagesleistung während der rund zehnmonatigen Laktationsperiode kurz nach dem Kalben.

Läufer Schwein mit einer Masse unter 28 kg – nicht mehr Ferkel, aber noch nicht zur Mast eingestallt.

Leguminosen wissenschaftlich veralteter, aber in der Landwirtschaft noch gebräuchlicher Name für Pflanzen aus der Familie der Fabaceae, die mit Knöllchenbakterien vergesellschaftet sind und von diesen atmosphärischen Stickstoff erhalten → Box 6.2. Sie bilden einen Teil der Grünlandvegetation, werden aber auch insbesondere im ökologischen Landbau auf dem Acker angebaut.

Leistungsbedarf Energiebedarf im Futter eines Tieres für die Erbringung der vorgesehenen Leistungen, also Fleisch- und Milchbildung, Erzeugung von Eiern und gegebenenfalls (bei Pferden) Arbeitsleistung.

Löss Boden, der aus vom Wind angewehten Partikeln besteht und sehr fruchtbar ist.

Melasse Rückstand bei der Extraktion von Zucker aus Zuckerrüben mit Futterwert.

Melioration Verbesserung der Wuchsbedingungen für Nutzpflanzen auf Äcker und Grünland, insbesondere durch Herstellung maschinengerechter Flurstücke sowie Regelung der Wasserverhältnisse → Flurbereinigung → Komplexmelioration.

Mineraldünger auch Handelsdünger industriell gefertigte Salze zur Ernährung der Pflanzen, überwiegend Stickstoff, Kalium und Phosphor enthaltend, gegebenenfalls ergänzt um Magnesium, Schwefel und Spurenstoffe.

Mist → Stallmist

Mutterkuh Kuh, die nicht gehalten wird, um dem Menschen Milch zu liefern, sondern um ein Kalb aufzuziehen. Sie gibt nur die Milch, die das Kalb benötigt, kann deshalb auf weniger gedüngten und produktiven Weiden leben und ist somit ein wertvolles Element der Landschaftspflege.

Nebenerwerbsbetrieb Betrieb, in dem das Einkommen aus landwirtschaftlicher Tätigkeit höchstens die Hälfte des Gesamteinkommens darstellt, im Gegensatz zum → Haupterwerbsbetrieb.

Neophyten Pflanzen, die etwa ab 1500 nach Mitteleuropa eingewandert sind, teils als Nutz- oder Zierpflanzen bewusst, teils unbeabsichtigt. Einwanderungspfade sind unter zahlreichen anderen das Entweichen aus Botanischen Gärten und die Verunreinigungen von Sämereien, besonders Vogelfutter. Neuankömmlinge, die sich in der Landschaft sichtbar breitmachen, werden, mehr oder weniger berechtigt, mit Misstrauen bedacht.

Nitrophile Pflanzen Pflanzen, die an Stickstoff reiche Standorte besiedeln. Es kann noch feiner in nitrophytische und nitrophile unterschieden werden, wobei die ersteren Stickstoffreichtum nur besser aushalten als andere und daher einen Konkurrenzvorteil haben, während die zweiten Stickstoffreichtum physiologisch brauchen.

Oligotrophe Standorte, Oligotrophie Standorte mit knappem Nährstoffangebot, insbesondere an Stickstoff und/oder Phosphor.

Ölkuchen und -schrote Substanzen aus → Ölsaaten, aus denen das Öl durch Extraktion mit Chemikalien entfernt wird und die als Rest überwiegend Futterprotein enthalten.

Ölsaaten Früchte zu Speise- und Futterzwecken, deren Samen, Fruchtfleisch oder andere Teile reich an Pflanzenöl oder -fett sind, wie Raps, Sonnenblumen, Lein, Mohn, Oliven, Öl- und Kokospalmen und weiteren.

Personengesellschaft Ausdruck in der Statistik für überwiegend große landwirtschaftliche Betriebe, die jedoch nicht die Rechtsform der → Juristischen Person besitzen. Im typischen Fall gibt es mehrere Personen oder Familien als Teilhaber.

Photosynthese Fähigkeit grüner, chlorophyllhaltiger Pflanzen, die im Sonnenlicht steckende Energie einfangen und für ihren stofflichen Körperaufbau einsetzen zu können.

Raufutter → Grundfutter.

Raufutterfresser Nutztiere, die hauptsächlich → Grundfutter verwerten, also im Gegensatz zu Schweinen und Geflügel die Wiederkäuer (Rinder, Schafe und Ziegen) und Pferde.

Remontierung Fachwort für den Ersatz eines ausscheidenden, älteren Tieres durch ein junges.

Rohhumus Überreste abgestorbener Pflanzensubstanz, die unter anderem wegen ihres hohen Säuregrades nur ungenügend von Kleintieren und Mikroorganismen verarbeitet wird. Sie wird auch nur ungenügend in den Boden eingearbeitet, sodass sie als Auflage auf ihm liegen bleibt. Das wiederum lässt in einem selbstverstärkenden Prozess nur Pflanzen zu, die den Rohhumus produziert haben, wie Heidekraut.

Selbstversorgunsgrad Im Inland erzeugter Anteil am Verbrauch eines Produkten in Prozent. Ist er über 100 %, so wird netto exportiert.

Silomais Mais, der im späten Entwicklungsstadium mit Kolben, aber noch verwertbaren Blättern geerntet, klein gehäckselt und unter Luftabschluss durch Ansäuerung mit Milchsäure haltbar gemacht wird. Er ist das wichtigste → Grundfutter für Rindvieh im konventionellen Landbau, vor allem im Winterhalbjahr.

Schlempe Flüssiges oder zu Pulver verarbeitetes Nebenprodukt bei der Erzeugung von Alkohol aus Zucker oder Stärke.

Sonderkulturen → Dauerkulturen

Sorption Elektrische Anziehungskraft von Bodenteilchen auf im Bodenwasser gelöste Ionen. Sie wirkt deren Auswaschung entgegen (→ Kationenaustausch). Da die Bodenteilchen in der Regel negativ geladen sind, wirkt die Sorption überwiegend bei → Kationen, während → Anionen ihr entgehen und daher schneller ausgewaschen werden.

Stallmist Mischung aus Kot und Einstreumaterial (meist Stroh), welche in fester Form gelagert und als Dünger ausgebracht wird. Heute vielfach durch → Gülle verdrängt.

Trockenschnitzel von der Zuckerfabrik an die Landwirtschaft zurückgelieferte, entzuckerte Rübenkörper von einigem Futterwert.

Veredlungsbetrieb Betrieb, der vorwiegend Schweine oder Geflügel hält und diese mit Getreide und Eiweißkonzentrat füttert.

Wechselgrünland Von Gräsern und Kräutern gebildete Bestände, die ein- oder mehrjährig in die Ackernutzung eingeschoben werden. Früher als „Feldgraswirtschaft" weit verbreitet, ist es heute als Klee- oder Luzernegras überwiegend im ökologischen Landbau als Futtergrundlage und zur Einschleusung von Stickstoff anzutreffen.

Wirtschaftsdünger alle düngenden Stoffe, die im Landwirtschaftsbetrieb selbst anfallen, also tierische Ausscheidungen (→ Stallmist, Jauche, Gülle) sowie die Gärreste bei der Biogaserzeugung.

Xerothermie Heißes und trockenes Milieu.

Literaturverzeichnis[1]

Verwendete Literatur

Aereboe, F. 1928. *Agrarpolitik*. Berlin: Parey.

AGEB. 2013. *Auswertungstabelle zur Energiebilanz für die Bundesrepublik Deutschland 1990 bis 2012*. Berlin Köln: Arbeitsgemeinschaft Energiebilanzen e. V.. www.ag-energiebilanzen.de.

AGEE (Arbeitsgruppe Erneuerbare Energien). 2013. Internet-Update ausgewählter Daten zur Broschüre „Erneuerbare Energien in Zahlen" auf der Grundlage der Daten der AGEE-Statistik Dezember 2013. www.lsw.de/energieberater/ContentFiles/Mantel/Downloads/ee-in-zahlen-update_bf.pdf, Zugriff: September 2014.

Andreae, B. 1968. *Wirtschaftslehre des Ackerbaus*, 2. Aufl., Stuttgart: Ulmer.

Bach, M. 2008. Nährstoffüberschüsse in der Landwirtschaft – Ergebnisse und methodische Aspekte. In *Stoffströme in Flussgebieten – von der Bilanzierung zur Bewirtschaftung* Schriftenreihe SSW, Siedlungswasserwirtschaft Karlsruhe, Bd. 128, Hrsg. S. Fuchs, S. Fach, und H.H. Hahn, 65–86.

Bach, M., F. Godlinski, und J.-M. Greef. 2011. Handbuch Berechnung der Stickstoff-Bilanz für die Landwirtschaft in Deutschland, Jahre 1990–2008. In Berichte aus dem Julius Kühn-Institut 159., Hrsg. Julius Kühn-Institut

Baeumer, K. 1986. Umweltbewusster Landbau: Zurück zu den Ideen des 19. Jahrhunderts? *Berichte über Landwirtschaft* 64:153–169.

Baumbach, H. o. Jg.: Das EU-LIFE-Projekt „Erhaltung und Entwicklung der Steppenrasen Thüringens" im Überblick. In: Thüringer Ministerium für Landwirtschaft, Forsten, Umwelt und Naturschutz (Hrsg.) *Steppenlebensräume Europas, Gefährdung, Erhaltungsmaßnahmen und Schutz*. Erfurt, S. 223–248.

Berger, W. 2011. *Leistungen und Kosten zur Hüteschafhaltung mit Stallablammung und Lämmermast im benachteiligten Gebiet*. Manuskript.

BfN (Bundesamt für Naturschutz). 2016. *Daten zur Natur 2016*. Broschüre. Bonn, Bad Godesberg: BfN.

BfN (Bundesamt für Naturschutz). 2017. *Agrar-Report 2017, Biologische Vielfalt in der Agrarlandschaft*. Broschüre. Bonn, Bad Godesberg: BfN.

BfN (Bundesamt für Naturschutz) 2010: Naturschutzfachliche Optimierung des Ökologischen Landbaus. Ergebnisse des E+E-Projektes „Naturschutzhof Brodowin". Autoren: K. Stein-Bachinger, S. Fuchs, F. Gottwald, A. Helmecke, J. Grimm, P. Zander, J. Schuler, J. Bachinger und R. Gottschal. Bonn-Bad Godesberg, 409 S. Naturschutz und Biologische Vielfalt, Heft 90.

BGR (Bundesanstalt für Geowissenschaften und Rohstoffe). 2016. *Bodenatlas Deutschland. Böden in thematischen Karten*. Hannover Stuttgart: Schweizerbart.

Bishop, R.C. 1980. *Endangered species: an economic perspective. Transactions of the 45th North American wildlife and natural resources conference.*, 208–218. Washington, D.C.: Wildlife Management Institute.

BMEL. 2015. *Umsetzung der EU-Agrarreform in Deutschland*. Berlin: Bundesministerium für Ernährung und Landwirtschaft.

BMU. 2007. *Nationale Strategie zur Biologischen Vielfalt*. Berlin: Bundesministerium für Umwelt, Naturschutz und Reaktorsicherheit.

BMUB und BMEL (Bundesministerien für Umwelt, Naturschutz, Bau und Reaktorsicherheit sowie für Ernährung und Landwirtschaft). 2016. *Nitratbericht 2016*

Bowers, J.K., und P. Cheshire. 1983. *Agriculture, the countryside and land use*. London New York: Methuen.

Bund-Länder-Arbeitsgruppe zur Evaluierung der Düngeverordnung. 2012. *Evaluierung der Düngeverordnung – Ergebnisse und Optionen zur Weiterentwicklung. Abschlussbericht*. Braunschweig: Bund-Länder-Arbeitsgruppe zur Evaluierung der Düngeverordnung.

Burger, J. 1838. *Lehrbuch der Landwirthschaft*, 4. Aufl., Bd. 2. Wien: Carl Gerold.

Buttenbach-Bahl, K., und R. Kiese. 2008. Emissionen von N_2O und anderen umweltrelevanten Spurengasen (VOC, NO_x) beim Anbau von Biomasse. In *Ökologische und ökonomische Bewertung nachwachsender Energieträger*, Hrsg. KTBL, 211–223. Darmstadt.

Carson, R. 1979. *Der stumme Frühling*. München: Beck. englische Erstveröffentlichung 1962.

Czybulka, D. 1999. Naturschutz und Verfassungsrecht. In *Handbuch Naturschutz und Landschaftspflege, Loseblattsammlung, Kapitel III-5.1*, Hrsg. W. Konold, R. Böcker, und U. Hampicke. Landsberg am Lech: ecomed.

Czybulka, D. (Hrsg.). 2011. *Produktionsintegrierte Kompensation*. Broschüre Greifswald.

Czybulka, D., U. Hampicke, und B. Litterski. 2012. *Produktionsintegrierte Kompensation – Rechtliche Möglichkeiten, Akzeptanz, Effizienz und naturschutzgerechte Nutzung*. Initiativen zum Umweltschutz 86. Berlin: Erich Schmidt Verlag.

Deutsche Landwirtschafts-Gesellschaft. 2014. *Bilanzierung der Nährstoff-Ausscheidungen landwirtschaftlicher Nutztiere*, 2. Aufl., Frankfurt a. M.: DLG.

---

[1] Anmerkung: Zur Platzersparnis werden Internetadressen nur angegeben, wenn eine Veröffentlichung nur als diese erreichbar ist. Zahlreiche Dokumente, wie zum Beispiel Gutachten Wissenschaftlicher Beiräte, liegen im Papierformat vor und können darüber hinaus ohne Probleme mit den vorliegenden Angaben im Internet aufgerufen werden.

Dittrich, S., C. Leuschner, und M. Hauck. 2016. Change in the bryophyte diversity and species composition of Central European temperate broad-leaved forests since the late nineteenth century. *Biodiversity and Conservation* 25:2071–2091.

DRL (Deutscher Rat für Landespflege) (Hrsg.). 2007. *30 Jahre naturschutzrechtliche Eingriffsregelung – Bilanz und Ausblick*. Schriftenreihe des DRL 80.

DVL (Deutscher Verband für Landschaftspflege e. V.) o. Jg.: *Gemeinwohlprämie – Umweltleistungen der Landwirtschaft einen Preis geben*. Broschüre Ansbach, 11 S.

DVS (Deutsche Vernetzungsstelle Ländliche Räume). 2017. *LandInForm Spezial 7/2017: Gemeinschaftlich getragene Landwirtschaft*

Ellenberg, H., und A. Stählin. 1952. *Wiesen und Weiden und ihre standörtliche Bedeutung*. Stuttgart: Ulmer.

Elsasser, P. 1996. *Der Erholungswert des Waldes. Monetäre Bewertung der Erholungsleistung ausgewählter Wälder in Deutschland*. Frankfurt a.M.: Sauerländer's.

Elsasser, P., und J. Meyerhoff (Hrsg.). 2001. *Ökonomische Bewertung von Umweltgütern. Methodenfragen zur Kontingenten Bewertung und praktische Erfahrungen im deutschsprachigen Raum*. Marburg: Metropolis.

Elsasser, P., und P. Weller. 2013. Aktuelle und potentielle Erholungsleistung der Wälder in Deutschland: Monetärer Nutzen der Erholung im Wald aus Sicht der Bevölkerung. *Allgemeine Forst und Jagd-Zeitung* 184:84–96.

van Elsen, T. 2016. Soziale Landwirtschaft. In *Ökologischer Landbau*, Hrsg. B. Freyer, 192–204. Bern: Haupt.

FNR (Fachagentur Nachwachsende Rohstoffe). 2013. *Basisdaten Bioenergie Deutschland*.

Fontane, Th. 1969 (Erstveröffentlichung1898): Der Stechlin. Berlin (F. Fontane & Co.), Neudruck München (Nymphenburger), 401 S. + Anhang.

Fördergesellschaft A. D. Thaer e. V. 2004. *Albrecht Daniel Thaer in Brandenburg und Berlin. Agrarhistorischer und kulturhistorischer Reiseführer*. Neuenhagen: Findling.

Frede, H.-G. und Bach, M. o. Jg.: Phosphor in der deutschen Landwirtschaft – Bilanzen und Effizienzen. https://www.researchgate.net/publication/304999199_Phosphor_in_den_deutschen_Landwirtschaft_-_Bilanzen_und_Effizienzen, Zugriff: Mai 2017.

Freese, J. 2012. Natur- und Biodiversitätsschutz in ELER. Finanzielle Ausgestaltung der Länderprogramme zur Ländlichen Entwicklung. *Naturschutz und Landschaftsplanung* 44:69–76.

Freyer, B. 2016. Ernährungssicherung. In *Ökologischer Landbau*, Hrsg. B. Freyer, 183–191. Bern: Haupt.

Galloway, J.N., W.H. Schlesinger, H. Levy II, A. Michaels, und J.L. Schnoor. 1995. Nitrogen fixation: anthropogenic enhancement – environmental response. *Global Biochemical Cycles* 9:235–252.

Galloway, J.N., A.R. Townsend, J.W. Erisman, M. Bekunda, Z. Cai, J.R. Freney, L.A. Martinelli, S.P. Seitzinger, und M.A. Sutton. 2008. Transformation of the nitrogen cycle: recent trends, questions, and potential solutions. *Science* 320:889–892.

Gassner, E. 2016. *Natur- und Landschaftsschutzrecht*, 2. Aufl., Berlin: Erich Schmidt Verlag.

Geisbauer, C., und U. Hampicke. 2013. *Ökonomie schutzwürdiger Ackerflächen. Was kostet der Schutz von Ackerwildkräutern?* 2. Aufl., Broschüre Greifswald.

Gorke, M. 1999. *Artensterben. Von der ökologischen Theorie zum Eigenwert der Natur*. Stuttgart: Klett-Cotta.

Gottwald, F., und K. Stein-Bachinger. 2015. *Landwirtschaft für Artenvielfalt. Ein Naturschutzstandard für ökologisch wirtschaftende Betriebe*

Gradmann, R. 1950. *Das Pflanzenleben der Schwäbischen Alb, 2 Bände*, 4. Aufl., Stuttgart: Schwäbischer Albverein. Erstveröffentlichung 1898.

Gruhl, H. 1975. *Ein Planet wird geplündert*. Frankfurt a.M.: S. Fischer.

Haber, W. 1972. Grundzüge einer ökologischen Theorie der Landnutzungsplanung. *Innere Kolonisation* 24:294–298.

Haber, W. 2014. *Landwirtschaft und Naturschutz*. Weinheim: Wiley-VCH.

Haenel, H.-D., C. Rösemann, U. Dämmgen, A. Freibauer, U. Döring, S. Wulf, B. Emisch-Menden, H. Döhler, C. Schreiner, und B. Osterburg. 2016. *Berechnung von gas- und partikelförmigen Emissionen aus der deutschen Landwirtschaft 1990–2014. Report zu Methoden und Daten (RMD), Berichterstattung*. Thünen-Report 39. Braunschweig: Johann-Heinrich-von-Thünen-Institut.

Hampicke, U. 2013. *Kulturlandschaft und Naturschutz. Probleme – Konzepte – Ökonomie*. Wiesbaden: Springer Spektrum.

Hampicke, U. 2014. *Fachgutachten über die Höhe von Ausgleichszahlungen für die naturnahe Bewirtschaftung landwirtschaftlicher Nutzflächen in Deutschland*. Hamburg: Michael Otto Stiftung für Umweltschutz.

Hampicke, U. 2015. Energiepflanzen in der Agrarlandschaft. In *Handbuch Naturschutz und Landschaftspflege, Loseblattsammlung, 30. Ergänzungslieferung, Kapitel VII-2.2.1*, Hrsg. W. Konold, R. Böcker, und U. Hampicke. Weinheim: Wiley-VCH.

Hansjürgens, B., und N. Lienhoop. 2015. *Was uns die Natur wert ist. Potenziale ökonomischer Bewertung*. Marburg: Metropolis.

Hauck, M., U. de Bruyn, und C. Leuschner. 2013. Dramatic diversity losses in epiphytic lichens in temperate broad-leaved forests during the past 150 years. *Biological Conservation* 157:136–145.

Henne, E. 2013. Das Biosphärenreservat Schorfheide-Chorin. In *Naturschutz in Deutschland*, 2. Aufl., Hrsg. M. Succow, L. Jeschke, und H. Knapp, 132–141. Berlin: Links Verlag.

Henning, F.-W. 1978. *Landwirtschaft und ländliche Gesellschaft in Deutschland. 2 Bände*. Paderborn: Schöningh.

Herhaus, F. 2016. Biologische Stationen Oberberg und Rhein-Berg. In *Handbuch Naturschutz und Landschaftspflege, Loseblattsammlung, 33. Ergänzungslieferung, Kapitel III-7.5.2*, Hrsg. W. Konold, R. Böcker, und U. Hampicke. Weinheim: Wiley-VCH.

Höll, N. 2017. Methoden der Biotopkartierung. In *Handbuch Naturschutz und Landschaftspflege, Loseblattsammlung, 34. Ergänzungslieferung, Kapitel IV-1.4*, Hrsg. W. Konold, R. Böcker, und U. Hampicke. Weinheim: Wiley-VCH.

Hoppenstedt, A., und G. Hage. 2017. Landschaftsplanung eine Erfolgsstory? Kurzer Rückblick und Perspektiven. In *Die räumliche Wirkung der Landschaftsplanung*, Hrsg. W. Wende, U. Walz, 159–168. Wiesbaden: Springer Spektrum.

Hötker, H., V. Dierschke, M. Flade, und C. Leuschner. 2014. Diversitätsverluste der Brutvogelwelt des Acker- und Grünlands. *Natur und Landschaft* 89:410–416.

IFAB und INA (Institut für Agrarökologie und Biodiversität und Ingenieurbüro für Naturschutz und Agrarökonomie). 2016. *Fit, fair und nachhaltig – Vorschläge für eine neue EU-Agrarpolitik*. Mannheim, Göttingen: IFAB, INA.

Jarmatz, K., und R. Mönke. 2011. Biosphärenreservat Schaalsee. In *Handbuch Naturschutz und Landschaftspflege, Loseblattsammlung, 24. Ergänzungslieferung, Kapitel III-3.9*, Hrsg. W. Konold, R. Böcker, und U. Hampicke. Weinheim: Wiley-VCH.

Jeroch, H., G. Flachowsky, und F. Weißbach (Hrsg.). 1993. *Futtermittelkunde*. Jena Stuttgart: Gustav Fischer.

Jochem, D., H. Weimar, M. Bösch, U. Mantau, und M. Dieter. 2015. Der Holzeinschlag – eine Neuberechnung. *Holz-Zentralblatt* 30:752–753.

Johst, A., und C. Unselt. 2013. Die Sicherung des Nationalen Naturerbes. In *Naturschutz in Deutschland*, 2. Aufl., Hrsg. M. Succow, L. Jeschke, und H. Knapp, 255–262. Berlin: Links Verlag.

Kalisch, M., und T. van Elsen. 2007. Kulturlandschaftsgestaltung in landwirtschaftlichen Betrieben mit Integration von behinderten Menschen – Fallbeispiele in Deutschland. In *Von der einzelbetrieblichen Naturschutzberatung im Ökolandbau zum Gesamtbetriebskonzept. Texte aus zwei Tagungen*, Hrsg. T. van Elsen, 133–151. Witzenhausen: Fibl Deutschland e. V.

Kannegießer, T., und T. Trepmann. 2016. Neustart für ELER. *LandInForm* 4(16):44–45. Deutsche Vernetzungsstelle Ländliche Räume.

Kant. 1969. *Grundlegung der Metaphysik der Sitten*. Stuttgart: Reclam. Erstveröffentlichung 1785.

Kant. 1984. *Zum ewigen Frieden*. Stuttgart: Reclam. Erstveröffentlichung 1781.

Kapp, K.W. 1988. *Soziale Kosten der Marktwirtschaft*. Frankfurt a.M.: Fischer. englische Erstveröffentlichung 1950.

Klapp, E. 1956. *Wiesen und Weiden*, 3. Aufl., Berlin Hamburg: Parey.

Köppel, J., W. Peters, und W. Wende. 2004. *Eingriffsregelung, Umweltverträglichkeitsprüfung, FFH-Verträglichkeitsprüfung*. UTB 2512. Stuttgart: Ulmer.

Körber-Grohne, U. 1988. *Nutzpflanzen in Deutschland, Kulturgeschichte und Biologie*, 2. Aufl., Stuttgart: Konrad Theiss.

Korneck, D., und H. Sukopp. 1988. *Rote Liste der in der Bundesrepublik Deutschland ausgestorbenen, verschollenen und gefährdeten Farn- und Blütenpflanzen und ihre Auswertung für den Arten- und Biotopschutz*. Schriftenreihe für Vegetationskunde 19. Bonn-Bad Godesberg: Bundesforschungsanstalt für Naturschutz und Landschaftsökologie.

Korneck, D., M. Schnittler, F. Klingenstein, G. Ludwig, M. Talka, U. Bohn, und R. May. 1998. *Warum verarmt unsere Flora? Auswertung der Roten Listen der Farn- und Blütenpflanzen Deutschlands*. Schriftenreihe für Vegetationskunde 29., 299–444. Bonn-Bad Godesberg: BfN.

Krafft, G., E. Lehmann, A. Thaer, und H. Thiel. 1880. *Albrecht Thaers Grundsätze der rationellen Landwirthschaft, neue Ausgabe und mit Anmerkungen versehen*. Berlin: Hempel & Parey. XLIII+1.100 S.+Anhang.

Kulbe, J., und F. Hennicke. 2017. Das Naturschutzgroßprojekt „Peenetal-/Peenehaffmoor", Bilanz und Ausblick. *Natur und Landschaft* 92:49–58.

KTBL (Kuratorium für Technik und Bauwesen in der Landwirtschaft). 2012. *Betriebsplanung Landwirtschaft 2012/2013*, 23. Aufl., Darmstadt. S. 824.

KTBL (Kuratorium für Technik und Bauwesen in der Landwirtschaft). 2015. *Faustzahlen für den Ökologischen Landbau*. Darmstadt. S. 760.

Küster, H. 2010. *Geschichte der Landschaft in Mitteleuropa. Von der Eiszeit bis zur Gegenwart*, 4. Aufl., München: Beck.

Leuschner, C., B. Krause, S. Meyer, und N. Bartels. 2014. Strukturwandel im Acker- und Grünland Niedersachsens und Schleswig-Holsteins seit 1950. *Natur und Landschaft* 89:386–391.

Liebig, J. 1876. *Die Chemie in ihrer Anwendung auf Agricultur und Physiologie*, 9. Aufl., Braunschweig: Vieweg. Reprint Buchedition Agrimedia.

Löwenstein, W. 1994. *Die Reisekostenmethode und die Bedingte Bewertungsmethode als Instrumente zur monetären Bewertung der Erholungsfunktion des Waldes*. Frankfurt a.M: Sauerländer's.

LWK (Landwirtschaftskammer NRW). 2014. *Nährstoffbericht 2014 über Wirtschaftsdünger und andere organische Düngemittel für Nordrhein-Westfalen*.

Mantau, U. 2012. *Holzrohstoffbilanz Deutschland. Entwicklung und Szenarien des Holzaufkommens und der Holzverwendung von 1987 bis 2015*. Hamburg: Universität, Zentrum Holzwirtschaft.

Markl, H. 1986. *Natur als Kulturaufgabe. Über die Beziehung des Menschen zur lebendigen Natur*. München: Knaur.

Mayer, M. 2013. *Kosten und Nutzen des Nationalparks Bayrischer Wald*. München: oekom.

Meadows, D., D. Meadows, E. Zahn, und P. Milling. 1973. *Die Grenzen des Wachstums. Bericht des Club of Rome zur Lage der Menschheit*. Reinbek bei Hamburg: Rowohlt. englische Erstveröffentlichung 1972.

Meyer, S., und C. Leuschner (Hrsg.). 2015. *100 Äcker für die Vielfalt. Initiativen zur Förderung der Ackerwildkrautflora in Deutschland*. Göttingen: Universitätsverlag.

Meyerhoff, J., N. Lienhoop, und P. Elsasser (Hrsg.). 2007. *Stated preference methods for environmental valuation: Applications from Austria and Germany*. Marburg: Metropolis.

Mill, J. St . 1869. *Grundsätze der politischen Ökonomie nebst einigen Anwendungen derselben auf die Gesellschaftswissenschaft*, 3. Aufl., Leipzig: Fues's Verlag. englische Erstveröffentlichung 1848.

MKULNV-NRW (Ministerium für Klimaschutz, Umwelt, Landwirtschaft, Natur- und Verbraucherschutz des Landes Nordrhein-Westfalen). 2016. *Für die Schätze unserer Natur*. LIFE-Natur-Projekte in NRW. Broschüre Düsseldorf. S. 78.

Nentwig, W. 2000. Die Bedeutung von streifenförmigen Strukturen in der Kulturlandschaft. In *Streifenförmige ökologische Ausgleichsflächen in der Kulturlandschaft*, Hrsg. W. Nentwig, 11–40. Bern Hannover: Verlag Agrarökologie.

Ott, K. 1999. Ethik und Naturschutz. In *Handbuch Naturschutz und Landschaftspflege. Loseblattsammlung, Kapitel II-7*, Hrsg. W. Konold, R. Böcker, und U. Hampicke. Landsberg am Lech: ecomed.

Ott, K. 2010. *Umweltethik zur Einführung*. Hamburg: Junius.

Pfützenreuter, S., H. Baumbach, und S. Zacharias. 2017. Das EU-Life-Projekt „Steppenrasen Thüringens" (2009–2015) – Eine Bilanz. *Landschaftspflege und Naturschutz in Thüringen* 54:51–58.

Piechocki, R. 2006. Naturschutz im Nationalsozialismus. In *Handbuch Naturschutz und Landschaftspflege, Loseblattsammlung, 20. Ergänzungslieferung, Kapitel II-4.3*, Hrsg. W. Konold, R. Böcker, und U. Hampicke. Landsberg am Lech: ecomed.

Piechocki, R. 2010. *Landschaft Heimat Wildnis. Schutz der Natur – aber welcher und warum?* München: Beck.

Ricardo, D. 1996. *Principles of political economy and taxation*. New York: Prometheus Books. Erstveröffentlichung 1817.

Rieger-Hofmann. 2015. *Samen und Pflanzen gebietseigener Wildblumen und Wildgräser aus gesicherten Herkünften*

RNE (Rat für Nachhaltige Entwicklung). 2011. *„Gold-Standard Ökolandbau". Für eine nachhaltige Gestaltung der Agrarwende*

Rösler, M. und Kächele, H. o. Jg. (ca. 1999) Nachhaltiges Nutzungskonzept Friedländer Große Wiese. Universität Greifswald und Zentrum für Agrar- und Landschaftsforschung (ZALF) Müncheberg, gefördert vom Stifterverband für die deutsche Wissenschaft, 270 S. + Kartenanhang.

Roth, F.X., F.J. Schwarz, und G.I. Stangl. 2011. *Kirchgeßner Tierernährung*, 13. Aufl., Frankfurt a. M.: DLG Verlag.

Sathre, R., und J. O'Connor. 2010. *A synthesis of research on wood products and greenhouse gas impacts*. PFInnovations, Technical Report TR-19R. Vancouver.

Schlüter, K. 2017. Zurück in die Zukunft. Die Möglichkeiten des chemischen Pflanzenschutzes schwinden. *DLG-Mitteilungen* 2(17):12–17.

Schober, R. 1987. *Ertragstafeln wichtiger Baumarten*, 3. Aufl., Frankfurt a.M.: Sauerländer's.

Schumacher, W. 1980. Schutz und Erhaltung gefährdeter Ackerwildkräuter durch Integration von landwirtschaftlicher Nutzung und Naturschutz. *Natur und Landschaft* 55:447–453.

Schumacher, W. 1984. Gefährdete Ackerwildkräuter können auf ungespritzten Feldrändern erhalten werden. *LÖLF-Mitteilungen* 9:14 20.

Schumacher, W. 2007. Bilanz – 20 Jahre Vertragsnaturschutz. *Naturschutz-Mitteilungen* 2(07):21–28.

Smith, A. 2000a. *The theory of moral sentiments*. New York: Prometheus Books. Erstveröffentlichung 1759.

Souci, S.W., H. Fachmann, und H. Kraut. 1994. *Die Zusammensetzung der Lebensmittel, Nährwert-Tabellen*, 5. Aufl., Stuttgart: Medpharm. Hrsgg. von der Deutschen Forschungsanstalt für Lebensmittelchemie im Auftrag des Bundesministeriums für Ernährung, Landwirtschaft und Forsten.

SRU (Rat von Sachverständigen für Umweltfragen). 1985. *Sondergutachten „Umweltprobleme der Landwirtschaft"*. Bundestags-Drucksache 10/3613. Stuttgart: Kohlhammer.

SRU (Rat von Sachverständigen für Umweltfragen). 1987. *Umweltgutachten 1987*. Bundestags-Drucksache 11/1568. Bonn: Verlag Dr. Hans Heger.

SRU (Rat von Sachverständigen für Umweltfragen). 2004. *Umweltgut-achten 2004 „Umweltpolitische Handlungsfähigkeit sichern".* Ba-den-Baden: Nomos.

Ssymank, A. 2002. Naturschutz der Europäischen Union. In *Handbuch Naturschutz und Landschaftspflege. Loseblattsammlung, 7. Ergän-zungslieferung, Kapitel III-6.2*, Hrsg. W. Konold, R. Böcker, und U. Hampicke. Landsberg am Lech: ecomed.

Statistisches Jahrbuch der DDR 1988: https://www.digizeitschriften.de/dms/img?/PID=PPN514402644_1988/log39, Zugriff: März 2018.

StJELF (Statistisches Jahrbuch über Ernährung, Landwirtschaft und Forsten). 1974. Hrsg. Bundesministerium für Ernährung, Landwirt-schaft und Forsten. Hamburg, Berlin: Parey. S. 411.

StJELF (Statistisches Jahrbuch über Ernährung, Landwirtschaft und Forsten). 1989. Hrsg. Bundesministerium für Ernährung, Landwirt-schaft und Forsten. Münster-Hiltrup: Landwirtschaftsverlag. S. 479.

StJELF (Statistisches Jahrbuch über Ernährung, Landwirtschaft und Forsten). 2002. Hrsg. Bundesministerium für Verbraucherschutz, Ernährung und Landwirtschaft. Münster-Hiltrup: Landwirtschafts-verlag. S. 537.

StJELF (Statistisches Jahrbuch über Ernährung, Landwirtschaft und Forsten). 2016. Hrsg. Bundesministerium für Ernährung und Land-wirtschaft. Münster-Hiltrup: Landwirtschaftsverlag. S. 585.

UBA (Umweltbundesamt). 2015. *Umweltprobleme der Landwirtschaft. 30 Jahre SRU-Sondergutachten.*

Vegelin, K., und M. Heinz. 2008. *Abenteuer Natur im Peenetal, Wan-derführer.* Greifswald: Küstenland.

Vitousek, P.M., J.D. Aber, R.W. Howarth, G.E. Likens, P.A. Matson, D.W. Schindler, W.H. Schlesinger, und D.G. Tilman. 1997. Human alteration of the global nitrogen cycle: sources and consequences. *Ecological Applications* 7:737–750.

Vogel, G. 2017. Where have all the insects gone? *Science* 356:576–579.

WBA (Wissenschaftlicher Beirat für Agrarpolitik beim BELV). 2007. *Nutzung von Biomasse zur Energiegewinnung – Empfehlungen an die Politik. Gutachten.* Berlin. S. 255.

WBA (Wissenschaftlicher Beirat für Agrarpolitik beim BMEL). 2015. *Wege zu einer gesellschaftlich akzeptierten Nutztierhaltung. Gutach-ten.* Berlin. S. 395.

WBA (Wissenschaftlicher Beirat für Agrarpolitik, Ernährung und ge-sundheitlicher Verbraucherschutz und Wissenschaftlicher Beirat Waldpolitik beim BMEL). 2016. *Klimaschutz in der Land- und Forstwirtschaft sowie den nachgelagerten Bereichen Ernährung und Holzverwendung, Gutachten.* Berlin. S. 410 und Anhang.

WBA (Wissenschaftlicher Beirat für Agrarpolitik, Ernährung und ge-sundheitlichen Verbraucherschutz beim BMEL) 2018. Für eine ge-meinwohlorientierte Gemeinsame Agrarpolitik der EU nach 2020: Grundsatzfragen und Empfehlungen. Stellungnahme Berlin.

WBA, WBD und SRU (Wissenschaftliche Beiräte für Agrarpolitik und Düngungsfragen beim BMEL und Sachverständigenrat für Umwelt-fragen). 2013. *Kurzstellungnahme Novellierung der Düngeverord-nung. Nährstoffüberschüsse wirksam begrenzen.*

Weimar, H. 2016. *Holzbilanzen 2013 bis 2015 für die Bundesrepublik Deutschland.* Thünen Working Paper 57. Hamburg: Johann Heinrich von Thünen-Institut.

Wellbrock, N., E. Grüneberg, W. Stümer, S. Rüter, D. Ziche, K. Dunger, und A. Bolte. 2014. Wälder in Deutschland speichern Kohlenstoff. *AFZ-Der Wald* 18:38–39.

Wichtmann, W., C. Schröder, und H. Joosten (Hrsg.). 2016. *Paludikultur – Bewirtschaftung nasser Moore.* Stuttgart: Schweizerbart.

Wilmanns, O. 1993. *Ökologische Pflanzensoziologie*, 5. Aufl., UTB 269. Heidelberg Wiesbaden: Quelle & Meyer.

Wittig, R., und M. Niekisch. 2014. *Biodiversität: Grundlagen, Gefähr-dung, Schutz.* Berlin Heidelberg: Springer Spektrum.

Wohlgemuth, J. 1962. *Egon und das achte Weltwunder.* Berlin: Verlag Neues Leben.

Weiterführende Literatur

Abel, W. 1974. *Massenarmut und Hungerkrisen im vorindustriellen Eu-ropa.* Hamburg, Berlin: Parey.

Beinlich, B., und H. Plachter (Hrsg.). 1995. *Schutz und Entwicklung der Kalkmagerrasen der Schwäbischen Alb.* Beihefte zu den Veröffent-lichungen für Naturschutz und Landschaftspflege in Baden-Würt-temberg 83. Karlsruhe.

Berger, G., und H. Pfeffer. 2011. *Naturschutzbrachen im Ackerbau, Pra-xishandbuch.* Rangsdorf (Natur und Text).

Blackbourn, D. 2008. *Die Eroberung der Natur. Eine Geschichte der deutschen Landschaft.* München: Pantheon.

BMEL (Bundesministerium für Ernährung und Landwirtschaft) o. Jg.: Der Wald in Deutschland. Ausgewählte Ergebnisse der dritten Bun-deswaldinventur. Broschüre Berlin, 52 S.

BMEL. 2017. *Agrarexport 2017, Daten und Fakten.* Berlin: Bundesmi-nisterium für Ernährung und Landwirtschaft.

Briemle, G., D. Eickhoff, und R. Wolf. 1991. *Mindestpflege und Min-destnutzung unterschiedlicher Grünlandtypen aus landschaftsökolo-gischer und landeskultureller Sicht.* Beihefte zu den Veröffentlichun-gen für Naturschutz und Landschaftspflege in Baden-Württemberg 60. Karlsruhe.

Briemle, G., G. Eckert, und H. Nussbaum. 1999. Wiesen und Weiden. In *Handbuch Naturschutz und Landschaftspflege, Loseblattsamm-lung, Kapitel XI-2.8*, Hrsg. W. Konold, R. Böcker, und U. Hampicke. Landsberg am Lech: ecomed.

Classen, H. 1890. Torf-Gewinnung und Verwertung. In *Die landwirt-schaftliche Tierhaltung und die landwirtschaftlichen Nebengewerbe* Handbuch der gesamten Landwirtschaft, Bd. 3, Hrsg. Th von der Goltz Freiherr, 765–796. Tübingen: Verlag der Laupp'schen Buch-handlung.

Daly, H. 2000. When smart people make dumb mistakes. *Ecological Economics* 34:1–3.

Der Spiegel vom 05.06.1989, S. 79: Wen geniert's?

Dierschke, H., und G. Briemle. 2002. *Kulturgrasland.* Stuttgart: Ulmer.

Dierßen, K., und B. Dierßen. 2008. *Moore.* Stuttgart: Ulmer.

Droste-Hülshoff, A. von o. Jg.: Bilder aus Westfalen. Gesammelte Schriften in 2 Bänden, Band 2, Stuttgart (Phaidon), S. 87 ff.

Ellenberg, H. 1996. *Vegetation Mitteleuropas mit den Alpen*, 5. Aufl., Stuttgart: Ulmer.

Finck, P., W. Härdtle, B. Redecker, und U. Riecken. 2004. *Weideland-schaften und Wildnisgebiete.* Schriftenreihe für Landschaftspflege und Naturschutz 78. Bonn, Bad Godesberg: BfN.

Goethe, J.W. o. Jg.: Faust – der Tragödie erster und zweiter Teil. Goethes Werke, illustrierte Volksausgabe. Leipzig (Ramm und Seemann), 3. Band, S. 19–468.

Goltz, T. 1963. *Geschichte der deutschen Landwirtschaft. 2 Bände.* Aa-len: Scientia Verlag. Erstveröffentlichung 1902/1903.

Hampicke, U., B. Litterski, und W. Wichtmann (Hrsg.). 2005. *Acker-landschaften. Nachhaltigkeit und Naturschutz auf ertragsschwachen Standorten.* Berlin Heidelberg: Springer.

Hanau, A. 1958. Die Stellung der Landwirtschaft in der Sozialen Markt-wirtschaft. *Agrarwirtschaft* 7:1–15.

Hofmeister, H., und E. Garve. 1986. *Lebensraum Acker.* Hamburg Ber-lin: Parey.

Holzner, W., und J. Glauninger. 2005. *Ackerunkräuter.* Graz Stuttgart: Stocker.

Jedicke, E. 1990. *Biotopverbund.* Stuttgart: Ulmer.

Kaule, G. 1991. *Arten- und Biotopschutz*, 2. Aufl., Stuttgart: Ulmer.

Klapp, E. 1965. *Grünlandvegetation und Standort.* Berlin Hamburg: Parey.

Küster, H. 2008. *Geschichte des Waldes*, 2. Aufl., München: Beck.

Meyer, S., W. Hilbig, K. Steffen, und S. Schuch. 2013. *Ackerwildkraut-schutz – eine Bibliographie.* BfN-Skripten 351. Bonn-Bad Godes-berg: BfN.

Möller, A. o. Jg. (Erstveröffentlichung 1923): Der Dauerwaldgedanke. Sein Sinn und seine Bedeutung. Mit einer Einführung von W. Bode. Oberteuringen (Erich Degreif Verlag), 136 S.

Nitsche, S., und L. Nitsche. 1994. *Extensive Grünlandnutzung*. Radebeul: Neumann.

Opitz von Boberfeld, W. 1994. *Grünlandlehre*. UTB 1770. Stuttgart: Ulmer.

Oppermann, R., und H.U. Gujer (Hrsg.). 2003. *Artenreiches Grünland. MEKA und ÖQV in der Praxis*. Stuttgart: Ulmer.

Plachter, H. 1991. *Naturschutz*. UTB 1563. Stuttgart: Gustav Fischer.

Plachter, H., und U. Hampicke (Hrsg.). 2010. *Large-scale livestock grazing. A management tool for nature conservation*. Berlin: Springer.

Poschlod, P. 2015. *Geschichte der Kulturlandschaft*. Stuttgart: Ulmer.

Reif, A., T. Coch, D. Knoerzer, und R. Suchant. 2001. Wald. In *Handbuch Naturschutz und Landschaftspflege, Loseblattsammlung, 4. Ergänzungslieferung, Kapitel XIII-7.1*, Hrsg. W. Konold, R. Böcker, und U. Hampicke. Landsberg am Lech: ecomed.

Scherzinger, W. 1996. *Naturschutz im Wald*. Stuttgart: Ulmer.

Schreiber, K.F., H.-J. Brauckmann, G. Broll, S. Krebs, und P. Poschlod. 2009. *Artenreiches Grünland in der Kulturlandschaft*. Heidelberg: Regionalkultur.

Sielmann Stiftung, Heinz (Hrsg.). 2015. *Naturnahe Beweidung und NATURA 2000*. Duderstadt: Heinz Sielmann Stiftung. Mit Beiträgen von 28 Autoren.

Smith, A. 2000b. *The wealth of nations*. New York: The Modern Library. Erstveröffentlichung 1776.

Steiner, R. 1963. *Geisteswissenschaftliche Grundlagen zum Gedeihen der Landwirtschaft*. Landwirtschaftlicher Kursus. Acht Vorträge und eine Ansprache, gehalten, Koberwitz bei Breslau, 07.6.1924. Verlag der Rudolf Steiner. sowie ein Vortrag in Dornach am 20. Juni 1924. Dornach.

Succow, M., und H. Joosten (Hrsg.). 2001. *Landschaftsökologische Moorkunde*, 2. Aufl., Stuttgart: Schweizerbart.

Succow, M., L. Jeschke, und H. Knapp (Hrsg.). 2013. *Naturschutz in Deutschland*, 2. Aufl., Berlin: Links Verlag.

Thomasius, H., und P.A. Schmidt. 2003. Waldbau und Naturschutz. In *Handbuch Naturschutz und Landschaftspflege, Loseblattsammlung, 10. Ergänzungslieferung, Kapitel VII-3*, Hrsg. W. Konold, R. Böcker, und U. Hampicke. Landsberg am Lech: ecomed.

Umweltstiftung Michael Otto (Hrsg.) 2018. 25 Jahre Dialog. Festschrift Hamburg.

Internet-Adressen

http://www.bfn.de/0203_liste_abgeschl.html („chance natur"-Projekte, Tab. 9.2, Abschn. 9.2), Zugriff: Mai 2017.

https://bwi.info (Dritte Bundes-Waldinventur, diverse Nachweise in Kap. 10), Zugriff: Mai 2017.

https://www.thueringen.de/mam/th9/invekos/kulap2017/sanktionskatalog_gemass_anlage_11_der_forderrichtlinie_-_august_2017.pdf (KULAP-Sanktionskatalog, Abschn. 8.3.3.2), Zugriff: Mai 2017.

https://www.wibank.de/blob/wibank/407488/3ffde75ae295bff07cbcb-952bd9e1f5304/gak-rahmenplan-2015-2018-data.pdf (GAK-Rahmenplan, 156 S., Box 8.2, Abschn. 8.3.2), Zugriff: Mai 2017.

vns.naturschutzinformationen.nrw.de/vns/de/fachinfo/anwenderhandbuch (Vertragsnaturschutz in NRW, Box 8.3, Abschn. 8.3.2), Zugriff: Mai 2017.

www.greifswaldmoor.de (Abschn. 5.3.1.2.1), Zugriff: Mai 2017.

www.netzwerk-laendlicher-raum.de (Abschn. 8.3.2), Zugriff: Mai 2017.

www.stm.bayern.de/themen/naturschutz/foerderung/life/index.htm (LIFE-Projekte in Bayern, Tab. 9.1, Abschn. 9.1), Zugriff: Mai 2017.

www.stmelf.bayern.de/mam/cms01/agrarpolitik/dateien/massnahmenuebersicht_vnp.pdf (Vertrasgsnaturschutz in Bayern, Box 8.3, Abschn. 8.3.2), Zugriff: Mai 2017.

www.the-jena-experiment.de (Abschn. 9.10), Zugriff: Mai 2017.

Sachverzeichnis

Ihr Bonus als Käufer dieses Buches

Als Käufer dieses Buches können Sie kostenlos das eBook zum Buch nutzen.
Sie können es dauerhaft in Ihrem persönlichen, digitalen Bücherregal
auf **springer.com** speichern oder auf Ihren PC/Tablet/eReader downloaden.

Gehen Sie bitte wie folgt vor:

1. Gehen Sie zu **springer.com/shop** und suchen Sie das vorliegende Buch
   (am schnellsten über die Eingabe der eISBN).
2. Legen Sie es in den Warenkorb und klicken Sie dann auf:
   zum Einkaufswagen / zur Kasse.
3. Geben Sie den untenstehenden Coupon ein. In der Bestellübersicht wird
   damit das eBook mit 0 Euro ausgewiesen, ist also kostenlos für Sie.
4. Gehen Sie weiter **zur Kasse** und schließen den Vorgang ab.
5. Sie können das eBook nun downloaden und auf einem Gerät Ihrer Wahl lesen.
   Das eBook bleibt dauerhaft in Ihrem digitalen Bücherregal gespeichert.

EBOOK INSIDE

eISBN	978-3-662-57753-0
Ihr persönlicher Coupon	RfpZ25Kzc6net22

Sollte der Coupon fehlen oder nicht funktionieren, senden Sie uns bitte
eine E-Mail mit dem Betreff: **eBook inside** an **customerservice@springer.com**.